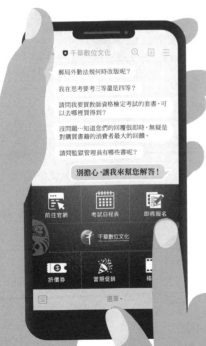

經濟部所屬事業機構
新進職員甄試

一、報名方式：一律採「網路報名」。

二、學歷資格：教育部認可之國內外公私立專科以上學校畢
業，並符合各甄試類別所訂之學歷科系者，學歷證書載有
輔系者得依輔系報考。

三、應試資訊：

完整考試資訊

https://reurl.cc/bX0Qz6

(一)甄試類別：各類別考試科目及錄取名額：

類別	專業科目A(30%)	專業科目B(50%)
企管	企業概論 法學緒論	管理學 經濟學
人資	企業概論 法學緒論	人力資源管理 勞工法令
財會	政府採購法規 會計審計法規	中級會計學 財務管理
資訊	計算機原理 網路概論	資訊管理 程式設計
統計資訊	統計學 巨量資料概論	資料庫及資料探勘 程式設計
政風	政府採購法規 民法	刑法 刑事訴訟法
法務	商事法 行政法	民法 民事訴訟法
地政	政府採購法規 民法	土地法規與土地登記 土地利用
土地開發	政府採購法規 環境規劃與都市設計	土地使用計畫及管制 土地開發及利用

類別	專業科目A(30%)	專業科目B(50%)
土木	應用力學 材料力學	大地工程學 結構設計
建築	建築結構、構造與施工 建築環境控制	營建法規與實務 建築計畫與設計
機械	應用力學 材料力學	熱力學與熱機學 流體力學與流體機械
電機(一)	電路學 電子學	電力系統與電機機械 電磁學
電機(二)	電路學 電子學	電力系統 電機機械
儀電	電路學 電子學	計算機概論 自動控制
環工	環化及環微 廢棄物清理工程	環境管理與空污防制 水處理技術
職業安全衛生	職業安全衛生法規 職業安全衛生管理	風險評估與管理 人因工程
畜牧獸醫	家畜各論(豬學) 豬病學	家畜解剖生理學 免疫學
農業	植物生理學 作物學	農場經營管理學 土壤學
化學	普通化學 無機化學	分析化學 儀器分析
化工製程	化工熱力學 化學反應工程學	單元操作 輸送現象
地質	普通地質學 地球物理概論	石油地質學 沉積學

(二)初(筆)試科目：

    1.共同科目：分國文、英文2科(合併1節考試)，國文為論文寫作，英文採測驗式試題，各占初(筆)試成績10%，合計20%。

    2.專業科目：占初(筆)試成績80%。除法務類之專業科目A及專業科目B均採非測驗式試題外，其餘各類別之專業科目A採測驗式試題，專業科目B採非測驗式試題。

    3.測驗式試題均為選擇題（單選題，答錯不倒扣）；非測驗式試題可為問答、計算、申論或其他非屬選擇題或是非題之試題。

(三)複試(含查驗證件、複評測試、現場測試、口試)。

四、待遇：人員到職後起薪及晉薪依各所用人之機構規定辦理，目前各機構起薪約為新臺幣3萬6仟元至3萬9仟元間。本甄試進用人員如有兼任車輛駕駛及初級保養者，屬業務上、職務上之所需，不另支給兼任司機加給。

※詳細資訊請以正式簡章為準！

千華數位文化股份有限公司 ■新北市中和區中山路三段136巷10弄17號
■TEL: 02-22289070　FAX: 02-22289076

目次

Chapter 8

有效薪資設計與薪資管理

Chapter 9

激勵制度設計與實務運作

Chapter 10

員工福利計畫與服務措施

Chapter 11　企業倫理與職業倫理議題

Chapter 12　人力資源管理與勞動法令

Chapter 13　企業勞資關係與爭議處理

Chapter 14 人力資源管理未來發展

Chapter 15 歷年試題及解析

本書緣起

從人力資源管理者角色出發，人資人員應該具備五項主要功能：招募與甄選、職涯發展與管理、薪酬福利、職業安全與健康及勞資關係。為利於初學者理解便利性，特別再細分為企業發展與人力資源規劃、工作分析與人力招募活動、人力甄選與測試面談作業、企業員工訓練與職能發展、員工績效評估與績效管理、員工職涯發展與職涯管理、有效薪資設計與薪資管理、激勵制度設計與實務運作、員工福利計畫與服務措施、企業倫理與職業倫理議題、人力資源管理與勞動法令、企業勞資關係與爭議處理、人力資源管理未來發展等章。每章在編排上依序由重點綱要、課前導讀等逐一展開。書末將近年來的各項考題答案詳細整理，希望對於不具備基礎概念或已有豐富人資經驗的你來說，都能迅速上手，輕鬆閱讀。

特別提醒的是，勞動法令的修正頒布，影響人資業務至鉅，建議時刻關心勞動部的修正重點與背景說明，除了可上全國法規資料庫查閱最新法令之外，勞動部的網頁上，最新政策說明與立法重點懶人包，也是可以快速掌握修法重點的有利捷徑。

祝福你用心準備，如願上榜

陳月娥、周毓敏 敬上
2024.11

參考書目

❏ 中文

1. 丁志達（2014），績效管理（第二版），新北：揚智文化事業股份有限公司。

2. 王精文（2018），人力資源管理：全球經驗本土實踐（第7版），台北：華泰文化

3. 史美瑤（2014）。混成學習的挑戰與設計，評鑑雙月刊，第50期:34-36。

4. 吳復新（2004），人力資源管理，台北：華泰文化事業有限公司。

5. 吳秉恩（2007），人力資源管理，台北：華泰文化事業有限公司。

6. 吳秉恩、黃良志、黃家齊、溫金豐、廖文志、韓志翔（2017），人力資源管理—理論與實務（第四版），台北：華泰文化事業有限公司。

7. 何俐安（2007），探討人力資源發展成果談組織評鑑教育訓練專案成效之模式，行政院人事行政局地方行政研習中心—地方治理藍海策略研討會，台北：201-223。

8. 林海清（2016），高齡者人力資源的發展與應用，人事月刊，第376期：60-71。

9. 周瑛琪、顏炘怡（2016），人力資源管理-跨時代領航觀點（第五版），新北：全華圖書股份有限公司。

10. 胡湘萍（民98年），大學生依附關係、生涯自我效能對生涯決定之影響（未出版碩士論文），國立台中教育大學諮商與應用心理學系，台中。

11. 高淑慧（1995），學習型組織理論之研究（未出版碩士論文），國立政治大學公共行政研究所，台北。

12. 張承、莫惟（2008），人力資源管理便利貼（初版），台北：鼎茂圖書出版股份有限公司。

13. 卓正欽、葛建培（2017），績效管理：理論與實務（第三版），台北：雙葉書廊有限公司。

14. 楊朝祥（1990），生計輔導-終生的輔導歷程。台北：行政院青輔會。

15. 常昭鳴、共好知識編輯群編著（2010），PHR人資基礎工程：創新與變革時代的職位說明書與職位評價，台北：臉譜出版。

16. 黃同圳，Leslie W. Rue, Nabil A. Ibrahim, Lloyd L. Byars（2016），人力資源管理--全球思維◆台灣觀點（十一版），台北：華泰文化事業有限公司。

17. 黃曼琴（2010），職涯成功─職涯規劃的策導向及權變導向，T&D飛訊，108期，1-14。

18. 鄭晉昌（2021），大數據分析在人力資源管理運用上的策略思維，https://www.jbjob.com.tw/大數據分析在人力資源管理運用上的策略思維/

19. 簡建忠（2013），HRM＋勞資關係＝∞，新北：前程文化。

20. 龐寶璽（2011），台灣地區跨國企業外派之現況分析，多國籍企業管理評論，第5卷2期：01-23。

21. 王子羚 (2024)，快樂長在組織的職務及重要性，HR人資小周末：https://hrlearning.com.tw/posts/20240321

22. 胡立宗(2022)，知名企業紛增設「快樂長」職務：確保你能快樂工作！Cheers快樂工作人：https://www.cheers.com.tw/talent/article.action?id=5100916

23. 胡珈瑋(2023)，使用生成式AI提高人資工作效率的5個地方，1111人力銀行：https://seminar.1111.com.tw/article/detail/423?rmd=2023070

24. 許朝茂(2024)，「延後退休」好？還是「繼續僱用」好？專家：魚與熊掌必有一得，都有助企業解燃眉之急，104人力銀行：https://vip.104.com.tw/preLogin/recruiterForum/post/169172。

25. 張庭瑋(2022)，Google、IKEA都設「快樂長」，這個新興職位要做什麼？未來商務 Future Commerce: https://fc.bnext.com.tw/articles/view/2326?

26. 經理人月刊(2024)，豐田回聘65歲員工、最多能做到70歲！「中高齡人才」為何愈來愈夯？ https://www.managertoday.com.tw/articles/view/67614??utm_source=copyshare。

27. 蔡錫濤、馮湘玲(2013)，雇主品牌概述，人事月刊，第332期：11-16

❑ 英文

1. Dessler, G. (2000), Human Resource Management (8th Ed.), New Jersey.: Prentice-Hail.

2. Gary Dessler原著，方世榮編譯 (2005)，現代人力資源管理 (初版)，台北：華泰文化事業有限公司。

3. Gary Dessler原著，方世榮審校 (2017)，現代人力資源管理 (十四版)，台北：華泰文化事業有限公司。

4. Kurland, N. B., & Bailey, D. E. (1999). Telework：The advantages and challenges of working here, there, anywhere, and anytime. Organizational Dynamics, 28(2)：53-68.

5. McCormick, E. J., Jeanneret, P. R. and Mecham, R. C. (1969),'The Development and Background of the Position Analysis Questionnaire', viewed 25 January 2018, <http://www.dtic.mil/dtic/tr/fulltext/u2/691736.pdf>.

6. Robbins, S. P. and Judge, T. A. (2019), Organizational Behavior (18th Ed.), Harlow：Pearson

7. Senge, P. (1990) The Fifth Discipline: The Art and practice of Learning Organization. NY:Dubleday Co.

8. Ariel Chang (2023)，IBM人資團隊運用AI省下逾萬小時！AI如何與HR結合應用？未來商務Future Commerce: https://fc.bnext.com.tw/articles/view/3207

Chapter 1

緒 論

依據出題頻率區分，屬：**B** 頻率中

課前導讀

本章是從管理的基本概念出發，再從管理的理論派別加以探討，過去古典理論建立良好基礎，衍生出不同的思潮與運作觀點，接著再簡單敘述人力資源管理的基本概念，為後面的每一章詳細內容奠定基本概念。

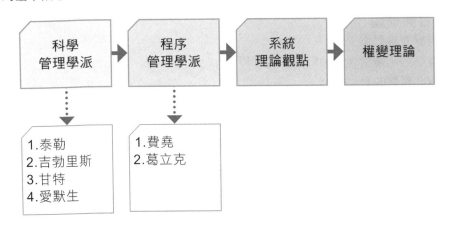

圖1-1　本章架構圖

重點綱要

一、管理的定義與要素

(一)**定義**：指透過一系列活動或過程，善用組織資源，以有效率與效能方式達成組織任務或目標。

(二)**基本要素**：

　1.資源。　　　2.活動或過程。　　　3.效率。　　　4.效能。

二、管理的活動與功能

(一)規劃。　(二)組織。　(三)任用。　(四)領導。　(五)控制。　(六)決策。

三、管理職能

(一)管理職能是指能夠有效執行管理的一套知識、技能和態度。

(二)中階管理者有直接從屬於機構的高階主管，工作重點在於管理功能的發揮，讓體系運作持續。

(三)管理者應具備的管理職能隨著職位高低有所不同。

四、管理思潮的發展

(一)英國工業革命的影響。

(二)組織更有效率的理性觀點，依其發展順序為古典、人群關係系統及權變觀點。

(三)晚近的發展則著重於將組織視為一些相互關聯之體系構成的系統分析。

(四)偏重於組織或員工、權變觀點的重新關注，將結構視為對組織績效具有顯著影響力。

五、古典理論

(一)**科學管理學派：**

　1. 泰勒的工廠管理理論與科學管理原則。

　2. 吉勃理斯的動作研究：

　　(1) 對動作的研究改進。

　　(2) 標準手動作研究。

　　(3) 升遷三職位計畫（以前職位、目前職位及待升職位）。

　3. **甘特的管制圖表，對管理貢獻：**

　　(1) 工作獎金制度。

　　(2) 管制圖表：結構簡單，卻提供有效的規劃與管制的技術。

　4. **愛默生的效率原則：**

　　(1) 明確信念。　　　　　　　(2) 豐富的常識。

　　(3) 合適的商議。　　　　　　(4) 紀律。

　　(5) 公正的處理。　　　　　　(6) 可靠的。

　　(7) 派遣。　　　　　　　　　(8) 標準與日程。

　　(9) 規定標準化的條件。　　　(10) 規定標準化的作業。

　　(11) 規定標準實務指導。　　　(12) 對效率的獎勵。

(二)**程序管理學派：**

　1. **管理理論之父－費堯的管理術：**

　　(1) **提出管理的意義。**

　　(2) **提供分析組織的原則：**目標、專業化、協調、權威、職責等五原則。

(3) **訂定十四項管理原則**：分工、權威與責任、紀律、命令統一、管理統
　　一、個人應受制於共同利益、員工的報酬、集權、層級制、秩序、公
　　平、員工的安於久任、主動、團隊精神。

2. **葛立克行政管理計畫說**：行政管理須包括的七個部份一計畫、組織、人員、
　　領導、協調、報告、預算。

六、系統理論

(一) 焦點放在整個工作組織、結構和行為的互動關係，及組織內的各種變項。

(二) 系統是指一套互有關聯和互賴的部分，共同構成一整體項目，以達到一定目
　　標和執行特定計畫，可區分為封閉和開放的系統。

(三) 開放系統模式項有四個特性：

　1. 一個系統是由許多互有關聯的次體系構成。

　2. 組織是開放且動態的。

　3. 組織力求均衡。

　4. 具有多重目的、目標和任務。

(四) 系統的倡導者設想組織是由一些相互關聯的因素構成，包括個人、團體、態
　　度、動機、正式結構、互動、目標、地位和權威。

(五) 以社會服務組織為例，將組織視為一個系統，是由許多要素構成。

　1. **投入**：金錢、員工、志工、設備、技術和個案。

　2. **產出**：在社會服務組織中是指讓個人或其地位改變的成果。

(六) 巴納德的合作系統理論：

　1. 提出組織合作系統概念。

　2. 強調組織合作系統中，合作行為與組織效能及組織效率有關。

　3. 在組織中的合作行為受組織環境中生理、物理、心理和社會因素的影響或限制。

　4. 建立組織平衡理論架構。

七、權變理論

(一) 重新關注結構對組織績效影響的重要性。

(二) 權變管理各項管理理論的統合。

(三) 管理的權變觀點來自組織是多變的。

八、人力資源管理的定義與活動

內容精論

一 管理的定義與要素

黃源協（2016）指出，管理（Management）是指透過一系列活動或過程，善用組織資源，以有效率與效能的方式達成組織任務或目標（如下圖）。易言之，管理是組織為使其成員能有效建構一個協調與和諧的工作環境，並藉以達成組織任務或目標所從事各種活動的過程。其基本要素為：

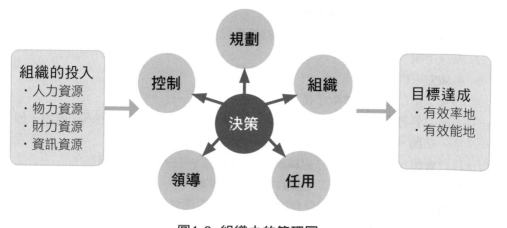

圖1-2　組織中的管理圖
資料來源：黃源協（2016）

資源 Resources	係指組織所投入的人力、物力、財力與資訊等資源。
活動或過程 Activities or Process	常被管理者所稱的管理過程，包括規劃（Planning）、組織（Organizing）、任用（Staffing）、領導（Leading）、控制（Controlling）與決策（Decision Making）。
效率 Efficiency	是指「把事情做對」（doing things right），亦即投入（Inputs）和產出（Outputs）之間的關係——成本極小化。例如：投入同樣資源卻有較多的產出，或投入較少資源卻有同等的產出，以明智且具成本效益的方式運用資源，就是效率的表徵。

效能 Effcetiveness	指「做對的事情」（doing the right things），做出正確的決策並成功執行，以達成組織目標；由此可見，管理除關心降低資源成本外（效率），也重視目標達成（效能）。

 ## 管理的活動與功能

管理包括一系列的活動，透過活動執行，方能發揮管理的功能：

(一) **規劃**：規劃是指設定一個組織的目標，並決定如何以最佳方式達成目標的過程。目標設定讓工作進行能有特定焦點，且可以協助組織成員將注意力集中於最重要的事物，特別是讓管理者瞭解如何配置時間和資源。

(二) **組織**：一旦管理者設定好目標，並發展出一套可行的計畫後，下一項管理功能就是組織執行該項計畫必要的人員和其它資源，包括決定要完成什麼工作、誰來從事該項工作、這些工作要如何組合、誰要向誰負責，以及要在那裡做決定等。易言之，組織要統整或組合各項活動和資源。

(三) **任用**：任用是人力資源管理的重要一環，是針對組織的各項職位選擇適當員工，指派其擔任組織中的待補位置。程序包括工作人力的需求確認，以及現有工作人力的盤點、人才招募、甄選、安置、薪酬、升遷、訓練等相關事項。

(四) **領導**：領導是管理的基本功能之一，領導是所有管理活動中最重要且最具挑戰性的。任何一個組織都是由人組成，管理者的工作之一就是要指導和統整組織成員，執行這項活動就是管理中的領導要素。當管理者激勵員工、指導他人活動、選擇有效的溝通管道或解決員工之間的衝突，就是從事領導工作。換言之，領導是讓組織中的成員，願意共同協力完成組織任務或目標。

(五) **控制**：控制是指在目標已設定、計劃已形成、結構配置已確定，以及人員已僱用、訓練和激勵後，有些事仍可能會出差錯，為確保所有事務能夠順利進行，管理者必須監測組織績效，實際績效要與原先設定目標進行比較，若有嚴重偏離，管理者有責任將組織導回正軌。這種監測、比較和導正方法，就是控制的過程。易言之，控制是一種監測和評估活動，能夠確保成功管理所需要的效率和效能。控制可區分為對人的控制與對事的控制兩種，對人的部分，是屬於人力資源管理的一環；對事的控制包含方案、績效和品質管理等。

(六)**決策**：決策是管理功能的核心，是指各種替代方案的產生和評估，以及在其中做出選擇的過程，每一個管理的功能皆涉及決策。在規劃方面，涉及組織整體方向的設定及決定未來的工作分配。在組織方面，需要在各種基本的組織形式及回報關係的鬆緊中做選擇。任用方面則涉及將適當的人才安置在適當職位。在領導方面，領導者在每一項案件選擇採用那一個。監督或控制方面，必須就控制的鬆緊和許多使用的可能標準和容許度間進行選擇。決策是主管的權責，然而現代管理應儘可能透過各種參與管理，讓部屬有參與的機會，以尋求共識的建立，對決策的執行將是一股必要的助力。

三　管理職能

(一)**定義**：管理職能（Management Competencies）是指能夠有效執行管理的一套知識、技能和態度。組織管理者的職責因其層級有所不同，例如：高階管理者負有提供組織全面指導的責任，任務是為組織規劃長期方向與目標。因此，高階管理者要能具備寬廣視野，試圖與大環境接觸，包括：社區、政府或基金會等。一位有效率和有效能的高階主管，花在組織內部的時間宜減少，將大部分時間留給大環境的管理和運作。

(二)**內涵**：中階管理者直接從屬於機構的高階主管，工作重點在於管理功能的發揮，讓體系運作持續；因而，中階管理者負有調和組織各部分的基本責任，協調各項分工，並以平和、有效方式讓方案順利運作。低階管理者的工作重心在於督導功能的發揮，以確保績效能夠達到預訂目標，因而低階管理者的職責在於監督直接工作者的工作狀況。另，管理者應具備的管理才能隨著職位高低有所不同，英國的管理憲章（Management Charter Initiative, MCI）就確立各級管理者應具備管理職能的一般標準。MCI是建立在一種對管理活動的分析，並強調有效管理者不僅能夠「知」，也能「行」。MCI制定第一級管理者、中階管理者及高階管理者的管理職能標準。（見下表）

表1-1　英國管理憲章的中階管理者職能明細

基本才能	具體相關要素
啟動和執行有關服務、產品和體系和變革與改善。	1. 確認服務、產品和體系的改善機會。 2. 協商和承諾引進變革。
監控、維持和改善服務與產品的輸送。	1. 確立和同意組織/部門所需的資源供給。 2. 確認和同意顧客的要求。
監控與控制資源的運用。	1. 控制成本和提升價值。 2. 依預算監控和控制活動。
取得並配置方案或活動所需要有效資源。	1. 為方案的預算計畫做辯護。 2. 協商和同意預算。
招募和甄選員工。	1. 界定未來的人力需求。 2. 決定獲得高品質員工的詳細說明書。
發展團隊、個人和自我來提升績效。	1. 藉由規劃和活動發展和改善團隊。 2. 確認、檢視和改善個人的發展活動。
規劃、分派並評估團隊、個人和自己所執行的工作。	1. 為團隊和個人設定及更新工作目標。 2. 分派工作並依據目標來評估團隊、個人和自己。
開創、維繫和提升有效的工作關係。	1. 建立和維繫員工的信任和支持。 2. 確認和降低人際衝突。
搜尋、評估和組織行動所需的資訊。	1. 取得和評估訊息以協助決策。 2. 記錄和儲存訊息。
交換解決問題和決策的相關訊息。	1. 引導會議與團體討論。 2. 建議和告知他人相關訊息。

資料來源：黃源協（2016）

四　管理思潮的發展

(一)對管理影響最大的是18世紀後的英國工業革命，機器快速取代勞力，使得工廠製品更加經濟，且鐵路快速擴展降低運輸成本，加上政府管制解除，助長大型組織蓬勃發展，經營管理的理論更顯得重要。

(二)組織更有效率的理性觀點，依其發展順序，依序為古典、人群關係系統及權變觀點。其中，古典管理觀點（Classical Approach to Management）是管理科學最早設定的理論，倡導者依據組織目的和正式結構加以思考，將焦點置於工作規劃，組織技術要求、管理原則，以及理性和邏輯行為假設。相對於古典觀點對結構和正式組織的強調，1920年代的經濟大蕭條期間，開始轉移至工作中的社會情境及組織中的員工行為，人群關係觀點（Human Relationship Approach）隨之興起。

(三)晚近的發展則著重於將組織視為一些相互關聯之次體系（Sub-systems）構成的系統（Systems）分析，著重以系統架構分析組織的想法，稱為系統觀點（System Approach）。古典觀點強調組織的技術性要求及其需求—「只有組織、沒有員工」（organizations without people）；人群關係觀點強調的則是心理和社會的現象，以及人的需求之考量—「只有員工、沒有組織」（people without organizations）。系統觀點試圖調和早期的兩種觀點，著重於整個工作的組織、結構與行為的交互關係，和組織內的一系列變項，且鼓勵管理者將組織視為一個整體（Whole），及一個較大環境中的部分，理念在於任何部分的組織活動，都會影響到其它部分，當然也會影響整體。

(四)相對於古典觀點和人群觀點偏重於組織或員工，權變觀點（Contingency Approach）重新關注將結構視為組織績效具有顯著影響力。權變觀點是系統觀點的延伸，強調組織結構形式與管理系統的可替代性。並未有任何一種形式是最適當的情況，例如：組織的結構和其成效是相互影響的，亦即權宜方法須視工作的性質及其所處的環境特性而定。

五　古典理論

傳統的行政管理理論，主要包括科學管理學派、程序管理學派及官僚組織體系學派。此種傳統的行政管理理論有其基本原則，自亦有其優點與缺點。

(一)科學管理學派

1. **泰勒的工廠管理理論與科學管理原則**：泰勒（W. Taylor），最受人重視者，為工廠管理理論科學管理原則，為管理學派的大師。

   (1) **工廠管理的理論**：1903年出版《工廠管理式》（Shop Management）著作，提出有關管理的四點理論：

   A. 每一工作日均應有其明確的工作。

   B. 為完成工作須給以標準化的工作環境、設備及工具。

   C. 凡具有較高的成績者應給以較高的薪資。

   D. 凡工作失敗者即將失去待遇與地位。

   (2) **科學管理原則**：1911年修正出版《科學管理原則》（Principles of Scientific Management），提出四項原則：

   A. 對一個工人之每一單元的工作，研究用和科學的方法來處理，以代替原有僅憑臆斷或摸索的方法。

   B. 應用科學的方法遴選工人及訓練、教導與發展工人；和以往工作是由工人自己選擇與自己訓練的方式大不相同。

   C. 工人之間應誠心的合作，以保證所有工作都是依照所發展出的科學原則處理。

   D. 管理者與工人之間，應同等的分工與分責任，比較適合於管理者處理的工作應由管理者負責處理；在以往幾乎所有的工作與大部分的責任均交由工人處理與負責。

   (3) **差異計件制**：薪資採按件計資方式，但完成一件工作的薪資定有兩種標準，一為高薪資，一為低薪資；當工人在規定時間（如一天）內所完成的工作件數在規定件數之內者，按低薪資標準核計所得；工人在規定時間內所完成的工作件數超過規定件數以內部分仍按低薪資核計外，超出規定件數部分改按高薪資標準核計。

2. **吉勃里斯的動作研究**：吉勃里斯（F. Gilbreth）發現各砌磚工人所用砌磚的動作都不一樣，快慢速度亦不一致，而引發他動作研究的興趣。

   (1) **對砌磚動作的研究改進**：吉氏對砌磚工人在砌磚時所用的動作中，研究那些動作可以減少以節省時間與體力，經過多次的實驗，對外層砌磚之手的動作可從18個減至4〜5個，內層砌磚之手的動作可從18個減少至2個；同時研究改進站立的姿勢以利撿磚。經吉氏研究改進後，一個砌磚工人的效率，從每小時砌120塊磚提高砌350塊磚。

(2)**標準的手動作的研究**：吉氏先用電影錄下工人之工作情形、而後再錄
放電影分析工人的動作，認定有無非必要的動作，及計算處理工作所
需要的時間。除此之外，吉氏並將手的動作區分為17種基本的單元，
如抓、持、放等，並稱此種單元為Therbligs，即吉氏名字的倒寫。

(3)**陞遷三職位計畫**：吉氏創設陞遷三職位計畫，以選用最合適之工人。每
選用一個工人時，皆須考慮三個職位，即該人以前之職位、目前職位，
及待升職位，故每一工人均須出三部分工作，即目前職位的本身工作，
對以前職位之人員負有訓練的責任，對待升之職位人員負有學習的義
務。如此使人員的陞遷不會發生困難，對工作亦不致發生困難。

3. **甘特的管制圖表**：甘特（HL. Gannt），係與泰勒同事，但甘氏對工作環
境中人的因素，比泰勒更為了解，因而設立了獎金制度；同時發明以管制
圖來控制工作進度、對管理甚有貢獻。

(1)**工作獎金制度**：甘氏所規劃的工作獎金制度（Task and Bonus
system），與泰勒的差異計件制不同。依甘氏意見，工人的每天工資應
予以保障；如工人能完成該天所分配於他的工作，他就可獲得獎金。
甘氏認為工作保障是有力的激勵因素，這亦是養成工人勤奮與合作習
慣的條件。

(2)**管制圖表**：甘氏於1917年發展出一種用以管制進度的圖表，以橫軸代
表時間，縱軸代表任務項目。此種管制圖的結構雖極簡單，但卻提供
了有效的規劃與管制的技術。在以後，此種管制圖表被普遍的採用，
圖表內容雖一再被修正補充而趨複雜化，但其基本結構還是與甘氏最
初所用者相同。

4. **愛默生的效率原則**：愛默生（H. Emerson），對科學管理極有研究，其所
提之效率原則深受各界重視。其效率原則共計十二點：

(1)**明確的信念**：意指管理當局需制定目標，並使組織內每一員工都能熟
悉這些信念。

(2)**豐富的常識**：意指運用豐富的常識，管理者需持信念，考慮將來的問
題，如此始能作通盤的研究，及尋求良好的意見。

(3)**合適的商議**：意指管理者須隨時隨地尋求合適的意見，當然並不從同
一人尋求所有的合適意見。在集體的基礎上，從每一人處獲得最好的
意見，即可能做到合適的商議。

(4)**紀律**：意指須嚴守規律，此一原則將引致對其他十一個原則的能否被遵守。

(5)**公正的處理**：意指須具備三種管理的本質，即同理、思考及最重要的正直。

(6)**可靠的、直接的、適當的及永久的紀錄**：各種紀錄是制作明智決定的基礎。不幸的有許多公司真能供作成本管制的紀錄極為貧乏，而所累積的其他紀錄卻毫無價值。

(7)**派遣**：意指管理當局須規定有效的生產進度及管制的技術。

(8)**標準與日程**：意指須有處理工作的方法與日程。此可經由動作與時間研究及建立工作標準，與規定每一工作者在工作上的位置來完成。

(9)**規定標準化的條件**：意指條件的標準化可節省心力與經費的浪費。此種標準化的條件可適用至員工個人及工作環境。

(10)**規定標準化的作業**：意指標準化的作業，可大大的增進效率。

(11)**規定標準實務指導**：意指實務指導可促使快速達成目標。

(12)**對效率的獎勵**：意指對具有效率者須予以獎勵。愛氏指出，效率構成品質與數量及經常的物料、人工及固定費用之十八個成本效率單元中的九個。根據成本效率給予效率獎勵的措施，經發現極為滿意與便利，此種方法亦極有彈性，既可應用至個人的短期間的作業，亦可應用至個人的長期間的整個工作，甚至可應用至一個部門或一個計畫的所有各種工作。

(二)**程序管理學派**：程序管理學派對管理的重點是放在對組織及管理程序的研究，主要代表人為費堯、孟尼、葛立克與伍韋克等四人，簡述如下：

1. **費堯的管理術**：費堯（H.Fayol）有「管理理論之父」的封號，重要論述為：

(1)**提出管理的意義**：費氏認為所有的管理工作，可歸納為六部分：

　A. 技術性的作業（生產、製造）。

　B. 商務性的作業（購置、銷售與交換）。

　C. 財務性的作業（籌集與管制資金）。

　D. 安全作業（保護產品與人員）。

　E. 會計作業（存貨紀錄、資產負債平衡表、成本計算、統計）。

　F. 行政性作業（計畫、組織、指揮、協調及管制）。

(2) **提供分析組織的原則**：費氏認為分析組織，應根據以下5項原則（簡稱 OSCAR）即：

表1-2　OSCAR一覽表

目標 Objective	組織應有一明確目標，每一職位也應有其職位目標，集職位而成的單位，有其單位目標；當職位目標達成時，單位目標也就達成，單位目標達成時，組織的目標也達成。
專業化 Specialization	每個人從事的工作應嚴格侷限於一種單純的作業，對該作業須長期進行專業訓練，使其具備專業的知識技能。
協調 Coordination	應規劃各種協調方式，發揮團隊精神及有效達成組織目標。
權威 Authority	組織應有一位最高的權威者，自最高權威者之下建立一明確權威系統，使層層節制有條不紊；主要的作用在提供有效協調方式。
職責 Responsibility	權與責應相稱，賦予某人責任，應即賦予與責任相稱的權威。

(3) **訂定14項管理原則：**

A. **分工**（Division of Labor）：專業分工可以提高效率，但費氏認為，專業分工不但可應用於技術工作，也可應用於管理工作。

B. **權威與責任**（Authority and responsibility）：費氏認為權威與責任是並存的，權威是命令他人與使他人服從的權力，責任是隨著權力的運用所作的獎賞與懲罰。用以防止領導濫用權威及削弱地位的最好方法，是個人的道德品性。

C. **紀律**（Disicpline）：紀律是組織與員工間同意規定的範圍，服務、勤奮、努力、態度及尊重等，一個組織須同時具有優秀的領導者，能對違反紀律者予以有效懲罰，紀律的敗壞常來自無能的領導者。

D. **命令統一**（Unity of command）：任何員工只能有一個主管，不僅是原則也是法則。

E. **管理統一**（Unity of Management）：對具有同樣目標之同一計畫之所有作業，須由同一管理者負責，如此對各種資源才可做到良好協調，以及所有努力都能朝向同一目標。健全的組織結構，才能進行管理的統一。

F. **個人利益應受制於共同利益**：組織目標須優先個人的或由個人所組成的團體目標。無知、野心及自大，都是使個人利益先於共同利益的因素。管理者應經常經保持警覺與做好示範，是協調歧見的有效方法。

G. **員工的報酬**：薪酬計畫須確保報酬公正，對績效優異者給予獎賞，及不使獎賞超出合理限度。不論計時、計件、紅利及利潤分享等薪酬計畫，各有利弊應審慎規劃。

H. **集權**（Centralization）：集中權威的本身並無好壞之分，但多少會有集權，問題在於集權應至何種程度才是合理。須視管理者及員工素質和環境情況而定，因為這些情況常是變動的，故合適的集權與分權的分際亦需隨而調整。

I. **層級制**（The Hierarchy）：是一個組織由上而下的地位高低，為保持層級的完整及確保命令的統一，組織內員工的意見溝通須循著正式管道進行。

J. **秩序**（Order）：每一位置均有工作，每一工作都有其位置，此一原則亦可應用至物料與人力資源，即完美的人力秩序需要有效的組織與審慎的選用人員。

K. **公平**（Equity）：友善與公正始能達到公平，能幹的管理者應將公平灌輸至組織所有各層次。

L. **員工的安於久任**：要將員工安排至工作並表現出績效是需要時間的。費氏認為成功的事業管理人員都是安於久任，不成功的事業之管理人員多是不安於久任的。因此，組織須鼓勵員工對組織長期貢獻。

M. **主動**（Initiative）：主要是設想與執行一個行動計畫力量，主動可增進員工的熱心與活力。因此，在尊重權威與紀律的範圍內，應盡力鼓勵與發展員工的主動性。

N. **團隊精神**（Esprit de Corps）：這種精神的培養有賴於組織內員工間的和諧與統一，發揮團隊精神的最有效的方法是經由命令統一與口頭的意見溝通。

提出管理的五種功能如下表：

表1-3　管理五大功能一覽表

計畫 Planning	根據情勢預測訂定作業方案，預測期程遠近應視組織需要而定。
組織 Organizing	包括結合各種活動、物料與人力，以完成分配的工作，需要各種資源的有效協調。
指揮 Commanding	運用領導方法推動組織業務，定期的進行組織檢討，以精簡無效人力。
協調 Coordination	為統一與調和達成組織目標必需進行，經由管理者與員工的定期會商，使協調及工作的進行趨於順利。
管制 Controlling	注意各種工作是否按計畫進行，管制工作的範圍，必須擴大至人力、物力各項作業。

2. **葛立克行政管理計畫說**：葛立克（L.H. Gulick）與伍克（L.F. Urwick）共同提出行政管理論點，而行政管理須包括以下七個部分：

計畫 Planning	任何行政管理計畫須先有周密的規劃，以確保工作的完成。
組織 Organizing	將應處理的各種活動（或作業）予以歸納，凡相同的歸納成一個職位，相近的職位歸納成一個單位，相關的單位再歸納成一個部門，如此可構成一個完整的組織。
人員 Staffing	包括需用人員的遴選、派用、訓練、考核、薪酬等各種人力資源工作。
領導 Directing	包括權責分配、指揮系統的建立，及一切命令與服從關係的確立。
協調 Coordinating	包括上下層次間及同層次之各單位間的工作聯繫與協調溝通等活動。
報告 Reporting	包括工作成果的紀錄、分析、研究、審查、評估及報告等活動。
預算 Budgeting	含預算的編制、會計及審計等。

系統理論

(一) 古典學派強調組織的技術性要求與其需求（亦即，有組織、沒員工），人群關係學派則強調心理和社會面向，以及對人群需求的思考（亦即，有員工，沒組織）。系統觀點則是重視調和前述兩種觀點，焦點放在整個工作組織、結構和行為的互動關係，以及組織內的各種變項。系統觀點鼓勵管理者視組織為一個整體及更大環境脈絡中的一環，主要理念是一個組織任何一部分的活動，都會影響到其它部分。因此，系統理論提出一個整合和全面性的組織功能觀點。

(二) 系統（Sytem）是指一套互有關聯和互賴的部分，共同構成一整體項目，以達到一定目標和執行特定計畫。系統可區分為封閉和開放的系統。封閉系統（closed systems）是指系統不受到環境的影響，也不與它發生的關聯；泰勒（Taylor）對人和組織所持的機械觀點，是屬於封閉系統的觀點。開放系統（open systems）是指一種動態體系，與環境互有關聯並對之產生反應，開放系統觀點接受組織是持續不斷與其環境相互影響的。

(三) **開放系統模式具有四個特性：**
  1. 一個系統是由許多互有關聯的次體系構成。
  2. 組織是開放且動態的。
  3. 組織力求均衡。
  4. 具有多重目的、目標和任務，其中有些是相互衝突的。
  欲瞭解組織系統運作，必須先瞭解各部門運作，以及各部門如何構成一個整體系統，任何一個次系統發生變動，都會對其它次系統產生一定的影響力。

(四) 系統的倡導者設想組織是由一些相互關聯的因素構成，包括個人、團體、態度、動機、正式結構、互動、目標、地位和權威。因此，管理者的工作是要確保組織各部分彼此之間是相互協調的，以利組織目標達成。此外，開放系統觀點認為，組織並非是自我設限的，必須仰賴環境提供必要的投入，且當作是一種產出的來源，若忽略政府的規範、供給者關係或各種依賴的外在要素，則沒有任何一個組織可以長期存活。

(五) 以公共服務組織為例（見圖1-3），將組織視為一個系統，是由許多要素構成。投入（Inputs）是放入達成組織目標資源到系統中。這些資源可能包括金錢、員工、志工、設備、技術和個案。系統中的產出（Outputs），在社會服務組織中是指讓個人或其地位改變的成果（Outcome），例如：讓一

位申請者轉變成符合資格要件的福利受益者；這種出現於組織內部結構，由輸出到產出的轉變，稱為轉換過程（Throughput）。轉換過程是由發生於組織內的所有事情所組成，包括員工之間的互動、員工與個案之間的互動、服務的提供、組織的政策和程序以及組織目標。除了投入、過程、產出和成果之外，大部分組織包含回饋環（Feedback Loops），是指讓組織能夠收集訊息，或與他人溝通組織如何以較佳方式執行工作的系統或過程的一種再投入。

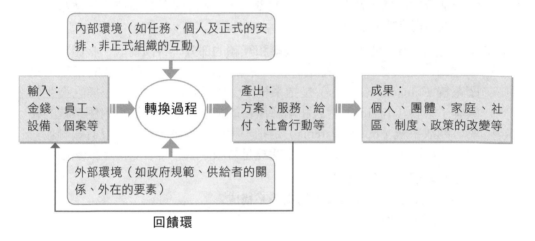

圖1-3　組織的系統模式

資料來源：黃源協（2016：38）

(六)巴納德（Barnard）的合作系統理論其要點有四

1. 提出組織合作系統（Cooperative System）概念，強調組織合作系統係由組織成員的共同目標、貢獻心力之意願及相互溝通的能力所結合而成。

2. 強調組織合作系統中，合作行為與組織效能（Effectiveness）及組織效率（Efficiency）有關，而組織效能和效率二者之達成，有賴行政主管功能的發揮。

3. 分析組織成員在組織中的合作行為，係受到組織環境中生理、物理、心理和社會因素的影響或限制。

4. 建立組織平衡的理論架構：重視組織成員貢獻與滿足間的平衡，並認為當組織所能提供其成員的誘因大於或等於成員對組織的貢獻時，組織才能生存發展。

系統觀點在社會工作中有其特定的地位，主要是因為它具備理念與實務，特別是在家族治療和整個社會服務組織的經營。系統觀點中的管理者，所要經營的並非只是傳統的內部系統，而是必須將重心置於其所管理的次系統，如何與其所處的較大、整體、甚至外部世界的系統產生連結之「介面」（Interface）的經營，亦即所謂的界線管理（Boundary Management）。此種系統的觀點，對個案管理或照顧管理的實務尤其重要，主要來自實務模式需要組織內、外部系統的交互作用，為其服務輸送創造較佳的環境。因而，系統理論鼓勵管理者以一種動態的意識思考「投入」與「產出」之間的關係，以及內部與外部環境的互動（黃源協，2009）。傳統上，社工員也為這種強調公開、團隊工作和系統互動觀點所吸引。但批評者卻認為，該觀點僅是一種欲捕獲複雜的真實世界之矯揉造作企圖，儘管使用有機的語言，但該觀點卻未考慮人的情緒，且存有偽科學（Pseudoscientific）的跡象。此外，系統分析雖提供一種抽象的描述，但從未鋪設可供行動或行為的策略或導引。系統觀點也刻意表現政治上的中立，很少談到組織內權力交互作用所產生的影響，特別是很少將種族主義、性別主義和壓迫的要素等納入組織運作。顯然系統理論需要更多的科學驗證、更具體的行動指引策略，且必須隨時將環境變異納入系統加以思考。

 權變理論

(一)古典管理學派提出一種組織結構的最佳型態，並強調管理的普遍原則，人群關係學派很少關注組織的結構。相反地，權變觀點重新關注結構對組織績效影響的重要性。權變觀點是系統觀點的延伸，強調區別不同組織結構與管理系統的可能方法。權變理論（Contingency Theory）的基本觀念在於，管理並無普遍的法則或單純的原則，正確的管理技巧應視其所處的環境而定。例如：分工在許多情境中是很有價值的，但工作有時並不能過於細分；科層管理在許多情境也是好的，但在其它地方，別種結構設計可能會更有效益；允許員工參與決策雖是一種高效能的領導方式，但未必如此。

(二)基本上，權變管理是各項管理理論的統合，提醒管理者，每一個組織都是獨一無二的，並沒有一種適用於所有情境的「最佳方式」或正確的決定，不同的情境要有不同的決定和管理行為。管理者的工作在於促進組織

次體系（如環境或人際關係）的功能及交互關係，並確保對組織生存有助益的組織環境彼此之間的關係。因此，權變管理會在某一種情境下主張採用科學管理，而在另一種情勢之下則主張採用行為管理，所採行的理論或方法是因應各特定情境的特徵，因此又稱為情境管理（Situational Management）。

(三)管理的權變觀點來自組織是多變的，包括組織規模、例行性的工作技術、環境的不穩定性及個人的差異，要發現在各種情境中皆可適用的普遍原則，是很不可能的，因此任何作為必須視情境組合而定。權變管理對於問題的處理方式，主要是先分析問題，再逐一列明問題出現的各種相關情境，再依所處情境研擬可行的行動方案。權變管理理論提醒組織管理者，沒有一套放諸四海皆準的管理理論，唯有綜合各種理論，審慎辨明情境，才能採取適當行動，使組織有效運作。著重全面性、組織體系的獨特性、次體系之間的關係，以及因應環境變遷的彈性等特性，是權變模式適合運用處理問題複雜且多變的社會福利機構的最大利多。

權變理論係隨系統與生態理論而來，因系統及生態構成多變，而權變乃在適應多變。權變理論有其一定的意義與架構，可在管理上應用，茲分項簡述如後。

權變乃從權處變，隨機應變，係指解決問題的方法須隨問題及情況的不同而異。其基本觀念為：

(一)**問題常由因素構成**
　1. **每一問題常含有若干因素**：一問題之產生，必有其若干方面的原因，而此種原因均可稱為因素，若因素有所不同，則產生之問題也有不同。如人之生病，多由於身體各部位的失調，如產生失調之部位不同，則病情亦異，故問題與因素有密切關係。
　2. 解決問題必須考慮其因素：問題既與因素有關，則解決問題時自須考慮及因素，如構成問題之因素越多，則解決問題時須考慮之因素亦越多。管理問題之產生，往往牽涉甚廣，也即涉及因素甚多，故處理時應特別慎重。

(二)**因素的變化涉及問題的變化**
　1. **任一因素之變化可能影響及問題的內涵**：一個問題不僅與若干因素有關，且若干因素中任一因素的變化，均可能影響及問題的內涵。因此雖同一類問題，但如其中不同的因素發生變化，或雖屬同一因素的變化，但變化的情況不同時，則問題的內涵也將有別。故問題內涵的變化極多。

2. **任一因素之變化將會影響及解決問題的方法**：解決問題須先了解問題之內涵，而問題之內涵又因因素的變化而異，故對同一問題如因素發生變化之情況不同，則解決問題的方法也將有異。

(三) **不同的問題應用不同的解決方法**

1. **因素相同的問題並不多**：涉及因素相同的問題並不很多，正如病人之病況及構成病況原因完全相同者，並不多見。因此解決問題之方法屬於完全相同者，也不很多。

2. **因素變化相同的問題甚少**：不僅因素相同且因素之變化及變化情況也屬相同的問題，則甚為少見，如病況、病情嚴重度、發生疾病之原因等完全相同之病人，甚為少見者同。

3. **解決問題之方法常有不同**：解決問題的方法，須針對問題的內涵而定，內涵完全相同的問題，始可適用完全相同的方法解決。而事實上內涵完全相同的問題並不多見，故解決問題的方法也常須不同。

(四) **盧生等的權變管理理論架構**：盧生（F. Luthens）、莫斯（J. J. Morse）及洛希（J. W. Lorsch）等人，所主張的權變管理理論，主要為管理方法策須權變運用，其目的在求更有效的達成組織目標。

1. **基本架構為「假如……則」**：「假如」代表環境（為自變數），「則」代表管理（為依變數）。也就是說，假如產生某種環境，則運用某種管理方策，以有效達成組織目標。故權變管理理論架構的三個主要部分，就是環境、管理、及環境與管理間的關係，其情形也可用 $M = f(E)$ 公式表示。

2. **環境變數**：環境變數可分外在環境（包括文化、教育、政治、社會、經濟、顧客、供應者、競爭者等）與內在環境（包括組織結構、所用技術、員工心理、組織目標與價值等）兩種。外在環境均屬於組織之外，管理上難以直接控制，故為自變數；內在環境均屬於組織內部，管理可加以適度控制，故可能為依變數，但也可能為自變數外在及內在環境變數名稱。

3. **管理變數**：即為適應環境情勢需要，所採取的管理方案。管理的範圍甚為廣泛，如包括行政行為、行政程序、組織管理、人事管理、財務管理、事務管理等；管理方案種類亦多，如設計組織的原則、組織的型式，可視環境情勢的需要而選用；人事管理的措旗，可視人的因素、技術因素、時空因素而調整；財務的調整，可視財務收支、預算執行、戰時需財及地方財務收支情況的需要，而設計調整的方法；其他如行政行為、行政程序方面的領導方式之靈活運用、計畫之保持彈性、增進效率技術方法之選用等，均需視當時環境及情勢而定。

(五)**吉勃生等的權變組織設計**：吉勃生（J. L. Gibson）在其所著《組織》
（Organizations）一書中，曾提出組織設計須考慮及組織本身所採用之生
產技術及當時之環境因素，而後再提出權變的組織設計之一般模式。

1. **技術與組織設計之關係**：根據伍華德（J. Woodward）研究，組織形態與
所採用生產技術有密切關係，如組織內部單位的區分、層次的設置、管制
幅度的大小及人力結構等，均可能因所採用技術的不同而異。

(1)**生產技術**：主要可區分為三種：

個別的 生產技術	此為工業革命前最為盛行的技術，產品規格均由雇主自定，而後再按規格生產，如訂做衣服、承印論文書刊等；此種生產技術之同一產品數量不大，運用人工較運用機器為多。
大量的 生產技術	自工業革命後機器大量發明，生產力提高，為求成本降低，乃自行設計產品規格並大量生產，如汽車之大量生產即是；此種生產技術大都利用機器操作，裝配時偶須使用人工。
程序的 生產技術	自基本原料起，自動經過連續生產程序；產生各種標準產品，如由石油原料提煉製成各種產品，即屬其例；此種生產技術多用電腦操作並自動控制，員工只要看儀表即知運轉是否正常。

(2)**生產技術對組織形態的影響**：主要可由表1-4顯示：

表1-4　生產技術對組織形態影響

受影響的範圍 受影響的情形 生產技術種類	個別的 生產技術	大量的 生產技術	程序的 生產技術
組織內部分均層次	3	4	6
首長對所屬的管制幅度	4	7	10
中級主管對所屬的管制幅度	23	48	15
直接勞工與間接勞工人數平均比例	9：1	4：1	1：1
直接勞工與間接勞工人數平均比例	8：1	5.5：1	2：1

(3)**生產技術對組織的其它影響**：主要有(A)採用個別的與程序的生產技術之組織，其組織富有高度彈性，對員工之工作指派並不十分明確，意見溝通多以口頭為之；而採用大量的生產技術之組織，員工的工作指派均甚明確而固定，意見溝通多以書面文件方式行之。(B)採用大量的生產技術之組織，管理人員多為高度專門人才，基層主管之任務為監督所屬，管理生產（如進度安排及進度管制）與監督生產（如監工）往往分開，且由不同人員擔任；採個別的生產技術之組織，管理者多為技術企業家，管理生產與監督生產均由基層主管負責；採用程序的生產技術之組織，希望管理者為科學企業家，管理生產均由基層主管擔任。

2. **環境與組織設計之關係**：依洛倫思及洛希（Lawrence and Lorsch）的研究，環境對組織之設計有下列不同影響：

(1)**環境會影響領導方式**：如某些單位的管理對員工需採工作取向的領導，而某些單位則採人員取向的領導；有些單位員工對單位目標的關切超過組織目標的關切，而某些單位則否。

(2)**環境會影響及協調的重要性與協調方法**：如在不穩定環境中的組織，其協調的重要性比穩定環境中的組織更為重要；且前者應透過充分的意見溝通來完成協調，進而達成組織目標。

(3)**次級環境的變動率會影響及協調的需要與難度**：市場、技術經濟、科學三種次級環境，對銷售、生產、研究發展業務影響最大，當此三種次級環境的變動率愈大，則資訊愈不確定，回饋所需期間長，各次級環境的差異性大，使協調愈需要，協調愈困難。

(4)**環境會影響及組織形態**：究應採用官僚組織形態（傳統的組織形態）或彈性極大的組織形態，需視各單位的業務與環境的關係而定，故一個大組織內可有著不同組織形態的單位。大凡次級環境愈穩定愈可用官僚組織形態，次級環境愈不穩定愈宜用彈性極大的組織形態。官僚組織形態的協調可以規章達成目的，彈性極大的組織形態，其協調則應透過人員的機動編組，及交互活動與意見溝通來達成。

3. **權變設計組織的一般模式**：吉氏根據上述洛氏的發現，乃提出權變設計組織的一般模式，主要有兩個重點：

(1)**權變設計組織的基本觀念**：認為組織與各個較大環境中四個次級環境之相互間，具有依賴或影響的功能。即組織從外界環境獲得輸入（如生產事業從外界獲得原料）。經由運用知識與技術程序（如將原料製造成產品），再向外界環境輸出（如將產品向外界銷售）。學校亦屬如此，即向外界招收學生（輸入），經過教育（知識與技術），再回社會服務（輸出）。政府機關亦不例外，如接受民眾的需求問題反應（輸入），設計規劃解決各種需求問題的有效措施（知識與技術），向民眾提供大量的高素質的服務並解決其需求問題（輸出）。醫院的收容病人即為輸入，診斷即為知識與技術，病人康復出院即為輸出。故一個理想的組織，就是最能適應下列四個次級環境需求的組織：

輸入 **次級環境**	輸入可以為原料、問題人員等，如輸入的數量及內涵甚為穩定，則其組織可採用官僚組織形態；如輸入的數量及內涵變化很大，則組織必須具有大的彈性方能適應。
輸出 **次級環境**	輸出是組織的工作目標如生產事業須予製造產品種類與數量及其應保有的品質，一般機關須提供的服務與品質及其達成的工作計畫等。輸出能否達成預定目標，受著輸入、知識與技術的影響。組織形態自需適應輸出的要求，如輸出產品的種類、數量及品質等變化多端，不易獲得可靠情報，及回饋所需時間甚長時，則組織必須具有彈性；如市場穩定且回饋所需時間甚短時，則組織可較為定型。
技術 **次級環境**	技術係指「員工個人運用（或不運用）工具或機器，對一事物加以某種動作，使該事物發生某種變化」，此種動作稱為技術。所運用之技術，與輸入類別及輸出目標有關，如輸入類別及數量經常不變，採同樣的處理程序，生產同樣的輸出，則可採用大量的生產技術；如輸入類別及數量

技術 次級環境	變化大，需應用不同的處理程序，生產多種不同的輸出時，則宜採用程序的生產技術。其他事業及一般機關亦然，只是「技術」的含義，應該指所應用之分析技術及需用之學識技能而已。通常言，當需用之技術愈是例行及經常，則愈可採定型的組織，每一員工的職責愈可固定，科學管理的技術（如動時研究、工作簡化、工時標準）愈可應用；但如需用之技術愈屬非例行或非經常性時，則因處理程序無法作事先規定，故組織需求彈性。
知識 次級環境	此環境分布甚廣，在輸入、技術及輸出環境中均包括有知識環境。知識環境發展之快速或穩定，在其他各環境中之情形可能不同，如輸入環境之知識環境並無變化，而在技術環境中之知識環境可能發展快速；如醫院之診病知識發展快速，但輸入仍屬一般的病人，輸出仍為治癒之人。管理者必須了解知識環境之發展情況，而組織設計又須配合知識環境的變化。

(2) **權變設計組織的要點**：吉氏認為一個負設計組織責任者，在設計組織時應考慮下列六點：

A. 對有效的組織結構設計，不能以「某一好方法」為根據，而應以官僚組織形態或彈性組織形態對整個組織或各個單位較為有效的觀點來考慮。

B. 須先了解輸出、輸入、技術與知識四個次級環境的情況，因此四個次級環境可決定組織內各單位、各單位相互間、及各單位與其次級環境間的關係。

C. 再分析四個次級環境間的關係，更須決定何種次級環境具有支配的力量。

D. 對每一次級環境的變動率、穩定性、回饋所需期間，應加以衡量，因這些條件是組織的結構與權力分配時的重要變數。

E. 組織內各單位的組織結構，應根據環境情況，在定型的與不定型的連續中，選用與環境相適應的組織形態。凡變動率低、較為穩定、回饋時間短者，可用官僚組織形態（即定型的組織）；如屬情況相反，則用彈性的組織形態。

F. 設計組織內各單位的組織結構之同時，需設計統合協調的技術，即究應以規章、計畫、或相互意見溝通方式來統合協調，需視各單位

　　的情況而定。凡變動性愈大單位，愈需意見溝通方式，愈穩定的單位，愈宜用規章或計畫方式。

 人力資源管理的定義與活動

方世榮（2016）指出，人力資源是指管理工作中對人員或員工所必須執行的政策與實務，包括：

(一)進行工作分析（確定每一員工的工作本質）。

(二)勞力需求規劃、招募合格的人員。

(三)遴選合格的人員。

(四)新進員工之導引與訓練。

(五)薪資管理（制定員工的薪酬制度）。

(六)提供激勵誘因與福利。

(七)考核績效。

(八)溝通（面談、諮商、維持紀律）。

(九)訓練與發展。

(十)建立員工的承諾。

此外，一位管理者亦須瞭解下列事項：

(一)公平的就業機會與承諾性的行動。

(二)員工保健與安全。

(三)處理申訴與勞工關係。

沈介文（2015）認為，人力資源管理（Human Resource Management, HRM）是指一種有效管理組織人員的過程，其目的在使員工、組織及社會等等的利害關係人，均能蒙受其利。

與傳統人事管理的差異：

(一)**人力資源管理需要高階支持**：真正有效的人力資源管理，需要高階主管的支持或主導。

(二)**人力資源管理需要直線單位的支持**：傳統人事管理中的直線經理往往是被動參與，但現代人力資源管理中的直線經理則需要更主動積極。事實上，現代組織的許多人力資源管理功能，都已經轉由直線單位來執行，人資部門只從旁協助、輔導或提供專業諮商，例如由直線單位自行招募，人資部門則設定一般性的招募原則，並對直線部門進行招募訓練等等。

(三) **人力資源管理強調組織與員工的一起成長**：傳統人事管理比較強調選用人才，而現代人力資源管理則更強調與組織的共同發展，屬於一種長期跨部門的團隊合作觀點。因此，現代人力資源管理相對重視員工的成長與整體工作生活品質，例如提供長期的訓練發展、針對未來績效進行評估以培養未來經理人、提供員工家庭照顧以減少其後顧之憂等等。

人力資源管理涵蓋的活動包括：人力資源規劃（Human Resource Planning, 簡稱HRP）、招募任用（Recruiting & Staffing）、績效評估（Performance Appraisal, 簡稱PA）、薪酬制度（Compensation System）、訓練發展（Training & Development）和勞資關係（Labor-Management Relations）。圖1-4所顯示的就是人力資源管理的相關活動彙整。

雖然現代的人力資源管理，許多功能已由直線單位執行，但人資部門仍需要從旁協助、輔導或提供最新資訊與方法。因此，不論直線部門主管或人資部門人員，都要對六大活動有所瞭解，人資部門的員工，更要對六大活動有更深入的理解。

(一) **人力資源規劃**：人力資源規劃主要任務是預測長短期的人力需求以及勞動市場供給情形，包括正式或非正式員工，同時也要考慮員工與組織的發展以及員工長期的教育訓練規劃等等。一般，必須先進行工作分析（Job Analysis）以獲得必要的資訊，才有利於人力資源規劃的進行。

(二) **招募任用**：招募任用可說是人力資源管理執行層面的第一階段，組織欲招募的員工（Potential Employee），將是以後與組織重要的互動者。因此，任何組織都應該謹慎地完成此一階段任務，除了盡可能地瞭解與評估潛在員工的知識、技術及態度（Knowledge, Skill & Attitude, KSA）之外，也該多瞭解潛在員工的需求，並且透過工作預視（Job Preview）或其他社會化（Socialization）的方法，例如新進員工的導引與訓練等等，讓潛在員工先行瞭解組織的特色，包括各種相關制度、文化或是人員之間的關係等等。

(三) **績效評估**：在人員被任用之後，組織需要透過績效評估瞭解員工的具體表現，除可作為薪資獎金發放及職位調整參考之外，更可透過績效評估結果，進行教育訓練的設計或是修正原來的招募方式（例如原來以為高績效的潛在員工，招募之後，卻有許多人表現不佳，此時也許就需要對招募的評估指標進行檢討，是否因為招募過程的評量錯誤，造成員工的表現不如預期等等）。在執行績效評估時，首先需要搜集資訊，其重點是建立評估

標準以及評估程序，包括是否要對行為、結果或是工作內容進行評估，是否要對個人或團體進行評估，以及決定何種評估等等。其次，績效評估的資訊運用，除了可以做後續處置的參考，包括決定獎金的高低以及是否以升遷之外，組織還可以運用這些資訊進行績效回饋，包括進行員工績效面談、與員工共同參與績效改善、決定是否需要教育訓練等等。此時，主管平常的溝通能力訓練就相當重要。

(四) **薪酬制度**：由於績效考核與組織的薪酬制度息息相關，因此人力資源管理者對於薪酬制度的規劃與執行，亦須特別注意。一般來說，員工薪酬包含兩部分：直接薪資與間接薪資。其中，直接薪資又可分成固定薪資（通常就是本薪），以及變動薪資（例如績效獎金、紅利、津貼等等），至於間接薪資部分，指的就是組織所能提供的福利，包括交通、餐點、住宿、旅遊等等方面的免費提供或是較便宜的價格。同時，由於薪酬制度是吸引員工願意任職與留任的最主要原因，因此其設計就需要格外小心，考量重點除了薪資成本與合法性之外，還包括：以何基礎給薪（工作表現、工作時間、能力或學歷等等）、是否具有競爭力（能否爭取到適任的員工）、是否公平、不同的組合方式（直接與間接、固定與變動薪資的不同組合）是否會更好等等。

(五) **訓練發展**：績效考核除了與薪酬制度有關之外，也與訓練與發展有關。因為績效未達理想的員工，除了在薪資上可能無法有較好的結果之外，同時也意味著當事人可能需要安排更多的訓練與發展（績效好的，也需要訓練發展變得更好）。其中，所謂「訓練」，是指與工作內容較直接相關的能力養成，其應用範圍比較窄，但往往能短期內看到績效的改善。相對地，所謂「發展」乃是指與工作間接相關而範圍比較廣泛之能力的養成，其重點著眼於長期的績效提升。至於訓練或發展計畫的擬定，需要注意的因素包括：受訓對象是針對個人或團體、是否允許受訓者與訓練計畫的擬定、以及受訓者的參與程度如何等等。

(六) **勞資關係**：人力資源管理尚有一項任務，必須改善勞資關係，包括工作環境的改善、提升組織對員工權利的重視、訓練員工瞭解自己的基本權利義務、建立申訴管道與申訴制度。另一方面，雖然組織最好能夠平常就維持勞資和諧，以避免員工籌組工會，因為工會成立後的各種協商，即使只是花時間也都是成本。然而，組織很難確定員工是否成立工會，因此有必要培養勞資協商的技巧，以及學習相關的法令知識，以面對工會的可能籌組與協商。

除了以上的六種具體活動之外，人力資源管理往往也與員工承諾的建立、生涯管理、激勵、潛能發揮等等有關，甚至需要進行人力資源的研究，例如閱讀最新理論或觀點、收集資料進行分析、重要的成功案例研討等等，以期發展出個別獨特的人資管理最佳模式（Best Practice）。

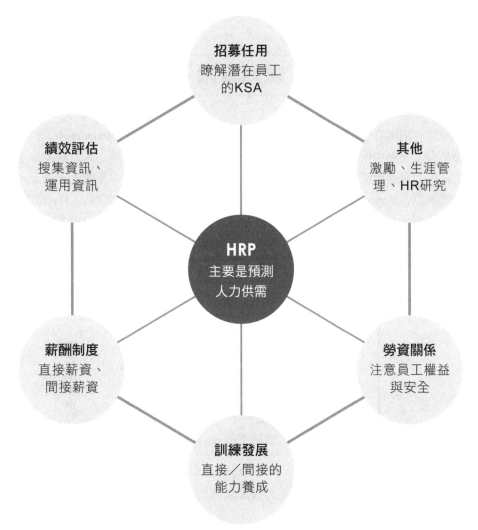

圖1-4 人力資源管理的主要活動

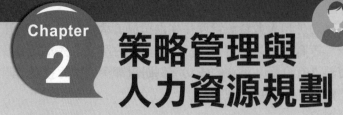

策略管理與人力資源規劃

依據出題頻率區分，屬：**A** 頻率高

課前導讀

本章將介紹策略性人力資源管理（Strategic Human Resource Management）於企業經營及發展中所扮演的重要性角色。首先描述企業策略管理與人力資源管理之間的關係並說明策略性人力資源管理的功能。接著即進入本章的主題—人力資源規劃（Human Resource Planning），詳細介紹人力資源規劃的工作內容與進行流程（包含：企業環境分析、人力資源供需分析以及擬定人力資源行動計畫），以此建立讀者對於策略性人力資源管理的基本概念，並了解其如何協助組織達成總體目標。

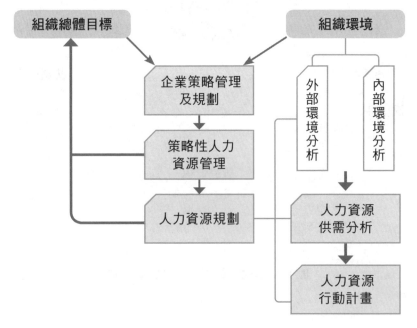

圖2-1　本章架構圖

重點綱要

一、企業策略與人力資源管理

(一) 企業策略管理規劃

基本的企業策略管理規劃流程包括：

1. 設定目標。
2. 策略規劃預測。
3. 檢視行動方案。
4. 挑選計畫並加以落實。

(二) 企業績效與人力資源管理

人力資源管理對企業目標的支援戰略計有：

1. 設定策略方向、規劃各類方案。
2. 分析組織中現有的人力狀況，並發掘人員職能與需求上的落差。
3. 設計具體行動方案。
4. 執行行動方案，落實前項各階段的工作。
5. 針對前階段各項執行情形，進行監督、評估、檢討。

(三) 人力資源管理發展演進

1. 人事行政時期。
2. 人事管理時期。
3. 人力資源管理時期。
4. 策略性人力資源管理時期。

(四) 策略性人力資源管理

目標設定	將人力資源與公司或組織目標進行有效的連結
環境分析	分別對內、外在環境進行分析，常用的方法為(1)PEST分析、(2)SWOT分析。
形塑策略	人力資源管理的各項政策，必須有效融入組織目標及其競爭性策略中。
功能角色	應有效扮演策略夥伴、行政專家、員工保母及變革推手。

(五) 人力資源平衡計分卡

人力資源記分卡是以平衡記分卡的觀念為基礎，從以下四個構面對人力資源管理工作進行衡量：

1. 客戶構面。
2. 內部業務構面。
3. 創新和學習構面。
4. 財務構面。

二、人力資源規劃

(一) 進行人力資源規劃的原因

1. 保證組織目標的完成。
2. 適應環境變化的需要。
3. 提高使用人力資源管理效率。

(二) 人力資源規劃的程序與內容：可概分為四個階段進行說明。

準備階段	內、外在環境訊息的蒐集以及分析。
預測階段	預測人力資源的需求與供給。
規劃階段	確定組織對於人力資源的淨需求。
實施階段	發展執行方案並進行評估與修正。

(三) 企業內、外在環境分析

1. **外部環境分析**：政治、經濟、社會、科技以及外部勞動市場。
2. **內部環境分析**：組織使命與經營策略、組織結構以及組織文化。

(四) 人力資源供給與需求分析

1. **人力資源供給分析**：
   (1) **預測公司內部的人力供給**

人事資料清查法	對組織現有人力資源品質、數量、結構進行檢查，用以掌握組織目前所擁有人力資源的狀況。
人力接續法	根據工作分析的資訊，確認該職位對於員工的要求以及目前任職者的情況，以此安排接續／繼任計劃。
馬爾可夫分析法	又稱轉換矩陣法，係指找出過去人力資源供給變化的規律，用來預測人力資源變化趨勢。

   (2) **預測公司外部的人力供給**：視管理者對該產業及該地區的瞭解來預測人力資源的供給情形，但仍需輔以正式的勞動市場進行分析。

2. **人力資源需求分析**：
   (1) **判斷預測**

管理估計	管理者根據過去經驗，對未來全體人員需求做預測。
德爾菲技術法	專家小組成員的預測，持續修正直至出現共識。
情境分析	使用勞動力環境評估資料去發展替代的工作情境。

(2) **數學預測**

　　A. 時間序列分析。　　　　　　　B. 人事比率。

　　C. 生產力比率。　　　　　　　　D. 迴歸分析。

(五) **制定人力資源行動計畫**

　1. **人力短缺時的行動計畫**：進行內、外部的人才招募，以補足所欠缺人力資源不足之處，可採用接班規劃以及工作告示等方式。

　2. **人力過剩時的行動計畫**：為了減少不必要的人力，組織可以採取讓表現較差的員工自願提前退休、遇缺不補、強迫員工休假、減少工作時間、解僱臨時人員、減低薪資等。

(六) **人力資源規劃常見問題**

　1. 組織內部支持的問題。　　　　　　2. 跨部門協調整合的問題。

(七) **人力資源規劃與人力資源發展之差異。**

(八) **人才管理、人才地圖與員工體驗。**

三、長期競爭優勢的人力資源

(一) Barney & Wright（1998）**資源基礎觀點**

　1. **資源需對企業產生價值**：人力資源須能協助企業提高其效能與效率。

　2. **資源應具備稀有性**：組織內人才在勞動市場中展現出獨特性。

　3. **資源應該是難以被模仿的**：優秀的人力資源應不易被複製或者移動。

　4. **具有良好的組織與系統且不易被取代**：必須透過複雜的組織系統運作來強化競爭優勢。

(二) Lepak & Snell（1999）**人力資本（human capital）理論**

　　各類人力資本的特性及適合的管理作為：

　1. **核心人力**：

　　(1) **特性**：組織中特殊的專業人員或中高階管理工作者。

　　(2) **管理作為**：採取發展式僱用與組織承諾的人力資源規劃。

　2. **輔助人力**：

　　(1) **特性**：作業性人力。

　　(2) **管理作為**：採取確保式僱用與市場基礎的人力資源規劃。

　3. **合作人力**：

　　(1) **特性**：專業的外部人力，例如，會計師、管理顧問公司等。

　　(2) **管理作為**：採取信任合作式管理與發展聯盟式僱用。

　4. **暫時人力**：

　　(1) **特性**：指對組織影響不大且很容易從勞動市場取得的人力。

　　(2) **管理作為**：採取契約式僱用與信守約定式的人力資源規劃。

(三)高績效人力資源工作者應具備之核心職能

1. 規劃與設計制度的能力。
2. 理解力。
3. 溝通能力以及影響力。
4. 專業知識。

內容精論

一　企業策略與人力資源管理

企業管理者若不了解人力資源管理於達成公司總體目標所扮演的角色，則無法設計出有效的人力資源管理策略。本節將說明管理者應如何實施策略性人力資源管理，亦即運用人力資源規劃來擬定行動計畫，進而協助組織目標的實現。

(一)企業策略管理規劃：基本的企業策略管理規劃流程包括了

1. 設定目標。
2. 策略規劃預測。
3. 檢視行動方案。
4. 挑選計畫並加以落實。

其中策略計畫（strategic plan）是公司藉由SWOT分析（即組織內部環境的優勢strengths劣勢weaknesses，以及組織外部環境的機會opportunities及威脅threats）來了解企業競爭優勢，以此制定策略方針，指引公司往期望的目標邁進。計畫（plan）是靜態行動方案的呈現；規劃（planning）則是動態且目標導向的；而策略管理（strategic management）就是配合組織能力與環境分析，從而找出組織的策略計畫並加以執行的過程，策略管理流程如下圖2-2所示。

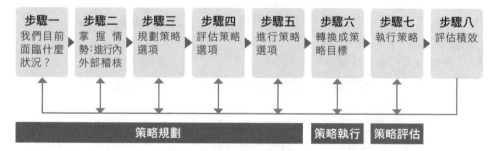

圖2-2　策略管理流程

資料來源：方世榮（2017：36）

(二)**企業績效與人力資源管理**：一般而言，企業策略可依各種不同的組織層級而分為三類，亦即公司層級的策略規劃、事業單位的競爭性策略規劃，以及部門別的功能性策略規劃，而其所對應的目標則分別為組織總體目標績效，事業單位競爭目標績效以及部門別功能性目標績效，茲分述如下：

1. **公司策略及總體績效**：公司層級策略的重點在於確認公司所有的事業組合，以及各事業之間的關聯性，本書以Glueck的企業總體營運政策（成長、穩定、減縮以及綜合策略）為主體，再輔以各項常見之成長策略說明如下：

   (1)**成長策略（Growth）**：提升組織營運水準，例如：提高獲利程度，擴展市場佔有率等。通常會以合併（merger）、收購（acquisition）、多角化（diversification）或擴展（expansion）等策略來達至擴充營運範圍的目標。

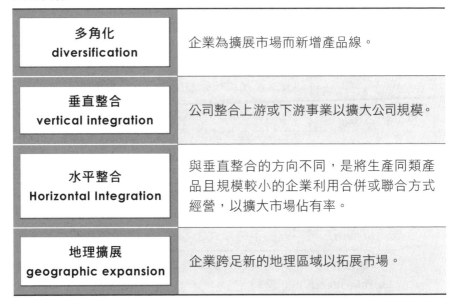

多角化 diversification	企業為擴展市場而新增產品線。
垂直整合 vertical integration	公司整合上游或下游事業以擴大公司規模。
水平整合 Horizontal Integration	與垂直整合的方向不同，是將生產同類產品且規模較小的企業利用合併或聯合方式經營，以擴大市場佔有率。
地理擴展 geographic expansion	企業跨足新的地理區域以拓展市場。

   (2)**穩定策略（Stability）**：在原有的產品、服務、勞務、市場佔有率等之組織業務範圍內，盡量維持現狀，不進行顯著的改變。此策略較適用於企業所面對的環境穩定，或對目前績效感到滿意時。

   (3)**減縮策略（Retrenchment）**：降低營運規模，可能是刪減產品或服務，甚至是退出市場。

   (4)**綜合策略（Combination）**：針對組織的狀況，可能將上述不同的策略應用於不同的部門，或企業是依據不同的期間而使用不同的策略。

2. **競爭策略及事業單位績效**：競爭策略是確認企業如何強化事業單位在市場上的長期競爭地位，管理者應該根據事業的競爭優勢來規劃之。幾種典型的競爭策略為：

(1)**Miles & Snow的策略模式**：Miles & Snow依據企業如何解決三大基本問題（事業問題、工程問題以及行政問題）而將企業的事業經營策略分為四種類型。

防禦者 **Defender**	對企業營運現狀感到滿足，以穩定市場地位為主要目標，將採取成本控制，強調高作業效率以積極防禦市場佔有率，因此不會冒險去開發新市場。
先驅者 **Prospector**	致力於開發新市場機會，以發展新技術或產品來不斷地開拓市場，因此相當重視因應環境變化的能力以及創新能力。
分析者 **Analyser**	介於防禦者以及先驅者之間的策略模式，追求利潤的同時亦想要規避風險，故分析者通常會等到市場已經被其他企業所開發並穩定後，才緊接著進入新市場，通常會以提高產品或技術的品質作為競爭手段。
反應者 **Reactor**	缺乏一套系統化的策略規劃設計以及內部控制流程，不會主動偵測外部環境，唯有當面對環境變化的壓力時而必須反應時，才會進行改變。

(2)**Porter的策略模式**：Porter認為企業面臨五種壓力，分別為：競爭者、供應商、客戶、替代品以及潛在競爭者，為了對抗這些競爭壓力，企業可以採用三種不同的策略模式。

成本領導 **cost leadership**	企業致力於把成本控制到低於競爭者，以獲得市場優勢。
差異化 **Differentiation**	企業使其產品、服務或企業形象與競爭對手有明顯的區別，因而獲得競爭優勢。
集中化 **focus**	把競爭策略放在特定對象或特定細分市場的需要，將資源集中於目標市場中以取得競爭優勢。

3. **功能性策略及部門別績效**：功能性策略是確認每個部門為協助事業單位達成競爭目標，所必須進行的各項管理活動。高階經理人制定企業總體策略

以及各事業單位的競爭策略後，各部門的管理者必須為本身的部門設計出
功能性策略（生產策略、行銷策略、人力資源管理策略、研發策略、財務
管理策略等），用以支援事業單位以及企業總體的策略目標。人力資源管
理部門的功能性策略如圖2-3所示：

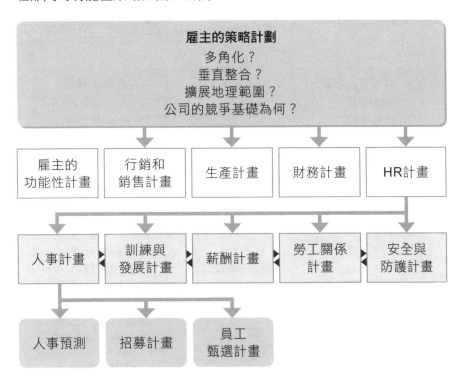

圖2-3　人力資源管理部門的功能性策略
資料來源：方世榮（2017：103）

與一般營運部門不同的是，人力資源管理部門是屬於後勤單位，其主要
的工作是支援營運部門處理所有人力資源的事務，然而，除了負責人員
的聘用、訓練等例行性工作外，同時也必須發揮顧問的功能，給予營運
部門主管意見。因此，為協助組織總體目標的達成，在與營運部門合作
時，人力資源部門必須有效強調其如何提升公司營運效益。人力是企業
經營的必要資源，並非僅是單一功能運作，人力資源無疑是企業經營成
敗的關鍵因素，故人力資源規劃應與企業策略規劃同步進行，圖2-4呈現
出人力資源策略規劃與企業策略的關連性。

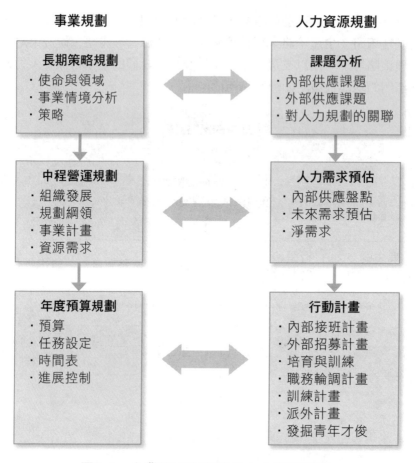

圖2-4　企業策略與策略性人力資源發展

資料來源：常昭鳴、共好知識編輯群（2010：62）

　　在組織策略小組中，人力資源主管必須要積極地參與組織策略制定，應連同其他高層決策者、外部專家以及其他部門主管一起討論組織目標，共同研擬出組織的策略性人力資源架構規劃。其人力資源主管可依據下列各階段，提供人力資源的支援戰略。

1. 設定策略方向、規劃各類方案，其中包括了年度績效方案、組織目標、個人目標，以及為達到預期績效而規劃的各類短、中、長期工作內容。
2. 分析組織中現有的人力狀況，並發掘人員職能與需求上的落差。
3. 發展設計行動計畫，也就是規劃具體行動方案（包括任免、訓練、組織編制調整、委外、工作輪調、引進新技術等），以排除障礙並促進組織整體目標的達成。

4. 執行行動方案，落實前項各階段的工作，但是在執行過程之中，除了重視方案計畫的行動方針外，也要兼顧其他可能的影響因素，例如：組織財源、人員或單位間的充分溝通協調，以及行銷等。

5. 針對前階段各項執行情形，進行監督、評估、檢討，以有效追蹤並作為下次改進方向，如此一來，除了可以成為下階段規劃與執行的依據外，亦能幫助組織重新思考人力運作的整體架構是否需要調整或修正。

若將以上工作綜合，在策略小組的工作中，人力資源主管在規劃、組織、領導、控制等各方面都應積極進行，例如：應規劃制訂組織目標，進行人力配置並分配應達成任務，最後再監督、評估、檢討，檢視成員是否都達到預期績效，並將執行成果作為下階段規劃與執行的依據。

(三) **人力資源管理發展演進**：黃同圳（2016：18-19）將臺灣地區的產業結構的轉型分為三個時期－農業社會轉型為工業社會，而後又再度轉型為服務業。由於產業型態的轉變，因此人力資源管理的模式也隨之改變，其演進大約可分為以下四個階段（以下內容引自黃同圳，2016：18-19）：

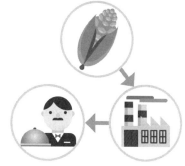

1. **第一階段**：人事行政時期（1950年代初期至1960年代中期）

   這段期間，臺灣的企業多以國營企業為主，人事工作大多沿襲公部門，處理員工出勤考核、薪資計算、年終考績等一般行政性事務。人事行政人員學歷大多不高，亦不需具備專業之訓練或技能。

2. **第二階段**：人事管理時期（1960年代中期至1970年代末期）

   這段期間，中小企業如雨後春筍般設立，成為臺灣之經濟主幹，若干大型企業則逐漸形成企業集團，許多知名企業紛紛來臺投資，使得其先進的人事管理架構與制度有系統地導入臺灣。根據姚燕洪的觀察，此期間人事管理有如下幾項特色：

   (1) 確立人事部門在企業整體運作過程中的專業功能與地位。

   (2) 提升人事管理的內涵從普通行政工作到影響企業用才、留才的專業層面。

   (3) 積極培養人事管理幹部及專業人才。

3. **第三階段**：人力資源管理時期（1980年代初期至1990年代末期）

   1980年代初期，歐美開始使用「人力資源管理」一詞不久，國內已有部分企業將人事單位改以人力資源命名，有的更將人力資源部門提升至協

理層級，以彰顯其重要性。人力資源管理的工作日趨專業化，包括較長期的人力規劃與應用、管理才能之發掘與訓練、員工生涯規劃與發展，甚至諮商與顧問等工作，這段時期的另一特色為人力資源管理專業團體與學術單位的發展與茁壯。在專業團體方面，除了早期的外商人事主管聯誼會外，尚有中華人力資源管理協會及中華人力資源發展學會等專業團體的設立。中華人力資源管理協會更自1996年起推動建立人力資源管理證照體系，有效提升國內人力資源專業水準。在學術方面，中山大學與中央大學先後於1993年及1994年成立人力資源管理研究所，為國內企業培育不少人力資源方面的專才，逐漸奠立其專業地位。

4. **第四階段**：策略性人力資源管理時期（2000年起至今）

本時期臺灣與中國大陸同時加入世界貿易組織（World Trade Organization, WTO），市場開放的結果，企業面臨國際的競爭日益激烈，臺灣整體經營環境每況愈下，產業外移現象日趨明顯。為因應日新月異的經營環境，企業勢必要不斷調整體質與經營策略。此時，企業再造與變革管理對於企業永續經營愈顯重要。人力資源管理的角色已由規章制度實行的監督者角色，轉變為企業主管的經營夥伴，提供符合企業策略需求的有效附加價值，並建立有利變革的機制和組織環境。雖然臺灣地區許多企業的人力資源管理尚未達到策略性程度，但部分上市公司已達此一標準。

(四) **策略性人力資源管理**（strategic human resource management）：是指企業為了取得持續性的競爭優勢，運用人力資源管理政策、實施方法等不同的手段，而形成一種戰略，其目標是將人力資源管理置於組織經營系統，以促進組織績效最大化。策略性人力資源管理的重點是將人力視為一切資源中最為寶貴的項目，開發人力資源能為企業創造價值，因此，企業應該為員工提供一個有利於價值發揮的公平環境，提供員工必要資源以及與工作責任相應的授權，並制定激勵機制以提昇員工的積極性，激發員工在實現自我的基礎上亦同時為企業創造價值。

因此，策略性人力資源管理是總體導向的，主要重點在於探討人力資源管理與組織的互動關係，包括人力資源管理如何回應外在環境變化以及與企業策略相互連結，以下針對目標設定、環境分析以及形塑策略等三個面向分別描述之：

1. **目標設定**：人力資源是協助組織目標達成的最重要資產，必須要有人力的投入，組織才有可能順利地運行。若從目標設定的角度來說，策略性人力資源管理必須要能將人力資源與公司或組織目標進行有效的連結，在制定人力資源管理政策和活動時，必須讓員工能夠展現出公司所需要的能力、技能以及行為等，用以達成公司的策略目標。簡而言之，組織有一個總體目標，而人力資源的運用與管理在此目標的達成中應被彰顯。

2. **環境分析**：組織策略必定會受到環境不確定性的影響，故組織或企業在制定策略之前，通常會針對內、外在環境進行詳細分析，常見的分析方法為PEST分析（政治political、經濟economic、社會social、科技technological）以及SWOT分析（優勢strength、劣勢weakness、機會opportunity、威脅threat）。

內在環境分析	人力資源管理可能遭遇來自於組織內部環境的壓力，內部環境壓力可能包括了組織的使命、經營策略、結構、政策、文化等等。此外，管理者的管理或領導風格、與其他單位的合作程度以及勞資關係等因素，亦有可能會直接衝擊人力資源管理，同時對組織的績效產生重大的影響力，故針對組織內部環境因素，不論其所產生的是正面或負面的影響，都是人力資源管理所必須重視的。
外在環境分析	外在環境係指能夠影響人力資源管理的組織外部因素，其範圍極廣，只要與組織經營管理有關的任何組織外部因素皆屬之，例如政治、經濟、社會、科技、工會、股東、競爭者、顧客及勞工。以上種種因素皆可能直接或間接影響人力資源管理，換句話說，外在環境的變動將會影響企業經營方式以及與員工的關係，因此，人力資源管理必須有能力進行外在環境分析，以有效的協助企業應付環境的變動。

3. **形塑策略**：策略形成與制定的主要目的在於協助組織目標的達成，亦即人力資源管理的各項政策，必須有效融入組織目標及其競爭性策略中，使人力資源管理能夠成功地扮演起促成與支援組織目標達成的積極性策略角色。舉例來說：對人力資源進行預測及需求規劃、人員訓練與發展、人員薪資和考核等，都是為了使組織的人力運作可以符合組織發展的目標。

而人力資源規劃（human resource planning）是策略性人力資源管理的關鍵，泛指組織對人力資源的各項管理活動所進行種種規劃。隨著管理學的發展，人力資源規劃的功能性角色也不斷地演進。傳統人力資源規劃目的是預測企業人力資源需求和供給，並且對員工的流動進行動態預測與決策，用以確保企業在需要的時間和崗位上能夠獲得所需的合格人員。相較之下，策略性的人力資源管理規劃，除了將傳統人員供給與需求的分析融入其中外，亦強調人力資源規劃必須與企業的發展戰略相符，因此如何理性分析企業內、外部環境，發現組織人力資源管理的挑戰與現有人力的不足，進而發展與企業整體目標相匹配的人力資源管理機制，並制定可行人力資源管理行動方案，是其工作重點。

4. **策略性人力資源管理的功能角色**：Jeffrey A. Mello（2015）曾提出策略性人力資源管理應具備五種關鍵能力，分別是：策略貢獻能力（strategic contribution）、企業專業知識能力（business knowledge）、個人誠信能力（personal credibility）、人力資源管理功能的實行能力（HR delivery）、人力資源科技應用能力（HR technology）。而根據知名的人力資源領域的學者Dave Ulrich的研究，則是認為人力資源管理必須有效地扮演四類角色功能，詳述如下：

   (1) **策略夥伴**：人力資源管理人員必須具備組織策略建立與實施的能力，其內容包含進行組織診斷，有效整合人力資源管理各項功能並使組織策略與人力資源管理能夠相互搭配等等的策略規劃與執行能力。

   (2) **行政專家**：人力資源管理人員必須具備管理組織並建立高效率架構的能力，其內容包含重新安排流程，行政業務簡化等，以期將組織成功地改造成有效率的營運模式。

   (3) **員工保母**：員工關係的維護與管理為人力資源管理的主要工作，人資人員必須能夠傾聽員工需要並提供適當資源以回應其成長需求，如此一來，不但能夠有效協助員工能力的提升，亦可以來增加員工對組織的承諾。

   (4) **變革推手**：人力資源管理必須能夠協助組織促進並管理變革，只有持續性地培養組織變革能力，方能夠創造不斷更新的組織而達到永續經營的目標。

(五)**人力資源平衡計分卡（HR Scorecard）**：以平衡記分卡（平衡計分卡 Balaced Scorecard的內容請見第6章）的觀念為基礎，Brian Becker，Mark Huselid 以及David Ulrich提出了人力資源計分卡的概念，人力資源計分卡（HR Scorecard）既是一種管理工具，亦為一種測量工具，用來衡量企業中的人力資源活動、員工行為方式、績效產出以及與企業策略間之相互關係。其實施過程共分為七個步驟：

1. **明晰企業策略**：將整體策略規劃分解成具體可行的戰略，使人力資源部門的職能戰略能夠與企業整體策略相結合。

2. **分析企業價值鏈**：透過價值鏈分析以發掘何種活動能夠實際創造企業的價值，如此一來，即可令企業了解員工需要具備的能力素質，並發展出相應的配套政策和措施。

3. **與策略相關的績效要求**：設定出為了實現企業的戰略目標，所必須達成的各項績效要求。

4. **員工的能力素質**：確定員工應具備的才能與素質，惟有擁有合適的人才來執行相應的工作，企業的策略目標才有可能獲得實現

5. **保障措施和相關政策**：人力資源部門必須制定人力資源管理之相關保障措施和政策（例如：薪酬、教育訓練以及激勵員工措施），藉此引導員工產生實現企業戰略目標所需的行為。

6. **構建測量體系**：人力資源部門亦需設計出相關的評價指標，用以瞭解企業人力資源活動、員工能力素質以及企業績效之間的關係。

7. **定期重估**：企業策略目標會隨著時間推移而有所變動，而測量體系中的各項評價指標與其對應的績效目標之間的關係亦會發生改變，故人力資源部門必須定期重新評估測量體系，以確保其有效性。

在計分卡構建及使用過程中，各相關指標間的邏輯關係及相關性是很重要的，只有保證各相關指標之間具有可靠的互動性，計分卡才能真實反映企業人力資源活動在企業實現其戰略目標中所發揮的作用。

此外，人力資源記分卡是對人力資源部門的服務工作進行評價的一種工具。它同時著眼於人力資源部門的客戶、員工和管理人員，以平衡記分卡的績效管理觀念為基礎，從以下四個構面對人力資源管理工作進行衡量。

1. **客戶構面**：這裡所提及的客戶比較廣泛，可能是指企業內部的其他部門，亦有可能是人力資源服務的外部購買者，而前者的比重通常比較大。事實

上，在人力資源管理工作中強調客戶導向是十分重要的，因為它是專門與人打交道的工作，客戶感受理應成為全體工作人員的關注焦點。一般來說，客戶所在乎的不外乎時間、品質、性能和服務等四個方面，是故，與之對應的人力資源管理工作的具體指標就應該包括時效性、產品／服務品質、服務／合作關係、客戶滿意度指數、客戶排名順序等。舉例來說，時效性是指產品／服務的提供速度，而服務／合作關係則是客戶對人力資源部門的反應能力、團隊工作、合作、溝通和資源豐富性是否感到滿意。

2. **內部業務構面**：內部業務構面著眼於人力資源部門的核心競爭力，亦即：人力資源部門是否為業務嫻熟的工作團隊隊伍？是否能夠履行人力資源管理的基本職能？在這個構面中，考察的指標通常有工作環境品質、工作隊伍品質、領導能力以及實際工作狀況等。工作環境品質可以透過人力資源部門員工對於自身發展機會、與管理層溝通情況、福利措施以及工作安全性的滿意程度等事項加以測量；工作隊伍品質則是指人資部門是否能有效招聘與留任專業化、勇於創新的團隊；領導能力關注的是人資部門的管理層是否能夠發展出能夠促進組織合作、團隊建立以及員工發展的工作環境；而實際工作狀況則是考察人力資源部門基本職能的履行情況，如人員配備、職位分類、薪酬和績效管理等。

3. **創新和學習構面**：在當前激烈的競爭環境中，企業或部門的可持續發展潛力就顯得十分關鍵。只有持續不斷地加以改進，人力資源部門才能滿足客戶日益複雜的要求，鞏固並提高客戶滿意度。根據外部環境和服務客戶的差異，人力資源部門可以制定不同的產品創新、程式創新和工作效率提高指標。例如，一家企業對人力資源部門的資訊化做出了具體要求，要求該部門在一定時限內建立起人事資料庫，並實現相當程度上的自動化。

4. **財務構面**：對人力資源管理部門來說，財務構面主要考察的是「部門工作的成本有效性」。傳統的財務指標涉及盈利與股東價值等方面，人力資源部門在這些方面自然是不適用的，因此人力資源記分卡中的財務指標在於考察人力資源部門是否透過流程改善、組織再造和自動化工作等來降低成本，故能有效檢查並增進人力資源管理工作的經濟效率。

這裡需要特別指出的是，與平衡記分卡以企業戰略為中心相類似，人力資源記分卡也要以人力資源部門的具體戰略和工作目標為中心。人力資源部門需要在戰略的基礎上，把部門工作目標層層分解為各構面的具體指標，並確保戰略實施的一貫性。

人力資源規劃

人力資源規劃（human resource planning）泛指組織對人力資源的各項管理活動所進行種種規劃。若以廣義面向來說，是組織對於所有各類人力資源管理活動進行規劃的總稱。但一般解釋人力資源規劃，大多以狹義的說明來取代，亦即：組織從戰略規劃和發展目標為出發點，根據組織內、外部環境的變化，預測其未來發展以及對人力資源的需求，並為了滿足這些需要所進行種種人力資源管理規劃的活動過程。大致上，組織需要人力資源規劃的原因如下：

(一)進行人力資源規劃的原因

1. **保證組織目標的完成**：人力資源規劃的最主要目的是確保組織發展戰略。大多數組織為了生存發展並保持競爭優勢而制定獨特的經營策略，當戰略及行動方針擬定之後，下一步的重點就是執行，而執行的工作必須要透過「人力」才能完成。因此，人力資源計畫的首要目的就是有系統、有組織地規劃人員的數量與結構，並利用職位設計、人員補充、教育培訓及人員配置等管理方法，保證選派最佳人選以完成預定目標。

2. **適應環境變化的需要**：現今企業處於多變的環境中，外在環境的變化（如：人口規模的變化、社會及經濟的發展、教育程度的提高、法律法規的頒佈）將直接影響組織對於人力的需求，除上述外在環境外，組織的內在環境亦時常發生變化，例如新技術的開發和利用、管理哲學的變化、生產與行銷方式的改變等，這些變化都可能影響組織在人力資源結構與數量需求上的調整，甚至影響了員工的工作動機、工作熱情及作業方式。故，人力資源規劃的重要功能之一，就是讓企業能更好地把握未來不確定的經營環境，迅速適應內、外在環境的變化，即時調整人力資源的結構，以保持競爭優勢。

3. **提高使用人力資源管理效率**：良好的人力資源規劃將有助於組織降低人事成本，其原因在於透過人力資源規劃，管理人員將能夠有效地預測人力資源的短缺和冗餘，迅速糾正人員供需的不平衡狀態，以減少人力資源的浪費或彌補人力資源的不足。此外，設計完善的人力資源計畫能充分發揮人員的知識、能力和技術，為每個員工提供公平競爭的機會，並能客觀地評價員工的業績，以促進工作積極性。透過人力資源規劃，將能有效開發員工的生產能力，提供合適的職涯發展計畫予員工，促進其工作與生活的品質，最終提高組織對人力的使用效率。

(二) **人力資源規劃的程序與內容**：概分為四個階段進行說明。

　1. **準備階段**：內、外在環境訊息的蒐集以及分析。

　　包含了調查、收集及整理與企業戰略決策和經營環境（外在環境與內在環境）有關的各項資訊，並且依據企業實際營運狀況確認人力資源規劃的範圍和性質，有效建立企業人力資源資訊系統，用以提供完善的訊息，為預測工作做好準備。

　2. **預測階段**：預測人力資源的需求與供給。

　　分析人力資源供給與需求基本上大多採用量化分析方法為主，並輔以質化分析，使用各種不同的科學預測方法以對企業未來人力資源供給面與需求面進行預測。

　3. **規劃階段**：確定組織對於人力資源的淨需求。

　　規劃出組織內部人力資源供給面以及需求面達到平衡的各項業務計畫，制定出具體的人力資源策略行動（例如：招募計畫或裁員計畫），使組織能夠在未來人力資源的需求上獲得滿足。

　4. **實施階段**：發展執行方案並進行評估與修正。

　　編製具體的人力資源實施計畫後，必須先擬定相關部門所應承擔的責任以及職權，以建立有效的監控體系，若發現計畫實施的問題處，亦應迅速進行方案的修正，方可使人力資源規劃發揮其實際效用。

　　接下來將以依照人力資源規劃的基本模式（如圖2-5所示），進行詳細介紹。

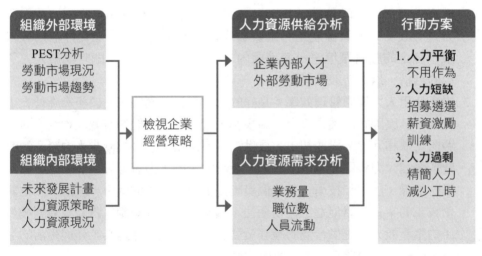

圖2-5　人力資源規劃的基本模式

(三)**企業內、外在環境分析**：企業環境分析是指針對影響企業經營的各種內外因素和作用進行理性以及客觀的評估，因審時度勢進而適時採取對策，用以維持企業生存並促進組織發展。一般而言，企業環境可以分為外部環境和內部環境兩大類：

1. **外部環境分析**：外部環境分析是指對所有可能影響企業經營的組織外部因素進行掃描與分析，範圍相當地廣泛，包含了：政治、社會、經濟、工會、勞工、股東、競爭者、顧客、以及科技發展等因素。但一般而言，企業外部總體環境可歸納概分為四大類，即：政治（political）、經濟（economic）、社會（social）及科技（technological），簡稱PEST。以上因素將直接或間接影響企業經營方式以及與員工的關係，因此，人力資源管理必須有能力進行外在環境分析，來有效地協助企業應付環境的變動。以下將以PEST為主，輔以外部勞動市場的現況以及趨勢，對人力資源管理外部環境進行分析討論。

   (1) **政治（Political）**：政治環境包括一個國家的社會制度、政治方針、政策以及法令，不同國家的社會制度必定相異，對組織活動亦能產生不同程度的衝擊。政府所形成的政治環境，包含租稅政策、勞動法令、環境管制、貿易限制、關稅與政治穩定等，無疑會對企業人力資源的管理方式產生影響。例如：政府居於協助與輔導的角色，鼓勵企業僱用婦女或殘障弱勢勞工；或者制定勞工政策相關法令來監督企業內在勞動條件、安全衛生與職業災害補償，以保障勞工最基本的就業安全等，都使企業在進行內部的人力資源管理時，必須遵守政府的政策與規定，方能得以繼續順利營運。

   (2) **經濟（Economic）**：經濟環境與企業創造利潤的能力息息相關，故對企業管理影響甚鉅，經濟因素的分析通常包含：經濟增長率、利率、匯率、通貨膨脹、國民所得收入、國民生產總額與其變化等。當企業因經濟景氣而獲利時，所考慮的是如何招募更多的人才來提高生產力，以及激勵員工士氣等問題，反之，當經濟衰退時，企業為了提高生存機會，可能會採取裁員的方式來降低成本，由此可知，企業內人力資源管理政策，例如：人力需求的增減以及訓練，皆必須配合著經濟環境的變化而有著相對應的改變，2008年的經濟危機以及2020年的新冠肺炎疫情所導致的裁員與無薪假皆可見一斑。

   (3) **社會（Social）**：社會環境因素著重於文化的面向，通常是指一個國家的整體教育程度、宗教信仰、風俗習慣、以及價值觀等。此外，社會結構也是分析重點之一，包含人口結構、年齡結構、家庭結構、社會

組織結構、就業結構、收入結構、消費結構、城鄉結構、階級結構。
舉例來說：高學歷、人口老化、婦女投入就業市場等所造成的勞動人
口結構的改變，對就業市場產生重大衝擊，多元化人力導致企業的經
營必須發展出彈性化的員工關係管理以為因應。

(4)科技（Technology）：科技環境是指在企業所處領域中，所有相關的
技術發展變化以及科技開發政策等，一般而言，包括了國家對科技開
發的投資和支持重點、研發活動投入經費與成果、科技發展的速度、
以及技術移轉與商品化速度等。由於科技不斷的革新，某些工作內
容、程序與方法需要進行調整，例如：先進科技的引進，將會取代低
技能水準勞工的聘僱量，但與此同時，為了能有效實施新技術並增加
產能，對於智慧型工作者的人力需求也會隨之增加，因此除解僱勞工
外，招募與訓練知識型工作者並進行工作再設計，亦是人力資源管理
所應執行的工作。

(5)**外部勞動市場**：外部的勞動市場是指整個國家勞力的配置，其供應予
企業僱用的主要的人力來源為：應屆畢業生、待業人員、在職同行人
員等。除勞動市場中的勞動力（Labor force）品質將會影響組織人力運
用的成效外，組織內勞工素質的變化亦會影響管理者的管理運作，故
企業必須對勞動市場因素進行分析，而目前勞動市場的變化極大，以
下四種現象將影響人力資源管理上的策略制定：

A.**「Y世代」工作者**：現今企業內的勞動力涵蓋了三個世代：戰
後嬰兒潮世代（Baby boomers，1946年到1965年生）、X世代
（Generation X，1966年到1979年生）、Y世代（Generation Y，
1980年到2002年生，亦被稱為千禧世代Millennials或是回聲潮echo
boomer）。多項研究指出，不同世代間的員工，其工作價值觀具
有顯著的差異，相較於年長的員工（戰後嬰兒潮世代與X世代）大
多以工作為重心，Y世代的工作者則是較傾向於以家庭為重，並關
注工作與生活的平衡。隨著時間的流逝，嬰兒潮與X世代必將離開
職場，而被Y世代與更新穎的Z世代（Generation Z，2003年以後出
生）所逐步取代，因此，人力資源管理的模式必定需要進行修正，
例如規劃更佳的彈性工作方案，以滿足員工同時平衡工作與家庭生
活的需求。

B.**退休員工**：目前全球的經濟大課題就是嬰兒潮勞動力已轉變為嚴重
的退休潮，再加上現今社會少子化的趨勢，大部分的企業對勞動力
老化的問題感到十分憂慮，若一直沒有足夠的年輕勞力可以補足這

些嬰兒潮勞動人口急速退出市場的缺額，則企業的營運必然會遭受重大的衝擊。因此，為了減輕這波龐大的退休潮襲擊，美國、日本、歐洲等國家已經從「延後法定退休年齡」、「縮減退休給付」以及「開發銀髮族勞動人口」著手，期望能延緩退休潮對經濟發展的衝擊，若以企業人力資源管理的角度著手，組織應致力於嘗試將退休員工再招回，例如：提供退休資深員工兼職的機會，延後其退出工作職場的時間。

C. **外籍工作者**：由於全球化（globalization）的影響，企業內的勞動力不僅只有「在地勞力」的單一來源可供選擇，組織必須要學會以全球的視野來選拔人才，因此，許多企業開始以國際人才市場價值而非以區域市場價值來衡量人才並進行外籍工作者的招募（不論是白領或藍領），跨文化管理也隨之成為管理的重點，致使人力資源的管理者面臨著如何整合與激勵多元化員工的問題。

D. **非傳統的工作者**：正如Y世代人口對家庭生活的重視，現今有許多勞動者重視彈性的工作模式，使得部分工作機會也轉向為非傳統的工作者。非傳統的工作者包括同時擁有多份工作、副業或兼職的工作者，或輪流交替上班的工作，因此，企業對於這種非傳統工作的人力資源就必須重新定義勞動契約。

2. **內部環境分析**：企業內部環境是組織實際生存與發展的具體條件，故內部環境分析對於企業的經營影響甚鉅。其主要因素包含：組織使命與經營策略、組織結構以及組織文化等三大項目。

(1) **組織使命與經營策略**：使命（Mission）定義了組織的主要目標，清楚地描述組織存在之目的及其經營的事業，並界定了衡量組織成功的條件，也表達了組織的自我形象與想要達成的公共形象。簡而言之，使命說明了組織成立的理由，使組織中的人員能夠了解企業的目的、營運的範圍、形象等，用以促進組織內各階層員工的共識與期望。

經營策略（Business Strategy）係指企業在競爭的環境中，考量自身的優勢與劣勢後，擬定企業的長程目標，並制定出為了達成目標所應進行的行動方案與資源的分配模式。換句話說，經營策略是組織為了完成使命，而有效運用公司內部資源（例如：金錢、財務、資訊和人員等）的方法或過程。

當組織在制定經營策略時，往往必須將人力資源運用的可行性納入考量，方能保證經營策略的成效，舉例來說，若組織想要採用低成本的

競爭策略時，人力資源管理的重點應該放在員工的生產效率，因此應該以工作績效為基礎來制定報酬管理系統，用來刺激員工生產量；反之，若組織決定採取差異化競爭策略時，人力資源的焦點就會放置於重視員工的創意，偏向以招募外部員工來活化組織創造力，並強調以團隊為基礎的工作模式，希望能藉此而達到集思廣益的效果。因此人力資源管理型態必然會隨著組織的經營策略而進行改變，亦即組織經營策略與人力資源管理做法有著密不可分的關聯性。

(2) **組織結構**：組織結構（Organizational Structure）是指組織內部的構成方式，除了組織內部各部門或各層級之間的排列外，亦包含了其間的相互關係。組織結構通常表現在人力資源、職權、職責、工作內容、目標、工作關係等要素的組合形式，因此會被視為組織獲得良好績效的先決條件，此外，由於組織結構涉及了工作、人員和職權的分配，將影響個人與團體在工作與部門間的行為，成為人力資源管理內部環境中的重要因素之一。

組織結構的類型可分為以下五種基本型態：

A. **直線式組織**：是最早也是最簡單的組織形式，其特點在於所有決策都將集中於企業所有權人身上，故企業中的各級行政單位是由上到下實行垂直領導的方式，亦即下屬的部門只會接受一個上級的指令，而各級主管單位必須對所屬單位的一切問題負擔責任。採用直線式組織結構的優、缺點分別簡述如下：

優點	由於結構比較簡單，且責任分明、命令統一，故易於控制組織的活動並迅速反應外在環境的變化。
缺點	在規模較大的企業中，把所有管理職能及決策制定都集中到最高主管一個人的身上是不切實際的，此舉不但疏忽了對其他人才的培育，若最高主管所制定的決策有誤時，將會嚴重危及企業生存，因此，這種模式只適用於規模小且生產技術簡單的企業。

B. **功能式組織**：有時候也被稱作為職能部門化組織結構，是指組織從上至下按照相同職能將各種活動組織起來，亦即以專業分工方式，在組織內依功能區分為幾個單位，在企業中一般較常見的單位為：生產、行銷、財務、會計、人力資源等部門。採用功能式組織結構的優、缺點分別簡述如下：

優點	適用於生產技術複雜、管理工作精細的企業，在功能專業化的情況下，將管理職責交由相關的功能機構負責，能夠充分發揮專業管理效用，並減輕直線領導者的工作負擔，另外，計畫與執行的分立，可使工作效率提升。
缺點	各功能部門之間不容易協調，形成本位主義，另外，過份專業化將可能形成呆板、無彈性的組織，也沒有辦法培養具有綜覽全局能力的主管。

C. **事業部組織**：是一種分權制的組織形式。當企業的產品或服務較多樣化時，可以針對某項單一產品、服務、地理分佈或者利潤中心來組織事業部，組織授權予各事業部門，使其自行負擔盈虧責任用以應對不同的競爭市場。採用事業部組織結構的優、缺點分別簡述如下：

優點	各事業部實行獨立核算，將提昇其經營管理的積極性，利於組織專業化的生產，此外，各事業部間的競爭比較，有助於企業的發展，最後，各事業部經理必須以事業部整體來考慮問題，因此可培養及訓練高階管理人才。
缺點	各事業部可能只考慮到自身的利益，而影響事業部之間的合作，除原先應有的業務聯繫溝通被經濟關係所替代之外，在總體資源的分配上亦會形成惡性競爭的情況。

D. **矩陣式組織**：是在依職能劃分的垂直領導系統的基礎上，再增加一種橫向的領導關係。亦即矩陣式組織是在功能式組織型態下，為了某項特別的任務，另外成立專案小組，而這個專案小組必須與原有的組織配合，形成了一種行列交叉的狀態。在這種組織結構中，員工除了要對直屬功能部門負責外，還必須要對專案小組負責，屬於職權、職責、考核以及控制上的管理雙元制。採用矩陣式組織結構的優、缺點分別簡述如下：

優點	具有機動性以及靈活運用性，能夠隨著項目的開發與結束來進行組織或解散，故相當適用於多樣化專案導向的企業組織；另外，各部門人員之間的不定期合作可以增加其互相學習機會。
缺點	雙重管理是先天缺陷，由於專案小組的組成人員來自於各個職能部門，當任務完成以後，仍要回原單位，故容易產生臨時觀念，而對工作表現造成負面影響；此外，人員受雙重領導，有時不易分清責任，也很容易造成職權的混淆與管理上的衝突。

E. **網路式組織**：是指有機性、扁平化的組織。為因應整體外部環境的變化，組織可透過契約與其他組織來執行製造、配送及行銷等工作的連結，形成一種層級少而功能專精的任務小組式的單位，以節省開銷、降低成本並彈性快速回應市場變化。其優點是可以隨時獨立出去單獨作業，也能夠為了新的商機迅速整合為新的功能小組於組織之內，共同執行新的任務。而其與其他組織結構的最主要差異，就是沒有所謂的上、下關係。

綜上，不同結構將影響人力資源運作方式，Rothwell and Kazanas（1988）提出結構對人力資源管理的重要影響如下（引自周瑛琪、顏炘怡，2016：25）。

A. 結構的選擇決定工作分配和各部門的工作。

B. 組織結構決定由誰來擬定人力資源的決策，以及決策的內容和過程。

C. 組織結構影響人力資源部門的地位。

D. 組織結構的類型會影響人力資源部門的結構。

(3) **組織文化（organizational culture）**：係指組織在長期的發展中所形成的獨特基本信念以及行為規範等，亦即組織全體成員所共同接受的價值觀念、行為準則、團隊意識、思維方式、工作模式、心理預期以及團體歸屬感等群體意識的總稱，是一種公司的社會及心理氣候，能引導員工的行為，並影響著組織整體營運方針。組織文化可被區分為三個認知層次：器物（如團體語言）、基本價值觀（如團體偏好）、以及基本假定（如理所當然的認知），越高的層次則越重要且難以形成，一般而言，組織文化的形成必須仰賴於組織中全體人員的配合，而內部人員觀念的培養與向心力的產生，則有賴於人力資源上的管理。

(四) **人力資源供給與需求分析**：人力資源管理的成敗與否，除了受到外在環境因素的影響之外，內部管理制度亦扮演了極重要的角色，企業為了達成目標，必須先對組織中的人力供給與需求進行詳盡的分析，如此一來，人力資源管理方能進行整體的考量與規劃，以符合組織的需要，以下將介紹進行人力資源供給與需求分析的方法。

1. **人力資源供給分析**：組織的人力供給來源包含了外部與內部來源兩種，其中外部來源是指從總體的大環境中，例如：當地產品與勞動市場等來進行分析以預估出人力資源的供給狀況，一般而言，失業率愈低，人才的招募會愈加困難。除外部來源外，組織也可以透過將員工轉任至其他職務，而形成內部人力資源供給。以下將分別就不同來源的人力供給分析進行說明：

(1)**預測公司內部的人力供給**：採用內部人力供給能帶來許多的優點，舉例來說，員工在組織中已工作一段時間，對組織目標已建立起認同感，故離職機率較低，另外，組織對現有員工的技能與態度已具有基礎的瞭解，可以做到適才適所、使員工績效得以提高，亦能利用升遷管道來達到激勵員工士氣的效果，因此若以長期人力的觀點來思考，內部人員是相當優良的人力來源。

當組織出現人力資源短缺時，優先考慮的應該是從內部進行補充，因為內部勞動力市場不但可以預測，而且可調控，能夠有效地滿足組織對人力資源的需求。影響組織內部人力供給的主要因素有：

A. 組織現有人力資源的存量。

B. 組織員工的自然損耗，包括辭退、退休、傷殘、死亡等。

C. 組織內部人員流動，包括晉升、降職、平職調動等。

D. 內部員工的主動流出，例如跳槽等。

E. 組織由於戰略調整所導致的人力資源政策的變化。

而人力資源內部供給分析的方法主要有以下三種：

1	人事資料清查法	這種方法是透過對組織現有人力資源品質、數量、結構以及各職位的分佈狀況進行檢查，用以掌握組織目前所擁有人力資源的狀況。藉由記錄員工資料，可以了解員工的工作經驗、受教育程度、特殊技能、競爭能力等與工作相關的訊息，以協助人力資源規劃人員能夠預估出，現有員工調換工作職位的可能性並決定哪些員工可以補充當前職缺。此法經常是一種輔助性的方法，對於管理人員置換、人力接續等，可以提供更為詳細的資訊以作為參考。 註：人才檔案（skill inventory）是指將員工個人資料，例如：學歷背景、工作經歷、專業技能以及績效紀錄等相關資料，進行歸檔並儲存於電腦檔案中。
2	人力接續法	根據工作分析的資訊，確認該職位對於員工的要求以及目前任職者的情況，以此安排接續／繼任計劃。員工接續計劃，主要用於一般員工的接續管理，以進行供給預測，此法是將每個職位均視為潛在的工作空缺，而該職位下的每個員工均為潛在的人力供給者。人員替代法是以員工的績效為預測的依據，當某位員工的績效過低時，組織將會採取辭退或調離的方法；而當員工的績效很高時，將被提升替代他上級的工作。而這兩種情況皆會產生職位空缺，其工作將由下屬替代。

3	馬爾可夫 （Markov） 分析法	馬爾可夫人力資源供給預測法通常也稱為轉換矩陣方法，主要用於組織內部人力資源供給預測。其觀念是找出過去人力資源供給變化的規律，據此得出規律，用以來預測人力資源變化趨勢；通過不同工作職位的變動情況來調查員工的發展模式，以顯示員工留任、升降職、進出比率的人數。而對人員變動概率的估計，一般以5到10年的長度為一個周期來估算年平均百分比，周期越長，百分比的準確性越高。馬爾可夫法雖然在一些國際性的大公司中得到廣泛應用，但因其所估計的人員流動概率與預測的實際情況可能會有所差距，故採用此法所得到的內部人力資源供給預測的結果也就可能會不精確，然而，馬爾可夫法最大的價值在於提供了一種內部人員流動的分析框架。 註：人力變遷矩陣（personnel transitional matrix）是一種圖表分析法，先列出組織在某段時間範圍內所有的職務類別，然後再標示各職務類別的員工，在未來一段時間內的流動情況。

雖然採用內部人力供給有其優點，但也可能帶來某些困擾，舉例來說，若經理人在心中早已有內定人選，所以未將工作機會公告周知並提供公平的競爭管道，但內定人選的才能卻不足夠時，將會導致組織內部衝突以及員工負面情緒與行為。此外，即使已在組織內部提供公平的工作競爭管道，未獲職位的員工仍然可能心生不滿，因此應妥善告知未獲錄用的員工遭拒的理由。採行內部人力供給最重要的問題是，沒有新血的注入，可能會令組織缺乏創意，而無法進行創新與變革。由此可知，企業不應只依靠內部的人力供給來補充職缺，亦需使用外部的人力供給，才能夠達到管理上的最佳化。

(2)**預測公司外部的人力供給**：方世榮（2017：108）指出，如果公司內部的人才不足以填補空缺（或基於某些理由需要向外部求才），則公司必須轉而向外尋求合適的人選，人力供給的預測，首先視管理者對該產業及該地區的瞭解而定。例如，失業率高於7%時，對HR管理者來說，意謂著找理想人選比較容易。接著，HR管理者需要以正式的勞動市場分析輔助前述的觀察。

多數雇主約每年檢討一次人力計畫，但這樣做不見得足夠。因此，在人才管理實務方面，進行人力規劃時需要持續關注人力規劃議題，管理者

稱此為「預測性的人力追蹤」（predictive workforce monitoring）。例如，英特爾（Intel）每半年進行一次「組織能力評估」。人力部門與各事業部的負責人每年合作兩次，一起評估人力需求—包括目前需求及未來兩年的需求。

2. **人力資源需求分析**：方世榮（2005）強調，分析內外部環境之後，應開始進行未來人力需求的預估，其方式是根據企業的發展規劃以及內外在條件，選擇適當的預測技術，對人力資源需求（包括所需的數量、種類、技能等等）進行預估。而人力資源需求預測所涉及的變數包括了：顧客的需求、生產的需求、勞動力成本、可利用的勞動力、人員的流動率等。至於實際預測人力需求的方法與工具很多，無論使用何種工具，預測結果只能視為近似需求，而非絕對需求。

黃同圳（2016）提出，預測人力資源需求的方法可採用以判斷或以數學為基礎的方式來進行預估。判斷法包括管理估計、德爾菲技術及情境分析，而數學基礎法則包含了時間序列法、人事比率、生產力比率以及迴歸分析，將分述如下（以下內容引自黃同圳，2016：110-111）：

(1) **判斷預測**（Judgmental prediction）

管理估計 **managerial** **estimates**	管理者主要根據過去的經驗，從而對未來全體職員的需求做預測。這些估計可由高階管理者進行之後再交給下級（由上往下估計法，Top-down Estimation），或是由低階管理者進行之後再交給上級做進一步的修正（由下往上估計法，Bottom-up Estimation），或由高階與低階管理者共同預測。
德爾菲技術法 **Delphi technique**	專家小組的每個成員均對未來可能的需求做出獨立的估計，並附有各個相關的假設。然後，由一個中間人將每個專家的預測與假設轉交給其他人，並允許這些專家對該見解做出修正。這個過程會一直持續到出現共識為止。
情境分析 **scenario analysis**	是使用勞動力環境評估資料去發展替代的工作情境。這些情境方案是直線主管與人資主管在腦力激盪後所發展出來的，他們會預測未來五年或更多年的勞動力狀況。一旦將預測具體化後，這些主管會再反過來確認主要的轉捩點。情境分析的最大優點在於鼓勵不同的思考模式。

(2) **數學預測**（Mathematical prediction）：
　　A. **時間序列分析**：利用過去的全體職員水準（取代工作量指標）去預測未來人力資源的需求，也就是經由檢查過去的全體職員水準，分析出季節性與循環性變數、長期趨勢及隨機變動，然後再以移動平均數、指數平滑法或迴歸技術對長期趨勢做出預測與計畫。
　　B. **人事比率**：檢查過去的人事資料去確定在各個工作與工作類別中員工人數間的歷史關係，然後以迴歸分析或生產力比率對人力資源的總需求或主要團體需求做出計畫，再以人事比率將總需求分配至不同的工作類別，或是為非主要團體估計需求。
　　C. **生產力比率**：利用歷史資料去檢查過去的一個生產力指數水準：生產力比率＝工作量／人數。只要發現常數或系統的關係，就能以預測的工作量除以生產力比率，來計算出人力資源需求。
　　D. **迴歸分析**：檢查過去的各個工作量指標水準，例如銷售量、生產水準及增值，從而得出其與全體職員水準的統計關係。當發現充分緊密的關係，即可出一個迴歸（或複迴歸）模型。將相關指標的預測水準放入這個模型中，就能計算出人力資源需求的相對水準。
　　一般而言，判斷預測比數學基礎預測更常使用。因為判斷法較簡單，而且不需複雜的分析。然而，隨著便於使用者操作的軟體與電腦不斷出現，數學基礎法可能會更頻繁運用。

(五)**制定人力資源行動計畫**：方世榮（2017）指出，人力規劃應該促成一套人力計畫，顯示雇主預測的人力與技能缺口以及填補缺口的人事任用計畫。計畫中會敘明需要填補的職缺、職位的內外部人選來源、牽涉訓練與升遷員工的事務、所需要的資源等。一般而言，人力資源的行動計畫除了內、外部的招募計畫外，亦包括各項員工訓練發展計畫（例如：工作輪調），在此章中，僅簡略介紹人力資源供需失衡時所採取之行動方案，其他相關內容將分述於各章內容中。

1. **人力短缺**：係指組織所需要的人力資料需求超過了人力供給面，簡言之，就是人力資源供不應求。其應對措施為：進行內、外部的人才招募，以補足所欠缺人力資源不足之處。

(1)**接班規劃**（succession planning）：方世榮（2017）提出接班規劃，是指公司高階管理職位規劃之人力計畫。是有系統確認、評估與培育組織領導能力，以提升績效的持續流程，包含以下三個步驟。（方世榮，2017：109-110）

步驟1	確認 關鍵需求	首先，管理高層與人力資源長官需先根據公司的策略與事業計畫，確認公司未來需要哪些重要職位。此階段需要處理的事項包括：定義關鍵職位和「高潛力人員」檢閱公司現有的人才，並根據公司策略關鍵職位撰寫技能檔案。
步驟2	培育 內部人選	確認未來重要職位後，管理者開始為這些職位創造人選。此處的「創造」意指，找出能勝任該職位的潛在內部或外部人選，並提供他們成為稱職人選所需要的培育經驗。公司利用內部訓練、跨部門經驗、工作輪調、外部訓練，全球／區域任務指派等方式，來培育潛力佳的員工。
步驟3	評估與選擇	接班規劃的最後階段是評估這些人選，從中挑選出最適合的人選。

(2) **工作告示**（Job Posting）：係指組織在進行內部招募時，會將職缺公告於企業內部，使所有員工皆能夠獲得相關訊息並提出申請，其主要目的在於確保內部招募的透明與公平。一般而言，工作告示中會明列出空缺職位的部門、職位、直屬主管、工作內容、職責、薪資、工作者應具備的能力或特質以及申請程序等資訊，並將其公佈於公告欄或者內部報刊中，使全體員工都能獲得職缺的相關訊息，用以號召有才能的員工毛遂自薦，經過公正公開的考核後擇優錄用。此法對現有員工提供了調任與晉升的機會，故可達到提高員工士氣，培養積極進取精神的效用。

(3) **僱用短期人員**：從企業外部招聘短期的工作人員，此舉相較於招募正式員工，更能減輕薪資成本與行政費用的財務負擔。但是在採用這個方式時，組織必須要先將工作進行分割與簡化，使每一項工作能夠獨立並標準化，如此才能令聘用的短期人員可以快速地投入工作。

(4) **延長退休人員的年齡**：若是組織內部已達到退休年齡的員工，身體狀況以及健康條件仍舊良好的話，組織可以提出一些政策來留任這些具有經驗的資深員工，例如改以兼職工作聘用，以此來減緩人力資源的流失。

(5) **培養多能工**：訓練組織內部的員工發展更多的技能，當組織產生短暫性的人力短缺時，便能夠隨時地相互補位與支援，來度過人力資源短缺的難關。

2. **人力過剩**：係指組織所需要的人力資料需求低於人力供給面，簡言之，就是人力資源供過於求。其因應措施是：為了減少不必要的人力，組織可以採取讓表現較差的員工自願提前退休、遇缺不補、強迫員工休假、減少工作時間、解僱臨時人員、減低薪資等，亦可能進行組織瘦身，有計畫地裁減員工人數。

(1) **提前退休計畫**：當人力過剩時，組織第一個想法當然是將績效表現差的員工刪減掉。此時，組織可能會推出提前退休計畫（early-retirement program），以各式各樣的優惠來鼓勵績效不良的員工自願提出離職，促使組織達到總體競爭力提升的長期效果。但這種作法有時會事與願違，因為能力較差的員工轉職並不容易，若有生計考量的話，可能不會為此決定提早退休，而是選擇繼續留任。反之，能力優秀的員工即使提早退休，仍能獲得許多轉換跑道的機會，更可能會因此而申請提前退休來獲得優待的利益後再轉職。也就是說，如果提前退休計畫沒有輔以人力盤點等相關的配套措施，可能會產生劣驅逐良幣的反淘汰現象，導致對組織的長期發展造成負面影響。

(2) **遇缺不補**：遇缺不補是指組織不會因為員工離開（例如離職或退休）所產生的人力缺額，就招募新人來補足空缺，而是將此份工作交由其他員工一起去共同分攤。當組織經營狀況不佳時，為了節省成本，往往會選擇這種不補人方式，希望同仁們能共體時艱，但這種方法只能在短期間奏效，有立即性的效果卻不適合長期使用。舉例來說，原本4個人的工作，變成3個人全數承擔，那麼工作壓力就是原來的1.3倍，員工在短期內應該還可以撐得住，但時間一久，必定感到身心俱疲甚至會萌生退意，若有員工因受不了而離職，就變成2個人要承擔原先應該4個人處理的工作，壓力躍升成了2倍，長久下來，組織必定留不住人才，對外形象也會受到嚴重的傷害。

(3) **強迫員工休假（或無薪假）**：雖然現實生活上很常聽到無薪假，但勞動法規中並沒有這個名詞，勞動部規範了《因應景氣影響勞雇雙方協商減少工時應行注意事項》，其中提到「事業單位受景氣因素影響致停工或減產，為避免資遣勞工，經勞雇雙方協商同意，始得暫時縮減工作時間及減少工資」以及「事業單位實施減少工時及工資之期間，以不超過三個月為原則。如有延長期間之必要，應重行徵得勞工同意」。從上述中可以得知，雇主不能隨意實施強迫休假或無薪假，必須在不觸犯勞動法規的前提下方能執行，而法規也明定了以不超過三個月為原則，因此這個方式只能在短期內使用，僅具立即性的效果。

(4) **減少工作時間**：減少工作時間與上述的無薪假相同，雇主必須在不觸犯勞動法規的前提下方能實施，根據《因應景氣影響勞雇雙方協商減少工時應行注意事項》的規定，「事業單位實施減少工時及工資之期間，以不超過三個月為原則。如有延長期間之必要，應重行徵得勞工同意」。因此這個方式只能在短期內使用，僅具立即性效果。

(5) **組織瘦身**：組織瘦身（downsizing）是指組織為了提升總體競爭力，而採取了流程改造、結構重組以及精簡人員等相關措施，希望使公司恢復健康的體質以提高效能。在現今社會下，組織必須不斷地面對內外在環境的疾速變遷，為求生存與發展，組織瘦身有其必要性，因為將組織小型化可能獲得以下效果：A.降低組織官僚化程度。B.促使組織內部溝通更為順暢。C.增進組織決策的速度。D.減少組織的固定支出以及人事費用。這些皆能協助組織提高生產力，屬於長期性的效果。

不過，若以員工的角度來看，組織瘦身其實就是裁員。當員工感受到了工作的不確定性，可能會因為不安感而開始找尋其他的工作，此時，能力較佳的員工相較表現一般的員工，當然更容易獲得新機會並成功轉職，導致組織在轉型的過度時期，就先失去了高價值並具生產力的員工，使得總體競爭力下降，反而對組織的產生了負面的影響。因此，若組織瘦身只是以單純地大規模裁員來執行，並未進行長遠且完整性的漸進式規劃，就只能獲得減少固定支出與人事費用的短期效果，無法真正地提升組織長期的總體競爭力，人才的流失甚至會對組織產生長期性的負面影響。

(六) **人力資源規劃常見問題**：在實務上，規模較大的企業大多會進行人力資源規劃以作為人事管理的指引，但並非所有組織皆能成功進行。方世榮（2005）指出，若組織內部存在著以下的問題將可能會導致人力資源規劃的失敗。

1. **組織內部支持的問題**：人力資源規劃必須有一個非常清楚的方向及勢在必行的意志，因此人力資源規劃是否能夠被實際的執行，與組織內部所有的成員的心態與表現息息相關。高階主管的參與及支持是非常重要的推手，因為只有在高階主管的全力支持下，員工才有可能真正認同人力資源規劃功能，並願意花費心力於規劃工作中，倘若高階主管敷衍了事，員工必定也會覺得人力源規劃工作其實可有可無、馬虎行事，而導致人力資源規劃的執行功虧一簣。

2. **跨部門協調整合的問題**：人力資源規劃必須與其他部門協調才能夠獲得綜效，人資專員不能以閉門造車的心態來從事人力資源規劃，必須時常與其他單位互動合作，如此一來，除了能獲取有用的資訊外，同時也可以整合其他的管理活動，以提昇人力資源規劃的效率。反之，若是人資規劃專員與別的單位缺乏互動，將會因不了解各功能別的管理情況，而造成人力資源規劃的失敗。

(七) **人力資源規劃與人力資源發展之差異**：相較人力資源規劃，人力資源發展著重於組織長期性的目標以及個人生活品質的提升，因屬於長期性的投資，故其效果往往不容易掌握。人力資源發展的主要目的在於獲得新視野、新科技和新觀點，引導整個組織能夠有新的發展方向與目標，其通常必須同時包含個人方面的發展以及組織的整體發展才能真正地達成。因此，人力資源規劃與人力資源發展的主要差異是：

1. 人力資源規劃是從策略性的觀點為出發點，用以預測組織未來的發展方向並進而擬定相關的策略來從事組織人力資源各項管理功能。

2. 人力資源發展則是從個人以及組織的角度進行規劃，以建立長期性目標與提升員工個人生活品質為其主要目標。

(八) **人才管理、人才地圖與員工體驗**

1. **人才管理（Talent Management）**：這個專有名詞是麥肯錫於1997之後所提出的，不過，人才管理的概念與策略性人資管理以及人力資源規劃，其實具有高度的相似性。人才管理的主要內涵是指，組織對於所需的人力資本必須進行完善的策略性規劃，以滿足企業實現組織目標的需要。因此，企業對於選才、用才、育才、留才所制定的各項策略規劃，皆是人才管理的環節，只是人才管理將更偏向於人才評估、人才發展和高潛力人才管理等策略性工作，而招募與薪酬計算等例行性的行政工作不太會被認為是人才管理的重要職能。

2. **人才地圖（Talent Mapping）**：是人才管理（Talent Management）的基礎工作，主要用來協助企業確認關鍵人才的發展現狀，所以人才地圖通常是聚焦於較高階人員的分析。與人力資源規劃的概念相同，制定人才地圖時必須要對組織內、外部的人才供給與需求進行分析，才能明確地發現關鍵人才的缺口，並依此了解組織內部關鍵人才的整體優勢以及劣勢，進而成功地建構出人才發展體系。因此人才地圖（Talent Mapping）又分成對內與對外，對內就是指企業的人力盤點，以此來發現高潛力人才，並建立關鍵職位的人才儲備庫以及接班人計畫。而對外則是針對公司外部的同行進

行調查，用來掌握外部關鍵人才的區域分布，了解行業情況、薪酬狀況、人選情況等，其目的是為了將人才引進。

3. **員工體驗（Employee Experience）**：是指將員工在組織內的所有階段視為一段旅程，而員工在這段過程中所有的接觸、觀察與感知，將統合成整體性的體驗與感受。也就是說，從潛在員工在還是應徵者與組織的接觸（招募面談）開始，一直到員工離職，這段期間內任何與工作及組織有關的互動，例如與主管、同事、顧客的接觸，所產生的認知與感受，就是所謂的員工體驗。因此員工體驗包含了從招募到離職的所有接觸點，而對於人力資源管理的功能來說，應該要掌握5個關鍵接觸點的員工體驗，亦即招募、任用、發展、留用、離職，使員工感到滿意與歸屬，方能成功地留住人才。

 長期競爭優勢的人力資源

(一)**Barney&Wright（1998）資源基礎觀點（resource-based view）**：
　Barney&Wright（1998）從資源基礎的理論觀點指出，組織的競爭優勢之所以能夠持久，是因為公司所擁有之異質性（heterogeneity）及不可移動性（immobility）資源中，有部分的資源尚具備價值性（valuable）、稀少性（rareness）、不可模仿性（imperfect imitability）以及不可替代（insubstitutability）等特性，並認為資源是否具有持續性競爭優勢的潛力，取決於以上四項特質，此即稱為「資源基礎模式」。因此，組織若欲維持長期競爭優勢的人力資源，其應具備以下四個重要特性。

1. **資源需對企業產生價值（valuable）**：組織中的人力資源必須能夠協助企業提高其效能與效率，換句話說，亦即人力資源必須能創造顧客價值，或者是幫助企業處理各種威脅與挑戰，因此，每位組織成員都要能夠對企業有所貢獻，企業方可逐漸累積競爭力。

2. **資源應具備稀有性（rareness）**：除了培養員工一般技能之外，亦需要更進一步地訓練與發展其更深層的專業核心能力，惟有如此，組織內的人力才比較容易在勞動市場中展現出獨特性，尤其是專屬適用組織的特殊能力，如此一來，即使員工被挖角也難以使這些人才的能力可完全移轉到新進入的企業或公司。

3. **資源應該是難以被模仿的（imperfect imitability）**：優秀的人力資源應該不易被複製或者移動，倘若企業或公司可以輕易地透過挖角或是模仿來取

得相似的人力，則組織便不容易維持競爭優勢，從長遠角度觀之，必定難以達成永續發展的目標。

4. **具有良好的組織與系統（organization and system）且不易被取代（insubstitutability）**：組織優勢的存續無法單純只依賴某個人或者某一種專業能力就足夠，而是必須透過複雜的組織系統運作來強化競爭優勢，因此，如何建構一套專業的人力資源系統，將會是良好人力資源的最重要關鍵因素。

(二)**Lepak & Snell（1999）人力資本（human capital）理論**：人力資本最重要的主張是認為員工的知識、技能、能力與經驗對組織具有其經濟價值，Lepak & Snell認為人力資本係指具備對企業而言有經濟價值的技能、經驗以及知識的人員。其中人力資本的觀念包含以下重點，首先，技能與知識能夠增進生產力，因此，是一種資本。其次，無形的貢獻則可能包含了問題的解決、單位內或單位間的工作協調，各種與組織營運相關的決策訂定等。最後，人力資本是組織刻意進行投資的結果。

1. **人力資本的組成**：Lepak&Snell認為人力資源的區別即為價值性與獨特性。價值性指的是這項資源對公司的競爭能力的貢獻；而獨特性則是指，員工擁有市場不容易取得的能力或技術，由於市場上不易取得，所以此技術有效的時間長，並不會隨著競爭而遭到淘汰。根據人力資源的價值性與獨特性之高低，將人力資本組合分成四類，以下圖說明其如何劃分：

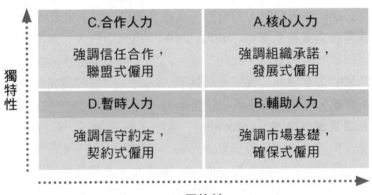

2. 各類人力資本的特性及適合的管理作為

(1)核心人力：

特性	核心人力是指組織中特殊的專業人員或中高階管理工作者。因此，人力資源的價值性高以及獨特性皆高。
管理作為	組織通常採取長期僱用，且由於專業人力必須為組織解決困難問題，要有廣泛的知識與能力才得以勝任，故組織須給予發展與晉升機會及較多的績效獎勵。在管理上會採取發展式僱用與組織承諾的人力資源規劃。

(2)輔助人力：

特性	輔助人力是指主要的作業性人力。因此其人力資源價值性高，但人力資源獨特性低。
管理作為	組織通常採取長期僱用，但輔助人力因為工作內容大多鎖定在執行常態性的工作，因此，在組織中通常僅進行基礎的技能訓練。在管理上會採取確保式僱用與市場基礎的人力資源規劃。

(3)合作人力：

特性	合作人力是指一些專業的外部人力，例如，外部的資訊公司、會計師、管理顧問公司等。因此其人力資源價值性低，但人力資源獨特性高。
管理作為	雖是以勞務外包的方式取得，但因其獨特性較高，所以通常會與組織維持比較長期的合作關係。組織會關注其問題解決的能力，並以建立信賴關係管理的基礎。在管理上會採取信任合作式管理與發展聯盟式僱用。

(4)暫時人力：

特性	暫時人力是指對組織影響不大且很容易從勞動市場取得的人力。因此其人力資源價值性與獨特性皆低。

管理作為	大多是以短期的勞務外包方式取得。這類人力資源由於容易獲得，所以雇主可以採取向外購買，降低成本，通常是以契約為基礎的方式進行控制，在取得人力的過程較以價格及工作品質判斷基礎，組織會關注其問題解決的能力，並以建立信賴關係管理的基礎。在管理上會採契約式僱用與信守約定式的人力資源規劃。

(三)**高績效人力資源工作者應具備之核心職能**：核心職能（core competency）是指與市場競爭有關獨特的智慧、流程或產品能力，意指整個公司的集體學習或表現能力。若欲找出人力資源工作者的核心職能，必須要先了解人資人員在組織中所扮演的角色以及其主要工作內容為何。

人力資源工作者必須對人類行為和激勵理論有充分的瞭解，才能夠有效地激勵組織的員工產出更好的績效。另外，人資工作者必須使員工樂意接受新角色和責任並能刺激員工獲得新技術和能力，方可使員工支援組織的工作，並進而達成整體目標。因此，有效率的人資人員會考量所有的激勵因素、創新制度、政策，以支持公司未來的成長。這些新制度、新政策能讓員工接納組織的使命、信念和價值觀，然後產生公司所需的行為與能力，同時經過人力資源管理的協助，將這些特質深植於組織意識內，再反應於個人的工作表現上。綜合整理以上人力資源核心工作，可以得知人力資源工作者必須具備以下的核心職能。

1. **規劃與設計制度的能力**：人資人員必須創造一些制度（例如：績效考核制度），容許員工討論自己的角色並提供建議，以改善個人的績效，進而提高組織的績效。

2. **理解力**：人資人員必須瞭解企業文化，知道什麼樣的行為會得到同事的讚賞。如何讓員工有歸屬感，以身為團隊一員為榮，以及該如何做才能獲得員工的忠誠度。

3. **溝通能力以及影響力**：人資人員之任務是在影響員工行為和提升組織的競爭優勢，為績效考核制定政策與提供諮詢。此外，亦應能與直線主管合作並提供有效的協助，以促進組織績效的達成。

4. **專業知識**：對於人力資源管理相關事項的處理程序、專業的技能或人際關係溝通等，應有相當的了解，以提昇人力資源管理活動的效能。

Chapter 3 工作分析與工作設計作業

依據出題頻率區分，屬：**B** 頻率中

本章內容介紹人力資源管理中的首要作業—工作分析與工作設計。首先，說明工作分析內容及扮演功能角色，接著，解說如何依據工作分析結果來撰寫工作說明書、工作規範及職能說明書。最後，詳細討論如何利用各種不同的工作設計使工作更加符合員工需求，進而提昇工作效率，提升人力資源管理活動效能。

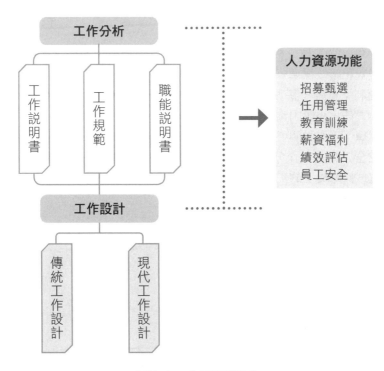

圖3-1　本章架構圖

重點綱要

一、工作分析

(一) 定義及原則

1. **定義**：指組織採用系統化方法來分析工作執行實際內容，以了解該職務的任務、義務與責任以及工作者所需要具備的知識、技術、與能力。

2. **原則**：進行工作分析時，必須大量蒐集相關資料（例如：工作活動、工作行為、設備與工作輔助器材的使用、績效標準、工作背景情境、人員需求等等），而分析的結果通常會被撰寫為工作規範或工作說明書，可合而為一或分開呈現。

   工作分析常在下列三種狀況執行：

   (1) 組織剛成立，需要界定清楚各種工作內容。

   (2) 當組織有新工作產生時，需要界定新工作內容。

   (3) 當組織工作因新科技、新方法或是新的程序而發生改變。

(二) 目的及功能：

1. **招募甄選**：提供工作內容細節及人員應具備條件資訊，以決定該招募與僱用何種類型的員工。

2. **績效評估**：從工作分析可以瞭解工作的職責與標準，而公平比較每位員工的實際績效和績效標準。

3. **薪酬福利**：薪酬（薪資與獎金）水準取決於工作所需技能、教育程度、安全災害與責任大小等因素。

4. **教育訓練**：工作說明書列出工作職責與應具備技能，可作為訓練依據。

5. **員工安全**：詳盡工作分析可找出對工作有害的行為，可明定標準化的安全工作流程，保障員工的工作安全。

(三) 步驟：四階段九步驟

1. **準備階段**：

   (1) 確認目的與擬定計畫。　　　(2) 選擇分析人員。

   (3) 解釋分析程序。

2. **調查階段**：

   (1) 收集相關背景資料。　　　　(2) 找出代表性的工作。

   (3) 收集工作分析資料。

3. **分析階段**：

   (1) 分析各項工作資料。　　　　(2) 重新檢視現職工作的資訊。

4. **完成階段**：撰寫工作說明書與工作規範。

(四) 資訊蒐集方法
1. **定量／量化工作分析法：**
   (1) **問卷法**：讓工作相關者填寫問卷，以收集相關資料的方法。
   (2) **職位分析問卷**：由對工作相當瞭解，且接受專業訓練人員填寫標準化的員工取向問卷，用以分析任何工作。
2. **定性／質化工作分析法：**

觀察法	分析人員到現場，實際觀察工作者的工作進行。
訪談法	分析人員與工作相關者訪談，收集工作職責、任務、活動資訊。
現場工作日記法／日誌法	透過工作日誌與儀器記錄，收集工作活動的資料。
關鍵事件技術法	具體觀察工作行為（事件）並描述其相關的原因與結果。
工作實踐法（參與法）	工作分析者參與某一職位或從事所研究的工作，從中深入全面性地體驗工作內容，用以瞭解並分析職務特徵及要求。

(五) 潛在問題
1. 高階主管未能充分支持。
2. 僅使用單一的方法與工具。
3. 缺乏員工的參與和支持。
4. 抗拒改變與資料失真。
5. 現今企業環境瞬息萬變。

二、工作說明書及工作規範

(一) 工作說明書
1. **定義**：是一種書面說明，用來描述任職者真正在做的事情，內容著重於陳述工作本身，例如：任務、職責、工作情況與活動。
2. **內容**：工作說明書的內容通常包含了工作識別、工作摘要、職責與職權、績效標準、工作條件及工作環境。
3. **指導大綱：**
   (1) 簡短且清楚的陳述。
   (2) 明確指出職權範圍。
   (3) 再檢查內容並確認是否符合法令。

(二) **工作規範**

1. **定義**：記載員工在執行工作時須具備的能力及特徵，內容著重於陳述執行工作的個人資格條件。

2. **內容**：針對「什麼樣的人適合該份工作」進行撰寫，可作為人員甄選的基礎，內容以工作所需的知識、技術、能力為主。

3. **撰寫工作規範**：

(1) 有經驗與無經驗人員之工作規範。

(2) 以判斷法為基礎的工作規範。

(3) 以統計分析為基礎的工作規範。

(三) **職能說明書**：職能是指可觀察並予以衡量的個人特徵，這些特徵將促成績效順利達成。判斷一個工作需要的職能，必須先思考：「為了勝任這份工作，員工必須具備什麼能力？」，並將答案予以分析與記錄。職能說明書列出員工為完成工作必須擁有的知識、技能和行為。

1. **功能工作分析**：由美國勞工部訓練與就業局發展的方法，以標準化術語與專有名詞闡述工作內容，用以測量工作者所需處理資料、人員及事務複雜度。

2. **網上職業頭銜辭典**：是美國線上職業資料庫，綜合員工特質與工作特性，以淺顯易懂定義與概念，說明工作所需人員特質與所處職場的必要條件。

3. **撰寫職能說明書**：

(1) 職能名稱及簡要說明。　　　　(2) 可觀察行為的描述。

(3) 工作熟練程度的分析。

三、工作設計

(一) **定義**

1. **工作設計**（job design）：是企業組織為改善員工工作品質與提高生產力所提出一套最適當之工作內容、方法與型態的活動過程。最理想的狀況是依照員工的工作能力與技術，安排相對應的工作任務，以符合組織目標的達成。

2. **工作再設計**（job redesign）：一般是採取改變特定或相關性的工作，令員工感到工作更具有挑戰性與樂趣，來減少員工的倦怠感，以此提升員工的工作品質與生產力。

(二) **進行工作設計的考量重點**

1. **工作內容**：包含工作廣度、工作深度、工作自主性及工作完整性。

2. **工作職責**：包含工作責任、工作權力以及工作方法。

(三) Hackman & Oldham**的工作特性模型**（Job characteristics model，JCM）

1. **技能多樣性**（Skill variety）：完成一項工作所需運用技能的多寡。

2. **任務完整性**（Task identity）：工作流程由始至終是完整的或是分工而成。

3. **任務重要性**（Task significance）：所從事的工作對他人而言的重要性。

4. **自主性**（Autonomy）：從事工作時是否獨立自主，並擁有決策權。

5. **回饋性**（Feedback）：工作者是否能夠得到工作成果的回饋。

(四) 傳統工作設計

1. **工作標準化**：將每份工作的內容、項目清楚定義，目的在於使每位員工了解其工作性質、操作方式，明白該做什麼以及不該做什麼。

2. **工作專業化**：將工作分為幾個不同步驟，每個步驟由一個人負責，並非一個人負責整個工作流程，使員工專注某部分工作，達到熟能生巧效果，亦即所謂的專業分工化。

(五) 現代工作設計

1. **工作擴大化**：將工作範圍擴大，使所從事的任務變多，產生工作多樣性。

2. **工作豐富化**：增加工作的深度，使員工對工作有自主權，增加職責的同時亦給予職權。

3. **工作輪調**：當工作不再具有挑戰性時，調往工作技能類似的另一份工作。

4. **彈性工時**：允許員工在一段核心工作時間內，可自由選擇上下班的時間。

5. **電子通勤**：利用通訊科技，使員工能在家工作，或出差時仍保持聯絡。

6. **工作分擔**：將一份全職的工作分配給兩名或以上的兼職者來從事。

7. **壓縮工作週**：增加每日工作時數，以縮減每週工作天數。

內容精論

工作分析

運用人力資源的首要步驟是清楚定義所需完成之工作及其執行方法，因此工作分析（Job Analysis）與工作設計（Job Design）是不可或缺之基礎作業。

工作分析是針對工作整體內容，進行一系列資訊收集、分析以及綜合的過程，以便為人力資源管理活動提供各種工作方面的訊息。工作分析是執行其他人力資源功能的前置工作，若工作分析不良，將直接影響人力資源管理的效能與效率。舉例來說，有效的人員招募，必須建立在招募者真正瞭解工作的實際需求與人員的核心能力方能成立。此外，若無法清楚地的定義工作內容（例如：工作職責、複雜度、安全程度與關鍵績效指標），薪酬福利與績效管理制度亦將因缺乏資訊而難以有效規劃。

工作設計與工作分析息息相關。在實務上，通常會以現行工作內容進行工作分析，若分析後發覺目前執行方法缺乏效率時，就會進一步地將工作重新設計，以達到提昇工作效能之目的。

(一)**工作分析的定義及原則**：人力資源管理的例行工作通常始於人才招募，為達有效招募，組織必須先瞭解何種工作有人事需求？從事該項工作的員工應該具備哪些特質和能力？其後，幾乎所有人資活動都必須對工作內容及人員特質，有一定的瞭解方可順利完成。舉例來說，教育訓練設計應與員工能力相配合；而績效評估則應與工作實際狀況相對應。故在實務界中，實施各項人力資源管理措施前，會先將工作的任務與責任，人員應具備的條件予以分析並做成書面紀錄，而這個流程就是所謂的工作分析。

1. **工作分析的定義**：工作分析係指組織運用一連串系統化的方法及工具來分析工作執行的實際內容，以了解該職務的任務（tasks）、義務（duties）與責任（responsibilities），及執行人員所應具備的知識（knowledge）、技術（skills）、與能力（abilities）等。工作分析是一系列資訊蒐集、分析與整合的過程，藉由實地觀察或其他方法，對某特定工作蒐集相關資訊，以便為後續人力資源管理規劃提供有用的訊息。換言之，也就是對某項職位工作內容及其相關因素進行系統與組織化的描寫，因此，工作分析也被稱為職位描寫（position description），而工作分析的結果主要用來編寫工作說明書（Job Description）及工作規範（Job／Person Specification）。

2. **工作分析的原則**：工作分析的作用在於決定工作需求條件及適任人員所應具備的能力或特質。一般而言，人事部門通常利用工作分析來蒐集關於工作與員工的相關資料，藉此規劃人員任用、升遷、調任、訓練發展以及績效評估等工作。因此，工作分析是一道程序，用來決定每份工作的職責，以及擔任該份工作的人員所應具備的條件。而工作分析的結果，可用來撰寫工作說明書（著重於工作本身內容的陳述）以及工作規範（適任人才的描述）。而主管或人力資源專員在進行工作分析時，會先儘可能地大量蒐集相關資料，一般而言，包含以下資訊：

(1)**工作活動**：工作的實際內容，例如：銷售、零件製造及生產。此部分的資訊亦可能會包括執行人員何時、何地以及如何執行各項工作活動。

(2)**工作行為**：從事該工作時，會產生的行為，例如：與客戶溝通、提舉重物、安排貨物或者長途駕駛等。

(3) **機械、設備與工作輔助器材**：執行該工作時所需要使用的工具（例如：堆高機或起重機的使用）以及所需要應用的知識（例如：會計或法律知識）等相關資訊。

(4) **績效標準**：決定工作關鍵績效標準的相關資訊，例如：對主管人員要求完成一定的數量或品質、對客服人員要求顧客滿意度。

(5) **工作背景情境**（job context）：這類資訊通常包括實際的工作條件、工作環境、工作排程表、獎勵誘因，以及工作中的人際互動關係等相關資訊。

(6) **人員需求條件**：為了成功執行該工作所需要具備的知識、技能（例如：學歷、訓練、工作經驗），以及個人特質（例如：性向、個性、興趣）。

蒐集上述資料而作成的工作分析，其成果通常會以工作規範（Job Specification）或是工作說明書（Job Description）來呈現，這兩種文件有時可能會被合併撰寫。工作規範及工作說明書除了可以作為人力資源管理活動的參考外，亦可成為工作設計或工作再設計之基礎。一般來說，當以下三種情形發生時，工作分析會立刻執行：

1. 組織剛成立，需要釐清各項工作內容時。
2. 當組織有新工作產生，需要釐清新工作內容時。
3. 當組織中的工作因新科技、新方法或新程序發生改變，而需要重新釐清新的工作內容時。

若以更細節的方式來解釋，當下列狀況產生時，就表明組織需要進行工作分析：

1. 缺乏明確、完善的書面工作說明書，使得員工對工作的職責及要求感到不清楚時。
2. 雖然有正式的書面工作說明書，但所描述之工作內容與完成該工作所需具備的各項知識、技能和能力與實際狀況並不相符時。
3. 經常出現推諉工作、職責不清或者管理決策困難的現象時。
4. 當需要招募新員工，但卻發現很難界定聘請與任用的標準時。
5. 當需要對在職人員進行教育訓練與發展，卻發現很難找出訓練需求，以進行訓練規劃時。
6. 當需要建立新的薪酬體系，卻發覺無法對各個工作價值進行評估時。
7. 當需要對員工的績效進行考核，卻發覺無法確定該職位的核心價值以及績效評估指標時。

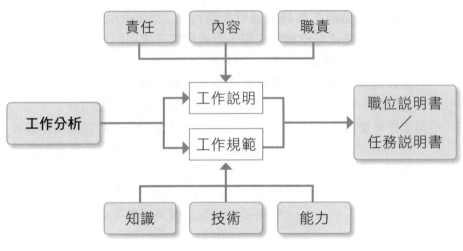

圖3-2　工作分析概念圖

資料來源：常昭鳴、共好知識編輯群編著（2010：50）

(二)**工作分析目的及功能**：工作分析的主要功能在於，所提供之工作相關資訊可以作為各種人力資源管理活動的基礎：

招募甄選	工作分析提供了工作內容細節及人員應具備條件，能夠協助管理者有效決定應該招募（或僱用）何種類型的員工。
績效評估	管理者能夠藉由工作分析而清楚了解工作的職責與標準，進而公平比較每位員工的實際績效與績效標準的落差並予以合理評價。
薪酬福利	薪酬（例如薪資與獎金）水準將會取決於工作所需的技能、教育程度、安全災害與責任大小等因素，而以上皆是工作分析的重點。經由完善的工作分析，薪酬福利的設計將更符合實際的工作情況。
教育訓練	工作說明書清楚陳述工作的職責以及應具備的技能，能夠作為教育訓練規劃時的依據。
員工安全	詳盡的工作分析能協助發掘出對工作有害的行為，因此可明定標準化的安全工作流程，進而保障員工的工作安全。
遵循人事／勞工相關法令	工作分析對於落實人力資源實務很重要。例如，為符合身心障礙者權益保障法，雇主必須瞭解每項工作的基本內容，因此需要進行工作分析。

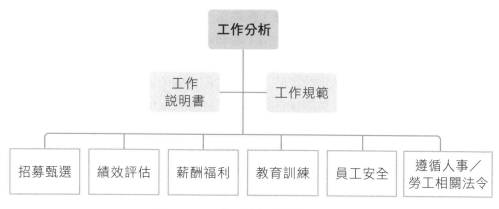

圖3-3　工作分析的功能及用途

(三)**工作分析的步驟**：一般工作分析通常可細分為九個步驟，而這些步驟又可被歸納成四大階段，如圖3-4所示並分項說明如下：

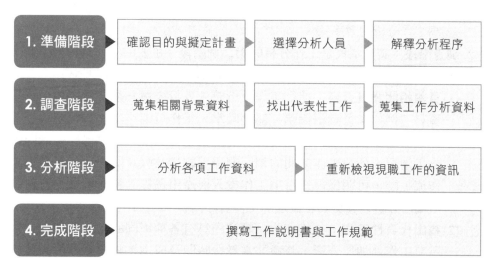

圖3-4　工作分析的步驟

1. **準備階段**：準備階段的主要任務是為了全面瞭解組織狀況與界定工作分析目的，用以設計出妥善的工作分析調查方案、確定工作分析的範圍與對象並有效地建立合作關係。

   (1)**確認目的與擬定計畫**：工作分析的前置工作，無疑是先界定工作分析目的，方能據此規劃應當採用的資料分析工具。蒐集的資料型態與資料分析方法往往會隨著工作分析的目的而受到影響，舉例來說：運用

員工面談法，將有助於詢問工作細節，故特別適用於撰寫工作說明書以作為日後招募甄選員工之用；而關鍵事件技術法則較適用於比較員工的工作表現，因此可作為績效評估或者制定薪酬福利的參考因素。

(2) **選擇分析人員**：擬定計畫時，亦需選擇合適的人員來實際地執行工作分析。選擇分析人員的條件通常除了具備充足的相關知識、工作能力以及經驗外，更重要的是能夠獲取組織內員工的信賴感並願意與之合作，因為許多員工會將組織所進行的工作分析視為一種「調查」，而抱持反感的負面態度，使得工作分析推動不易。

(3) **解釋分析程序**：為順利進行分析工作，分析人員與工作人員間，必須要能夠互相理解並且密切合作。因此分析人員在進行工作分析之前，必須對所有相關人員詳細解釋工作分析的程序，例如：工作分析的目的為何？什麼樣的資料會被蒐集？這些資料會如何被處理、分析及運用？被分析的工作者們應如何參與分析的過程？使其能夠清楚地瞭解工作分析的實施情況，以降低不適感及抗拒感，並經由通力合作來提高工作分析的效率。

2. **調查階段**：調查階段是工作分析的第二個階段。主要的工作是針對整個工作過程、工作環境，工作內容和工作人員等，進行全方位的調查。

(1) **蒐集相關背景資料**：進行工作分析時，分析人員必須要蒐集各項背景資料（例如：企業組織圖、部門職掌、工作規則、工作流程圖等），以全面瞭解並審視組織的現況。從企業組織圖中，可以得知組織內的分工情況、各項工作之間的相互關係、職權及職責關係等；而藉由工作流程圖，可明確得知每項工作投入與產出過程等資訊。以上資料皆可協助分析人員更為正確理解工作實際內容。

(2) **找出代表性工作**：一般來說，組織內具有各種不同的工作類型，若對所有工作都加以分析，將會非常耗費時間及成本。故建議分析人員於審視背景資料後，針對相同類別的工作，迅速地找出代表性的工作來進行分析，至於其他細項工作在歸類後，僅需要再進行微調即可。

(3) **蒐集工作分析資料**：工作分析資料與背景資料不同，主要係指該項工作的所有相關資訊，包括：工作活動內容、工作人員應從事的行為、工作環境與狀況、以及工作者必須具備的特質能力與資格條件等，這些與工作直接相關的資料是進行工作分析時最需要著墨之處。

3. **分析階段**：分析階段是針對調查階段所獲得的各種資訊進行分類、分析、整理和綜合的過程，也是整個工作分析過程的核心階段。

(1)**分析各項工作資料**：蒐集各種資料（含，背景資料以及工作資料）後，就可以開始著手進行資料的分析及整理，具體工作如下：

　A. 整理分析資料：將各項相關資訊（如：工作性質與功能調查資料）進行加工整理分析，並分門別類，作為日後撰寫工作說明書與工作規範的依據。

　B. 創造性地分析、揭示各職位的主要工作內容以及關鍵成功因素。

(2)**重新檢視現職工作的資訊**：工作分析後的資訊，應交由工作現職者與其直屬主管再度加以確認，此舉除了有助於確保資訊的正確性與完整性外，亦可讓現職員工能夠有檢視及修正的機會，使其更容易接受工作分析的結果。

4. **完成階段**：總結及完成階段是工作分析的最後階段。這一階段的主要任務是：在深入分析和總結的基礎上，編製工作說明書和工作規範

工作說明書與工作規範是工作分析最終的具體成果。撰寫工作說明書與工作規範後應注意的事項如下：

(1)將資訊分析處理的結果寫成工作說明書及工作規範（或合而為一），並對其內容進行檢驗。

(2)將草擬的工作說明書及工作規範與實際工作進行對比，以決定是否需要再次進行調查。

(3)將工作說明書及工作規範應用於實際工作中，並進一步蒐集實際應用後的回饋資訊，以不斷地完善這兩份文件。

(4)進行總結評估後，將工作說明書及工作規範明定下來並且歸檔保存，成為日後進行工作再分析的基礎。

最後強調，工作說明書必須要定期進行重新審視，探查其是否還符合實際的工作變化。另外，在進行工作分析時，應讓員工參與此過程，共同分析原因並討論成果，若需要調整時，員工亦應加入調整工作中，只有親身體驗方能增強員工對工作分析的認同感，從而在實踐中被有效實施。

(四)**工作分析資訊的蒐集方法**：常見的工作分析資料蒐集方法共有七種，且被歸納為定量（量化）及定性（質化）工作分析兩大類，逐一進行說明如下：

1. **定量（量化）工作分析法**：

(1)**問卷法（Questionnaires Method）**：係指利用問卷調查來描述關於特定工作的內容，讓工作執行者填寫問卷，用以收集相關資料的方法，

問卷的設計（例如：問卷的結構與內容）則是能否正確蒐集資料的重要關鍵。問卷可以採用開放式題目（亦即問答題形式，由被調查的工作人員自行描述工作內容與任務），或者封閉式題目（亦即選擇題形式，被調查的人員僅須針對提供的選項進行勾選）。一般而言，設計良好的問卷通常會同時包括開放式與封閉式題目，以獲取全面性的資料。採用問卷法的優、缺點如下所述：

優點	節省時間、能夠迅速地收集大量資料。
缺點	不同的員工，即使對完全相同的工作，可能在認知上會有所差異，因而影響分析的結果，故如何編製一份具高信度與效度的問卷，是採用問卷法的一大挑戰。

另外，問卷必須設計良好，方能使員工充分了解題項，並準確回答。
(2) **職位分析問卷**（Position Analysis Questionnaire，**簡稱PAQ**）：是目前普遍流行且結構嚴謹的人員導向工作分析問卷，其起源是由普渡大學教授麥克密克（E.J. McCormick）、詹納雷特（P. R. Jeanneret）和米查姆（R.C. Mecham）所共同設計開發。設計初衷在於開發一種通用的、以統計分析為基礎的方法來建立某工作職位的能力模型，並希望可運用統計推理來進行工作的比較，以確定相對報酬。因此，職位分析問卷是屬於一種標準化的員工取向問卷，可用於分析任何工作，不過必須由對工作十分瞭解，並且接受過專業訓練的人員方能填寫。
PAQ包括194個項目，同時考慮了員工與工作兩個因素，並將各工作所需之基礎技能與行為以標準化的方式明列，因此可作為人事調查、薪酬標準制定的參考。另外，PAQ法不需修改即可應用於不同組織以及不同的工作中，易於比較不同組織間的工作，也使得工作分析更加準確與合理。PAQ問卷的所有項目可被歸類為資訊輸入（Information Input）、思考過程（Mental Process）、工作產出（Work Output）、人際關係（Relationships With Others）、工作環境／脈絡（Job Context）、其他特徵（Others Job Characteristics）等六大類別，PAQ給予每一個項目定義以及相應的等級代碼，下表3-1即為這些項目的主要分析構面，由於每一個項目除了要評定其是否為一個工作的元素之外，還要在評定重要程度、花費時間及困難程度，故相當繁複。

表3-1 PAQ衡量構面描述

構面名稱	構面描述
資訊輸入 Information Input	員工在工作中是從何處得到資訊,又要如何得到資訊。
思考過程 Mental Processes	完成工作所需要的心理過程,例如:員工在工作中是如何處理資訊,如何進行推理、決策、規劃等的心智能力程度。
工作產出 Work Output	完成工作所需要進行的活動以及應付出的支援,包含:工作需要員工從事的體力活動,需要使用的工具和儀器設備等。
人際關係 Relationships With Other Workers	完成工作所需要的人際關係,亦即在工作中需要和哪些人員互動。例如:指導他人或與公眾／顧客接觸。
工作環境／脈絡 Job Context	完成工作所需要的工作環境,包括工作操作所處的自然環境以及社會環境。例如:是否在高溫環境或與內部其他人員衝突的環境下工作。
其他特徵 Other Job Characteristics	與工作相關的其他活動、條件或特徵,例如工作進度表、給薪方式與職務要求等。

資料整理自:McCormick, Jeanneret and Mecham (1969)

PAQ的優、缺點則分述如下:

優點	可用於分析各項工作外,亦相當適用於工作分類中。分析人員可以依據(A)是否負有決策／溝通／社會方面的責任(B)是否執行熟練的技能性活動(C)是否伴隨有相應的身體活動(D)是否操縱汽車／設備(E)是否需要對訊息進行加工,將每項工作依序給予量化的分數,然後從PAQ所獲得的結果中,逐一比較,並決定出每項工作的薪給水準。
缺點	1. PAQ問卷可以衡量各種不同的工作,而且是量的計算,但也因此而無法對職位的特定工作進行描述,由於缺乏了對單一職務特殊活動的質化描述,導致某些任務之間的差異性變得模糊,例如,警察與家庭主婦的能力特徵,可能都需要「應急處理」和「解決麻煩」,雖然透過PAQ得到了相同的分數,但事實上這兩個工作中「應急處理」與「解決麻煩」,其性質大不相同,但卻無法在PAQ中顯現。

缺點	2. 可讀性不強，惟具備特定學歷以上才能理解其中的項目，導致使用範圍產生限制。有研究也指出，PAQ的可讀性不夠普及，必須有高中或大學畢業以上的閱讀能力，才能夠清楚地理解各個項目，因而限制了PAQ的使用族群。 3. 設計問卷花費的時間較多，成本過高，且程式非常繁瑣。

2. **定性（質化）工作分析法：**

(1) **觀察法（Observaiton Method）**：是指工作分析人員直接到現場，親自對特定對象（一個或多個工作人員）的現場操作方式進行觀察，以收集並記錄與工作相關的內容，通常會觀察一個完整的工作循環（Job Cycle），並有系統地將相關資料記錄下來，例如：工作間的相互關係、人與工作的交互作用，工作環境與條件等資訊，最後把取得的職務資訊歸納整理為適用的文字資料。實施觀察法時，觀察者需要相當多的專業訓練，知道如何觀察並記錄事項，有時候甚至會用標準化的表格來記錄資料，以幫助資訊的客觀收集。該法的優、缺點說明如下：

優點	工作分析人員能夠比較全面以及深入地瞭解工作要求，但此法比較適用於工作內容主要依靠身體活動來完成的職務，如裝配工人，保全人員等。
缺點	1. 不適用腦力勞動成分比較高的工作或者是處理緊急情況的間歇性工作。例如：律師、教師，急救站的護士，經理或行政性的工作。 2. 容易產生「霍桑效應」（Hawthorn Effect）的缺點：有些員工難以接受此法的執行，他們會覺得自己受到監視或威脅，從心理上對工作分析人員產生反感，同時亦可能造成行為表現上的不一致。所以，觀察法最好能在不影響工作者的情況下進行，方能得到較正確與客觀的資料。

(2) **訪談法（Interview Method）**：是指工作分析人員透過與員工進行面對面的交流，而加深對員工工作的瞭解，用以獲取工作資訊的一種工作分析方法，而其地點通常會選在工作場合。常見的方式分別為個別訪談法（individual interview）、集體訪談法（group interview）以及主管訪談法（supervisor interview）。個別訪談是指與工作執行者進行面談，但有時候會選擇直接與熟悉該工作的主管面談；而當從事某項特定工作的員工人數眾多時，可以採取集體面談，此法能夠同時一次性

地訪談許多人，有時候為了確保所蒐集到的資料具普遍性及可靠性，亦可使用集體面談法。

訪談形式一般可分為結構化（Structured）以及非結構化（Unstructured）面談兩種。結構化面談係指既定問題的訪談模式，優點是經事先考慮，可將所有層面都納入問題之中，但缺點是不具彈性；反之，非結構化面談則是未事先規劃固定題目，完全順其自然發展的面談方式，優點是在訪談中能夠臨時發現重要的議題，但缺點則是可能會造成訪談時間太長且內容發散而無法切入真正的重點。因兩種方式皆有其各自的優、缺點，故組織有時會綜合這二種形式，實施半結構化面談，亦即允許分析人員隨著情境而與受訪者有不同的互動，但仍然必須遵循基本的訪談題綱範圍。相較於其他方式，採用訪談法的優、缺點分述如下：

優點	1. 一種被廣泛採用、是相對簡單、方便的資料蒐集方法，此外，適用範圍較廣，可以利用於編製工作描述。 2. 經常被作為其他資訊蒐集方法的輔助，例如當問卷填寫不清楚時，可進行訪談將資料補足。 3. 透過訪談能探察到一些不為管理層知曉的內容，例如工作態度、工作動機等較深層次的東西或一些管理問題。 4. 面對面溝通的方式較為親切，能拉近訪談者與員工的關係。
缺點	1. 訪談者技巧要求高，如運用不當可能會影響資訊蒐集的品質，因此不能作為工作分析的唯一方法。 2. 因進行訪談而打斷被訪問人員的正常工作，將有可能造成生產的損失。 3. 可能會因問題不夠明確或不夠準確而造成雙方誤解或資訊失真。 4. 時間不經濟，工作者有時亦會誇大某些責任或匿報某些工作。

因此，在進行面談時，最好能夠遵守以下原則：

A. 應讓最瞭解該份工作以及態度最公正客觀的工作者進行面談。

B. 面談時，應建立令參與者感受到融洽的良好氣氛。

C. 遵循事前準備好的程序來進行面談，並確保參與者能完整地回答問題。

(3) **現場工作日記法／日誌法**（Diary／Logs／Records Method）：現場工作日記法又稱為日誌法，係指在企業主管人員的領導之下，由員工本人按活動發生的先後順序隨時填寫的一種職務分析方法。採用現場工作日記法，可在一定時間內獲取第一手資料。認真記錄的工作日記可提供大量資訊，例如：計劃工作的品質、例外事務的比例、工作負荷、工作效率、工作中涉及的關係等。因此，日誌法所獲得的資訊可靠性很高，將有利於管理人員瞭解員工實際工作的內容、責任、權力、人際關係及工作負荷。若使用面談法時，能夠輔以工作日誌的資料，可有效避免員工誇大其辭或隱瞞真相，而有助於工作真相的瞭解。隨著科技進步，能夠運用更現代化的技術來記錄工作日誌，例如：員工可以隨時使用數位錄音口述記錄工作狀況，而不必等到一整天的工作結束後，才開始記錄工作日誌，以避免因疲累而導致客觀性與正確性失真的問題產生。日誌法的優、缺點說明如下：

優點	1. 由於日誌法應該是在日常工作中，以不知覺狀態下的忠實記錄，因而資料來源比較可靠。 2. 工作記錄本身非常詳實，能提供的充份的資訊。
缺點	1. 需要積累的周期較長，時間成本高。 2. 平時所紀錄的資料可能與工作分析的需求有所出入，因而在整理上的工作量會比較繁重。 3. 工作日誌往往有誇大的傾向，必須要能辨別資訊的正確性。

(4) **關鍵事件技術法**（Critical Incident Technique, 簡稱CIT）：關鍵事件技術法是指由主管、員工或其他熟悉職務的人，針對過去一段時間內，所具體發現或觀察到的工作行為（即所謂的事件），進行詳細的描述後，再找出工作績效「特別好」與「特別壞」的狀況，計算這些行為（事件）的發生頻率、重要性、所需能力後，予以分群歸類。

關鍵事件技術法必須同時考慮工作的靜態和動態特徵兩者，因此對每一個事件的描述內容都應該包括：

A. **事件的原因**：事件是在什麼情景下發生的？是什麼原因導致事件發生的？

B. **事件的行為**：員工做了些什麼事？而這些行為中哪些是有效的？哪些是無效的？

C. **對事件行為後果的察覺與認知。**

D. **事件後果的可控制性：** 員工行為所形成的後果，是否在員工的控制範圍內？

相較於其他方式，採用關鍵事件技術法的優、缺點分述如下：

優點	由於分析人員為了發現工作行為的正規則，因此會收集大量可被觀察與測量的工作行為，導致所獲取的資料較為客觀可靠，使得不同工作之間，亦容易進行相互地比較與評估。
缺點	1. 需要花大量的時間去收集「關鍵事件」，並加以概括和分類。 2. 只注重在績效特別好或特別壞的關鍵事件上，而容易遺漏了平均績效水準的事件。

為了克服關鍵事件技術法的缺點，亦發展出擴張型關鍵事件技術法（Extended CIT），其步驟是先請工作者寫一個工作範例（內容包含：由誰來負責工作、工作中的主要事件、工作環境、工作者行為、行為的後果），並分別以高績效、中績效與低績效的不同情形進行描寫。然後，分析將範例撰寫成任務陳述（一個個的題項），再由其他工作者指出，此一工作是否從事這些任務？從事這些任務的頻率、任務困難度、任務重要性、任務績效水準、以及所需要的能力等。因此，採用擴張型關鍵事件技術法，能涵蓋中等績效的事件，也因為運用了類似問卷法的方式進行調查，節省許多時間。

(5) **工作實踐法：** 又稱參與法，是指工作分析者參與某一職位或從事所研究的工作，從中深入全面性地體驗工作內容，能在工作過程中掌握有關工作的第一手資料，用以瞭解並分析職務特徵及要求。採用工作實踐法的優、缺點說明如下：

優點	1. 相較於訪談、書面調查等其他方法，能夠獲得更真實可靠的數據資料。 2. 可以準確地瞭解工作的實際任務和體力、環境、社會方面的要求，相當適用於短期內可以掌握的工作。
缺點	1. 可能會由於工作分析人員本身知識與技能的局限，使工作實踐法運用範圍變得狹隘。 2. 對於需要大量訓練才能掌握、工作頻率與品質要求高或者具有危險性的工作，皆不宜採用此法。如飛行員的工作，腦外科醫生、戰地記者。

(五) **工作分析的潛在問題**：進行工作分析時，可能會因人的心理、態度、行為
　　或者分析工具的使用而產生問題，以下將列舉一些較常出現於工作分析的
　　問題：

　1. **高階主管未能充分支持**：有時候工作分析無法有效發揮作用，其原因是高
　　　階主管未能真正支持工作分析，而僅是藉此來達成心中自定的目標。舉例
　　　來說，高階主管為了減低人事成本，欲合理化地裁減某些員工，故而進行
　　　工作分析，希望能夠指出某些人不適任，如此一來，將有合適的理由對這
　　　些人進行調職，甚至導致其自動離職。這種被利用來符合主管預期的工作
　　　分析，出問題的可能性就很高。

　2. **僅使用單一的方法與工具**：工作分析的各種方法與工具，都有其不同的適
　　　用情形及優、缺點，舉例來說：運用員工面談法，將有助於詢問工作細
　　　節，故特別適用於撰寫工作說明書以作為日後招募甄選員工之用；關鍵事
　　　件技術法則較適用於比較員工的工作表現，因此可作為績效評估或者制定
　　　薪酬福利的參考因素；觀察法適合用於分析藍領階級，但不適用腦力勞動
　　　成分比較高的工作或者是處理緊急情況的間歇性工作（例如：律師、教
　　　師，急救站的護士，經理或行政性的工作）。因此組織不應該只仰賴一種
　　　特定的方法與工具，而是應該配合工作分析之真正目的，使用多種方法的
　　　組合，才能夠同時確保工作分析的周延性與適切性。

　3. **缺乏員工的參與和支持**：工作分析不應只由分析人員單獨完成，在工作分
　　　析的設計以及執行過程中，員工的參與亦將融入於內。然而，員工可能缺
　　　乏相關訓練，所以無法體會工作分析的重要性，或者不知道工作分析到底
　　　是什麼，如此一來，當分析人員要求員工提供相關資訊時，他們可能就會
　　　因為不理解或是不支持而無法切中要領與呈現適當資料，導致工作分析的
　　　結果失真。

　4. **抗拒改變與資料失真**：工作分析通常會引發組織中的某些改變，不論工作
　　　分析目的是改善不合理的工作流程或者要求工作人員的能力提升，對員工
　　　而言都是不易接受的改變。員工對於未來所要面對的工作要求會充滿不確
　　　定感，因而感受到威脅、恐懼與不安，繼而對工作分析產生抗拒，甚至開
　　　始提供不實資料，例如：為免被裁員而膨脹自身所從事工作的重要性。此
　　　種抗拒的心態與失真的資訊將直接導致工作分析的失敗。

　5. **現今企業環境瞬息萬變**：工作分析是人力資源管理的重要基礎，但現代企
　　　業經營環境瞬息萬變，一個職位的工作內容亦經常隨之改變，如此企業內
　　　就必須不斷地進行工作分析，因而增加營運成本。有些企業為避免營運成本

的增加而不願隨著環境的改變來進行工作分析的更新，但此舉無疑是因噎廢食。為避免因工作分析而造成營運成本的增加，建議可採取以下方法：

(1) 雖然企業經營環境瞬息萬變，工作內容也會隨之改變，但若該工作內容變化並非徹頭徹尾地全然不同，而是在原先職責上進行增減或延伸的話，企業則無需從頭到尾再從做一遍工作分析，只要將原先工作分析的結果當作依據，進行部份的修正即可。

(2) 倘若與同業或相關企業組織的關係良好，且工作形態、工作內容、所需人員的知識、技能以及能力等皆相仿或一致，即可參考同業的工作分析結果來進行規劃，以避免工作分析的繁複程序。

(3) 提高工作分析的效能，透過訓練有素的人力資源專員，依其專業知識而正確有效的選育人才，並將人才配置於合適的位置，由於不將人才浪費在不對的位置上，故可使其發揮最佳工作效能，雖然因進行工作分析導致了些許營運成本的增加，但以最終結果來看，組織的整體效能提昇的優點遠勝於工作分析成本增加的缺點。

 ## 工作說明書及工作規範

工作說明書（Job Description）及工作規範（Job／Person Specification）是工作分析的最重要產物。工作說明書主要用來描述與工作相關的所有資訊，例如：實際工作內容、如何執行、以及執行工作的條件；而工作規範則是羅列為了完成該項工作，人員所需具備的知識、能力和技術。工作規範可以是工作說明書的一部分，也可以是獨立的書面資料。以下將針對工作說明書以及工作規範進行詳細的說明。

(一) **工作說明書（Job Description）**

1. **定義**：工作說明書是分析人員根據某項職務工作特質的書面詳細說明，用來描述任職者真正在做的事情，如何做以及在什麼條件下執行工作。換句話說，工作說明書通常會是一個有關工作任務（tasks）、職責（duties）與責任（responsibilities）的表單，以完整地描繪出某特定工作情況與活動。典型的工作說明書會陳述工作基本資料（例如：名稱、類別、部門、日期）、工作目標與角色、直屬主管、監督範圍以及工作職責等，而有些工作說明書則會選擇將工作規範（Job specification）的內容也一併納入。

2. **內容**：如上所述，工作說明書的主要用途在於陳述與工作本身相關的資訊，因此其所包含的內容不外乎為：工作識別、工作摘要、職責與任務、現職者的職權、績效標準、工作條件及工作環境等。工作說明書的範例如下表3-2所示。

表3-2　工作說明書（工作規範已併入）範例

職務名稱	部門	工作地點	描述人
直屬主管	職務級別	職位代碼	審核人

工作事項：
1. 主要工作目的：
2. 主要職責與職權
3. 主要工作內容：

任職資格：
1. 年齡區間
2. 性別：
3. 教育背景：
所需最低學歷：　　　　　專業：
說明：
4. 培訓或繼續教育
培訓科目：
培訓時間：
證書：
說明：
5. 經驗（工作經驗）：
6. 技能：
7. 個性：
8. 體能：
9. 職位關係：
可升遷職位：
可輪換職位：

工作環境：
1. 工作場所：
2. 工作時間：
3. 環境狀況：
4. 危險性或職業病：

填表日期

資料來源：周瑛琪，顏炘怡（2016：52）

3. **撰寫工作說明書的指導大綱：**

(1)**簡短且清楚的陳述：**工作說明書必須對所屬的工作職責能夠清楚但簡短的描述，因此應使用簡要且淺白的陳述方式，令員工能夠易於理解，而無需再參考其他資料來解讀工作說明書。

(2)**明確指出職權的範圍：**在界定職位工作時，務必要使用明確的陳述來劃分出職責以及職權的範圍，例如：清楚指出「以部門為單位」、「在經理的要求下」等字眼，如此方能明確的指出工作的範圍與本質，同時解釋了工作相關的重要權責關係。

(3)**再檢查內容並確認是否符合法令：**最後再次檢查說明書是否已涵蓋最基本的工作要求，確認新進員工閱讀此說明書後，能夠真正了解工作的內容。此外，亦應檢查工作說明書的內容是否違反政府所制定的勞工法律規範。

(二)**工作規範**（Job／Person Specification）

1. **定義：**工作規範為工作分析的另一項成果，是一種對從事某特定工作的人員任用條件之具體說明，換言之，工作規範通常會記載著員工在執行工作時所須具備的知識、技術、能力，以及其它特徵，故工作規範無疑是人員招募甄選的基礎，但其有時會被合併撰寫於工作說明書之內。

2. **內容：**工作說明書與工作規範最大的差異是，工作說明書主要在於描述工作，而工作規範則是描述從事該工作的人所需資格及條件。工作規範內容主要記載特定職位人員所應具備之性格特質、特定技能、能力、知識、體能狀況、教育背景、工作經驗、個人品格與行為態度等，對招募和選用人員極具參考價值，可以明確地指出公司需要招募何種人才，以及選用人才時所應進行的測試項目有哪些。

3. **如何撰寫：**撰寫工作規範大致上可以分為下列三種情形：

(1)**有經驗與無經驗人員之工作規範：**為有經驗人員撰寫工作規範較為簡單，只要註明其所具備的相關經驗以及所接受過相關的訓練即可。相較之下，若是要為無經驗者撰寫工作規範，通常就會複雜許多，在沒有任何經驗可作為參考的情況下，就必須要盡可能地推斷出理想者的體能特質、個性、興趣與感官能力等，以確保應徵者有能力接受公司所安排的訓練。

(2)**以判斷法為基礎的工作規範：**以判斷為基礎的工作規範，係指針對每項工作之人力需求或特質進行評估，並使用代號來反映員工在相關工作上的績效，另外，每項工作特質亦分別列出「資料、人與事」之涉

入程度，舉例來說：會計人員大多都會以「資料」來評等，業務員多以「人」來評等，而操作員則多以「事」來評等。值得注意的是，以判斷法為基礎的工作規範必須由有經驗的專業人士來執行，才能順利地將大部分的工作判斷分類，並加以整合製作出工作規範。

(3) **以統計分析為基礎的工作規範**：以統計分析為基礎所發展出的工作規範是最為困難的，但是也最具說服力。統計分析的主要目的在決定預測因子（例如：人才的特質）以及工作效能指標兩者之間的關係。而決定此兩者的關係主要有以下五個步驟：

步驟1	分析工作並決定如何衡量工作績效。
步驟2	選定並預測為達優良績效所應具備的人力特質。
步驟3	就這些特質對應徵者加以測試。
步驟4	衡量應徵者日後在工作上的績效。
步驟5	以統計方法分析這些個人特質與工作績效之間的關係。

以統計的方法來制定工作規範，是希望能夠利用前人的特質對工作績效所產生的影響來預測後進工作者的表現，並將這些特質撰寫列入為工作規範的一部分，目的在於藉由此種工作規範，使日後接受此一工作的員工，都能夠具有令工作成功的個人特質。

(三) **職能說明書**：隨著企業經營環境的快速變化，工作的概念亦需隨之改變，現今的工作已不再是從事某一組特定職務即可，組織將更傾向於利用團隊合作的方式來提高工作績效，員工必須相互協助並分擔工作，在這種情況下，「工作」可能每天皆不同，因此，以職能模型（competency models）列出執行該項工作所需要的知識和技能，會比逐項指出員工應完成的工作職務來得更加有用。職能模型會列出員工在完成多項工作時所必須展現的知識、技能和行為，如此一來就可以明確得知團隊成員只要擁有哪些必要的技能和知識，就有能力擔任工作職務。此模型可成為招募甄選、教育訓練以及績效評估的標準，舉例來說，管理者招募員工時的測驗內容可依據職能清單來進行衡量與測試；而訓練課程的規劃亦以培養這些職能為主；至於考核員工績效時，則是將重點置於這些職能的評估。下圖3-5則是人力資源管理者的職能模型範例。

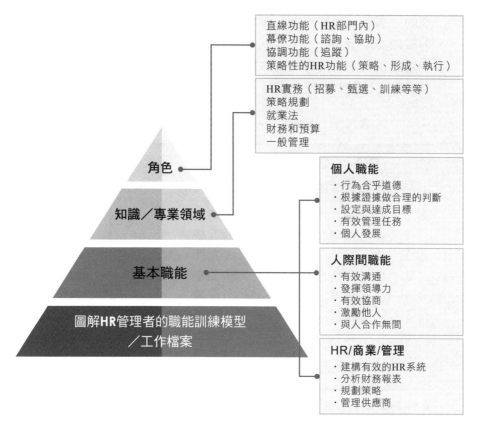

圖3-5 人力資源管理者的職能模型

資料來源：方世榮（2017：92）

1. **功能工作分析（Functional Job Analysis，簡稱FJA）**：即職能工作分析法，是由美國勞工部訓練與就業局所發展的一種以工作為中心的分析方法，其運用標準化的術語與專有名詞，闡述工作的內容，基本精神如下：
   (1)工作應該有基本的區分：必須清楚地區分出工作人員應該做什麼工作以及能夠做什麼工作。舉例來說，第一線的生產人員只需負責參與產品的製造過程，而不必負責商品的銷售率。
   (2)工作人員的行為與任務僅涵蓋少數明確的功能，每一項工作都需要連結至「資訊」、「人員」及「事物」這三種功能。
   (3)以上三項功能（資訊、人員及事物）的運作困難度是具有層次性的，由簡單到複雜（序號愈小的，困難等級愈高），如果上層的功能是必

要的，那所有低層的功能即為必要的，功能工作分析的三種功能困難等級如表3-3所示。

(4) 利用觀察工作人員行為後的記錄，給予各功能分數及百分比，用以測量工作人員所需處理的資料、人員及事務複雜度。

表3-3　功能工作分析的三種功能困難等級

資訊		人員		事物	
序號	描述說明	序號	描述說明	序號	描述說明
0	綜合	0	教導諮詢	0	計畫
1	彙總	1	協商談判	1	精密操作
2	分析	2	指揮	2	操作控制
3	編輯	3	監督	3	驅動—使用
4	計算	4	安撫	4	操作作業
5	複製	5	勸服	5	保養
6	比較	6	口頭指導	6	進料—退料
		7	提供服務	7	搬運處理
		8	接受指導		

資料整理自：方世榮（2017：77）

最新版本的功能工作分析法（FJA）則是採用七種面向描述員工的工作內容，每個面向又依照各職務特定的工作行為與內容分成數個級距，依據這些不同面向的員工任務需求，即能有效制定針對特定職位的完整需求。七種不同的面向分別為：

1	**數據**	員工接觸資訊與想法的程度。
2	**人群**	所需的人際溝通與互動。
3	**事務**	使用機械、工具、電腦與設備。
4	**員工指令**	所需指令的程度。
5	**條理**	所需要的概念與做決策的程度。
6	**數學**	所需的數學程度。
7	**語言**	所需的語言表達與理解程度。

新的FJA不僅依據資訊、人員、事物三個方面來對工作進行分類，而且還需考慮以下四個因素：

1	在執行工作時需要獲取多少程度的指導。
2	執行工作時需要運用的推理和判斷能力應該達到什麼程度。
3	完成工作所需具備的數學能力之程度。
4	執行工作時所要求的口頭及語言表達能力如何。

因此，運用功能工作分析法，能夠有效地確認績效標準以及人員教育訓練的需求，提升人力資源管理的效能。

2. **網上職業頭銜辭典**：職業頭銜辭典（Dictionary of Occupational Titles, DOT）係1930年代由美國聯邦政府編撰而成，其中描述上千種的工作，但隨著時間的流逝，愈來愈多證據顯示DOT所提供的大多是極為特定且陳舊的資訊，已經過時且缺乏效率。為了解決DOT的缺點，美國勞工部於1998年停止使用DOT，並發展一個名為網上職業頭銜辭典（Occupational Information Network, O*NET）的新系統。

O*NET系統是美國一個的線上職業資料庫，其綜合了員工特質與工作特性，並以淺顯易懂的定義與概念，說明工作所需的人員特質與所處職場的必要條件。O*NET系統藉由容易理解的術語描述工作所需的知識（Knowledge）、技能（Skills）以及能力（Abilities）（統稱為KSAs）、興趣、工作內容及工作背景，將職業的關鍵特徵放入一組可衡量的標準化變數中（稱為「描述符號descriptor」）。圖3-6顯示了O*NET的建構基礎，從模型中可見，其由六個領域開始，同時使用了工作導向與工作者導向兩種描述，清楚地闡釋工作的一般性觀點以及工作人員的資格與興趣，因而能夠將職業別的資訊運用於橫跨工作、部門或產業（跨職業別的描述符號）或者各職業別之間（特定職業別的描述符號）。

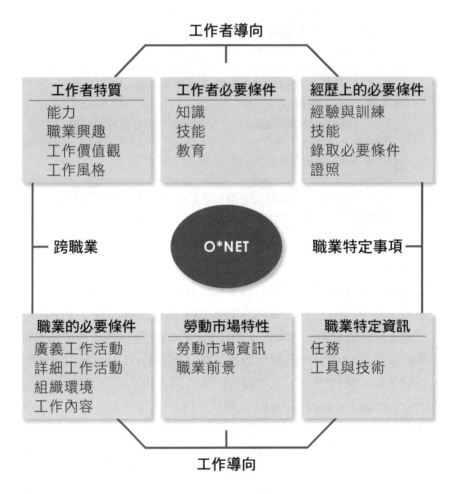

圖3-6　構成O*NET的基礎內容的模型

資料來源：黃同圳（2016：85）

3. **撰寫職能說明書**：職能（competencies）是指可觀察並予以衡量的個人特徵，而這些特徵將促成績效順利的達成。判斷一個工作需要的職能，必須先思考：「為了勝任這份工作，員工必須具備什麼能力？」，並將答案予以分析與記錄。換句話說，管理者可以根據自己對該工作的瞭解、工作者的意見、該工作直屬主管的見解，或者使用O*NET網站，從中瞭解影響工作成功的關鍵活動後，再為每個職能撰寫職能說明書（competency statement）。

實用的職能說明書通常包含以下三個要素（方世榮，2017：93-94）：

(1) **職能的名稱和簡要說明**：例如「專案管理：規劃正確又有效的時間表」。

(2) **可觀察行為的描述**：哪些行為代表優異的能力，例如「負責專案執行，致力於專案的成功，做及時的決策以便持續管理專案風險和相關性因素」。

(3) **工作熟練程度的分析**：例如在專案管理方面的熟練程度可說明如下：

熟練度 1	確定專案風險和相關性因素，經常和利害關係人溝通。
熟練度 2	開發系統以追蹤風險和相關性因素，並報告改變的情況。
熟練度 3	預期改變狀況以及改變對風險和相關性因素的影響，並採取預防措施。
熟練度 4	積極找出相關的內外部企業環境對風險和相關性因素影響。

 工作設計

(一) **定義**：工作設計是企業組織為改善員工工作品質與提高生產力所提出一套最適當之工作內容、方法與型態的活動過程。工作設計是以工作分析所提供的資訊為基礎，研究工作應如何執行方能促進組織目標的實現，以及如何激勵員工以提升工作滿意度，因此，工作設計必須同時兼顧組織與個人的需要，除了規定各個工作的任務、責任、權力以及與其他工作的關係外，亦需將工作的內容、資格條件與報酬緊密連結，方可完善地滿足員工和組織的需要。

另外，亦有人將工作設計與工作再設計進行細分，認為工作設計（job design）是依照員工的工作能力與技術，安排相對應的工作任務，以符合組織目標的達成；而工作再設計（job redesign）則是指採取改變特定或相關性的工作，令員工感到工作更具有挑戰性與樂趣，來減少員工的倦怠感，以此提升員工的工作品質與生產力。

(二) **進行工作設計的考量重點**：工作設計尚需考慮工作內容與工作職責兩方面的設計，詳細說明如下：

1. **工作內容**：是工作設計的重點，一般而言，包括了工作廣度、深度、自主性以及完整性等四個項目：

工作廣度	係指工作的多樣性，工作設計得太過單一，員工容易感到枯燥乏味而產生工作倦怠感，因此應儘量將工作設計得多樣化一些，以保持員工對於工作的樂趣。
工作深度	工作的設計應從容易到困難，分別對員工的工作技能提出不同程度的要求，除了可增加工作的挑戰性外，亦能激發員工的創造力和克服困難的能力。
工作完整性	保證工作的完整性將能夠提昇員工的自我成就感，透過對工作的全程參與，員工可以體驗到實際的工作成果，因而感受到工作的意義。
工作自主性	適當給予員工自主的權力可使員工感到被重視以及信任，進而增加其工作的責任感以及熱情。

2. **工作職責**：包括工作的責任、權力以及方法等三個項目：

工作責任	是指員工在該份工作中所應承擔的工作負荷量。責任必須要適度，工作負荷過低，員工會因為沒有任何的壓力而導致輕率與低效率的狀況產生；而如果壓力過大的話，又會影響員工的身心健康，而導致員工的抱怨和抵觸。
工作權力	權力與責任是對應的，若是給予員工的責任越大則愈需要授予其較多的權力，否則必定會影響員工的工作積極性。
工作方法	工作方法的設計必須具靈活性以及多樣性，不同性質的職務，其工作特點必不相同，因此必須採取不同的處理方法或執行方式、不能千篇一律。

在工作設計中，工作範圍與工作深度是最為重要的兩大面向。工作範圍（job scope）是指工作人員必須從事的工作數量與種類；而工作深度（job depth）則是指工作人員能夠規劃工作、決定自我工作進度以及與他人進行溝通的自由程度。

(三) Hackman & Oldham的**工作特性模型**（Job characteristics model，JCM）：
Hackman & Oldham的工作特性模型提出了5種主要的工作特徵，並分析這5種特徵與員工生產率以及工作滿意度之間的關聯性，而有效提供了工作設計的理論框架，如圖3-7所示。

1. **技能多樣性（Skill variety）**：係指完成一項工作所需運用到技能的多寡。一般而言，當工作內容愈複雜愈具變化性時，員工就更加需要使用多樣技能來完成任務，而此時員工的工作滿意度也會較高。

2. **任務完整性（Task identity）**：係指當員工在處理工作時，工作的流程是否從頭到尾都由該員工完成，若工作流程愈完整，員工將會因成就感而獲得較高的工作滿意度；反之，若組織分工愈細，任務完整性就愈低，員工將不易感受到工作成就感。

3. **任務重要性（Task significance）**：係指對於員工而言，所從事的工作對他人的重要性，亦即本身的工作能夠影響其他人工作或生活的程度，若影響的程度愈大，則代表任務重要性愈高，而員工也可獲得較高的工作滿意度。

4. **自主性（Autonomy）**：係指員工在從事工作時能夠獨立自主制定與執行計劃的程度，若員工能對本身的工作擁有決策權並承擔成敗責任，自主性就愈高，當然工作的成就感以及滿意度也會大幅提昇。

5. **回饋性（Feedback）**：係指工作者是否能夠得到工作成果的回饋，若員工能夠從他人（例如：主管、同事、顧客等）及時且明確地得知自身的工作績效、工作效率以及應改善之處，其工作滿意度通常愈高。

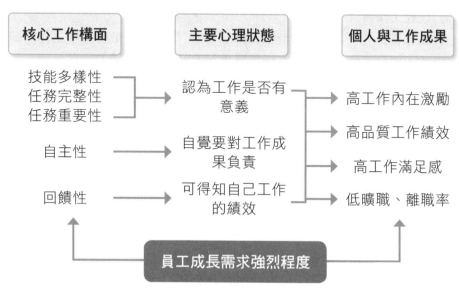

圖3-7 Hackman & Oldham工作特性模型
（Job characteristics model，JCM）
資料來源：譯自Robbins & Judge（2019：288）

由工作特性模型中可得知，若想要提昇員工內在激勵動機、工作績效以及工作滿足感，組織必須讓員工感到工作具有意義性以及重要性，而應用於組織中最常見的工作設計不外乎分為工作標準化、工作專業化、工作擴大化、工作豐富化、工作輪調、彈性工時、電子通勤、工作分擔以及壓縮工作週等9種方式，此9種不同的工作設計又可被歸為傳統的工作設計以及現代化的工作設計兩大類別，將接續分述如下(四)、(五)。

(四) 傳統工作設計

1. **工作標準化**：工作標準化（Job Standardization）是指將每份工作的內容及項目清楚地定義，目的在於使每位員工了解其工作性質、操作方式，明白該做什麼以及不該做什麼。它可以非常清楚地描述工作人員真正在從事的職務，例如：應該如何做這份工作以及應該在什麼條件下來執行工作，因此職責的劃分相當明確，與此同時，職權的分配亦能夠被清楚的界定。

2. **工作專業化**：工作專業化（Job Specialization）是將工作分為幾個不同的步驟，每個步驟由一個人負責，而非一個人負責整個工作流程，使員工能專注某部分的工作，而達到熟能生巧的效果，亦即所謂的專業分工化。利用此種方式除了能讓員工因為重覆同一工作，而迅速強化工作技能外，亦能減少轉換不同工作之間的準備時間，有效地縮減成本及時間。

(五) 現代工作設計

1. **工作擴大化（Job Enlargement）**：工作擴大化是將某項工作的範圍加大，使員工所從事的工作任務變多，進而產生工作多樣化的感受。實施工作擴大化的最主要目的在於消除工作的單調感，使員工能夠從工作中感受到樂趣以增加其工作滿足感。可惜的是，工作擴大化的成果並不理想，因為有些工作還是一直重覆同類型的單調動作，工作擴大化的結果僅增加了員工的負擔，但工作還是相當乏味並不具挑戰性，而造成員工反彈，因此工作豐富化也就順勢而生。

2. **工作豐富化（Job Enrichment）**：工作豐富化乃是針對工作擴大化的缺點而加以改良的，增加了垂直方向的工作內容。相較於工作擴大化，工作豐富化則是以人性的立場為出發點，徹底改變員工工作內容，除了擴展工作的廣度之外，同時也增加了工作的深度，其目的在於使員工對自己的工作有較大的控制權，令員工感受到個人的成長與發展，進而有效地激勵員工。讓員工有較大的自主權，可使員工有加獨立並更具責任感去從事完整的工作。

3. **工作輪調（Job Rotation）**：當員工無法再繼續忍受例行性的工作時，就可以考慮使用工作輪調，當某項工作不再對執行人員具有挑戰性時，可以將其調往工作技能要求類似的另一項工作。工作輪調的主要目的是：讓員工學得第二專長、使個人知識與技能成為公司資產，同時避免員工因久任於同一工作而感到厭倦或獨占其關鍵知識與技能。而實施工作輪調亦具有許多的限制面，例如：輪調人員的專長、層級差異、資歷差距皆不宜過大，此外，員工也必須對工作輪調具有高意願方可執行。組織在實行工作輪調後，對員工的影響不一，茲將工作輪調的優缺點分述如下：

優點	1. 增加挑戰機會，減少工作倦怠感，並擴大學習範圍，以拓廣員工的技能和興趣，並為員工進行訓練和開發新計畫。 2. 由於員工可學習多種工作技能，使得組織在未來的工作安排上能夠較具有彈性。
缺點	1. 輪調將使組織的訓練成本增加。 2. 輪調的員工於新上任的階段，生產力會降低，因此有礙經濟效益。

理論上，工作輪調應該是讓成員依照既定時程去輪流調職至組織內部的所有職位，並貫穿公司的經營管理系統，所以在制度的設計上也半是多偏重於培育及發展。

4. **彈性工時（flextime）**：係指彈性利用正常工作時間的概念，設計出一種可變動而具有彈性的工作時間表。一般常見以下幾種組合方式：
   (1) 在一定期間內，員工選擇的上、下班時間是固定的，但每日工作時間不變。
   (2) 上、下班的時間每日不同，但是每日工作時間不變。
   (3) 每日工作時數不同，但在核心工作時段中，員工必須執行工作，應該特別注意的是每週或兩週總工作時數是不變的。
   (4) 每日工作時數不同，而且員工也不必於核心時段出現。
   彈性工時讓員工能夠安排個人的生活方式，例如：員工可以選擇早上7：30至9：00之間上班，工作8小時後，即可下班（下班時間可能是下午4：30-6：00，視上班時間而定），因此有小孩的員工，能夠接送小孩上下學而不會影響到正常的工作時間，或者避免上下班的尖峰交通時間、降低曠職與遲到次數。從雇主的角度來看，彈性工時可以讓公司在招募新

人時較具吸引力，並留住優秀的資深員工。然而，採用彈性工時將會為監督者與管理者帶來較多的溝通及協調問題，成為需要被克服的缺點。

5. **電子通勤（telecommuting）**：又稱電傳工作、遠距離辦公或彈性工作場所，係指透過資訊科技設備，容許員工完全或部分時間無須親至辦公室工作，也就是可於雇主提供的營業場所外，自行選擇場所，利用資訊設備履行勞務，例如：於家中或在咖啡館透過電話、網路或視訊等方式來處理在公司所負責的工作。現今先進的通訊科技（wifi網路以及行動網路），令許多企業得以成功地實施遠端通訊，而使電子通勤方式更加及普及化，其優點包括了減少通勤時間與通勤費用、避免交通尖峰時間、避免辦公室裡的干擾，以及工作時間具有彈性等等；然而電子通勤亦有其潛在的缺點，例如：員工在家工作將缺乏職場的專業環境與人際社交關係。因此，即使部分公司實施電子通勤的方式，通常還是採用部分時間在家工作，而部分時間仍需到辦公室工作的型態。不過，2020年在新冠肺炎（COVID-19）疫情影響下，全世界各地大規模地暫停商業活動並避免人群聚集，全球多數企業紛紛皆以電傳工作取代傳統通勤的工作模式，眾多專家亦針對此種工作模式進行實地研究以探討其工作效率，結果發現電傳工作的效率亦相當優秀，故在未來可能會成為一種趨勢，此種工作型態將於第十四章中進行更加詳細的介紹。

6. **工作分擔（job sharing）**：為一新穎概念，將一份全職的工作分配給兩名或以上的兼職者來從事。工作分擔可能是採取平均分擔責任、或者平均分擔工作內容，更甚者則是結合了這兩種方式。在經濟衰退期，可利用工作分擔制度來避免因組織進行縮編時的解僱問題，以有效留任受過訓練的員工，但要特別注意的是，實施工作分擔制度後的員工福利處理方式，一般而言，公司通常會按照工時比例分配福利，不過，有些組織亦會容許員工只要支付按比例分配到的福利並額外補貼差額，就能購買完整的健康保險。

7. **壓縮工作週（condensed workweek）**：指將某一日的工作時間安排至其他工作日，用以增加員工休假的天數，例如：將星期五的工作時間安排到星期一至星期四，如此星期五便可休假（每天工作10小時，每週工作4天，則星期五則可休假）。壓縮每週工作日的優點是可以減少曠職及遲到率以及使員工有更多的時間處理來自身的事務；但其潛在缺點則是每日工作時間增長所伴隨而來的疲倦。

Chapter 4

人才招募與人力甄選活動

依據出題頻率區分，屬：**B** 頻率中

課前導讀

本章內容著重在組織應如何透過招募與甄選活動，找尋最合適的人才以協助營運目標的達成。首先說明人力資源規劃與招募決策的關連性，接續介紹各種招募管道及人力資源來源，此外，亦針對招募的定義及過程進行闡述，並進一步討論組織遴選人才的方法與其應注意事項，最後要強調的是，獲選的員工必須符合企業的策略規劃，方可協助組織的整體發展。

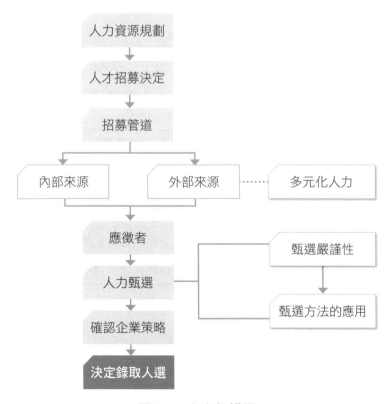

圖4-1　本章架構圖

重點綱要

一、人力資源規劃與人才招募及甄選之關連性

工作分析決定了特定工作的內容性質與資格條件，人力資源規劃決定需遞補的工作人員，而招募則是根據以上所規劃出遞補職務的空缺，吸引一群合適的應徵者，最後再從候選名單中甄選出最佳的人才。

二、人才招募

(一) **招募的定義**：組織為了職務空缺而吸引潛在求職者前來應徵工作的過程。

(二) **招募的過程**：大致可以區分成以下5個步驟

  1. 建立招募目標。　　　2. 發展招募策略。　　　3. 進行招募活動。
  4. 干擾／過程變數的影響。　5. 產生招募成果。

(三) **招募來源與招募方法**

  1. **內部來源及招募方式**：

    (1) **內部招募的優點**：

      A. 了解員工的技能與優、缺點，減少做出錯誤決策的機會。

      B. 創造升遷機會，有效激勵員工。

      C. 增加組織對於人力資本的投資報酬。

    (2) **內部招募的缺點**：

      A. 缺乏新血注入，因故步自封而造成組織僵化。

      B. 因內部招募之公平性不足，而導致員工滿意度降低。

    (3) **內部招募方式**：

人才資料庫	企業對所有的在職員工、離職員工以及應徵未果人員進行資料建檔。
職缺公告及職位申請	將職缺告示公布於全組織中，並給予員工一段期間申請這個職位。
再僱用	僱用第二次回流（原先自願離職或遭到資遣）的員工。
員工推薦	由現職的員工推薦合適的人選以遞補職務的空缺。

    (4) **內部勞動市場**：存在於企業內部的勞動力市場。

  2. **外部來源及招募方式**：

    (1) **外部招募的優點**：

      A. 人才來源廣泛且充足。

      B. 為組織注入新血，增進創意以因應變革。

      C. 招募成本相較於訓練成本較為低廉。

(2) **外部招募的缺點：**

　　A. 無法清楚瞭解潛在員工。　　　　　B. 職前輔導時間較長。

　　C. 組織現有員工的士氣受到影響。

(3) **外部招募方式：**

　　A. 廣告。　　　　　　B. 仲介機構。　　　　　　C. 獵人頭公司。

　　D. 校園徵才。　　　　E. 網際網路招募／電子招聘。　　F. 人力派遣。

　　G. 自我推薦。

3. **內、外部招募優缺點比較（綜合比較表詳見本章內容）。**

4. **招募成效評估：**

　(1) 招募產出率。　　　　　　　　(2) 招募平均成本。

　(3) 員工的實際工作能力。

三、人力甄選

甄選與招募不同，其目標是從一群合格的候選人中判別出最能勝任該份工作的人才，而非僅只是吸引應徵者注意。

(一) **甄選的信度與效度**

1. **信度**：指測量結果的一致性、穩定性及可靠性。

2. **效度**：是用來顯示一項研究的真實性與準確性。

3. **效標關連效度**：係指測驗分數與外在效標之間的相關程度。

(二) **甄選的方式**

1. **測驗：**

　(1) 適性測驗。　　　　　　　　(2) 精神運動測驗。

　(3) 工作知識與熟練度的測驗。　　(4) 興趣測驗。

　(5) 性格測驗：

　　A. 五大人格因素：外向性、情緒穩定性、勤勉審慎性、親和性、對新奇事物的接受度。

　　B. 個人風格量表：可分為4大類8種狀態—外向型與內向型、實際型與直覺型、思考型與感覺型、判斷型與感知型，可形成16種組合。

　(6) 測謊器測驗。　　　　　　　(7) 筆跡分析。

2. **面談：**

　(1) **面談的特性及目的：**

　　A. 初步篩選：透過面談來瞭解應徵者的基本資料。

　　B. 評估比較：面談資料，可進行比較分析並做為錄取人員時參考。

　　C. 雙向溝通：使應徵者有機會提出問題，而對公司有更深度的瞭解。

　(2) **結構式面談與非結構式面談：**

　　A. 結構式面談：對訪談過程進行高度控制。

　　B. 非結構式面談：在面談前並不加以準備，沒有既定的模式及框架。

(3) **其他面談類型：**

壓力式面談	在面談的過程中，故意製造緊張的氣氛，以了解應徵者對壓力的承受能力及反應。
行為描述式面談	把焦點放在被面談者的過去行為，期望能夠以過去的行為來預測未來可能發生的行為。
情境式面談	面談問題是一連串情境的假設，並請應徵者描述自己在每種情況所會表現出的反應。
知識和背景式面談	把焦點放在從事該職位所需要的相關專業知識或背景。
個別式面談	採取一位面談者對一位應徵者的面談方式。
團隊式面談	多位面談者與一位應徵者面試的方式。
集體式面談	二人以上面談者與二人以上應徵者的面試方法。
系列式面談	指多位面談者與同一位應徵者在不同時間、地點，進行一連串面談。
電話面談	大多是在無預警下接到的，應徵者比較可能做出無預警地自發性的回答，故有些公司會採用電話進行面談。
電腦化面談	讓應徵者針對電腦的語音口述、視覺影像、書面問題或情境，用口頭或鍵盤輸入的方式回答問題。

(4) **影響面談效果的因素：**
　　A. 第一印象。　　　　　　　B. 對比效果。
　　C. 月暈效應。　　　　　　　D. 以偏概全。
　　E. 個人偏好、偏見與成見。

(5) **建構有效面談的指導原則：**
　　A. 將面談結構化。　　　　　B. 面談的準備。
　　C. 面談時應建立和諧的氣氛。　D. 詢問與工作內容相關的問題。
　　E. 預留時間使應徵者發問。　　F. 檢討面談。

3. **工作抽樣及模擬**

(1) **工作抽樣技術：**請應徵者實際執行一項或數項工作的任務，以預測其工作績效。

(2) **管理評鑑中心**：典型的模擬活動包括以下幾種
　　A. 公文籃演練：此為模仿主管文件處理實況所設計的評量方法。
　　B. 無領導者的小組討論：目的在於考察應試者的表現，如：互動技巧、
　　　領導力、個人影響力等。
　　C. 管理競賽：應徵者會模擬為公司的成員，解決實際面對的問題。
　　D. 個人的口頭報告：訓練員評估每位應徵者的溝通技巧與說服力。
　　E. 測驗：對應徵者進行人格、心智能力、興趣、成就測驗等。
　　F. 面談。
(3) **小型的工作訓練與評估方法**：指在僱用之前，先訓練應徵者執行幾項工
　　作任務，隨後評估應徵者的績效。
4. **背景調查**：最常見的作法是以電話聯繫從前的雇主進行資料的查證。

四、甄選與企業策略之關係
(一) **個人一組織契合**：係指員工的個人價值觀與組織價值規範具有一致性。
(二) **從A到A+（從優秀到卓越）**：第五級領導者會先致力於尋找一群志趣相段的
　　人，然後才一起規劃組織願景。

內容精論

 人力資源規劃與人才招募及甄選之關聯性

人力資源規劃是招募與甄選程序的首要步驟，必須先有人力資源的策略與計
畫，才能預估組織人力需求的數字，故人力資源規劃是組織用人的源頭，若無
人力資源規劃的前置作業，招募與甄選自然無法進行。圖4-2顯示了招募甄選
與人力資源規劃及工作分析的關連性，由於第二、三章已分別針對人力資源規
劃以及工作分析進行詳細的說明，在此就不再針對這兩項名詞解釋多作贅述，
僅簡單說明工作分析、人力資源規劃、招募甄選之關係為：工作分析決定特定
工作的內容性質與資格條件，人力資源規劃決定需遞補的工作人員，而招募則
是根據以上所規劃出遞補職務的空缺，提供一群合適的人才。

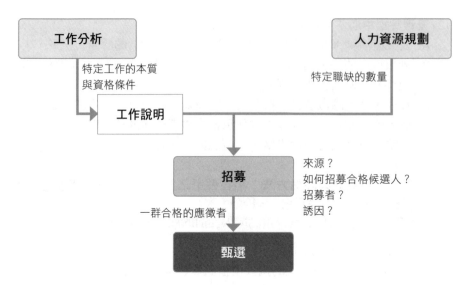

圖4-2　工作分析、人力資源規劃與招募甄選之關連性

資料來源：黃同圳（2016：136）

人力資源部門規劃出未來人力資源需求之後，即可開始著手進行人才招募工作，而招募甄選的策略流程應謹慎為之，一般而言，組織招募及甄選的程序可分為以下6個步驟，如下圖4-3所示：

(一) 預測各種未來不同型態的人力需求，擬定聘僱規劃與預測，並決定需填補的職位。

(二) 將所預測出的人力需求與組織內部的現有人力進行比較，以決定招募的人力類別與人數，並且開始招募內部與外部的候選人，構成一組候選人。

(三) 要求應徵者填寫應徵表格，並進行初步的篩選面談。

(四) 使用各種甄選工具，如性向測驗、實作技巧、背景調查及體檢等，用以找出適任者。

(五) 將適任者的資料傳遞給負責該職務的主管。

(六) 安排候選人與相關人員進行面談，以決定最適任人選並錄用之。

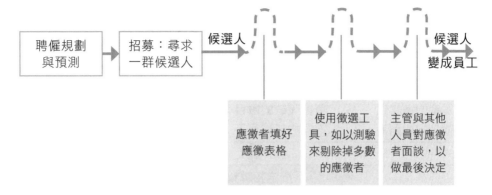

圖4-3　人力資源規劃與招募甄選程序

資料來源：方世榮（2016：102）

 人才招募

人才招募（employee recruiting）是指發現組織內部現有人才或者吸引組織外部人員來應徵公司的職缺，企業希望經由招募管道，募得千里馬，而相關研究指出，使用不同的招募方式將獲致的不同的人力族群，因此，企業為了成本效益的考量，必須選擇合適的招募方式，故在進行招募前，必須先了解企業定位，才能依此決定應該採用什麼方式來找到所需的人才。

(一)**招募的定義**：招募（Recruitment）係指組織為了職務空缺而吸引潛在求職者前來應徵工作的過程，在這個過程中，包含了組織用以辨認（Identifying）與吸引（Attracting）潛在員工與應徵者的各種政策與活動，進而使組織可從這些應徵者中選出最為合適的人選並進行聘任。大多數的企業會將招募工作交由人力資源部門負責，人資部門會先進行工作分析與人力資源規劃兩項工作，當預測出組織所需的人力超出現有的人力時，就會開始規劃招募數量、對象以及條件等，進而展開招募新員工的工作。值得一提的是，組織除了招募之外，有時候也可能會選擇其他替代方案，例如：要求現有的員工加班，或將工作外包給其他公司，但因本章的主題是「招募」，故在此不對替代方案多加說明。

(二)**招募的過程**：由上述定義中可以得知，招募是一種活動過程，而此過程不外乎可被分為五大部分：建立招募目標（establishing recruitment objectives）、發展招募策略（strategy development）、進行招募活動（recruitment activities）、干擾／過程變數的影響（intervening/process variables）、產生招募成果（recruitment results），如下圖4-4所示。

設定招募目標		
設定僱用前的目標	設定僱用的結果	設定僱用後的結果
·應徵者的數量 ·應徵者的品質 ·應徵者的多樣性 ·應徵者的報到率	·填補職缺的成本 ·填補職缺的速度 ·填補職缺的數目 ·不同的新進員工	·新進員工第1年的留職率 ·初期工作表現 ·心理契約是否成立 ·新進員工的工作滿足

擬定招募策略		
·招募對象 ·招募時機	·招募地點 ·溝通的訊息	·招募管道

執行招募活動
·藉由招募管道接觸求職者 ·與求職者溝通實際的工作內容與工作訊息

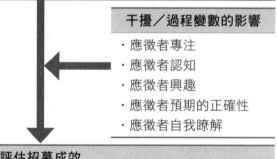

干擾／過程變數的影響
·應徵者專注 ·應徵者認知 ·應徵者興趣 ·應徵者預期的正確性 ·應徵者自我瞭解

評估招募成效
·評估招募的成效是否達成招募目標

圖4-4　招募的過程

資料來源：周瑛琪、顏炘怡（2016：73）

(三)**招募來源與招募方法**：招募來源與招募方法是兩種不同的概念，招募來源
是指潛在員工在何處，亦即組織應該在哪裡才能找到合格的應徵者；而招
募方法則是指組織應該用什麼方式或途徑吸引人員進入組織內。一般來
說，人才招募可分為內部與外部兩類，內部的招募來源是指人才的取得任
用來自於組織內部（例如：晉升或調職），而其招募方法有職位空缺公
布、推薦、人才庫等；外部的招募來源則是指人才的聘用來自於組織外部

（例如：學校、同業、就業機構、獵人頭公司），而其招募方法多半為校園徵才、媒體廣告、人力仲介等。

企業可以選擇使用組織內部員工或外部人員來遞補特定的職缺，當公司確定要進行招募以填補某些職位時，首要工作就是將招募資訊公布予組織內、外以確保潛在人才的獲取，同時應思考內部來源或是外部來源的人才較符合公司需求，以提高招募效益並達到組織用人目標。

在此特別介紹雇主品牌（Employer Brand）的概念，雇主品牌最早是於1996年由Tim Ambler與Simon Barrow，將行銷學的理論應用在人力資源的領域中，定義雇主品牌為「從雇用關係中所提供的一套功能性、經濟性以及心理層面的綜合利益，並且受到雇用企業所認同」。多年來，各家學者亦相繼提出相關論述，其中不外乎獨特、形象、利害關係人、吸引力以及留任等關鍵詞彙。蔡錫濤與馮湘玲（2013：12）綜合各家學者的論點後，認為「雇主品牌的概念結合了人力資源以及行銷理論，從人力資源管理的角度開展，藉由品牌行銷的方式來傳遞企業核心價值、功能性利益和象徵性利益，以吸引、激勵、發展、留住優秀人才。雇主品牌包括了兩大部分，分別為外部品牌行銷與內部品牌行銷。外部品牌行銷鎖定了潛在人才，在其心中建立品牌優良的雇主形象，並吸引其於求職時將此企業之工作機會列入考量；而內部品牌則是提升現有員工對公司的滿意度、認同感及忠誠度，並提升工作體驗及配套措施，來留住公司的核心職能人才」。從上述中可知，將雇主品牌主要應用於人力資源的招募與留任上，而其中涵蓋的層面則包括了組織內、外部的人員來源。

1. **內部來源及招募方式**：若組織內對於人力資源一直有良好的管理，那麼內部來源（公司組織內的現有員工）將會是人才招募的最佳來源，這是由於人力資源管理優良的組織，通常會建立起一套人才資料庫，以資料完善的人才庫做為基礎，將會使招募的工作事半功倍，以下將針對內部招募的優、缺點以及招募方式分別介紹之。

   (1) **內部招募的優點**

      A. **了解員工的技能與優、缺點，減少做出錯誤決策的機會**：由於組織對於內部員工建立了技能檔案，因此能夠對員工的績效表現以及工作能力有正確的認知，此外，還可利用員工的績效評核及面談中，從而得知員工升遷潛力的評價，一般而言，關於員工的資料愈精確，愈能夠減少招募任用決策失誤的機會，而這也是採用內部招募最為顯而易見的優點。

　　B. **創造升遷機會，有效激勵員工**：內部招募的另一個優點是可以創造
　　　　升遷機會或者利用調職而避免解僱，這無疑能夠對員工的士氣產生正
　　　　面的激勵效果。舉例來說，當員工獲知有機會獲得升遷或其他更好的
　　　　職位時，為求升職或調職就會努力表現，因而在組織內部形成正向的
　　　　激勵作用。

　　C. **增加組織對於人力資本的投資報酬**：一般而言，組織在每位員工的
　　　　身上皆付出龐大的投資（例如：在職訓練及學習發展等），所以若
　　　　能夠充分利用員工的能力，就等於是增進了組織對人力資本的投資
　　　　報酬，內部招募可有效運用員工的才能，將其放置於合適的位置進
　　　　而產生更大的效益，因此可視為投資報酬的提昇。

(2) **內部招募的缺點**：雖然內部招募能帶來上述優勢，然而，從內部舉才
　　亦可能存在一些困擾，分項敘述如下：

　　A. **缺乏新血注入，因故步自封而造成組織僵化**：內部招募最大的困擾
　　　　就是可能會使組織缺乏創意，尤其當所有管理階層人員都是以內部
　　　　舉才的途徑來進行任用時，一旦組織遭遇環境變遷而需要創新或變
　　　　革時，若多數管理者傾向於維持現狀則會令組織無法適應環境而導
　　　　致重大危機的產生。

　　B. **因內部招募之公平性不足，而導致員工滿意度降低**：若組織實行內
　　　　部招募時，未能把空缺的工作公告周知，並給內部申請的員工面談
　　　　的機會，或者主管心中已有理想的人選而未給予其他員工公平競爭
　　　　的機會，此時，提出申請而未獲得該職位的員工可能會心生不滿，
　　　　而導致忠誠度降低。另外，如果受到錄用的是年資尚淺的新到任員
　　　　工，其同組或同階層的候選人，可能會因不服氣而產生負面行為。
　　　　採用內部招募將產生各種不同的優點（例如：激勵並提昇工作士氣
　　　　與員工忠誠）、缺點（例如：缺乏創意與組織僵化的可能性），如
　　　　何在優、劣勢之間取得平衡，將成為組織的重大挑戰。

(3) **內部招募方式**：

　　A. **人才資料庫**：多數企業在經營運作時就開始累積人力資源，並對所
　　　　有的在職員工、離職員工以及應徵未果人員進行資料建檔工作，因
　　　　此，當有人員需求時，可先自人才資料庫中搜尋，找出合適的人員
　　　　予以任用。而利用此法的優點是，這些人員相當熟悉公司運作情
　　　　形，因此可以很快的進入工作狀況，使公司節省許多訓練成本。組
　　　　織可以檢視人事記錄（personnel records），用以發現技能能力超出

現職所需的員工，並找出具發展潛力可接受訓練的員工，有些組織亦會發展技能資料庫（skill bank），以分類方式列出現有員工之特殊技能，舉例來說，在精算師的檔案中，收錄了所有擁有精算職務訓驗背景的人員名單，若A單位需要一位精算師，而技能檔案中顯示具此項技能的員工目前服務於B單位的會計出納工作，此時便可以將該員工轉調至A單位，雖然此位員工目前尚未在組織中實際展現該項精算技能。

B. **職缺公告及職位申請**：職缺公告及職位申請（job posting and bidding）是一種常見的內部招募方式，係指將職缺告示公布於全組織最顯著的位置或者行文給督導者及在員工刊物上列出職缺清單，之後，給予員工一段特定的時間申請這個職位。一般而言，職缺公布會載明工作職稱、薪資等級以及必要的資格條件，而一個成功的職缺公布及職位申請計畫的規範會依照各組織的實際需要來制定，通常會有以下幾項應注意事項：

(A)不論是升遷或是調職，其職缺都應該公告周知。

(B)新職位應該先在組織內公布一段特定的時間並進行內部申請，然後才開始進行外部招募。

(C)制定出一個適合職缺公告及職位申請制度的合格法則，舉例來說，合格法則之一可能是員工必須在現職工作滿六個月，方能申請公布的職位。

(D)公布的告示中必須明列特定或特殊的甄選標準。

(E)要求申請者列出其資格條件以及請求調職或升遷的理由。

(F) 人力資源部門應將結果通知各位申請者，對於失敗的申請者，應告知其未被接受的理由。

C. **再僱用**：一般而言，僱用第二次回流的員工並不常見，尤其對那些自願離職的員工，組織常將為了美好前景而自動離職的員工視為一種叛徒，故而擔心再度僱用時可能仍存忠誠度不足的問題。不過，聘用回流的員工仍有其獨特的優勢，例如：回流的員工已經熟悉組織的文化、風格及做事的方式，並已建立人際關係，因此能夠迅速進入工作狀況。至於回流員工（不論是原先自願離職或遭到資遣）可能缺乏正面工作態度的部分，公司可採取某些預防措施來減輕其負面效果，舉例來說，在回聘原先資遣的員工前，先詢問其在資遣期間的作為，以及對於返回公司任職的觀感，並給予一段試用期，等成功通過試用階段後，再正式任用並將以前累積的年資併入計算。

　　D. **員工推薦**（Employee referral）：員工的推薦亦是一項重要的內部招
　　　募來源，企業可以在布告欄上張貼要求推薦之公告，並闡明組織對
　　　於推薦成功者皆會給予獎勵。員工推薦的作法日益普遍，除了招募
　　　成本較為低廉外，現職的員工通常能提供有關應徵者的正確資訊，
　　　而且一般會推薦高素質的應徵者，因為推薦不合格的人會對其名譽
　　　帶來負面的影響；而新進員工也會因為有熟識的朋友在組織工作，
　　　因而能較早進入工作狀況。

(4)**內部勞動市場**（Internal labor market）：內部勞動力市場係指存在於企
　　業內部的勞動力市場，換句話說，是企業內部的各種勞動合約與就業
　　安排的制度總和。在現今發達的市場經濟國家，勞動市場並不是新古
　　典理論所描述的那種單一外部市場供需調節模式，而是內部市場與外
　　部市場相並存的二元結構，而幾乎所有的中大型企業中，都有完善的
　　內部勞動力市場制度。

　　根據內部勞動市場的觀念，組織因其具有非正式的規範、政策、傳統
　　或是團體協約，而傾向於由內部擢昇人員而非自外部另行招募人員
　　（低階層的工作可能開放供外部人員進入，但高階主管將以內部晉升
　　為人才聘用管道）。也就是在工作組織中，其內部本身就有一套複雜
　　的規則，用以決定員工的薪資、流動以及升遷等，當員工成功地進入
　　此工作組織之後，員工間雖然彼此競爭，但是卻不必擔心將與其他組
　　織外部的人才進行競爭，因此，年資與年齡往往成為內部勞動市場中
　　敘薪與升遷的重要依據。

　　將此觀念應用於地方政府的運作與表現上，不難得知，由於其勞動力的
　　價格與配置將不會受外在市場力量左右（組織內部人員並不受外在人才
　　的競爭壓力所影響），當地方政府需要人才時，主要是以考試由外部甄
　　選進入組織之中，而成功進入之後，地方政府的員工將依循既定的階層
　　制度，其敘薪以及升遷都將依據年資與年齡為審核標準。因此，地方政
　　府的運作與表現，完全地反映了一個封閉的內部勞動市場情況。

2. **外部來源及招募方法**：對於成長迅速的企業，或者對技術、技能或管理階
　　層的人員有大量需求的組織而言，內部招募通常是不夠的，必須採用外部
　　招募方能滿足組織需要。以下將針對外部招募的優、缺點以及招募方式分
　　別介紹之。

(1)**外部招募的優點**
　　A. **人才來源廣泛且充足**：外部招募最大的優點就是可以接觸到的潛在

員工群，相較於組織內部的人才群，其可使用的人力來源廣泛太多了，因此可能找到更為合適且具優秀才能的員工。

B. **為組織注入新血，增進創意以因應變革**：從外部僱用人員能為組織帶來新的洞察力與觀點，一旦組織遭遇環境變遷而需要創新或變革時，即能迅速地以新觀念進行變通，順利度過難關。

C. **招募成本相較於訓練成本較為低廉**：從外部僱用已有特定技術、技能或管理方面才能的員工，往往比內部訓練與發展更為廉價且簡單，尤其是當組織立即需要此類人才的協助時，這種能立即上手的工作效益將會更加明顯。

(2) **外部招募的缺點**

A. **無法清楚瞭解潛在員工**：外部招募的缺點是吸引以及評價潛在員工時較為困難，且由於對應徵者的背景及資格條件不清楚以及不了解，有時候可能會做出錯誤的任用決策。

B. **職前輔導時間較長**：外部招募的員工需要較長的調整與職前輔導時間，如此一來可能會出現一些問題，因為員工必須要先熟悉、瞭解同事、程序、政策及組織特質，方能進入狀況，因此在新進員工尚未上手時的前期磨合階段，成本可能會比較高昂。

C. **組織現有員工的士氣受到影響**：外部招募最後的問題，則是可能會使組織內現有員工感到士氣低落，尤其是當空降管理階層人員時，那些自認為有資格條件能勝任該管理工作的現任員工，可能會因為被忽視而感到遭受不公平待遇而心生不滿，而其他相關的工作人員也可能會因此而不服從空降人員的指揮。

(3) **外部招募方式**

A. **廣告（job advertising）**：利用廣告來公布組織人力需求的資訊是現今企業最經常使用的方式之一，其能夠廣泛應用的原因是非常方便且有效，但為了確保徵才廣告的效果，組織必須要同時注意媒體選擇及廣告設計這兩方面。一般而言，徵人廣告通常會刊登於報紙與商業及專業刊物，有時也會輔以電視、看板及網路等廣告媒體的運用，至於如何在廣告中明確表達組織所欲徵求的人才的資格條件，並且能夠吸引人的目光，則是廣告設計的重點。

有經驗的主管通常會遵照所謂的AIDA（注意attention、興趣interest、慾望desire、行動action）等四項原則進行廣告的設計。首先，廣告必須吸引人的注意力，例如：利用特殊的字句來引人目光。接著則是促進他人對這份工作的興趣，例如：利用工作本身獨

特性或者工作地點的方便性來做為廣告重點。第三，創造人們的慾望，提供與個人目標相關連的額外利益來刺激其對該工作的渴求，最後則是應該讓人能夠產生更進一步的實際行動，如此一來，徵才廣告的效益才能達到極大化。

B. **仲介機構**：由於仲介機構通常會收取一定的仲介費用，故一般而言，組織會選擇使用仲介機構來協助尋找人才的原因，不外乎有以下幾點：

(A) 組織內沒有專屬的人力資源部門，故而無法執行招募與甄選的活動。

(B) 組織一直無法自行招募到合適且足夠的人才。

(C) 需要用人的時間過於緊迫。

(D) 組織想要招募的人員屬於較為特殊的族群，如弱勢團體。

但採用仲介機構來進行人員招募亦有其風險，舉例來說，仲介機構可能因篩選不當，將好的人才篩選掉，而使得有些不適任的應徵者進入公司甄選程序，因此，當組織決定採用仲介機構進行招募時，應進行以下工作：

(A) 提供給仲介機構精確且完整的工作說明書，使其清楚明白所需工作人員的資格條件。

(B) 對於仲介機構篩選潛在應徵者時所運用的方法或工具，制作出詳細的規定，例如使用制式的表格面談。

(C) 詳細審核不合格與合格者的資料，以查核篩選過程是否適當無誤。

(D) 與仲介機構維持長期穩固的合作關係，經由長期互動後，仲介機構將比較能夠捉住組織真正需要的人才特質為何。

C. **獵人頭公司**（Headhunter）：此方式較常利用於延攬高階管理人才，由於組織內的高階職位並不多，所需填補的職缺也較少，故而不適合使用廣告等大量徵才的方式。但利用獵人頭公司亦會存在某些問題，舉例來說，獵人頭公司不是組織中的一份子，並不清楚組織的運作模式以及所要尋求人才的特質、技能等，可能會因此網羅了不合適的人才。建議若組織利用獵人頭公司招募高階管理人員，必須做好下列工作：

(A) 與獵人頭公司中負責此招募任務的人員會談，此步驟的主要目標是是希望負責人員能夠確實瞭解組織的需要，並且令其明瞭目前從事該職位人才的狀況。

(B) 選擇能夠信賴的招募人員，由於在招募高階管理人才的過程
中，可能有必要透露某些公司的機密，所以必須在選擇可信任
的獵人頭公司來執行，以避免不良後果的產生。

D. **校園徵才（Campus recruiting）**：校園徵才係指企業派遣一位或多
位代表至大學校園，希望能從學校的畢業班級中預先審核並招攬一
群應徵者，此方式通常是專業以及技術人才之重要招募來源。若採
用校園招募，人力資源部門應確保至校園進行招募的人員對於組織
及需要遞補的工作皆有深入的了解，此外，還必須具備充足的面談
技巧，因為如果這些到校園徵才的人員沒有正確的觀念，或對前來
詢問的學生表現出趾高氣昂的模樣，如此一來，不但無法順利招募
到人才，更會破壞企業的形象。

另一種變相的校園徵才的方式是透過與學校的建教合作計畫。透過
這種計畫，學生必須要半工半讀或在一年的不同時期內輪流上學與
工作，由於這種計畫能夠同時提供正規教育的學歷並獲取實際工作
經驗的機會，所以吸引不少有興趣的學生，對於企業而言，可以觀
察學生實習時的表現，來評估其未來是否適合成為公司的正式員
工；而對學生來說，這則是提早接受訓練、適應環境的好機會。

E. **網際網路招募／電子招聘（online recruiting/e-recruitment）**：在近
十數年中，外部招募最大的變化來自網際網路招募或稱電子招聘，
不論是求才者或求職者都越來越依賴網際網路，許多人力資源網站
也因此應運而生，例如104人力銀行、1111人力銀行等。根據世界
500大企業的實務經驗，電子化招聘可分為中心資料庫式以及初級電
子招聘兩種。中心資料庫式的招聘是指公司在網上發佈招募消息，
並通過電子郵件或履歷收集應聘資料。初級電子化招聘則是指公司
在網上發佈招聘信息，但鼓勵應聘者通過傳統渠道如傳真或寫信來
應聘。前者屬於完全數字化的招聘方式；後者屬於部分數字化的招
聘方式。不同的行業所採用的電子化招聘方式也有差異，IT業、金
融業、高科技產業多採用中心資料庫式招聘，而傳統產業或家族事
業當前採用初級電子化招聘為多。

電子化招聘的優勢主要表現在以下幾個方面：

(A) 招聘範圍的全球性：突破了傳統招聘的地域性限制。

(B) 招聘費用的經濟性：節省了傳統招聘活動中的交通費、差旅費
等開支。

(C)招聘過程的隱蔽性：網上的人力資源爭奪戰雖悄無聲息，但更有殺傷力，求職者可以不動聲色地找到理想的去處

(D)招聘活動的靈活性：招聘的企業可以每周7天，每天24小時向全球範圍內的應聘者發出應聘信息，應聘者也可隨時隨地與應聘單位聯繫，大大方便了雙方的信息交流和溝通。

使用這些網際網路招募的費用不僅遠低於刊登報紙廣告，效應也高出九倍之多，然而，雖然網際網路能讓企業獲得更多應徵者，但也由於網路便利性及花費成本較低，導致根本不合適的應徵者比率大幅提升，反而使企業內負責處理資訊的員工，必須花費更多時間來整理資料，造成工作上的負擔。表4-1列舉了網際網路招募的優缺點；表4-2則為人力網站與傳統招募的優缺比較。

表4-1　網際網路招募的優缺點

優點	・線上招募的費用較低，將職缺放在公司網站或其他工作相關網站的費用非常低。 ・職缺會全年無休地揭露在網站上，讓有意的應徵者能隨時看到。 ・公司能接觸到更廣泛的族群，能較快速地找到員工，並增加找到好員工的機會。 ・「聰明」的系統可以先篩選應徵者，將有潛力的名單限縮在容易處理的範圍。 ・公司能將職缺鉅細靡遺地揭露於網站，也能刊登常見問題的回答，可以節省招募專員的時間。 ・求職者能自己將資料填入或上傳，不但省時，也能減少錯誤。
缺點	・公司無法接觸到不上網的求職者。 ・招募的競爭會因此增加，因為其他公司也可能會找到同樣的求職者。 ・許多線上履歷都誇大其實，浪費公司後來面試的時間。 ・可能有許多不合適或不相關的求職者來應徵。 ・不適用於所有職缺。有些較難找到人的職缺還是得透過招募公司。

資料來源：黃同圳（2016：142）

表4-2　人力網站與傳統招募方式的優缺點比較表

	優點	缺點
人力網站	・預算減少 ・龐大人才資料庫 ・龐大工作機會資料庫 ・較易找到目標求職者/工作機會 ・縮短招募時間 ・回應迅速 ・得到較多資訊 ・吸引高素質求職者 ・找工作者贏得主控權	・過多的履歷充斥在網路上 ・許多人力網站仍不夠成熟 ・履歷格式受限 ・保密安全問題
傳統招募管道	・履歷可表現個人風格且有創意 ・隱密安全 ・符合習慣	・成本過高 ・較長的招募時間 ・回應速度慢 ・受限資訊 ・缺少互動

資料來源：周瑛琪、顏炘怡（2016：83）

F. **人力派遣**：人力派遣突破既有的主僱關係，是一種非典型、臨時性的聘僱關係，在此種勞動僱用的方式之下，勞工名義上是屬於人力派遣公司（雇主或派遣單位），在勞工（派遣人員）的同意下，提供予其他有人力需求的企業機構（要派單位），並接受該機構的指揮監督。就要派單位而言，有關聘僱、招募、給薪的相關事務皆轉移給派遣單位，故可以省下提撥退休金、保險及資遣費等費用，有效降低勞工僱用成本；此外，對於部分淡旺季人力需求差距較大的行業，亦可藉此避免出現人力不足或浪費的情形，而規避僱用風險。關於派遣單位，要派單位與派遣勞工之間的關係如圖4-5所示。另外，依據派遣時間的長度，人力派遣又可區分為：

短期派遣	對於突發性的人力需求，雇主常常會基於成本考量，而尋求短期派遣的協助用以完成一些非常態性或者可獨立完成的工作。舉例來說，因為季節或旺季所產生的臨時人力需求，短期人力派遣往往能夠成功地扮演及時雨的角色，為企業提供及時地協助。
長期派遣	有鑑於企業往往付出極高成本用來培育人才，又無法保證受訓後員工是否會留在組織中繼續穩定地服務，因此，對於在企業體系中的非核心工作人員，組織可以考慮利用長期人力派遣的方式，來節省教育訓練等相關成本，使經營模式更加彈性，此外，若當企業編制受限、無法擴充成員時，長期的人力派遣亦可成為最佳的解決方案之一。

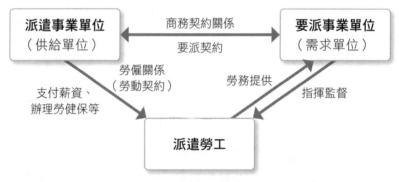

圖4-5 人力派遣關係圖

資料來源：周瑛琪、顏炘怡（2016：84）

  G. **自我推薦**（walk-ins）：係指直接到公司並主動將名字留在公司的待聘名單中的應徵者，一般而言，此種方式通常是聘僱時薪制員工的主要來源，對於自薦者，公司應以禮相待、維護公司聲譽。

3. **內、外部招募優缺點比較**：企業的招募計畫是要為組織吸引一群人才，並希望能從這一群人之中，為所需填補的職缺甄選出最合適的工作者。因此，人力資源部門在進行招募時，首先要考慮的事情就是究竟應採用哪一種招募方式，才能為組織提供最多優秀的人才。由於本節前端部分已針對內、外部招募進行論述，內容包含了對其優、缺點的各自表述，以及常見

招募方式的介紹，故在此僅將重點聚焦於內、外部招募的綜合比較，並以表4-3總結出內部招募與外部招募方法的優點與缺點。

表4-3 內部及外部招募方法的優缺點

來源	優點	缺點
內部	1. 公司對工作候選人的優缺點有較清楚的瞭解。 2. 工作候選人對公司有較清楚的瞭解。 3. 可以增強員工的士氣與動機。 4. 可以提高組織對現有勞工的投資報酬。	1. 員工可能會被升遷至他們無法勝任的工作。 2. 升遷的鬥爭會對士氣造成負面影響。 3. 同系繁殖會扼殺新觀念及創新。 4. 較不易吸引、接觸及評價潛在員工。
外部	1. 人才群的數量大很多。 2. 可以為組織引進新的洞察力及觀點。 3. 從外部僱用技術、技能或管理階層的員工較廉價且容易。	1. 需要較長時間的調整及職前訓練時間。 2. 在組織內那些自認有升遷資格的員工間會產生士氣問題

資料來源：黃同圳（2016：143）

4. **招募成效評估**：招募完成之後，還有一項不可缺少的環節，即招募成效的評估。此項評估主要是對招募方法與結果進行成本效益的分析，除能瞭解招募費用的支出情況外，亦可經由對錄用後員工的實際工作能力評估，來檢測招募方法的有效程度，此舉將有助於組織在招募時降低不必要的費用，節省成本，並改進招募方式的使用，進而提昇往後招募工作的效率。

(1) **招募產出率**（yield ratio）：在招募甄選的過程會經過若干階段（例如：履歷審查、面試、錄取後實際報到等），成功通過一個階段並進入下一階段的比率就是招募產出率的概念。以表4-4為例，企業至著名大學覓才後，共收到400份履歷表，但經過履歷審查的篩選後，僅100人可以獲得面試的機會，由此可知在招募第一階段的產出率為100／400＝0.25（亦即能夠參加面試人數除以收到履歷表的總數），並依此類推出其他的階段的招募產出率。當然，招募產出率的百分比愈高，代表所使用招募方法（徵才來源或管道）愈有效。

(2)**招募平均成本**（average cost of recruitment）：係指將招募過程中所支出的所有經費除以最後受聘的員工人數，以表4-4來舉例解說，企業到著名大學覓才總共花費了50,000元，但最後只成功錄取了10位員工，因此運用這個招募管道的平均成本為10／50,000＝5,000元，相較於其他招募管道，成本相當高，僅次於透過獵人頭公司來進行招募。若以成本效益觀點來考量，當然是招募平均成本愈低的徵才管道愈有效。

表4-4　招募來源產出率

招募來源					
	地方大學	著名大學	員工推薦	報紙廣告	獵人頭公司
履歷表	200	400	50	500	20
接受面談	175	100	45	400	20
產出率	87%	25%	90%	80%	100%
應徵者接受面談	100	95	40	50	19
產出率	57%	95%	89%	12%	95%
接受工作	90	10	35	25	15
產出率	90%	11%	88%	50%	79%
總計	90/200	10/400	35/50	25/500	15/20
產出率	45%	3%	70%	5%	75%
成本	30000	50000	15000	20000	90000
每個雇用者成本	333	5000	428	800	6000

資料來源：王精文（2018：149）

(3) **員工的實際工作能力**：錄用新進員工之後，必須觀察錄取人員的素質是否符合組織的實際需求，例如新進員工的真實條件優劣、工作績效表現、工作熱忱以及工作滿足感，甚至留任率以及曠職率等等，都屬於招募品質與成效的評估要點。

 ## 人力甄選

在公司發布公告招募訊息並吸引應徵者的興趣後，接下來的工作就是要從眾多應徵者之中挑選出最適合的人員，此即為所謂的人力甄選。甄選（selection）與招募（recruitment）不同，其目標是從一群合格的候選人中判別出最能勝任該份工作的人才，而非僅只是吸引應徵者注意。

甄選係指組織就其所設立之職位，蒐集並評估有關應徵者的各種資訊以便做為聘雇決定的一種過程。甄選計畫的內容與方向，大致上為(一)預測各種未來不同型態的人力需求。(二)將此需求與組織內部的人力組合進行比較。(三)決定招募的人力類別與人數。良好的甄選活動之目的是達成「充分運用人力資源，完成組織策略」的手段，倘若能以企業的整體規劃，來引導組織的人力資源規劃，甄選活動將可以有效地發揮其對企業的影響力。

甄選的過程除必須瞭解企業未來的策略方向外，也應該瞭解員工是否能配合未來組織方向，甄選活動與其他人力資源管理功能活動之間的關係如下所述：

(一) **任用管理**：組織透過甄選過程找到和組織價值觀相同的員工，提升個人與組織的契合度。個人與組織契合高可導致高工作滿意度以及更佳的個人工作成果，此外，亦可提高組織承諾，減低離職的意圖，由此可見，個人與組織的契合度與工作投入有相當重要的正向關係，因此甄選活動與任用管理息息相關。

(二) **員工訓練及發展**：個人與組織之所以互相吸引，是基於一些相類似的價值觀及目標。許多研究都顯示出，求職者會選擇某一組織是基於契合的理由。事實上這種契合度與工作投入也有很重要的正向關係，而且對於學習型組織、個人學習層次、團隊學習層次、組織學習層次也都有正向關係。

(三) **報酬與激勵**：薪酬對員工來說，是有形的報酬，但是事實上有許多無形的報酬，能夠給予員工更大的動機充分發揮自己的能力，如工作滿意度，其潛在的影響力之大，不容忽視，尤其新世代的員工所企求的，不只是薪酬而已，更加重視自我實現部分。而對於欲培養高層級經理人的組織來說，

有研究結果顯示高階經理人其契合程度比一般員工高出許多的。因此甄選與組織契合度高的員工，將更容易激勵其工作態度與績效。

圖4-6展示了甄選過程的步驟，由圖中可知，大多數的組織在甄選過程中，會使用多重技術（例如：申請表、面試及測驗等）以對應徵者進行一系列的篩選，希望能藉由嚴謹的步驟來達到令人滿意的甄選結果。

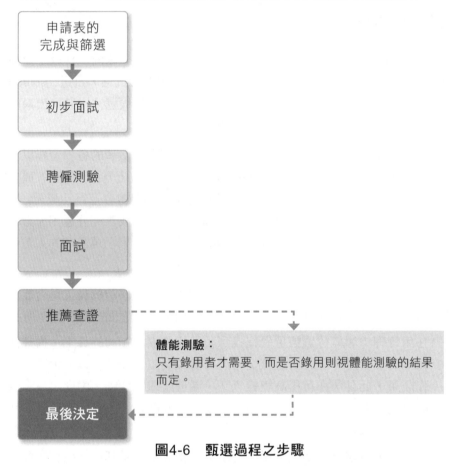

圖4-6　甄選過程之步驟

資料來源：黃同圳（2016：155）

(一)**甄選的信度與效度**：甄選決策的良莠在於能否成功地預測出所聘用人員在該職位上的未來表現，因此組織若想要發展一套優良的甄選制度，除了進行完善的工作分析之外，尚需特別注重甄選技術的信度與效度，舉例來說，一家公司為某個部門的員工舉行一項測驗，並打算以測驗的結果來做為員工升遷的挑選依據時，公司就必須要能夠證明所執行的測驗是具有效度與信度的，才能保障最終的升遷決定應該是正確無誤的。

1. **信度（reliability）**：信度是甄選系統中的重要因素之一，其是指測量結果的一致性、穩定性及可靠性，信度愈高則表示該測驗結果愈趨於穩定與可靠。舉例來說，在不同時期進行測試，若相同的人在同一種狀況下執行工作，能夠產出非常相似的成果，那麼這個測驗的信度就是高的、可信賴的。評價信度的方法主要有再測量、類似表以及折半法。

再測量 **test-retest**	用同樣的量表，對同一組受測者在盡可能相同的情況下，於不同的時間中進行兩次測量，通常會在二至四週內再實施相同的測驗，而這兩組測驗分數之間的相似程度，則決定了測驗的信度，測驗的結果越是相關、差異越不顯著則表示信度越高。
類似表 **parallel/** **alternative form**	使用兩份分開卻相似的測驗表，對同一組受訪者在不同的時間進行測量，並藉由兩次測驗結果之間的相關性，來評價測驗量表的信度，若相關性愈高，代表測驗的信度就愈高。
折半法 **split-halves**	是測量內部一致性最簡易的方法，其是將受測題目平均地分為兩半，然後再以前半段之題目與後半段之題目進行相關分析，若相關程度很高就代表折半信度很高，且視受測者在這兩組測驗的分數是否相似，同樣地，相似程度愈高，信度就愈高，可用來衡量測驗的同質性。

2. **效度（validity）**：信度在於衡量測驗的一致性，然而，效度卻是用來顯示一項研究的真實性與準確性。藉由測驗效度，方可得知所使用的測驗真的能夠衡量出它所該衡量的東西嗎？以及依據測驗結果所做出的推論是否真的準確？在員工甄選測驗中，效度往往是指測驗結果能否用於預測員工日後的工作績效，因此，甄選測驗的效度須在一定程度以上，若使用缺乏效度的測驗來篩選應徵者會造成不合理且不公平的現象產生，無效的測驗不僅浪費時間，企業亦可能會因為測驗有歧視之嫌而違法受罰。而衡量效度的方法主要有準則效度、內容效度以及建構效度。

準則效度 **criterion validity**	是指預測因子與某項標準之間關聯性的衡量指標。在員工甄選測驗中，是用來證明徵選程序的得分和日後工作績效之間具有關聯性。 例如：若能證明測驗成績好的人，日後的工作表現也較好的話，這個測驗就具有準則效度。

內容效度 content validity	是判斷測驗題目或者內容是否符合它欲測量的目標，換句話說，也就是證明甄選程序的內容可以代表工作內容的合理取樣。 例如：甄選文書處理工作人員時，會測試應徵者的打字速度以及電腦排版等文書處理能力。
建構效度 construct validity	是指測驗分數能夠展現某種結構或特質的程度。若應用於甄選程序，通常是衡量與工作績效具有高度相關性的概念。 例如：士氣或誠實之類的抽象概念。

3. **效標關聯效度**：效標關聯效度係指測驗分數與外在效標之間的相關程度，如果測驗分數與效標的相關係數越大，就表示該測驗的效標關聯效度越高。相關係數可在+1與-1間的範圍內變化，+1及-1分別表示完美的正相關性以及完美的負相關性，而係數0則表示完全缺乏相關性或效度。一般而言，建立效標關聯效度的兩個主要方法是預測效度及同時效度。

預測效度 predictive validity	是指測驗分數與未來效標之間的相關程度，是根據目前的測驗，預測受測者未來在效標上的表現，測驗分數與將來效標資料之相關係數高，則測驗工具的預測效度越高，通常用於人事甄選與分類測驗。舉例來說，假設公司要確定一個預測研發工程師未來績效測驗的效度，在預測效度的研究中，必須對全體研發工程師的應徵者實施一項測驗，但不會根據測驗分數來聘僱人員，等到所有新進員工都接受相同的基本職前輔導與訓練並且正式工作一段時間後，再將測驗分數與研發數量建立關聯性，如果發現其中具有相關性，那麼這個測驗即為有效，並可以在將來使用於甄選員工。然而，由於預測效度的成本高且建立關聯緩慢，因此組織較不常使用此方法。
同時效度 concurrent validity	是指測驗分數與同一時間的效標之間的相關程度，由於效標分數與測驗分數是同時取得的，因此可以估計測驗分數在效標方面的實際表現。舉例來說，假設公司想要獲知教育訓練的成效，在執行教育訓練活動結束後可以設計一個實作測驗，讓員工接受實作測驗，等員工回到工作崗位之後，立即在工作現場再進行另一次的實際操作測驗，最後將兩次測驗的結果作比較，如果兩次的結果呈現高度相關，即表示具有同時效度（表示員工的教育訓練實作測驗分數越高，其工作中的操作成績也會越高），此法乍看之下，似乎很像預測效度，但因為兩次測驗的分數幾乎是同時取得，所以稱為同時效度。

(二)**甄選的方式**：當組織完成人力資源規劃，並依照人力資源需求開始增補所需人力時，測驗（test）與面談（interview）則是企業招募人才最常使用的方式，然而，除了測驗及面談之外，組織有時候也會輔以工作模擬與背景調查（background checking）來做為甄選的程序。

1. **測驗（test）**：許多商業測驗的類型可供組織在甄選過程中使用，以下將探討五種常見的測驗類型：適性、精神運動、工作知識與熟練度、興趣及性格，另外，也會討論測謊器的使用以及筆跡分析。

   (1)**適性測驗（aptitude test）**：適性測驗主要在於衡量一個人的能力，或學習與執行一個工作的潛在能力。比較常用的測驗多用於衡量語言能力、數字能力、理解速度、空間能力及推理能力，亦為一般智力測驗，但由於此種測驗成果經常與是否真的能勝任工作無關，故現今多數企業已放棄使用智力測驗來進行員工的甄選。

   (2)**精神運動測驗（psychomotor test）**：精神運動測驗的目的在衡量一個人的力量、靈敏度及協調度等能力，例如：手指靈敏度、手腕力量及手臂運動速度等，企業若採用此類的能力測驗，通常是為了甄選組裝線或生產線人員。

   (3)**工作知識（job knowledge test）與熟練度（proficiency test）的測驗**：工作知識測驗目的是衡量應徵者所擁有的工作知識，可能是筆試或口試，用以區分應徵者的經驗與技能是否豐富或不足；而熟練度測驗則是評價應徵者的工作能力，亦即衡量執行工作是否能夠順利完成的程度，例如：使應徵會計工作的人員進行賬目試算的測試，就是熟練度測驗的例子。

   (4)**興趣測驗（interest test）**：興趣測驗是用來測試出一個人最有興趣的工作內容是什麼，並將其興趣與能夠成功執行工作者的興趣進行比較。應用興趣測驗的基本假設是一個人對於自身有興趣的工作，其抗壓性以及執行完成度皆能夠有比較好的表現。

   (5)**性格測驗（personality test）**：性格測驗的主要目的在於衡量應徵者的人格特質，兩個較著名的性格測驗是羅沙墨跡測驗（Rorschach inkblot test）與主題理解測驗（Thematic Apperception Test, TAT），然而，這些測驗的效度不確定且信度低，因此目前在甄選中的應用很有限。
   比較常使用於甄選程序的性格測驗為五大人格因素（Big Five personality traits）以及個人風格量表（Myers-Briggs Type Indicator, MBIT）兩種，由於這兩種性格測驗皆無所謂正確或錯誤答案，所以就觀念上來說，被稱為

一種指標而非測驗，以下將針對五大人格因素（Big Five personality traits）以及個人風格量表（Myers-Briggs Type Indicator, MBIT）分別說明。

A. **五大人格因素**：John Holiand提出五大人格因素，其中包括：Extraversion（外向性）、Emotional Stability（情緒穩定性）、Conscientiousness（勤勉審慎性）、Agreeableness（親和性）、Openness to Experience（對新奇事物的接受度）。

　(A)五大人格因素與工作績效的關聯：

　　(a) 高度外向性人格的工作者，通常會與「經理」及「銷售員」等職位的工作績效具有正相關。

　　(b) 同時有高度情緒穩定性、勤勉審慎性與親和性人格的工作者，通常會與「服務顧客的工作」等職位的工作績效具有正相關。

　　(c) 高度對新奇事物的接受度人格的工作者，通常會與「需要創新的工作」等職位的工作績效具有正相關有關。

　　(d) 高度勤勉審慎性人格的工作者將會對所有類型的工作績效具有正相關。

　(B)五大人格因素與工作行為之關係：

　　(a) 具高度勤勉審慎性人格的工作者，通常會產生「助人行為」並且較能夠「遵守公司規定」。

　　(b) 同時具高度情緒穩定性、勤勉審慎性及親和性人格的工作者，通常能夠預測出「所有對公司有害之組合」。

　　(c) 具高度親和性人格的工作者，通常會產生「助人行為」並且較能夠「遵守公司規定」與進行「團隊合作」。

B. **個人風格量表**（Myers-Briggs Type Indicator, MBIT）：是由兩位美國學者Isabel Myers與Katharine Briggs於1940年代，依據美國心理學家榮格的理論所發展而成的，其為一種自我評核的性格問卷，主要在於測量人類性格的外在狀態模式，目前此量表為全世界使用率最高的性格量表，可分為4大類8種狀態如下：

類型1	外向型（E）、內向型（I）
類型2	實際型（S）、直覺型（N）
類型3	思考型（T）、感覺型（F）
類型4	判斷型（J）、感知型（P）

以上4大類8種狀態又可衍生並配搭出16種外在型態模式，其組合如下：

ESTJ	管理型	ESTP	挑戰型
ESFJ	主人型	ESEP	表演型
ENTJ	領袖型	ENTP	發明型
ENFJ	教育型	ENFP	靈活型
ISTJ	傳統型	ISTP	冒險型
ISFJ	照顧型	ISFP	隨和型
INTJ	智力型	INTP	智力型
INFJ	作家型	INFP	浪漫型

(6) **測謊器測驗**（polygraph/ lie detector）：是一種在受測者回答一連串問題時記錄身體變化（例如：血壓、呼吸及出汗的波動狀況）方式，用來判斷受測者是否做出真實的回答。然而，1988年美國的員工測謊器保護法案（Employee Polygraph Protection Act）通過之後，已經禁止雇主對所有的應徵者及大部分的員工進行測謊器測驗，但下述情況仍具有豁免權：(A)對地方、州及聯邦員工不禁止測謊器的使用。(B)國防或安全契約的工業允許測謊器的使用。(C)能源部訂定核電相關契約的企業可使用測謊器。(D)接近高機密資訊的企業或顧問可以使用測謊器。此外，私人企業在某種狀況下也被允許可以使用測謊器，例如僱用私人的安全人員時、僱用可接近毒品的人員。

(7) **筆跡分析**（graphology/handwriting analysis）：是由分析師檢查個人的筆跡（例如：斜線、曲線及草體字），從而評估其人格以及情緒問題。由於筆跡分析高度仰賴筆跡學家之專業分析，因此在甄選過程中運用筆跡分析的組織並不多。

2. **面談**（interview）：人力資源管理工作經常會使用各種面談，例如績效評估面談及離職面談，而本章的重點是甄選面談，此種主要目的是根據應徵者在甄選面試中的口頭回應，來預測其性格以及未來的工作績效表現。

(1) **面談的特性及目的**：面談是最為廣泛使用的甄選工具，即使公司不採用甄選測驗，往往還是會利用面談方式來蒐集應徵者的相關資料，以利事後的人事決策評估，而面談的目的大致可歸納下列三種：

A. **初步篩選**：可透過面談來瞭解應徵者的基本背景資料，並做更進一步確認。

B. **評估比較**：在對不同的應徵者進行深度面談後，可進行比較分析，而這些資料將可做為事後考量錄取人員時參考。

C. **雙向溝通**：可利用面談時的雙向溝通，令應徵者有機會針對公司狀況提出問題，使其對公司有更深度的瞭解。

(2)**結構式面談與非結構式面談**：一般而言，面談依其結構化的程度，可分為結構式面談與非結構式面談兩種，而由於非結構式面談通常會因個人主觀或偏見，影響面談的結果，因此結構式面談的效度通常會比較優良。

A. **結構式面談（structured interview）**：結構式面談是一種對訪談過程進行高度控制的方式。亦即在面試的過程中是高度標準化的，所有訪談問題、提問的次序以及對受訪者回應的記錄方式皆是統一的。為確保這種統一性，通常會採用事先統一設計、有一定結構的問卷來進行訪問，而這種類型的面談都有一份訪問指南，其中對問卷中任何有可能發生誤解的地方都會詳加說明。

結構化的情境面談（structured situational interview）則是指，面試官會以一組工作相關且有預設答案的問題，詢問所有的應徵者。其運作模式為(1)撰寫情境式問題（會怎麼做）、行為式問題（以前是怎麼做）或者其他與工作知識相關的問題。(2)請專家為每個題目撰寫參考答案，並評定各種答案的優劣。(3)面試官根據答案評分表來評估應徵者的回答。一般而言，設計結構化的情境面談的步驟如下：

步驟**1**	進行工作分析，並撰寫工作說明書及工作規範。
步驟**2**	評估執行該工作的主要職務是什麼，並以1到5級評估每項職務的重要性。
步驟**3**	根據實際的工作職務來設計面談的問題，而愈重要的職務，所需詢問的問題愈多。通常面談的問題可分為： 1. 情境式問題（situational questions），例如：如果遭遇重要客戶的抱怨時，你會怎麼做？ 2. 工作知識的問題（job knowledge questions），例如：勞退新舊制法規的比較分析。

步驟3	3. 意願性的問題（willingness questions）例如：能否接受經常性的海外出差。 4. 行為式問題（behavioral questions）是詢問應徵者過去遇到類似情況時如何處理。
步驟4	設定指標性的答案，並給予5分（好）、3分（普通）、1分（差）的指標性答案和評分等級。
步驟5	指派面談小組並進行面談。結構化的情境面談通常是以3到5位成員的小組座談方式進行，並非一對一面談，而在面談之前，其成員應該先檢閱工作說明書、問題、指標性的答案，以確保面談成效。

B. **非結構式面談（unstructured interview）**：非結構化面談是在面談前並不加以準備，所有的問題皆視當時情況而定，因此沒有既定的模式、框架和程式，應徵者可以暢所欲言，但也沒有固定答題標準的面試形式。此種方式能夠令面談的雙方有充分的自由，但其缺點是，因缺乏結構，故而易受主考官主觀因素的影響，此外，面試結果無法量化並與其他應徵者進行橫向比較等。

非結構化面談較為彈性，以下僅以案例分析、腦筋急轉彎、情景模擬等三種設計方式舉例。

(A)案例分析：面試官提供一個特定問題的訊息，由應徵者根據所提供的訊息進行假設、分析並給出結論及建議，大多數的案例分析並沒有特定的正確解答，主要是希望能夠透過觀察應徵者分析案例的過程，來測試其反應以及創新能力。

(B)腦筋急轉彎：主要是用來觀察應試者的邏輯思維能力，透過腦筋急轉彎通常能夠檢測出來應徵者是否具備快速的反應能力和邏輯思維能力，因此腦筋急轉彎愈來愈常應用於的到現今社會的招募面談中。

(C)情境模擬：將應徵者放置於一個模擬現實工作的環境中，使其解決某個問題或達成一個目標。面試官會通過觀察應徵者的行為過程以及最終所達成的結果來鑑定其處理工作能力、人際交往能力、組織協調能力等等素質。

(3)**其他面談類型**：面談除了可依據結構化程度分為結構性面談與非結構性面談外，還可依據面談的形式或內容來分類。

壓力式面談 stress interview	壓力式面談是一種特殊的面談方式，面談者在面談的過程中，故意製造緊張的氣氛，使應徵者或受到壓力，其目的是為了找出應徵者對壓力的承受能力及反應。
行為描述式面談 behavior description interview	把焦點放在被面談者的過去行為，面談問題通常包含了一連串有關過去在各種情形下所表現的行為，期望能夠以過去的行為來預測未來可能發生的行為。面談題目舉例：你（妳）的配偶與孩子皆因感染流感而臥病在床，現在已臨近上班時間，但一時之間，你（妳）無法找到親戚朋友來照顧他們，請問在此種情狀之下，你會如何做？
情境式面談 situational interview	把焦點放在應徵者在某些特定情況下將會表現的行為，故面談問題皆是一連串情境的假設，並請應徵者描述自己在每種情況所會表現出的反應。面談題目舉例：依據你（妳）過去的工作經歷，能否以一個具體的經驗，談一談你（妳）身為一位主管是如何激勵下屬的？
知識和背景式面談 knowledge and background questions	把焦點放在應徵者具備從事該職位所需要的相關專業知識或背景，是在一般面談中最為常見的訪談題型，其主要目的在於確認應徵者是否真正具備該職位所需要的知識及技能，面談題目舉例：你（妳）是否擁有從事相關工作的專業證照？
個別式面談 individual interview	採取一位面談者對一位應徵者的面談方式。
團隊式面談 team interview	又稱小組面談或委員會面談，多位面談者與一位應徵者面試的方式。
集體式面談 group interview	公開進行二人以上面談者與二人以上應徵者的面試方法。
系列式面談 sequential interview	指多位面談者（例如：人資專員、直屬主管、直屬主管的上級主管）和同一位應徵者在不同時間、地點，進行一連串面談。

電話面談 telephone interview	由於面談電話大多是在無預警下接到的，應徵者比較可能做出無預警地自發性的回答，故有些公司會採用電話進行面談。
電腦化面談 computerized selection interview	讓應徵者針對電腦的語音口述、視覺影像、書面問題或情境，用口頭或鍵盤輸入的方式回答問題。

(4) **影響面談效果的因素**：雖然面談是最被廣泛使用的甄選方式，但相較於測驗而言，也是效度較低的方法。因此，必須先瞭解運用面談方式可能犯錯的原因，方可有助於減低錯誤決策的產生。

　A. **第一印象**（initial impressions）：在面談時，面試人員很容易從應徵者外觀或應答上，迅速產生好的或壞的第一印象，並在面試開始後的十分鐘內就會對應徵者做出結論判斷，然而，一旦發生這種情形，應徵者的其他與工作相關的重要訊息就會被忽略或忽視。

　B. **對比效果**（contrast effects）：應徵者的面談順序有時候也會影響面談的成績，舉例來說，若在應徵者接受面談時的前幾位被面試者表現都很糟糕，此時，即使應徵者表現普通，在相較之下還是會獲得較高的評分；反之，若該應徵者前面的應徵者表現佳，則其獲得的評分則會較低。

　C. **月暈效應**（halo effect）：面試人員可能會受到應徵者某一項特質而影響其整體判斷。例如：面試人員可能會因為感覺到應徵者待人很友善，而給予高評價，但是事實上友善這個特質並不保證其具有優秀的工作能力。

　D. **以偏概全**（overgeneralizing）：面試人員必須知道，一個應徵者在實際工作時，可能不會出現和面試時完全相同的行為。例如，甄選面試往往會令應徵者感到緊張，因此可能會表現得較具拘束感，但並不代表應徵者在工作上也會如此。

　E. **個人偏好、偏見與成見**（bias）：帶有成見或偏見的面試人員，很容易只會給予那些投其所好的的應徵者給予高分。例如：外表、社會地位、衣著、種族及性別等偏見，都會對面談的進行帶來負面影響。

(5) **建構有效面談的指導原則**：瞭解上述可能會影響到面談成效的因素後，以下將提出幾項指導原則來協助面談的有效執行。

　A. **將面談結構化**：在這裡所提到的結構化是指採取一系列的步驟來強化面談的效果，其中包括了提高面談的標準化、設定訪談問題及如

何評估答案等，詳細方法如下所述：

(A)以工作分析作為基礎來設計面談的問題，面談問題若能集中於工作本身，就可以避免面談者詢問不適切的問題，並能降低偏見。

(B)利用客觀、具體及行為導向的問題與準則，作為評估應徵者回答的標準，如此一來，所有解釋皆可被客觀判定，而有效降低面談的主觀誤判。

(C)訓練面談人員依據工作相關的參考資料來進行評分，使之更為客觀。

(D)面談內容能愈標準化愈好，盡量對所有應徵者詢問相同的問題，因為如此一來，對於所有的應徵者而言才是公平的。

(E)使用標準化的評分尺度來評量應徵者的答案，藉由讓所有面談者都使用相同的準則，來降低偏見與提高面談的信度。

(F)使用多位面談者或小組面談可減低個人偏見，且可帶入更多的意見與觀點，作為僱用決策前的參考。

B. **面談的準備**：在進行面談之前，面試人員應該先詳細審核應徵者的申請表格及履歷，並標記任何不清楚的地方，此外，亦必須參閱工作說明書，清楚了解該項工作的任務、執行人員所應具備的專才與特質等，才能避免第一印象的誤導而太早下判斷，產生錯誤決定。

C. **面談時應建立和諧的氣氛**：面談主要目的在於能夠對應徵者有更深入的瞭解，因此要讓應徵者感到輕鬆自然的氣氛方能使其侃侃而談。

D. **詢問與工作內容相關的問題**：儘量強調結構化而工作取向的問題、避免僅讓應徵者回答「是」或「否」，另外不要暗示應徵者的回答是對或錯、應該傾聽應徵者的談話，並在應徵者回答後，重複其見解，以確定理解無誤。

E. **預留時間使應徵者發問**：在面談快結束前，留一些時間給應徵者，讓他能詢問一些對於公司或該職務相關的問題，使其能夠對公司有更深入的了解。

F. **檢討面談**：當每位應徵者離開後，最好能夠立刻回顧面談紀錄，趁記憶尚清楚時，記錄其他應補充的事項。而當整個面談活動結束後，應檢討面談的過程，對於不當之處，在下次的面談時即可進行改善。

3. **工作抽樣與模擬**：組織也可以使用工作抽樣（work sample）來測驗應徵者處於工作情境中的反應。工作抽樣與多數的測驗並不相同，其主要目的在於直接衡量工作績效，例如，翻譯員的工作抽樣可能是直接翻譯一小段文字。

(1)**工作抽樣技術**（work sampling technique）：是請應徵者實際執行一項或數項工作的任務，以預測其工作績效。利用工作抽樣進行甄選的優點有：

A. 由於所衡量的是實際的工作任務，故應徵者難以做假。

B. 工作抽樣的內容為實際工作中的任務，比較不可能有歧視或不公平的現象產生。

C. 工作抽樣不會探查應徵者的個性，所以不會讓應徵者覺得有被侵犯隱私之虞。

因此，工作抽樣只要設計得宜，通常會比其他用來預測績效的測驗更佳有效。

(2)**管理評鑑中心**（management assessment center）：通常是舉辦2到3天的實際模擬演練，應徵者必須花費兩天的時間接受訓練、模擬及課堂學習，並在專家的觀察下執行實際的管理任務，之後再由專家評估每位應徵者的領導潛能，以判斷其是否能勝任此份管理職位。一般而言，典型的模擬活動包括以下幾種：

A. **公文籃演練**（in-basket）：此為模仿主管文件處理實況所設計的評量方法，是指將主管每天日常處理的書面文件抽樣選出，並要求應徵者在一定的時間之內，作出處理行動，藉以瞭解應徵者的能力。其操作的基本概念是：單位主管的桌上通常會有兩個文件籃（一個是收文籃，另一個是發文籃），收文籃中放著公文、信件、電話記錄、報告、報表等尚待處理的文件，處理之後就放在發文籃之內，由文書人員取走，辦理後續作業。

B. **無領導者的小組討論**（leaderless group discussion）：由一組應試者組成一個臨時工作小組，訓練員會給予這個小組一個討論題目並做出決策，由於這個小組是臨時拼湊的，並不指定誰是負責人，目的就在於考察應試者的表現，看誰會從中脫穎而出，成為自發的領導者，而在討論過程中，訓練員會觀察每個小組成員的互動技巧、群體接受度、領導力、個人影響力等項目來進行評估。

C. **管理競賽**（management games）：應徵者會模擬為公司的成員，解決實際面對的問題。

D. **個人的口頭報告**（individual oral presentations）：訓練員評估每位應徵者的溝通技巧與說服力。

E. **測驗**（testing）：對應徵者進行人格、心智能力、興趣、成就測驗等。

　　F. **面談**（interview）：評鑑中心大多會要求訓練員面談每位應徵者，
　　　以評估應徵者的興趣、過去的績效以及求職動機等。
　　由上述可知，採用評鑑中心法於甄選時的優點是，因為必須使用各種
　　不同的測驗技術以及多位專家共同進行考核，故能夠有效減少個人偏
　　好影響評估成果，利於甄選出最合適的人才；而其缺點是，為了符合
　　組織需要，此制度必須要慎重設計，且甄選執行的時間亦較長，故費
　　時且成本高。
(3)**小型的工作訓練與評估方法**（miniature job training and evaluation）：
　　與工作抽樣類似，小型的工作訓練與評估是指在僱用之前，先訓練應
　　徵者執行幾項工作任務，隨後評估應徵者的績效。因這個方法是以實
　　際的工作抽樣來測驗應徵者，故測驗內容比較有效，然而，若採用這
　　種評估方式，由於必須進行訓練，因此所花費的成本不低。
4. **背景調查**（background checking）：背景調查或推薦查證通常會在舉行
　第二次面試的前後進行。大多數企業會從下列三個類別來聯繫相關人：
　個人、學校或過去的聘僱推薦。不過由於個人推薦與學校老師推薦的價
　值有限（因為應徵者大多不會列出負面推薦者），因此，推薦查證最常
　見的作法是以電話聯繫從前的雇主，至少可以證實申請表中所填寫的資
　料是否正確。

四　甄選與企業策略之關係

甄選的重點除了評價員工的專業能力與潛在才能外，也應該了解員工是否能配
合組織未來的發展方向並提供有效地協助，因此在遴選員工時，亦必須考慮應
徵者與組織的契合度，以選擇最合適的人才。

(一)**個人—組織契合**（Person-organization Fit）：係指員工的個人價值觀與
　組織價值規範具有一致性。一般而言，組織都希望能夠透過甄選程序找到
　和組織價值觀相同的員工，根據研究顯示，若個人與組織契合高，將產生
　較高的工作滿意度以及更佳的工作績效表現，此外，亦可提高組織承諾並
　降低離職率。因此，現在的企業通常會透過不斷的面試來尋找和自己組織
　相契合的員工，尤其是對於管理人員的聘用。除了個人—組織契合之外，
　尚有以下各種不同的契合模式，可作為甄選時的參考。

個人—環境適配（Person-Environment Fit, P-E fit）
個人—職業適配（Person-Vocation Fit, P-V fit）

| 個人─群體適配（Person-Group Fit, P-G fit） |
| 個人─工作適配（Person-Job Fit, P-J fit） |
| 個人─主管適配（Employee/Subordinatc-Supcrvisor Fit） |

(二) 從A到A+（從優秀到卓越）

本章已詳細介紹甄選的方法，但事實上，甄選對的員工進入組織服務才是更為重要的事情，而此觀念則決定了企業能否由A到A+（從優秀到卓越）。Jim Coltins和Jerry Porans進行研究後發現，卓越的公司並非僅依靠一次決定性的行動、一個偉大的計畫、或者一次好運氣就能夠造就的，相反的，其轉變的過程就如同是推動著巨輪朝一個方向前進，一開始得費很大的力氣才能啟動飛輪，隨著輪子不停轉動，所累積的動能就愈來愈大，最後終於能在轉折點有所突破並快速奔馳。換句話說，若是把企業的蛻變視為是先累積實力，然後才突飛猛進的過程，則可以發現其中包含了三個階段：有紀律的員工、有紀律的思考，與有紀律的行動，如圖4-7所顯示稱之為「飛輪」的架構。

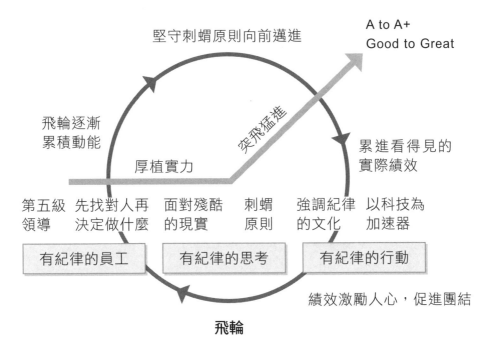

圖4-7 A到A+的蛻變飛輪架構

資料來源：張承、莫惟（2008：8-16）

「從優秀到卓越」的企業領導人在決定人事問題時通常會嚴陣以待，且不會把裁員和重組當作提升組織整體績效的主要策略。第五級領導者會先致力於尋找一群志趣相段的人，然後才一起規劃組織願景（圖4-8顯示了第五級領導者與第四級領導者的差異之處），如此一來就完成了「有紀律的員工」這項首要的條件，其主要有三種實際的做法：

(1) 只要有疑慮，寧可暫不錄用，繼續地尋找千里馬。

(2) 當感到需要進行人事改革時，就必須趕快採取行動。

(3) 讓最優秀的人才來掌握公司最大的契機，而不是讓他們去解決最大的問題。

人力資源管理的目的不應該是要求錯誤的人展現正確的行為，而應該是一開始就先找對人，然後設法留住人才，惟有適合的人才，才是企業最重要的資產。

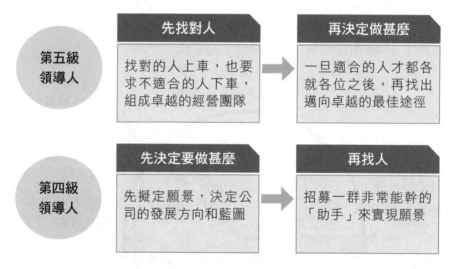

圖4-8　第五級領導者與第四級領導者的差異處

資料來源：張承、莫惟（2008：8-17）

Chapter 5 企業員工訓練與職能發展

依據出題頻率區分，屬：**A** 頻率高

課前導讀

本章的目的主要是使組織能夠規劃出有效的員工教育訓練模式，保障訓練成效以提昇組織總體績效。所討論的議題包含了教育訓練的基本概念、員工職前引導、設計教育訓練的流程及各階層員工職能發展重點，希望能藉由這些議題的介紹與說明，能夠使企業發展出合適的教育訓練模式以協助組織的整體發展。

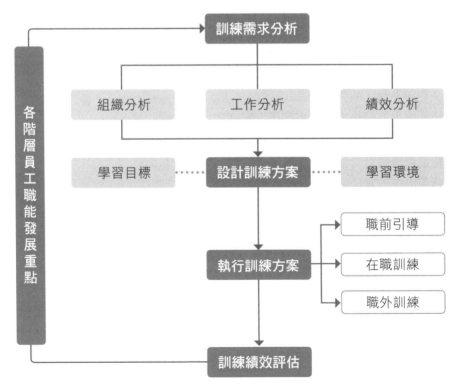

圖5-1　本章架構圖

重點綱要

一、教育訓練的基本意涵

(一) **定義**：增進員工的個人知識、技能或改善其工作態度，使之能夠成功執行工作的一個過程，其主要目的在於提升組織績效。

(二) **內容**

　1. **產品專業知識訓練**：產品方面知識的講授與教導。

　2. **職能業務訓練**：依據不同功能，如產、銷、人、發、財等，所規劃的各種不同之教育訓練課程。

　3. **管理發展訓練**：針對主管階層而設計，以管理技巧的發展為訓練重點。

(三) **目的**

　1. 給予新進員工始業訓練使其能夠迅速適應組織環境。

　2. 增強員工的工作職能以提昇其工作績效。

　3. 培養員工接受新工作挑戰的能耐使其無畏於組織變革。

　4. 調整員工信念和價值觀以提昇組織認同感。

二、員工職前引導（induction）

(一) **職前引導目的**

　1. 減輕新進員工的焦慮感。

　2. 使新進人員能快速了解組織規則與文化，增強認同感。

　3. 使新進人員能迅速熟悉工作，進而降低流動率。

(二) **職前引導設計**：通常考慮以下3點

　1. 職前引導的責任分配。

　2. 職前講習的長度及時間安排。

　3. 後續措施與評估。

(三) **職前引導內容**

　1. **組織的職前講習**：根據組織與員工雙方需要，向新進員工介紹相關資訊。

　2. **部門及工作的職前講習**：針對新進員工的部門與工作之專門陳述。

　3. **職前講習資料袋**：員工在報到時所收到資料，為口頭職前講習的補充資訊。

三、教育訓練規劃

(一) **訓練需求分析**

　1. **組織分析**：在公司的經營戰略條件下，決定相應的訓練方案，以使教育訓練成果能協助組織整體目標的達成。

(1) **組織目標分析**：企業經營目標的達成是否需要訓練？
(2) **組織結構分析**：各單位能否達成當前的任務？
(3) **資源分析**：包括人力結構分析、技術能力普查、人員異動預測等。
(4) **組織氣氛分析**：觀察組織成員的工作態度、士氣、對公司的向心力。
2. **工作分析**：確認工作職責以及任職者知識、技能和行為的要求。
3. **績效分析**：判斷工作績效不佳的原因，以確定受訓者與培訓的內容。

(二) **設計訓練方案**
1. **設計學習目標**：遵循目標管理中的SMART原則擬定實際訓練目標
   (1) 訓練目標是具體的。
   (2) 訓練目標是可衡量的。
   (3) 訓練目標是可達成的。
   (4) 訓練目標必須和組織總體目標具有相關性。
   (5) 訓練目標的時效性。
2. **建立學習環境**：
   (1) **使學習富有意義**：受訓者認為訓練是很有意義的，就會產生學習動機。
   (2) **確保受訓者獲得充分的意見回饋**：訓練者若能立即強化正確的反應時，受訓者的學習效果最好。
3. **確保學習效果**：
   (1) 盡可能地使受訓情境與實際工作情境相類似。
   (2) 在受訓時就提供充足的實作訓練。
   (3) 在訓練時即清楚說明工作流程中的每個步驟，並標示各項工具的功能以及其使用方式。
   (4) 在訓練時，就明確指出任何需要「小心注意」的情況，以降低當受訓者在實際工作中面臨到該狀況時的負面影響。
   (5) 受訓者依循自己的步調學習時，學習的效果最好。因此在訓練時，就盡可以地使受訓者自主學習。
   (6) 訓練結束後，給予實際演練的機會並提供正面獎勵，用以強化學員新習得的知識與技能。

(三) **執行訓練方案**
1. **在職訓練**：員工在從事工作的過程之中，進行舊技術改善或新技術學習。
   (1) **工作輪調**：係指組織內人員的平行移動，由一個工作調至另一份工作。
   (2) **教練法**：直屬主管或者資深員工會從旁進行指導及教學。
   (3) **學徒制訓練**：多運用於高度技能的職業（例如：水泥工、機工、廚師、保健護理、電腦操作員及實驗室技術人員），是一種針對工作需要的實際操作或理論，為剛入行的工作人員而提供的全方位訓練。

2. **職外訓練**：員工會暫時離開工作崗位，到組織外的特定地點參加訓練。

(1) **講座**。

(2) **模擬訓練**：讓受訓者在工作場所之外，使用模擬的裝置來進行學習。

(3) **行為塑造**：心理導向訓練方式，其主要內涵為演示、練習、回饋。

(4) **程式化學習**：藉著預先設定的程序來引導學習者進行學習。

(5) **電子化學習**：利用資訊科技來製作學習內容，使員工能夠隨時學習。

3. **發展管理技術**：運用於管理階層人員的培養

(1) **個案研究法**：針對個案情境內容，進行分析並診斷問題。

(2) **管理競賽**（Management games）：在模擬的情境中進行決策。

(3) 外部研討會。

(4) 大學相關課程。

(5) **企業大學**：公司建立內部發展中心，進行相關的管理發展訓練。

(6) **管理教練**：僱用外部顧問來培育高階管理者。

4. **其他特殊訓練內容**：

(1) 團隊合作的訓練。　　　　　　　(2) 國際化人才的培養。

(四) 訓練績效評估

1. **Kirkpatrick模式**：

第一階層	反應	衡量受訓者的滿意程度。
第二階層	學習	測定受訓者的學習獲得程度。
第三階層	行為	考察被培訓者的知識運用程度。
第四階層	結果	評估訓練所能產生的經濟效益。

2. **CIPP模式**：

背景的評鑑	瞭解相關環境、診斷特殊問題、分析訓練需求、鑑別訓練機會以及制定訓練目標等。
輸入的評鑑	收集訓練資訊、評估訓練資源、確認該如何有效使用現有資源達到培訓目標以及確認是否需要外部資源的投入等。
過程的評鑑	對實施中的計畫進行持續不斷地查核及審視，因此能夠洞察訓練執行過程中導致失敗的潛在原因，並提出克服不利因素的方法。
成果的評鑑	測量、解釋、以及判斷訓練方案的成就。

3. Brinkerhoff **六階段評鑑模式**：
   (1) 訂定需求。　　　　　(2)方案設計。　　　　　(3)方案實施。
   (4) 立即的結果。　　　　(5)應用結果。　　　　　(6)效應與價值。
4. Bushnell **的IPO評鑑模式**：
   (1) **投入階段**：對於會影響到訓練效益的各種因素進行評估。
   (2) **過程階段**：選擇合適的教學策略與評估訓練教材。
   (3) **產出階段**：衡量訓練所帶來的短期效益。
5. Phillips**的投資報酬（ROI）**：
   (1) **第一階層**：評鑑反應、滿意度和確認行動計畫。
   (2) **第二階層**：評鑑學習。
   (3) **第三階層**：評鑑工作應用與實踐。
   (4) **第四階層**：確認方案的商業效益。
   (5) **第五階層**：計算投資報酬率。

四、員工教育與發展的理論及實務應用

(一) 員工職能發展理論

1. Spencer & Spencer（1993）的職能冰山模型：

水平面以下 內隱的部分	動機（motives）、特質（traits）、自我概念（self-concept）。
水平面以上 外顯的部分	知識（knowledge）、技能（skill）。

2. Darrell & Ellen（1998）**的職能模式**：職能分為核心職能模式（core competency）以及專業職能模式二大類別，其中專業職能模式又可細分為功能職能模式（functional competency model）、角色職能（role competency model）與工作職能模式（job competency model），因此為四種類型。

(二) 各階層員工職能發展重點。

(三) 員工教育與發展的理論及實務應用

1. **教學系統設計模式**：學者Goldstein提出，包含四大構面：
   (1) 訓練需求分析。　　　　(2) 訓練目標訂定。
   (3) 訓練課程設計與執行。　(4) 訓練評估。
2. **轉換學習**：其三階段的概念歷程，分別是：
   (1) 分離。　　　　　　　　(2) 識閾。
   (3) 重新聚合。

3. **台灣訓練品質規範**（TTQS）
   (1) **計畫面**：關注訓練規劃與企業營運發展目標之關連性以及訓練體系之操作能力。
   (2) **設計面**：著重訓練方案之系統化設計。
   (3) **執行面**：強調訓練執行落實度、訓練紀錄與管理之系統化程度。
   (4) **查核面**：著重訓練的定期分析、全程監控與異常處理。
   (5) **成果面**：著重訓練成果評估之等級與完整性、訓練之持續改善。
4. **成人學習理論**：成人學習是一種主動且自我導向型的學習，因此在進行訓練課程設計時，應以營造出自在且開放性的學習氣氛為主。
5. **混合式學習**（blending Learning）：運用兩種以上的教學媒介與學習方式，涵蓋同步（synchronous）與非同步（asynchronous）的一連串學習活動來增進學習效果。

內容精論

一旦組織決定聘用新員工後，通常會在新員工進入組織的首日，先安排職前引導以使員工能夠迅速適應新的工作環境及人際關係。而當員工開始正式執行工作後，組織亦應定期舉辦不同類型的教育訓練，使員工能夠不斷地學習新技術，用以確保其工作品質及效率。因此，對於人力資源部門而言，員工的教育訓練與發展是不容忽視的一環，而教育訓練除了在職訓練外，還包含了職前引導。

為了有效地規劃職前引導與員工教育訓練，前置人力資源管理活動必須先行完成，例如：工作分析（詳見第三章）的主要目的在於確認執行工作所需的知識、技術與能力，因此工作分析的資訊無疑是規劃教育訓練的重要基礎。下圖5-2顯示了教育訓練與其他前置人力資源工作的關聯性，從圖中可知，人力資源管理活動具有相互依存的關係，並非獨立運作的。

圖5-2　教育訓練與前置人力資源管理活動之關聯圖

教育訓練的基本意涵

教育訓練係指組織提供予所有員工的一套系統化訓練計畫，其目的在於增強組織成員的工作技能與能力，用以促進整體績效的達成。由於一個組織通常包含了多元化的人力資源，因此所需進行的教育訓練就會相當廣泛，其內容可能是教導藍領階級的工人操作新機器，亦有可能是對新進業務人員講授銷售技巧，甚或是訓練主管面談員工的技巧等。

(一) **教育訓練的定義**：一般而言，教育訓練是增進員工的個人知識、技能或改善其工作態度，使之能夠成功執行工作的一個過程，其主要目的在於提升組織績效。狹義的教育訓練係指企業提供員工當前工作所需的各種基本技能及知識，以確保員工具備執行業務之能力；相較之下，廣義的教育訓練則是將員工發展的觀念也涵蓋在內，其是指組織為了將來執行業務的需要，而對組織成員所進行新知識、技能的學習，因而可以因應組織發展及員工未來職涯規劃的需求。

另外，在職員工的教育訓練通常可分為在職訓練（On-Job-Training）與工作外訓練（Off-Job-Training）兩種方式。在職訓練的概念就是所謂的做中學（learning by doing），是指員工在實際執行工作的經驗中獲取學習的機會，其方法通常是由有經驗的員工或直屬主管來帶領及輔導資淺員工進行工作，而達到在工作中學習的效果；而工作外訓練則是由組織安排，聘請外部的專業人員於特定的時間及地點，對特定的員工實施訓練。

(二) **教育訓練內容**：企業的訓練課程大致可分成「產品專業知識訓練」、「職能業務訓練」以及「管理發展訓練」三大類：

1. **產品專業知識訓練**：就產品方面的知識，對員工進行講授與教導，使每位員工都能對公司所生產及販售的商品有所了解，如此一來，可增進員工對公司的認同感，尤其是針對從事製造、研發或者是銷售的人員，產品專業知識的建構更加重要，以因應他們工作之所需。

2. **職能業務訓練**：是指企業依據不同功能所劃分的部門，例如生產、行銷、人資、研發、財務、資管等，所規劃的各種不同之教育訓練課程，其訓練的重點將置於從事該職務所必需之工作技能，此種訓練有時是設計出專屬於該部門的職能訓練，但有時候也可能會開發出可適用於不同部門、具共通性的職能訓練。

3. **管理發展訓練**：主要是針對主管階層或即將晉升主管的人員為對象而進行設計，訓練內容多以管理技巧的發展為重點，例如：危機管理、政策規劃與執行、領導發展等，當然訓練課程的種類也會因不同的職階而有所差異。

所謂的管理發展（management development），是指透過系統的訓練，令員工能夠獲得有效管理的知識、技能與態度。如此一來，不但可以促使員工邁向成長，也能更進一步地使組織順利成長。管理發展的主要觀念有：

(1) 人事管理的主要責任，就是要從事管理發展。因為這是發揮組織力量與功能的關鍵因素。

(2) 員工在鬆弛條件下，並不容易成長，因此應該施加適當的壓力與緊張以促使員工成長。

(3) 員工的參與是成長的基礎，只是由組織片面單向的灌輸訓練，並不會引導重大的改進。

(4) 人在一生中都可持續不斷地學習及成長，若藉口年齡及工作性質而不持續學習者，則無異於限制了對人力資源做最大程度的運用。

(5) 增加自我認識，以及對他人的了解，將有助於增進管理績效。

(三) **教育訓練目的**：教育訓練無疑是組織對於人力資源的最有效投資。其效果不僅增加員工的工作產出，也能有效地提昇工作品質、員工士氣及員工滿意度，甚至於可降低員工的離職率。一般而言，組織實施教育訓練的目的可被歸納為以下四點：

1. 給予新進員工始業訓練使其能夠迅速適應組織環境。
2. 增強員工的工作職能以提昇其工作績效。
3. 培養員工接受新工作挑戰的能耐使其無畏於組織變革。
4. 調整員工信念和價值觀以提昇組織認同感。

員工職前引導（induction）

即使是經過嚴謹的程序所甄選出來的員工，組織還是無法保證這些員工一定能夠有效地執行工作，因為就算是高潛能員工，如果不熟悉正確的工作流程、方法與技巧，亦無法成功地執行工作，而職前引導的目的，就是為了確保新進員工能夠理解當執行特定工作時，應該做些什麼以及應如何進行。依據吳秉恩（2017：264）所述，對於新進員工的訓練發展活動，有引導以及社會化兩種。所謂的引導（orientation）是讓新進員工熟悉組織、任務及工作單位的正式過程；社會化（socialization）則是讓新進員工融入組織，成為有效能員工過程。以上兩者的觀念有許多的相似之處。一般而言，職前引導之訓練方案大多交由人力資源部門設計並實施，但當員工正式進入工作環境之後的日常工作

指導及訓練，則會由直屬主管或資深員工來負責。在此，先針對教育訓練的第一步「職前引導」，進行詳細說明。

(一)**職前引導目的**：最常使用的職前引導方式為職前講習（orientation），其主要功能在於對新進員工介紹組織環境、工作單位以及工作內容等。事實上，當新進員工進入職場後，就可以從與同事的人際交往中了解到上述資訊，但由於同僚所提供的資訊皆是非正式且無計畫的，可能是一些不適當的訊息而誤導新進員工，因此，對組織而言，提供正式職前講習可避免新進員工對組織信念、價值觀以及文化產生誤解，此外，亦能夠使新員工在短時間內理解工作內容並迅速進入情況，由此可見，一個有效的職前講習計畫將對新進員工產生立即且持續的影響，其重要性不容忽視。而職前引導主要目的，分述如下：

1. **減輕新進員工的焦慮感**：新進員工剛進入組織時，必定會因不熟悉環境而產生焦慮，職前引導的舉行能令新進員工受到友善接待，而逐漸降低拘束感及焦慮感。

2. **使新進人員能快速了解組織規則與文化，增強認同感**：協助新進人員可以在短時間內廣泛地了解公司，例如：公司歷史、現況、文化，價值觀、策略與願景。增進員工對組織的認同感，進而提昇其工作積極度。

3. **使新進人員能迅速熟悉工作，進而降低流動率**：藉由職前引導，訓練新進員工如何有效地執行工作，例如：如何使用組織內部電腦系統、遵循組織人事政策與規則，以及了解組織對工作的期望與要求等。使新進員工能迅速融入公司的文化及做事方式，降低因調適不良而產生的員工流動率。

(二)**職前引導設計**：職前引導通常可分為「就職報到」以及「熟悉工作環境」兩個部分。人力資源專員通常負責職前引導的第一部份，即就職報到，此階段的引導目的是對新進員工講解工作時數、工作條件、福利制度等基本事務，使之能夠了解組織內部相關的人事規定並遵守。而後，將由部門主管繼續引導新進員工熟悉工作環境，通常在第一天上班時，主管會著重於部門同事的互相介紹與認識，並鼓勵新進員工與現職員工多加交談，來降低新進人員的不安情緒。而職前引導的設計流程，通常考慮以下幾點：

1. **職前引導的責任分配**：如前所述，職前引導通常具兩個不同的層級，分別由人力資源專員以及直屬主管所負責，因此，職前引導的責任必須由人力資源部門與新進員工的直屬主管共同分擔之。故在規劃職前引導方案之前，必須要先確認雙方應該負責的部分，例如：人力資源部門負責推動新進人員的職前講習、訓練直線經理進行工作引導、以及對新員工的職前

講習成效進行追蹤；而直屬主管負責的部分則是處理工作引導的後續措施。如此妥善地分配權責之後，職前引導的實施才能更有效率。最後，值得一提的是，有些組織會設立「夥伴制度」（buddy system）來進行職前引導，係指由新員工的同僚而非人資專員及直屬主管來進行工作的職前講習，但若採取這種制度，就必須謹慎甄選並訓練負責職前引導的員工，才能達到預期的效用。

2. **職前講習的長度及時間安排**：大部分的組織大多會安排半天或一天的職前講習，但事實上，新進員工不太可能在如此短暫且密集講座中，就將所提供的資訊完全地吸收，這種形式的職前講習可能會造成新員工的壓力。而某些組織則是直接發放相關資料或手冊，要求新員工閱讀後提出相關問題，但並沒有真正地提供工作引導，甚至可能是直接將員工投入工作之中，先執行一些瑣碎單調的任務，就當成是工作引導的一種方法，這些過於草率、未經系統化的職前引導，可能導致員工因無法迅速適應新環境而萌生退意。因此，職前講習的實施有其必要性，至於時間及長度的安排亦須妥善規劃，例如：將職前講習分散為數天短時間的講座，相較於報到第一天就將整個講座完成，更能令新進員工充分地了解並切實記住公司訊息。工作職前講習應該要使用適當的技術，並對其時間長度先行進行規劃與安排。

3. **後續措施與評估**：實施職前講習後，不代表職前引導的工作就已經完成了，組織仍有必要進行正式及有系統的後續追蹤與評估。在員工上任後一個月，人力資源部門應排定時間進行後續措施，例如對新進員工適應程度的評估；而直屬主管則應觀察新進員工的工作狀況，主動定期檢視新員工的工作表現，以便隨時糾正與調整。此外，人力資源部門也應評估整體職前學習計畫，用來確認現行計畫是否符合公司的需要。一般而言，新進員工的意見回饋是用來評估職前講習計畫是否有效的最佳方法，而組織可利用以下方法來取得：

問卷法	由所有新進員工填寫不記名問卷調查來蒐集回饋意見。
深度訪談法	隨機選取新進員工，單獨與受訪者進行深入面談。
焦點訪談法	與已融入工作並樂在其中的新進員工進行團體討論。

透過新進員工的意見回饋，將使組職獲得實際參與者的建議而體會到職前講習對新員工績效表現的重要性與影響力。

(三)**職前引導內容**：為協助新進員工盡快熟悉工作並適應組織環境，組織大多會實施職前引導，並從以下兩個不同的層級來進行：

1. **組織的職前講習（organizational orientation）**：應該根據組織與員工雙方的需要，向所有新進員工介紹相關資訊，舉例來說，新員工感興趣的是薪資、福利，以及聘僱的特定期間與條件；而組織感興趣的則是獲利、提升顧客滿意度以及社會責任的承擔等，因此，在進行組織的職前講習前，必須先擬定一套與上述相關的主題清單用於講習計畫中，惟有當公司與新進員工的需要能達到良好的平衡後，職前講習計畫的執行方能達到正面的預期效果。

2. **部門及工作的職前講習（departmental and job orientation）**：係指根據部門的特定需要及新進員工的技能與經驗所設計的講習，其內容是針對新進員工的部門與工作之專門陳述，不論新員工是否具有相關的工作經驗，都必須接受組織內的基本職前說明介紹，有經驗的員工可能不需要完整的工作職前講座，但仍需對新的組織環境、工作文化、工作方式與方法具基本的瞭解。

3. **職前講習資料袋（orientation kit）**：每個新進員工在報到時，應該都會收到一個職前講習資料袋，以作為口頭職前講習說明的補充資訊。此種資料袋一般是由人力資源部門準備與設計，其可能包括的資料如下：

(1) 公司組織圖。　　　　　　(2) 公司設施圖。
(3) 公司政策及程序。　　　　(4) 工作手冊以及工作規則。
(5) 薪酬與福利規劃表。　　　(6) 績效評核表格、日期及程序的影本。
(7) 緊急事件與事故預防程序。

許多組織會要求員工對職前講習資料袋進行簽收。因為若發生員工宣稱不知道政策或程序而產生問題時，組織即能以員工所簽署的表格做為保護的手段。然而，簽署此份文件是否真能鼓勵新員工閱讀職前講習資料袋，則仍令人存疑。

 教育訓練規劃

當新進員工完成職前引導並正式從事工作職務後，組織的下一步就是依照員工的核心職能進行教育訓練規劃，以確保員工的工作能力與績效。教育訓練（training）係指獲得工作所需之知識、技術與能力（knowledge, skills, and abilities, KSAs）的學習過程，而組織實施教育訓練的原因可大致簡述如下：

(一)**快速變化的環境使員工必須時時更新知識與技術方能應對**：社會、科技及政策的迅速改變，將使原先所習得的技術不再適用，因此組織必須隨著環境的演變實行教育訓練，以更新員工的知識及能力。

(二)**教育訓練可提升員工的工作能力，進而提高組織的整體績效。**

(三)**法規或契約的要求促使組織必須提供教育訓練予員工。**

而一個成功的教育訓練計畫，通常包含了五大步驟：(一)執行工作分析。(二)訓練需求分析。(三)設計訓練方案。(四)實行訓練計畫。(五)評估訓練結果。由於工作分析已於第三章詳細說明，故在此將針對教育訓練流程規劃進行闡述。

(一)**訓練需求分析（needs assessment）**：教育訓練必須能協助組織達成總體目標，例如：更有效率的生產方法，因此，組織必須將有限的資源有效運用在關鍵的教育訓練活動上，故需求評估極具重要性。訓練需求評估（needs assessment）是指在正式實行教育訓練之前，先針對企業的發展狀況以及員工的能力進行系統性的調查分析，進而明確地制定出具體的培訓內容、培訓對象以及培訓方式等，故訓練需求分析是決定培訓是否能夠產生實質效益的基礎工作。一般而言，組織可使用下列五種方式來蒐集需求評估的資料，分別為：面談法、問卷調查法、觀察法、焦點團體法及文件檢查法。

人力資源部門可使用面談法取得訓練需求分析的相關資訊，人資專員可藉由詢問員工在工作中遭遇什麼問題？員工自認為需要何種額外的技能及知識，才能讓工作執行更為順利？以及員工認為自己需要什麼訓練？等問題，來蒐集員工的意見並作為教育訓練的設計基礎。

問卷調查法是經常使用於需求評估上的資料蒐集法，組織先發展一份執行工作所需之技能清單，並要求員工勾選需要訓練的技能，進而發現員工的訓練需求。至於觀察法，則是指觀察員工行為，並將觀察到的行為轉化為特定的訓練需求規劃，但需特別注意的是，觀察法必須由受過訓練的人員來進行，一般而言，受過工作分析訓練的專家應該也會精通於確認訓練需求的觀察。

焦點團體法是由組織中不同部門及不同階層的員工所組成，共同討論問題如下：在未來五年中，員工將需要何種技能或知識，以使組織保持競爭力？組織存在哪些問題是可經由訓練而解決的？藉由意見分享與深度討論，而了解組織內部的訓練需求。最後，文件檢查法是檢視組織內部

曠職、離職、事故率以及績效評核系統中的紀錄，從而確定是否存在問題，以及其問題是否可經由訓練來處理改善。

利用以上各種方法蒐集相關資料後，接下來的工作便是進行訓練需求的分析，一般而言，此階段的分析包含了三個方面：組織分析、工作／任務分析以及人員／績效分析：

1. **組織分析（Organization Analysis）**：在公司既定的經營戰略條件下，決定相應的訓練方案，除了使教育訓練的成果能實際協助組織整體目標的達成外（人員能將訓練中學習到的技能、行為等方面的訊息應用到實務工作中），亦可確認組織中可使用資源（例如預算），以進行更適當的訓練時間以及項目等規劃，組織分析包含：

組織目標 分析	企業政策、經營目標的達成是否需要訓練？
組織結構 分析	各單位能否達成當前的任務？組織能否發揮經營的機能？
資源分析	組織中現有的人力資源是否足以應付現在以及未來的業務需求？其中包括人力結構分析、技術能力普查、人員異動預測等。
組織氣氛 分析	觀察組織成員的工作態度、士氣、對公司的向心力以及工作場所的紀律是否能夠確保目標的達成。

組織分析可使用一般調查法、未來趨勢研究或專家意見來進行，以了解公司目前最需要的訓練為何，此舉將有助於協助盤點組織的資源、訓練的妥適性以及更深層的組織文化問題。

2. **工作／任務分析（Task Analysis）**：工作分析是以系統化的方法，蒐集特定工作的資料，例如：所從事的工作項目，為符合績效標準所需的行為表現等。工作分析常包括工作說明書與工作規範，主要在於確認工作職責以及對任職者的知識、技能和行為等方面的要求。針對工作任務進行詳細的分析，以納入工作訓練之內容，使訓練與僱用密切配合，其中需進行分析的內容包含了：各項作業的步驟、績效標準以及執行工作所需具備的基本知識、技能、能力及態度等，此舉將有助於協助組織系統化地將核心能力與知識融入各專業工作當中。

工作／任務分析是訓練需求分析中最繁瑣的一部分，但唯有對工作進行精確的分析後，方可使所規劃的培訓課程能夠真正地符合組織需要，以避免資源的浪費。

3. **人員／績效分析（Performance Analysis）**：人員／績效分析主要目的在於判斷工作績效不佳的原因，以及是否能夠透過培訓來解決問題，並確定應該接受訓練的人員與培訓的內容。工作績效問題是組織進行培訓的主因之一，因此績效分析的第一步就是評估員工的績效，換言之，為改善員工的績效，必須先了解員工現在的績效如何，並希望其所要達到的標準為何，故必須要找出績效不良的原因是來自於知識、技術、能力的欠缺？個人動機問題？亦或是工作設計方面的問題？此舉將有助於協助組織掌握員工績效表現並且及時提出問題解決方案。

人員／績效分析重在尋找證據以證實能夠通過教育訓練來解決問題，確定哪些人需要培訓以及雇員是否具備基本技能、態度和信心，以及是否能夠掌握培訓項目的內容。

綜上所述，組織分析適用於企業內部整體需求的確認，使教育訓練目標能與組織策略配合，是屬於由上而下（Top-down）的需求決策制定；相較之下，工作分析與績效分析則適用於單位與員工個人訓練需求的規劃，皆屬由下而上（Bottom-up）的需求決策制定。

(二)**設計訓練方案**：一旦訓練需求分析完成之後，管理者就會開始根據分析成果來設計訓練方案。訓練方案的設計主要是指整體訓練方案的規劃，其中包含了訓練目標、訓練方式以及方案評估等。細部的設計步驟應包括設定績效目標、設置訓練環境，以及如何激勵員工進行學習並實際運用於工作中。以下將分項討論這些設計訓練方案的重要議題。

1. **設計學習目標**：教育訓練的成本相當昂貴，組織若僅是「為了訓練而訓練」，將造成組織沉重的負擔卻無法帶來應有的效益，因此，一套良好的訓練方案必須在確定訓練需求後，建立符合組織需要的訓練目標。有效的訓練目標應該能夠清楚地陳述，訓練完成後，將為組織、部門或者個人帶來什麼樣的成果，故在設定訓練目標時，通常需要先考量以下問題：

(1)**指導的目標**：

　A. 訓練計畫中的學習原則，以及應該學習什麼？

　B. 哪些員工應該接受指導？

　C. 應該由誰進行指導？

D. 指導應於何時進行？

E. 指導應以何種方式進行？

(2)**組織目標**：訓練後將對組織造成什麼影響？例如：減少總成本及改善總生產力。

(3)**部門目標**：訓練後將對部門造成什麼影響？例如：降低部門曠職、離職率。

(4)**個人績效與成長目標**：

A. 對受訓者個人的行為及態度所造成的影響？

B. 對受訓者個人的成長所造成的影響？

釐清上述問題後，即可遵循目標管理中的SMART原則擬定實際的訓練目標：

(1)**訓練目標是具體的（Specific）**：讓員工能夠清楚知道所設定的目標，不應該存在模糊兩可的情況而令員工無法了解真正的訓練目的。

(2)**訓練目標是可衡量的（Measurable）**：所設定的目標必須有一個能夠衡量的準則，以作為衡量目標是否達成的依據，這不僅可以讓員工可實際感受到訓練的成效，也能幫助組織有效評估該訓練的價值。

(3)**訓練目標是可達成的（Achievable）**：所設定的目標不應好高騖遠，而是應該可以達成的，若設定了一個員工無法達成的目標，將無法激勵員工投入心力於訓練之中。

(4)**訓練目標必須和組織總體目標具有相關性（Relevant）**：訓練必須有助於組織整體目標的達成，如果訓練目標與組織目標完全不相關，那即使訓練成功完成，亦不具任何意義。

(5)**訓練目標的時效性（Time-based）**：由於訓練相當耗費成本，因此一個良好的目標設置必須要具有時間的限制，否則對組織而言，可能會造成勞民傷財的不良後果。

2. **建立學習環境**：有效的學習必須同時具備能力與動機，因此設計訓練方案時，除考量受訓者的能力（例如：閱讀、書寫以及運算等知識基礎）外，亦須創造出激勵性的學習環境以增強受訓者的學習動機。通常最簡單的激勵方式就是確保同事和上司支持訓練方案，尤其若能獲得管理高層的公開支持，其激勵效果無疑會更佳。另外，管理者也可以運用眾多動機理論所提出的概念來增強受訓者的學習動機，例如「期望理論」（expectancy

theory）指出，學員必需要認知到他們有能力完成訓練方案，而且訓練的完成對他們是有益的，才會投入心力於訓練中；而「自我效能」（self-efficacy）則是指出了學員必須相信自己有能力獲致成功，才能表現出較佳訓練行為，一般而言，自我效能主要會受到四個因素的影響，分別為：

(1) **過往成就**（enactive attainment）：自身過去的成功經驗將提升自我效能。

(2) **替代經驗**（vicarious experience）：即使本身沒有經驗，但看到與自身相似的他人能夠產生成功的表現時，自我效能亦會提高。

(3) **言語勸說**（verbal persuasion）：當受到他人言語上的勸服時，會較易相信自己具備勝任能力，因而提升自我效能。

(4) **激發鼓動**（arousal）：若能引導出充滿能量的狀量，可令個人感到振奮而導致自我效能的增強。

將動機的重點歸納之後，可發現組織若想要建立良激勵性的學習環境，必須令受訓者感到學習具有意義，並確保受訓者能夠獲得充分的意見回饋，茲分述如下：

(1) **使學習富有意義**：如果受訓者認為訓練是很有意義的，就會產生學習動機。因此在開始進行訓練時，管理者應先對受訓者說明學習的內容及其重要性，讓受訓者知道進行該訓練是必要的，並詳細陳述訓練目的、受訓者可以從訓練中學到什麼，以及如何將所學應用在工作上。

(2) **確保受訓者獲得充分的意見回饋**：訓練後應該適時地給予受訓者強化回饋，例如提供獎勵給表現良好的受訓者，一般而言，訓練者若能立即強化正確的反應時，受訓者的學習效果最好。另外，訓練結束後亦可指定一些後續的作業，讓受訓者將所學應用到工作上，使新習得之技能得以強化。

最後，在此特別提出Boshier的一致性模式（Congruence Model）來解釋組織員工參與教育訓練的動機，並說明如何應用一致性模型來提高組織辦理教育訓練的參與率，如下所述。

Boshier的一致性模式（Congruence Model）是根據Maslow的理論來發展，指出成人教育的參與者可概分成兩個種類，其一即是成長動機者，而另一種類則是匱乏動機者。成長動機者的參與學習動機主要來自於自我實現的趨動力；而匱乏動機者，則較容易受社會和環境的壓力所驅使。因此，Boshier的一致性模式認為個人會參與學習活動，是其內在心理變項和外在環境變項交互作用的函數，亦即個人參與學習的動機，是由內在自我和外在社會二者互動的一致性來決定。

成長動機者的參與學習活動在於自我實現而非用來應付現實，故其行為動力來自於個體內在，受成長動機（growth motivation）的驅使；反之，匱乏動機者參與學習活動，則是受到匱乏動機（deficiency motivation）的驅使，例如為了應付社會或環境的壓力所產生，而參與學習是為了滿足他人的要求、期望或作為達到某種目的之手段。

依據以上Boshier一致性模型的說明，可以將組織員工參與教育訓練的動機分成兩個種類：

(1)著重於自我實現的層次。

(2)獲得實用的技能與知識等，用以應付生活，進而滿足較低層次的需求。

因此，若想要有效地提高教育訓練的參與率，必須因應員工兩種不同種類的動機而給予刺激，建議分別可從兩方面來著手：

(1)針對成長動機者，必須花費心思於教育訓練的設計，使員工認為若參與教育訓練，將來則有極大的機會能夠發揮個人潛能或實現自我的理想，如此方能有效吸引成長動機者積極參與教育訓練，進而提高教育訓練參與率。

(2)對於匱乏動機者，則必須給予員工社會或環境上的壓力，例如：透過上司對部屬的要求或者期望等方式，讓員工因感受到壓力而參與教育訓練。

3. **確保學習效果**：為了使受訓者將習得的新技能與行為更容易移轉、套用於實際的工作上，在執行訓練時就可以採取以下方法。

(1)盡可能地使受訓情境與實際工作情境相類似。

(2)在受訓時就提供充足的實作訓練。

(3)在訓練時即清楚說明工作流程中的每個步驟，並標示各項工具的功能以及其使用方式。

(4)在訓練時，就明確指出任何需要「小心注意」的情況，以降低當受訓者在實際工作中面臨到該狀況時的負面影響。

(5)受訓者依循自己的步調學習時，學習的效果最好。因此在訓練時，就盡可能地使受訓者自主學習。

(6)訓練結束後，給予實際演練的機會並提供正面獎勵，用以強化學員新習得的知識與技能。

(三)**執行訓練方案**：設定好訓練目標並完成訓練方案的設計之後，緊接著就是訓練方案的實際執行，一般而言，訓練方案可分「在職訓練」、「職外訓練」以及「管理技術的發展」三大類，茲分述如下：

1. **在職訓練（On-job-training）**：又稱為職內訓練，係指員工在從事工作的過程之中，藉由各種訓練進行舊技術的改善或新技術的學習，以提升生產力。在職訓練可能以非正式的方式進行，舉例來說，員工利用工作期間，觀察訓練員的示範動作、教導、解說以及實際操作方法，來獲得學習的成效；亦有可能以高度結構化的方式進行，設計訓練方案時必須先審慎地甄選受訓者、規劃訓練內容並教導訓練者基本的訓練技巧等，然後才開始進行正式的訓練。一般而言，採用在職訓練的優、缺點如下：

優點	執行在職訓練時，可以正常使用工作設備，無需要特地準備訓練設備，因此訓練成本較低，另外，新員工的學習過程亦從事了生產性的工作，故可產生組織效益，最後，在工作中所習得的任何技能，熟練後亦實際使用於該工作中，故不會有學習轉移困難的問題。
缺點	在職訓練的最大缺點是，教導者可能不具備充分的教導經驗，導致無法提供受訓者適當的訓練，另外，進行訓練的同時亦是實際工作的執行，新手不熟悉工作流程的狀況，可能會造成大量的廢工或廢料，甚至損壞貴重的設備，而產生不必要的成本。

為克服上述提及之缺點，建議若採用在職訓練時，訓練人員可以採取以下4個步驟確保訓練的有效性：

(1) **將工作劃分為幾個重點部分**：將一個整體性的工作清楚劃分為各個部分，並摘要出每部分中的工作執行重點，如此一來，將可減少員工學習的時間，並且能夠正確與安全地執行某部分的特定工作，如此一來，則可避免因個人過失或設備損壞狀況下運作整個工作循環所造成的損失。

(2) **實際示範**：單純地口頭告知員工應如何執行工作是不足夠的，訓練者必須要實際示範如何執行工作，受訓者方可容易理解。因此針對工作的每個部分都必須親身演示並且解釋其工作要點。

(3) **進行受訓者演練及測試**：受訓者必須在訓練人員的指導下才能執行工作。一般而言，訓練人員應該先測試受訓者是否有正確的觀念與工作方法，若發現仍有不適任之處，則必須在糾正錯誤或改善行為後，才讓員工實際去執行工作。

(4) **後續觀察**：當確信受訓者能夠自主工作時，就該鼓勵員工以個人步調去發展工作技能。此時，訓練人員僅須定期檢視受訓者的工作情況、適時回答任何問題，並確定所有事務都運作正常即可。

在了解在職訓練的基本觀念後，以下提出幾種比較常見的在職訓練方式並進行詳細說明：

(1) **工作輪調**（job rotation）：又稱為交叉訓練（cross training），指組織內人員的平行移動，簡單地說就是將員工從某一工作調換到另一項工作，但調職的工作性質相類似，故工作責任及薪資福利都不會受到影響。在工作輪調中，員工可學習到組織單位內的幾種不同的工作，而且對每份輪調的工作皆有一段期間的執行學習，因此，工作輪調的優點是提高人力運用的彈性，例如，當單位的某位工作人員缺席時，可以迅速找到工作代理者；就教育訓練的角度來看，工作輪調能使員工學習各種經驗並提昇職務能力，進一步達到培育人才的目標。

(2) **教練法**（Coaching）：係指員工在從事日常的工作活動時，直屬主管或者資深員工會從旁進行指導及教學，藉由經驗的傳承而學習到工作技能及知識。一般而言，基層的員工通常是觀察資深前輩操作機器而獲得工作技術；而對於主管級人員的訓練，則是先以「助理」的職務來訓練與培養其管理能力。

(3) **學徒制訓練**（Apprenticeship training）：此種訓練方式大多運用於高度技能的職業（例如：水泥工、機工、廚師、保健護理、電腦操作員及實驗室技術人員），是一種針對工作需要的實際操作或理論，為剛入行的工作人員而提供的全方位訓練。學徒制訓練的學習期會依行業別而有所不同，通常是由行業採取的標準所決定。

學徒制訓練通常是由一位具工作技能的資深員工來主導，其訓練的主要目的在於讓學徒可以有效地學習到工作上的實用技能。由於學徒會先從簡單的工作開始執行並同時學習，故學徒可以獲取工資，一般而言，學徒的薪資是正職員工薪水的50%開始起算，不過，若學徒的學習成效優秀，其工資通常調升得很快。

2. **職外訓練**（Off-job-training）：與在職訓練不同，員工會暫時離開現職的工作職位，到組織以外的特定的地點參加訓練，例如：至學術機構或企業委託的外界機構（專業訓練中心、企管顧問公司等），參加期間較長的訓練。而職外訓練的方式可分為以下幾種不同的類型：

(1) **講座**（Lectures）：最典型最經常使用的訓練方式，此方法能對大團體中的所有學習者，同時教導知識、概念、原則及理論，是快速傳遞資料的最有效方法。優點除了能在短時間內提供知識給受訓者外，亦能獲得規模經濟與不受場地限制的優勢。然而，這種一對多的訓練方

式，將導致無法依據個人不同的能力與需求而進行特訓，此外，由於是課堂講座的形態，故也沒有辦法進行現場實地的操作演練，而造成學習成效不易轉移的問題。

(2)**模擬訓練**（Simulators）：模擬訓練是讓受訓者在工作場所之外，使用模擬的裝置來進行學習。一般而言，當在職訓練的過程可能導致危險時，就必須採用模擬訓練。舉例來說：訓練飛行員時，因生命安全考量而無法採用在職訓練的做中學模式。當訓練過程有安全疑慮時，模擬訓練可能是唯一的務實替代方案。

(3)**行為塑造**（Behavior modeling）：為相當受到重視的心理導向訓練方式，其主要內涵是：

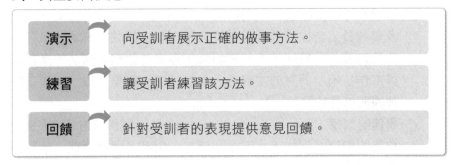

行為塑造的過程通常包含以下的特點：

塑造 **modeling**	讓受訓者觀看影片，劇中演示了在特定的情境中應採取何種方法處理問題，讓受訓者得以有效的學習。
角色扮演 **role playing**	設計一套模擬的情境，並讓受訓者在情境中進行角色扮演活動，目的在於讓受訓者練習之前影片中演員所表現的行為。
社會強化 **social reinforcement**	對於受訓者的學習成效，訓練者應給予正面回饋及建設性的意見，用以強化受訓者的行為。
訓練移轉 **transfer of training**	鼓勵受訓者回到工作崗位後，將所習得的新技術及方法運用於實際工作中。

另外，訓練移轉（Transfer of Training）是非常重要的概念，詳述如下：
訓練移轉是指參與教育訓練的學員在受訓完成回到工作崗位之後，能夠將訓練課程中所學習到的內容、行為，類推並應用於真實的工作之中，且能持續一段時間，並能提高工作績效。而影響訓練移轉的主要因素有3個：

A. **受訓者的特質**：受訓學員須具備學習訓練內容的能力，否則將會缺乏學習動機。

B. **訓練課程的設計**：須塑造一個有效地學習環境，包括讓學習者了解學習目標、訓練課程的內容是由簡單到複雜、須給予學習者練習的機會，以及訓練的設計須與學習者的工作與經驗相關。

C. **工作環境**：包括主管的支持以及訓練情境與實際工作環境的相似度，若存有差異，則訓練移轉將不容易發生。

換言之，當受訓學員具備較高學習訓練內容的能力、訓練課程的設計愈有效，以及工作環境相似度越高，訓練移轉的效果將會最為有效。

(4) **程式化學習**（Programmed Learning）：係指提供一套經過設計的學習工具（例如：電腦或者學習手冊）給受訓者，藉著預先設定的程序來引導學習者進行學習。程式化的學習工具提供了三項學習功能：

A. 提出問題或事實給學習者。

B. 讓學習者回答問題。

C. 針對學習者的回答給予的回饋。

由於程式化學習能允許學習者自行控制學習的進度，又可提供即時的回應以減少錯誤的發生，因此可以減少學習時間，卻不會降低學習效果。

(5) **電子化學習**（Electronic Training）：電子化學習是利用資訊科技來製作學習內容，再以網路方式傳送，使員工能夠隨時隨地學習，許多大企業甚至會建立專屬的內部發展中心（in-house development centers），與學術機構、訓練與發展方案的開發商或線上教育網站等單位合作，共同開發專門的訓練方案和教材，以提供給員工進行學習。使用電子化學習主要的優點為員工無需舟車勞頓，節省往返的交通時間及成本；對企業而言，授課成本通常比面對面教學來得低且安排訓練時程方面具有較大的彈性。然而，此方法的缺點則是訓練可能無法與員工進行直接且即時的雙向互動，導致學習效果大打折扣的現象。

3. **發展管理技術**：發展管理技術的教育訓練，主要是運用於管理階層人員的培養，其訓練方式大可分為以下6種：

(1)**個案研究法**（Case study method）：個案研究法是使受訓者研讀書面或是影片中的個案後，針對個案情境內容，進行分析並診斷問題，並與其他受訓者深入討論解決方案並交換意見，以建立其解決實際問題的能力。而整合性個案情境（integrated case scenarios）則是一種長期、綜合性的個案情境，個案中將詳細描述背景故事、相關人員資料，以及角色扮演的指示，受訓者可透過對個案的演練，培養出相關分析及解決問題的能力。

(2)**管理競賽**（Management games）：管理競賽是讓受訓者在模擬的情境中進行決策，利用實際參與事務的參與感，而使學習的效果較佳，管理競賽讓受訓者專注於策略規劃，而不只是忙於應付問題，因此可以培養領導技能、溝通技巧、團隊合作以及解決問題等能力。例如：「Interpret」是一種關於團隊訓練的電腦化管理競賽（management games），每個團隊必須決定如何進行生產及行銷等問題，用以訓練學習者團隊溝通、資訊管理、策略規劃與執行等能力。因此，使用管理競賽訓練方法的主要優點是能使受訓者在培訓過程中感受到充分的參與感，並且有效發展分析及處理問題的能力，而不是僅聚焦於應付日常的例行事務。但其缺點為，管理競賽的設計與實施成本較其他訓練方法相對昂貴許多。

(3)**外部研討會**：許多學術機構經常提供各種不同類型的管理發展研討課程與會議，例如：管理者的自信心訓練、培養EQ、溝通談判技能等研討課程，組織可鼓勵並支援所屬人員時常參與類似課程，以促進其職能的發展。

(4)**大學相關課程**：許多學術機構會提供管理能力發展的正式課程，例如：企業經營、領導力、危機管理方面的進修教育課程，此類課程可能是1周內的短期課程，亦有可能是以月計的長期高階管理者發展課程。組織可鼓勵管理人員時常參與類似課程，甚或直接與學術單位合作，邀請大學提供客製化的課程設計，再將職員送往該大學接受訓練。

(5)**企業大學**（Corporate university）：有些財力雄厚的大公司會建立內部發展中心（in-house developement centers），又稱為企業大學（corporate university），來進行相關的管理發展訓練。公司可以與學

術機構、訓練與發展方案的開發商、線上教育入口網站等合作,為企業大學開發出一套合適的訓練方案和教材,使公司可以利用這些教材在組織內部進行訓練。

(6) **管理教練(Executive coach)**:組織可以僱用外部顧問來培育高階管理者。這些外部顧問會與眾多與管理者工作的相關人士(如:上司、同事、部屬,有時亦會包括家人)進行訪談,以正式分析評估該管理者的優、缺點,從而提出客觀的建議,協助其善用優點並克服缺點,使教練輔導更具效能。

4. **其他特殊訓練內容**:除了上述各種不同的訓練之外,組織可能舉辦的其他特殊訓練尚有以下幾項:

(1) **團隊合作的訓練**:現今許多的工作是以團隊的方式來進行,故組織必須想辦法使內部員工建立起團隊合作的價值觀。部分公司會利用戶外訓練的方式來培養團隊合作的精神,例如:將組織內的成員帶往戶外並組成不同的團隊,然後,給予特定的任務或目標使各團隊能夠互相競賽,如此一來,各團隊的成員即會發揮團隊合作的精神,學習信任和依賴同伴,相互協助以完成團隊目標。

(2) **國際化人才的培養**:國際化人才是指具有國際化意識及胸懷,使其在全球化的競爭之中,能善於把握機遇。國際化人才主要具備6種素質:A.寬廣的國際化視野與強烈的創新意識。B.熟悉掌握專業性國際化知識。C.熟悉國際慣例。D.優秀的跨文化溝通能力。E.獨立的國際活動能力。F.能處理多元文化的衝擊。因此,國際化人才不僅著重在單純語言溝通上的能力,更重要是能夠適應跨國文化,並具備與不同背景的人相處並合作的跨文化能力。而組織可以利用以下幾種方法來培養國際化人才。

A. 根據國際化人才之特徵或所需條件,來對比組織內現有人員,找出員工的能力落差,針對能力缺點進行訓練補強,用以培養出所需的國際化人才。

B. 著眼於人力資源整體性的規劃,將培育國際化人才、強化企業國際競爭力的思維納入,透過跨部會協調與分工的機制,培養員工的國際化能力。

C. 外派員工到海外工作前,提供行前教育訓練,使員工瞭解當地法令、文化,而更能適應當地的環境以及產生合適的管理行為。

D. 鼓勵員工出國受訓、工作、海外實習,以培養國際經驗與國際視野。

(四)**訓練績效評估**：當受訓者完成訓練課程之後，組織的下一步當然就是要針對訓練成果進行完整的評估，以了解訓練的效果及其是否達到了所預期的目標。訓練績效評估的重點在於評量訓練所產生的實際效益，此過程包含了確認、衡量、分析等，而評估成果可利用於1.作為改善學習方法或教材的基礎，2.了解員工受訓後的成果以及評估訓練的成本效益，以作為下次教育訓練的參考。由上述可知，訓練的評估重點其實不僅是了解訓練的成效，更重要的是回饋功能，資訊的回饋能令企業對未來的訓練方向或模式進行改善，進而真正增進員工的工作效能，以避免不必要的成本支出。

至於訓練績效評估的模式，目前各家學者已提出眾多不同的意見與評鑑模型，雖然沒有一種模式是可以適用於所有組織中，但還是可以從不同的模型中，找出訓練評鑑的一般性原則。以下將針對幾個比較知名的訓練評鑑理論模型：Kirkpatrick模式、CIPP模式、Brinkerhoff六階段評鑑模式、Bushnell的IPO評鑑模式、ROI投資報酬，分別進行介紹。

1. Kirkpatrick**模式**：一般在實務上，若想要評估員工訓練與發展的績效，大多數會採用Kirkpatrick所提出的四階層評估模型。Kirkpatrick模型強調訓練的成效與貢獻，以結果與成效為導向，依照四個層次將評估效標分為反應、學習、行為及結果層次。

第一階層	**反應（Reaction）** **衡量受訓者的滿意程度**
	在培訓結束時，向學員發放滿意度調查表，以此用來評估受訓者對於訓練活動或課程之經驗的知覺、情緒、主觀的印象等，主要目的在於衡量被培訓者的滿意程度。

第二階層	**學習（Learning）** **測定受訓者的學習獲得程度**
	學習評估是目前最常見、也是最常用到的一種評量方式。主要內容在於評估受訓人員對原理、技能、態度等培訓內容的理解和掌握程度。其方法可能採用筆試、實地操作和工作模擬等來進行考查。以此用來衡量該學習目標（如：知識、技能、能力）等的提升程度，以了解整體訓練目標被達成的情形。

行為（**Behavior**）

考察被培訓者的知識運用程度

第三階層

此為實際的在職績效，是用來衡量訓練對於實際工作績效的影響以及在工作上行為的改變。行為的評估係指在培訓結束後的一段時間，由受訓人員的上級、同事、下屬或者客戶觀察他們的行為是否發生變化？或者是否能在工作中運用訓練中所學到的知識？這個層次的評估通常需要藉由一系列的評估表格來考察受訓人員培訓後在實際工作中行為的變化，以判斷所學知識、技能對實際工作的影響。行為層級是考核培訓成果的最重要指標。

結果（**Result**）

評估訓練所能產生的經濟效益

第四階層

效果的評估即判斷培訓是否能給企業的經營成果帶來具體而直接的貢獻，這一層次的評估上升到了組織的高度。主要在於評量訓練能對企業產生的最後結果，例如銷售額提高、成本降低、生產力、公司利潤等，亦即此項評估是用來確認組織是否透過訓練來達到想要的目標。

2. **CIPP模式**：CIPP評鑑模式是由史塔佛賓（Daniel Stufflebeam）所提出，最早應用於教育的評估，後來逐步推廣而擴大應用範圍，目前此模式可利用於組織、機構、方案乃至於個人的成效評估。CIPP模型是由四項評鑑活動所組成：(1)背景評鑑Context evaluation，(2)輸入評鑑Input evaluation，(3)過程評鑑Process evaluation，(4)成果評鑑Product evaluation，取各評鑑活動的第一個英文字母，因而簡稱為CIPP模型。這四種評鑑將為決策的制定提供多方的訊息，所以CIPP模型又稱決策導向型評價模型。

   (1) **背景的評鑑（Context evaluation）**：背景評鑑的內容包含了瞭解相關環境、診斷特殊問題、分析訓練需求、鑑別訓練機會以及制定訓練目標等，其中又以確定訓練需求以及設定訓練目標為最主要的任務。背景評鑑的重點在於確認受訓者的長處及缺點，同時審查現有訓練目標是否符合受訓者的需求，以提供合適的改善方針，並重新擬定訓練目標。

   (2) **輸入的評鑑（Input evaluation）**：輸入評鑑的內容包含了收集訓練資訊、評估訓練資源、確認該如何有效使用現有資源達到培訓目標以及確認是否需要外部資源的投入等。簡單的說，就是藉由審查可運用的

　　訓練資源（例如：設備、人力、經費等），對訓練計畫進行事前的分析及規劃，其重點工作是如何運用適當資源來達成訓練的目標。

(3) **過程的評鑑**（Process evaluation）：過程評鑑基本上是對實施中的計畫進行持續不斷地查核及審視，因此能夠洞察訓練執行過程中導致失敗的潛在原因，並提出克服不利因素的方法。過程評鑑的主要重點是對管理人員提供回饋，以達到以下目的A.使評鑑者了解計畫實施進度和資源運用情況。B.若發現原計畫有所缺陷時，可協助修正該計畫。C.提供計畫執行的紀錄，以作為成果評鑑時的參考。

(4) **成果的評鑑**（Product evaluation）：成果評鑑的目的是在測量、解釋、以及判斷一個方案的成就。其任務是運用前三個向度（情境、投入、過程）的資訊來說明成果的價值，並依此來判定訓練成果是否達到預期目標，用以確定該項特定的訓練方案是否值得繼續實施、調整修正，或者可以擴展到其他的場所。

表5-1　設計CIPP評鑑的架構方法

		評鑑種類							
		情境角色		投入角色		過程角色		成果角色	
		決策	責任	決策	責任	決策	責任	決策	責任
評鑑的步驟	描述	需要對哪些問題提出解答？							
	獲得	如何獲得所需的資訊？							
	提供	如何呈現和報告所獲得之資訊？							

資料來源：何俐安（2007：208）

3. **Brinkerhoff 六階段評鑑模式**：Brinkerhoff認為所有的訓練課程應該要以最有效率的方式，令受訓者發生學習的成果，因此在發展訓練方案時，必須著重於過程中的每個關鍵決策階段，包括：建立對組織有所助益的訓練發展目標、設計可行的方案、實施方案、參與者獲得新的知識技能和態度、參與者能運用新的知識技能和態度、滿足組織的需求等，而形成一個訓練發展的決策循環。Brinkerhoff的六階段評鑑模式則完整地對應了上述的六大決策階段，亦顯示出了組織中的訓練與發展應該是個不間斷的任務，其評鑑模式的內涵說明如下（何俐安，2007：208-210）：

(1)**訂定需求**：為了解訓練方案的需求、問題及機會，提供決定是否應繼續實施訓練方案或是該修正的地方。

(2)**方案設計**：主要在於評量訓練案的內容是否可行，藉此決定訓練方案的設計能否發展至實施階段。

(3)**方案實施**：重點在於完成前兩個階段之後，繼續檢視方案進行的流程，以得知方案是否可以如預期進行，同時預知可能產生的問題。

(4)**立即的結果**：了解受訓者是否透過訓練方案，獲得預期的知識、技能和態度。

(5)**應用結果**：主要在衡量受訓者是否能將有所學的新知識、技能運用在工作中，即評量訓練遷移的狀況。

(6)**效應與價值**：確知訓練方案對組織的效益程度，其中包括訓練之後是否產生影響、是否滿足需求，再和訓練成本作比較，來確定訓練方案所帶來的價值。

表5-2　Brinkerhoff六個階段評鑑模式的重點以及評鑑方法

評鑑階段	評鑑重點	評鑑方法
目標設定	・訓練需求、問題與機會的過程為何？ ・問題是否可以透過訓練解決？ ・訓練是否值得實施？ ・訓練是否合乎成本？ ・是否有判斷訓練效益的指標？ ・透過訓練解決問題是否比其他方案更好？	・組織的稽核 ・工作表現分析 ・紀錄分析 ・觀察 ・意見調查 ・研究報告 ・文件回顧 ・背景環境研究
方案設計	・何種訓練可能最有效？ ・A方案的設計是否比B方案有效？ ・C方案的設計問題在哪？ ・所選擇的方案估計是否能有效實施？	・教材評估 ・專案評估 ・測試性試辦 ・受訓者評估
方案實施	・方案的教學是否達到預期成效？ ・方案的教學是否有按進度進行？ ・方案的教學有沒有問題產生？ ・實際的教學狀況如何？ ・受訓者是否喜歡本方案內容？ ・方案執行的成本為何？	・觀察 ・查核表 ・講師和學員的回饋 ・紀錄分析

評鑑階段	評鑑重點	評鑑方法
立即成果	・受訓者是否有學到東西？ ・受訓者的學習成效為何？ ・受訓者的所學為何？	・知識與工作表現的測驗 ・模擬測驗 ・心得報告 ・工作樣本分析
過程、 成果適用	・受訓者如何運用所學的內容？ ・受訓者運用了哪些內容？	・學員、同事、主管的報告 ・個案研究 ・調查 ・實際工作觀察 ・工作樣本分析
影響和 價值	・訓練之後有何影響？ ・訓練需求是否被滿足了？ ・這個訓練方案是否值得？	・組織的稽核 ・績效的分析 ・紀錄分析 ・觀察／調查 ・成本效益分析

資料來源：何俐安（2007：210）

4. **Bushnell的IPO評鑑模式**：Bushnell將教育訓練視為一個投入（input）、過程（process）與產出（output）的系統，而各階段的評估內容如下所述：

投入階段 input	對於會影響到訓練效益的各種因素進行評估，例如：受訓者資格、講師能力、訓練教材、訓練設備與訓練預算等。
過程階段 process	主要工作在於確認訓練的目標、發展課程設計標準、選擇合適的教學策略與評估訓練教材等。
產出階段 output	重點工作在於了解受訓者的反應、訓練所獲得知識及技能、以及訓練移轉的成果，簡言之，產出衡量的就是訓練所帶來的短期效益。而這個階段的資訊同時也會是過程階段的回饋。

而經過IPO系統流程後，最終所獲得之結果（outcomes）則是衡量訓練為組織所帶來的長期效益，例如：獲利、顧客滿意度、生產力等。值得一提的是，結果與產出間雖然不一定直接相關，但其結果卻能真正的反應出訓練所帶來的效益。

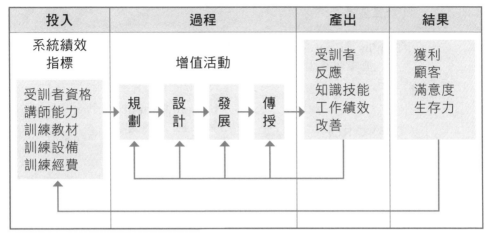

圖5-2　IPO模式

資料來源：何俐安（2007：211）

5. **Phillips的投資報酬**（Return On Investment –ROI）：Phillips的投資報酬模式是以Kirkpatrick為基礎所發展出來的，被視為Kirkpatrick四階層評估模型延伸後的第五階層。此外，Phillips亦提出了評量訓練投資報酬率的計算模式（如圖5-3所示），用以有效地衡量人力資本的投資報酬率，將成效以具體的貨幣價值呈現，進而作為人力資源發展對組織貢獻的證明。ROI模式之內涵說明如下：

第一階層	評鑑反應、滿意度和確認行動計畫 Reaction、Satisfaction、Planned action	重點在於了解受訓者的反應、及其訓練是否符合受訓者的學習需求。
第二階層	評鑑學習 Learning	強調受訓者的知識、技能、態度是否因訓練而改變，以及改變程度。
第三階層	評鑑工作應用與實踐 Application、Implementation	評量受訓者是否可應用訓練中所習到的知識、技能和態度於工作上。
第四階層	確認方案的商業效益 Business impact	此階段主要評量受訓者回到實際工作場所時能應用所學，並衡量商業利益。
第五階層	計算投資報酬率 ROI	衡量訓練成果所帶來的經濟效益是否高於訓練方案的執行成本。

〔計算公式〕

$$\frac{\text{Benfits}/\text{Cost Ratio}}{\text{成本效益比}} = \frac{\text{Program Benefit 訓練效益}}{\text{Program Costs 訓練成本}}$$

$$\frac{\text{ROI}}{\text{投資報酬率}} = \frac{\text{Program Benefit}（訓練效益－訓練成本）}{\text{Program Costs 訓練成本}} *100\%$$

圖5-3　教育訓練投資報酬率（ROI）之計算公式
資料來源：何俐安（2007：215）

 員工教育與發展的理論及實務應用

(一)**員工職能發展理論**：在全球化的人才競爭下，組織不得不愈來愈重視員工職能（competency）的發展，以職能為導向之人力資源訓練與鑑定在人才培育的領域已成為主流，以下針對2個知名的理論模型：Spencer & Spencer（1993）的冰山模型以及Darrell & Ellen（1998）的職能模式進行說明。

1. **Spencer & Spencer（1993）的職能冰山模型**：職能（Competence）是指個人在工作中能夠產生高效能或出色表現的關鍵才能，它是集合知識、技能及態度的綜合概念，除各項天生的個人素質外，亦包含後天所塑造的種種的特質及行為。

Spencer & Spencer（1993）根據冰山理論（iceberg theory），將個人特質的不同表現方式進行區分，建構出職能冰山模型，並主張職能可分為5種，其中知識（knowledge）與技能（skill），彷彿顯露在水面上的冰山，是顯而易見且容易被評估與發展的，而動機（motives）及特質（traits）以及自我概念（self-concept）則沉於水平面之下，是內隱難以發覺且不易被評估或訓練發展的，但這個部分卻佔了整個冰山的80%。下圖為Spencer & Spencer（1993）冰山模型。

The Iceberg Model（冰山模型）

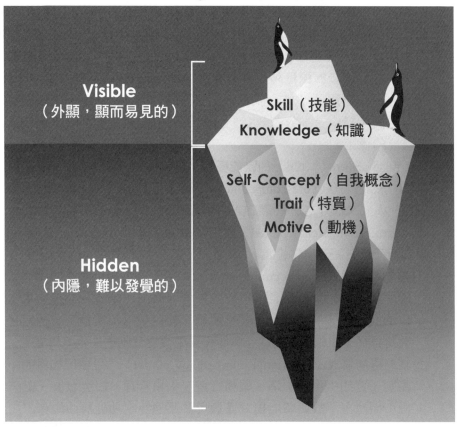

水平面以下內隱（hidden）的部分，包含：

(1)**動機（motives）**：是指員工因為個人對某種事物的渴望，進而驅動自身外在行動的一種思考模式。

(2)**特質（traits）**：是指員工的天生個性、身體特徵以及對情境與訊息的反應，通常會與執行任務的績效息息相關。

(3)**自我概念（self-concept）**：是指員工個人的態度、價值觀及自我印象。

水平面以上外顯（Visible）的部分，則包括了：

(1)**知識（knowledge）**：是指員工個人在特定領域中所擁有的經驗以及專業知識。

(2)**技能（skill）**：是指員工執行特定工作時所具備的操作能力，包含了生理以及心智能力。

以上五種特質中，知識與技術是外顯的表面性職能，通常能夠藉由教育訓練與發展的各項課程來獲得提升，故企業僅需加強培訓機制即可發展員工這2項職能；相對而言，動機、特質以及自我概念則屬於內隱的潛在性職能，大多是與生俱來或是經過長時間所形塑完成，因此非常難改變，除訓練發展課程外，亦需要合適的工作條件以及組織環境的多方配合才有可能獲得提升，必須耗費相當長的時間但還不一定保證會有效果，故對組織而言，較有效益的方式是利用甄選流程直接篩選出具備這些職能的員工。

2. **Darrell & Ellen（1998）的職能模式**：Darrell & Ellen（1998）將職能分為核心職能模式（core competency）及專業職能模式二大類別，其中，專業職能模式又細分為功能職能模式（functional competency model）、角色職能（role competency model）與工作職能模式（job competency model）故為四種類型，分項詳述如下：

(1)**核心職能模式（core competency）**：主要著重於組織整體所需要的職能，故企業的全體員工（無論各種階層與工作領域）都被要求應該具備的共通職能，通常會與組織願景、價值觀以及文化密切地結合，因此可以從不同組織中的核心職能模式中發現個別的文化差異處。

(2)**功能職能模式（functional competency model）**：是依照組織的不同功能別（例如：生產製造、業務行銷、人事管理、研究發展、財務管理等）而建立，故此職能模式僅適用於某個特定功能層面的員工，無法跨功能使用。其優點為提升員工的專精程度，並快速的傳遞訊息，同時提供詳細的行為指標以促使員工工作行為的改變。

(3)**角色職能模式（role competency model）**：針對組織中員工個人所扮演的某個特殊角色（例如：主管、工程師、技術員、秘書等），依據對該角色的期望而建構出此人所應該具備的職能。不同於功能職能模式，角色職能模式是屬於跨功能性的，故相當適用於以團隊為基礎的組織設計。

(4)**工作職能模式（job competency model）**：此職能模式的適用範圍最為狹窄，僅依據員工的單一工作內容建構出其所應具備的職能，適用時機為當組織內部的大多數員工皆從事某項單一工作項目之時，此種模式的各項職能皆與員工的工作績效具有直接關連性。

(二)**各階層員工職能發展重點**：大多數的組織會採用接班人計畫（succession planning）進行管理人員的訓練與發展。接班人計畫為一種系統化的程序，其是藉由對組織未來的管理需求的釐清，進而把符合這些需求的職位申請者找出來。企業必須配合人力資源規劃，定義出組織管理上的需求，並且找出高管理潛能的員工以及規劃相關訓練發展活動，以培養出未來的「接班人」，而各階層之接班人應培養之重點如下表5-3所示：

表5-3　各階段教育訓練能力開發的重點

階段區分		教育訓練能力開發的重點	
管理階層	最高管理階級	策略決策能力	企劃能力開發
	中高管理階級	管理決策能力	協訓能力開發
	基層督導階級	業務決策能力	分配能力開發
基層一般職員工		技術能力	執行能力開發

資料來源：張承、莫惟（2008：9-29）

組織對各階層員工進行相應的訓練與發展，亦可能有助於避免人力資源劣幣驅逐良幣（格勒善定律Gresham's Law）以及彼得原理現象（The Peter Principle）的發生頻率，以下針對兩種理論說明如下：

1. **格勒善定律（Gresham's Law）**：原來是指經濟學定律，俗稱劣幣驅逐良幣，後來被廣泛應用於非經濟學領域，人們用此定律泛指價值不高的東西會把價值較高的東西擠出流通領域，主要指假冒劣質產品在多種渠道向正牌商品挑戰，並具備膨脹和蔓延趨勢。例如軟體市場的經濟秩序和法規約束不完善，或協調不佳時，盜版軟體影響正版軟體的製作、銷售等，從而危害軟體業健康發展的趨勢。又如，低俗傳媒比嚴肅傳統傳媒更容易獲得更大市場，因為低俗媒體刊載大量媚俗內容，具一定的讀者群，傳統媒體讀者量少於低俗媒體，聳動煽情新聞篇幅能賺來更多的閱讀率和製造噱頭。

2. **彼得原理（The Peter Principle）**：是指在一個具備等級制度的組織中，每個員工趨向於上升到他所無法勝任的職位。彼得指出，每一個員工由於在原有職位上工作勝任，就被提升到更高一級職位；之後，如果繼續勝任則將進一步被提升，直至到達他無法勝任的職位。亦即，每個職位

最終將被一個不能勝任工作的員工占據。主要原因來自組織的職位階層
（Hierarchy）。此原理與帕金森定律（Parkinson Law）常被列為科層制
組織的兩大缺失。

另外，企業也可以採用雙軌制職涯發展路徑（dual-career path），用以
處理技術性專業人員無意踏入管理領域的升遷問題。一般而言，企業內
傳統的升遷方式是由一般員工晉升至管理者，不過，雖然技術人員在專
業知識及技能上能夠產生重大貢獻，但可能並不適合或根本就沒有意願
從事管理工作，所以採用雙軌職涯發展路徑能使這些專業人員，有機會
選擇升任至專業領域的高階職務，例如：技士、技師、副主任技師、主
任技師的升遷模式，使其無須成為管理者也能夠有順暢的升遷管道。

(三) **員工教育與發展的理論及實務應用**：組織訓練員工之目的，主要是期望能
藉由一系列的方法，來提昇員工所需要的知識與技能，使他們得以順利完
成組織設定的目標。因此，一個優良的訓練計畫對於企業來說應該是一
項有用的投資，而非費用。一般而言，訓練計畫通常包含了事前的需求分
析、訓練過程中的控制，以及訓練完成的評估。因此，人力資源部門的任
務並不是單單提供訓練，而是制定一個系統化的過程，以下特別提出幾項
教育訓練的相關理論與實務應用，以強化教育訓練的知識。

1. **教學系統設計模式**（Instructional System Design，ISD Model）：教學
系統設計（Instructional System Design）是以傳播理論、學習理論和教學
理論為基礎，運用系統理論的觀點，來分析教學中的問題以及需求，並從
中找出最佳答案的一種理論和方法。學者Goldstein所提出的「教學系統設
計模式」包含了了四大構面，分別為：
(1)訓練需求分析。　　　　　　(2)訓練目標訂定。
(3)訓練課程設計與執行。　　　(4)訓練評估。
此四大構面亦可應用為企業進行訓練與發展的主要步驟。

2. **轉換學習**（transformative learning）：
(1)**轉換學習的觀念**：轉換學習是一種知覺的改變，這種改變被稱為新的
參考架構（frame of reference）。是對學習者在世界上自處的方式（亦
即看待世界的方式）加以戲劇化（突然的）改變或永遠改變。因此，
轉換學習若要對心智模式本身有作用，必須要改變學習者求知方法，
而這可能會令學習者感到不舒適，轉換學習的歷程中所呈現的矛盾以
及弔詭狀態，都是學習者要去面對的，然而，轉化學習所帶來的改
變，將更具包容性、鑑別度、滲透性及統整作用。

轉換學習三階段的概念歷程，分別是：A.分離；B.識閾；C.重新聚合。「分離」是指一個人將自己從當前的信念及對世界的了解暫時放空，以利自我反省及批判分析，並為下一階段的「識閾」鋪路。「識閾」階段則是一種模稜兩可的狀態。在此階段，學習者開始去嘗試新的想法，並在新舊想法與經驗間交互運用並進行反省，並且逐漸對其當前的參考架構有所認識。最後，「重新聚合」則是一種超越模稜兩可之後的逐漸穩定階段。

從以上三階段的歷程可看出：轉換學習是一種打開心門，迎接新觀念與新思維的歷程。由此可知，轉換學習強調引領學習者敞開心胸，接受新思維的洗禮。如果新思維闖關成功，新思維取代舊思維，則學習者的心智模式將會改變，整個人在某一方面就會展現出脫胎換骨的新面貌。

(2) **將轉換學習的理念應用於組織員工的教育訓練**：轉化學習的關鍵要素為：經驗、批判反思與反思性論述。經驗指的是一個人生活中所經歷過的各項事情。學習者當事人所經歷過的事情，提供了批判反思的題材，從人生經歷中累積了批判反思的素材之後，透過批判反思，開始對於既有的基本假定提出質疑，從而造成「參考架構」（即世界觀）的變化。

學習者的意義體系（meaningschemes）乃由一組一組的特定期望、信念、感覺、態度、與判斷所構成。當學習者改變了他的意義體系時，學習就產生了。意義體系及參考架構的轉換可能是突然的，也可能是緩慢進行的。但意義體系與參考架構（即世界觀）不一定會同時產生。學習者必須進行反思性對話，亦即學習者必須與他人談話，以便知道自己的觀點（視界）是否為真。因此，進行反思對話的人必須時時質問彼此的基本假定，並逐漸建立共識。反思對話的特徵包括掌握必要資訊、擺脫偏見，並且在互相接納、具有同理心，及互相關心的友善氣氛之下，充分參與對話，並針對對方的基本假定，向對方提出自己的看法。

由以上論點來看，若將轉換學習的理念應用於組織員工的教育訓練，促進轉化學習的有效方法如下：

A. 訓練者需能信賴他人，有同理心，關心他人，表現真實面，表現誠懇，並值得信賴。

B. 訓練者必須能夠提供回饋、並且為受訓者提供體驗式學習。

C. 所設計的訓練活動必需能有助於提升受訓者的自主性、參與感及相互合作，用以激發不同角度的思考與討論。

D. 可使用關鍵事件（critical incidents）來進行批判反思，引導受訓者從愉快經驗及不愉快經驗中，檢驗自己的基本假定，並分析關鍵事件進而達到有效學習的目標。

E. 應協助受訓者了解自己的心理類型（psychological type），因為不同心理類型的人學習的方式以及對活動的反應方式都不一樣。組織在設計教育訓練活動時，亦要能因應不同心理類型的人而進行不同的設計。

3. **台灣訓練品質規範（Taiwan TrainQuali System, TTQS）**：勞動部勞動力發展署前身行政院勞工委員委會職業訓練局有鑑於人才教育之訓練品質對民間企業或國家競爭力影響甚鉅，且為能真正與國際的訓練品質接軌，因此以ISO 10015之精神為基礎，加入平衡計分卡之績效評核功能，發展出一套適合我國國情之訓練品質體系，稱為台灣訓練品質規範（Taiwan TrainQuali System, TTQS），以做為國內企業與培訓機構釐訂訓練品質規範政策與方案之參考。

TTQS制定目的是為了定義專屬於台灣培訓品質績效保證系統的理論基礎，並透過強化企業政策分析，以規劃設計能建構高績效人力資本、開發管理體系之藍圖及策略，再者，藉由深入瞭解國內培訓機構之供需狀況與本身之優劣勢，以有利培訓品質管理人才發展績效的評估，最後，為了配合培訓機構品質及績效之促進，企業與訓練機構則可透過職能標準的建立，儲備實施培訓品質管理及績效輔導人員和師資。

TTQS訓練品質計分卡是一個以過程為基礎的品質管理系統體系，涵蓋五個循環的周期體制，依序是計劃（Plan）、設計（Design）、執行（Delivery）、查核（Review）及成果（Outcome），簡稱PDDRO，5項評核，17項指標所組成。計量權重分配及評量流程循環周而復始的訓練品質持續改善機制，循序進行分析評核，予以計分，作為分級輔導依據，藉由TTQS訓練品質計分卡（TTQS Scorecard）之推動實施，發揮企業組織「訓練規範衡量」、「訓練策略管理」及「組織溝通工具」三功能，機構版的五大內容如下：

計畫面 Planning	關注訓練規劃與企業營運發展目標之關連性以及訓練體系之操作能力，包含：A.明確目的、B.系統性、C.連結性、D.能力。
設計面 Design	著重訓練方案之系統化設計，包含：A.產品／服務之甄選標準、B.利益關係人之參與、C.與目標需求結合度、D.方案之系統設計、E.程序之規格化。

執行面 Delivery	強調訓練執行落實度、訓練紀錄與管理之系統化程度，包含： A.計畫之落實度、B.紀錄與資訊體制。
查核面 Review	著重訓練的定期分析、全程監控與異常處理，包含：A.評估與 定期報告、B.監控與處理。
成果面 Outcome	著重訓練成果評估之等級與完整性、訓練之持續改善，包含： A.多元性／完整性、B.通用功能、C.其他。

4. **成人學習理論**：成人學習者是指已經完成基本教育的成人學生，因此當他們再度參與學習活動時，其實目的是為了增加新知或者獲取新技能，而他們的學習動機通常是自發且自我導向的。諾爾斯（Knowles）認為成人學習者且有以下幾個特性：

(1)成人學習者知道為什麼要學習，以及學習的需求為何。

(2)成人學習者具備自我導向學習的能力，通常能自行制定學習的計劃，並且對自己的學習負責。

(3)成人學習者具有豐富的經驗，能夠將工作相關的經驗帶進學習情境之中。

(4)成人學習者從事學習是為了滿足社會角色發展，以及適應環境變遷的需求。

(5)成人學習者在切入學習時，是以任務與問題為中心的學習取向，來吸取學習的經驗。

(6)成人學習者會因為內、外部的激勵因素，而誘發出學習動機，其中又以內在動機的效果較強。

由上述的幾項特性可以得知，成人學習是一種主動且自我導向型的學習，所以在學習的過程中，成人學習者才是學習的中心，而教師只是協助他們去解決學習困境的角色，因此諾爾斯（Knowles）認為，成人教育學的設計應該偏重於過程的設計（process design），必須要營造出一個有助於成人學習的氣氛，簡單來說，就是指在課程設計時，必須要思考其是否能夠建立起相互尊重與合作、相互依賴與支持的人性化學習氣氛。如上所述，建議應該以創意教學來取代單一枯燥乏味的課程講授，才能營造出自在且開放性的學習空間，例如採取腦力激盪、小組討論、角色扮演、案例研究、模擬演練等等的多元課程活動，就比較容易營造出尊重個人自由表達與決策參與的學習氣氛。

5. **混合式學習（blending Learning）**：在廣義上，混合式學習為一種教育模式，是指運用兩種以上的教學媒介與學習方式，涵蓋同步（synchronous）與非同步（asynchronous）的一連串學習活動來增進學習效果。現今網路科技進步，由於現今網路科技發展迅速，絕大多數的人都已經習慣在網路上收集所需資料，所以利用網路的便捷來輔助學習已非難事，而混合式學習（blending Learning）就是同時運用實體面對面課程與網路虛擬課程的雙軌學習，令學習者能夠更彈性地依照自身的時間規劃以及學習速度，來進行學習的一種教學模式。因此混合式學習結合了面對面課程及線上學習，使其產生截長補短的功效。

(1) **課堂上面對面（face-to-face）學習之優缺點**：在面對面的課堂上進行學習，其實就是所謂的講授法（lectures，亦稱講座），而這也是傳統上最典型、最經常使用的訓練方式，此方法能對大團體中的所有學習者，同時教導知識、概念、原則及理論，是快速傳遞資料的最有效方法。其主要的優點除了能在短時間內提供知識給受訓者外，亦能獲得規模經濟與不受場地限制的優勢，對於學習者而言，也方便於直接向老師發問來獲得解答。然而，這種一對多的訓練方式，將導致無法依據個人不同的能力與需求而進行特訓，此外，由於是課堂講座的形態，故也沒有辦法進行現場實地的操作演練，而造成學習成效不易轉移的問題。

(2) **線上（online）學習之優缺點**：線上學習（online learning）或稱電子化學習（electronic training）是指利用資訊科技來製作學習內容，再以網路方式傳送，使員工能夠隨時隨地學習，許多大企業甚至會建立專屬於內部發展中心（in-house development centers），與學術機構、訓練與發展方案的開發商或線上教育網站等單位合作，共同開發專門的訓練方案和教材，以提供給員工進行學習。使用電子化學習主要的優點為員工無需舟車勞頓，節省往返的交通時間及成本；對企業而言，授課成本通常比面對面教學來得低且安排訓練時程方面具有較大的彈性。然而，此方法的缺點則是訓練可能時無法與員工進行直接且即時的雙向互動，導致學習效果大打折扣的現象。

(3) **混合式學習（blended learning）之優缺點**：混合式學習主要的優點是，可以令學習者獲得更高的學習成效，相較於完全使用傳統式面對面上課法，採用混合式學習的學習成效將會有相當顯著的提升。因為在傳統的課堂中，授課者通常是快速教過，一旦內容較為艱深難懂，學習者跟不

上而疑惑不解時,通常無法立即反應並中斷講課要求重覆解釋。然而,若採用混合式學習,學習者就可以利用資訊科技來反覆地觀看課程內容,使學習到的新知能夠成功地被內化。除此之外,混合式學習亦能解決線上學習無法有效雙向互動的問題,因為它可以使對於學習內容的討論,由虛擬環境中再延續至實體課堂內,讓學習者更容易掌握學習要點而有效提升學習效果。不過,混合式學習亦有其挑戰之處,最主要的問題是課程安排的複雜性,授課者也必須網路科技具有相當程度的掌握與了解,才能使混合式學習的方式達到實質的功效。

(4) **混合式學習與戴爾70/20/10學習理論之應用**:戴爾70/20/10學習理論認為,人的學習成長以及能力的提升是經由三種方式,其中70%是來自於工作上的實作,20%則是來自於與其他人的互動,只有10%是來自於正規的課堂學習,而這個70-20-10的學習法則如今也被廣泛地應用於組織之中,作為制定員工學習發展計畫的指導方針,為了遵循70/20/10學習法則,企業應該要運用多種學習方法的組合,來擬定出員工訓練發展的計畫,例如提供在職訓練、模擬以及體驗學習等,令員工可以經驗中學習。此外,也要發展企業內導師制以及組織內社交媒體,讓員工能夠從社會互動中學習。最後,正規的課堂教學也是不容忽視的,組織可以舉辦講座以及線上教學課程,使員工能夠接受到結構化教導與訓練。

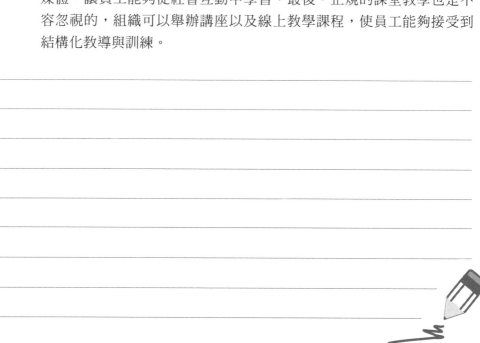

員工績效評估與績效管理

依據出題頻率區分,屬:**A** 頻率高

課前導讀

本章將介紹績效管理於策略性人力資源管理中所扮演的重要性角色,而績效評估則擔任了功能性角色。在本章之初,先分別說明績效管理與績效評估的意義、目的與功能,並比較雙方的差異性。緊接著,將針對績效評估的各種方法進行深入討論,並比較不同考核工具的優、缺點。最後,針對如何避免績效評估的偏誤,以及如何進一步改善績效等議題進行討論。

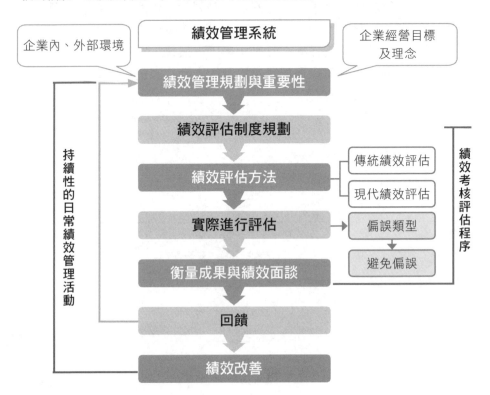

圖6-1　本章架構圖

重點綱要

一、績效管理

(一) 定義及步驟

1. **意義**：是一套有系統、持續性的管理活動，除用來評核員工表現外，亦能發展員工能力，其最終目的是提升組織整體營運績效。

2. **步驟**：

(1) 訂定組織、單位及員工績效目標。

(2) 績效執行及監督。

(3) 績效評核。

(4) 結果獎懲。

(二) 目的

1. **策略性目的**：將員工個人的需求與組織的使命相互結合，形成雙贏。

2. **發展性目的**：確認員工能力與預期績效的落差，協助員工的成長以達到組織總體發展目的。

3. **行政性目的**：建立公平無偏見的組織氛圍，除激勵內部優秀員工外，亦可吸引外界人才加入組織行列。

(三) 重要性

1. **良好的績效管理系統的貢獻**：

(1) 激勵員工以提升組織整體績效。

(2) 組織承諾的提升。

(3) 促進組織變革。

2. **不良的績效管理所產生的問題**：

(1) 員工離職率增加。　　　　　　(2) 員工工作滿意度大幅降低。

(3) 導致績效評估制度的設計不良。

二、績效評估

(一) 定義：是一套正式、結構化的制度，可能定期或不定期地舉行，用來衡量與評核員工工作相關的行為及成果。

(二) 功能

1. 提供升遷與加薪決策所需的資料，可作為薪酬、職務調整的依據。

2. 提供檢視員工優缺點的機會，藉此檢討其工作和規劃生涯。

3. 組織中使用績效評估的資訊，將有助於管理且改善組織的績效。

4. 對工作計畫、預算評估和人力資源規劃提供相關訊息。

(三) **關鍵績效指標與目標與關鍵成果**
  1. **關鍵績效指標**（Key Performance Indicator, KPI）：量化指標。
  2. **目標與關鍵成果**（Objectives and Key Results, OKR）：溝通為主。
  3. **KPI與OKR的差異**：由上而下 VS. 由下而上。

三、績效管理與績效評估的區別

(一) **工具性質**：績效管理是策略性工具；績效評估是操作性工具。

(二) **執行者**：績效管理是由組織中的管理者們負責；績效評估是由人力資源部門負責。

(三) **實施時間**：績效管理是持續性的過程；績效評估是有期限的績效回顧。

(四) **資料性質**：績效管理通常是質化取向；績效評估通常是量化取向。

(五) **目標導向**：績效管理是前瞻性規劃工作；績效評估是回憶性工作檢討。

(六) **執行過程**：績效管理是透過對話所進行的組織合作過程；績效評估是由上而下的評估衡量。

(七) **文書作業**：績效管理主要著重於評估的過程以及雙向的溝通；績效評估是官僚性的繁複文件工作。

(八) **附加價值**：績效管理傳達組織理念、重視諮商與教導；績效評估缺乏附加價值。

四、績效評估的制度規劃

(一) **設計原則**：5W1H原則
  1. Why：績效評估的目的。
  2. Who：績效評估的考核者以及被考核者。
  3. When：績效評估的期間。
  4. What：績效評估分類以及評估要素。
  5. How：績效評估方法。
  6. Where：績效評估的場所。

(二) **規劃流程**
  1. 確認特定的績效目標。　　　　2. 討論並設定評估標準。
  3. 實際衡量工作績效表現。　　　4. 蒐集成果並舉行員工面談。
  5. 提供回饋及建設性的指導。

五、績效評估方法

(一) **傳統方法**

1. **特質取向**：依照員工的某一項（或某些）屬性，進行評價並給予成績的績效考核方法。
2. **行為取向**：以員工在工作過程中的種種行為表現，來進行考核。
3. **結果取向**：針對員工在工作成果進行考核，主要著重於目標結果的達成。

(二) **現代方法**

1. **目標管理法**：主管和部屬將一起參與個人及部門目標的制訂並規劃具體實施方案，有效地提升員工對工作的積極度，最終達到總體目標之實現。
2. **評鑑中心法**：使用各種不同的測驗技術，來評估參與者在工作中所需使用的技能。
3. **360度績效評估**：採用多元評估者的回饋來進行績效評估，而非僅由主管作為考核者的角色。
4. **平衡計分卡**：強調績效的衡量必須與組織的目標以及策略相互連結，把企業內資源進行整體規劃，用來協助策略目標及企業整體營運目標的實現。

(三) **過去導向與未來導向之分類法**

1. **過去導向的績效評估**：著重於過去績效的衡量。
2. **未來導向的績效評估**：著重未來員工潛力的發揮，或設定未來績效目標。

六、績效考核者的角色

(一) 以直屬主管為評估者。
(二) 以同事為評估者。
(三) 複式考核法：直屬主管的考核外，由直屬主管高一階的主管進行複評。
(四) 交叉考核法：主管評估外，再從各單位中挑選出合適人員進行交叉考核。
(五) 以部屬為評估者。
(六) 組成評估委員會進行考核。
(七) 自我評估。

七、避免績效評估偏誤

(一) 標準不同的問題。　　(二) 月暈效應。
(三) 近因效果。　　(四) 趨中傾向。
(五) 過寬／過嚴傾向。　　(六) 評估者的個人偏見。
(七) 對比錯誤。

八、績效面談與績效改善

績效面談及績效回饋能提出改善建議並制定改進計畫，對於績效管理而言，具
有重要作用。

內容精論

　績效管理

大部分的員工都認為，績效管理（performance management）是企業內所定期
舉辦的績效評估考核（performance appraisal），但事實上，是一項錯誤的認
知。相較於績效評估而言，績效管理是全面性、持續性且涵蓋了組織整體的管
理活動，詳細介紹績效管理如下。

(一) **定義及步驟**：績效管理是一種持續性的管理活動，藉由組織內管理者與員
工的有效溝通，使員工理解組織的整體經營目標，並將組織目標與員工個
別目標形成緊密連結，讓員工對總體目標與達成目標的手段能夠產生共
識，因此，企業可採用各種不同的管理方式，以增加達成策略性目標的可
能性。簡言之，績效管理是一套有系統、持續性且遍及整個組織的管理活
動，這些活動除了用來評核員工的績效表現外，更重要的是能夠發展員工
的能力，最終目的是提升組織整體營運績效並達到永續經營。
　　一般而言，有效的績效管理系統通常包含了以下五要件：

1. 能夠將企業的願景及目標由上往下的傳達到組織內的每一位員工（亦即：
組織目標、部門目標、個人目標）。
2. 員工個人目標的設定，必須和組織目標進行連結，並能支援其達成。
3. 管理者與員工間的有效溝通，其溝通成果必須能夠就組織價值觀、經營理
念、整體目標、策略規劃、達成目標手段、績效衡量方法等達成共識。
4. 績效管理不僅是績效考核作業，亦應具備協助員工能力發展的功能性角色。
5. 管理者必須給予員工持續性的回饋，針對績效差異及執行障礙等進行諮商
與教導，檢討成果亦可作為組織設計、事業策略等進一步改善的依據。
　　因此，績效管理步驟應包含以下四點：

1. **訂定組織、單位及員工績效目標**：績效管理過程應先有效地結合員工的工
作活動與組織目標。因此必須先定組織目標，目標訂定後再往下，層層制
定單位及員工績效目標。

2. **績效執行及監督**：績效目標確立後，必須要能夠有效執行及監督，而這部分
的工作則有賴管理階層與員工共同努力才能夠達成，而非僅依靠管理人員。

3. **績效評核**：工作確實執行後，下一步當然就是要評量實行的成效，以瞭解績
效目標的執行狀況，如此一來，方可針對組織營運績效不足之處進行改善。

4. **結果獎懲**：根據績效評核結果，對表現良好的員工及單位給予獎勵，才能
使其能夠努力效命，表現不好的員工及單位也要做出適當的懲罰，方能使
其有所警惕，繼續改進。

圖6-2　績效管理系統

(二)**目的**：如上所述，績效管理的重點在於提升組織整體績效以期達到永續經
營，故績效管理活動的執行，大致可概分為以下三種目的：

1. **策略性目的**：有效的績效管理系統必須能夠將員工個人的需求與組織的使
命及策略行動相互結合，因此，當員工完成個人目標時，亦可協助組織目
標的達成，而形成雙贏的效果。由於大多數人皆具有自利的本性，組織若
欲使員工致力於組織目標的達成，激勵方法的運用不可或缺。組織首先應

建立一套公平合理的績效管理制度，令員工明確感受到，若能完成目標即可獲得有形（如：獎金、紅利）或無形（如：訓練、職涯發展規劃）的獎勵，如此一來，方可有效激勵員工完成個人目標，進而連帶達成組織所預期的總體性目標。故績效管理必須搭配其他人力資源管理的功能（例如：訓練發展、薪酬管理等）才能有效地支援組織達成策略性目標。

2. **發展性目的**：績效管理不應只是回顧過去績效，僅針對員工的工作表現給予獎賞或懲罰，更重要的是將焦點放在組織未來的發展，利用績效管理的各項工具協助員工成長，以達到組織總體發展目的。因此，成功的績效管理必須針對員工績效成果進行探討與分析，確認員工能力與預期績效的落差，並依據其能力差距提供相關的訓練與輔導，有效進行員工個人職涯發展的規劃。員工在組織內的持續性成長將導致組織整體性發展，取得企業永續經營的優勢。

3. **行政性目的**：績效管理之行政性目的，主要在於建立公平無偏見的組織氛圍，如此一來，除了能夠激勵內部優秀員工願意全力以赴地達成組織目標外，亦可吸引外界人才的嚮往並加入組織行列中。為有效的營造出公平的工作氛圍，績效管理制度必須能協助組織正確地區分出員工績效的良莠，並避免績效評估偏誤，進一步給予相當的獎勵以及懲罰，而這也就是績效管理的行政性功能。

(三)**重要性**：一套設計良好的績效管理系統，能夠對組織發展提供以下貢獻：

1. **激勵員工以提升組織整體績效**：有效的績效管理可對員工提供未來工作方向的回饋與建議，明確的回應將激勵員工更加致力於個人工作績效的改善。另外，得知其他工作表現較佳者的工作行為，亦可協助員工進行工作調整與改進，導致組織總體績效的提升。

2. **組織承諾的提升**：良好的績效管理涵蓋了有效的溝通以及較佳的員工參與度，故員工的工作滿意度亦會提升。當員工將自己視為組織中的重要成員，則組織承諾（Organizational Commitment）將提升，並進而產生組織公民行為（Organizational Citizenship Behavior），此種現象將為組織績效帶來正向影響。

3. **促進組織變革**：有效的績效管理系統亦能協助組織變革的執行。舉例來說，假設一個企業準備由生產導向轉型為顧客服務導向，一旦新的組織目標設定完成後，良好的績效管理將有效地把新的組織目標結合企業文化，由上而下的傳達給員工，取得員工的認同感後，並分層制定相關的工作目標及各種達成目標的手段，組織上下同心協力地為新目標而努力，如此一來，將使組織變革的進行更加順利。

反之，設計不良的績效管理系統將導致以下問題的產生：

1. **員工離職率提高**：如果員工對組織內之績效管理模式感到不公不義，極有可能會因為生氣、沮喪而離開公司。優秀員工的離開已經是組織人才的流失，若其離職後轉為競爭對手工作，對於組織而言，更是雙重傷害。

2. **員工工作滿意度大幅降低**：績效管理制度的設計若缺乏信度、效度，令員工感到績效管理並未發揮功能時，員工將無法被有效激勵，長久下來，員工的工作滿意度將逐漸下降，而工作態度亦將逐步轉變成漠不關心，進而導致組織整體績效的下滑。

3. **導致績效評估制度的設計不良**：若績效管理不佳，將使管理者與員工之間的溝通產生問題，而無法了解彼此的實際需求。當不能釐清組織目標、個人目標、所期望的績效表現以及獎懲之間的關係時，設計後續的績效考核制度設計時，就會因定位模糊不清而無法產生實質功能。

 績效評估

績效評估（performance appraisal）是一種對員工的工作績效表現進行評估與衡量的過程，是績效管理的一項環節，對於績效管理的成敗扮演著極重要的功能性角色，以下對績效評估的定義及功能進行詳細的介紹。

(一) **定義**：績效評估是管理者與員工之間的一項溝通活動，管理者會按照所制定出的標準，利用科學且有系統的方法來衡量員工在其職務上的工作表現與成果，用來檢視員工對於工作職責的履行程度。績效評估的成果能夠讓組織確認員工的工作成績良窳、工作能力的差異以及發展潛能的優劣，並以此作為人力資源管理的基本依據（例如：薪資調整、獎勵懲罰、職務調動、工作技能訓練、職涯發展規劃等）。簡言之，績效評估是一套正式、結構化的制度，此項制度可能是定期（例如：年中、年末）或不定期（例如：專案計畫結束後）舉行，用來衡量與評核員工工作相關的行為及成果，透過對工作績效的綜合性評估，以瞭解員工是否稱職，並檢視人力資源管理功能的各項政策。

(二) **功能**：績效評估的主要功能為，依據員工工作表現提供回饋性的訊息予組織，以進行客觀的人力資源決策。績效評估的功能性目的可概分為以下四項（周瑛琪，顏炘怡，2016：145）

1. 提供升遷與加薪決策所需的資料，可作為薪酬、職務調整的依據。

2. 提供一個檢視員工優缺點的機會，藉此檢討其工作和規劃生涯，並協助主管了解部屬。

3. 組織中使用績效評估的資訊，將有助於管理且改善組織的績效。

4. 對工作計畫、預算評估和人力資源規劃提供相關訊息。

而良好的績效評估，將為組織的管理執行帶來以下的優勢（丁志達，2014：22）

1. 有助於考核者（主管）與被考核者（部屬）雙方對有效行為進行準確理解。

2. 有助於考核者與被考核者雙方建立信任。

3. 有助於消除考核者與被考核者雙方對績效考核寄予的不切實際的期望。

4. 有助於考核者與被考核者雙方建立人力資源開發的有效系統。

5. 有助於考核者與被考核者雙方維持與提高員工的積極性。

6. 有助於考核者與被考核者雙方制定員工的職涯規劃。

7. 有助於考核者與被考核者雙方在管理過程中進行各方面的信息與回饋。

(三)**關鍵績效指標（Key Performance Indicator, KPI）與目標與關鍵成果（OKR，Objectives and Key Results）**

1. **關鍵績效指標（Key Performance Indicator, KPI）**：關鍵績效指標是一種量化指標，它可以把企業的戰略目標分解為可操作的工作目標，一般而言，KPI指標的選擇會隨著組織的型態而有所不同，但無論組織制定何種KPI指標，這些指標都必須要與組織目標相結合，並且能夠反映組織的關鍵成功因素。關鍵績效指標的設定可針對企業經營目標的達成與否提供即時的資訊，以利企業產生績效重點管理或績效表現異常時的及時處置。對企業外部而言，KPI要能衡量企業整體的表現，找出企業成功的關鍵；對企業內部而言，KPI要有改善的功能，從部門到個人的表現、主管到員工的表現，都要能衡量，並且找出改善的方法。

   因此，人力資源部門通常使用關鍵績效指標來協助各部門主管確定部門的主要與責任，並以此為基礎，制定各部門人員的績效衡量指標以作為企業成立績效改善專案的重要參考依據。然而，關鍵績效指標是一種由上而下的目標分配與指示，主要強調效率與效果，所以通常僅專注於結果而非過程。因此，採用關鍵績效指標的優點是，組織可以透過績效考核以及評分機制，來督促員工完成任務，但其缺點是，員工可能會為了能夠達成績效指標而不擇手段，反而不利於企業的願景發展。

2. **目標與關鍵成果（OKR，Objectives and Key Results）**：與關鍵績效指標著重在量化不同，目標與關鍵成果法的重點內容在於，組織必須經由對目標（objectives）以及關鍵成果（key results）兩項要素的制定，來協助

團隊的成員們真正的了解，到底要做些什麼以及應該如何去做。也就是說，目標與關鍵成果法其實可以被視為是一種溝通，先和團隊共同討論制定出一個目標（objectives），讓團隊的所有成員理解他們現在到底要做什麼？然後再針對這個目標，與團隊成員們共同擬定出2到4個關鍵成果（key results），以作為如何達成目標要求的指引，所以一般而言，每一組目標將會與2到4個關鍵結果來進行搭配。而這種由下至上目標設定方式的優點是，能夠制定出令團隊中每位成員都願意去執行的目標，不過，它也有潛在的缺點，那就是一旦這些具有挑戰性的目標，並不與績效評估進行連結，員工的動力可能會因此而減弱。

3. KPI與OKR的差異：關鍵績效指標的核心思想是「由上而下」的目標設定，亦即目標主要是由高階主管所制定，然後直接下達指示給員工，員工若能順利達成即可獲得相對應的獎勵。簡單來說，關鍵績效指標其實是主管要部屬做的事。

而目標與關鍵成果法的核心思想則是「由下而上」的目標設定，主管會讓員工共同參與，一起思考若欲達成目標需要完成哪些任務，用來確保團隊中所有成員都能了解為何去做以及如何去做，所以目標與關鍵成果法其實是將目標轉換成是員工自己想做的事。

 績效管理與績效評估的區別

績效管理是確認員工的工作行為及產出與組織整體目標是否達到一致，以期完成組織的使命；而績效評估則在於衡量與回顧員工在一定期間的工作表現，並發展一套績效改善方案。由此可見，績效評估是績效管理中的一部分，兩者之間的區別如下表所示：

表6-1　績效管理與績效評估的差異

比較基礎	績效評估	績效管理
工具性質	是操作性的工具	是策略性工具
執行者	由人力資源部門負責	由組織中的管理者們負責（例如：各單位直線主管）
實施時間	有期限的績效回顧	持續性的過程
資料性質	通常是量化取向	通常是質化取向

比較基礎	績效評估	績效管理
目標導向	回憶性的工作檢討	前瞻性的規劃工作
執行過程	由上而下的評估衡量	透過對話所進行的組織合作過程
文書作業	官僚性的繁複文件工作	不重視表格的使用，主要著重於評估的過程以及雙向的溝通
附加價值	缺乏附加價值	傳達組織理念，提供立即、建設性的回饋；重視諮商與教導

 績效評估的制度規劃

有效的績效評估必須經過妥善的制度設計規劃方能達成，以下將分別針對績效評估制度的設計原則及其規劃流程進行說明。

(一)**績效評估制度設計的原則**：一般而言，企業在進行管理活動時，會先考慮5W1H作為管理規劃的原則，而在實施績效評估時亦同，組織在設計績效考核制度時，必須先釐清為何要實施績效評估？由誰負責進行？考核的期間？績效評估的指標？如何評估？以及在什麼場所進行考核？等六個問題，若組織可以明確地回答以上問題，方能有效分配資源以達到實行績效評估的真正目的。

表6-2　人事考核制度的5W1H原則

評估項目		評估內容
Why	目的	加薪、獎勵、晉級、升職、人事安排、人事調動、能力開發、培養、適合性的掌握
Who	考核者 被考核者	1. 第一次考核者、第二次考核考等評估階段分類 2. 新進員工、骨幹員工等階層分類 3. 營業、技能、事務等職業種類分類、職務分類及職能資料等級分類（地區分類）
When	對象期間	六個月、一年等
What	評估分類 評估要素	1. 能力、業績、熱情、態度考核等考核項目 2. 銷售額、利潤等具體成果、目標的完成情況、知識、技能、企劃能力、判斷能力、紀律性、協調性等考核要素

評估項目		評估內容
How	**評估階段** **評估方法**	1. 七階段、六階段、五階段、四階段、三階段等 2. 絕對評估、相對評估、自我評估等
Where	**行為場所**	只限於完成職務的工作崗位

資料來源：丁志達（2014：221）

(二)**績效評估制度規劃的流程**：績效評估規劃流程主要可分為：

1. 確認特定的績效目標。
2. 討論並設定評估標準。
3. 實際衡量工作績效表現。
4. 蒐集成果並舉行員工面談。
5. 提供回饋及建設性的指導。

流程如圖6-3所示：

為確保績效評估能順利執行，確認績效目標是首要步驟，績效目標必須先經過完整的工作分析（工作規範以及工作說明書）方能設定，目標確立後，再與員工充分討論，溝通其執行工作時所應具備

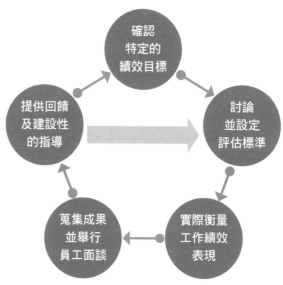

圖6-3　績效評估制度規劃流程

的知識、能力以及技能等，並制定績效評估指標，使員工能真正了解組織所期待的工作表現，確認員工清楚知道執行評估的目標與評估運作的過程。下一步則是依據所設定之績效指標實際衡量員工的工作表現，在此步驟前，應先給予評估人員適當的評估技術訓練，而在執行績效評估時，則應儘量以多人進行，以消除個人偏誤的評核結果。接下來，評估者與員工必須共同檢討工作績效的成果，使員工清楚了解其工作表現與組織期待的落差，此時，員工亦能有充分的機會對評估者的問題提出質疑並進行深入的討論。最後，組織應給予員工回饋，特別是針對應該改善的部分，不論是正面的肯定或是負面的回應，皆有助於員工更了解他們的工作表現以及其改進方法，經過以上種種程序，其結果將成為建立下一次績效目標的參考。

五　績效評估方法

績效評估方法將會影響績效考核成果的正確性，經過眾多學者多年來的研究，目前已創造出各種不同用於評估績效的方法（例如：評定量表法、員工比較法、敘事考核法、目標管理法、評鑑中心法、360度績效評估法等），以下將以發展時間進行分類，將各項方法概分為二大類如圖6-4所示：

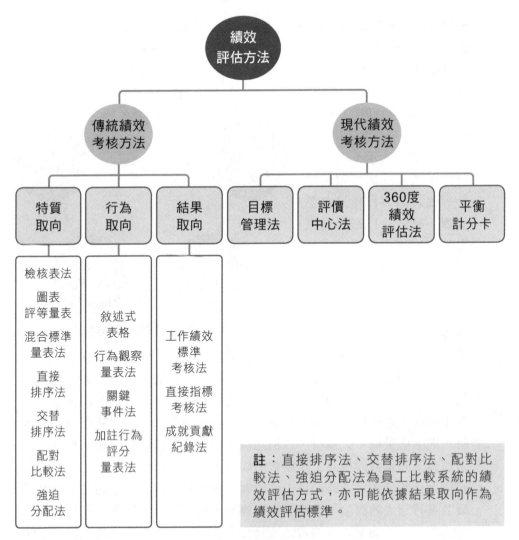

圖6-4　績效評估方法

(一)**傳統方法**：績效考核制度通常是針對員工對工作的投入程度、行為表現以及工作產出等三個向度為考量，因此，本書將各項傳統績效考核方法依照上述三個向度，區分為：特質取向（Trait Approach）、行為取向（Behavioral Approach）以及結果取向（Result Approach）三大類，詳細介紹如下：

1. **特質取向**：係指管理者依照員工的某一項（或某些）屬性，進行評價並給予成績的績效考核方法，特質取向的評量重心，在於衡量員工具有多少完成工作任務的能力，它可能與工作結果相關，也可能無關，例如「態度良好」、「滿臉信心」、「一臉聰明相」、「看起來很友善」、「經驗豐富」，就可能跟工作無關。因此，在三項評估取向中，特質取向的評估標準是最弱的一環。其主要優點為很容易建立及使用，且由於成本低廉，因此可以廣泛地運用在公司內大部分的工作和員工中；而其主要的缺點則是(1)很容易發生評估偏誤。(2)較難提供有用的回饋資訊。(3)較難用以進行升遷及獎酬分配等人力資源管理決策。一般可分為檢核表法、圖表評等量表法、混合標準量表法、直接排序法、交替排序法、配對比較法以及強迫分配法7種方式。

(1)**檢核表法（Checklist Method）**：檢核表評估法是要求評估者依照被考核者的工作表現或某項特質，確認其是否達到所預期的要求（檢核表中會陳列出明確的描述）。使用檢核表法時，評估者通常是被考核者的直屬主管，容易實施是其最大的優點，但缺點是評估者的個人偏見（例如：月暈效果）可能嚴重影響考核結果。

表6-3　檢核表法範例			
請依下列各項敘述，根據員工實際的表現給予評估：			
員工姓名： 部門：	評估者姓名： 日期：		
評估指標	是	否	若否，請說明
1.該員工在工作上主動積極 2.該員工能與同事和睦相處？ 3.該員工能細心處理工作？			

(2)**圖表評等量表法（Graphic Rating Scale）**：此法是簡單易行的績效評估工具，評估者利用結構化的量表，就某個屬性或特質對被評估者進行評分（通常是Likert 李克特5點量表），分數的給予是考核者的主觀內心感受，而最終只要將分數加總即可得知被評估者的整體績效表現。

其優點是發展尺度量表工具較為容易，故能夠廣泛應用；但其缺點則為流於主觀性的評估，可能產生月暈效果或者趨中效應，而使評核結果出現偏誤。

表6-4　圖表評等量表範例					
請依下列各項敘述，根據員工實際的表現給予適當的評估					
員工姓名： 部門：		評估者姓名： 日期：			
評估指標	無法接受	需要改進	尚可	良好	優秀
1.工作數量					
2.工作品質					
3.工作積極度					
4.工作效率					
5.工作配合度					

(3)**混合標準量表法**（Mixed-Standard Scales）：此法是圖表評等量表法的進階版，對於每項評估特質的構面，都發展出高、中、低三種績效表現水準的不同描述，各個構面的三種描述是以隨機的方式出現於表中，主管將會針對每一項描述，評估員工的表現是「優於」、「相當於」或「不及」來取代分數。其優點為，由於擁有客觀的敘述作為指標以進行比較，又無須考慮分數，故可以避免月暈效果或者趨中效應；但缺點則是無法得知尺度分數。

表6-5　混合標準量表法範例			
請依下列各項敘述，根據員工實際工作表現，給予優於（＋）、相當於（０）或不及（－）的評價			
評估特質	等級	描述	評價
智能	中	這位員工也許不是天才，但比其他的多數員工相比，較具智慧	＋
合作	低	這位員工常常和同事間發生不必要的衝突	０
智能	低	這位員工雖然學習事情比起其他員工較慢，理解力也較弱，但是該員還是具有一般人的智能	＋
合作	高	這位員工可以與其他人有非常良好的合作，即使該員不同意同事的想法，依然可以處理好與同事的關係	－
智能	高	這位員工非常聰明，能相當快速地學習新事物	－

表6-5 混合標準量表法範例

請依下列各項敘述，根據員工實際工作表現，給予優於（＋）、相當於（０）或不及（－）的評價

評估特質	等級	描述	評價
合作	中	這位員工可以和大多數同事相處愉快，只有少數機會可能會和其他人發生衝突	-

評分指標

高	中	低	分數
+	+	+	7
0	+	+	6
-	+	+	5
-	0	+	4
-	-	+	3
-	-	0	2
-	-	-	1

各構面評分結果

評估特質	高	中	低	分數
智能	-	+	+	5
合作	-	-	0	2

(4) **直接排序法**（Straight Ranking Method）：在同一個工作單位中，管理者依據員工的工作表現，由績效成果最佳者開始排序，一直至工作表現最差者。此法的優點的簡單易行，並能夠避免過嚴或過寬的偏誤，但其缺點在於，評估標準的單一可能會造成考核結果的客觀性及正確性減低。

表6-6 直接排序法範例

請依下列5位員工的平時表現，給予排名。

員工姓名	排名
A員工	3
B員工	1
C員工	4
D員工	5
E員工	2

(5)**交替排序法**（Alternative Ranking Method）：此法與直接排序法有些類似，但管理者會針對同一單位內的所有員工，先選取出表現最佳以及最差者，分別置於第一名與最後一名的位置，然後在剩下的員工中，再選取出績效次佳者及次差者，分別置於第二名與倒數第二名的位置，接著依此類推、交替選擇，直至所有的員工皆排序完成。交替排序法的優點是執行容易，因為相較於直接排序法而言，主管無須對全部員工一個接一個地進行排序，只須區別出最好與最差的員工即可。然而，其缺點是雖然很容易可以找出表現最好及最差的員工，但對於排列於中間位置的員工而言，會很難判斷其先後差別。

表6-7　交替排序法評等量表	
依據你所評估的特質，將所有參與評估的員工列出。選出在此一特質上表現最佳的人，將其姓名填在第一欄的第一個空格上；隨後刪掉這人的姓名，在其餘的人員中，選出在此一特質上表現最差的人，將其姓名填寫在第二欄的最後一個空格上。接著再刪掉這人的姓名，在其餘的人選中，選出在此一特質上表現最佳的人，填寫姓名在第一欄的第二個空格上……依此類推，直到所有人的姓名均已出現在量表上。 在此特質表現最佳者	
1.最佳	1.
2.次佳	2.
3.	3.
4.	4.
5.	5.
6.	6.
7.	7.
8.	8.
9.	9.次差
10.	10.最差
在此特質上表現最差者	

資料來源：丁志達（2014：66）

(6) **配對比較法**（Paired Comparison Method）：考評者對同一單位中所有員工的工作成績，利用成對比較的方法來決定優劣，其評估方式是將員工姓名用成對組合的方法，進行比較。假設有A、B、C、D四位員工，則評估進行方式為：A與B比較、A與C比較、A與D比較、B與C比較、B與D比較、C與D比較。待全部配對比較完成後，即可統計出每位員工獲勝的次數，進而獲知表現最佳以及最差的員工。使用此法的優點為，由於多次進行比較的程序，故結果較為精準；然而，若是考核人數眾多時，手續會相當地繁瑣、冗長，非常浪費時間，因此較適用於人數少的單位或部門。

表6-8　　配對比較法範例			
績效評估比較表			
比較對象	A	B	C	D
A		+	+	-
B	-		-	-
C	-	+		-
D	+	+	+	
評分結果 （獲勝次數）	1	3	2	0
績效排名	3	1	2	4

(7) **強迫分配法**（Forced Distribution Method）：以「常態分配」的概念來進行分等，管理者先預先訂出一定比例分布分式，依照該比例來評定優劣，例如要求考核者將10%的員工評定為最高分；20%的人評定為次高分；40%的人評為居中；再將20%的人評為次低分；最後將10%的人評為最低分（如圖6-5所示）。如此一來，即可以避免全體員工皆獲得優等、中等或劣等的考核結果。此法最大的優點是可以避免過寬、趨

中或者是過嚴的偏誤，有助於迫使主管區分出部門內績效優／劣的員工；但其缺點是若是該單位中的大部分員工表現皆一致時，強迫分配法將顯得有失公允，而可能造成爭議，不易促成交流與合作，甚至會加深同仁之間的競爭而破壞團隊合作。

實施強迫分配法的基本前提是員工之績效表現上存在著常態分配的情況，而常態分配則必須在人數規模足夠大的時候才有可能達成，故強迫分配法僅適用於員工人數較多的部門當中，唯有如此，員工的績效成績才會呈現常態分配。

為了克服強迫分配法的缺點，將員工的個人與團體的激勵進行完善的結合，可以配合團體考評制度用以改進硬性分配的結果，其操作方式如下所述：

第一步，必須先確定各個評定等級（例如A、B、C、D、E或者甲、乙、丙、丁等）的獎金分配點數，並且使各個等級之間的點數差別能夠對員工產生充分的激勵效果。

第二步，由部門中的每位員工依據績效考核的標準進行互評（亦即對自己以外的所有其他員工評分）。

第三步，將部門中每位員工的平均分數進行加總後，再除以部門內的員工人數，用來計算出部門的績效平均分數。

第四步，將每位員工的平均分數除以部門的績效平均分數，可以得到一個標準化的考評得分。標準分接近於1的員工可以得到績效表現中等的評價，而那些標準分明顯大於1的員工應該獲得優良等級的績效評價，相較之下，考評標準分明顯低於1的員工當然是得到及格甚或是不及格的績效考評。

第五步，最後根據每位員工的考評等級所對應的獎金分配點數，來計算部門的獎金總點數，並對應可分配的獎金總額，得出每位員工應該得到的獎金數額。

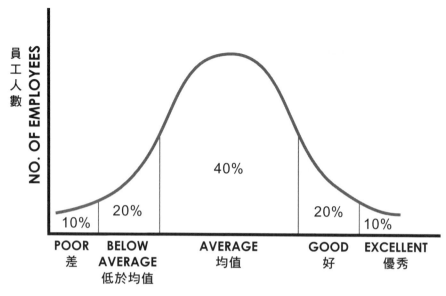

圖6-5 強迫分配法

2. **行為取向**：行為取向的績效評估方式，是指管理者以員工在工作過程中的種種行為表現，來進行考核，因此是一種以組織、團隊與個人完成任務的過程、方式、或表現出的行為來判定績效標準。其主要優點為員工行為容易被觀察，使用具體的行為構面及描述使員工較易接受考核結果，此外，亦能提供予員工有用或明確的資訊回饋。一般而言，可分為敘述式表格、行為觀察量表法、關鍵事件法、以及加註行為評分量表法等4種方式。

(1) **敘述式表格**（Narrative Forms）：是敘事考核法（essay method）其中一種方式，主管會針對員工過去的工作績效表現，詳盡地使用文字進行書面上的陳述，除了員工行為表現外，更重要的是列出績效的特殊範例、員工的優缺點、工作上的改善建議以及所需要的進一步訓練等事項。其主要目的藉由彙整評估員工在職務上的工作情況，達到問題解決及績效改善的功效，缺點是觀察被考核的行為與蒐集相關資料時比較耗費時間。

表6-9　敘述式表格-專業人員稽核評估報告

產出評估：
良好

流程評估：
缺少
活動相對於
產出

陳述必須有
實例證明

讚美也得找
實例支持！

告訴員工他
該如何增進
績效

姓名：張三
職稱：物料支援主任
評估期間：
工作內容說明：
負責生產管理規劃流程與製造標準制定過程——包括維修及發展。
評估期間完成事項：
在這年中，生產規劃流程有顯著的改變。各部門之間的協調做得不錯，而管理活動也都能有效率地進行。
優點及需要改進行處：
張三在二月調到物料支援部。當時生產製造流程碰到了一些難題，而張三很快地便進入狀況，與前一任主管順利交接。
但在製造標準制定方面，張三的表現就沒那麼好。他雖然很努力但成效不佳。我有想兩個原因：
· 張三不太能清楚地訂定明確的目標。一個明顯的例子是他無法制定目標及主要產出；另外一個例子則是他在三月間所做的製造標準系統評估時情緒化的結論。到現在我們還是不知道這個系統何去何從。一個人如果沒有明確的目標，很容易就會陷入「徒勞無功」的陷阱——這與接下來的第二點極有關聯。
· 我覺得張三很容易誤以為開了會就有所進度。他應該在開會前多下點功夫，訂清楚會議的目標。
張三之前的財務背景很顯然地在很多地方都能派上用場。最近的例子是他幫忙採購部門解決了一些財務上的問題——雖然並不是他份內的事。
張三很希望能繼續晉升到下一個管理階層。這一次我並沒有擢升他的打算，但我相信他的能力處理複雜的案子——如之前的製造標準系統，而且重要的是必須要有結果。他必須要能清楚明確地分析問題，訂定目標，然後找出達成目的方法。而這其中大部分都要靠他自己。雖然我會從旁協助，但主角還是他。當他能證明他能獨立作業之時，擢升自然會水到渠成。
總而言之，張三對目前的工作還算能勝任，我當然也明白他剛從財務部門調到製造部門，自會碰上一些難處。我會繼續幫他忙——特別是在目標訂定以及尋找解決方法上。張三在物料支援上的評比是「及格」——他當然還有很大的空間可以努力改進。

除直屬上司
外，還得向
上再呈報一
級。另外也
得呈報人事
部門，讓他
們處理薪資

評比：□不及格
　　　□及格
　　　□表現良好
　　　□表現優異

直接主管（簽名）：＿＿＿＿日期：
總經理（簽名）：＿＿＿＿日期：
矩陣主管（簽名）：＿＿＿＿日期：
人事部門（簽名）：＿＿＿＿日期：
員工（簽名）：＿＿＿＿日期：

這是個雙重報告的例子，物料經理委員會的主席參與了此項評估

員工簽名只表示他看了這份報告，但並不一定表示他完全同意

資料來源：丁志達（2014：67-68）

(2) **行為觀察量表法**（Behavioral Observation Scales）：行為觀察量表是
以行為發生的頻率作為評估的標準，因此在發展評量表時，首先必須
確定衡量業績的各項指標，再針對各項關鍵指標細分為具體的項目說
明，最後，根據行為頻率來評定分數，如圖6-10所示。採用本方法的主
要優點是，由於設計績效評量表是以工作分析為基礎，因此信度、效
度較高，另外，行為的觀察結果相當具體，故主管容易與員工溝通與
回饋意見，員工也易於了解並接受指導以進行正面的改善。而缺點是
發展行為觀察量表將耗時費力，且評估者必須對被考核者的行為進行
充分的觀察，一旦被考核者的人數過多，將造成主管相當大的負擔。

表6-10　行為觀察量表法

職位：銀行核貸助理員
項目：良好的表現
1. 精確準備信用報告

幾乎沒有	偶爾	有時	經常	總是如此
1	2	3	4	5

2. 與貸款申請者面談時很有善

幾乎沒有	偶爾	有時	經常	總是如此
1	2	3	4	5

項目：不好的表現
1. 未能準備跟進的文件

幾乎沒有	偶爾	有時	經常	總是如此
1	2	3	4	5

2. 必須經提醒才會準時提出信用報告

幾乎沒有	偶爾	有時	經常	總是如此
1	2	3	4	5

參考資料：丁志達（2014：57）

(3)**關鍵事件法**（Critical Incidents Method）：與行為觀察量表法相同，管理必須觀察員工行為，但記錄方式與敘述式表格較類似，是屬於敘事考核法（essay method）中一種方式，不過，其焦點將放在部屬在關鍵行為上的特殊表現（包含重大優良工作表現或錯誤發生事件），再根據以上特殊表現的事例來考核部屬並給予回饋。通常主管會依據員工特殊事蹟的案例紀錄與其進行討論，可以具體與員工討論實際觀察到的事件，優點是為員工績效考核提供實際訊息，員工可以很清楚知道本身的行為與改善的空間，以作為有效輔導員工的資料；缺點是員工可能感受到被監視，造成主管與員工的關係緊張。

表6-11　關鍵事件法－某副廠長的重要事蹟範例

平時的責任	目標	特殊事蹟
安排生產排程	充分利用人員與機器；準時交貨	設置新的生產排程：上個月減少延誤交貨10%；上個月提高機器利用率20%
負責原料採購與存貨控制	降低存貨成本、保持適量物料	上個月存貨成本增加15%；A與B零件多訂20%，C零件少訂30%
督導機器維持運作	不因機器故障而停工	設置新的維護保養制度；及時發現損壞的零件，使某部機器免於故障

參考資料：方世榮（2017：269）

(4)**加註行為評分量表法**（Behaviorally Anchored Rating Scales, BARS）：加註行為評分量表法是藉由工作分析來設計出評估的構面，再輔以標準化程序實施員工行為的觀察，並以此為依據進行績效評估。此法可說是關鍵事件法的改良版本，它同時兼具了關鍵事件法的客觀性以及圖表評等量法簡單易行的特點，由於融合了敘述式、關鍵事件以及量化的評分法的眾多優點，因此是所有績效考核方法中較為公平的一種。採用此法的優點是，上司能夠依照不同的行為標準敘述對照員工的工作表現，而清楚地進行績效評估；然而，其缺點在於，評估者有時可能很難將考評者行為與量表中描述進行配對，導致評估上的困擾。

加註行為評分量表法的發展過程，通常會以下5個步驟：

A. **關鍵事件的產生**：先請對工作內容有特定了解的人，描述出與績效有關的重要事項。

B. **發展績效構面**：將以上所描繪出的事項，區分成幾個不同的績效構面，並針對每個構面加以定義。

C. **重新分派事件**：請一群了解該工作內容的參與者，先讓他們知道各個構面的定義，再請他們依照自己的觀點，重新將初始的重要事例加以分類到各個構面上。一般來說，若是這群人有某個比例（通常是50%～80%），對某項事例的歸類與第二步驟的參與群體相同時，則表示該事件可以予以保留。

D. **決定各事件的尺度**：針對各事件所敘述的行為，決定適當的分數以代表績效的優良與否。

E. **發展衡量工具**：每一個構面皆使用一組事件，做為行為的註解。

表6-12　加註行為評等量表法之題目

單位		職稱			姓名	
項目	說明					
工作績效	左列各項目之詳細內容與右列評定之定義，請參考下方資料	□優　□佳　□可　□稍差　□要努力				
業務品質		□優　□佳　□可　□稍差　□要努力				
專業知識		□優　□佳　□可　□稍差　□要努力				
人際關係		□優　□佳　□可　□稍差　□要努力				
工作態度		□優　□佳　□可　□稍差　□要努力				
個人操守		□優　□佳　□可　□稍差　□要努力				
發展潛力		□優　□佳　□可　□稍差　□要努力				

項目	等級	評量標準
工作績效	優	工作績效遠大於業績目標
	佳	工作績效大於業績目標
	可	工作績效等於業績目標
	稍差	工作績效小於業績目標
	要努力	工作績效遠小於業績目標
業務品質	優	工作成果與效率優異，完全不用主管操心
	佳	工作成果與效率良好，主管儘須稍加指導
	可	工作成果與效率合於一般水準
	稍差	工作成果與效率不如一般水準，且常發生缺失
	要努力	工作成果與效率極差，造成主管困擾

項目	等級	評量標準
專業 知識	優	通曉必要之專業與基礎知識，且能舉一反三，自我充實
	佳	對職務上之專業與基礎知識應用能力良好，執行業務有效率
	可	對職務上之專業與基礎知識瞭解，可運用於執行業務
	稍差	對職務上之專業與基礎知識不甚瞭解，運用常有窒礙
	要努力	對職務上之專業與基礎知識完全不瞭解，凡事須人指導
人際 關係	優	人緣極佳，與其他同事相處融洽，主動幫助他人完成工作
	佳	人緣佳，會參與組織共同事務
	可	人緣尚可，與他人互動維持一般水準
	稍差	人緣稍差，少與組織內其他成員來往
	要努力	自外於組織，不與組織內其他成員來往，缺乏組織認同感
工作 態度	優	對業務有高度熱誠及責任感，積極進取、努力不懈
	佳	積極面對業務，對困難的工作亦盡力解決
	可	處理業務尚稱積極，工作態度大致良好
	稍差	處理業務之態度稍欠積極，責任感稍嫌不足
	要努力	消極且無責任感，不喜歡困難或辛苦之工作
個人 操守	優	服從公司規定，品德優異，且能影響他人，對自我要求極高
	佳	恪遵公司規定，品德兼優，私人生活規律、言行檢點
	可	遵守工作場所秩序，無不良嗜好
	稍差	偶爾會忽略工作場所秩序，造成主管及同事困擾
	要努力	不顧工作場所秩序，嚴重影響他人工作情緒
發展 潛力	優	潛力出眾、有極大發展空間，可栽培往更高層次發展
	佳	有發展潛力，經適當栽培能膺重任
	可	有一般水準之潛力，須按部就班培養
	稍差	發展潛力稍差，須經更長之培訓期開始能勝任
	要努力	無發展潛力，應無栽培必須

參考資料：丁志達（2014：58-59）

3. **結果取向**：結果取向的績效評估方式，是指管理者將針對員工在工作成果進行考核，主要著重於目標結果的達成，此為一種以結果為基礎的評估方式，其著重點在於員工完成工作目標的程度、完成哪些工作或生產哪些產品，而這些產出或結果多有客觀可以衡量的記錄。優點是：較能避免主觀評估的偏誤，使個人的付出能與組織目標有較好的聯結（有效連結個人績效與組織績效）。一般而言，傳統的結果取向績效考核方式，可分為工作績效標準考核法、直接指標考核法以及成就貢獻紀錄法等3種方式。

(1) **工作績效標準考核法**：通常運用於非管理職位人員的評核，會先設定出期望中的工作標準，然後將員工的產出與該標準進行比較而評估出績效表現的好壞。值得注意的是，為了保證與組織目標的達成具一致性，此法所採用的績效衡量指標是更直接的，除了須具備明確性、具體性與合理性之外，亦會規定完成目標的先後順序，以及對時間、空間、品質與數量上的約束限制。其優點是能夠提供清楚的回饋，使每位被評核者都可以很清楚地知道工作結果；但當工作項目過多時，將很難將每項工作逐一設定標準，造成某些重要內容被忽略，是其一大缺點。

表6-13　工作績效標準考核法範例	
考核要項	**績效標準**
公文處理	1. 收到公文函，3個工作日內回覆完成。 2. 公文函於收到後7個工作日內完成歸檔。 3. 收到內部簽呈，2個工作日內回覆完成。 4. 正式會議紀錄於會議完成後5個工作日內，發送於各與會者以及相關人員。

(2) **直接指標考核法（Direct Index）**：是採用可監測、可計算測量的指標構成不同的評估要項，而對被考核者進行工作表現的衡量。此法並非僅考核員工所直接表現出的工作成果，亦會衡量其他指標的結果以作為評估的依據，例如：對於非管理之生產人員，除生產數量之外，亦會包含產品不良率、廢料產生率等要項進行考評；而對於管理人員，則可能加入其部屬的缺勤率與流動率等，作為績效衡量的指標。採用此法的優點是評估的指標準據較豐富，不會出現以偏概全的現象，而能夠確實評估出受考核者的整體績效；但其缺點則為，被考核者太在意量化績效指標的達成，而忽略了質化績效指標的兼顧。

(3) **成就貢獻紀錄法**（Accomplishment Records）：與關鍵事件法相關，只紀錄正向的、優良的表現。紀錄內容是由員工自行填寫，將自身所完成的一切工作，登錄於成就貢獻紀錄表之中，接著由主管證明其紀錄的正確性，最後再請專家組成的考核小組評估其貢獻的總體價值。此法較適合使用於專業人員的績效考核，尤其是針對績效評估指標很難明確制定的專業性工作。採行此方法的優點是效度高，但缺點是考核過程費時，且成本較高。

傳統型績效評估考核各項方法的優、缺點綜整如表6-14。

表6-14　**各項傳統型績效評估考核各方法優、缺點比較一覽表**

類型	方法	優點	缺點
特質取向	檢核表法	容易實施	評估者的個人偏見（EX：月暈效應）可能影響考核結果
	圖表評等量表法	1. 設計簡便，即經濟又易瞭解。 2. 評分時有較明確的範圍可遵循。最後，評定採計算方式，較公平與準確。	1. 評估者易受其主觀格式所限定，難以表示真實意見。 2. 各項因素的採用，很難完全適合受評者的工作特性。 3. 評估者對各項考績向度的評分標準可能不同，所以評估評定上易有爭議。
	直接排序法	1. 概念清楚簡單。 2. 避免月暈偏誤。	1. 評估者一個人在做比較時，很難會同時考慮到所有受評者之間的差異情況。 2. 評估過程中，易受接受誤差影響。
	混合標準尺度法	考核者只須高、中、低三種描述中選擇，考核者不用管任何分數，可以避免發生中央傾向等常見的考核偏見發生。	1. 無法得知尺度分數。 2. 不具有發展性考核目的。
	交替排序法	1. 易於發展與施行，可行性高。 2. 主管易於辨別員工表現的差異性。 3. 可避免集中趨勢與評估尺度的其他問題。	可能不被員工接受，且當所有員工的能力都非常接近時，會造成主管評比不易，而導致不公平的問題產生。

類型	方法	優點	缺點
特質取向	配對比較法	1. 概念清楚。 2. 方法進步。	1. 過程繁瑣。 2. 要做的比較次數多。
	強迫分配法	符合統計學上之常態分配，可避免評估者之偏惡現象。	1. 以一定比例強迫評估者評估實有失公平。 2. 強迫選擇的方式，易引起員工之不滿。 3. 被考核者增加則考核者的作業方式就愈複雜。
行為取向	敘述式表格	填完「績效分析表」後，評核者在短時間內和受評者進行討論，對於受評者的績效能夠做立即的回饋與改善。	被考核者增加則考核者在績效分析及例證方面，勢必要蒐集很多被考核者的資料以做評定，將會耗費許多時間。
	關鍵事件法	1. 給予員工與工作有關的回饋。 2. 將具體的事實提供給主管作為輔導員工的參考。	1. 量表的發展需要蒐集很多重要事件並判斷各個重要事件的好壞，須花費許多時間在此。 2. 主管平時就要針對員工表現加以記錄，故主管日常業務中，花費在評估的時間會增加。
	加註行為評分表法	1. 尺寸更正確。 2. 標準更明確。 3. 可提供具體的回饋。 4. 有系統地將重要事件分成各個構面，可使各構面更獨立。 5. 使用行為定向法時不同的評估者對同一員工的評估較能得到一致相同的結果，較為一致可靠。	1. 量表的發展需要蒐集很多重要事件並判定各個重要事件的好壞，須花費許多時間。 2. 主管平時就要針對員工表現加以記錄，故主管日常業務中，花費在評估的時間比重可能增加。

類型	方法	優點	缺點
行為取向	行為觀察尺度法	1. 根據系統化工作分析為基礎。 2. 清楚界定各行為項目及描述加註行為。 3. 評估構面發展過程中，有員工參與，可增加員工的瞭解與接受。 4. 特定目標可以利用評分表示，並提供績效回饋與改善。 5. 符合信度及效度的統一原則。	1. 花費的時間與成本較其他方法高。 2. 許多與目標完成有關的行為構面可能被忽略。 3. 此種方法須要更多積極行為的觀察。因此，當控制幅度太大時，績效考核可能是主管無法負荷的工作。
結果取向	工作績效標準考核法	1. 標準具有明確、時間性、狀態、優先順序及組織目標偏致性的特色，標準詳細。 2. 能夠提供清楚的回饋，使每位被評核者都能清楚的知道自己的工作結果。	工作項目過多時，會無法將每一工作內涵都一一設定標準，可能有些重要工作行為會被忽略。
	直接指標考核法	1. 標準明確。 2. 評估的指標與涵蓋的準據多，不會有以一概全的情形發生，能夠確實評估出受評核者的整體績效。	可能會導致受評核者著重於短期的目標，而忽略了長期的目標，所以應在每隔一段時間做固定的考核，卻會導致成本增加。
	成就貢獻紀錄法	貢獻紀錄表是先由主管驗明其正確性，再外界專家組成的考核小組評估。所以兼具效度與信度，且其結果較易被評做者所接受。	考核方法十分耗時，且成本極高。

資料來源：修正自周瑛琪，顏炘怡（2016：161-163）

(二)**現代方法**：隨著企業營運的複雜化程度增加，績效評估的方式亦不斷地進行更新與改善，因而產生了各種不同於以往的考核模式，其中比較知名且廣泛應用於實務界的方式有目標管理法、評鑑中心法、360度績效評估法、平衡計分卡等四種。

1. **目標管理法（Management by Objectives, MBO）**：目標管理概念由美國管理大師Peter Drucker在1954年於"The Practice of Management"（管理實務）一書提出，核心觀念是：為了改善組織總體績效，員工與管理者必須共同進行目標的設定，主管和部屬將一起參與個人及部門目標的制訂並規劃具體實施方案，獲得員工承諾，有效地提升員工對工作的積極度，最終達到總體目標之實現。參與管理（management by participation）是一種授權員工參與組織決策的實踐，使部屬能和上司共同參與決策制定的管理方式。也就是說，參與管理允許部屬員工可以在不同程度上參加組織的決策過程，令其處於與管理者平等的地位並實際分享決策權。在實務運作上，參與管理的方式包括了共同制定目標、共同討論組織中的重大問題、直接參與工作決策等。員工可以藉由參與管理而獲得成就感並產生激勵的效果，目標管理具體的實施步驟是企業或組織的領導經營層，根據組織所面對的內、外環境和組織策略，制定出整體目標，接下來，整合各部門，將所訂立的總目標一層一層的往下展開，分別成為部門目標以及員工個人目標，形成一個整體組織目標展開體系，在此同時，也必須要建立起衡量目標是否完成的指標，以作為將來組織評核個人與部門績效的主要依據（詳細實施步驟如下圖所示）。

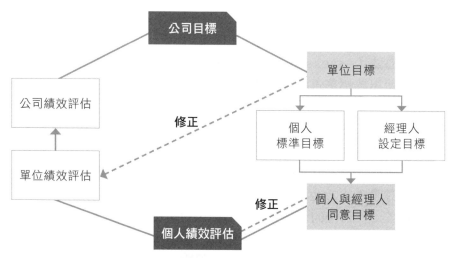

圖6-6　目標管理實施步驟圖　　資料來源：丁志達（2014：84）

目標管理是屬於結果取向型的績效考核系統，其是否能夠成功地執行，目標的設定扮演了十分重要的角色，因此一個有效的目標設定，應該遵循SMART原則來進行規劃，目標設定的SMART原則如下所述：

明確性 **Specific**	目標的設定不可過於模糊，應該清楚明確，使員工可以容易得知所須完成的工作為何？例如，提高顧客滿意度這個目標就有些空泛，應該明確指出，目標的要求是讓員工在顧客服務調查結果中，其滿意度由73%提升到80%。
可測量性 **Measurable**	目標必須要量化，使之能夠被判斷評量。如果目標不能夠被衡量，就無法檢查實際結果與預期目標之間的差距，將無法進行後續的追蹤、考核以及評估。
可實現性 **Achievable**	目標不能夠太理想以致於無法實行，永遠不能達成的目標將使員工直接放棄執行，因此目標的設定，以有些難度又不會太好高騖遠為最佳。
相關性 **Relevant**	目標是實現組織使命與願景的重要工具，因此個人及部門目標必須與組織整體目標具關連性才有意義，方可聚焦資源以達成組織目標。
時效性 **Time-bound**	必須為目標的達成制定一個期限，用於掌握相關時效，並進行後續的追蹤以及驗收成果。一項無截止期限的目標，常會拖延而變成一個永遠無法完成的目標。

以目標管理進行績效評估，最大的功能是可以激勵員工，由於員工參了與目標制定的流程，將組織目標與個人需求進行良好結合，因此能令員工產生工作動力；但其缺點為質化目標的忽視，只重視量化目標的達成，有時候可能會造成短視近利的現象。

2. **評鑑中心法（Assessment Centers）**：評鑑中心法的應用範圍相當廣泛，可使用於招募甄選、訓練發展以及績效評估（此法的詳細內容亦已介紹於本書第四章），在本章中，僅說明運用評鑑中心法於績效評估中的重要觀點。評鑑中心法是使用各種不同的測驗技術，評估參與者在工作中所需使用的技能，因此它是一連串的過程或方法，包含了多種評鑑技術，例如：與工作相關的模擬、面談以及心理測驗等，除了多工具使用外，評量者人數也不只一位，通常是由員工的直屬主管與其他3-4位瞭解員工工作情況的管理者組成小組，對員工進行評估，故又被稱為小組評論法。此法一般利用於模擬更高一階的工作情況，比較適合評估高層管理人員的發展機會。採行此法的優點是，因為多人進行績效考核評

估，故能夠有效減少個人偏好影響評核成果；而其缺點是，為了符合組織需要，此制度必須要慎重設計，故而費時且成本高。良好的評鑑中心法必須具備以下要件，如表6-15所示：

表6-15　評鑑中心條件資格一覽表
1. 必須使用多元化的評估技術，其中至少有一項必須是與工作情境類似的模擬訓練。
2. 必須使用懂得多種技術的評估者，這些人員工先受過「評鑑中心制」的訓練。
3. 透過考核者及各種技術廣泛蒐集資訊，再據此審查工作成果。
4. 由考核者對員工行為進行全面評估，而這項評估係於不同時間進行行為觀察得來的。
5. 模擬訓練可以用來探索不同的預設行為，而這些訓練也需事先經過測試才可以派上用場。
6. 由評估中心所評價出來的工作範圍、屬性、特質或品質，是由對相關的工作行為進行分析後才做出決定的。
7. 評估中心所使用的技術，都事先經過設計的，目的在於對預先設定的工作範圍、屬性、品質等方面做評價時提供相關資訊。

資料來源：丁志達（2014：73）

3. **360度績效評估（360 degree feedback）**：360度績效評估與傳統績效考核方法最大的差異處在於，它採用了多元評估者的回饋來進行績效評估，而非僅由主管作為考核者的角色，評估者包含了被評估者的主管、顧客、供應商、同儕、部屬以及自己本身，盡可能地大量蒐集與受考核者工作表現相關的有效資訊，以持續提供給員工建設性的回饋改善意見，故此法結合了績效考核以及調查回饋，為一多角度且全方位的績效回饋方法，如右圖所示。

圖6-7　**360度績效評估圖**

實施360度績效評估的優點是，由於其考核具有全方面且多元角度的觀察，因此績效評核的結果比較客觀，諮詢意見和建議也就比較容易被受評人員所接受。另外，360度績效評估的資訊來源是取自於多個面向，故相較於傳統評估的單一來源而言，可以有效地減輕偏見或偏誤的狀況產生。

而360度績效評估方法的缺點則是，由於回饋訊息來自於多方不同的面向，觀察點的不同（例如：主管和同事對被受評人的立場不同）將會造成績效評估結果的差異性，如此一來將會造成整體績效評斷上的困擾，其解決之道為加強管理者對於所獲得評核資訊的分析能力。此外，由於360度績效評估具有同事評估的面向，所以員工之間可能會產生互相串通聯合的情況，進而提供不實的評價資訊，因此組織必須要能夠加強檢查這些有問題的評估回饋資訊。

4. **平衡計分卡（Balanced Scorecard, BSC）**：平衡計分卡是由Robert S. Kaplan與David P. Norton共同發展的一種組織績效衡量制度，此項工具能夠溝通企業目標、整合績效評估並且有效監控企業整體策略的執行，因而受到實務界的喜愛。平衡計分卡主要在於強調績效的衡量必須與組織的目標以及策略相互連結，站在組織永續發展的立場，把企業內資源進行整體規劃，用來協助策略目標及企業整體營運目標的實現。其執行方法為，以組織的成長為基礎，首先設定可達成的合理目標，與員工充分溝通使其了解組織策略與目標後，再要求員工積極執行工作，由此可見，平衡計分卡並非一套控制的系統，而是用來幫助組織發展的學習與溝通模式。

平衡計分卡採取四個構面評估組織經營績效，分別是：財務面（Financial perspective）、顧客面（Customer perspective）、企業內部流程（Internal business process perspective）以及學習與成長（Innovation and Learning perspective），以上述四構面衡量企業的營運表現，將組織的使命、願景以及策略規劃，進行連結成一貫的策略管理系統，如下圖所示。

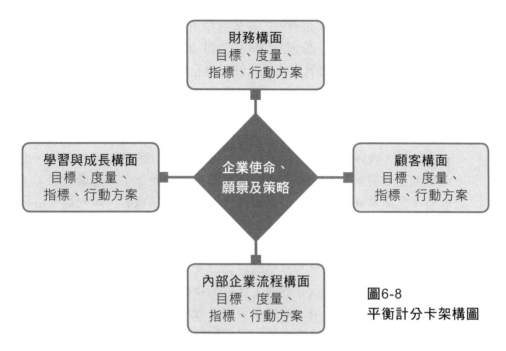

圖6-8
平衡計分卡架構圖

採用平衡計分卡的最主要優點為，企業不僅只看重財務性的數字，亦考慮到了其他外部（例如：顧客）以及內部（企業流程以及學習與成長）的平衡，利用四個構面的衡量結合了企業的願景形成一個整體性的管理思考模式，能使員工更清楚瞭解企業的經營方向，以激勵其為組織創造價值的貢獻性的行為。然而，成功實施平衡計分卡必須依賴多方的支持與合作，若其實施無法與其他人力資源管理措施（例如：薪酬、晉升、教育訓練以及職涯發展）有效結合，將無法達到預期成果，對員工而言，反倒成為另一項繁瑣的績效管理制度。本書第2章中亦提及人力資源計分卡的概念，可配合閱讀，以建立更完善的概念。

(三) **過去導向與未來導向之分類法**：在績效考核方法中，最簡單的分類有常模參考型、行為型、產出結果型，或者本書在傳統績效評估法所提及的分類：特徵取向、行為取向、結果取向；而就考核的技術面而言，目前一般企業所採用的考績制度分為「過去導向評核」以及「未來導向評核」兩類，分述如下：

1. **過去導向的績效評核**：過去導向的績效評核著重於過去績效的衡量，其方法眾多，例如：檢核表法、圖表評等量表、混合標準量表法、直接排序法、交替排序法、配對比較法、強迫分配法、敘述式表格、行為觀察量表法、關鍵事件法、加註行為評分量表法、工作績效標準考核法、直接指標考核法、成就貢獻紀錄法等（已於前面介紹，不再贅述）。

2. **未來導向的績效評核**：未來導向的績效評核方法則是將考核的重點放在未來員工潛力的發揮，或是設定未來的績效目標，其常見的方法有：自我考核法、心理評估法、目標管理法以及評價中心法。

　(1)**自我考核法**：透過自我考評，員工能夠依據自身的能力、興趣、需求與價值判斷，設定未來目標，進而產生自我要求與自我發展的效果。自我考核法是一種自我發掘與分析的過程，其優點為：當員工對自己做考核時，會降低自我防衛的行為，除了可充分瞭解自己的不足，進而加強自我發展之外，亦能避免因由他人評估而產生「月暈效果」等誤差；然而其缺點則是：員工可能會對自己較為寬容，傾向給予自我偏高績效考評，導致失去考核的正確性。

　(2)**心理評估法**：組織僱用心理專家進行專業評估，心理專家將與員工面談並深入交談，同時參考其他的評估以及一些心理測驗的成果，對員工智力、情緒、動機及其他與工作有關特性做綜合性的客觀評價，用以預測員工未來的表現。此法主要用於較年輕主管的任用與發展決策上，然而，運用此法必需相當注重測驗與工作所代表的內容有其相關性，並確保信度與效度，除此之外，亦要採用大量心理學上的專門技術，才能使結果更客觀。

　(3)**目標管理法**（已於前面介紹）。

　(4)**評鑑中心**（已於前面介紹）。

 ## 績效考核者的角色

傳統的績效考核，大多是以直屬主管為評估者，針對其部屬的工作表現進行評分，此即為由上對下的評估方式。但由於外在環境的變化，多元化勞動力以及高教育程度，令多數員工開始對單一上對下的評估方式產生質疑，因此，愈來愈來的企業逐漸傾向使用全面性的評估，除了傳統的上對下外，亦將下對上、同儕、其他外部相關人員，甚至是自我評估皆納入為績效考核者的角色。

(一)**以直屬主管為評估者**（appraisal by immediate supervisor）：大部分的企業都是由受評者的直屬主管進行績效考核，因為直屬主管能每天接觸該員工並實際觀察其工作表現，較能了解工作時的真實一面。

優點	比較容易實施,且主管應該較能觀察與評估部屬的績效如何。
缺點	如果主管的部屬太多,則觀察每個部屬的機會就減少,會導致無法真正評估部屬的績效。

(二)**以同事為評估者(peer appraisal)**:為了避免僅以直屬主管進行績效考核時,可能會因個人的偏見或主觀偏好而導致錯誤的結果,而將部分績效的評估交由同僚考核,使績效評估能夠更為精準。

優點	同事彼此之間的互動和合作更密切,且由同事評估將更能瞭解員工的績效與工作情況。
缺點	同事間可能會有相互掩護的行為而影響公平性,例如:部份同事可能私下勾結,彼此給對方打高分。

(三)**複式考核法(reexamine appraisal)**:除了直屬主管的考核外,比直屬主管高一階的主管會針對績效的考評結果進行複評並依照狀況進行調整,如此可以避免單一決議所造成的偏誤情況發生。

(四)**交叉考核法(cross-appraisal)**:為了消除主觀偏誤,除使用主管評估外,會再從各單位中挑選出合適的人員(例如:具有跨單位合作經驗者,或是曾與被考核者進行工作接觸者)組成評核小組,針對被考核者的績效再進行交叉考核,以此來確保績效考核的公平性。

(五)**以部屬為評估者(appraisal by subordinates)**:是由下屬對其直屬主管工作績效進行考核(向上回饋),公司若採用此法,大多是希望能藉由雙向互評,促使主管更關心員工的工作需求,以此改善管理工作的品質。但為了能獲得正確的結果,進行評分的部屬應以匿名方式為之,以免員工為了害怕主管的報復而給予較正面的評價。

優點	藉著下屬的意見,讓經理更瞭解自己的管理能力,並針對自己管理能力上的弱點進行加強。
缺點	部屬可能因害怕主管的報復而給予較正面的評價,造成績效評估的誤差。

(六) **組成評估委員會進行考核（committee appraisal）**：評估委員會大多是由被考核者的直屬主管以及其他主管所組成，綜合評分的結果會比較公平可靠，可以排除個人偏見以及月暈效應等問題產生。此法通常會應用於中、高階主管以上人員的評估，或者是當員工對考核方式感到質疑時使用。

優點	各主管的評分常常不同，不過以總分數評估往往會比個別評分較為可信，而各主管的評分不同，通常是因為各主管從不同的角度去觀察該員工的績效，而評估本來就應該反映這些差異。此外，此種評估法可消除個人評分之偏差與月暈效應的產生。
缺點	如果評估委員會並不熟悉受評估者的工作內容，則無法正確地進行評估。

(七) **自我評估（self-appraisal）**：自我評估是由員工自行評分，但一般會再與主管的考核進行結合，通常是請受評估者先自行說明工作成果並據實填寫，以此作為與主管進行績效評核溝通時的參考依據。

優點	使員工能夠發掘自身的優缺點，達到員工自我發展的功效，此外，員工亦比上級主管或同事更能區別本身的優點與缺點，所以較不會產生月暈效應。
缺點	通常員工對自己的評分，會比上級主管或同事評分較為寬鬆，亦即有自我吹噓現象。

七　避免績效評估偏誤

為了有效的實施績效評估，事先的準備及考核制度的設計必不可少，但若是在執行過程中產生了偏誤（Bias），即使再優良的事前設計也無法撐起一片天，因此組織必須先瞭解在績效評估的過程中可能發生的常見錯誤，並盡量避免之。

(一) **標準不同的問題**：主要是指在評估相類似工作內容時，應該採用相同的標準來考核員工，若是以不同的標準進行評估，而所採用的考核方式又是主觀性評分（例如：採用特質取向的考核方式）時，將會形成考評不公的問題。

為了避免標準不同的問題，在設計評估方式時，應針對相似的工作，發展出一套公平客觀的專屬評估工具。

(二) **月暈效應（Halo Effect）**：是指評估者會採用員工的某一個特質為導向，來評估該員工所有的工作表現，舉例來說，某位員工經常遲到，則主管因其遲到的印象，而將該員所有的績效項目全部給予不良的評價，但事實上，遲到與工作效率或工作品質並無絕對的關聯性。

為了避免月暈效應，應要評估者在進行績效考核時，必須針對每一個評估指標進行確實的衡量，將有助於此效應的減輕。

(三) **近因效果（Recency Effect）**：是指當評估者在進行績效評估時，往往會受到被考核者最近行為表現的影響，而造成考核時的偏差，尤其是愈接近考核日期的行為，影響將更為顯著。績效評估應該是對某一個期限進行全期的考核，因此近因效果可能會造成不公的結果產生。例如：某位員工在年初時經常表現出工作態度不佳的情況，但從年中開始，行為開始改變，而在接近年末考核時，行為表現已轉為良好，因此在進行績效考核時，主管只對後期的優良表現有印象，而給予該員較佳的考評，此舉將會對從一開始就表現良好的員工造成不公平的現象。

為了避免近因效果，主管應以日誌或週記的方式記載員工平時的表現，或是在績效考核方式的設計中再輔以關鍵事件紀錄法，如此將可減少此效果的產生。

(四) **趨中傾向（Central Tendency）**：是指當評估者在進行績效考核時，往往會以平均數來作為部屬的績效表現，導致所有員工皆被評為績效「中等」，會發生此種情況，多是由於評估者不想使績效考核結果造成太大的爭議並引發部屬的反彈，但此舉將會使績效考核評估喪失原有的意義及功能。

為了避免趨中傾向，可以考慮採用排序法，因為必須要將每個員工進行績效高、低的排序，也就不會有全部皆是「中等」的情況發生。

(五) **過寬／過嚴傾向（Leniency／Strictness）**：過寬／過嚴傾向是指寬容偏差以及嚴苛偏差的評估行為，其中寬容偏差是指習慣性地給予過高的評價，與趨中傾向相似，此種行為是避免引發爭議及部屬反彈情緒。反之，嚴苛偏差則是過度批判員工的工作表現。過寬/過嚴傾向皆將無法正確地反映出員工的實際工作表現。

這兩種傾向通常會出現在極度主觀並且難以辨別的績效指標的評分上，因此為了避免這種現象的發生，應嚴格定義評估的項目並強制規定評估分數的分散，以減少偏誤的出現。

(六) **評估者的個人偏見（Bias）**：評估者的偏見在績效評估之中是最難消除的障礙。評估者可能是不自覺地產生偏見或是不願意承諾自己有偏見，為了減輕此種情況的產生，評估者的高階主管應時常檢視績效評估的過程以及結果，以降低偏見的負面影響。

(七) **對比錯誤（Contrast Error）**：對比錯誤是指主管在評估員工時，往往會以其他員工或是自身的行為及能力來作為比較基礎，以進行績效考核，而非採用被評估者所表現出來的工作績效進行考評，因此，這種評估標準對於員工而言是不公平的。

為了避免對比錯誤，應該針對評估者進行訓練，使其了解每個人皆具有不同的特點，不該進行比較，此外，亦應與明確制定考核行為的指標，以共同的標準來評估員工。

以上已針對各種可能發生的績效考核謬誤，分項目說明了改進方式。而在整體績效考核制度設計上，亦可提出改進之道如下：

(一) 必須使所有考評人員熟悉在考評時，所常犯下的錯失，俾能避免犯錯。

(二) 各一級主管人員，均應受過良好與一致性的考評訓練。

(三) 組織必須選擇適當合宜的評估工具（或制度），因為各工具、制度均有其優缺點與適用條件及環境，故在應用前宜深加考慮。

(四) 組織最高負責人必須使考績公正、公平地進行。

另外，組織亦應注意若完全以量化指標來衡量員工的績效，可能會受到外在環境的影響而導致績效評估的不準確，例如因為經濟景氣不佳或疫情關係，所造成業績嚴重下滑的現象。因此，若僅只使用量化指標來評估員工績效將無法完整地反映員工表現，應該再納入質化指標較佳。

績效面談與績效改善

績效回饋是績效管理過程中的一個非常重要的環節。為達到有效的回饋，必須透過評估者與被考核者之間的溝通，因此，當績效評估的成績出爐時，應該盡速進行績效面談，就被考核者的工作表現以及績效進行深入討論，此舉不但能夠立即地對員工的正向表現給予肯定，也可以就其工作中的不足之處提出改善建議，雙方共同探討未達目標績效的原因並制定績效改進計畫。由此可見，良好的績效面談以及績效回饋對於績效管理而言，具有重要作用。

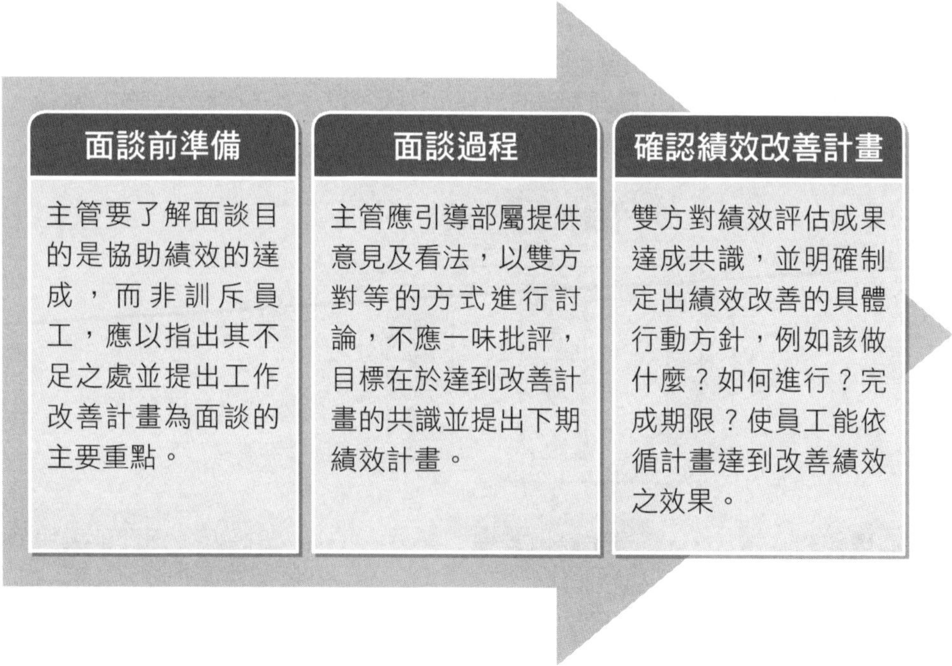

面談前準備	面談過程	確認績效改善計畫
主管要了解面談目的是協助績效的達成，而非訓斥員工，應以指出其不足之處並提出工作改善計畫為面談的主要重點。	主管應引導部屬提供意見及看法，以雙方對等的方式進行討論，不應一味批評，目標在於達到改善計畫的共識並提出下期績效計畫。	雙方對績效評估成果達成共識，並明確制定出績效改善的具體行動方針，例如該做什麼？如何進行？完成期限？使員工能依循計畫達到改善績效之效果。

圖6-9　績效面談的溝通步驟與績效改善的流程

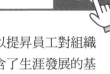

Chapter 7 員工職涯發展與職涯管理

依據出題頻率區分，屬：**B** 頻率中

課前導讀

本章主要探討企業如何協助員工進行生涯及事業發展規劃，用以提昇員工對組織的向心力與忠誠度，並達到留才的效果。其中所討論的議題包含了生涯發展的基本概念與相關理論、員工職涯管理的流程及技術、以及各項職涯管理的特殊議題，希望協助企業為員工建構出適當的職涯規劃，以保障員工事業發展需求。

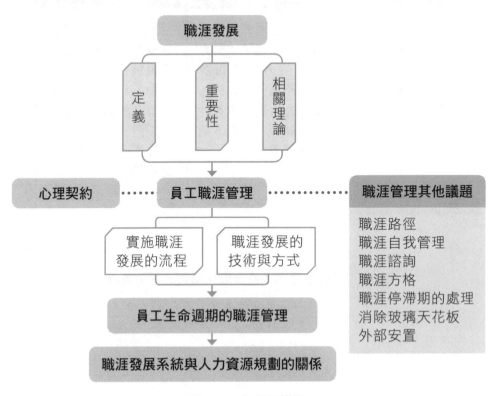

圖7-1　本章架構圖

重點綱要

一、職涯發展規劃之基本概念

(一) 職涯發展的定義

1. **職涯管理**：協助員工確認並發展自身的職涯技能及興趣。
2. **職涯發展**：對於員工職涯的探索、建立、達成以及實現等，提供系統化的協助。
3. **職涯規劃**：是一套完整的程序，使員工能夠確認職涯目標外，亦會提供訓練發展計劃，讓員工可以達成所期望的目標。

(二) 職涯發展的重要性

1. 吸引優秀人才的加入。
2. 透過發展員工的能力，而增加企業的競爭力。
3. 減緩員工流動率，達到留才的效果。

(三) 職涯規劃與選擇的相關理論

1. **特質因素論**：每個人都有獨特的人格特質，當個人特性與工作要求間配合得愈緊密時，則從事該職業的成功機率就愈大。
2. **需要論**：職業的選擇乃是出自於滿足個人的需求。
3. **社會取向論**：個人生涯抉擇會受家庭及社會的影響，控制生涯發展的關鍵是社會因素。
4. **類型論**
   - (1) Holland**的職業性向論**：人格特質與職業的選擇息息相關，並界定了職業性向為六類：實際型、研究型、藝術型、社會型、企業型以及傳統型。
   - (2) Myers-Brigs**的人格理論**：將人的性格可分為4大類8種狀態—外向型與內向型、實際型與直覺型、思考型與感覺型、判斷型與感知型，並形成16種組合。
   - (3) Schein**的職業錨理論**：強調個人的職業定位是個人能力、動機、價值觀與實際工作經驗相互整合後所形成的，並提出5種職業錨類型：自主型、創業型、管理能力型、技術職能型，以及安全型。

(四) 職涯發展時期的相關理論

1. Super**的事業發展五階段**：將人的職業生涯劃分為五個階段：成長、探索、建立、維持、衰退階段。
2. Kram**的職涯發展四階段**：將職業的選擇劃分為三個時期的發展階段：幻想期、嘗試期、現實期。

二、職涯管理

(一) **心理契約**：勞資雙方間的無形契約，是一種員工與組織間的互惠機制。

(二) **實施職涯發展的流程**

1. 進行員工分析與定位　　　2. 幫助員工確立職涯目標
3. 幫助員工制定職涯策略　　　4. 職涯規劃的評估與修正
5. 建立有效的責任機制

(三) **職涯發展的技術與方式**

1. **員工與組織的職涯管理角色及需求的契合**

   (1) **員工的角色**：

   　A. 接受個人的自我職涯規劃責任。

   　B. 評估自己的興趣、技能和價值觀。

   　C. 探索職涯資訊和資源。

   　D. 建立目標和職涯計畫。

   　E. 利用發展機會。

   　F. 與主管討論自己的職涯。

   　G. 執行實際的職涯計畫並堅持到底。

   (2) **組織的角色**：

   　A. 提供即時的績效回饋。　　B. 提供發展性的任務與支援。

   　C. 參與職涯發展之討論。　　D. 支持員工發展職涯計畫。

   　E. 溝通使命、政策和程序。　F. 提供訓練和發展機會。

   　G. 提供職涯資訊和職涯計畫。H. 提供不同的職涯選擇。

2. **職涯發展的技術與方式**：

   (1) **評鑑**：蒐集員工行為、溝通風格或技能的資訊，並提供回饋予員工。

   　A. **360度回饋**：除傳統的主管評估外，也同時納入同儕、部屬、顧客以及自我等資訊來評估員工績效。

   　B. **管理評鑑中心法**：使用不同的測驗技術，來評估參與者在工作中所需使用的技能。

   　　(A) 公文籃演練：此為模仿主管文件處理實況所設計的評量方法。

   　　(B) 無領導者的小組討論：目的在於考察應試者的表現，如：互動技巧、領導力、個人影響力等。

   　　(C) 管理競賽：應徵者會模擬為公司的成員，解決實際面對的問題。

   　　(D) 個人的口頭報告：訓練員評估每位應徵者的溝通技巧與說服力。

   　　(E) 興趣與性向測驗：對應徵者進行人格、心智能力、興趣、成就測驗等。

   　　(F) 面談。

(2) **工作設計**：利用員工在工作中的實務演練來發展其職能。

    A. 工作擴大化：將工作範圍擴大，使所從事的任務變多，產生工作多樣性。

    B. 工作豐富化：增加工作的深度，使員工對工作有自主權，增加職責的同時亦給予職權。

    C. 工作輪調：當工作對員工不再具有挑戰性時，調往工作技能類似的另一份工作。

(3) **人際關係**：獲取資深同仁的經驗與建議而增加相關專業知識。

    A. 導師關係：由經驗的高階主管，協助缺乏經驗的員工。

    B. 群體導師關係計畫：一位成功的資深員工與一群四到六位經驗不足的學徒作搭檔，幫助學徒了解組織並釐清個人職涯方向。

    C. 反向導師關係：由年長的員工向年輕員工學習。

    D. 教練法：與員工一同工作的同事或者經理人，提供支援及回饋。

(4) **輔導諮商**：

    A. 職涯規劃工作坊：除提供工作知識相關訊息外，也讓員工在工作坊中討論與分享工作態度以及職涯規劃等。

    B. 職涯諮詢。

(四) **員工生命週期的職涯管理**

  1. 升遷管理。

  2. 調職管理。

  3. 退休管理。

三、職涯發展的其他議題

(一) **職涯路徑**：個人在組織中進步的軌跡。

(二) **職涯自我管理**：員工為能跟上環境的變動，維持個人學習來做好因應準備。

(三) **職涯方格**：員工職涯發展能以多角度、多方向來進行，而非單純往上或往下。

(四) **職涯停滯期**：在個人職涯中，能再獲得升遷的機會非常低。

(五) **玻璃天花板**：一種無形的阻礙，使某些具有資格的人（特別是女性）無法晉升到一定的職位。

(六) **接班規劃**：先提早找尋接班人選，以避免未來無人接任高層職位的窘境。

(七) **外部安置**：是一種終止聘僱的方法，但企業在終止聘僱後，必須提供工作機會，讓員工能夠在其他場所任職。

內容精論

　職涯發展規劃之基本概念

一般而言，員工會選擇進入一家企業工作，通常是為了追求經濟上的利益，而這個利益並非僅是短期上的薪資獲取，更重要的是長遠的職業發展。因此企業必須認知到，提供員工一套完善的生涯管理，除了可以滿足員工需求外，亦能夠因員工素質不斷提升而產生滿足企業發展需要的效果，進而達到員工成長與企業發展的雙贏成就。

(一)**職涯發展的定義**：一般人會將職涯（career）狹義地解釋為升遷或晉升，但事實上，以廣義來說，職涯是指員工在其生命中所從事的工作，經歷的一系列活動和行為；而職涯發展（career development）則是組織用來確保人員所具備的資格與經驗是否適合於從事現在工作或未來職務，並依員工需要提供能力訓練或發展的方法。吳秉恩（2007）針對職涯的定義做以下的說明：

職涯管理 career management	協助員工確認並發展自身的職涯技能及興趣。
職涯發展 career development	對於員工職涯的探索、建立、達成以及實現等，提供系統化的協助。
職涯規劃 career planning	是一套完整的程序，使員工能夠了解個人的技能、志趣、知識、動機與個人特質等，此外，企業亦會提供獲得一連串的員工訓練發展資訊及行動計劃，讓員工可以確認其職涯目標，並得到職涯發展的機會進而達成期望目標。

(二)**職涯發展的重要性**：在現今智慧資本盛行的時代，獲取優秀人才的競爭日益激烈，因此，愈來愈多的企業不得不重視員工生涯發展的規劃，冀望能以此增強現有人力資源的競爭力。一般而言，企業投資於員工生涯發展可帶來以下優勢：

1. **吸引優秀人才的加入**：近年來，由於教育水準提升，員工開始對工作的要求與期望皆會有所增加，舉例來說，具高教育水準的員工，多數希望能夠發揮所學之知識、技術與能力，從事較為有趣、豐富性、挑戰性的工作，同時期望在工作中能夠獲得學習新知、成長與升遷的機會。若企業能夠提供一個完整且優良的員工發展系統，將會吸引人才加入。

2. **透過發展員工的能力，而增加企業的競爭力**：企業為了提高經營效能，必須利用訓練及發展計畫，有效地增強員工的知識、專業技能以及潛能，當員工增能時，效率自然會提昇。此外，企業也可藉由職涯發展規劃來協調員工個人職涯目標與企業發展願景，這將有助於形成更具凝聚力的工作團隊，並給予員工的正向的激勵，使員工在達成自我的目標的同時，也創造出更高的組織績效。

3. **減緩員工流動率，達到留才的效果**：2016年人力資源管理學會的調查指出，將近四分之三的員工曾主動或被動的搜尋新工作，但如果公司協助員工發展生涯計劃並將計畫與組織發展緊密結合，則員工就比較不會離職，因此，就組織的觀點而言，重視員工職涯發展規劃，亦能減少因員工離職而造成的成本損失。

   然而在實務上，企業於成長期時，大量的人力需求往往會將員工視為重要的資源；但在遭遇企業衰退期或者被併購時，就會開始因多餘或不適任的人力，而認為員工的人事費用是一項多餘的成本，不願意增加投資於員工的發展規劃上，最終造成員工的生涯發展產生停滯現象。此一現象對於企業成長非常不利，研究顯示，若組織表現出對員工生涯發展感興趣時，員工會認為自己被組織視為組織計畫中的一部分，而不再只是一個數字，故會使員工在看待自己的工作與雇主這兩方面產生正面影響。因此，重視員工職涯發展規劃，亦能夠藉由整合組織計畫與個人生涯的甄選、指派、發展及管理活動，更完善地傳達組織內的潛在職涯路徑給各個員工，以配合組織內即時的與未來的人力資源需求。

(三)**職涯規劃與選擇的相關理論**：職涯規劃（career planning）係指個人對職涯過程的妥善安排，首先會規劃出生涯目標，再制定發展計畫，並依據各個計畫要點在短期內充分發揮自我潛能，慢慢達成各生涯發展階段，最終完成既定的生涯目標。若說生涯規劃是以個人為出發點來看待自身的職業生涯，那麼生涯發展就是由組織的觀點來對待員工的職業生涯，亦即在生涯發展中，是以職業知能為基礎所進行的職涯規劃與抉擇。以下將對幾個較為重要的職涯發展及抉擇理論，進行說明如下：

1. **特質因素論**（trait－factor theory）：特質因素論是由美國波士頓大學教授弗蘭克・帕森斯（Frank Parsons）於1909年提出的職業輔導理論，主要概念為每個人都有獨特的人格特質，而其特性會與某種職業因素存在著相關性，當個人特性與工作要求間配合得愈緊密時，則從事該職業的成功機率就愈大。簡單來說，特質因素論提出了在選擇職業的決策中必須考慮到個人特質與職業的契合度，因此應先瞭解個人的主觀條件及社會職業的需求條件，並進行相互對照後，方能選擇一個與之相配的職業。

2. **需要論**：認為職業的選擇乃是出自於滿足個人的需求，若個人能夠擁有自由選擇職業的機會，必定會尋求能滿足自我需求且免於焦慮的職業，因此，學習的經驗與背景將會成為日後個人選擇職業需求表現的重要關鍵。
   楊朝祥（1990）提出需要論的基本觀點如下：
   (1)職業的選擇必須要符合個人需求。
   (2)當個體開始審視某一類型職業是否符合本身需求時，則代表其職業生涯抉擇已經開始。
   (3)個人與職業資料將影響個人進行職業選擇，因為這些資料能夠協助個人發現何種職業最符合本身之需要。
   (4)職業的選擇具有可變動性，當個人發現另一份職業更符合需求時，可能就會因此改變原先的選擇。

3. **社會取向論**：雖然個人特質對生涯發展能夠直接發展作用，然而，個人生涯抉擇會經由家庭、社會的影響，故控制生涯發展的關鍵是社會因素。楊朝祥（1990）認為社會取向論的基本觀點如下：
   (1)個人生涯歷程受到社會因素的影響甚鉅。
   (2)個人職業的選擇是個人與社會因素相互作用的結果，而社會因素可能包括了：社會階層、家庭、學歷、社區、壓力團體、角色認知等。
   Krumboltz將Bandura的社會學習理論（Social Learning Theory）應用於職涯輔導的領域裡，提出了社會學習取向的職涯決定論（social learning theory of career decision making），認為個人的人格與行為特性受其獨特的學習經驗所影響，進而形成職涯抉擇。而遺傳天賦、環境條件、學習經驗以及任務取向技能這四大因素將在生涯抉擇中扮演重要的角色，分別詳細說明如下（引自胡湘萍，2009年：10-11）：

遺傳天賦	個人與生俱來的一些特點,這些特點不是經由學習得來的,包括種族、性別、智力等。遺傳天賦對生涯選擇除了有正面的影響之外,也可能限制個人的生涯機會與選擇範圍。
環境條件	很多的條件狀況會影響到個人,而這些外在因素通常是超出個人所能掌控的影響因素,包括社會、文化、政治和經濟等考量因素,而這些因素均有可能影響個人的學習、生涯偏好與決定。
學習經驗	個人對某些生涯偏好完全是自己以前學習經驗累積下的一個結果。學習經驗包括工具性學習經驗和連結性學習經驗。個人生涯規劃能力及決定技巧均能透過工具式的學習經驗而獲得;而個人的職業偏好、態度及情緒反應則依連結性學習經驗形成。
任務取向技能	上述各種因素交互作用的結果就是任務取向技能,是個人所發展出的一組技巧,包括目標設定、價值觀釐清、確認選擇方案及職業資訊的獲得等。瞭解個人如何進行某項任務,對生涯決定來說極具關鍵性。

透過以上四個因素及其交互作用,會形成個人信念,並藉以建構出一套個人的現實觀,也就是個人對自己與工作世界的看法,而後左右其生涯行動。因此,社會學習取向的生涯決定論強調學習經驗的重要性,及其對生涯決定的影響。

4. 類型論:

(1) Holland的職業性向論:美國霍普金斯大學心理學教授霍蘭德(John Holland)提出了職業性向理論(Career Orientation)。認為人格特質與職業的選擇息息相關,而生涯抉擇與調整則是一種個人人格的延伸,因此個人價值觀、動機及需要等因素皆能顯著地影響其對職業的選擇。根據Holland的理論,遺傳、社交、文化經驗等將會塑造人的個性,使其適應不同的工作環境,並強調唯有當個人類型與職業類型互相結合,才能達到最佳狀態。Holland經研究測試,界定了職業性向,並分成六種類型:實際型(Realistic)、研究型(Investigative)、藝術型(Artistic)、社會型(Social)、企業型(Enterprising)以及傳統型(Conventional),不同的人格類型應結合與其相同類型的職業,方能充分地發揮自身的才智及能力。六種個性和相對應工作環境的配合情形如下圖7-2及表7-1所示。

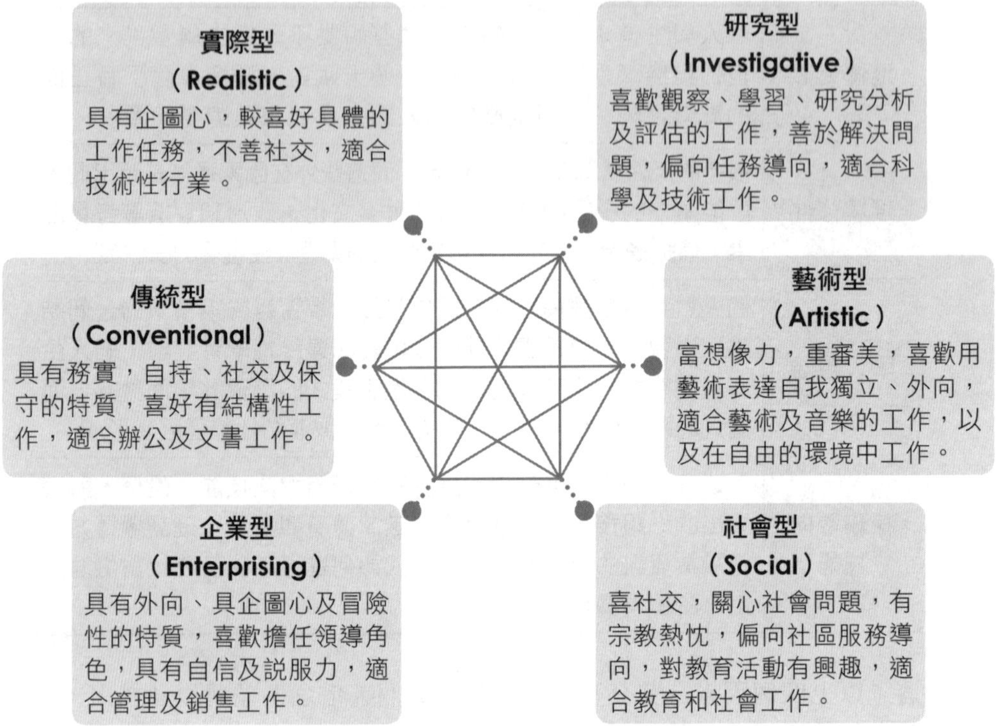

圖7-2　Holland的職業性向理論

資料來源：周瑛琪、顏炘怡（2016：126）

表7-1　Holland的典型個人風格與職業環境

職業性向	個人風格	職業環境
實際型 R	特徵：順從、坦率、謙虛、自然、堅毅、實際、有禮、穩健、節儉。 重視具體的事物或個人明確的特性，並以具體實際的能力解決工作及其他方面的問題，但較缺乏人際關係方面的能力。	具技能性的行業，例如水電工、機械操作員、飛機技術的技工、攝影師、抄寫員、一般勞工、工匠、農夫、機械師、線上操作員及部分的服務業。
研究型 I	特徵：分析、謹慎、批評、好奇、獨立、聰明、內向、條理、謙遜、精確、理性、保守。 重視科學價值，擁有科學和數學方面的能力，並以研究的能力解決工作及其他方面的問題，但缺乏領導方面的才能。	化學家、物理學家及數學家等科學家或研究學者；或是高級技術人員，例如實驗室技師、電腦程式設計師、研發工程師及電子工人等。

職業性向	個人風格	職業環境
藝術型 A	特徵：複雜、想像、衝動、獨立、直覺、無秩序、情緒化、理想化、不順從、有創意、不重實際。 重視審美價值與美感經驗，擁有藝術與音樂方面的能力（包括表演、寫作、語言），並以藝術方面的能力解決工作或其他方面的問題。	舞台導演、雕塑家、畫家，室內設計師等藝術性工作者；或者如音樂老師、樂團指揮、音樂家等音樂工作者；或是如詩人、小說家、編輯、作家及評論家等文學工作者。
社會型 S	特徵：合作、友善、慷慨、助人、仁慈、負責、圓滑、善社交、善解人意、富洞察力。 重視社會與倫理的活動與問題，自覺喜歡幫助別人、了解別人、有教導別人的能力，並以社交方面的能力解決工作及其他方面的問題。	中小學教師、教育行政人員及大學教授等教育工作者；或是傳教士、輔導人員、社工人員、社會學家諮商師及專業護士等社會福利工作者。
企業型 E	特徵：冒險、野心、獨斷、衝動、樂觀、自信、追求享樂、精力充沛、善於社交、獲取注意。 重視政治與經濟上的成就，自信、善社交、知名度高、有領導與語言能力，但缺乏科學能力	政治家、企業經理、律師、電視製作人員等管理工作者；或者各種銷售職位，例如壽險銷售、房地產以及汽車銷售人員等。
傳統型 C	特徵：順從、謹慎、保守、自抑、服從、規律、堅毅、實際穩重、有效率、缺乏想像力。 具有文書作業與數字計算的能力並重視商業與經濟上的成就，偏好結構性工作以及社會認可的一致性。	辦公室及事務性工作人員，例如：銀行行員、行政助理、作業時間管理員、檔案員、會計、出納、電腦操作員、秘書、書記員、接待，以及資金管理人員。

(2) Myers-Brigs的人格理論：在本書第四章曾提及的個人風格量表（Myers-Briggs Type Indicator, MBIT）即是Myers-Brigs的人格理論，目前國際上最為廣泛地應用於職業發展、職業諮詢等方面的人才測試理論。此理論是透過人們對於工作、獲取資訊及制定決策等三方面的偏好，從四個角度進行分析如下：

心理能力的走向	外向（Extrovert）－內向（Introvert）。
認識外在世界的方法	實際（Sensing）－直覺（Intuition）。
倚賴甚麼方式做決定	思考（Thinking）－感覺（Feeling）。
生活方式和處事態度	判斷（Judging）－感知（Perceiving）。

根據不同的答案，可將人的性格分為16個種類（見第四章），而後，柯爾塞（David West Keirsey）依據MBTI型態所對應的心理學原型，創立了柯爾塞氣質分類法，歸類出四種主要的氣質如下：

SP型	工匠、天才的藝術家	此類型的人具冒險精神，反應靈敏，喜歡活在危險邊緣並尋找刺激，故而常被認為其行為衝動，為享受現在而活。通常這類型的人在要求技巧性強的領域中，能夠表現得遊刃有餘。此外，SP類型中，約有60%的人喜歡藝術、娛樂、體育和文學，所以被稱為天才的藝術家類型。
SJ型	忠誠的監護人	此類型的人推崇安全、禮儀、規則和服從，其共同特性是具責任心與事業心，故往往能忠誠並按時地完成任務，且由於此類型的人通常會被服務於社會的動機所驅使，因此相當適合擔任保護者、管理員、監護人的角色。SJ類型的人員，約有50%左右從事政府或軍事部門的職務，且能顯現出卓越成就。
NF型	理想主義者、精神領袖	此類型的人善於辯論、充滿活力、有感染力，且在精神上有極強的哲理性，故通常可以影響他人的價值觀或者鼓舞他人、乃至於幫助別人成長和進步。NF類型的人員，約有50%左右投身於教育界、文學界或宗教界，由於其具有煽動性，所以被稱為傳播者和催化劑。
NT型	理性者、科學家、思想家的搖籃	此類型的人有著天生的好奇心，喜歡夢想，有獨創性、創造力，並對獲得新知十分感興趣，同時也有極強的分析能力、能獨立且理性地解決問題。這類型的人大多數都喜歡物理、管理、電腦、法律、金融、工程等理論性和技巧性強的工作，所以NT類型又被稱之為思想家、科學家的搖籃。

使用Myers-Brigs的人格理論進行職業生涯開發的重點在於瞭解受測者的處事風格、特點、職業適應性、潛質等，乃在於如何將個人的人格特點與職業特點進行結合，並從而提供合理的工作及人際決策建議與發展。

(3) **Schein的職業錨理論**：職業錨（Career Anchors）理論是由美國麻省理工大學的施恩教授（Edgar.H.Schein）所提出，主要概念為個人在選擇及發展職業時，不會放棄關鍵價值觀，強調個人的職業定位是個人能力、動機、價值觀與實際工作經驗相互整合後所形成的。此外，由於職業錨是個人與工作環境互動作用的產物，故可能會因實際工作經歷而不斷地進行調整。

施恩（Edgar.H.Schein）教授由斯隆管理學院畢業生的縱向研究中所歸納的職業錨理論，提出了五種職業錨類型：自主型、創業型、管理能力型、技術職能型，以及安全型。隨後更多學者對職業錨進行研究，並將職業錨擴大劃分成以下八種類型：

自主型	此類型的人希望能隨心所欲安排自己的工作及生活方式，因此傾向於擺脫組織的制約，寧願放棄升遷或工作發展的機會，也不願意放棄自由與獨立。
創業型	此類型的人希望用自己能力去創建屬於自己的事業（可能是公司、也可能是一項產品或服務），因此願意承擔風險並克服障礙。創業型的人即使現階段是其他企業的員工，也會在工作中尋找機會，一旦時機成熟，便會創立自己的事業。
管理能力型	此類型的人熱衷於工作的晉升，因此不會逃避責任，並將企業的成功與否當作成自己的工作。管理能力型不但可以獨立負責工作，亦能進行跨部門的整合，而具體的技術職能工作對於他們而言，僅被視為是通往更高、更全面管理層所必經之路。
技術職能型	此類型的人致力於追求職能的增進與技術的提高，以應用這些技術職能於實際工作中。技術職能型人才的自我認同及自我滿足感是來自於專業能力的評價，因此喜歡面對專業領域的挑戰而非一般的管理工作。
安全型	此類型的人希望獲得工作上的安全與穩定感，較為重視工作內容以及財務安全，例如：退休金和退休計劃。安全型的人會因為能預測到穩定的將來而感到放鬆，因此若有機會升遷時，也不會太關心職位，而是聚焦於具體的工作內容，這類型的人通常能夠誠實且忠誠地完成上司交待的工作。

服務型	此類型的人致力於追求本身所認可的核心價值，例如：節能省碳救地球，或透過新的產品消除慢性疾病。服務型的人會一直追尋實現其核心價值的機會，即使變動工作也在所不惜。
挑戰型	此類型的人喜歡解決各種困難的問題、克服障礙、或戰勝強硬的對手，因此會尋求新奇、多變且具挑戰性的職業，一旦發現工作過於單調或太容易，很快便會心生厭煩而離開。
生活型	此類型的人重視工作與生活的平衡，同時關心個人、家庭和職業的需要，因此，生活型的人需要彈性的工作環境，有時甚至會放棄升職以獲取工作與生活的平衡，相較於工作成就，更關注在家庭問題的處理以及自我提升上。

　　職業錨是個人能力、動機、需要、價值觀和態度等因素相互作用的成果，並在實際工作中，經過不斷自我審視，確定個人價值觀與日後發展重點後，而進一步形成的職業定位。因此企業在輔導員工生涯發展時，可依據職業錨理論來考慮員工的性格及發展需求，以提供不同的規劃方案。

(四)職涯發展時期的相關理論

1. **Super的職涯發展五階段**：美國的職業管理學家薩柏（Donald E. Super）針對個人職業傾向以及職業選擇過程進行研究，將人的職業生涯劃分為五個主要階段：成長、探索、建立、維持以及衰退階段，分述如下：

(1) **成長階段（0～14歲）**：已在家庭及學校生活中確立發展出自我概念，並逐步有意識地培養職業能力，又可分下列3個成長期。

幻想期（10歲之前）	兒童可以從外界感知到許多職業，對於自己覺得好玩和喜愛的職業會充滿幻想並且進行模仿。
興趣期（11～12歲）	以興趣為中心，去理解、評價職業，開始嘗試進行職業選擇。
能力期（13～14歲）	考慮自身條件與喜愛的職業是否相符，有意識的進行能力培養。

(2) **探索階段（15～24歲）**：上高中以後，個人會透過在學校學習以及休閒活動中進行自我考察、角色扮演以及職業探索等，完成職業的選擇並初步就業，其中又可細分為2個時期。

試驗期	仔細認識並思考自己的興趣、能力與職業社會價值、就業機會，開始正式初步地選擇未來職業。
過渡期	正式進入職場，或者進行專門的職業培訓，確立職業傾向。

(3) **建立階段（25～44歲）**：發現適合自己的職業領域並謀求發展，此一階段是大多數人職業生涯周期中的核心部分，通常可區分為3個時期。

嘗試期	選擇特定的工作領域並開始從事職業，且針對發展職業的目標進行測試。
穩定期	在所選定的職業中安頓下來、將重點置放於尋求職業以及生活上的穩定性、致力於實現職業目標，是最富有創造性的時期。
危機轉折期	職業中期可能會發現偏離了職業目標或者發現新目標，此時就必須需重新評價自己的需求，而處於轉折期。

(4) **維持階段（45～64歲）**：在職業領域中，維持著工作者的角色，而在這一段時間內會開發新的技能，用以維護已獲得的社會地位，並維持家庭與工作的平衡，此外，亦會開始尋找接替人選。

(5) **衰退階段（65歲以上）**：逐步退出職業和結束職業，由工作的參與者演變成為工作的觀察者，開發社會角色，減少工作上權利和責任並適應退休後的生活。

此外，Super指出從一階段過渡到另一階段會經過轉型期，同時，每一個發展階段亦會獨自形成「成長→探索→建立→維持→衰退」循環周期，如表7-2所示。

表7-2　不同人生階段的發展與循環

生命階段	年齡			
	青年期25歲	成年初期 25歲～45歲	成年中期 45歲～65歲	成年晚期 65歲以上
衰退	從事嗜好的時間漸減	減少運動活動的參與	專心於必要的活動	減少工作時段
維持	確認目前的職業選擇	使職位穩固	執著自我以對抗競爭	維持興趣
建立	在選定領域中起步	在一個永久性的職位上安定下來	發展新技能	做一直想做的事
探索	從許多機會中學到更多	尋找心儀工作機會	確認該處理的新問題	選個好的養老地點
成長	發展實際的自我概念	學習與他人建立關係	接受自身的限制	發展非職業性的角色

資料來源：張承、莫惟（2008：11-9）。

2. **Ginzberg的職涯三階段**：認為個體的成長是持續不斷的歷程，隨時都可能要進行不同的抉擇，而外在的社會環境、個人的身心發展、人格、價值觀以及工作成就等因素，均會影響到職業選擇的歷程，所以職業的選擇是一個發展性的過程，其發展階段可分為以下三個時期：

(1) **幻想期（fantasy stage）**：11歲前的兒童對於他們所接觸到的各類職業工作者，充滿了好奇感，表現其對職業的興趣，在此時期僅單純地處於幻想之中，無須考慮自身的條件、能力水平以及社會需求等。

(2) **嘗試期（tentative stage）**：11～18歲的少年過渡為青年的時期。此時，心理和生理都會迅速的成長，個人價值觀開始逐漸形成，且知識與能力皆會增強。在這個階段中，個人會開始注意各種職業角色的社會地位以及社會意義，並客觀的審視自身條件以及能力，其中可再劃分為四個時期。

興趣 （11、12歲）	開始察覺並培養對職業的興趣。
能力 （12-14歲）	以個人能力為核心，衡量自身能力與職業的關係。
價值 （15、16歲）	開始瞭解職業的價值，並兼顧個人及社會的需求。
轉換 （17、18歲）	綜合整理並分析相關職業的資料，並制定個人未來的方向。

(3) **現實期（realistic stage）**：18歲後的成年期，準備步入社會勞動場域，此階段的職業規劃不再模糊不清，能夠客觀地將自身的職業願望、能力條件以及社會現實進行緊密聯繫，並尋找合適於自己的職業。

 職涯管理

職涯（career）係指個人在一生中所從事的職業及其職場地位；職涯管理（career management）是協助員工瞭解自身職業性向及發展職業技能的一種流程；而職涯發展（career development）則是指有助於職涯的探索、建立以及成功實現的終身活動。而為了能有效的完成職涯管理以及職涯發展，就必須要藉由職涯規劃（career planning）此一審慎的計畫步驟，使員工瞭解自身的興趣、知識、動機及其他特質，獲得機會並取得相關資訊來制定職涯方針，用以建立行動計畫並達成特定目標。

在現今的社會，若想要吸引並留住優秀人才，僅依靠高財務報酬已不足夠，為了滿足員工的需求，除薪酬外，職涯管理也至關重要。企業如果能夠提供職涯發展規劃，員工將會因此而更瞭解職業優勢，並發展出較高的意願與能力為公司效勞，對企業而言，也會因員工流動率的降低而受惠，形成一種雙贏的策略。

然而，今日的職涯管理已和往日大不相同，以前的員工將職涯發展定義為不斷向上升遷的過程，如今，許多人依舊不斷地向上晉升，但在此同時，其所希望從職涯中所獲得的東西也有了新的變化（例如：工作與生活間的平衡）。這種職涯思想的變化將影響雇主和員工對彼此的預期，亦即心理契約的改變。心理契約（psychological contract）係指存在於雇主與員工間的非書面協議，隱含了雙方對彼此的共同預期，舉例來說：在勞動契約中雖然並未說明，但組織會致力於公平地對待員工並提供令其滿意的工作條件，而與此相對應，組織將預期員工能展現出良好的工作態度以及忠誠度作為回報。以下將先介紹心理契約的基本概念，再針對職涯發展的相關內容進行深入探討。

(一) **心理契約（psychological contract）**

1. **定義**：心理契約是由美國著名管理心理學家施恩（E. H. Schein）教授提出的一個觀念，係指勞資雙方間的無形契約，員工進行勞務奉獻後期望有所收穫，而資方盡量滿足勞方的需求與發展願望，亦即員工知覺組織所能給予的允諾及承諾，故心理契約是一種員工與組織間的互惠機制。

2. **心理契約與員工發展**：企業的成長與員工發展的滿足條件，雖然沒有透過一紙正式的契約載明，不過，企業與員工大多還是可以發覺到各自的關注點，亦即企業能清楚每個員工的發展期望並滿足之；而每一位員工也因為相信企業會實現其願望，所以願意奉獻全部心力於企業的發展上。故一般而言，員工滿意度將會成為心理契約的管理重點，唯有提高員工對組織強烈的歸屬感才能帶動企業發展，反之，若心理契約被破壞，員工的理想一但幻滅，將影響員工滿意度、生產力及留任意願。

3. **心理契約與組織文化**：高效開發員工的能力與潛力，創造出人盡其能，人盡其用的企業文化，無疑能為心理契約的維獲與達成營造出良好的氛圍，進而增強員工努力工作的熱情與信念，激發企業與員工共同信守契約所默示的相互承諾。

(二) **實施員工職涯發展的流程**：所謂職涯發展在乍看之下，似乎只是員工個人生涯規劃議題，但事實上，由於員工身處於組織環境中，其職涯規劃是會受到公司整體環境（例如：公司制度或是內部管理方式）所影響，因此，不僅員工對其自身之職涯發展必須負擔責任，組織也要協助員工進行適當

的職涯規劃，並對員工的職涯進行管理。然而，並非所有的企業皆能夠成功地實施員工職涯發展規劃，其原因不僅與組織的觀念與心態相關，亦與實施的流程是否正確有密切的關係。周瑛琪、顏炘怡（2016：130-133）提出員工職涯規劃的五個步驟，如圖7-3所示，並分別進行詳細說明如下：

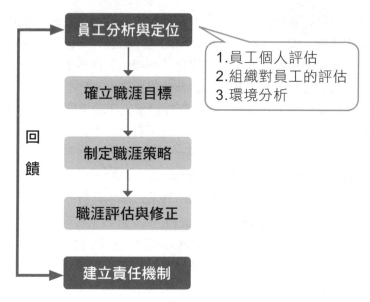

圖7-3　員工職涯發展步驟

資料來源：周瑛琪、顏炘怡（2016：130）

1. **進行員工分析與定位**：員工職涯發展規劃的第一步是必須先對其職業性向與個人特質有深入的瞭解，可藉由心理測驗工具（例如：人格特質測驗、興趣測驗、價值觀測驗）來協助分析，之後，再檢視組織環境是否能提供符合員工興趣以及能力發展的機會，以便能更順利地協助員工制定出職業目標規劃。

   (1) **員工個人評估**：員工個人評估的重點在於分析自我，例如：個性、興趣、專長與需求等。為了能更深入地瞭解員工，除透過測驗工具外，亦可請同儕以及上司主管一起協助，共同探索員工的人格特質、價值觀與擅長的技能，並分析上述特徵與其所從事職業的配適度。由於員工個人評估是生涯規劃的基礎，因此員工發展成功與否，與個人評估具有絕對直接的相關性。

   (2) **組織對員工的評估**：企業能夠藉由各種內部管理方式（例如：績效評估與考核）而對員工的技能與表現獲得更完整的資訊，另外，透過各

種晉升與教育訓練的紀錄，也可以對員工的潛能進行評估，並了解員工在將來是否有從事某種職務的潛力，以確定其在組織中職涯目標是否能有效的實現。

(3) **環境分析**：環境分析的重點主要是為了理解外界的大環境狀況，將會對對組織內員工提供何種職涯發展條件。透過政治環境、社會環境、經濟環境、科技環境及組織環境等相關問題的分析與探索，釐清外界環境對員工職涯未來發展的作用、影響及要求，以增進規劃職業目標的有效性。

2. **幫助員工確立職涯目標**：職涯發展必須有明確的方向與目標，而就整個職涯規劃的過程而言，員工是主要的行動者，組織則是扮演著協助者角色。職業的選擇是事業發展的基礎，與事業最終的成敗有直接關係，一般而言，進行職業選擇者通常是員工本人，不過，這並不代表組織無法協助員工選擇適合的職業，事實上，組織可以透過員工能力分析與組織職位分析，來提供職業指導活動，除提供適合的工作機會予員工外，亦可為員工確認其最佳的職業生涯路線，例如：朝向專業技術方向發展，亦或是往行政管理方向前進。組織協助員工設立職涯目標應該採取多層次、分階段並具有彈性的機制，如此一來，才能使員工保持開放靈活的心境，無須擔憂未來的發展，進而提高員工的工作穩定性以及工作效率。

3. **幫助員工制定職涯策略**：在這裡所說的職涯策略擬定係指組織為了協助員工達成職涯目標，所採取的各種行動和措施，例如：教育訓練的規劃、工作輪調等。在職涯發展管理中，組織必須提供各種職涯規劃與發展的管道與路徑，讓員工瞭解所從事工作的發展方向，再搭配相關的職涯管理課程的設計，以長期且有系統的培訓計畫與方案，來激發員工的潛能，使員工能夠不斷挑戰和提昇自我能力，進而達到員工個人及企業發展的雙贏目標。但在此一步驟中，其策略的研擬必須與員工溝通後共同制定，才能真正符合員工個人需求並落實其生涯目標。

4. **職涯規劃的評估與修正**：現今企業環境除了競爭激烈之外，亦會隨著經濟、社會與科技的發展而不斷改變，環境的遽烈變化無疑會影響某項職業在組織中的發展情況，因此組織最初為員工所制訂的職業目標往往需要依環境的變化而進行修正，所以在經過一段期間後，企業必須回顧員工的工作表現，檢視員工的職業定位是否仍往正確的方向發展。如此一來，組織才可以時時刻刻地透過資訊回饋與審查，來修正並調整最終職涯目標，以避免員工往錯誤發展方向努力，建立起員工實現職涯目標的信心並提高其達成率。

5. **建立有效的責任機制**：在員工職涯規劃與發展的過程中，由於包含了個人
　　與組織兩個層級的規劃，因此必須建立起明確的責任機制來區分出各級管
　　理者與員工個人應承擔的責任和義務。以員工個人方面來說，當其將職涯
　　規劃當成個人品牌經營時，更能激發工作的主動性，並實現個人的發展願
　　望；就組織的觀點來看，藉由良好的員工職涯規劃發展，能有效的降低人
　　才的流失情況、提高公司人力資源素質，發揮人力資源管理效率。因此確
　　保職涯發展工作的成效是實現個人生涯目標與企業發展目標的重要關鍵，
　　藉由個人發展願望與組織發展需求的結合，可以實現組織發展的最終目
　　標，如圖7-4所示。

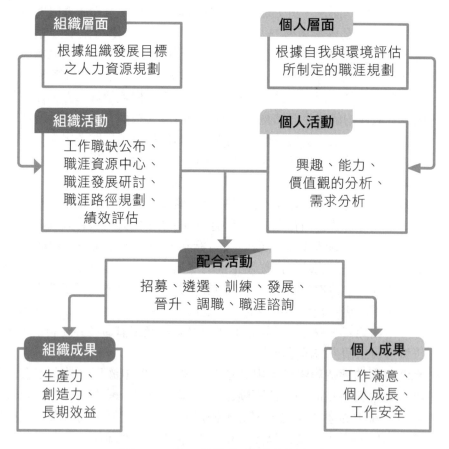

圖7-4　員工職涯發展制度概念圖

資料來源：周瑛琪、顏炘怡（2016：133）

(三) 職涯發展的技術與方式

1. **員工與組織的職涯管理角色及需求的契合**：吳秉恩等人（2017）認為，發展職涯技術的最主要目的，在於達到員工與組織需求的契合，並提出為了使職涯管理順利運作，員工以及組織所應扮演的角色如下所述（吳秉恩，2017：346-348）。

   (1) 員工的角色：

   A. 接受個人的自我職涯規劃責任。　B. 評估自己的興趣、技能和價值觀。
   C. 探索職涯資訊和資源。　　　　　D. 建立目標和職涯計畫。
   E. 利用發展機會。　　　　　　　　F. 與主管討論自己的職涯。
   G. 執行實際的職涯計畫並堅持到底。

   (2) 組織的角色：

   A. 提供即時的績效回饋。　　　　　B. 提供發展性的任務與支援。
   C. 參與職涯發展之討論。　　　　　D. 支持員工發展職涯計畫。
   E. 溝通使命、政策和程序。　　　　F. 提供訓練和發展機會。
   G. 提供職涯資訊和職涯計畫。　　　H. 提供不同的職涯選擇。

組織需求		個人需求	
策略性	**作業性**	**個人**	**專業**
・目前職能 ・未來職能 ・市場變化 ・合併 ・合資 ・創新 ・成長 ・組織減編 ・組織重整	・員工離職 ・曠職 ・人才庫 ・外包 ・生產力	・年齡/年資 ・家庭考量 ・員工配偶 ・轉職可能 ・工作外興趣	・職涯階段 ・教育與訓練 ・晉升的期望 ・績效 ・潛能 ・目前職涯路徑

圖7-5　職涯管理系統中個人與組織需求的契合圖
資料來源：吳秉恩等人（2017：348）

另外，吳秉恩等人（2017）提出了職涯管理系統共包含四個步驟，分別是：(1)自我評鑑、(2)現實查核、(3)目標設定、(4)行動規劃，且為了使職涯管理順利運作，員工需求與組織需求的必須能夠契合，以下針對職涯管理系統四階段，每個步驟中員工與組織所需各自承擔的責任進行深入解說如下。

(1) **自我評鑑（self-assessment）**：職涯管理的第一步，主要是運用員工所提供的資訊，來確認其職涯發展的興趣、技能以及價值觀等，因此在此步驟中員工與組織所需各自承擔的責任分別為：

員工責任	確認個人需要改進之處，並提出改善現況的機會與需求。
組織責任	提供評鑑資訊，用以確認員工的優、劣勢，並找出其興趣及價值觀。

(2) **現實查核（reality check）**：在此階段中，員工將接收關於個人的專業知識、技術與能力等訊息，並且獲取這些個人能力如何與組織規劃相互配合的資訊。而在這個步驟中員工與組織所需各自承擔的責任分別為：

員工責任	確認在組織所提供的機會下，自身究竟可以發展哪些技術與能力，並且指出具體可行的發展需求。
組織責任	根據組織的長期規劃，傳達員工績效評估的結果，並向員工說明其在組織長期發展下所能獲得的發展機會為何。

(3) **目標設定（goal setting）**：完成上述兩項步驟之後，員工即可開始建立職涯發展的長、短期目標，其目標的設定通常會包含職位的追求、專業技術的發展以及職務的設計等。在此步驟中員工與組織所需各自承擔的責任分別為：

員工責任	確認職涯的長、短期目標、達成的進度以及發展的方式。
組織責任	與員工討論，其所設定的目標是否具體可行並具挑戰性，此外，亦須協助員工克服發展的障礙以期順利完成目標。

(4)**行動規劃**：最後的步驟是規劃出具體行動方案，用以指導員工應如何實現長、短期的職涯發展目標。在此步驟中員工與組織所需各自承擔的責任分別為：

員工責任	確認並提出達成目標的各項步驟以及完成目標的時程。
組織責任	提供員工達成目標所需之各項資源，例如：相關訓練課程的安排以及人際關係等。

2. **職涯發展的技術與方式**：吳秉恩等人（2017）討論了一些職涯發展技術，大概可分為評鑑中心、工作設計、導師計畫以及輔導諮商等方式，但由於本書已於第三章的工作設計、第四章的人才甄選以及第五章的員工職能發展內容中，解說了大部份職涯發展技術，故在此僅以重點摘要方式進行說明。

(1)**評鑑（assessment）**：包含蒐集關於員工行為、溝通風格或技能的資訊，並提供回饋予員工。

　A. **360度回饋**：採用多元評估者的回饋來進行評鑑，而非僅由主管作為考核者的角色，亦即除傳統的主管評估外，也同時納入同儕、部屬、顧客以及自我等多面向的資訊回饋來評估員工績效，詳細內容請參考本書第六章。

　B. **管理評鑑中心法**：使用各種不同的測驗技術，來評估參與者在工作中所需使用的技能，典型的模擬活動包括通常以下幾種，詳細內容請參考本書第四章。

　　(A)公文籃演練：此為模仿主管文件處理實況所設計的評量方法。

　　(B)無領導者的小組討論：目的在於考察應試者的表現，如：互動技巧、領導力、個人影響力等。

　　(C)管理競賽：應徵者會模擬為公司的成員，解決實際面對的問題。

　　(D)個人的口頭報告：訓練員評估每位應徵者的溝通技巧與說服力。

　　(E)興趣與性向測驗：對應徵者進行人格、心智能力、興趣、成就測驗等。

　　(F)面談。

(2)**工作設計**：是很常見的職涯發展方式，利用員工在工作中的實務演練來發展其職能，各種工作設計的方法，請參見第三章內容。

工作擴大化 job enlargement	係指在員工目前的工作中增加挑戰或新的責任，將工作範圍擴大，使所從事的任務變多，而產生工作多樣性。
工作豐富化 job enrichment	增加工作的深度，使員工對工作有自主權，增加職責的同時亦給予職權。
工作輪調 job rotation	當工作對員工來說，不再具有挑戰性時，可調往工作技能類似的另一份工作，此為一系列性的工作指派，這些指派的工作是在公司內不同功能領域，或者是單一功能領域或部門內工作間的轉換。

(3) **人際關係**：吳秉恩等人（2017）提出另一個有助於員工職涯發展的方式，就是利用人際關係的互動，使員工因獲取資深同仁的經驗與建議而增加相關專業知識，而導師關係及教練法是較為常見的技術，並摘要分述如下（引自吳秉恩等人，2017：354-357）：

A. **導師關係**：導師（mentor）制度是指由經驗豐富的經理人或高階主管，給予較低階員工指導及諮商，以協助較缺乏經驗的員工。導師關係的益處包括：

職涯支持 career support	包含教學、保護、贊助以及提供挑戰性的任務指派、曝光機會與能見度。
社會心理支持 psychosocial support	包含作為朋友和提供角色模範、給予關注和接受，並且給予學徒得以將其焦慮表達出來的管道。

B. **群體導師關係計畫**（group mentoring program）：在群體導師關係計畫中，一位成功的資深員工與一群四到六位經驗不足的學徒作搭檔，資深員工幫助學徒了解組織、指導他們分析其經驗以及幫助他們釐清職涯方向。

C. **反向導師關係**（reverse mentoring）：係指由年長的員工向年輕員工學習的一種程序。

D. **教練法**（coach）：教練通常是與員工一同工作的同事或者經理人，他能夠激勵員工、幫助員工發展技能，並提供支援以及回饋，一般而言，教練可以扮演以下多重角色。

(A)提供員工一對一的工作指導，給予回饋時也是如此。

(B) 幫助員工自我學習，例如幫助他們尋求專家協助，並且教導他們如何從他人尋求回饋。

(C) 提供如導師、課程或工作經驗等資源。

(4)**輔導諮商**：

A. **職涯規劃工作坊**（career planning workshop）：除了提供員工工作知識相關訊息之外，也讓員工能夠在工作坊中討論分享工作態度、在意及憂慮的事物以及職涯規劃等。

B. **職涯諮詢**（career counseling）：指的是公司和員工討論他們目前的工作狀況和績效、員工的性格與工作興趣、個人專長與職涯發展等議題。

(四)**員工生命週期的職涯管理**：一般來說，若員工在進入企業後沒有離職轉換跑道的話，其任職的生命週期，除一開始僱用聘任外，尚包含了升遷、調職以及退休。由於僱用聘任的部分，屬於員工甄選階段，並已在第四章內容中說明，因此，以下僅針對晉升、調職及退休三個職涯階段之管理內容進行介紹。

1. **升遷**（promotion）**管理**：升遷係指將組織內的某一個員工，由目前所從事的工作職位，提升到另一個需要擔負更多責任並擁有更多權力的職位。對於企業而言，升遷是用來獎勵員工表現的工具，一旦員工獲得晉升的機會，通常其薪資及工作滿意度也會隨之提升，然而，不公平的晉升決策反而會造成員工的負面感受，導致工作忠誠度大幅降低，因此，升遷管理非常重要，在制定晉升決定時，組織必須先進行多方的考量，例如：制定晉升政策時，究竟是以年資還是以能力為依據？是以過去的績效還是以未來的發展潛能作為指標？應致力於使晉升的決定公平、公正、公開，如此才能達到升遷管理的實際功效。

2. **調職**（transfer）**管理**：調職是指將員工從一項工作調派到另一項工作，但其薪資水準及職等職級皆未改變。一般而言，當企業縮減職務時，便會將原先任職於該職務的員工轉調到其他職位上；不過，有時候也可能是組織為了讓員工有機會接觸其他的工作或促進個人成長，因而採用調職的手法。此外，員工基於許多不同的原因（例如：豐富個人經驗、獲得更有趣的工作內容或更好的工工作地點等）也會申請轉調工作。調職管理可協助員工在組織內尋找最適合自己的職位，故也是員工職涯管理中相當重要的一個環節。

3. **退休（retirement）管理**：對組織來說，退休規劃的功能，不僅只協助
員工走入退休生活，亦能幫助企業盡可能地保留部分因退休而流失的技
能與智慧。組織在進行退休管理的第一步是先對即將退休的人員進行分
析，判斷退休問題對企業經營的潛在影響（例如：健康照護與退休金的
給付）後，再想辦法處理。舉例來說，為了避免嬰兒潮工作者大量退休
的問題，企業必須先想辦法吸引並留住這些即將退休的人員，讓他們知
道公司相當樂意留任年長的工作者，對其提供兼職工作或者其他彈性的
工作安排，鼓勵資深員工繼續工作，以確保人力的供給不會出現缺口。
若公司面臨財務緊急狀況，必須鼓勵員工提早退休時，也要在注意提早
退休方案的規劃對員工士氣和生產力的影響，因此，退休管理在員工職
涯管理中也是一項相當重要的議題。

職涯發展的其他議題

(一) **職涯路徑（career path）**：職涯路徑係指員工在組織內由一個工作進展到
另一個工作的過程，簡而言之，就是個人在組織中進步的軌跡或一連串的
發展活動，通常會涉及非正式與正式的教育以及訓練。一般而言，職涯路
徑的型式有以下三種（引自黃曼琴，2010：5-7）。
1. **以職位為主的路徑**：依據組織中職位晉升的不同，區分職涯路徑為：
  (1) **金字塔式**：即個人從第一層職位做起，逐漸晉升為中階層，最後晉升
為最高管理階層的進步方式。
  (2) **雙梯式**：在組織中可採雙軌的方式進步，即選擇不同的晉升管道最後
到達最高管理階層，雙梯式的晉升方式也可轉調至其他功能領域歷練
晉升，或再調回原領域繼續晉升。
2. **以目標為主的路徑**：這種路徑不是以職位為主的路徑，個人不一定要在同
一個組織中擔任職位，只要能達到最終目標即可。例如個人可先在不同領
域或不同組織培養管理能力，最終發揮於個人所創立的事業中。
3. **以決策為主的路徑**：此種路徑主要考慮外在環境的衝擊，決定是否繼續工
作、更換組織或轉行。
  在組織中，職涯路徑皆是以非正式的形式存在。表7-3略述了組織為員工
規劃職涯路徑的基本步驟。

表7-3 職涯路徑的步驟

---

1. 決定或確認符合目標工作的能力及行為。由於工作具有隨著時間而改變的傾向，因此決定或確認符合的資格條件且定期的檢查是重要的。
2. 取得員工的背景資料，並檢查正確性與完整性。因為人們的興趣及職涯目標有改變的傾向，所以也必須確認。此外，還需要更新一個人的技術、經驗等紀錄。
3. 著手檢視個人與目標工作兩者的需求分析比較。確定個人與目標工作是否互相配合。出乎意料地，許多組織在提出問題往往會疏於詢問員工的背景、潛力及興趣。
4. 調和員工職涯需求、發展需要，以及目標工作與組織職涯管理兩者的要求。個人應將職涯目標正式化，或修正職涯目標以適應環境需要。
5. 利用一個時間活動的職前講習去發展個人之訓練工作及教育的需要。確認使個人能取得目標工作所必須的個人行動（工作、教育及訓練經驗）。
6. 構思職涯路徑藍圖。一種用於指導個人之時間導向的藍圖或圖表的創造過程。

資料來源：黃同圳（2016：243）

(二) **職涯自我管理（career self-management）**：職涯自我管理是一個比較新穎的概念，其強調員工為了能夠跟上行業或組織的變動，必須維持個人學習的需要，以便為未來變化做好因應準備。故職涯自我管理的基本概念是員工能轉換至另一個新職位的新技巧與能力，而進行職涯自我管理的優點即是，可以為企業培養出更多擁有高階的技術並具彈性的員工。

(三) **職涯方格（career lattice）**：在職涯方格的概念出現之前，眾人皆使用職涯階梯（career ladder）來討論職涯發展，亦即只有直接往上晉升或往下降級的職涯規劃。相較於職涯階梯理論，職涯方格則是以更多角度的概念來討論員工職涯的發展，其支持了所有方向的調動，而不再只是往上或往下，易言之，方格法允許員工能夠調職至整個組織的不同專案和地點，而不是只能像爬階梯般通往更高的位階，可以往任何角度進行調動，以支援組織目標，同時也符合員工的職涯目標。表7-4展現職涯階梯與職涯方格的比較說明。

表7-4　職涯階梯與職涯方格的比較

職涯方格的 思考模式	1. 在組織中可往任何角度調動，從一端到另一端，或上上下下。 2. 員工貢獻什麼及如何做出貢獻最重要。 3. 組織與員工要協同合作。 4. 不固定的長期策略，並在目前的職位上成長。 5. 在整個組織中尋找專業。 6. 依據學習與績效提供報酬。
職涯階梯的 思考模式	1. 組織中的調動僅限於往上或往下。 2. 晉升與頭銜最重要。 3. 老闆總是有答案。 4. 靜態的短期策略，記住晉升是暫時的。 5. 往組織更高層級尋找專業。 6. 報酬與頭銜有關。

資料來源：黃同圳（2016：251）

(四)**職涯停滯期（career plateau）的處理**：指在個人職涯中，能再獲得升遷的機會非常低，而停滯期的員工即是指，在退休前就已經達到升遷上限的人。通常組織可以依據員工目前的績效表現以及未來升遷的可能性，將員工分為四種類型，如表7-5所示：

學習者 learner	目前表現低於標準，但具有高升遷潛力的員工（如新進人員）。
明星 star	目前工作表現相當傑出，並且也具有高升遷潛力的員工。
殷實市民 solid citizen	大多數的員工皆屬於此類，即雖然目前工作績效不錯，但在未來可能獲得升遷的機率並不大。
無用者 deadwood	目前績效令人感到不滿意，而且也不具有升遷潛力的員工。

一般而言，組織想要擁有的是明星員工或者殷實市民員工，然而挑戰就在於如何讓員工成為明星或殷實市民，而不是無用者。組織應該對員工提供個人發展與成長的途徑，並輔以周密的績效考核系統以及訓練規劃，才能夠有效管理停滯期員工，將無用者以及學習者轉變為殷實市民或者是明星。

表7-5 管理職涯分類

目前績效	未來升遷的可能性	
	低	高
高	殷實市民（有效的停滯期人員）	明星
低	無用者（無能的停滯期人員）	學習者（新進人員）

資料來源：黃同圳（2016：248）

(五)**消除玻璃天花板（glass ceiling）的障礙**：玻璃天花板是指在組織內設置了一種無形的、人為的困難，以阻礙某些具有資格的人（特別是針對女性）晉升到一定的職位。由於造成玻璃天花板的主要因素是來自於個人偏見及刻板印象的任用方式，所以只有當所有員工皆是依據績效表現來進行評價、僱用、升遷並給予公平的訓練機會，在組織內的玻璃天花板現象才有可能會被消除。除此之外，玻璃天花板委員會（Glass Ceiling Commission）委員會為了破除工作升遷的障礙，亦提出了下列建議（引自黃同圳，2016：253）：

1. 展現承諾：最高管理階層應該表達其致力於多樣化，並制定推廣政策。
2. 將多樣化包含於所有策略的企業計畫中，使直線管理持續對進展負起責任。績效評核、報償激勵及其他的評價衡量均應能反映這個優先事項。
3. 將確認行動做為工具，以確保所有合格人員是在能力與優點的基礎上競爭。
4. 擴大候選人群體：從非慣例來源中尋找有非傳統背景及經驗的可能候選人。
5. 教育所有員工有關性別、種族、國家及文化差異的優點與挑戰。
6. 發起協助平衡男人與女人之工作與家庭責任的家庭友善計畫。

(六)**接班規劃（succession planning）**：係指為了面對未來高階管理者退休或者出缺的問題，企業會先提早做好準備，不斷地找尋可能的接班人選（通常是優秀的中階主管）並訓練之，以避免無人接任高層職位的窘境產生。

(七)**外部安置（outplacement）**：是一種終止聘僱的方法，但企業在終止聘僱後，必須提供新的工作機會，讓員工能夠在其他場所中任職。一般而言，企業所提供的外部安置計畫通常會包含新職涯目標的建立、履歷表的準備以及面試訓練等服務。此計畫的實施可達到雙贏的效果，其一方面能使組織在員工變成無用者之前就終止聘僱，而在另一方面，員工也可以因為獲得新工作而無需擔心生活問題，且同時又能保留尊嚴。

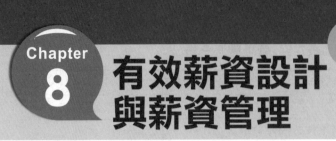

課前導讀

本章將討論員工最關心的議題「薪資」，在深入探討薪資管理之前，首先介紹組織整體薪酬系統是涵蓋了薪資及各項福利制度，本章僅針對薪資管理進行解說，員工福利納入第10章再議。為充分理解薪資管理，本章討論議題包含薪資管理基本概念、薪資體系建立、薪資設計方法與程序，以及薪資結構與政策，主要目的在於協助企業建構最佳薪資方案，以吸引人才並激勵員工的工作績效。

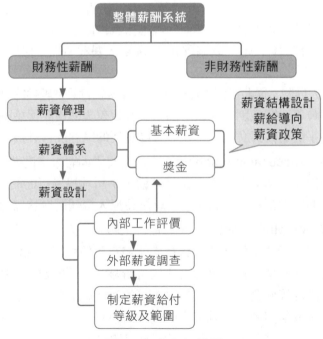

圖8-1　本章架構圖

重點綱要

一、薪酬管理（compensation management）

(一) **薪酬的定義**：是組織對員工所提供的服務或貢獻所給予的酬賞、薪資與福利的統稱。

(二) **薪酬管理目的與功能**：

1. **目的**：促進企業競爭策略與目標的達成。

2. **功能**：

(1) 薪酬管理對整體組織管理的作用：

A. 薪酬管理是經營理念及態度的體現。

B. 薪酬管理是組織的基本戰略之一：

(A) 吸引優秀人才。

(B) 保留核心員工。

(C) 保證組織營運目標的實現。

C. 薪酬管理影響著組織的盈利能力。

(2) 薪酬管理與其他人力資源管理環節的關係：

A. 薪酬管理與工作分析的關係。

B. 薪酬管理與招募甄選的關係。

C. 薪酬管理與績效管理的關係。

D. 薪酬管理與員工關係管理的關係。

(三) **報酬設計的原則**：

1. **公平性**：

(1) 外部公平性。　　(2)內部公平性。　　(3)個人公平性。

2. **激勵性**。　　　　　　　　　3.**競爭性**。

4. **經濟性**。　　　　　　　　　5.**合法性**。

二、薪資管理

(一) **定義**：薪水與工資的統稱。

(二) **目的、原則及影響力**：

1. **薪資管理目的**：

(1) 酬償員工的付出。　　　　(2) 滿足員工的需求。

2. **薪資管理原則**：

(1) 公正性原則。　　　　　　(2) 勞資互惠原則。

3. **良好薪資管理的效用**：

(1) 改善成本效益。　　(2)符合法律規定。　　(3)吸引並留住人才。

(三) **薪資體系**
　1. **基本薪資：**
　　(1) 底薪。　　　　　　　　　　　(2) 津貼。
　2. **獎金。**
(四) **資深獎金。**

三、薪資結構設計

(一) **內部工作評價：** 有計畫地評定工作的價值、制定工作的等級，用以確定工資
　　收入的計算標準：
　1. **工作評價程序：**
　　(1) 擬訂計畫。　　　　　　　　　(2) 蒐集資料。
　　(3) 工作分析。　　　　　　　　　(4) 審核及評價。
　　(5) 歸等。
　2. **工作評價方法：**
　　(1) 工作評等／排序法。　　　　　(2) 工作插入法。
　　(3) 工作分類法。　　　　　　　　(4) 點數法。
　　(5) 因素比較法。
(二) **外部薪資調查：**
　1. **工資與薪俸調查：**
　　(1) 組織自行進行調查。　　　　　(2) 組織由外部取得工資或薪俸調查。
　2. **外部薪資調查的指導原則：**
　　(1) 評估參與公司的同等性。　　　(2) 不只是比較工資或薪俸。
　　(3) 考慮工作說明中的變化。　　　(4) 將調查資料與調整期間連結。
(三) **制定薪資給付等級及範圍：**
　1. **工資與薪俸曲線。**
　2. **薪資結構設計：**
　　(1) 薪等及薪級。　　　　　　　　(2) 薪資幅度。
　　(3) 級差。　　　　　　　　　　　(4) 薪幅疊幅。

四、薪資給付導向

(一) **職務基準薪資。**
(二) **技能基準薪資。**
(三) **績效基準薪資。**
(四) **市場基準薪資**
　1. **市場領先策略：** 即企業的薪酬水準在地區同業中處於領先地位。
　2. **市場跟隨策略：** 即企業的薪酬水準接近競爭對手的薪酬水準。

3. **成本導向策略**：又稱相對滯後型薪酬策略，為節約成本，採取企業薪酬水準低於競爭對手或市場薪酬水準的策略。

4. **混合薪酬策略**：對核心職位採市場領先型的薪酬策略，而在其他職位中實行市場跟隨型或相對滯後型的基本薪酬策略。

五、薪資政策

(一)**企業制定薪資政策的要件：**

1. 政策的確實性。　　　　　　　　2. 政策的適應性。

3. 政策的簡明性。　　　　　　　　4. 政策的公平性。

(二)**勞動基準法規定之基本工資**：預計自民國114年1月1日起，每月基本工資調整為28,590元，每小時基本工資調整為190元，基本工資會依情況進行調整，故應隨時注意勞動法規的變動。

內容精論

 薪酬管理（compensation management）

薪酬管理是係指組織就員工所提供的服務來決定其應得到的報酬總額，然而在決定的過程中，組織應針對薪酬水平、薪酬結構、薪酬構成以及報酬形式等因素進行詳細考量與評估，方可制定出薪酬計劃並擬定薪酬預算，因此薪酬管理是一項持續性過程。

由於薪資能直接影響員工的生存與生活品質，故，在眾多人力資源管理的功能中，薪酬管理無疑是最受到員工關注的。組織報酬制度的設計時常被員工視為企業經營管理的態度，反應了組織文化及氣候，所以若組織能有效運用報酬制度設計，即可有效激勵內部員工的工作動機及績效，同時吸引外部員工的加入，不過，企業的薪酬管理系統必須要同時達到公平性、有效性及合法性，才能產生正面的效應。

(一)**薪酬的定義**：整體薪酬（total rewards）亦稱為整體報償，是指企業為了吸引、激勵與留住員工，所願意提供任何具有價值的物質，因此不僅只是薪資與福利，也會考慮到與工作經驗相關的其他層面，故，整體報酬實質上包含了五大要素1.報償、2.福利、3.工作與生活平衡、4.績效獎勵、5.發展與生涯機會。企業會讓員工充分參與薪酬組合的制定，每個

員工可以按照事業發展、工作和個人生活的協調,來決定自己偏好的薪酬組合。整體報酬方法的目標,主要是利用彈性且廣泛的報酬來有效地吸引更多元的勞動力。

薪酬(compensation)是組織對員工所提供的服務或貢獻所給予的酬賞(rewards)、薪資(salary)與工資(wage)的統稱。一般而言,報酬可被分為財務性報酬(例如:員工的薪水、工資、佣金、津貼、獎金、健康保險、退休金計畫等)和非財務性報酬(例如:員工獲得的成就感、滿足感、良好的工作氣氛、良好的工作環境及條件等)兩種,如下圖8-2所示:

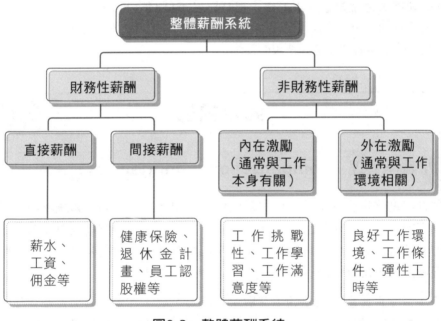

圖8-2　整體薪酬系統

員工薪酬是指因雇用關係而給予員工的報酬(以任何形式的給付),其主要包含以下兩種型態:直接性的財務給付(direct financial payments,例如薪水、工資、佣金、津貼、紅利等)與間接性的財務給付(indirect financial payments,例如雇主給付的保險與假期、健康保險、退休金計畫、員工認股權等)。

財務性薪酬給付部分,企業通常會根據工作時數(例如:藍領勞工領時薪或日薪;白領辦公室人員領月薪)或者工作績效(例如:生產人員以論件計酬發薪;業務依據銷售業績獲得佣金)來決定報酬給付金額,亦有薪酬給付計畫是整合了時間給付以及獎勵制度而形成的。

非財務性薪酬給付部分，組織報酬（organizational rewards）包括了內在與外在的激勵方式，其中內在報酬（intrinsic rewards）是屬於因個人心理感受而產生的激勵，故較為抽象，通常與參加某些活動或任務有關，例如：工作滿足與工作成就感；反之，外在報酬（extrinsic rewards）則是由組織直接進行控制與分配而獲得，因此比較具體化，例如：良好工作環境、較佳的工作條件以及托嬰服務等。

(二)**薪酬管理目的與功能：**

1. **薪酬管理目的：**薪酬計畫的最主要任務，應該就是協助企業策略目標的達成，故管理者必須提出與組織整體目標相符的薪酬策略（aligned reward strategy），換句話說，人力資源管理部門所設計出的薪酬計畫（包含工資、獎勵和福利）應該可以用來激勵員工，使其展現出企業所期望的行為及績效，以促進公司競爭策略的達成。因此，在設計策略導向的薪酬政策時，必須先瞭解以下問題：組織的策略目標為何？組織需要什麼樣的員工行為和技能，才能達成策略目標？何種薪酬政策（薪水、獎勵方案及福利等）可以促使員工產生組織所需的行為？經過對上述問題的分析解答後，方能設計出有助於組織績效的薪酬管理制度。吳秉恩（2007）亦提出，一個良好的薪資管理必須先從企業的願景為基礎進行設計，同時運用正式的人力資源制度的實行，方能夠建立起正面職場態度，並進一步提升組織的競爭優勢。

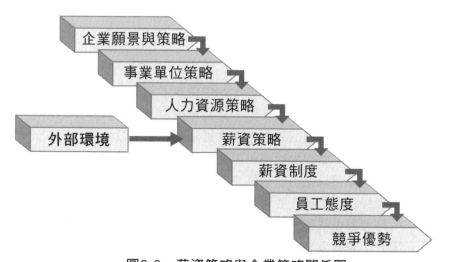

圖8-3　薪資策略與企業策略關係圖

資料來源：張承、莫惟（2008：12-6）

2. **薪酬管理的功能**：薪酬管理在人力資源管理中扮演了相當重要的功能性角色，其不僅與人力資源管理中其他功能息息相關，甚至能對整體組織管理產生重大的影響，以下將薪酬管理的功能，分別就整體組織以及人力資源管理兩方面進行說明。

(1)**薪酬管理對整體組織管理的作用**：

A.**薪酬管理是經營理念及態度的體現**：薪酬是企業對員工提供勞動、知識及技能的報償，而薪酬的給予除了用來肯定勞動力價值外，更直接影響了員工的生活水準。現今社會的物質生活日益提高，若薪酬制度不能保證員工基本生活，將無法滿足其最基本的生存需求，而被人力資本提供者所厭棄。除此之外，大多數的組織為了吸引智慧型人才，強調「以人為本」的管理思想，組織內的薪酬管理制度不僅應保證員工的基本生活，亦要提供更全面的員工協助，例如：退休金計畫及職涯發展規劃等福利措施，唯有尊重人力資本所有者的需要，建立起適用於國民經濟發展水平的整體薪酬制度，才能真正表現企業「以人為本」的經營理念及態度。

B.**薪酬管理是組織的基本戰略之一**：每個組織都會依據所設定的總體目標，擬出各種不同的策略以及行動戰略，例如生產戰略、市場戰略以及人才戰略等。而薪酬管理無疑是人才戰略的重要組成部分，若能制定出優良的薪酬管理制度，將可產生以下三種效益，促進組織目標之順利達成：

(A)吸引優秀人才。

(B) 保留核心員工。

(C) 保證組織營運目標的實現。

薪酬管理在人力資源管理工作中扮演了相當重要的角色，若企業內的薪酬管理制度運作不佳，極有可能會導致勞資關係的惡化。一般而言，薪酬管理的最基本條件是確保其公平及合理性，如此才可以穩定人心；而提供比同業更高的工資與福利，則是一種競爭性的薪酬管理，可以吸引並留住更多的優秀人才。若薪酬管理制度能配合績效目標的實現，並符合組織整體營運與財務負擔，則可以使員工的努力與企業整體經營績效相結合，而保證組織總體戰略的實現，因此，兼具公平、合理、激勵並符合組織整體營運的薪酬管理對企業的永續經營極具重要性。

C.**薪酬管理影響著組織的盈利能力**：事實上，薪資及福利對於企業而言，無疑是成本的一部分，故如何有效地控制人工成本，提昇更佳的勞動生產率，亦是薪酬管理的重點工作。企業應致力於發展最合適的薪酬管理制度，才可能發揮出既定薪酬的最大作用，進而增加組織利潤，並提高競爭力，因此，薪酬管理制度的良窳將直接影響組織的盈利能力。

(2)**薪酬管理與其他人力資源管理環節的關係**：薪酬管理是人力資源管理的功能之一，與其他人資功能相輔相成，其關係詳細說明如下：

薪酬管理與工作分析的關係	工作分析是薪酬設計的基礎，亦是決定薪資水準內部公平性的先決條件。依據工作分析結果而撰寫工作說明書，將提供工作評價的相關資訊，可作為決定該工作薪酬等級的重要參考。
薪酬管理與招募甄選的關係	由於薪資是員工選擇工作時的重要考慮因素，故薪酬管理對於招募甄選的工作影響甚鉅，若企業提出比同業高的薪酬水準，將有利於吸引大量應徵者，從而提高招募甄選的效率，反之，則會造成招募人員的困難。
薪酬管理與績效管理的關係	薪酬管理和績效管理通常是一種互動的關係。薪酬管理往往會以績效管理為基礎，針對員工的績效表現及時地給予不同的激勵薪酬，而當員工發覺只要工作表現達標，就可以獲得激勵薪酬時，則會增強工作動機，進而提昇績效表現，然而，值得注意的是，激勵薪酬的實施必須對員工的績效做出準確的評價，方能達到應有的效果。
薪酬管理與員工關係管理的關係	在人力資源管理的實務上，許多勞資爭議是由薪酬問題引發的，公平合理的薪酬管理可以有效減少勞資糾紛，並建立和諧的勞資關係。此外，良好的薪酬管理制度可以形塑「以人為本」組織文化與管理哲學，提昇員工滿意度及向心力，以維護穩定的員工關係。

(三)**報酬設計的原則**：薪酬管理的基本目的，是為了讓員工對組織所提供的薪酬福利感到滿意，當員工對薪酬管理的滿意程度越高時，其激勵效果就越明顯，而員工的滿意程度，主要取決於薪酬設計的公平性及合理性，因此，薪酬制度的設計應考量下述五項原則。

1. **公平性**：進行薪酬管理時的首要考慮因素是，員工是否對薪酬的發放感到公平、公正，而這種公平性無疑包含了員工個人主觀的感受，因此，薪酬管理的公平性必須同時考慮主觀與客觀的部分，可分為以下三個層次：

外部 公平性	係指組織所提供的薪資水準應該與同一行業或同一地區同等規模的組織類似或相當，在此所提及的薪資相當是針對從事同類型工作、亦即從事該工作所需具備的知識及技能類似的情況下。
內部 公平性	係指在同一組織中比較不同職位所獲取薪酬，當該工作的報償與其所付的努力或貢獻成正比，且比值一致時，才會令組織內部的員工感到公平。
個人 公平性	係指在同一組織中比較同類型工作者所獲得的薪酬，此外，也可能是個人評估其勞動付出與所得薪酬之間的公平性。

2. **激勵性**：組織若想使薪酬的激勵作用充分發揮，必須與績效考核制度連結，把考核結果與員工的薪酬福利進行緊密地結合，使員工體認到一份耕耘一份收穫，以激發其工作熱情與績效，因此，有效的薪酬管理必須依照貢獻分配的原則，方可達成激勵員工之目的。

3. **競爭性**：為了吸引人才，組織所提供的薪酬水準應該要優於其他同業，然而，這必須視組織的財力與人才可獲得性等實際條件而定，但若想要提昇人才競爭力，薪酬給付至少不能低於市場平均水準。

4. **經濟性**：提高薪酬水準，的確可以增強組織的人才競爭力並激勵員工，但也同時導致了成本的上升，而可能會造成經營上的困難，因此，薪酬制度的設計也必須受到經濟上的制約。不過在進行人事成本分析時，不能僅是考察薪酬水準的高低，更重要的是員工績效的分析，有時員工的熱情與創意，會對企業在市場上的生存與發展發揮關鍵作用。

5. **合法性**：組織薪酬制度必須符合國家的政策法律，舉例來說，在台灣的薪資水準應以勞動基準法所規定的基本工資為最低標準。此外，亦須表現出勞動者的尊重、公正，並避免歧視。

 薪資管理

薪酬（compensation）與薪資（pay）經常被混為一談，但實際上兩者並不相同。薪酬係指員工因提供勞力或服務而獲取的所有外在報酬，是由工資或薪俸（base wage or salary）與各種不同的獎勵、紅利以及福利所組成的；而薪

資則僅指員工以其工作所換得的實質工資或薪水。附帶一提的是，薪酬中所包含的獎勵（incentives）通常與績效直接相關，是員工在工資或薪水外所能得到的報酬，而福利（benefits）範圍較廣，是員工受僱於組織中的職位所獲得的報酬，例如有薪假期、健康保險及退休計畫等。如圖8-2整體薪酬系統所示，可以看出薪酬與薪資並非同義詞。

(一)**薪資的定義**：薪資一詞來自英文薪水（Salary）與工資（Wage）的統稱，薪水通常是指從事腦力工作的白領階級所獲得的財務報酬；相較之下，工資就是指從事體力工作的藍領階級得到的財務報酬。在現今科技發展進步的時代，企業皆會運用各種機械化與自動化設備，導致組織中的員工往往需要同時應用體力與智力，因此薪水與工資的概念已經愈來愈難以區分，進而改以薪資來統稱取代。由於薪資不僅能滿足員工的基本需求，也代表了員工在組織中的價值，故良好的薪資管理將有助於提高員工成就感、工作滿意度以及忠誠度、並進一步促進企業的發展。

(二)**薪資管理目的、原則及影響力**：薪資管理（Pay Management）的主要目的是滿足員工的生理與心理需求，一方面使組織內部現有員工能無後顧之憂地為工作全力以赴，提升工作效率，另一方面也期待能吸收外界優秀人才加入組織的行列中，以提高企業競爭力，故制定出公平、合理且具競爭力的薪資政策是薪資管理的重點。以下將針對薪資管理的目的、原則以及影響力分點敘述如下：

1. **薪資管理目的**：
   (1)**酬償員工的付出**：員工付出心力為企業服務並創造出種種貢獻，因此組織必須給予薪資作為回饋其服務之酬償。
   (2)**滿足員工的需求**：每個員工都有其獨特的生理與心理需求，薪資的給付是最直接的財務性報酬，員工可以運用薪資來完成其不同的需求，舉例來說，員工可運用薪資來購買生活必需品，以滿足基本的生理需求，也可能因獲取薪資中的專業加給，得到工作成就感，滿足其心理需求。

2. **薪資管理原則**：薪資管理需把握兩項原則：
   (1)**公正性原則**：員工會將自己所獲取的薪資與其他同仁的薪資進行比較，也可能是將本身所獲的薪資與工作績效或貢獻進行比較，若比較後，員工感到有任何不公平的情況產生，將會直接衝擊其工作態度與行為，而對組織的士氣與績效造成負面的影響。
   (2)**勞資互惠原則**：此原則與薪酬管理的經濟性與合法性息息相關，良好的薪資管理可以增進勞資雙方的相互合作，並達到企業與員工雙贏的效果。因此，提高薪資與增加生產應該齊頭並進，而非偏重於其中一

方，故一個公平而合理的薪資制度，必須能夠使勞資雙方互蒙其利，方能長久運行。

3. **良好薪資管理的效用**：若組織能依據上述原則，規劃出優良的薪資管理制度，將為企業帶來正面的影響如下：

(1) **改善成本效益**：一般而言，薪資成本佔企業總營運成本的絕大部分，嚴重地影響了企業的競爭力，故擬定之薪資管理制度，若能有效降低勞工的薪資成本支出，但又不會影響到勞工權益，企業整體績效必能大幅提昇。

(2) **符合法律規定**：各國為保障勞工權益，對於企業薪資皆制定了種種不同的法令，我國的「勞動基準法」亦制定了最低工資以及加班費等相關規定，公司在進行薪資管理時必須了解各項法規並遵照執行，才能避免罰緩或日後的勞資糾紛，以確保組織的永續經營。

(3) **吸引並留住人才**：組織若有提供完善的薪資制度，將能吸引外界的優秀人才前往應聘，此外，已在公司內任職的員工也會繼續留任，進而提升組織的整體士氣，有效降低員工的離職率。

(三) **薪資體系**：係指所有構成薪資總額的各類項目，如圖8-4所示。一般而言，薪資項目包括了基本薪資與獎金兩大類，前者是一種經常性且固定給付的薪酬，通常是底薪加上津貼；而後者則是浮動性的酬償，通常是以獎金的形式進行支付。以下將針對薪資體系的各類項目摘要分點說明。

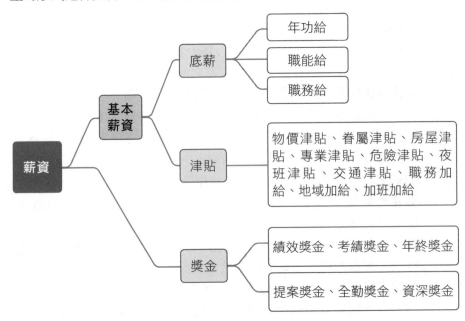

圖8-4　薪資體系

資料來源：周瑛琪、顏炘怡（2016：185）

1. **基本薪資：**
   (1)底薪（Base Salary）：即雇主支付給員工的基本薪資，可分為三類：
   A.**年功給：**此制度在亞洲國家較為盛行，係指根據員工的學歷、年資或經驗等個人條件來決定薪資等級。
   B.**職務給：**歐美國家廣泛採用此制度來決定薪資等級，係指經過工作分析後，依據工作價值（如：工作的責任、困難度、危險度以及複雜度）來決定薪資水準，通常會依「同工同酬」的原則來決定薪資的標準給付。
   C.**職能給：**其基本概念與職務給類似，但並非以工作內容來做為評價標準，而是以員工的工作表現、績效或貢獻度來決定薪資給付標準。亦即職務給的評價對象是職務；而職能給的評價對象是員工的工作能力。
   (2)**津貼：**津貼係指企業針對員工在特殊勞動條件下，必須多加付出的額外消耗所給予的物質補償。津貼的種類繁多，一般較為常見的津貼可被歸納為以下幾種：

物價津貼	因通貨膨脹及物價波動等因素而給予之額外補貼。
眷屬津貼	因員工眷屬人數較多，而給予適當津貼或實物配給。
房屋津貼	通常是提供給無法入住公司宿舍之員工租屋所用。
專業津貼	特殊技術專業人員或技術人員所獲得之額外補貼。
危險津貼	對擔任危險性工作的員工所給予之額外補償。
夜班津貼	輪夜班的人員較易產生疲勞狀況，故而給予之補償。
交通津貼	對通勤人員或外務人員所給予之額外補貼。
職務加給	因主管人員的職務或責任較重而給予之額外補貼。
地域加給	對因服務偏遠區域而生活不便的員工給予之補償。
加班加給	即加班費，依照超過規定工作時間的時數予以給付。

2. **獎金：**獎金與基本薪資不同，是一種補充性的薪資給付，當員工創造出超過正常勞動定額外的成果後，企業會提供實質的財務性補償，一般較為常見的津貼可被歸納為以下幾種：

績效獎金	又稱盈餘獎金或紅利。係指因員工的突出工作表現所給予的獎金，而獎金的多寡則視其績效高低而發給，企業提供績效獎金可有效地提昇員工工作效率並激勵組織士氣。
考績獎金	一般而言，企業會定期就員工的工作表現進行為績效評估與考核，考評成績優秀者除職位的升遷外，也會另外給予考績獎金，藉此激勵員工的向上心。
年終獎金	營運狀況還不錯的企業會選擇於年終時，給付員工一筆獎金作為對員工一年來努力奉獻的答謝，但獎金的多寡將視企業營運成果而定。
提案獎金	若員工對工作提供了有用的建議或提案，組織可以依據該提案的價值及貢獻度給予獎金。
全勤獎金	係指若員工在一定期間未請假、曠職、遲到、早退等情事，即給予獎金。

(四)**資深獎金**：為了酬謝資深員工對企業的忠誠，公司可以提供獎金予服務已達一定年限以上（例如：10年、20年或30年）的員工，以示感謝。

 薪資結構設計

任何的工資與薪俸制度，都是依照工作價值來設計薪資幅度，其主要目標是為了建立公平的報償架構，其設計的關鍵，就是必須先在組織中為不同的工作制定出不同的薪資幅度（亦即為某個特定的工作設定薪資範圍，其中包含了最小值及最大值），而薪資幅度的建立通常會遵照兩個原則：確保內部公平與確保外部公平，為了保障內、外部的公平性，企業則會分別採用內部工作評價以及外部工資調查，茲敘述如下。

(一)**內部工作評價**：工作評價（job evaluation）係指有計畫地評定工作的價值、制定工作的等級，用以確定工資收入的計算標準，而這個過程是用於設計薪資結構，而非員工績效的評核。一般而言，工作評價所使用的資料來自於工作說明書，而進行工作評價的方法是列舉出某項工作的責任輕重及其對組織的貢獻，然後再以正式且有系統的方式對各項工作進行比較，用來決定每一個工作的相對價值，進而確定其薪資的等級。舉例來說，精算師的工作比出納人員更複雜，對組織潛在貢獻度也較高，因此相較於出納人員，精算師工作的相對價值較高。工作評價除了能夠建立工作相對價值，尚可以用於其他目的，圖8-5顯示工作評價的潛在用途。

- 為一個較簡單、更理性的工資結構提供基礎。
- 為新的或改變的工作提供意見一致的分類方法。
- 提供一個與其他公司比較工作與薪資率的方法。
- 為員工的績效衡量提供基礎。
- 經由減少薪資範圍及提供意見一致的解決紛爭方法，從而減少薪資申訴。
- 為員工爭取較高階工作的努力提供獎勵。
- 為工資談判提供資料。
- 提供工作關係的資料，以供內部與外部甄選、人力資源規劃、生涯管理及其他人事職能等用途。

圖8-5　工作評價的潛在用途

資料來源：黃同圳（2016：322）

工作評價與工作分析的概念並不相同，工作分析（Job Analysis）是一項針對工作整體內容，進行一系列工作資訊收集、分析以及綜合的過程，為管理活動提供各種有關工作方面的訊息，其主要目的是羅列出組織成員為勝任某項工作所應具備的條件和資格，並明確列出每位成員本身工作的細節，藉此來追求工作的正確以及完整性，透過工作分析，能夠有效撰寫工作說明書（工作本身的任務以及職責等）以及工作規範（工作人員本身應具備的知識、技能以及能力等），藉此能夠更清楚了解該項工作的內容（其他詳細內容詳見本書第3章）；而工作評價是工作分析後的邏輯結果，其目的在於決定工作相對價值，亦指決定每個工作本身薪資額度和薪資率，此外，也提供了工資結構調整的標準程式，藉此建立薪資的標準及制度，以避免員工因薪資而產生紛爭。工作評價可有效激勵員工往高的職務邁進，並提供給人事單位完整的資料。

1. **工作評價程序**：周瑛琪、顏炘怡（2016：190）提出，工作評價程序通常可分為五個步驟，並詳細說明如下：

擬訂 計畫	要實施工作評價，首先要訂定評價計畫，諸如確定評價目標、決定所要評價的計畫範圍，或決定所要評價的對象，另外，決定由誰負責籌劃與實施，最後編列整體的預算。
蒐集 資料	計畫擬定後，接著要蒐集相關之評價資料，包括評價之因素、工作類別、職等、薪資及員工工作情況，以做為施行評價之參考。任何一項工作資料的蒐集均可從該工作之執行者或其直屬主管獲得。

工作分析	資料蒐集後，便要進行工作分析，借助於一定的分析手段確定工作的性質與結構再對每項工作詳細的瞭解，予以分析與研究，然後撰寫工作說明書；並於說明書中正確的指出工作的任務、責任及所需的能力等。然後依據此撰寫工作規範，能圓滿執行某項工作所需的條件。
審核及評價	根據工作分析的結果，對每項已說明的工作進行評價。評估人員在最初可以獨立的評價每一項工作，然後集體開會，共同研商，以解決相異之處。
歸等	利用已得的工作資料，依據工作說明書，衡量每項工作的價值，評定每一職位的總分數；然後依據總分數之高低，與職等對照表對照，即可得知其相對價值，並比較各項工作的地位。

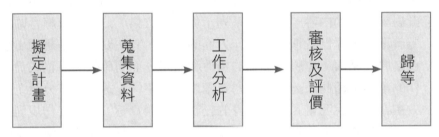

圖8-6　工作評價程序圖

資料來源：周瑛琪、顏炘怡（2016：191）

2. **工作評價方法**：一般而言，工作評價的方法大致分為：工作評等／排序法、工作插入法、工作分類法、點數法以及因素比較法五種，茲分述如下：

(1) **工作評等／排序法（ranking method）**：係指根據各項工作內容（例如：難易程度、價值或貢獻），依其職位重要性由高至低依次排列，亦即評價人員會將工作分為各種等級排列比較，評定為最簡單到最複雜。排序法的優點是簡單方便、容易使用，因此適用於工作性質單純、種類不多的職務；然而，其缺點是評價的主觀性太強，順序排列並沒有使用客觀標準來指出各個工作間的相對困難度，舉例來說，被評定為第二等級的工作並不代表比第一等級的工作困難兩倍，故現今企業很少使用這種評價技術。雖然工作評等法已逐步被淘汰，但因其是最早被使用的工作評價技術，故本章仍對其主要實施步驟進行簡略說明如下：

取得 工作資訊	工作分析是首要步驟，主要運用工作說明書中的內容（工作任務、職責）作為排序的基礎；而工作規範（人員所具備的知識、技能等）則被當成參考資料，重要性較低。
工作選擇 和分組	通常會將工作依照部門別或者工作性質來進行排序，以避免不公平的比較，舉例來說：將工廠員工或辦公室員工的工作內容放在一起進行排序，是不切實際的。
選定 報償因素	在此法中會選用幾個因素（例如：工作難易度）進行整體工作的排序，不過，在實務上通常只會使用一個因素，所以當選定報酬因素時，必須對評價人員說明該因素的定義，使評價能夠更趨於一致。
工作排序	請評價人員依照索引卡（index card）中所列出的工作概述，將工作由最低排序到最高。
整合評級	請評價人員單獨進行評估，然後再將其各自評估結果加總平均。

(2) **工作插入法**（job slotting）：此法只能運用於組織內已具有既定的工作架構時，其方法是將新創造的工作或因調整而更新的工作納入於現有的工作架構之中。與工作評等法／排序法相似，工作插入法是將新的或調整過的工作內容與已評估過的工作進行比較並加以排序，其排序等級無法詳細說明每個工作的異同處。

(3) **工作分類法**（job classification method）：有時也被稱為工作分等法（job grading），係指將工作按照職責、責任、技能、工作情況等相關因素之異同處加以定義，把工作分成幾個群組並歸入適當的等級，若群組內的工作類似，就分為「類」（classes），如果群組內的工作難度相似但內容不同，則歸納為「級」（grades），而每個群組中的工作將有著大致相同的給付標準。一般來說，此法的執行方式是先確認各個工作的基礎因素後，將組織內所有工作分成約5個至15個等級，再將等級排列比較後得到等級說明書，而其工作評價程序則是比較某項工作的工作說明書與等級說明書後決定其相對價值。

此法的優點是比較簡單，所耗費的經費、人員與時間也不多，且因等級的制定具有參考標準，其結果會比採用排列法更準確客觀，故相當適用於工作內容不複雜的部門。然而，其缺點是評價不同性質的工作仍具主觀性，產生許多爭議，導致在確定等級上的困難。

(4)**點數法（point method）**：係指將工作職務分解成幾個要素，依組織對這些不同要素的重視程度制定出應有的比重，然後再將各個要素的重要程度或難易程度劃分出幾個等級並賦予不同的點數，在進行職務評價時，只要將每個要素的點數加總起來，即可得到該工作的總點數，最後根據點數的高低就可以了解工作中的相對價值。點數法實施步驟可分點敘述為：

A.**選擇並確定影響工作的因素**：決定各種工作所包含的要素，並將每項要素分為不同的級數，一般而言，不同組織所選擇的因素不盡相同，但基本上皆可歸納為四大類：工作職責、工作技能、努力程度（包含身體及心智）以及工作環境。確立四大因素後，再根據實際需要，進行因素細分，大多數方案所使用的因素皆介於4～12個之間。

B.**定義因素**：在選擇因素的過程之中，可能會出現因素定義之間的矛盾，若想要解決這個問題，其最常用且簡單的方法就是在確定因素時，即寫下所有因素的明確定義，並做出清楚的表達。

C.**決定因素等級以及權重分配**：確定所評價的工作中各項因素所屬的等級並分配權重於各因素等級中。因素權重通常是按照重要程度將因素進行排列，且使用百分比來確定每一因素的重要程度。一旦確定因素權重之後，可以從下列三種方法選擇以進行等級配分：

(A)最大權重法：依照因素百分比給每個因素的最高等級配分，然後再按等差級數、等比級數或不規則級數給各級配分。

(B)最小權重法：即依照因素百分數每個因素的最低等級配分，然後再用等差級數、等比級數或不規則級數給各級配分。

(C)均衡權重法：使每個因素最低等級分配分值等於權重後，用這個最低等級分制乘以一個常數（可自由選擇，但對所有因素都應固定）來確定最高等級的分值。

D.**根據點數的高低決定此工作中的相對價值**：當各因素和等級評定原則皆確定之後，即可針對想要評價的工作內容進行調查，將調查收集得來的數據進行統計分析、歸納整理，並確定因素等級和分值，然後根據各評定人員的評價結果平均而得出最後各因素的分值和總分值，獲得點數的高低則可清楚地顯現出工作的相對價值。

使用點數法的優點是非常容易使用且又不失其客觀性，因此是目前最廣泛運用的工作評價法。然而，其缺點則是計算過程複雜，且衡量工作的價值的因素權重不易確定，故可能要消耗較多的成本與時間。

(5)**因素比較法**（Factor Comparison Method）：此法可被視為是點數法與工作評等／排序法的綜合運用，執行方式是將組織內具代表性的工作確認其基本因素，以點數或金錢為尺度，建立標準化工作分級表，然後將其他非代表性工作依據各項因素，參照比較標準化工作分級表後填入點數，再比較總積點來決定工作價值。

採用因素比較法的主要優點是評價的結果將較為公正，由於此法是依照企業內具體職位與薪酬情況進行分析，且透過職位與職位間、要素與要素間的相互比較，因此評價結果較為準確。但其缺點是方案制定的過程複雜度及困難度皆高，故實施時費時費力、成本較高。

一般企業在選擇工作評價法時，會依據三項效標來考量，即複雜程度、費用以及是否符合組織的特性，表8-1為以上提及的各種工作評價方法進行優、缺點比較，可作為組織選擇工作評價法的參考。

表8-1　各種不同工作評價方法的優缺點

	主要優點	主要缺點
工作評等法	1. 能快速且容易完成。 2. 因為通常能在幾小時內完成，因此相對廉價。 3. 容易解釋。	1. 限用於員工非常熟悉同職務的小型組織中。 2. 這個方法假定等級間的間隔相同，但事實通常並非如此。 3. 這個方法非常主觀。
工作插入法	1. 相對快速與容易使用。 2. 相對廉價。 3. 容易解釋。	1. 只能用於現有工作結構中。 2. 只能對有秩序的工作有效，無法顯示工作之間相對的差異。 3. 這個方法有些主觀。
工作分類法	1. 容易被有許多辦公室分布於不同地方的超大型組織接受。 2. 因為這個分類是概略且不特定，所以能持續多年而無須重大改變。	1. 分類說明太粗略，無法與特定工作產生關聯；如此一來，員工會懷疑各自工作的等級。 2. 因為分類的粗略與廣泛，使得工作評價人員可能會濫用這個系統。

	主要優點	主要缺點
點數法	1. 詳細且特定一工作是在成分的基礎上進行評價，並依據一個預定的基準比較。 2. 員工會因數學本質而接受這個方法。 3. 易隨工作變動而保持適用。 4. 因為計量本質，容易為工作訂定貨幣值。	1. 相對較耗費時間，而且發展的成本高。 2. 需要涉及工作評價的各方做出具有顯著效果的互動與決策。
因素比較法	1. 相對而言較詳細且特定一工作是在成分的基礎上進行評價，並與其他工作比較。 2. 比點數法更容易發展。 3. 與外部的市場工資率緊密相關。	1. 相對而言，較不易向員工解釋。 2. 不易隨著與被評價工作的變動而變化。

資料來源：黃同圳（2016：330）

(二) **外部薪資調查**：薪資調查是指透過調查手段來獲取企業內、外部所有與薪酬相關的資訊，來協助企業設計出合理且具競爭力的薪酬制度。內部調查主要是指內部工作評價，已於上一小節中詳細敘述。而外部調查則是指對同業、同區域企業的薪酬水準進行調查與分析，此外，亦須蒐集勞工市場情況、通行的工資率及生活費用等外部資料，以作為薪資設計的重要參考。根據經驗法則，比較優良的外部薪資調查，至少應該要調查組織中30%的工作，同時，每個工作都必須有十個以上的樣本，如此一來，才能有效地協助組織設計出公平合理的薪資制度。

1. **工資與薪俸調查**（wage and salary survey）：
   工資與薪俸調查是蒐集同業或者同區域企業的薪酬水準，其調查的資料不僅只是薪資金額，亦包含了各項與薪酬福利相關的組織政策以及慣例等，例如：起始的工資率、基本的工資率、薪資幅度、工資扣押政策、獎勵計畫、加班費、輪班津貼、正常工作週的持續期間、工作日的長度、假期準則、生活費用條款、薪資支付的地點及頻率等。而工資或薪俸調查資料的取得通常可分為以下兩種方式：

   (1) **組織自行進行調查**：組織最常用於調查工資與薪俸資料的方法有：個人面談、電話訪問、郵寄問卷以及網際網路調查。其中最可靠的方式

是個人面談，面對面的溝通能夠獲得最精確的資訊，但由於安排面談耗時費力，故也是成本最為昂貴的方法。傳統上，多數企業會使用郵寄問卷的方法來蒐集外部薪俸資料，但此法應僅限於調查工作定義已相當明確時，如果對工作的定義仍存有任何疑惑，郵寄問卷的回應就會失去可靠性，此外，郵寄問卷時也必須確認回答者對所調查的工資結構具有一定程度的了解與熟悉度，方能回收具參考價值的有效問卷。若組織選擇使用電話訪問來進行調查，雖然可以迅速獲得回應，但訊息的完整性將不如個人面談以及郵寄問卷調查。最後，網際網路是從事工資或薪俸調查的最新技術，其優點是廉價且快速，雖然網際網路調查有著與郵寄調查相似的缺點，但由於成本與速度的優點太過顯著，因此在現今的社會中，是企業進行各類薪俸調查的首選方式。

(2)**組織由外部取得工資或薪俸調查**：除了自行調查之外，企業也有許多管道可以購買或取得工資調查資料。舉例來說，企業可以向多家管理顧問公司（如：惠悅企管顧問公司及資誠會計師事務所）購買薪資調查資料，不過這些調查資料通常會比較昂貴，所以若企業想要節省成本，也可以從國家官方的勞工統計局、地方政府或者貿易協會等取得工資或薪俸調查資料，甚至有時候也能從網際網路獲得一些相關的工資或薪俸調查資料以供參考。

2. **外部薪資調查的指導原則**：黃同圳（2016：333）提出，優良的工資與薪俸調查能對組織的薪酬設計產生極大的幫助，然而，不合適的外部薪資調查將因提供扭曲的訊息而造成諸多問題，因此，不論使用的調查類型為何，都應該遵循下列的指導原則

(1)**評估參與公司的同等性**：不僅應考慮企業的規模與類型因素，諸如聲望、安全、成長機會及地點等無形因素同樣很重要。

(2)**不只是比較工資或薪俸**：整個報償組合都應該要考慮，包括獎勵與福利。例如，一家公司可能提供很少福利，但卻以高工資薪薪俸作為補償。

(3)**考慮工作說明中的變化**：工資與薪俸調查最眾所周知的缺點，就是很難找到可以直接比較的工作。在一個調查中，通常需要一個比簡短的工作說明更多的資料，才能將各個工作妥善地適配。

(4)**將調查資料與調整期間連結**：最近的工資與薪俸如何調整？瞭解這點有助於調查影響資料的正確性。一些公司可能剛做過調整，而另一些公司則可能尚未調整。

當企業完成內部工作評價與外部薪資調查後，則可以開始將薪資調查資料與公司內部工作評價的點數進行綜合分析，來獲得同業的市場薪資散布圖，並繪出的市場薪資線（如下圖8-7所示），接下來制定薪資給付等級及範圍的操作方式將於下面內容中詳細介紹。

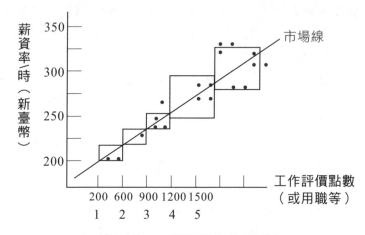

圖8-7　工資與薪俸曲線圖

資料來源：周瑛琪、顏炘怡（2016：195）

(三)制定薪資給付等級及範圍：

1. **工資與薪俸曲線**（wage and salary curves）：工資與薪俸曲線可以繪出工作薪資等級幅度的圖表，顯示出工作的相對價值與薪俸率之間的關係，其中X軸與工作困難度有關，愈往右代表工作愈困難，Y軸則是標示工資率，如下圖8-8所示。

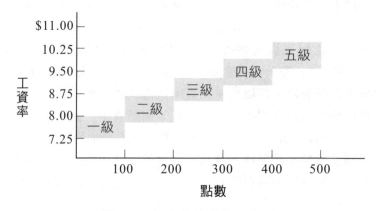

圖8-8　建立薪資等級與幅度

資料來源：黃同圳（2016：335）

2. **薪資結構設計**：薪資結構是指與職位等級相對應的薪資等級結構，以薪資反映了工作相對價值。一般而言，企業在進行薪資結構設計時，須考慮以下問題：

   (1)組織中應採用單一薪資結構，還是依據類別採用不同薪資結構？

   (2)應設計多少薪資等級數目？

   (3)薪資幅度的選擇？

   (4)如何確定不同等級薪資相差的幅度（亦即級差）？

   (5)薪幅疊幅（指相鄰工資等級之間重疊程度）的選擇？

   因此，進行薪資結構設計的重點包含：薪等及薪級、薪資幅度、級差以及薪幅疊幅等四項設計，分述如下。

   (1)**薪等及薪級**：薪等是指組織的薪資等級結構是由多少層級構成的，而每一個等級皆包含了多個價值相似的職位。組織為了建立薪酬等級，必須先將職位按照工作評價的結果劃分為不同的等級，並歸類成薪等種類。

   而薪級則是以薪等為基礎所進行的更細項劃分，即便是從事於相同的工作，員工對企業的貢獻與價值仍不盡相同，這是由於員工的績效還會受到個人的能力、努力程度等因素的影響。因此在確定薪等所涵蓋的所有職位後，組織仍須針對每個薪等設定一個合理的薪酬區間，並進一步制定薪級，以客觀反映員工績效的差距。上圖8-8中可見薪等及薪級的劃分情況。

   (2)**薪資幅度**：薪資幅度即為薪資的區間，係指在某一薪資等級內部允許工資變動的最大幅度，亦即在同一個薪資級別內最低工資與最高工資之間的差距。而薪資幅度的中位數，反映了某職位所確定的工資水平，代表著員工達到工作所規定的標準時應該得到的薪資水準。圖8-9顯示了薪資幅度的中位數亦是薪資政策線。

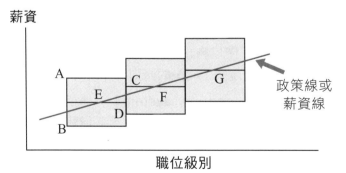

圖8-9　**薪資曲線圖**

圖8-9的薪資曲線圖中的各項數值説明如下：
A：最高值，在該薪資等級中，員工可能獲得的最高薪資。
B：最小值，在該薪資等級中，員工可能獲得的最低薪資。
A－B：薪幅，薪資的區間，在此一等級內薪資變動的最大幅度。
E，F，G：中位數：目標薪資水準。
C－D：重疊。
（C－D）／（C－B）：重疊率。

(3) **級差**：級差係指在兩個相鄰等級的
薪資標準間之差額，其呈現出由於不
同等級的工作之複雜與熟練程度不
同，因此所支付的報酬亦有所不同。

(4) **薪幅疊幅**：薪幅疊幅係指兩個相鄰
等級之間的重疊程度，亦即圖8-9中
所示的C點與D點的差距。一般而
言，薪幅疊幅重疊的種類可分為三
種，如右圖8-10所示。

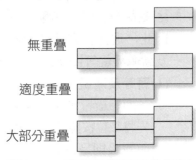

無重疊

適度重疊

大部分重疊

圖8-10　**薪幅疊幅重疊的種類**

四　薪資給付導向

對員工而言，薪資是辛勤工作後所獲得的回饋，亦即勞動的對價，而就組織
的觀點來看，薪資的給付應反映出工作價值與績效產出，因此依據不同的薪
資原理，薪資給付區分為職務基準薪資、技能基準薪資、績效基準薪資以及
市場基準薪資：

(一) **職務基準薪資**（job-based pay system）：所謂職務基準薪資制，是先
對職務本身的價值作出客觀的評估，然後再給予員工與該職務價值相當
的薪資。這種薪資體系是建立在職務評價的基礎上，決定薪資時不以個
人特徵因素作為考量，僅以職務的內容與性質為主，因此能夠維護薪資
的內部公平性，真正實現同工同酬的原則。

(二) **技能基準薪資**（skill-based pay system）：係指以員工工作技能為基
礎來決定薪酬發放的報償制度，換句話說，這種薪資制度就是根據員工
對工作相關知識與技能的精通程度作為標準，來支付薪資。組織採用技
能基準薪資之目的，主要在於激勵員工的學習動機並發展員工的技能程
度，在典型的技能基準薪資制下，企業會以低於市場的平均工資率來僱

用員工，但隨著員工獲得技能與知識的增加，其基本薪資水準亦會隨之提升，一般期望員工在二年至五年間能學會五種至十種技能，因此多半會輔以教育訓練的規劃。

(三) **績效基準薪資**（performance-based pay system）：係指以組織或個人的績效表現為基礎來決定薪酬發放的報償制度，通常較適用於高度成本競爭且能夠明確計量績效或成果的工作。此類薪資制度如按件計酬制、提案獎金、分紅制度等，其主要目的在於激勵員工的工作動機並確保員工的績效表現，採用此制度的優點是將薪資與績效密切結合，具有高度激勵作用；然而，其缺點則是薪資會隨著該月份實際績效而產生變化，所以員工可能會感到缺乏保障，而長期安全感的欠缺將導致忠誠度不足，最終將不利於組織的長期發展。

依據Cumming（1989）的看法，績效薪資又可被分為功績薪資（merit pay）以及激勵薪資（incentive pay）兩種形式。

1. **功績薪資**（merit pay）：功績薪資是依據員工個人的過去績效評等，來決定本薪的增加幅度，而且一經增漲之後，就會成為其本薪的一部分，因此功績薪資是根據個人績效所進行的直接薪資調整，通常會忽視團隊或部門績效目標達成的重要性。

   由於功績薪資是以個人績效評估的結果作為根本，因此能夠針對工作品質較佳的員工進行適當的獎酬，而這種薪資的增長又會激勵該員工付出更多的努力，使其未來的工作績效再獲得更進一步地提升。所以功績薪資的採用能夠帶來以下3個優點：

   (1)將員工的收入與其個人工作表現直接掛鉤，來激勵員工致力於工作績效的提升。

   (2)藉由對個人績效的酬償回饋，來幫助員工了解在工作中應該努力的方向。

   (3)使工作表現佳的員工能夠獲得實質上的獎勵，將有助於績效優良的員工願意留任於組織之中。

   然而，功績薪資也存在著潛在缺陷，例如：員工可能會因外在的金錢酬賞而逐漸降低其內在動機；過度重視個人績效可能會導致員工之間的競爭，反而降低了組織內部的團隊合作。

2. **激勵薪資**（incentive pay）：激勵薪資目的是利用獎酬來提升員工的工作動機，以促使員工達成更優良的績效表現，因此只要是以激勵員工為目的之薪資設計方式，原則上都屬於激勵薪資，例如：利潤分享、目標分享、年終獎金、部門生產獎金、團隊生產獎金以及股票選擇權等，都

可被視為是激勵薪資的種類。激勵薪資與功績薪資雖然同屬於績效薪給（pay for performance），但兩者還是有所差異的。首先，功績薪資的調整是根據員工在過去的實際工作表現；而激勵薪資可能會將員工的未來潛在發展也考慮在列。其次，功績薪資是根據個人績效成績來進行調整；而激勵薪資則是更重視團隊績效目標的達成。最後，功績薪資大多是以主觀的績效成績為依據；而激勵薪資則是以客觀績效指標作為衡量的標準。採用激勵薪資能夠產生以下的優點：

(1)員工會因表現的不同而獲得不同的報酬，所以較具公平性。

(2)績效評估不再流於形式，而是可以產生實際的獎勵、酬賞與回饋。

(3)除了能獎勵表現優良的員工外，亦能促成績效不良的員工進行改善或者離開組織。

(4)使員工能感受自己對公司整體績效的貢獻。

(四)**市場基準薪資（market-based pay system）**：市場基準薪資是將重點放在外部公平而非內部公平，有時也被稱為保健基準薪資（hygiene-based pay）。市場基準薪資制的主要用意在於吸引與留住員工，故薪資的核定是根據物價、生活水準以及薪資調查資料，提供員工房租、交通、伙食、偏遠地區及外派津貼、生活成本調整等薪資給付方案。值得注意的是，為了讓市場基準薪資制的實施能夠令員工真正感受到公平，薪資調查報告必須非常小心地挑選，建議企業可選擇的薪酬水準策略有以下四種：

市場領先策略	即企業的薪酬水準在地區同業中處於領先地位。
市場跟隨策略	即企業的薪酬水準接近競爭對手的薪酬水準。
成本導向策略	又稱相對滯後型薪酬策略，為節約成本，採取企業薪酬水準低於競爭對手或市場薪酬水準的策略。
混合薪酬策略	對核心職位採市場領先型的薪酬策略，而在其他職位中實行市場跟隨型或相對滯後型的基本薪酬策略。

薪資政策

(一) **企業制定薪資政策的要件**：周瑛琪、顏炘怡（2016：19）提出，薪資政策是公司管理其薪資體系的重要指導原則，對企業人力資源管理中的選才、育才、用才、留才等皆有著絕對的影響力，故為求薪資政策的健全性，在擬定政策時就應該對所有的相關因素，進行詳細的調查與分析，方能據此來確定企業的薪資標準並決定員工待遇，因此，企業在制定薪資政策之前，必須先考量以下四個要件。

政策的 確實性	在制定政策時必須考慮到公司現有的資源與能力，以確保公司政策目標的可行性，能否有效地實行。
政策的 適應性	政策必須因應外在環境改變與公司內部的需求變化，而有所調整，因此必須不斷的改善，並以彈性變動的方式，適應整個環境與組織的變化，確保政策的時效性，避免政策過時，而無法有效發揮其功能。
政策的 簡明性	在政策的制定上，主要目的的是希望能讓公司全體員工有所瞭解並接受所制定的政策，當員工不瞭解時，便很難去接受此政策。因此，擬定政策時必須以簡單、明確的文字敘述其內容，讓員工容易溝通和明瞭並接受該政策。
政策的 公平性	要讓所有員工均能獲得其應有的報酬制度，就必須建立一個均衡而合理公平的分級薪資結構，以發揮激勵的作用，提高工作生產力與員工滿意度。

(二) **勞動基準法規定之基本工資**：薪資政策是政府勞工政策中非常重要的一環。依據勞動基準法第2條第1項第3款規定，工資是指勞工因工作而獲得之報酬；包括工資、薪金及按計時、計日、計月、計件以現金或實物等方式給付之獎金、津貼及其他任何名義之經常性給予均屬之。關鍵在於經常性給予的認定。

至於平均工資，同條文中所指是計算事由發生之當日前6個月內所得工資總額除以該期間之總日數所得之金額。工作未滿六個月者，謂工作期間所得工資總額除以工作期間之總日數所得之金額。工資按工作日數、時數或論件計算者，其依上述方式計算之平均工資，如少於該期內工資總額除以實際工作日數所得金額60%者，以60%計。

又，基本工資是維持低所得弱勢勞工最低生活水準的保障，因此，我國勞動基準法第21條規定，工資由勞雇雙方議定之，但不得低於基本工資。2018年11月29日，勞動部預告《最低工資法》草案並說明我國對於勞工工資最低標準之保障雖以「基本工資」名之，實與世界各國所定之「最低工資」無異。為使最低工資制度能夠提升到位階較高的法律位階，強化審議程序，並將最低工資所需參考的社會、經濟指標入法，保障勞工權益，因此制定《最低工資法》；2020年6月11日行政院政務委員主持的會議已通過《最低工資法》草案。關於目前現行之基本工資，綜合考量消費者物價指數年增率、經濟成長率及整體社會經濟情勢，決定自2023年1月1日起，每月基本工資由新臺幣25,250元調整至26,400元，調升1,150元，調幅約為4.55%；每小時基本工資則比照每月基本工資之調幅，由新臺幣168元調整至176元。亦於2023年9月14日發布，自2024年1月1日起，每月基本工資調整為新臺幣27,470元，調幅約4.05%，而每小時基本工資則調整為新臺幣183元。此外，最新消息是勞動部已於2024年9月4日召開「最低工資審議會」，用以決定2025年之最低工資，並確認拍板調幅為4.08%，因此基本工資月薪將調升至28,590元，而時薪也採取相同比例，取整數調整至190元，預計將於2025年1月1日開始正式上路實施。

Chapter 9 激勵制度設計與實務運作

依據出題頻率區分，屬：**B** 頻率中

課前導讀

本章主要目的是介紹員工獎勵制度設計重點及實務運作。首先說明激勵理論以建構後續獎勵方案設計的基礎理論。而後再針對員工獎勵方案的設計進行詳細解說，其中內容包含了個人獎勵制度及團體獎勵制度，希望能夠協助企業因應各種不同的職務而制定出合適獎勵方案，用來激勵員工的工作效能並提昇員工工作滿意度，進一步達到留才的效果。

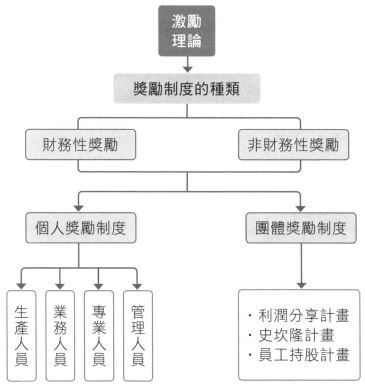

圖9-1　本章架構圖

重點綱要

一、激勵理論

激勵是組織利用適當的獎賞福利與優良的工作條件，激發引導組織內成員的行為，促使員工的個人目標與組織總體目標皆能同時獲得實現。

(一) **內容論**：針對激勵因素的具體內容進行研究。

1. **需求層級論**：分為生理、安全、社會、自尊及自我實現需求五個層級。
2. **ERG理論**：分為生存、關係及成長三種核心需求。
3. **雙因子理論**：分為保健因子及激勵因子。
4. **X理論與Y理論**：X理論對人性假設是負面的；反之，Y理論對人性假設則是正面的。
5. **三需求理論**：將高層次需求歸納為成就、權利及歸屬三種需求。

(二) **程序論**：研究從產生動機直到採取實際行動的心理過程。

1. **目標設定理論**：目標本身具有激勵作用，使員工行為朝著一定方向努力。
2. **公平理論**：員工的激勵程度會受到與參照物的比較結果所影響。
3. **期望理論**：激勵取決於行動結果的價值評價以及其對應的期望值的乘積。

(三) **增強理論**：源自操作制約理論，認為行為的結果才是影響後續行為的主因。

1. **正增強**：給予正向刺激物，以鼓勵員工不斷重複某一行為。
2. **負增強**：移除負向刺激物，以表示對員工完成某一行為的鼓勵。
3. **懲罰**：給予負向刺激物，來減低員工不好行為的發生率。
4. **消弱**：移除正向刺激物，來減低員工不好行為的發生率。

二、獎勵制度的設計

(一) **個人獎勵制度設計**

1. **生產人員的獎勵制度**：
   (1) 計件工資制：Taylor差別計件計畫。
   (2) 標準工時制：
   　　A. 甘特獎金制。　　　　　　B. 霍西獎金制。
   　　C. 歐文獎金制。　　　　　　D. 艾默生效率獎金制。
2. **業務人員的獎勵制度**
   (1) 底薪制。　　(2) 佣金制。　　(3) 混合制。
3. **專業人員的獎勵制度**：雙軌職涯制度。

4. **管理人員的獎勵制度：**

(1) 短期年度紅利。

(2) 策略性的長期獎勵：

　　A. 股票贈與。　　B.認股權。　　C.限制性股票計畫。

5. **個人當場獎勵制度**（individual spot awards）。

(二) 團體獎勵制度設計

1. 利潤分享計畫。　　2.史坎隆計畫。　　3.員工持股計畫。

三、員工紀律

雇主除了運用獎勵措施來激勵員工績效表現外，亦需利用員工紀律來防止不良行為的擴散而造成管理權責無法貫徹。

燙爐法則（Hot Stove Rule）：在面對規章制度時，人人皆為平等，應用燙爐法則於紀律管理中，可闡述懲處應遵循的四大原則：

(一) 預先警告性。　　　　　　　　**(二) 立即反應性。**

(三) 效果持續性。　　　　　　　　**(四) 公平一致性。**

四、新興職業：**快樂長/幸福長**（Chief Happiness Officer, CHO）

快樂長或稱幸福長（CHO）係指組織為了提高員工的心理幸福感與認同感所設置的職位，其任務是提供員工各項諮詢服務及支持性協助，重視員工體驗以及員工的生活與工作平衡，來發展員工的快樂程度並維持員工的身心健康。

內容精論

 激勵理論

激勵（Motivation）是組織利用適當的獎賞福利與優良的工作條件，來激發引導組織內成員的行為，促使員工的個人目標與組織總體目標皆能夠同時獲得實現。一般而言，獎勵的形式可分為外在報酬以及內在報酬兩種，外在報酬是指令員工獲得薪水或工資以外的金錢、福利或者更好的工作環境等；而內在報酬則是讓員工參與決策、擔負較大責任或提供晉升機會等。值得注意的是，組織中的管理者必須瞭解，使用某些獎勵方式可以激勵部分族群但卻對其他人無效，故激勵理論知識的建立是不可或缺的，因此在本章之初，將先介紹各種激勵理論用以作為獎勵方案設計的基石，激勵理論大致上可被歸類為：認知學派的內容論及程序論、行為學派的增強論三種，詳細說明如下。

(一)**內容論（Content Theories）**：亦稱內容型激勵理論，是針對激勵因素的具體內容進行研究，此觀點強調動機與個人內在需求有關，組織應該找尋出能夠激發個人行為的內在需求，並著眼於滿足個人需求，如此一來，將可以成功地刺激人們的動機，內容論中較具代表性的理論為：需求層級論、ERG理論、雙因子理論、X理論與Y理論、三需求理論，分述如下：

1. **需求層次論（Needs Theory）**：馬斯洛（Abraham Maslow）的需求層次論，論述了人潛藏著五種不同層次的需求，分別為：生理需求、安全需求、社會需求（或稱愛與所屬需求）、自尊需求以及自我實現需求，依次由較低層次到較高層次排序。

(1)**3個基本假設**：

A.人的需求能夠影響其行為。只有未滿足的需求能夠影響行為，已經滿足的需求不能充當激勵工具。

B.人的需求是按照重要性和層次性排成一定的次序，從最基本的生理需求，層層排序到最高級的自我實現需求。

C.當人的某一級的需求得到最低限度滿足後，才會追求高一級的需求，如此逐級上升，成為推動繼續努力的內在動力。

(2)**各層次需求的含義及基本內容**：

A.**生理需求（Physiological Need）**：這是人類維持自身生存的最基本要求，包括飢、渴、衣、住、行的方面的要求。如果這些需求得不到滿足，人類的生存就成了問題。因此，生理需求是推動人們行為的最大動力。馬斯洛認為，只有這些最基本的需求滿足到維持生存所必需的程度後，其他的需求才能成為新的激勵因素，而到了此時，這些已相對滿足的需求也就不再是激勵因素了。

B.**安全需求（Safety Need）**：這是人類要求保障自身安全、擺脫事業和喪失財產威脅、避免職業病的侵襲、接觸嚴酷的監督等方面的需求。馬斯洛認為，整個有機體是一個追求安全的機制，人的感受器官、反應器官以及智能都是人類用來尋求安全的工具，因此，可以把科學和人生觀都視為是滿足安全需求的一部分。當然，當這種需求一旦相對滿足後，也就不再成為激勵因素了。

C.**社會需求（或稱愛與所屬需求）（Love & Belonging Need）**：此一層次的需求包括了兩方面的內容。一是友愛的需要，即每個人都需要伙伴間、同事間的關係融洽，或者保持友誼和忠誠；人人都希望

得到愛情，希望愛別人，也渴望接受別人的愛。二是歸屬的需要，即每個人都有一種歸屬於一個群體的感情，希望成為群體中的一員，並相互關心和照顧。感情上的需要比生理上的需要來的細緻，它和一個人的生理特徵、經歷、教育、宗教信仰有密切關係。

D. **自尊需求（Esteem Need）**：每個人都希望自己有穩定的社會地位，以及個人的能力和成就能夠得到社會的承認。自尊的需求又可分為內部尊重和外部尊重。內部尊重是指一個人希望在各種不同情境中能充滿信心並獨立自主；而外部尊重是指一個人希望有地位、有威信，受到別人的尊重、信賴以及高度的評價。馬斯洛認為，若自尊需求得到滿足，能使人對自己充滿信心，對社會滿腔熱情，體驗到自己活著的用處和價值。

E. **自我實現需求（Self-actualization Need）**：這是最高層次的需求，它是指實現個人理想、抱負，發揮個人的能力到最大程度，完成與自己的能力相稱的一切事情的需求。也就是說，人必須從事稱職的工作，這樣才會使他們感到最大的快樂。馬斯洛提出，為滿足自我實現需求所採取的途徑是因人而異的。自我實現的需求是在努力實現自己的潛力，使自己越來越成為自己所期望的人物。

(3) 如何運用以上五種需求激勵員工：

生理需求	滿足員工基本的生活所需，讓員工不用挨餓受凍，給予基本的薪資保障。
安全需求	保持良好安全的工作環境給員工，讓員工可以專心於工作。
社會需求	工作環境中保持同事之間融洽的氣氛，保持良好的組織文化。
自尊需要	同事之間保持相互尊重，或是採用參與式管理並給予授權或賦權。
自我實現需求	讓員工可以展現自身理想，協助員工進行職涯發展規劃，或者使員工可以發揮自身的理念來幫助組織運作。

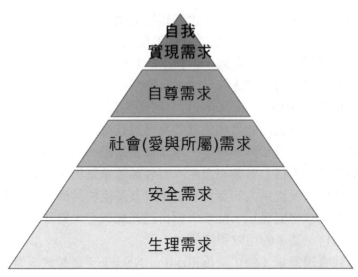

圖9-2　Maslow需求層次論

如前述的3個基本假設，Maslow認為五個需求層級間的關係是低層級的需求獲得滿足後，才會往上追求更上一層的需求，若當在某一層級的需求無法獲得滿足時，則會停滯在同一層級，繼續努力地追求且不會退縮，這就是所謂的「先位理論」。事實上，「先位理論」的觀點遭到不少學者批評，首先，一個人可能會同時追求不同需求層次的滿足，例如：大多數的人是擁有多項需求的，可能會同時追求生理、安全以及社會需求，只是比重不同；其次，需求的排列也可能會因人而異，舉例來說，對於某些人來說，金錢只要夠用就好，故只是低層級的「生理」或「安全」的需求；但也些人認為財富代表了社經地位，此時，金錢則可能會被其擺放在高層級的「自尊」及「自我實現」的需求。

2. **ERG理論**：ERG理論是由Clayton Alderfer提出的，是Maslow的需求層級理論演變而來，闡述人類生活中，存在著三種核心需求，亦即生存（Existence）需求、關係（Relatedness）需求以及成長（Growth）需求。

(1)**3種核心需求**：

生存需求 **Existence**	與基本的物質生存需要有關，可對應至Maslow需求層次論中所提及的生理需求與安全需求。
關係需求 **Relatedness**	對於社交以及人際關係的情感需求，可對應至Maslow需求層次論中所提及社會（愛與所屬）需求與自尊需求分類中的外在部分，例如：身分、地位。

成長需求 Growth	個人謀求自我成長以及自我發展的內在渴望。可對應至Maslow需求層次論中所提及自尊需求分類中的內在部分（例如：升遷、口頭獎勵、讚賞）以及自我實現需求。

(2)ERG理論與需求層次論的不同處：

ERG理論和Maslow需求層級理論最主要以下三個不同點：

A.馬斯洛的需求層次論是固定式的階梯上升結構，亦即先滿足較低層次的需求方能追求較高層次的需求，且二者之間具有不可逆性。然而，ERG理論並不認為各類需求層次是剛性結構，即使一個人的生存和關係需求尚未得到完全滿足，仍然會對成長需求有所渴望，而且這3種需求是可以同時起作用的。

B.ERG理論亦提出了「挫折—退化」的觀念。馬斯洛的需求層次論認為當一個人的某一層次需求尚未得到滿足時，他可能會停留在這一個需求層次上，直到獲得滿足為止。相較而言，ERG理論則是認為，當一個人在某一更高等級的需求層次受挫時，那麼作為替代，他的某一較低層次的需求可能會有所增加。

C.ERG理論並不強調需求層次的順序，認為某種需求在一定時間內對行為起作用，而當這種需要的得到滿足後，可能去追求更高層次的需要，也可能沒有這種上升趨勢。另外，ERG理論認為當較高級需求受到挫折時，可能會降而求其次。最後，ERG理論亦提出，某種需求在得到基本滿足後，其強烈程度不僅不會減弱，還可能會增強。以上種種假設皆與Maslow的需求層次論的觀點有所差異。

3. **雙因子理論**（Two Factor Theory）：雙因子理論又稱為激勵保健理論（Motivator-Hygiene Theory），是由美國的行為科學家Fredrick Herzberg所提出，其認為使員工不滿的因素與令員工感到滿意的因素並不相同，內在因素與工作滿足感相關，故被歸為激勵因子；而外在因素與工作不滿足有關，則被歸為保健因子。

(1)**保健因子**（Hygiene Factors）：此類因子屬於外在因素，涉及了工作的消極因素，通常會與工作的氛圍和環境相關，例如：公司政策與管理、技術監督、薪資、工作環境與條件以及人際關係等。這些因子能夠消除員工的不滿，所以若在組織中缺乏這些因子時，員工必定會感到不滿足，不過，即使組織存在這些因子時，也無法保障員工會感到滿足。對應至Maslow需求層次論，「生理需求」、「社會需求」與「外在尊重需求」屬於保健因子。

(2)**激勵因子**（Motivator Factors）：此類因子屬於內在因素，涉及了工作的積極情感，通常會與個人過去的成就，被人認可以及擔負過的責任有關，例如：工作本身、成長與發展、成就感、認同感等。這些因子能夠增加員工的滿足，所以若在組織中存在這些因子時，員工的滿足感會增加，但是，即使組織內缺乏了這些因子時，員工也不會因此而感到不滿足。對應至Maslow需求層次論，「自我實現需求」與「尊重需求」中的「內在尊重需求」是屬激勵因子。

由上可知，雙因子理論認為，員工的滿意與不滿意並非存在於單一的連續體中，而是截然分開的，意味著員工可以同時感到滿意和不滿意。此外，暗喻工作條件和薪金（為保健因子）等並不能影響員工對工作的滿意程度，只能影響其對工作的不滿意，因此，雙因子理論受到許多質疑。

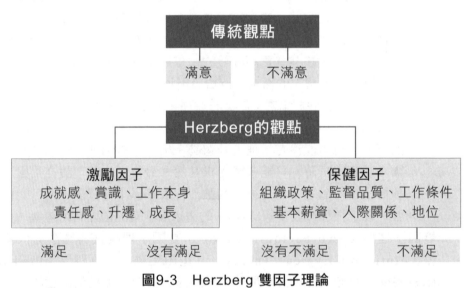

圖9-3　Herzberg 雙因子理論

4. **X理論與Y理論**（Theory X and Theory Y）：此理論是由美國心理學家Douglsa McGregor於「企業的人性面」一書所提出，X理論與Y理論是兩種完全相反的假設，X理論的假設為員工是消極的、既懶惰又沒有責任感；反之，Y理論的假設則是認為員工是積極的、成熟的並具有責任感。依據不同的人性假設，管理方式亦會隨之改變。

(1)**X理論**（Theory X）：管理者對人性的假設是負面的，所以認為員工的本性懶惰、厭惡工作、缺乏企圖心、會盡可能逃避責任，寧可接受

他人指揮以求生活的安定，因此，在企業管理上，應採用經濟報酬來激勵生產，故特別著重於滿足員工生理與安全的需求，此外，也非常重視懲罰，認為懲罰是最有效的管理工具。

(2)**Y理論（Theory Y）**：管理者對人性的假設是正面的，所以認為員工的本性並不厭惡工作，如果給予適當機會，多數員工其實喜歡工作、願意對工作負責、渴望發揮才能並尋求發揮能力的機會，因此，在企業管理上，應儘可能把工作安排得更富有意義，且具挑戰性，故特別著重於滿足員工自尊與自我實現的需求。

5. **三需求理論（Three needs theory）**：又稱為成就動機理論（Achievement Motivation Theory）或者成就需求理論（Achievement Need Theory），是由美國麥克連（David McClelland）提出，認為高成就需求者較偏好所從事的工作能夠具備個人責任感、回饋及適度風險等，因此將高層次需求歸納以下三種，用以激勵員工。

(1)**成就需求（Need for Achievement）**：係指完成某種任務、目標或超越別人的企圖心。具有強烈成就需求的員工渴望將事情做到完美，所追求的是解決難題、努力奮鬥的過程，以及最終獲至成功後的個人的成就感，而不看重物質獎勵。

(2)**權力需求（Need for Power）**：係指想要擁有能夠控制或影響他人的需求。具有強烈權力需求的員工喜歡對別人發號施令，因此會致力於爭取地位及影響力。這類型的人喜歡競爭且會追求出色的成績，但並非為了獲取個人的成就感，而是為了獲得地位和權力。

(3)**歸屬需求（Need for Affiliation）**：係指追求友好和諧的人際關係的慾望。高親和需求的員工傾向於與他人互動，喜歡合作而非競爭的工作環境，對環境中的人際關係比較敏感，重視溝通與理解，會避免人際衝突，因此，親和需求是保持人際關係和諧的重要條件。

表9-1　激勵理論比較分析

需求滿足的來源	需求層次論	ERG理論	雙因子理論	X、Y理論	三需求理論
前途、有意義的工作、完成有趣的工作	自我實現	成長	激勵	Y理論強調員工的高層次需求	成就需求
認知、影響力、尊重	自尊				權力需求

需求滿足的來源	需求層次論	ERG理論	雙因子理論	X、Y理論	三需求理論
同儕支持、長官支持、社會互動	社會	關係	保健	—	歸屬需求
工作條件、利益、安全性	安全	生存	保健	X理論強調員工的低層次需求	—
基本薪酬	生理	生存	保健	X理論強調員工的低層次需求	—

(二)**程序論（process theories）**：程序型激勵理論著重研究從產生動機直到採取實際行動的心理過程，首先找出決定行為的關鍵因素，然後再詳述這些因素將如何互相影響，用以預測和控制人的行為，相較於內容論只分析了內在需求動機，程序論則是更進一步地探討了整體的思考歷程，其主要理論有：目標設定理論、公平理論以及期望理論，並分述如下。

1. **目標設定理論（Goal-Setting Theory）**：此理論是由美國管理學兼心理學教授Edwin Locke所提出，認為目標本身就具有激勵作用，使員工的行為朝著一定的方向努力，並將表現的結果與既定目標互相比較，隨時調整修正，進而實現目標。故管理者為了增進組織績效，必須設定具挑戰性但可達成的目標，此外，還必須增加部屬對此一目標的接受程度，當困難的目標或任務被接受時，其最終的績效會較佳。

圖9-4　目標設定理論模型

2. **公平理論（Equity Theory）**：又稱為「社會比較理論」，由美國心理學家John Stacey Adams所提出，是研究動機與知覺間關係的激勵理論，認為員工的滿足感是取決於本身所獲取報酬與付出比例的主觀性判斷，亦即員工的激勵程度會受到與參照物的比較結果所影響。舉例來說，員工可能會對自身與他人投入及報酬進行比較，也有可能僅比較自身所得報償與工作投入，而當員工感受到不公平時，將會採取不同的行動來獲得心理上的平衡。

(1)**橫向比較**：是指員工會將自己獲得的報償（例如：薪資）與投入（例如：工作的時間）的比值與組織內的其他人進行比較，唯有比值相等時，才會感到公平。若當不公平情況發生，則會產生一些修正行為。

註：以下數學表達式的O為所獲得之報酬；I為所付出之投入。

A.**自身的**O/I＝他人的O/I：感受到公平，維持現狀，不會進行修正。

B.**自身的**O/I＜他人的O/I：將感受到不公平，在這種情況下，員工可能會。

(A)要求組織增加自己的收入或者減少自己的努力，使左方比值增大，兩者趨於相等。

(B)要求組織減少比較對象的收入或者加重比較對象的工作，使右方比值減小，兩者趨於相等。

(C)可能更換比較對象，使自己能夠達到心理上的平衡。

C.**自身的**O/I＞他人的O/I：在這種情況下，員工可能會要求組織減少自己的報酬或自動自發地多做工作，直至認為其付出確實應當得到那麼高的待遇為止，以示對他人的公平。

(2)**縱向比較**：是指員工會將目前所獲得報償（例如：薪資）與目前投入（例如：工作的時間）的比值與過去狀況進行比較，唯有比值相等時，才會感到公平。若當不公平情況發生，則會產生一些修正行為如下：

A.現在的O/I＝過去的O/I：感受到公平，維持現狀，不會進行修正。

B.現在的O/I＜過去的O/I：員工將感受到不公平，而可能導致工作積極性下降。

C.現在的O/I＞過去的O/I：當出現這種情況時，員工會感到不公平，但不會覺得自己多拿了報償，就想要主動多做些工作。

綜上所述，當員工知覺到不公平時，可能會產生以下6種反應，分別為(1)改變自己的付出，例如減少努力(2)改變自己的結果，例如要求加薪(3)扭曲對自己的認知，例如告訴自己原來自己的努力程度還不夠，所以才會獲得較少的報酬(4)扭曲對他人的認知，例如告訴自己其實他人比自己所認為的更加努力，所以他人的報酬才會比較高(5)選擇不同的參考對象，讓自己感受到公平(6)直接離職。

3. **期望理論**（expectancy theory）：由Victor Vrom提出，是以三個因素反映需求與目標之間的關連性，激勵（motivation）取決於行動結果的價值評價（valence）以及其對應的期望值（expectancy）的乘積：M＝V×E。期望理論認為個人是否會產生某種行為，通常是取決於對該行為

導致結果的期望值以及結果對個人的吸引力而定,故其中共有三種期望關係,如圖9-5所示:

(1)**努力與績效的關聯性**:對於付出努力與達成高績效的預期機率,一般可稱為期望性。

(2)**績效與報酬的關聯性**:個人預期當績效達一定程度後,將導致獲得某種特定的報酬,一般也稱為工具性(instrumentality)。

(3)**結果的價值**:努力工作後所獲得的特定成果,對於自身的吸引力或者重要性程度,一般又稱為價值性(valence)。

以上三種關係可得之公式則為:$M = V*E$,反應了只要在任何一個階段的期望是低落的,則整體動機就會低,而當其中一個期望為0時,動機或努力程度一定必為0。因此,如果組織想要激勵員工,就必須讓員工明確感受到:(1)工作能提供給他們所想要得到的東西;(2)他們所想要的東西與績效聯繫在一起的;(3)只要努力工作就能夠提高績效。

圖9-5　期望理論模式

將期望理論應用於人力資源管理上則可以清楚得知,管理者若想要有效的激勵員工,就必須要充分瞭解員工對三種期望的認知以及感受程度。

(1)**努力與績效的關聯性**:必須要讓員工清楚地感受到「努力工作即有極大的機率能夠得到好的績效表現」。若公司的績效評估制度設計不佳,即使員工很認真工作,但因績效評估無法真實反映出員工個人的努力程度,導致員工績效評估結果差,如此一來,員工必定會喪失工作動機。

(2)**績效與報酬的關聯性**:如果員工的績效表現良好,是否能比照優良的表現而得到應有的報酬?倘若該員工績效優秀,但卻無法得到應有的報酬,那麼該員工自然會失去繼續努力工作的動機。

(3)**獎酬與個人目標的關聯性**：此部分係指結果的價值部份，亦即，企業
所提供的獎酬或報酬究竟是不是員工所渴望的？舉例來說，有一個員
工努力工作的原因是為了想獲得加薪以及升遷的機會，但當他完成任
務，替公司賺進一大筆財富並獲得特優績效時，公司所給予該員工的
獎勵竟然是放假10天，很顯然此一獎酬並無任何吸引力，如此一來，
該員工便會失去努力工作的誘因與動力。

綜上所述，期望理論在人力資源管理中的實際價值如下：

(1)管理者應該提高績效與報酬關聯性。績效與報酬的聯繫越緊密，目標
對受激勵者的吸引力也就相對加大，激勵的水平也就相對提高。

(2)管理者應該將物質獎勵與精神獎勵結合起來。期望理論表明，由於個
人價值觀的差異會產生需求的不同，而目標的吸引力與個人的需求息
息相關，因此，管理者應該了解自己的管理對象，盡可能地採取多元
化的獎勵形式以符合個人不同的需求，使組織的報酬在一定程度上與
工作人員的願望相吻合。

(三)**增強理論**（reinforcement theories）

與內容論和程序論的激勵計劃不同，增強理論源自於心理學的操作制約
理論（operant conditioning），認為行為的結果才是影響後續行為的主
因，而不去解釋動機、內在態度或人格特質。換句話說，能夠引發快樂
結果的行為會一再被重視，而引起不愉快結果的行為會被中斷，因此，
管理者可透過獎勵或懲罰的手段，對成員行為產生定向的控制或改變，
用來激發、維持或停止成員的某些行為，以增進組織績效，簡而言之，
就是藉由獎賞與懲罰的刺激—反應（Stimulus-Response, S-R）關係來令
員工學習所被期望的行為。

增強理論主要是以Skinner的學習強化理論作為依據，提出了行為的建立
端視行為的後果，若行為的表現所導致的後果是令人愉快的，則會增加
行為的表現，被稱為增強作用（reinforcement），而凡是任何能夠加強
行為發生的刺激，則稱為增強物（reinforcer）。管理者可以透過增加或
消弱某種刺激物（stimulus，可能是員工喜歡或不喜歡的事物），來強化
員工增加或減少某種行為反應，其中強化模式可分為以下四類：

1. **正增強**（Positive reinforcement）：組織為了使員工能夠從事某些特定行
為時，會在其完成該項行為時，給予正向刺激物（員工想要的東西），
以鼓勵員工能不斷重複此一行為，例如：當某位員工的工作表現優異
時，予以加薪獎勵，員工便會持續努力表現。

2. **負增強**（Negative reinforcement）：組織為了使員工能夠從事某些特定行為時，會在其完成該項行為時，移除負向刺激物（員工討厭的東西），以表示對員工完成此一行為的鼓勵。例如：在員工能夠順利達成目標績效後，就不再採取緊迫盯人的控制方式。

3. **懲罰**（Punishment）：組織為了使員工不要去從事某些特定行為時，會在其產生該行為時，給予負向刺激物（員工討厭的東西），來減低不好行為發生的機率。例如：員工若攻擊其他同事時，將會被記過以作為懲罰。

4. **消弱**（Extinction）：組織為了使員工不要去從事某些特定行為時，會在其產生該行為時，移除正向刺激物（員工想要的東西），來減低不好行為發生的機率。例如：員工若遲到早退，即會被扣除全勤獎金。

嚴格來說，由於增強理論只著重於行為而忽略了個體的內心感受，故學習理論不能算是激勵理論，但增強理論的應用對行為的控制有極大的幫助，還是列入討論。

	正面刺激物	負面刺激物
給予	**正增強** 提供正增強物，來提高或強化行為出現率。	**懲罰** 提供負增強物為手段，降低不受歡迎行為的出現率。
移除	**消弱** 將不受歡迎行為的正增強物除去，以減少該行為的強度或出現次數。	**負增強** 行為者出現某一特定行為後，除去負增強物，以強化行為出現的機率。

圖9-6　增強理論模型

 獎勵制度的設計

19世紀末，泰勒（Frederick Taylor）首倡科學管理運動（scientific management movement），強調透過觀察與分析來改善工作效率，並採用財務獎勵方案來酬償生產量超過標準的員工，以鼓勵員工在工作上投入更多的精力，進而促進工廠的產量大增，使得獎勵制度開始受到重視。

現今企業所使用的獎勵制度，除提供財務獎勵外，亦運用了多種非財務獎勵以及肯定方案（recognition program），例如：讚美員工出色的工作表現。研究顯示，肯定方案的使用將能對績效產生正面影響，因此獎勵制度的設計也開始愈來愈多元化。但一般主要依獎勵對象而分成個人獎勵以及團體獎勵，以下將分別就個人及團體的獎勵制度設計進行詳細介紹。

(一)**個人獎勵制度設計**：個人獎勵制度是指當員工的工作表現超出企業所設立的標準時，所給予的額外報酬，可視為是一種補充性的薪資。一般而言，所有依據員工績效給付的獎勵方案都是績效薪酬（pay-for-performance）方案。但由於每位員工的工作性質不同，故針對相異的工作內容，獎勵制度亦需要隨之改變，以下將分別就生產人員、業務人員、專業人員、管理人員之獎勵制度設計進行說明。

1. **生產人員的獎勵制度**：生產人員的工作績效通常是指生產量，其非常明確並且容易衡量，較常使用計件工資制與標準工時制來設計獎勵制度。

   (1)**計件工資制**：計件工資制是最簡單且普遍實行的獎勵計畫類型。其方式為企業將對員工所生產的每個單位支付一定金額的酬勞，因此，工資的計算是以員工生產單位數量乘上每個單位薪資率。

   假設每日的生產標準是50個單位，單位薪資率是每單位200元，而當員工生產超出標準的50個單位時，多生產出的數量薪資率會提高為每單位250元，因此若員工最終生產了55個單位，其薪資則是：50單位×200元＋（55－50）超額單位×250元＝11,250元。

   不過，為了能夠更有效地激勵員工，泰勒Taylor提出差別計件計畫（differential piece rate plan），其公式如下：

   標準以下　　　　E＝NR1
   標準以上　　　　E＝NR2
   E＝薪資　　　　R1未達標準的每小時工資
   N＝產量　　　　R2已達標準的每小時工資（R2＞R1）

   亦即，在Taylor差別計件計畫下，若員工的產出超過標準，則支付較高的薪資。以上例而言，如果員工的產量為50個或50個以下的單位，每單位可獲得200元的薪資；然而，一旦員工生產51個單位以上，則所有單位都可獲得250元的薪資，故在上例中，該員工的總薪資是：55單位×250元＝13,750元。

   (2)**標準工時制**：計酬的基準是以工作時間為單位，因此若員工能在標準時間內完成較多的工作，或者是能在較短的時間內完成工作，企業就會依照其超出一般標準的績效，給予額外的績效獎金。常見的獎勵方式有以下4種：

   A.**甘特獎金制**（Gantt's task and bonus system）：若績效未達工作標準時，可保障員工的時薪，但若是達到工作標準以上者，除了可以領取計時工資外，還可以獲得計時工資3分之1的獎金，其公式如下：

標準以下　　　　　　　E＝TR

標準以上　　　　　　　E＝TR＋1/3 TR＝TR（1＋1/3）

E＝薪資　　　　　　　R＝每小時薪資

T＝實際工作時間

B.**霍西獎金制**（Halsey premium plan）：保障員工的時薪，但是亦會針對員工所節省的工時給予獎勵，其公式如下：

標準以下　　　　　　　E＝TR

標準以上　　　　　　　E＝TR＋P（S－T）R

E＝薪資　　　　　　　R＝每小時薪資

S＝標準工作時間　　　T＝實際工作時間

P＝獎金百分比

C.**歐文獎金制**（Rowan premium plan）：也是用於獎勵節省工時並保障時薪的方式，但其與海爾賽獎金制的不同之處在於，對於員工所節省下來的工時之獎勵並非是固定金額，時間節省得愈多，獎金比例可能反而會下降，其公式如下：

標準以下　　　　　　　E＝TR

標準以上　　　　　　　E＝TR＋TR（（S－T）/S）

E＝薪資　　　　　　　R＝每小時薪資

S＝標準工作時間　　　T＝實際工作時間

P＝獎金百分比

D.**艾默生效率獎金制**（Emerson Efficiency Bonus Plan）：設定一定期間的工作標準，若績效未達67%的標準者，可獲得基本計時工資，以保障員工的計時工資；而一旦當員工的工作效率達到67%基準以上時，會以計件核發獎金，且獎金的百分比會隨著效率而增加，其公式如下：

67%以下　　　　　　　E＝TR

67~100%　　　　　　　E＝TR＋P（TR）

100%以上　　　　　　　E＝e（TR）＋PTR

E＝薪資　　　　　　　R＝每小時薪資

e＝工作效率　　　　　T＝實際工作時間

P＝獎金百分比

2. **業務人員的獎勵制度：**

(1)**底薪制**：企業會支付基本底薪給業務人員，但金額通常不高，必須再配合其他業務績效獎金才能滿足員工的薪資需求，因此激勵效果不強。

(2)**佣金制**：是指企業會依據銷售成果而給予業務人員薪酬，能夠有效地反映出業務人員的能力並產生激勵效果，但若制度設計不良時，業務人員可能會只專注於推銷但疏忽了其他的非銷售工作，此外，業務人員可能會在旺季時收入大增，而在經濟不景氣時收入銳減，造成生活的不穩定與壓力感。

(3)**混合制**：一般而言，大多數企業會採用混合制，亦即同時運用底薪制與佣金制，而通常薪資占的比例較大（底薪與佣金的比例約7：3）。採用混合制，降低了員工毫無薪酬的風險，同時又能夠以佣金激勵其出色的業績；然而由於底薪的部分與績效無關，對企業而言，相當於放棄了部分的激勵效果。

3. **專業人員的獎勵制度**：專業人員是指在工作中運用特殊專業知識以解決企業問題的人員，因此專業人員的薪資水準通常也比較高，導致為其設計獎勵方案相對不易。目前部分企業會提供雙軌職涯制度（dual-career ladders）作為激勵專業人員方式，一般而言，若想在公司中獲得更多的薪資與獎金，應該要往高階管理職發展，然而，並非所有的專業人員都想當管理者，因此可採用雙軌職涯制度，讓專業人士也可以憑藉著進階專業技術來獲取更高的薪資，而無須轉任管理者。

4. **管理人員的獎勵制度**：企業通常會在管理人員完成階段性任務或年終績效評估後，依據其對企業的貢獻程度提供各項獎勵措施，以下將介紹各種為管理人員所設計的獎勵制度。

(1)**短期年度紅利**：年度現金紅利是最常見的獎勵類型，也是大多數管理人員最喜愛的獎勵方式。大部分的獎勵計畫是根據管理人員當年度的績效來提供年終紅利，通常會衡量組織的績效以及公司的利潤來決定紅利分配的多寡，一般來說，紅利會在年度結束後以現金一次支付。

(2)**策略性的長期獎勵**：近年來，部分企業改採長期的管理獎勵計畫來取代年度紅利計畫，以協助組織達成長期經營的策略目標。一般的作法是給予管理人員某些資本（例如：認股權），但這些資本的實際價值是由該期間內的公司績效而定，並且只有在公司達到策略目標時（例如：報酬率加倍）才會生效，藉此來激勵管理者。常見的長期獎勵方式如下所述：

認股權 stock option	是指在特定期間內,員工有權利以特定的價格來購買特定數量的公司股票,因此若是未來公司股票的價格上漲,員工就可以運用此認股權去購買公司股票,並從中而獲利,此舉可激勵管理人員努力經營企業,以提高公司股票價值。
股票贈與 stock grant	是指公司將股票無條件贈與管理人員,目的是激勵管理者為了提升公司股價而致力於增加公司營收。
限制性股票計畫 restricted stock plan	是指公司會設定某種限制,只將股票給予參與的管理者。舉例來說:限制管理人員必須在一段規定期間之內繼續接受聘僱,股票才不會被沒收。

5. **個人當場獎勵制度**(individual spot awards):比較接近於傑出貢獻獎的概念,是指當員工產生出色工作表現或重大成就時,主管可以即時給予機動性的獎項以鼓勵下屬,通常是事件發生後立即給予的一次性獎勵,並非以日後固定的調薪為獎勵方式。

(二)**團體獎勵制度設計**(Group incentive plan):團體獎勵制度是以任務團隊或者部門的綜合績效為標準來給予獎酬,而獎勵金的來源是從企業的盈餘中提撥一定比率或金額,供團體員工分享,其目的是為了使企業能夠全面性地發展,讓團隊成員在利潤共享的情況下,共同努力以達成企業目標。以下將介紹幾項比較常見的團體獎勵制度設計。

1. **利潤分享制或利潤分享計畫**(profit-sharing plans):是指全部或多數的員工可以依據其工作績效來分享公司的年度盈利,而獲取一部分的公司利潤。較常見的利潤分享計畫有以下3種類型:(1)當期利潤分享(current profit sharing)或現金計畫,是指員工每季或每年都可以分享到公司的部分獲利,一般來說,公司會定期地把某個比例的獲利(例如:15%~20%)直接分給員工,通常是當企業計算出利潤之後,就會儘快地以現金或者股票的方式,提供給員工以作為獎勵的報酬。(2)延遲分享制/遞延利潤分享計畫(deferred profit-sharing plans)則是指企業會提撥現金獎勵到信託帳戶,來作為員工的退休金,通常是根據員工薪水的某個比例,或者依其對公司的貢獻來分配獎勵。延遲分享制的特色是

將想要分享給員工的利潤以信託基金的方式儲存，所以不會立即發放，只有等累積到一定的年限後，或是員工雇用契約期滿、退休、死亡時，才會給予員工。(3)混合分享制，其實就是以上兩種方式的綜合體，員工可以立即獲得一部分的利潤分享，但亦有某些部分的分享利潤，必須要等到某個年限後才可以取得。

利潤分享制企圖把員工個人的利益與企業的獲利進行連結，這樣員工才有可能對公司產生歸屬感，進而為企業賣力。在實務操作上，員工獲得的利潤分享的比例會隨著年資而增長，因此員工必須在公司任職一段時間才能夠獲得完全的利潤分享獎金，這樣一來，就可以有效地控制公司的流動率，另外，亦有研究指出，利潤分享計畫的實施將有助於提高生產力、員工士氣、提高員工對組織的承諾，並且降低員工的離職率及缺席率。不過，利潤分享制也有缺點，那就是當企業連續幾年都無法獲利時，員工可能會因為得不到獎勵而感到失望，甚至是灰心喪志。

2. **史坎隆計畫（Scanlon Plan）**：此計畫最重要的特徵是強調參與性的管理，讓每位員工了解到個人薪酬的增加是建立在彼此合作的基礎上，因此管理人員和員工應該不分彼此。史坎隆計畫往往會將公司的薪酬激勵制度與員工的提案獎金制度結合在一起，以獎金來吸引員工提出對企業營運有幫助的建議，若員工的提議受到採納，而使企業獲利時，員工就可以得到提案獎金。其實施方式是，當員工向適當的部門委員會提出改善建議時，部門委員會將寶貴的提案呈送給管理高層的委員會，進行審核並決定是否落實這些建議，最後將其實際為企業節省的成本或是創造的利潤，歸入提案紅利金中，舉例來說：若提案節省的成本為2萬元，員工可以分享其中的75%（亦即15,000元）。

3. **員工持股計畫（employee stock ownership plan, ESOP）**：此計畫為公司全體的計畫，係指由公司提撥一定額度的股份至信託基金中，來為員工買進公司股票，並記在員工個人帳戶上，最後於員工退休或離職時把股票發給員工。此制度與認股權的不同之處在於，認股權是直接分配給員工自由地運用，並非撥入退休信託帳戶中；而利用員工持股計畫，不但公司可以獲得減稅的好處，員工也只有從信託帳戶取得股票的時候（通常是退休時）才會被課稅。採用員工入股的優點，主要是提升員工對組織的滿意度與忠誠度，並增加員工向心力。

員工紀律

紀律管理為員工關係管理中重要的一環，但由於紀律管理的實施經常直接影響當事員工的權益，因此在人性考量下，近年來的紀律管理趨向於漸進式紀律（progressive discipline）與正面紀律（positive discipline）的思維。懲處是紀律管理的必要之惡的手段，雇主除了運用獎勵措施來激勵員工績效表現外，亦需使用懲罰來防止不良行為的擴散而造成管理權責無法貫徹。懲處之主要目的在於協助員工記取教訓、恢復應有績效、展現所期望的工作行為，提供員工改善的機會，用以培養兼具生產力以及反省能力的優秀員工，因此，給與犯錯員工懲處時，應該由輕至重（口頭警告、書面警告、申誡、記小過、記大過、停職、解僱），並提供申訴管道才是較為優良的紀律管理方式。而燙爐法則（Hot Stove Rule）的即刻性、預先示警性以及貫徹性三大法測，可有效應用於員工懲處的管理制度。

燙爐法則（Hot Stove Rule）及其懲處運用原則：燙爐法則是指在面對規章制度時，人人皆為平等。組織中存在著所有人皆應遵循的行為準則及規章制度，當有人違肯既定的行為準則或規章時，就必須給予適當的懲罰，要讓此人如同是碰觸到了一個燒紅的火爐，立即受到「燙」的處罰。

燙爐法則包含即刻性（不論任何人碰到火爐時，不分貴賤都會立即被燙到）、預先示警性（火爐就擺在那裡，如果不想被燙就不要去碰它）以及貫徹性（火爐絕對是燙的，不僅僅是用來嚇唬人的，若碰觸到它，就一定會被燙到）三種特性。若應用燙爐法則於紀律管理中，則可闡述懲處所應遵循的四大原則如下：

(一)**預先警告性**：熱爐外觀火紅，無需用手去觸摸，也能知道火爐子會灼傷人。應用於組織紀律管理中，企業的領導者必須針對所制定的規章進行充分的教育以及宣傳，讓員工明確瞭解績效不良與不當行為的可能後果，使之趨利避害。

(二)**立即反應性**：碰到火爐時，立即就會被灼傷。紀律處置必須即時，在員工錯誤行為發生後就要立即處罰，如此才能達到及時改正錯誤行為之目的，並且避免因員工不復記憶而削弱了處罰的意義與成效。

(三)**效果持續性**：用手觸摸熱爐，毫無疑問地會被烈焰灼傷。不論何時，只要是績效不彰、行為不當或是任何觸犯組織規章制度的員工，就一定會遭受紀律處置。

(四)**公平一致性**：不論是何人碰到熱爐，都會被灼傷。王子犯法與庶民同罪，組織在實施紀律時必須依法行事、一視同仁，不分職務高低，適用於所有員工，方能被組織內成員欣然接受。

 ## 新興職業：快樂長/幸福長（Chief Happiness Officer, CHO）

快樂長或稱幸福長（CHO）係指組織為了提高員工的心理幸福感與認同感所設置的職位，其任務是提供給員工各項諮詢服務及支持性協助，重視員工體驗以及員工的生活與工作平衡，來發展員工的快樂程度並維持員工的身心健康。不同於以往只有員工關心自身的心理幸福感，員工是否感到快樂如今也成為了組織管理者相當重視的議題，因為員工的心理健康不僅與工作效率及生產力呈現正向相關，也是組織吸引及留住人才的重要關鍵。故新世代的人力資源管理，不應只是從事招募甄選、績效評估、薪資設計等作業，也必須要能讓員工在工作中產生快樂與幸福的心理滿足感，而這也是許多知名大企業（例如Google, Ikea以及SAP等）皆增設了快樂長編制的主因。

胡立宗(2022)引述富比士《Forbes》的觀點，提出快樂長的挑戰可分為三個層次。第一個層次是讓員工在現有的工作中感到滿足（satisfied with）；第二個層次是能夠令員工快樂地享受工作（happy with）；最高層次的考驗則是令員工產生樂於投入組織的參與感(engagement)。惟有當員工對組織具有高度認同感與歸屬感，才能不論心情好壞皆自動自發地從事工作，此時也代表著快樂長的職務的確成功地發揮了功效。

而為了克服三層次的挑戰，快樂長的任務不外乎以下三項：

(一)**打造快樂的工作環境**

員工的工作成就感並非全都是來自於金錢，尤其是現今社會的年輕工作者，其工作成就感大多是源自於創意、策略、形象這類抽象的精神描述，因此除了薪酬之外，許多員工可能會更加重視在工作的過程中所感受到的活力、熱情與受激勵的程度。這也導致了快樂長的重要職責之一，就是營造出可以令員工感到享受的「快樂工作」氛圍。張庭瑋（2022）舉例，經營數位平台的CHO布雷赫（Izzy Blach）就根據自家員工的需求，提供職涯商談、理財的聚會，也帶著員工打排球；在房地產會計事務所擔任CHO的克雷曼（Sarah Klegman），則會定期幫員工上瑜珈課；而任職於自行車公司CHO的亞亨德（Camille Meyer-Arendt），也會跟同仁一起玩足壘球。張庭瑋（2022）認為以上行為有

別於傳統的人資長，快樂長不僅是提醒員工起來動一動，還會親自下場陪著同事，透過這樣的活動，不但可以為一成不變的上班日常添色，還能讓員工之間產生「歸屬感」，藉此維持公司的良好氛圍。

(二)幫員工解決疑難雜症

沒有後顧之憂的員工才能真正開心地工作，張庭瑋（2022）引述《紐約時報》的內容指出，所以許多企業的快樂長會透過定期性的面談，了解員工在職場上與生活上的需求。張庭瑋（2022）並舉例，廷普森集團（Timpson Group）的快樂長雷頓（Janet Leighton）無意間得知一位同事家中烤箱壞了，便直接買一台新的烤箱送到同事家，因為雷頓認為，這不過只是個舉手之勞，但卻能夠讓同事安心地上班。也就是說，成功的快樂長除了職場上的問題外，也會出手協助處理員工在生活上的疑難雜症，使其提升安心感。但必須特別注意的是，此舉有一個重大的前提，那就是要充分瞭解員工的真實需求，若企業忽略員工的需要，僅單方面提供自以為很好的福利，最後也會徒勞無功，無法留住人才。

(三)給予員工更多自主權

胡立宗（2022）引述富比士《Forbes》的內容，提到自從COVID-19疫情令遠距與混合模式的工作形成主流之後，企業才發現到原來允許員工在最自在的地方專心工作時，能夠提高企業的最大整體效益，因為放手讓員工決定工作地點與時間，不僅能改善員工的身心健康、協調工作與生活的平衡，還可以避免傳統以出席率為標準來衡量績效的問題，這可以使員工能在具有效率的工作時間內產出最大的產能。張庭瑋（2022）也舉例，由於SAP的快樂長豪格（Toby Haug）認為「高層如果放下一些決策權，將事情完全交給員工，會讓整個團隊更快樂」，因此給予每個團隊一筆預算，令其可以自由決定如何打造辦公室，結果使得員工對辦公室不會感到厭煩，上班時的表現也更加地快樂與自在。胡立宗（2022）提到英國職場顧問Advanced Workplace Associates的創辦人安德魯・茂森（Andrew Mawson）的論點指出，企業如果有20,000名員工，就會有20,000種想法。如果想讓所有人都能同心齊力，就必須授予員工適當的決策權，特別是當員工本來就有獨當一面的才能時，主管就更應該學會放手，讓部屬自行安排工作程序。惟有當員工被賦予應有的權力，能夠自由表達意見時，組織再輔以關懷與對話，才能令員工真心地感到幸福與快樂。

而組織究竟可以為員工提供什麼樣的具體福利措施以及協助方案，則將於下一章進行更詳細的說明。

員工福利計畫
與服務措施

依據出題頻率區分,屬:**B** 頻率中

課前導讀

員工福利措施是企業吸引員工的另一項重要誘因,福利服務內容與對價在員工心目中等同於薪資一部分,因此,企業設計且提供多元且符合員工需求的福利服務,成為企業選才與留才的重要關鍵。

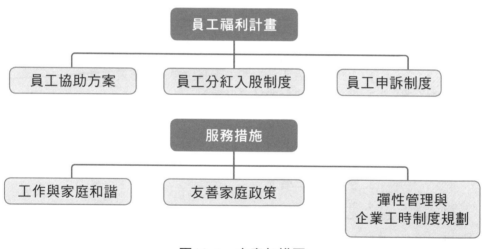

圖10-1　本章架構圖

重點綱要

一、員工福利計畫

(一) **定義**:企業為員工提供且屬於非工資收入福利的一系列活動。

(二) **適用**:福利適用所有員工,其中,獎金只適用於高績效員工。

(三) 分類：

依據不同，範圍劃分也不同：

1. **依據福利範圍分為：**(1)國家性福利。(2)地方性福利。(3)家庭性福利。
2. **依據福利內容分為：**(1)法定福利。(2)非法定福利。
3. **依據享有範圍不同：**(1)全員性福利。(2)特殊群體福利。
4. **依據名目不同：**(1)獎金。(2)績效加薪。(3)股票獎勵。(4)健康關懷。(5)員工協助方案。(6)旅遊津貼。(7)各類禮金或購物禮品券。
5. **依據目的不同：**(1)假期的福利。(2)保險福利。(3)退休福利。(4)員工服務。(5)其它津貼。
6. **依據性質不同：**(1)經濟性福利措施。(2)娛樂性福利措施。(3)設施性福利措施。

(四) 舉辦福利措施原則：

1. 需要的原則。　　2. 配合的原則。　　3. 經濟的原則。
4. 生活的原則。　　5. 回收的原則。

(五) 特點：

1. 補償性。　　2. 均等性。　　3. 集體性。　　4. 多樣性。

(六) 影響：

對企業	1. 企業調控人工成本和生產基金關係的重要工具。 2. 樹立企業良好的社會形象。 3. 提高企業美譽度。
對員工	1. 保護勞動者的積極性。 2. 有助於員工全身心的投入到工作中。 3. 提高員工素質。 4. 留住人才。

(七) 彈性福利計畫：

1. **定義：**員工可從企業所提供的各種福利項目菜單中選擇其所需要的一套福利方案的福利管理模式。別於傳統固定福利，有一定靈活性，員工有自主權。
2. **優、缺點：**

優點	滿足每位員工差異需求、節約企業的福利提供成本、員工真實感覺企業提供福利。
缺點	形成管理的複雜性、可能產生員工「逆向選擇」傾向、員工的非理性選擇提早用完限額以及降低福利的規模效應。

二、員工協助方案

(一) **定義**：指提供服務以協助員工解決其個人、家庭或工作的各種問題。

(二) **目的**：

1. **對企業來說**：

    (1) 增強員工對企業的向心力與凝聚力。

    (2) 增進企業競爭力。

    (3) 樹立良好企業形象並促進企業發展。

2. **對員工來說**：

    (1) 協助員工解決問題，提高生活品質與促進身心健康。

    (2) 促進員工良好人際及工作和諧關係。

    (3) 改善員工福利及滿足員工需求。

    (4) 協助員工自我成長並引導良好職業生涯發展。

3. **對工作來說**：

    (1) 穩定勞動力並降低員工離職率。

    (2) 提高生產力和工作績效。

    (3) 協助解決工作上問題。

    (4) 協助新進員工適應工作環境。

4. **對勞資關係來說**：

    (1) 增進勞資關係溝通管道。　　　　(2) 促進勞資和諧。

(三) **實施理由**：

1. 外籍移工的管理不易。　　　　2. 勞資爭議處理困難。

3. 關廠歇業的員工安置。　　　　4. 工會活動的輔導。

5. 勞工技術的提升。　　　　　　6. 人性管理的發展。

7. 工業民主的促進。

(四) **功能**：

1. 提高生產力。　　　　　　　　2.減少工作意外。

3. 減少缺勤及轉業率。　　　　　4.減少員工及家屬保險費支出。

5. 減少突發事件發生率。　　　　6.增進工作場所和諧。

7. 營造公司溫馨關懷之形象。

(五) **內容**：包括：

1. 諮商服務。　　　　2.教育服務。　　　　3.申訴服務。

4. 研究調查服務。　　5.諮詢服務。　　　　6.協調服務。

7. 協辦服務。　　　　8. 急難救助服務。　　9.組織之發展服務。

三、員工分紅入股制度

(一) **起源**：源自1842年法國福查奈斯油漆公司。

(二) **內涵**：

　　1. **員工分紅制度**：是利潤分享，也是分配紅利。

　　2. **員工入股制度**：是指員工持股，讓員工成為企業或公司的股東。

　　3. **員工分紅入股制度**：係指員工既分紅又入股的混合制度。

(三) **規劃**：

　　常考慮用下列方式分配紅利與股票的標準：

　　1. 職務的輕重（職級的高低）。　　　2. 服務的年資。

　　3. 績效的表現。　　　　　　　　　4. 薪資的多寡。

　　5. 其他客觀的標準。

(四) **員工認股選擇權**。

四、員工申訴制度

(一) **源起**：建立一套供員工與企業溝通的管道。

(二) **定義**：員工對公司的任何不滿或抱怨，有一定的管道與流程可以反映及處理。

(三) **法源**：

　　1. 勞動基準法（第70條及第74條）。　2. 勞動檢查法（第32條及第33條）。

　　3. 職業安全衛生法（第39條）。

(四) **申訴處理在勞資爭議中之定位**。

(五) **企業內員工申訴的處理**。

(六) **企業建立申訴制度的過程**：

　　1. 以溝通為前提。　　　　　　　　2. 確立設立申訴制度的需求原則。

　　3. 設立申訴制度程序的意義。　　　4. 申訴案件的處理。

　　5. 申訴制度的績效評估。　　　　　6 .最高管理階層的支持程度。

(七) **建立實用的申訴處理制度的考量**：

　　1. 確認需求。　　　　　　　　　　2. 召集規劃會議研討申訴之宗旨。

　　3. 申訴制度之公告。　　　　　　　4. 申訴表格設計。

　　5. 申訴結果之追縱。　　　　　　　6. 申訴制度之評估。

　　7. 實施申訴制度的注意要項。

五、工作與家庭和諧

(一) **工作與家庭衝突來源**：

　　1. 不對等的關係。　　2.家庭對工作的影響。　　3.工作對家庭的影響。

(二) **勞工生活及就業與薪資狀況。**

(三) **協助措施：**

　1. 建立一個具生產力的機構。　　2. 建立一個具歸屬感的工作團隊。

(四) **平衡工作與家庭措施的優點：**

　1. 提升生產力和競爭力。　　　　2. 增強工作的靈活度。

　3. 提高員工的工作士氣。　　　　4. 減少員工缺勤率。

　5. 有利人才招聘與留任。　　　　6. 配合法令要求。

(五) **推行員工平衡工作與家庭措施步驟。**

(六) **各國協調工作與家庭的解決方式型態：**

　1. 使勞工在負擔家庭責任時（照顧兒童及家事）更能兼顧工作。

　2. 使勞工在工作場所中的規範（請假、工時）更能兼顧家庭責任。

(七) **各國給假政策的目標及效果：**

　1. 提供適合生育的措施。　　　　2. 促進勞動力。

　3. 解決兒童貧窮問題。　　　　　4. 提升兒童發展。

　5. 促進性別平等。

(八) **協助勞工協調工作與家庭實施的相關彈性措施：**

　1. 家庭因素變更工作時間，包括減少工作時間（成為部分時間工作者或採行工作分享）、定期契約工作、電傳工作、在家工作、彈性工作時間。

　2. 請假，包括申請法定以外之產假、陪產假、親職假（育嬰假）、留職停薪、保留假、照顧老年親屬假、關於小孩生病的緊急事故假。

　3. 協助兒童照顧、課後照顧及照顧老人的設施及支出。

六、友善家庭政策

(一) **定義**：指工作與家庭生活的調和。

(二) **家庭制度內涵：**

　1. 家庭給付制度。　　　　　　　2. 優惠家庭之財稅福利制度。

　3. 兼顧家庭與工作福利制度。　　4. 補助家務勞動制度。

　5. 住宅福利政策相關制度。

(三) **常見措施：**

　1. 受撫育者的照顧服務。　　　　2. 工時彈性。

　3. 休假。　　　　　　　　　　　4. 其他。

七、彈性管理與企業工時制度規劃

(一)**基本概念：**

　1.**影響工時長短因素：**

　　(1)工資水準。　　　　　　　　　(2) 主觀意願。

　　(3)政府政策。　　　　　　　　　(4) 人力供需狀況。

　　(5)經濟景氣變動。　　　　　　　(6) 團體協商。

　　(7)企業管理模式調整。　　　　　(8) 國際規範與競爭壓力。

　2.**彈性管理。**

(二)**工時彈性化方案：**

　1. 彈性工時。　　　　　　　　　　2.壓縮工時。

　3. 彈性工作場所／電傳工作。

(三)**工時彈性化做法：**

　1. 切割員工實際工時。　　　　　　2.變形工時制。

　3. 工時縮減方案：

　　(1) 經常性部分工時工作。　　　　(2) 職務分擔。

　　(3)階段性退休。　　　　　　　　(4) 自願性減時方案。

　　(5)工作分享（擔）。　　　　　　(6) 休假與特別休假。

八、推動週休三日的芻議

九、勞雇雙方協商延後退休年齡

內容精論

員工福利計畫

(一)**定義**：Robbins（1974）將報酬（Reward）分為內在報酬及外在報酬，內在報酬指個人在工作中所獲得的滿足感，而外在報酬則是指向組織給予員工的一種實質的獎酬；外在報酬又可分為直接薪資、間接薪資及非財務性的報酬，而員工福利指的即是企業給付每一位員工的間接報酬。Milkovich & Newman（1990）認為薪資包括直接與間接的薪資，直接薪資就包括底薪、加給、獎金、生活成本等，間接薪資包括保健計畫、休假給付、福利與服務等。

黃英忠（1998）認為，福利是指員工除了獲得薪資收入之外還享有的
「利益」（Benefits）和「服務」（Services），其中「利益」是指對
員工直接有利且有金錢價值的東西，如退休金、休假給付、保險等；而
「服務」是無法直接以金錢來表示，如運動設、康樂活動等的提供。王
麗容（1995）認為員工福利當作是任何一種薪資以外的間接性給予和服
務，可能來自雇主與勞工（工會組織）也可能來自政府；但是存在與於
勞資關係或勞動契約的關係中。而沙克強（1998）認為，狹義的員工福
利除法定福利外，尚包括有交通車位及停車位之提供、車輛貸款、午餐
供應或補助，夜點（晚班）補助或供應、工作服（制服）之發給、工作
鞋帽之發給、免費宿舍、身體檢查、團體意外保險、防癌保險等。而廣
義的員工福利，除了前述範圍外，還包括薪資（財務報酬；包括月薪、
年終獎金、年節獎金、各項津貼……等）、遞延薪資（退休金、團體壽
險、撫卹金）、工作條件及環境（較勞基法優渥的給假、年休及工作時
數，良好的工作環境及員工環境的衛生安全）。

Lengnick & Barman（1994）將福利定義為四大類型：1.以公司所負擔
的成本而言，如員工的保險即是福利；2.以福利的項目區分，由於項目
繁多，無一定的定論；3.以組織觀點而言，公司認為福利是對員工提供
任何非薪資的報酬，公司可以自行決定給予的標準與形式，以統一的政
策提供給所有的員工均可使用達此標準者才是福利；4.從員工的觀點來
說，員工覺得它是福利措施，即是福利。

員工福利計畫（Employee Benefit Programs）指企業為員工提供且屬於非
工資收入福利的一系列活動。已發展的企業建立員工福利計畫多元又充
實，為員工提供退休金計畫、團體人壽保險、醫療費用保險計畫等等，已
相當普及。依據統計資料顯示，在美國福利支出占工資的比重達41.3%。
整體來說，隨著現代企業人力資源管理對團體員工福利的需求日趨成熟，
加上各國的社會保障制度愈趨健全，不論醫療保險和企業年金政策日益明
朗，員工福利計畫亦呈現市場化、商業化發展趨勢，成熟的員工福利市場
已經形成。

福利項目是員工的間接報酬。一般而言，包含健康保險、帶薪假期或退
休金等不同形式。以獎勵名義作為企業成員福利的一部分，不僅可發給
員工個人或小組。福利亦視為全部報酬的一部分，總報酬是人力資源管
理策略的重要項目之一。從管理角度來看，福利項目及金額高低可對企
業組織作出以下貢獻：吸引員工、留住員工、提高企業在員工和其他企

業心目中的形象、提高員工對職務滿意度等等。與員工的薪資收入最大不同在於，福利不需納稅。因此，相對於等量的薪資現金支付，福利在某種意義上來說對員工具備更大價值。

(二)**適用**：福利適用所有員工，其中，獎金只適用於高績效員工。福利內容很多，各企業為員工提供不同形態的福利，一般可將福利歸為四大類：補充性工資福利、保險福利、退休福利及員工服務福利。又可分為法定福利與非法定福利兩大類。

(三)**分類**：依據不同，分類也不同：

1. **依據福利範圍可分為**：

國家性福利	在全國範圍內以社會成員為對象而辦理的福利事業。
地方性福利	在一定地域內以該地居民為對象的福利事業。
家庭性福利	在家庭範圍內商定以家庭成員為對象的福利事業。

2. **依據福利內容可分為**：

法定福利	指政府立法強制企業必須實施的各項社會保障制度，例如：勞工保險、全民健康保險、就業保險、職業災害保險等法定福利計畫。
非法定福利	由企業出資的各項福利計畫，例如私人年金、團體醫療保險、人壽保險、意外及失能保險等商業保險計畫；或是股權與期權計畫；另外，房屋、交通、進修、培訓、帶薪休假、國內外旅遊、餐飲等其他福利計畫。

3. **依據享有範圍不同**：

全員性福利	全體員工均可享有的福利，例如三餐伙食、節日禮物、健康體檢、帶薪年假、各項獎勵禮品等。
特殊群體福利	僅提供特殊群體享有的福利，特殊群體是指對企業做出特殊貢獻的技術專家、管理專家等企業核心人員。特殊群體福利包括住房、汽車、完整體檢或出國旅遊等項目。

4. **依據名目不同**：

(1)**獎金**：員工每年根據業績和日常表現差異所領取的年終獎金。

(2)**績效加薪**：根據員工年度績效評價結果決定是否加薪，且加薪額度亦不同。

(3) **股票獎勵**：指獲得實際的股票份額。與股權不同，股票獎勵能提供任意股票價格的長期價值。除給予員工相當具競爭力的薪水外，尚保證未來時間內可持續獲得長遠收益。股票獎勵分配可根據員工的聘僱期間和年度績效決定。

(4) **健康關懷**：為員工提供體檢、非健保給付的醫療費用核銷等福利。受益人尚可包括員工配偶或子女。

體檢	公司每年安排員工至專業體檢機構進行全身體檢，並提供健康諮詢。與職業安全衛生法規定的例行性體檢不同。
其它健康保險	常見的有：員工人身保險（提供24小時人壽或意外傷害保障）以及員工醫療保險（健保以外的醫療費用，受益人包括員工本人和家屬）。
健身俱樂部	公司為員工提供健身俱樂部付費會員資格，常見項目：游泳、瑜伽、健身房、足球、羽毛球等多種項目。

(5) **員工協助方案**：員工和員工直系親屬，需要時，都可享有由公司聘僱或特約的專業人員提供個別諮詢服務。專業諮詢人事包括諮商心理人員、精神科醫生、人力資源管理顧問、財務及法律顧問，隨時提供全方位諮詢服務，協助員工處理工作或家庭的相關問題。一般常見的員工協助方案內容包含：員工管理、婚姻及家庭、精神健康及心理、法律及財務、職場適應等服務。

(6) **旅遊津貼**：每年為一位員工提供旅遊補助，讓員工放鬆身心。

(7) **各類禮金或購物禮品券**：在員工結婚、生育、生病住院、親屬逝世等特殊情況下向員工贈送禮品或慰問品。或者在大的節日時以慰問的形式發放給員工一定金額的購物卡或者超市禮券。

5. **依據目的不同**：Marsh and Kleiner（1998）將員工福利的分類為：

(1) **假期的福利**：未工作時間之給付，如例假日、休假、參與陪審工作、喪假、服役、病假、產假。

(2) **保險福利**：失業保險給付，如勞工賠償、人壽保險、住院醫療、失能保險。

(3) **退休福利**：如社會安全給付、退休金計畫。

(4) **員工服務**：如個人服務、工作相關服務、主管津貼。

(5) **其他津貼**：如股利分紅、績效獎金、教育費用。

6. **依據性質不同**：黃英忠（1998）認為福利內容可分為三大類：

經濟性福利 措施	A.退休金給付，由公司單獨負或公司與員工共同負擔。 B.團體保險，如壽險、意外以及疾病保險等。 C.員工疾病與意外事故補助。 D.互助基本，由雇主和員工共同捐納，取代無保障的互助會。 E.分紅入股，產品優待等。 F.公司貸款與優利存款計畫。 G.眷屬補助、撫卹及子女就學補助或獎學金等。
娛樂性福利 措施	A.舉辦各種球類活動及提供運動設施，如設有桌球室、籃球場等。 B.舉辦社交活動，如郊遊、舞會、同樂會等。 C.特別活動，如舉辦電影欣賞及其它有關業餘嗜好的社團。
設施性福利 措施	A.保健醫療服務，如醫務室、特約醫師等。 B.住宅服務，如供給宿舍、代租或代辦房屋修繕或興建等。 C.設置員工餐廳。 D.設立公司福利社，廉價供應日用品及舉辦分期付款等。 E.教育性服務，如設立圖書館、閱覽室、辦理幼稚園、托兒所等。 F.供應交通工具，如交通車等。 G.法律及財物諮詢服務，由公司聘請律師或財務顧問提供服務。

(四)**舉辦福利措施原則**：黃英忠、黃同圳等（2002）認為，福利措施的舉辦，不但要有計畫，更要把握下列5大原則：

1. **需要的原則**：福利的舉辦要以員工為對象。員工需求很多，不可能全部予以滿足，因此應該以大多數人所最迫切需要的為主；如生、老、病、死、傷等事項，是每個人所不能避免的。因此，保險、醫療、生育補助等都是應優先舉辦的。

2. **配合的原則**：任何機構的福利事業，第一要配合本身的目標，第二要配合企業的環境。一個機構的目標有一定的範圍，福利計畫自應限在這個範圍之內。例如，若只是一個小型的工廠，在福利方面考量新進員工宿舍就可能不符合到公司的成本效益。

3. **經濟的原則**：任何組織所擁有的資源都是有限的，因此，如何使資源發揮最大的效用，當然是必須講究的，切合實用而無浪費才是真正的經

濟,即是所謂「經濟的原則」,而福利措施的舉辦自然亦必須以此為最
高準則。

4. **生活的原則**:福利事業的舉辦,要以有助於員工的生活為原則。這裡所
指的生活就是食、衣、住、行、育樂等有關事項。換言之,就是要從
食、衣、住、行、育樂各方面,來提高員工的生活,或給予生活上的便
利,使員工能集中精力於其工作崗位,而無家室之憂。

5. **回收的原則**:對組織而言,任何福利計畫都是一項投資,不是有助於生產
力,就是有助於士氣,故必須講究效果,也就是一種成果的回收,否則成
為慈善工作。福利措施所期望發揮的效果不外乎為了增加生產力、提升形
象而有助於人員的招募、提高士氣,增加員工對組織的忠誠感與向心力、
降低流動率與缺勤率、良好的工會與公共關係、待遇配合差異的調節。

(五)**特點**:與其他形式的報酬相比,員工福利具備以下四大特點:

補償性	員工福利是對勞動者為企業提供勞動的一種物質性補償,也是員工工資收入的一種補充形式。
均等性	企業內履行提供勞動義務員工,都可以平均享有企業的各種福利。
集體性	企業辦理各種不同形態的集體福利事業,員工集體消費或共同使用共同物品等是員工福利的主體形式,也是員工福利的一個重要特徵。
多樣性	員工福利多樣性,包括現金、實物、帶薪休假以及各項不同的服務,也可採用多種組合方式,比起其他形式的報酬更加複雜,更加難以計算和衡量,最常用的方式是實物給付形式,且具有延期支付的特點,與基本薪酬差異較大。

(六)**影響**:員工福利計畫對企業發展產生以下正面的作用:
1. 企業調控人工成本和生產基金關係的重要工具。
2. 樹立企業良好的社會形象。
3. 提高企業美譽度。
   員工福利計畫對員工也有良好的影響:
1. 保護勞動者的積極性。
2. 有助於員工全身心的投入到工作中。
3. 提高員工素質。
4. 留住人才。

(七)**彈性福利計畫**：有別於傳統固定福利，具有一定的靈活性，使員工更有自主權。也稱自助餐式福利計畫、菜單式福利模式等。通常是由企業提供一份列有各種福利項目的「菜單」，然後由員工依照自己的需求從中選擇其需要的項目，組合成屬於自己的一套福利「套餐」。這種制度非常強調「員工參與」的過程。當然員工的選擇並非完全自由的，有一些項目，例如法定福利就是每位員工的必選項。此外，企業通常都會根據員工的薪水、年資或家庭背景等因素來設定每一個員工所擁有的福利限額，同時福利清單的每項福利項目都會附一個金額，員工只能在的自己的限額內購買喜歡的福利。

1. **優缺點：**

    (1)**優點**：彈性福利計畫的實施，具有顯著的優點：

    首先，由於每個員工個人的情況是不同的，因此他們的需求可能也是不同的，例如，年輕的員工可能更喜歡以貨幣的方式支付福利，有孩子的員工可能希望企業提供兒童照顧的津貼，而年齡大的員工又可能特別關注養老保險和醫療保險。而彈性福利計畫的實施，則充分考慮了員工個人的需求，使他們可以根據自己的需求來選擇福利項目，這樣就滿足了員工不同的需求，從而提高了福利計畫的適應性，這是彈性計畫最大的優點。

    其次，由員工自行選擇所需要的福利項目，企業就可以不再提供那些員工不需要的福利，這有助於節約福利成本。

    再者，這種模式的實施通常會給出每個員工的福利限額和每項福利的金額，這樣就會促使員工更加注意自己的選擇，從而有助於進行福利成本控制，同時還會使員工真實地感覺到企業給自己提供了福利。

    彈性福利計畫既有效控制了企業福利成本又照顧到了員工對福利項目的個性化需求，可以說是一個雙贏的管理模式。也正是因此，彈性福利制正在被越來越多的企業關注和採納。

    (2)**缺點**：首先，它造成了管理的複雜。由於員工的需求是不同的，因此自由選擇大大增加了企業具體實施福利的種類，從而增加了統計、核算和管理的工作量，這會增加福利的管理成本。

    其次，這種模式的實施可能存在「逆向選擇」的傾向，員工可能為了享受的金額最大化而選擇了自己並不最需要的福利項目。

    再者，由員工自己選擇可能還會出現非理性的情況，員工可能只照顧眼前利益或者考慮不周，從而過早地用完了自己的限額，這樣當他再需要其他的福利項目時，就可能無法購買或者需要透支。

最後，允許員工自由進行選擇，可能會造成福利項目實施的不統一，
這樣就會減少統一性模式所具有的規模效應。

2. **制定原則**：核心福利由企業支付費用，提供給每位員工；根據員工的薪
酬、年資或家庭情況等因素來設定每一個員工的福利限額及範圍；制定
的員工福利計畫比該員工福利計畫所提供的服務範圍小而且少於福利限
額的，企業向其提供其他福利存款或以現金支付差額；制定的福利計畫
比該員工福利計畫所提供的服務範圍大而且費用超出福利限額的，其超
出費用由員工自行支付；核心福利應定期評審一次以保持其效用性；非
核心福利根據員工的選擇，可適當增加新內容列入福利清單。

 員工協助方案

(一)**定義**：員工協助方案（Employee Assistance Programs，簡稱EAPs）是提
供服務以解決有問題或困擾的員工，有效提高公司士氣、節省健康看護成
本及創造有利的公共關係，是以員工為導向的福利管理，它是機密性的、
平易近人的，且成為員工健康計畫的主要部分。EAPs是由專業單位或工
會，在社會工作或諮商輔導等專業人員協助下，以系統化方式規劃福利性
或協助性措施，使員工在遭遇各項心理、生理、人際、經濟、家庭、或法
律等困擾時，得積極預防或紓解問題發生，讓事業單位達到穩定員工生產
力與工作品質，及促進勞資關係和諧之目的。常見定義是：工作員運用適
當的知識與方法於企業內，以提供相關服務，協助員工處理其個人、家庭
與工作上的困擾或問題。

因此，EAPs的實施是讓員工個人身心方面的問題能透過方案獲得立即性
的支持與處理，使員工身心健康或情緒恢復穩定，以提高工作與生活品
質，進而穩定生產力。EAPs也可說是一種促使員工尋求協助的調適系
統，員工若有任何問題均可以提出服務申請，包括：自我尋求協助及主
管轉介，由各方面專業人員提供專業性服務。

綜上可知，EAPs是一項以員工為導向的福利管理，以機密及平易近人方
式由社會工作或諮商輔導等專業人員提供適切服務，員工可透過自我尋
求協助或主管轉介的方式，處理其個人、家庭與工作上的困擾或問題，
以提高員工的工作績效及生產力，進而有效節省公司成本的一種方式。

(二)**目的**：EAPs是有系統的確認和治療與員工「不良工作表現」有關的醫療
和行為問題，主要目的是恢復員工正常工作行為和生產力，不僅對公司
有利，亦能嘉惠員工。實施EAPs的期望在於透過方案的執行，有效的

解決員工在工作上、生活上遭遇的各種問題，使員工能以健康的身心投入工作，提昇工作績效，促進其生涯發展。另一方面，透過本方案的實施，企業可以降低員工的流動率、缺勤率，進而提升生產力，減少企業整體福利成本之支出，以及增進勞資和諧。具體功能為：

對企業來說	1.增強員工對企業組織之向心力與凝聚力：經由企業主動表現關懷員工的心意與措施，可激發員工之一體感，強化凝聚力。 2.有效的員工福利、人力資源管理的投資，可以減少問題處理成本，增進企業競爭力。 3.有助於樹立良好的企業形象，促進企業發展。
對員工來說	1.協助員工解決生活問題，提升生活品質，促進身心健康。 2.促進員工良好人際及工作和諧關係。 3.改善員工福利，滿足員工需求。 4.協助員工自我成長，引導其良好職業生涯發展
對工作來說	1.穩定勞動力與人力資源，可降低離職率及缺勤率。 2.提高生產力與工作績效，並提升工作品質。 3.協助解決工作上問題，減少工作上焦慮，提高工作士氣。 4.協助新進員工適應工作環境。
對勞資關係來說	1.增加勞資溝通管道：EAPs可扮演上下意見溝通橋樑，使員工意見、心聲有適當管道可以反映及處理。 2.促進勞資和諧：經由員工與主管或企業與工會間良性溝通，共創和諧勞資關係。

(三)**實施理由**：歐美推動EAPs制度來自員工的藥物濫用及景氣蕭條導致缺勤和生產下降，員工心理健康問題及工作場所暴力等事件頻傳，使得企業花費在員工的成本提高，促使企業考慮推動EAPs。國內推動EAPs制度，主要來自以下7個原因：

移工的 管理不易	台灣自81年引進移工，由於經驗不足，以及相關法令未能周延配合，產生問題漸漸嚴重。移工在異地面臨的問題不僅在管理技術上，更重要的是文化衝擊、生活調適、心理輔導、休閒安排、財力支配以及溝通協調等方面，都需要專業輔導，透過EAPs專業工作者跨文化輔導，可有效解決移工問題。

勞資爭議 處理困難	許多勞資爭議案件發生時,由於勞資雙方各堅持立場互不讓步,導致案件無法迅速解決。大多數爭議案件顯示,如果雇主在採取任何紀律管理行動之前,能先評估員工需求,並給予適當的諮詢建議,都能避免事件的惡化。另外,勞工在面對爭議問題時,多期望能獲得更多專業的協助。EAPs可以透過客觀、中立的處理過程,以非正式的方式介入,較能避免勞資雙方正式且大規模的衝突,對特定問題的處理也能提供滿足個別化需求的有效方法。
關廠歇業的 員工安置	許多勞資爭議案件來自關廠歇業時未能妥善安置員工,不但引起勞工的抗爭,更造成社會問題及增加政府負擔,究其根源是未能讓員工獲得安全保障。EAPs可規劃再安置計畫,例如進行心理諮商、提供職業訓練資訊、給予就業服務、協助運用社會救助資源、推介其他就業機構等,這些專業的服務顯然對企業、員工、政府都有正面的效果。 台灣工會活動日漸活躍,但是,大部分工會組織都未健全,究其根源,勞工普遍對工會組織缺乏認同,工會對會員服務缺乏系統、制度化,甚至流於形式。EAPs可提供具體計畫,不論是諮商方案,或健康福利方案都有助於會員解決工作、生活方面的問題,進而促進對工會組織的認同。
勞工技術的 提升	企業經營除了資金、土地與生產設備之外,更重要的是勞動技術所維繫的人力資源,是決定企業成敗的關鍵。企業人力資源品質的提升,除了給予必要的技術訓練之外,更要培養勞工效率、品質觀念,不僅能自我要求且在工作上更精益求進、創新開發。EAPs的品質、效率、預防計畫概念,培養勞工具有規劃性生涯發展觀念,與自我教育的健康生活態度,直接或間接都有助於整體勞動生產技術的提升。
人性管理的 發展	傳統的科學管理模式隨著勞工需求層次提升與複雜,已逐漸無法滿足大部分的工作者,人性多樣化對管理的要求,自始都是最大挑戰。EAPs的服務,基於對人類行為的深層瞭解,關切個別案主的生理、心理、社會需求,同時考慮個人、組織與家庭的利益,能夠彌補科層管理非人性化所導致的人際疏離傾向。

工業民主的促進	工業民主的實施，有助於勞資關係和諧，要順利推展工業民主，最基本的條件是勞工有參與經營管理的能力。EAPs一方面基於「自助人助」的原則，培養勞工生涯發展規劃、持續成長的生活態度，並協組織內人力資源發展的訓練規劃，提供員工不斷學習進行的機會；另一方面，EAPs基於尊重個別差異的理念，鼓勵勞資雙方理性溝通，共同合作解決問題，這些觀念與原則，都有助於工業民主的推展與形成。

綜上，透過EAPs的實施，經由企業主或工會的親自參與，進行各項企業內服務方案和社會服務活動，使企業擁有身心健康且穩定可靠的員工，進而達到「勞雇同心，共存雙贏」的理想目標。

(四)**功能**：30幾年來，已證明EAPs對許多員工問題的協助頗具宏效：

提高生產力	藉由EAPs的實施，解決員工在工作或生活面上的困擾，使員工得以心無旁騖、專注於工作，提高個人工作績效，促進職涯發展，進而提高企業生產力與競爭力。
減少工作意外	從勞工安全衛生的角度來看，不安全、不健康事的發生來自人為疏忽，而EAPs實施，能使員工身心平衡，自然能降低不安全、不健康事件的發生。
降低缺勤及轉業率	EAPs是針對員工所遭遇的各種問題提供協助，績效評核是確認員工問題的時機。透過績效面談，主管可以更清楚員工問題所在，一方面尋求EAPs介入，一方面提供工作方面的適當協助，使員工困難得以解決或減輕，工作更為投入，自然可減少缺勤及轉業率。
減少員工及家屬保險費支出	提供員工健康照護（Employee Health Care）服務可以追蹤管理並照顧每位員工及家屬體能狀況與預防疾病發生。如此一來，可以促進員工身健康，減少員工及家屬在醫療費用上的支出。
減少突發事件發生率	協助解決員工及其家屬的問題，使其能有計畫生活和工作，常利用員工諮商的策略，協助員工處理與工作有關的問題（如對工作的不滿、與上司的衝突、與同事關係不良、怠工、對工作的焦慮等）、個人的心理困擾、憂鬱、焦慮、酗酒及家庭婚姻問題，降低員工之外在及內在之各種身心壓力，使其儘量處於平和的狀況下，減少衝突、疾病等突發事件的發生。

增進勞資和諧	實施EAPs，能減少工作上的衝突，使員工提升績效，企業達成目標，達到雙贏境界，勞資關係自然和諧。
營造公司溫馨關懷好形象	EAPs常被認為是「員工福利」的一部分，希望有效地解決員工在工作上、生活上及健康上所遭遇的生理或心理問題。解決這些問題的專業知能及費用非員工所能負擔，企業若能適時提供協助，當然可視為「員工福利」的一種，同時也能營造公司溫馨關懷的好形象。

(五)**內容**：EAPs之內容，因企業需求有所不同，可概分為：

1. **諮商服務**：包括工作適應、情感、生涯規劃或轉換、身心健康、婚姻家庭等之諮商服務。

2. **教育服務**：包括心理衛生教育、輔導知能研習會、人際溝通、壓力調適課程、成長性團體、社團輔導活動等。

3. **申訴服務**：員工之申訴及對公司不滿之適當處理。

4. **研究調查服務**：員工需求的意見調查、員工家庭訪問、事故處理後滿意度之調查等。

5. **諮詢服務**：提供和員工工作有關的法令，如勞基法、勞保條例或和員工生活有關的資源諮詢服務。

6. **協調服務**：勞資爭議及公司內部各部門之協商與協調，協助簽訂團體契約、與公司外界建立公共關係等。

7. **協辦服務**：協助公司其他單位推動與員工服務有關之活動。

8. **急難救助服務**：對有需要急難救助之員工，於企業內或結合企業外社會資源提供急難救助。

9. **組織之發展服務**：建構企業內溝通管道，以反映員工意見及相關資訊供決策者參考，並轉導類似社會服務隊之社團，參與企業內、外之服務，使員工得以參與對企業內員工之服務，增加向心力及自我實現的機會。EAPs不僅涵蓋員工健康管理以及工作本質，更將改善員工身心健康和健全的工作環境納入範圍，將員工的工作表現與身心問題結合，使來自工作表現不佳所隱含的個人問題得以顯現，因此，EAPs所包含的內容不再只是處理酗酒方面的問題，其他如：壓力、親職教育、婚姻、財務、法律、對子女及老人的看護、心理及生理健康等都是方案服務內容。亦即，現代的EAPs與傳統EAPs是非常不一樣的。

　　Lewis曾就傳統與現代EAPs比較如表10-1所示，可清楚看出傳統EAPs與現代EAPs最大差異在於服務的廣度與深度，亦即現代EAPs強調為所有員工及其眷屬提供所有問題之協助，並強調預防勝於治療。

表10-1　傳統EAPs與現代EAPs之比較

次序	傳統的	現代的
1	強調酗酒為問題之基礎	廣義的方法，任何問題均適合服務
2	強調主管轉介之重要性	為主管轉介，自我尋求協助及他人轉介之混合
3	在問題發展末段才被辨認	在問題發展較早階段即提供服務
4	由醫療或酗酒專家提供服務	由各方面專業之諮商員提供服務
5	注重問題員工之工作表現	強調員工工作問題及員工或其眷屬在非工作表現方面的問題
6	為使轉介之員保密	為使轉介員工保密，也為自我尋求協助之員工或其眷屬保密

三　員工分紅入股制度

(一)**起源**：員工分紅入股制度（Employee profit shoring and stock ownership）源自1842年法國福查奈斯油漆公司，在1887年美國普洛托‧甘貝爾（Proder & Comber）公司亦採用。民國34年，國民政府通過。「勞工政策綱領」，第13條宣示：「獎勵工人入股，並倡導勞工分紅制。」明示我國分紅入股政策。民國35年，台北市大同股份有限公司實施「工者有其股」制度，鼓勵員工認購公司股份，並以贈股或無息貸款方式，使員工成為股東，為我國第一家實施員工入股制度的企業。

員工分紅入股的基本理念是，在一個企業組織中，股東、管理者與員工三者，具有同等重要地位，每一位夥伴對於企業的發展，都具有關鍵性作用，最好能讓員工成為合夥人，增加員工對公司的向心力，協助員工財產形成，並使員工合理分享企業的經營成果，以消除或緩減勞資對立

的功能,使勞工由「無產階級」變成「資產階級」,共同為企業的發展而努力。

(二)**內涵**:分紅入股是指「員工分紅」、「員工入股」及「員工分紅入股」三項制度的簡稱。

1. **員工分紅制度**:分紅就是利潤分享(profit sharing),是分配紅利的簡稱,多以現金紅利為主。是指事業單位於會計年度終了結算後,將其課徵營利事業所得稅後之可分配盈餘的一部分紅利,分配給參與貢獻的全體員工(紅利分配給股東,稱為配息)。多賺多分,少賺分少,不賺不分,員工想要紅利增加,便要努力工作使企業賺錢。

依勞動基準法第29條規定:「事業單位於營業年度終了結算,如有盈餘,除繳納稅捐、彌補虧損及提列股息、公積金外,對於全年工作無過失之勞工,應給予獎金或分配紅利。」公司法第235-1條亦規定:「章程應訂明員工分配紅利之比例」。由此可知,企業實施分紅制度法令規定有所依循。

2. **員工入股制度**:入股又稱為員工持股(stock ownership),讓員工成為企業或公司的股東。是指企業協助所屬員工獲取本企業發行之部分股權而成為股東,惟入股與否,尊重員工意願。

公司法第267條規定:「公司發行新股時,除經目的事業中央主管機關專案核准者外,應保留發行新股總額百分之十至十五之股份由公司員工承購。」公司對員工依上述規定所承購的股份,得限制在一定期間內不得轉讓,其限制期間最長不超過三年。因此,當員工離職時,常會出現規定要將股票賣回公司的現象。事實上,依公司法規定,除了特別股之收回或因公司營業政策重大變更,或少數股東請求收回股份,以及公司因合併所產生的股份收買等,公司是不得將股份收回、收買的。一般所謂將股票賣回公司,多安排由公司的職工福利委員會,或特定人買進該部分股票。

員工入股方式可由企業依各式獎勵方案讓員工在公司內服務一定期間之後,可以持有公司股票,以為激勵員工參與推動公司預期之目標,對於穩定員工的向心力與勞資和諧,有相當助益。

有些企業不願在發行新股時,保留部分股數由員工承購時,一般的作法是在員工到職時,要求員工填寫一份放棄公司法第267條承購新股發行時之認購拋棄權。

3. **員工分紅入股制度**:員工分紅入股制度(Profit Sharing and Stock Ownership)是員工既分紅又入股的混合制。企業對於每年年度終了結

算，分發紅利時，將一部分紅利以現金分配員工外，並得將一部分紅利改發企業股票，使員工既享有企業盈餘所發現金紅利，又可獲得企業股票，是分紅與入股雙軌並行的制度。若為無償配給稱為「配股」，若以股票面值或部分比率之股票市價認購，則為「入股」。因此，員工除了可以獲得企業股權外，企業盈餘紅利又可兼得盈餘轉增資無償配股以股票面值課稅與無交易稅及其它稅賦的好處。台灣目前現況，高科技產業多以「配股」為主。

依公司法240條規定略以：「以紅利全部或一部以發行新股或以現金分派之。」

(三)**規劃**：企業分紅入股的規劃，多考慮採用下列方式，作為分紅入股的分配標準：

1.職務的輕重（或職級高底）。　　2.服務年資。

3.績效表現。　　　　　　　　　　4.薪資多寡。

5.其它客觀標準。

以A科技公司為例，員工只要工作期間滿半年，公司就發給股票，發放張數不一，基層員工可能只領到半張股票，通常公司會在七、八月間通知員工發放股票，股票在一至二個月內撥入員工帳戶，只要股票入了個人戶頭，就可以賣出。

(四)**員工認股選擇權**：員工認股選擇權（Stock options）是員工入股制度的一種，是指公司在指定期間，給予員工在一定期間內購買特定數量公司股票的權利。認購股價通常比照當時的市價或稍低於市價，此亦即員工的行使價格。員工通常在取得日後即可行使認股選擇權而逐步擁有公司的股票。例如甲公司授與某員工在工作一年後有購買五萬股的權利，分五年行使，則此員工此第一年起每滿一年，就有購買公司股票一萬股的權利，但若可行使認股選擇購買時，股價欠佳，則員工可保留該年購入之權利，等到未來股價上揚時再以原指定價購入，再行賣出。

員工分紅和員工認股選擇權孰優孰劣？端視公司吸引人才的策略。若員工領取股票之後隨即離職，公司會選擇不推動員工分紅入股制度。反之，就會選擇員工分紅入股。景氣低迷時，使用股票選擇權比較有意義，因為股價低，有上漲空間；景氣好的時候，股價高，分紅入股制度比較好。對高科技公司而言，員工股票分紅已被視為留住人才的最佳工具。目前國內並無特別規定，公司要如何分配員工認股權，發行計畫是否具備公平性，或者只限於少數高階主管，應該由公司就個案目的考

量。常見說法，公司上市上櫃掛牌交易後，不宜發放太高比率的員工分紅入股，應該選擇多發放員工認股權，兩種方式綁在一起，不但對公司每股純益衝擊有限，也可藉此激勵員工打拼，享受獲利成果。

實施分紅入股與員工認股權制度，使員工分享企業經營成果，是幫助員工財產形成的具體作為之一，藉股權或盈餘的分配，提高員工對企業的向心力與認同感，降低員工流動率，鼓勵員工長期儲蓄，做好理財規劃，專心工作，進而提升企業生產力與營運績效，落實工者有其股，和諧勞資關係，亦是達成勞資合作的有效途徑。

 員工申訴制度

(一)**緣起**：企業員工申訴處理制度主要目的在於建立一套提供員工與企業管理階層的溝通管道，以發掘潛在員工問題，預防勞資爭議的發生，有效提供員工向心力及提振生產力。產生背景有二：

1. 就企業管理層面而言，因為工作上所衍生的不平、不滿等問題，不論心理續存的疑惑、經由口頭或書面的意思表達、甚至抗爭行動的出現，都是企業經營的負面因素，輕則怠工、不合作、離職，重則集體跳槽、罷工。

2. 對勞資爭議的形成與過程而言，或能力有所認知，則必能溝通、協調、解決於事前，不致釀成雙方的衝突或其他更嚴重的損失。

(二)**申訴處理在勞資爭議中之定位**：

1. 從企業與勞工「雙贏」的觀點來看，對於衝突或爭議產生的可能，應設計一套制度，俾便「思防微杜漸之處，以竟圓滿周全之功」，避免因為小不慎而釀成危災之害。

2. 申訴制度之肇建，本諸企業內立即解決勞資間問題為首要，希望工作職場衍生的實際差異與認知差異，在萌發之時，不論其真確與否，企業內的管理階層與勞工都能透過此一制度的運作，找出雙方忽略及應改善之處，確實進行有效的雙向溝通，以避免蓄積因工作所生不滿及怨懟的可能，消弭勞資爭議於先期。

(三)**制度建立**：企業建立申訴處理制度的過程計有：

1. **設立申訴處理制度的前提**：溝通。

   (1)透過現有勞資溝通管道加以介紹、宣導。

   (2)定期增強員工對申訴處理制度的溝通。

   (3)勿忽略溝通的知覺與行為層面。

2. **確立設立申訴制度的需求原則：**

(1)勞資關係的理想目標。　　(2) 經營階層的理念。

(3)共識的形成。　　　　　　(4) 企業規模的問題。

(5)過去勞資間的互動情形。

3. **設立申訴制度程序的意義：**

(1)整合各溝通管道資訊。

(2)設置申訴處理制度規劃委員會。

(3)申訴處理制度政策的擬定與公告。

(4)申訴處理制度辦法的擬定。

(5)申訴機構的建立。

(6)申訴表格的設計。

(7)申訴處理人員的選任。

4. **申訴案件的處理：**

(1)申訴處理原則：

A.私密性。　　　　　　　　B. 中立性。

C.延續性。　　　　　　　　D. 主動性。

E.權變性。

(2)申訴制度處理模式

A.說明問題。　　　　　　　B. 說明事實。

C.綜合整理及分析。　　　　D. 解決方案的提出。

E.利弊發生的可能性。　　　F. 決定處理方案。

G.執行申訴處理方案。　　　H. 結果追蹤與檢討。

5. **申訴制度的績效評估：**

(1)執行者工作任務之實現程度。針對努力結果進行衡量，而非辛苦程度。

(2)一項良好的評估應以先前預設的制度目標為基準，實際評定申訴處理過程項目。

(3)公司申訴管理階層應按月或每季將各層級所彙報申訴處理報告進行數據、影響與追蹤的瞭解，並加以簽註意見，供各負責人員參考。

6. **最高管理階層的支持程度：**

(1)與企業文化、企業政策的一致性問題。

(2)執行者與其他主管或人事決策者的日常的溝通與協調。

(3)初始的宣導、執行結果的影響。

(4)與其他勞資溝通管道的配合。

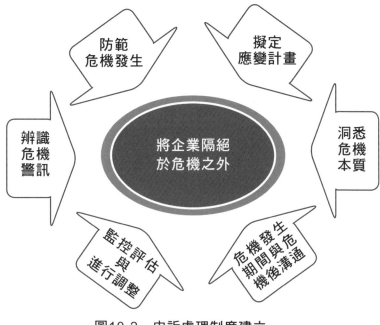

圖10-2 申訴處理制度建立

(四)建立實用的申訴處理制度的考量：

1. 確定需求：

(1)企業內現有之溝通管道確認企業內員工是否不滿、不平或權益受損問題存在無法解決。

(2)以員工意見調查方式，透過行政部門運作，以確認員工的需求。

(3)由人事部門或管理部門先向部門主管提報設置申訴制度之構想。

(4)經人事部門或管理部門主管核可後，呈報企業經營者核准構想，並進行下一階段。

2. 召集規劃會議研討申訴之宗旨：

(1)由高階主管者具名，召集各部門主管及人事部門之資料搜集整理人員，外界的勞工問題專家學者等，成立規劃委員會。

(2)討論申訴制度之「宗旨」。主要是做為日後草擬申訴制度辦法時，明確揭示實施申訴處理制度之精神與依據，亦即企業設置申訴制度所欲達成的目標。

3. 申訴制度之公告：

(1)申訴制度辦法應予公告周知，並透過各種勞資管道予以說明。

(2)勞動檢查法第32條規定。

4. **申訴表格設計：**

　(1)申訴書。　　　　　　　　　　(2)處理記錄表。

　(3)申訴答覆書。

5. **申訴結果之追蹤：**

　(1)定期針對申訴事由彙整。

　(2)依性質分類。

　(3)申訴結果調查表。

　(4)由人事部門負責「對事不對人」檢討制度及管理方法是否改善。

　(5)追蹤是一項重要的回饋機制。

6. **申訴制度之評估：**

　評估的面向：含「質」與「量」。

　　指的是企業內部各部門、各層級對實施申訴制度的看法，以及實施前後的滿意度調查，工作效率之提升針對設立申訴制度之宗旨進行檢驗。

　　是指實施申訴制度後，因處理與執行其決議，企業內各項管理的「數字變化」

7. **實施申訴制度的注意事項：**

　(1)初期要與現有勞資溝通管道互相配合，務必建立共識，以及對申訴制度的運作瞭解後才實施，如此誤用濫用的事情方不致發生。

　(2)員工對於制度創立時的期望較高，在處理申訴過程時應特別重視溝通，以免與期望相左，帶來反效果。

　(3)黑函、具攻訐性文字、欺矇等申訴處理應特別謹慎，匿名申訴案件一律去除、銷毀。

　(4)獲得相關單位的資訊不足，應由各項勞工教育、勞動檢查的機會，加以推廣實施，減少勞資爭議的發生，促進勞資和諧。

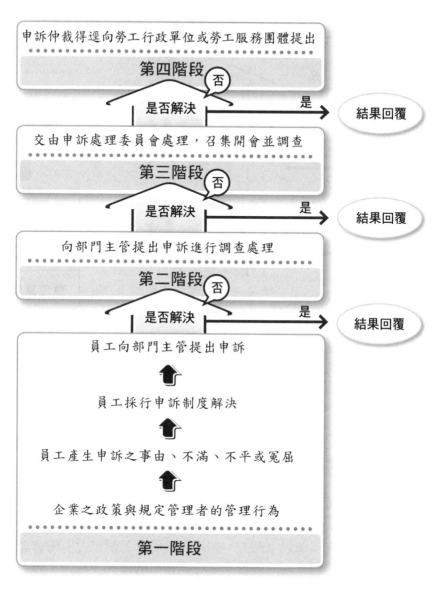

圖10-3 四階段申訴制度

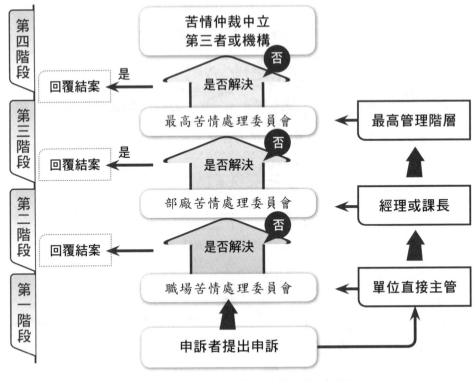

圖10-4　日本苦情處理制度程序圖

五　工作與家庭和諧

(一)**工作與家庭衝突來源**：楊瑞珠（2007）指出，工作與家庭間的衝突可以 Kahn、Wolfe、Snoedk & Rosenthal（1964）共同提出的角色衝突理論看待，是指存在二個以上壓力，如果試圖降低某個壓力，則會加重另外一個壓力。工作與家庭間的衝突是註定皆輸的情況，例如：若夫妻兩人都全心投入工作，則子女容易被忽視；如果早早放下工作撥出時間陪伴子女，則容易喪失工作升遷機會。常見現象為：

1. **不對等的關係**：工作與家庭間主要的衝突在於角色協調與個人負荷過重問題，癥結所在是時間不足及缺乏公平性。台灣的女性不像男性一般只想在事業上力爭上游，不必考慮太多家庭因素，相反的，在爭取事業成

就的同時，發現自己無足夠時間兼顧家庭。Burley研究發現，職業婦女平均每週比職業男性多花15.3小時在家事工作上，台灣差異的情況則是18.93小時，由男性與女性在家務時間分配上，便可清楚瞭解工作與家庭之間的角色差異。

男性與女性在工作與家庭之間的取捨上亦有所差異，社會上普遍存在「男主外，女主內」的看法，認為對女性而言，家庭重於其個人事業，而男性則是在外打拼，為工作養家的主要經濟來源，因此，女性較會有如何在家庭與工作之間做出取捨的困擾。

2. **家庭對工作的影響**：「家」對男人來講是個避風港，對女性而言，卻是家務照料基本責任。職業婦女對於家庭責任並未因為工作關係而有所減少，常因為丈夫工作性質而改變。易言之，女性擔負較多的料理家務責任，家庭內部的生命周期變化深深影響女性的生涯發展。男性及女性對於家庭與工作看法的研究發現，無論男性或女性都認為，要以男性事業為優先，女性應在工作上做部分犧牲，以配合家中男主人事業前途為優先。

3. **工作對家庭的影響**：Hsu研究發現，即使從事屬於非傳統女生職業的婦女（如：醫生）也要調整自己的工作情況，以配合家中子女教養、家事工作等家庭需要，甚至配合丈夫加班、升遷、職務調等工作情況。台灣以事業為重或高成就的女強人容易遭受婚姻、子女教養的種種困擾，可能因為自己對事業的追求過於強烈，影響丈夫的事業。許多台灣女性常因增加家庭收入而工作，卻不願因為工作而影響家庭生活。

(二)**勞工生活及就業與薪資狀況**

1. **勞工生活及就業狀況調查統計結果**：為了解勞工工作狀況、對工作環境的滿意及職涯規劃等情形，勞動部以參加勞保之本國勞工為調查對象，按年辦理「勞工生活及就業狀況調查」，112年計回收有效樣本4,095份，調查統計結果摘述如下：

(1)**對整體工作感到滿意之勞工占7成5**：112年調查勞工對整體工作感到滿意的比率為74.6%，較111年調查上升1.2個百分點，感到普通者占22.4%，感到不滿意者占3%。對整體工作感到滿意者之各項目滿意比率，以「性別工作平等」97.3%最高，其次為「同事間的相處與友誼」96.1%，「工作場所」94%居第三；對整體工作感到不滿意者之各項目不滿意比率，以「人事考核升遷制度」82.6%居首，其次為「工資」64.3%，「員工申訴管道之暢通」60%居第三。

表10-2　勞工對整體工作之滿意情形

單位：%

	總計	滿意			普通	不滿意		
		計	很滿意	滿意		計	不滿意	很不滿意
110年	100.0	72.5	23.7	48.9	25.0	2.5	2.1	0.4
111年	100.0	73.4	22.8	50.7	23.5	3.0	3.0	0.1
112年	100.0	74.6	26.5	48.1	22.4	3.0	2.5	0.5

說明：本表資料期間為各年5月；以下各圖、表之資料期間，除「近一年」之各項統計為各年之前一年6月至當年5月外，餘亦為各年5月。

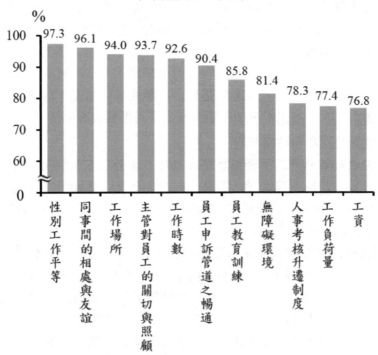

圖10-5　整體工作滿意者對各項工作環境之滿意比率

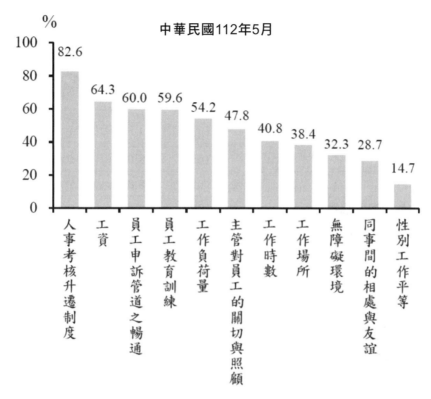

%

中華民國112年5月

人事考核升遷制度 82.6
工資 64.3
員工申訴管道之暢通 60.0
員工教育訓練 59.6
工作負荷量 54.2
主管對員工的關切與照顧 47.8
工作時數 40.8
工作場所 38.4
無障礙環境 32.3
同事間的相處與友誼 28.7
性別工作平等 14.7

圖10-6　整體工作不滿意者對各項工作環境之不滿意比率

(2)**勞工有延長工時（加班）者約占4成，平均每月延長13.4小時**：112年
調查勞工近一年（111年6月至112年5月）有延長工時（加班）者占
41.2%，較111年調查下降0.8個百分點，其中有延長工時者之平均每
月延長工時為13.4小時。按行業別觀察，以電力及燃氣供應業有延長
工時占63.1%最高，公共行政及國防/強制性社會安全、運輸及倉儲
業、醫療保健及社會工作服務業亦均在5成以上。

表10-3　勞工近一年延長工時（加班）情形

單位：%

	總計	沒有延長工時	有延長工時	平均每月時數（小時）
110年	100.0	53.7	46.3	14.9
111年	100.0	58.0	42.0	15.0
112年	100.0	58.8	41.2	13.4
農、林、漁、牧業	100.0	70.0	30.0	11.9
礦業及土石採取業	100.0	69.2	30.8	-
製造業	100.0	57.7	42.3	18.1
電力及燃氣供應業	100.0	36.9	63.1	15.1
用水供應及污染整治業	100.0	67.9	32.1	11.4
營建工程業	100.0	58.7	41.3	14.4
批發及零售業	100.0	63.4	36.6	10.9
運輸及倉儲業	100.0	48.2	51.8	12.4
住宿及餐飲業	100.0	60.6	39.4	11.1
出版影音及資通訊業	100.0	53.2	46.8	9.3
金融及保險業	100.0	57.2	42.8	9.1
不動產業	100.0	66.9	33.1	11.1
專業、科學及技術服務業	100.0	57.1	42.9	13.4
支援服務業	100.0	69.0	31.0	14.6
公共行政及國防；強制性社會安全	100.0	43.9	56.1	8.9
教育業	100.0	63.2	36.8	8.1
醫療保健及社會工作服務業	100.0	49.5	50.5	12.7
藝術、娛樂及休閒服務業	100.0	60.5	39.5	8.5
其他服務業	100.0	73.3	26.7	12.9

說明：樣本過少者，抽樣誤差大，不陳示數值，以「-」表示，不列入分析。

(3)**延長工時之勞工每次均有領到加班費或換取補休者占8成5**：依112年調查勞工近一年延長工時統計，每次均有領到加班費或換取補休者占84.6%，較111年上升0.5個百分點。按行業別觀察，從來沒有或經常沒有領到加班費或換取補休者之占比以不動產業19.6%最高，出版影音及資通訊業、批發及零售業、專業/科學及技術服務業與製造業亦均逾1成。

表10-4 勞工近一年延長工時（加班）領到加班費或換取補休情形

單位：%

	總計	均有領到或換取	曾沒有領到或換取-按頻率分		
			計	偶爾沒有	從來沒有或經常沒有
110年	100.0	86.5	13.5	5.6	8.0
111年	100.0	84.1	15.9	5.9	10.1
112年	100.0	84.6	15.4	6.6	8.8
農、林、漁、牧業	100.0	84.1	15.9	12.8	3.1
礦業及土石採取業	-	-	-	-	-
製造業	100.0	84.4	15.6	4.8	10.8
電力及燃氣供應業	100.0	96.4	3.6	1.5	2.1
用水供應及污染整治業	100.0	93.7	6.3	3.5	2.8
營建工程業	100.0	89.7	10.3	7.8	2.6
批發及零售業	100.0	84.7	15.3	2.4	12.9
運輸及倉儲業	100.0	94.3	5.7	4.6	1.1
住宿及餐飲業	100.0	93.3	6.7	6.6	0.2
出版影音及資通訊業	100.0	82.1	17.9	1.5	16.4
金融及保險業	100.0	82.6	17.4	10.9	6.5
不動產業	100.0	54.6	45.4	25.8	19.6
專業、科學及技術服務業	100.0	74.3	25.7	14.3	11.4
支援服務業	100.0	74.7	25.3	24.2	1.1

	總計	均有領到或換取	曾沒有領到或換取-按頻率分		
			計	偶爾沒有	從來沒有或經常沒有
公共行政及國防；強制性社會安全	100.0	88.1	11.9	11.9	-
教育業	100.0	88.7	11.3	2.6	8.7
醫療保健及社會工作服務業	100.0	85.6	14.4	8.2	6.3
藝術、娛樂及休閒服務業	100.0	77.6	22.4	16.8	5.6
其他服務業	100.0	82.2	17.8	11.3	6.5

說明：1.依近一年有延長工時（加班）之勞工統計。

　　　2.樣本過少者，抽樣誤差大，不陳示數值，以「-」表示，不列入分析。

(4)**曾在下班後接獲服務單位以通訊方式交辦且當下即執行工作之勞工占1成7**：112年調查勞工近一年曾在下班後接獲服務單位以電話、網路、手機App或Line等通訊形式交辦工作占24.5%，較111年下降0.7個百分點；接獲交辦且當下即執行工作者占17%，執行工作地點係回服務單位者占5.1%，在非服務單位執行占13.4%，其中後者平均每月實際執行工作時數為4小時。

中華民國112年5月

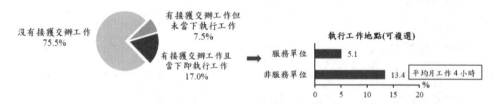

圖10-7 勞工近一年下班後接獲通訊交辦工作情形

(5)**勞工認為目前工作和休閒達到平衡者約占7成，需要服務單位提供工作與生活平衡措施以「福利措施」為主**：112年調查勞工認為目前工作和休閒達到平衡者占70.9%，較111年調查下降1.8個百分點，認為工作有點多占22.7%，認為工作太多占5.6%，認為休閒有點多占0.8%。

表10-5　勞工工作與休閒的平衡狀況

單位：%

	總計	工作太多	工作有點多	工作和休閒平衡	休閒有點多
110年	100.0	3.8	21.3	73.6	1.4
111年	100.0	4.9	21.2	72.7	1.2
112年	100.0	5.6	22.7	70.9	0.8

勞工希望服務單位提供之工作與生活平衡措施以「福利措施」（如婚喪年節禮金、子女就學補助、文康活動、員工旅遊、團體保險等）占75.7%最高，其次為「彈性工作安排」占53.1%，「優於法令給假」占52.4%居第三。按年齡別觀察，各年齡別勞工均以希望提供「福利措施」最多，15~24歲、45~54歲勞工希望「優於法令給假」居次，25~44歲、55歲以上則以「彈性工作安排」居次。

表10-6　勞工希望服務單位提供之工作與生活平衡措施

單位：%

	福利措施	優於法令給假	彈性工作安排	家庭照顧服務/措施	身心健康促進活動	母性保護友善措施	其他
110年	71.6	41.8	44.0	19.0	20.1	2.3	4.0
111年	74.8	44.5	48.8	18.5	17.0	2.2	3.9
112年	75.7	53.1	52.4	24.0	16.9	2.3	2.1
15~24歲	81.9	56.8	71.6	18.2	14.9	1.9	1.7
25~34歲	77.3	65.6	61.6	22.9	13.9	2.4	1.1
35~44歲	73.5	54.3	53.8	28.3	14.2	3.3	2.2
45~54歲	76.8	45.9	46.6	24.1	19.8	1.4	2.7
55~64歲	71.8	31.4	27.6	18.8	26.0	2.2	2.6
65歲以上	81.7	45.5	9.2	12.8	28.2	-	15.8

(6)勞工規劃退休後之生活費用來源，以「勞保老年給付及勞工退休金」及「儲蓄」居多；已規劃退休年齡者所規劃之退休年齡平均為61.3歲：112年調查勞工退休後之生活費用來源目前尚無規劃者約占1成，其餘則以「勞保老年給付及勞工退休金」占69.7%最多，其次為「儲蓄」占69%，「投資所得」占51.1%居第三，「由子女供應」占3.8%。按性別觀察，男性規劃「投資所得」之占比54.1%高於女性之48.1%，其餘則差異不大。

表10-7　勞工退休後之生活費用來源

中華民國112年5月　　　　　　　　　　　　　　　　　單位：%

	總計	目前無規劃	目前有規劃-按費用來源分(可複選)				
			計 勞保老年給付及勞工退休金	儲蓄	投資所得	由子女供應	其他
總計	100.0	10.2	89.8　　69.7	69.0	51.1	3.8	0.2
男	100.0	9.8	90.2　　69.9	69.1	54.1	3.4	0.2
女	100.0	10.6	89.4　　69.6	68.9	48.1	4.1	0.1

另勞工已規劃退休年齡者占12.7%，尚未規劃者占87.3%，前者規劃退休年齡平均為61.3歲。按性別觀察，男性勞工已規劃退休年齡者占14.2%，高於女性之11.2%；男性規劃退休年齡平均為61.6歲，較女性之61.1歲多0.5歲。

表10-8　勞工退休年齡規劃

中華民國112年5月　　　　　　　　　　　　　　　　　單位：%

	總計	尚未規劃	已規劃-按預計退休年齡分							
			計	未滿50歲	50~54歲	55~59歲	60歲	61~64歲	65歲以上	平均年齡(歲)
總計	100.0	87.3	12.7	0.1	0.7	1.8	3.3	0.8	6.1	61.3
男	100.0	85.8	14.2	0.1	0.8	2.2	3.3	0.7	7.2	61.6
女	100.0	88.8	11.2	0.1	0.7	1.4	3.2	0.9	5.0	61.1

(7)勞工希望服務單位提供之退休準備協助措施，以「健康管理」最多，其次為「理財規劃」：112年調查勞工希望服務單位提供的退休準備協助措施以「健康管理」占57.9%最高，其次為「理財規劃」占45.9%，「家庭照顧」占26.2%居第三。

中華民國112年5月

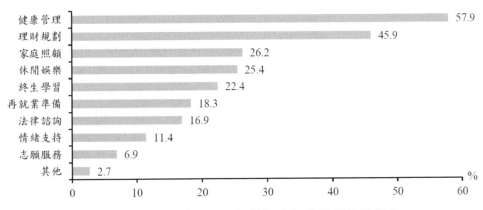

圖10-8 勞工希望服務單位提供之退休準備協助措施

(8)5成3勞工持有證照，以「技術士證」占26.3%居多；近3成4勞工未來打算考證照：112年調查勞工持有證照占53.3%，持有證照的類別以「技術士證」占26.3%最多，「專門職業及技術人員考試及格證書」占17.7%次之；勞工未來打算考證照者占33.6%，報考類別以「專門職業及技術人員考試及格證書」占14.7%最多，其次為「技術士證」、「語文證照」各占10.9%、10%。

中華民國112年5月

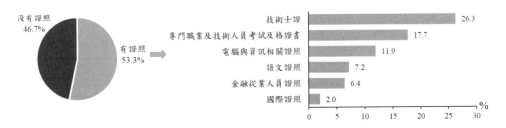

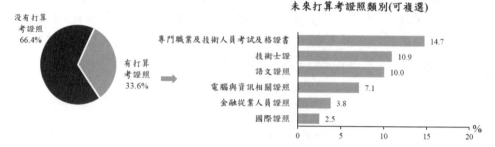

圖10-9　勞工持有證照及未來打算考證照情形

(9)勞工希望工作型態仍以週休2日為主：在不改變每週工作時數下，勞工希望工作型態以週休2日之「每週工作5天，上下班採彈性時間」及「每週工作5天，上下班時間固定」分占45.4%及44.7%較高，「增加每日工作時數，減少每週工作天數」（如週休3日每日工作10小時）占8.7%，以34歲以下年齡層各占逾1成較高，偏好度隨年齡遞減；「減少每日工作時數，增加每週工作天數」（如週休1日每日工作6-7小時）則占1.2%。女性希望「每週工作5天，上下班採彈性時間」較男性高3.5個百分點，男性「增加每日工作時數，減少每週工作天數」則較女性高4.1個百分點。

表10-9　不改變目前每週工作時數下勞工希望的工作型態

中華民國112年5月　　　　　　　　　　　　　　　　　單位：%

	總計	每週工作5天，上下班時間固定1	每週工作5天，上下班採彈性時間2	減少每日工作時數，增加每週工作天數3	增加每日工作時數，減少每週工作天數4
總計	100.0	44.7	45.4	1.2	8.7
性別					
男	100.0	44.0	43.6	1.5	10.8
女	100.0	45.4	47.1	0.8	6.7

	總計	每週工作5天，上下班時間固定1	每週工作5天，上下班採彈性時間2	減少每日工作時數，增加每週工作天數3	增加每日工作時數，減少每週工作天數4
年齡					
15~24歲	100.0	45.7	41.2	1.4	11.7
25~34歲	100.0	37.2	49.4	1.9	11.6
35~44歲	100.0	44.2	46.3	0.7	8.8
45~54歲	100.0	46.1	46.1	0.9	6.8
55~64歲	100.0	62.1	33.2	0.9	3.8
65歲以上	100.0	31.8	68.2	-	-

附註：1.上下班無彈性時間。

2.只要做滿規定工時，員工可在規定的彈性範圍內自行調整上下班時間。

3.如每天減少1-2小時，移至星期六、日上班。

4.如每天增加2小時，而週休3日。

(10)勞工遠距工作情形：

A.勞工目前工作不可遠距執行占7成6；近一年曾實施遠距工作者占1成1：112年調查勞工目前工作不可遠距執行（全部工作都必須至服務單位執行）占75.7%，部分工作可遠距執行者占21.2%，全部工作都可以遠距執行者占3.1%；部分或全部可遠距工作且近一年曾經實施者合占10.5%。按職業別觀察，「可遠距工作（含部分及全部）」以民意代表/主管及經理人員之47.3%最高，專業人員、事務支援人員分別為42.8%、38.7%。「可遠距工作且近一年曾經實施遠距工作」者以專業人員與民意代表/主管及經理人員居多，各逾2成。

表10-10　勞工近一年實施遠距工作情形

中華民國112年5月　　　　　　　　　　　　單位：%

	總計	不可遠距工作	可遠距工作	部分可遠距工作	全部都可遠距工作	可遠距工作且曾實施
總計	100.0	75.7	24.3	21.2	3.1	10.5
民意代表、主管及經理人員	100.0	52.7	47.3	42.0	5.3	21.2
專業人員	100.0	57.3	42.8	36.4	6.4	21.5
技術員及助理專業人員	100.0	72.8	27.2	23.5	3.7	12.1
事務支援人員	100.0	61.3	38.7	34.1	4.6	14.6
服務及銷售工作人員	100.0	95.5	4.5	4.5	-	-
農林漁牧業生產人員	100.0	100.0	-	-	-	-
技藝有關工作人員	100.0	100.0	-	-	-	-
機械設備操作及組裝人員	100.0	100.0	-	-	-	-
基層技術工及勞力工	100.0	100.0	-	-	-	-

說明：樣本過少者，抽樣誤差大，不陳示數值，以「-」表示，不列入分析。

B.勞工實施遠距工作期間以「1週~未滿0.5個月」占2成5最高：近一年曾遠距工作之勞工，其遠距工作之期間以「1週~未滿0.5個月」占24.9%最高，其次為「未滿1週」占23.8%，「0.5個月~未滿1個月」、「1個月~未滿2個月」均占11%居第三。

中華民國112年5月

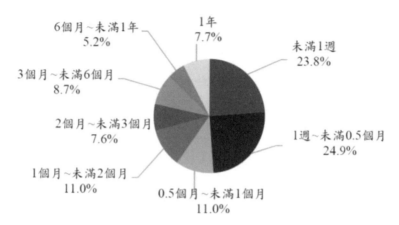

說明：依近一年曾實施遠距工作之勞工統計。

圖10-10　勞工近一年實施遠距工作的期間

C.勞工實施遠距工作的主要原因以「服務單位規定」占2成9最多：
勞工近一年曾遠距工作的主要原因以「服務單位規定」占29.2%最高，其次為「因個人健康因素」占24.9%，「為取得較有彈性的工作時間」及「疫情影響」居第三，各占18.2%。

中華民國112年5月

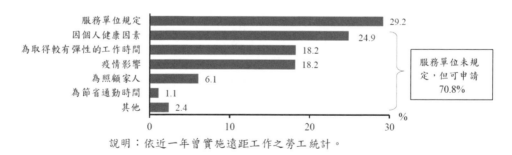

說明：依近一年曾實施遠距工作之勞工統計。

圖10-11　勞工近一年實施遠距工作的主要原因

D.勞工未來願意遠距工作占6成9：從事可遠距工作之勞工，未來願意採取遠距工作模式者占69.1%，其中全部都可遠距工作者為88.9%，部分可遠距工作者為66.1%。

表10-11　勞工未來實施遠距工作的意願

中華民國112年5月　　　　　　　　　　　　　　　　單位：%

	總計	願意	不願意
總計	100.0	69.1	30.9
部分可遠距工作	100.0	66.1	33.9
全部都可遠距工作	100.0	88.9	11.1

說明：依目前工作可以遠距執行之勞工統計。

(11)勞工需於夜間工作約占8%：112年調查勞工需於夜間工作（係指工作時間於晚上10時至隔天清晨6時內）占8.1%，不需於夜間工作占91.9%。按職業別觀察，需夜間工作比率以機械設備操作及組裝人員之18.3%最高，其次為服務及銷售工作人員11.4%，專業人員9%居第三。按行業別觀察，需夜間工作比率以電力及燃氣供應業之26.4%最高，其次為藝術/娛樂及休閒服務業18.5%，運輸及倉儲業17.7%居第三。

表10-12　勞工夜間工作情形

中華民國112年5月　　　　　　　　　　　　　　　　單位：%

	總計	需夜間工作	不需夜間工作
總計	100.0	8.1	91.9
職業			
民意代表、主管及經理人員	100.0	3.7	96.3
專業人員	100.0	9.0	91.0
技術員及助理專業人員	100.0	8.6	91.4
事務支援人員	100.0	1.9	98.1
服務及銷售工作人員	100.0	11.4	88.6
農、林、漁、牧業生產人員	100.0	4.2	95.8

	總計	需夜間工作	不需夜間工作
技藝有關工作人員	100.0	8.3	91.7
機械設備操作及組裝人員	100.0	18.3	81.7
基層技術工及勞力工	100.0	7.1	92.9
行業			
農、林、漁、牧業	100.0	3.4	96.6
礦業及土石採取業	100.0	9.3	90.7
製造業	100.0	10.7	89.3
電力及燃氣供應業	100.0	26.4	73.6
用水供應及污染整治業	100.0	7.0	93.0
營建工程業	100.0	2.6	97.4
批發及零售業	100.0	4.5	95.5
運輸及倉儲業	100.0	17.7	82.3
住宿及餐飲業	100.0	11.4	88.6
出版影音及資通訊業	100.0	6.0	94.0
金融及保險業	100.0	0.2	99.8
不動產業	100.0	8.9	91.1
專業、科學及技術服務業	100.0	6.3	93.7
支援服務業	100.0	13.1	86.9
公共行政及國防；強制性社會安全	100.0	8.0	92.0
教育業	100.0	0.2	99.8
醫療保健及社會工作服務業	100.0	13.7	86.3
藝術、娛樂及休閒服務業	100.0	18.5	81.5
其他服務業	100.0	1.9	98.1

2. 工業及服務業薪資統計結果

(1)112年12月及全年統計提要：

A.12月底工業及服務業全體受僱員工人數819萬1千人，較上（11）月底減少3千人或0.03%；112年全年受僱員工人數平均為817萬8千人，年增7千人或0.09%。

B.12月本國籍全時受僱員工（不含外國籍與部分工時員工）經常性薪資平均為48,422元，月增0.55%，年增2.12%；獎金及加班費等非經常性薪資12,872元，合計後總薪資平均為61,294元，年增0.76%。112年全年每人每月經常性薪資平均為48,043元，每人每月總薪資平均為61,920元。

C.12月全體受僱員工（含本國籍、外國籍之全時員工及部分工時員工）經常性薪資平均為45,921元，月增0.71%，年增2.19%；獎金及加班費等非經常性薪資11,984元，合計後總薪資平均為57,905元，年增0.67%；其中部分工時員工經常性時薪200元，月增0.50%，年增0.50%。112年全年每人每月經常性薪資平均為45,496元，年增2.43%；每人每月總薪資平均為58,545元，年增1.42%。

表10-13　工業及服務業受僱員工人數、薪資、工時統計指標摘要

項目別		112年12月 ⓟ	與上月比較		與上年同月比較		112年平均 ⓟ	與上年同期比較	
			增減值	增減率	增減值	增減率		增減值	增減率
本國籍全時受僱員工	每人每月總薪資(元)	61,294	6,484	11.83%	460	0.76%	61,920	956	1.57%
	經常性薪資(元)	48,422	265	0.55%	1,005	2.12%	48,043	1,206	2.57%
全體受僱員工	人數(千人)	8,191	-,3	-0.03%	-,10	-0.12%	8,178	7	0.09%
	每人每月總薪資(元)	57,905	5,944	11.44%	383	0.67%	58,545	817	1.42%
	經常性薪資(元)	45,921	322	0.71%	983	2.19%	45,496	1,080	2.43%
	加班費(元)	2,094	25	1.21%	157	8.11%	2,134	95	4.66%

項目別		112年 12月 ⓟ	與上月比較		與上年同月比較		112年 平均 ⓟ	與上年同期比較	
			增減值	增減率	增減值	增減率		增減值	增減率
全體受僱員工	每人每月總工時 (小時)	171.9	-6.4	-3.59%	-4.2	-2.39%	168.4	1.1	0.66%
	加班工時 (小時)	7.9	0.1	1.28%	0.4	5.33%	8.2	0.3	3.80%
部分工時受僱員工	每人每月總薪資(元)	20,707	404	1.99%	500	2.47%	20,591	899	4.57%
	經常性薪資(元)	19,966	149	0.75%	952	5.01%	19,529	846	4.53%

註：1.全體受僱員工含本國籍、外國籍之全時員工及部分工時員工。

　　2.自106年7月起新增「本國籍全時受僱員工」及「部分工時受僱員工」相關統計。

　　3.ⓟ 表初步統計結果。

(2)統計結果：

　　A.全體受僱員工人數：

　　　(A)12月底全體受僱員工人數為819萬1千人，較上月底減少3千人或0.03%，其中製造業、出版影音製作傳播及資通訊服務業均減少2千人；若與上（111）年同月底比較，亦減1萬人或0.12%。

　　　(B)112年受僱員工人數平均為817萬8千人，較上年增加7千人或0.09%，其中工業部門減少0.74%，服務業部門則增0.69%。就行業別觀察，住宿及餐飲業年增1萬3千人最多，藝術、娛樂及休閒服務業增7千人次之，醫療保健及社會工作服務業、其他服務業分別增4千人再次，製造業則減少3萬1千人。

　　　(C)109年受疫情影響，受僱員工人數自99年以來首次減少，110年、111年隨全球經濟回溫及疫情趨緩，相關商業活動陸續恢復，轉呈正成長，惟112年受出口疲弱影響，僅年增0.09%。

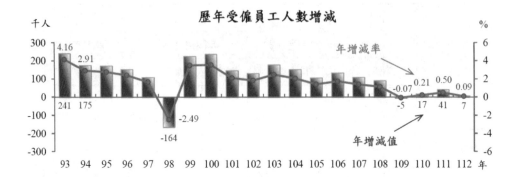

歷年受僱員工人數增減

註：本圖所列108年因行業擴增，為利比較，其年增減係按107年行業範圍進
　　行統計，以下各圖相同。

B. 全體受僱員工進退狀況：

(A) 12月全體受僱員工較上月淨減少3千人，因增僱或召回等原因而
進入之人數為15萬7千人，較上月減少1萬1千人，其中批發及零
售業減少6千人最多，住宿及餐飲業、醫療保健及社會工作服務
業、其他服務業均減少2千人次之；因辭職、解僱、退休等原因
而退出之人數為15萬9千人，較上月減少4千人，其中批發及零
售業減少3千人最多；各行業進退人數相抵之後，受僱員工淨減
少3千人。

(B) 12月進入率為1.91%，較上月減少0.14個百分點，較上年同月亦
減0.09個百分點；12月退出率為1.94%，較上月減少0.06個百分
點，與上年同月則持平。

(C) 112年進入率平均為2.32%，較上年減少0.05個百分點；112年退
出率平均為2.33%，較上年亦減0.01個百分點。

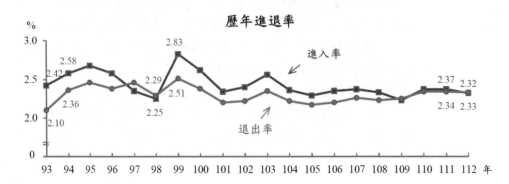

歷年進退率

C.受僱員工每人每月薪資：

(A) 12月本國籍全時受僱員工經常性薪資平均為48,422元,較上月增加0.55%,較上年同月亦增2.12%;獎金及加班費等非經常性薪資12,872元,合計後總薪資平均為61,294元,較上月增加11.83%,係因部分廠商提前於本月發放年終獎金及績效獎金所致,較上年同月亦增0.76%。

(B) 12月全體受僱員工(含本國籍、外國籍之全時員工及部分工時員工)經常性薪資平均為45,921元,較上月增加0.71%,較上年同月亦增2.19%;獎金及加班費等非經常性薪資11,984元,合計後總薪資平均為57,905元,較上月增加11.44%,較上年同月亦增0.67%。

表10-14 工業及服務業薪資、工時統計指標摘要－按受僱型態分

項目別	112年7月	112年8月	112年9月	112年10月	112年11月Ⓡ	112年12月Ⓟ	較上月增減率(%)	較上年同月增減率(%)
本國籍全時受僱員工								
人數(千人)	7,243	7,246	7,247	7,253	7,256	7,254	-0.02	-0.25
每人每月總薪資(元)	62,344	58,955	57,700	53,958	54,810	61,294	11.83	0.76
經常性薪資(元)	48,127	48,247	48,061	48,126	48,157	48,422	0.55	2.12
全體受僱員工								
人數(千人)	8,189	8,191	8,183	8,189	8,194	8,191	-0.03	-0.12
每人每月總薪資(元)	59,191	55,833	54,594	51,127	51,961	57,905	11.44	0.67
經常性薪資(元)	45,531	45,669	45,505	45,575	45,599	45,921	0.71	2.19
每人每月總工時(小時)	170.5	184.0	168.9	164.6	178.3	171.9	-3.59	-2.39
部分工時受僱員工								
人數(千人)	397	394	384	381	382	382	-0.05	-1.36

項目別	112年7月	112年8月	112年9月	112年10月	112年11月Ⓡ	112年12月Ⓟ	較上月增減率(%)	較上年同月增減率(%)
每人每月總薪資(元)	20,480	20,934	20,486	20,592	20,303	20,707	1.99	2.47
經常性薪資(元)	19,726	20,214	19,662	19,816	19,817	19,966	0.75	5.01
每人每月總工時(小時)	102.0	103.3	100.3	101.5	100.8	101.1	0.30	4.23
平均總時薪(元)	201	203	204	203	201	205	1.99	-1.44
平均經常性時薪(元)	197	198	199	200	199	200	0.50	0.50

註：1.平均總時薪＝總薪資／總工時，平均經常性時薪＝經常性薪資／正常工時。
　　2.Ⓡ表修正後統計結果，Ⓟ表初步統計結果。

(C) 112年本國籍全時受僱員工每人每月經常性薪資平均為48,043元，較上年增加2.57%；每人每月總薪資平均為61,920元，較上年亦增1.57%；剔除物價因素後，實質經常性薪資年增0.09%，實質總薪資年減0.90%。

(D) 112年全體受僱員工每人每月經常性薪資平均為45,496元，較上年增加2.43%；每人每月總薪資平均為58,545元，較上年亦增1.42%；剔除物價因素後，實質經常性薪資年減0.05%，實質總薪資年減1.04%。

表10-15　歷年工業及服務業平均每月本國籍全時受僱員工人數、薪資

年別	受僱人數(千人)	年增率(%)	經常性薪資(元)	年增率(%)	總薪資(元)	年增率(%)	實質經常性薪資(元)	年增率(%)	實質總薪資(元)	年增率(%)
107年	7,064	-	43,134	-	55,215	-	42,297	-	54,143	-

年別	受僱人數(千人)	年增率(%)	經常性薪資(元)	年增率(%)	總薪資(元)	年增率(%)	實質經常性薪資(元)	年增率(%)	實質總薪資(元)	年增率(%)
108年(註4)	7,256	-	44,035	-	56,470	-	42,940	-	55,066	-
	(7,131)	(0.94)	(44,115)	(2.27)	(56,640)	(2.58)	(43,018)	(1.70)	(55,232)	(2.01)
109年	7,253	-0.05	44,581	1.24	57,065	1.05	43,574	1.48	55,777	1.29
110年	7,267	0.20	45,453	1.96	58,861	3.15	43,571	-0.01	56,424	1.16
111年	7,281	0.19	46,837	3.04	60,964	3.57	43,610	0.09	56,764	0.60
112年 Ⓟ	7,245	-0.50	48,043	2.57	61,920	1.57	43,648	0.09	56,255	-0.90

註：1.歷年薪資統計係按當年度各月薪資，以受僱員工人數加權平均編算。
　　2.實質薪資係指經消費者物價指數（105年＝100）平減後之金額。
　　3.Ⓟ表初步統計結果。
　　4.本統計結果不含農林漁牧業、政府機關、小學以上各級公私立學校、宗教、職業團體及類似組織等行業，107年以前不含「研究發展服務業」、「學前教育」及「社會工作服務業」；為利比較，108年括號內資料係依107年範圍陳示。

表10-16　歷年工業及服務業平均每月全體受僱員工人數、薪資

年別	受僱人數(千人)	年增率(%)	經常性薪資(元)	年增率(%)	總薪資(元)	年增率(%)	實質經常性薪資(元)	年增率(%)	實質總薪資(元)	年增率(%)
90年	5,716	-3.66	34,480	1.63	41,952	0.29	40,346	1.65	49,090	0.30
91年	5,650	-1.16	34,746	0.77	41,533	-1.00	40,739	0.97	48,696	-0.80
92年	5,785	2.39	34,804	0.17	42,068	1.29	40,922	0.45	49,463	1.58
93年	6,026	4.16	35,096	0.84	42,684	1.46	40,611	-0.76	49,391	-0.15
94年	6,201	2.91	35,382	0.81	43,162	1.12	40,016	-1.47	48,815	-1.17
95年	6,373	2.77	35,725	0.97	43,492	0.76	40,163	0.37	48,895	0.16
96年	6,525	2.38	36,318	1.66	44,411	2.11	40,108	-0.14	49,046	0.31

年別	受僱人數 (千人)	年增率 (%)	經常性 薪資(元)	年增率 (%)	總薪資 (元)	年增率 (%)	實質經常 性薪資(元)	年增率 (%)	實質總 薪資(元)	年增率 (%)
97年	6,633	1.67	36,383	0.18	44,418	0.02	38,813	-3.23	47,384	-3.39
98年	6,469	-2.49	35,623	-2.09	42,299	-4.77	38,337	-1.23	45,522	-3.93
99年	6,694	3.49	36,233	1.71	44,646	5.55	38,620	0.74	47,587	4.54
100年	6,930	3.53	36,735	1.39	45,961	2.95	38,607	-0.03	48,304	1.51
101年	7,075	2.09	37,193	1.25	46,109	0.32	38,347	-0.67	47,540	-1.58
102年	7,204	1.82	37,552	0.97	46,174	0.14	38,412	0.17	47,232	-0.65
103年	7,381	2.46	38,218	1.77	47,832	3.59	38,631	0.57	48,349	2.36
104年	7,532	2.04	38,712	1.29	49,024	2.49	39,250	1.60	49,705	2.80
105年	7,637	1.40	39,213	1.29	49,266	0.49	39,213	-0.09	49,266	-0.88
106年	7,769	1.73	39,928	1.82	50,480	2.46	39,682	1.20	50,169	1.83
107年	7,877	1.38	40,959	2.58	52,407	3.82	40,164	1.21	51,389	2.43
108年 （註）	8,118	-	41,776	-	53,457	-	40,737	-	52,128	-
	(7,967)	(1.14)	(41,883)	(2.26)	(53,657)	(2.39)	(40,842)	(1.69)	(52,323)	(1.82)
109年	8,113	-0.07	42,394	1.48	54,160	1.32	41,437	1.72	52,937	1.55
110年	8,130	0.21	43,209	1.92	55,792	3.01	41,420	-0.04	53,482	1.03
111年	8,171	0.50	44,416	2.79	57,728	3.47	41,356	-0.15	53,750	0.50
112年Ⓟ	8,178	0.09	45,496	2.43	58,545	1.42	41,334	-0.05	53,189	-1.04

註：同上表。

(E) 就行業別觀察，各行業薪資水準並不相同，全體受僱員工薪資為各行業之平均結果，112年每人每月總薪資平均以海洋水運業142,917元、其他金融服務業（主要為金控公司）115,551元、

銀行業113,475元、航空運輸業105,970元及電子零組件製造業90,309元相對較高；而美髮及美容美體業32,490元、其他汽車客運業（主要為遊覽車）33,958元則相對較低。

表10-17　112年各業平均每月受僱員工人數結構及每人每月薪資增減情形

行業別	受僱人數(千人)ⓟ	結構比(%)	經常性薪資(元)ⓟ	年增率(%)	總薪資(元)ⓟ	年增率(%)
工業及服務業	8178	100.00	45496	2.43	58545	1.42
工業部門	3,396	41.53	43,250	2.36	59,373	0.68
礦業及土石採取業	3	0.04	44,217	1.58	59,498	1.49
製造業	2,838	34.71	43,181	2.35	60,776	0.54
電子零組件製造業	650	7.95	53,649	3.46	90,309	-0.01
電腦電子光學製品製造業	241	2.94	51,064	2.17	76,493	0.36
電力及燃氣供應業	34	0.41	65,561	1.34	96,138	0.56
用水供應及污染整治業	35	0.43	38,309	2.51	47,051	2.38
營建工程業	485	5.93	42,446	2.55	49,489	1.94
服務業部門	4,782	58.47	47,090	2.42	57,956	1.98
批發及零售業	1,705	20.85	44,528	3.50	53,570	2.94
批發業	1,068	13.05	46,532	2.47	56,812	1.54
零售業	638	7.80	41,174	5.62	48,142	5.99
運輸及倉儲業	294	3.59	48,291	2.76	62,323	0.15
其他汽車客運業	11	0.13	32,186	6.87	33,958	7.38
海洋水運業	9	0.11	83,077	-1.95	142,917	-29.95
航空運輸業	24	0.29	81,887	5.57	105,970	11.98
住宿及餐飲業	498	6.09	34,806	3.47	38,563	6.83

行業別	受僱人數 (千人)ⓟ	結構比 (%)	經常性薪資(元)ⓟ	年增率 (%)	總薪資 (元)ⓟ	年增率 (%)
住宿業	88	1.07	36,963	6.49	41,099	9.98
餐飲業	411	5.02	34,346	2.80	38,023	6.12
出版、影音製作、傳播及資通訊服務業	243	2.98	65,484	2.26	81,063	2.43
金融及保險業	401	4.90	66,180	0.89	98,242	-2.14
銀行業	158	1.93	71,943	2.41	113,475	2.76
其他金融服務業	42	0.52	61,746	-0.02	115,551	-9.23
不動產業	126	1.54	43,866	1.09	56,730	-0.82
專業、科學及技術服務業	309	3.77	57,136	1.71	69,019	1.91
支援服務業	406	4.97	36,367	3.74	40,160	4.24
旅行及相關服務業	25	0.31	40,899	3.44	44,902	8.82
教育業(註1)	147	1.80	29,854	2.19	33,215	3.04
醫療保健及社會工作服務業	476	5.82	55,771	0.99	68,200	2.49
藝術、娛樂及休閒服務業	69	0.84	38,037	0.79	41,347	3.66
其他服務業	108	1.32	34,996	2.69	39,108	4.11
美髮及美容美體業	38	0.47	30,824	3.39	32,490	4.25

註：1.教育業不含小學以上各級公私立學校等，僅涵蓋「學前教育、教育輔助及其他教育業」，如幼兒園、各類補習班、才藝班、汽車駕駛訓練班及代辦留（遊）學服務等。

2.ⓟ表初步統計結果。

(F) 112年本國籍全時受僱員工與全體受僱員工每人每月總薪資差距為3,375元，就行業別觀察，製造業、住宿及餐飲業、醫療保健及社會工作服務業、教育業因僱用外籍移工或部分工時員工較多，二者差距分別為5,755元、4,849元、3,435元及3,350元。

(G) 部分工時員工因工時較短，12月經常性薪資平均為19,966元，平均經常性時薪200元，較上月增加0.50%，較上年同月亦增0.50%；加計獎金及加班費後，總薪資平均為20,707元，較上月增加1.99%，較上年同月亦增2.47%。112年每人每月經常性薪資平均為19,529元，平均經常性時薪為200元，與上年持平，每人每月總薪資平均為20,591元。

D.全體受僱員工每人每月工時：

(A)12月全體受僱員工總工時平均為171.9小時，較上月減少6.4小時，較上年同月亦減4.2小時。

(B)112年每人每月總工時平均為168.4小時，較上年增加1.1小時，其中正常工時增加0.8小時，加班工時增加0.3小時。

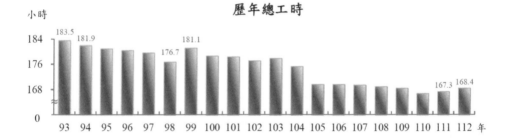

E.全體受僱員工加班工時及加班費：

(A)12月全體受僱員工加班工時平均為7.9小時，較上月增加0.1小時，較上年同月亦增0.4小時；112年每人每月加班工時平均為8.2小時，較上年增加0.3小時。

(B)12月加班費平均為2,094元，較上月增加1.21%，較上年同月亦增8.11%；112年每人每月加班費平均為2,134元，較上年增加4.66%。

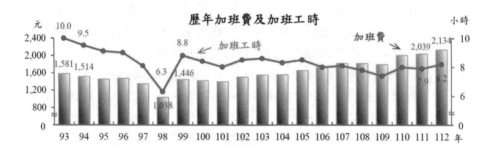

(三)**協助措施**：從人力資源管理角度看平衡工作與家庭的雙贏目標為：

　1.建立一個具生產力的機構。

　2.建立一個具歸屬感的工作團隊。

　　又最受歡迎的家庭友善措施：

　　(1)5天工作。

　　(2)彈性上班時間。

　　(3)家居辦公。

　　(4)男員工待產假。

　　(5)提供減壓、處理情緒工作坊或輔導服務。

　　(6)舉辦員工親子活動，如家庭同樂日、興趣班等。

　　(7)緊急家庭財政支援。

　　(8)幼兒托育服務。

(四)**在推行時常見的阻力分別是**：

雇主方面	一方面希望增強員工的工作表現，另一方面又要顧及成本及額外開銷。
員工方面	一方面希望能顧及個人生活，另一方面又面對極大工作量、超時工作及壓力等問題。

(五)**平衡工作與家庭措施的優點**：

　1.提升生產力與競爭力。

　2.增強工作靈活性和顧客服務，如當有員工缺勤或放假時能靈活調配人手。

　3.增強員工之工作士氣、積極性、投入感和歸屬感。

　4.減少員工缺勤率。

　5.有利人才招聘和留任。

　6.配合法令要求（如特別休假、產假、育嬰假）。

(六)**推行員工平衡工作與家庭措施步驟：**

1. 首先，了解你的業務需要，向員工解釋推行有關措施如何能對整體業務及僱員皆有利。

   所推行的措施要配合實際營運需要，要根據員工和業務的優先所需，並考慮有關措施所帶來的影響，如顧客服務、後勤支援安排等。

2. 接著，建立清晰的指引，作為對各員工公平待遇的基礎，並須得到管理層的支持以協助宣傳有關措施，增強投入感。

3. 最後，辦理以下三項工作：

   (1)通過不同的管道與員工溝通。

   (2)監督有關措施的進展，從中汲取經驗。

   (3)若有需要，可先選擇在某些部門試行。

   台灣方面，政府陸續提出有效平衡工作與家庭措施，包括建立友善婚姻制度、落實性別平等政策、健全生育保健體系、提供兼顧工作與家庭生活工作條件、建構完善幼兒托育、幼兒教育環境等，營造友善婚育及工作環境等政策。

(七)**歐美國家實施工作與家庭平衡策略之啟示：**國發會（2017）指出，各國婦女勞動力參與率越來越高，但是家庭中的小孩或老人仍需照顧，傳統上由未工作女性親屬支援家務工作，如今由於婦女勞參率提高，都市化地區的家庭所能提供的家庭支援越來越少。因此，身兼家庭與工作責任的勞工或潛在勞工，在家庭與工作之間的時間與精力分配上，面臨比過去大的壓力；歐美國家近年為解決相關問題，紛紛提出工作與家庭平衡政策因應。

   工作與家庭無法平衡，對於勞工、工作、企業及社會可能造成的影響包括：

1. 家庭責任束縛了賺取所得者的潛在前途，尤其是低所得家庭，無法支應家事工作及日間照顧的費用，不易消弭社會的貧窮與不公平。

2. 難以適當照顧家中小孩及老人。

3. 妨礙婦女勞動力參與，無法展現其技術與知識。

4. 阻礙夫妻（尤其是太太）生育子女的意願而降低生育率。

5. 阻礙性別平等工作機會及待遇，因為家庭責任造成進入勞動市場的限制及不利，多為婦女受影響。

6. 工作與家庭責任無法協調時，使得工作人員流動、難以招募適當替代人力，也可能是缺席或延遲工作，有家庭責任壓力的可能影響其工作專注力及生產力。

政府與企業之所以關注工作與家庭平衡問題，因為家庭是組成社會的重要核心，許多國家為解決工作與家庭衝突產生的各種問題，公共政策及企業政策制定者，了解工作與家庭衝突對於兩性的生活都有影響，在制定政策時，已經逐漸思考如何解決工作與家庭衝突產生的社會及經濟問題。

綜觀各國為協調工作與家庭，解決方式可分為以下兩種型態：

1. 採行措施使勞工在負擔家庭責任時，如照顧兒童及家事工作，更能兼顧工作。

2. 採行措施使勞工在工作場所中的規範，如請假、工時等，更能兼顧家庭責任。

   (1)**幼兒照顧及課後照顧**：父母就業及親自照顧小孩，皆有利於兒童。父母就業可降低貧窮風險，避免損及兒童發展。父母親自照顧小孩可促進兒童發展，但是當兒童開始從同儕中學習時，由專業提供的高品質照顧也可促進兒童發展。由於婦女勞動力參與率的提升，家庭支援照顧小孩的功能越來越小，為減少婦女進入勞動市場障礙，維持婦女就業的友善環境，並考量兒童發展，各國政府已先後關注並採行一些幼兒照顧、學前教育及課後照顧等相關措施。北歐國家及法國政府在兒童照顧方面的支出占該國GDP比率最高，約為1.4%，OECD國家的平均約為0.7%，相對較少且低於0.4%國家為德國、紐西蘭、日本瑞士、愛爾蘭及韓國。從各國比較中發現，政府支應兒童照顧較多的國家，其賦稅率（含社會安全捐）較高，以2004年為例，瑞典為50.4%、丹麥48.8%、挪威44%，政府支應兒童照顧較少的國家則為韓國24.6%、日本26.4%及瑞士29.2%。我國賦稅率為13.6%，與各國比較，相對較低，顯示我國以稅收支應兒童照顧措施之困難度相當高。

   (2)**友善家庭工作環境**：從OECD的報告發現，家中有小孩對於男性的就業影響很小，但是對於婦女就業有深遠的影響。工作時間影響工作與家庭的平衡甚鉅，理論上，雇主提供父母勞工在工作場所方面的協助，可吸引新員工、降低員工流動及缺席，甚至提高生產力，在成本方面，提供相關措施之成本，可能低於要付較高薪資才能吸引到的勞工薪資。

(八)**給假政策**：在OECD國家中，有關照顧小孩的假包括：產假、陪產假、親職假（育嬰假）、家庭照顧假、照顧生病小孩的短期假。

綜合各國給假政策的目標及效果包括：

1. 提供適合生育的措施。　　　2. 促進勞動力。
3. 解決兒童貧窮問題。　　　　4. 提升兒童發展。
5. 促進性別平等。

(九) **工作政策**：大部分OECD國家皆有法定每週最高或正常工時之規定，也
規範雇主1年最少須給予勞工幾天年假，這些規定皆影響勞工每年實際工
作時間，各國人民請假習慣亦會影響實際工作時間，例如日本，其有給
付工資年假為10至20日，國家假日為14日，但2021年每勞工平均使用有
給付工資的年假及國定假日為18日。澳洲。紐西蘭、歐洲及北美洲國家
的勞工，多將有給假申請完畢。

雇主為協助勞工協調工作與家庭，亦實施相關之彈性措施：

1. 家庭因素變更工作時間，包括減少工作時間（成為部分時間工作者或採
行工作分享）、定期契約工作、電傳工作、在家工作、彈性工作時間。
2. 請假，包括申請法定以外之產假、陪產假、親職假（育嬰假）、留職停
薪、保留假、照顧老年親屬假、關於小孩生病的緊急事故假。
3. 協助兒童照顧、課後照顧及照顧老人的設施及支出。

綜觀各國的受僱者皆有工作與家庭的平衡問題，當個別的受僱者受到工作
與家庭經濟與時間的擠壓時，企業與政府站在維護及發展人力資源的角
度，應給予相當的支援。工作場所的友善家庭措施對於協調工作與家庭生
活是很重要的，可促進企業勞動力的素質，降低招募及訓練成本，消除勞
工的壓力，減少缺席率及增進勞工的忠誠度，有助於提升企業及勞工的彈
性、生產力及獲利能力。雇主考量重新僱用的困難及成本問題，尤其是僱
用許多婦女的單位、大企業或公部門的雇主，在友善家庭措施方面扮演領
導的角色。

考量我國勞工、企業及政府面臨的工作與家庭平衡問題，參考其他國家的友
善家庭措施，我們在促進工作與家庭平衡方面，目前可考量的方向包括：

1. 修正「勞動基準法」勞動契約章，增加邊際勞工、部分時間工作者之就
業機會，使企業得以彈性運用勞動力，較易進用補充人力，避免全時勞
工延長工作時間，平衡其工作與家庭生活，並有助於提升勞動生產力。
2. 落實發放「育嬰留職停薪津貼」，由於許多學者實證發現，加強支援照
顧兒童措施、有給親職假（育嬰假）等，對於婦女勞動力與參與率及生
育率有明顯正面影響，落實「性別平等工作法」與「就業保險法」中
「育嬰留職停薪津貼」規定。

3. 鼓勵企業、政府部門及小學增設幼兒園。由於少子女化趨勢，小學空間越來越有多元使用的可能，小學增加課後照顧功能，已是各界長期呼籲的期望，可行之作法為採行公辦民營方式，亦可與鄰近企業合作，增加學校資源，提高企業提供員工照顧子女之福利。

 ## 六　友善家庭政策

黃煥榮指出，近年來有關人力資源管理文獻中，友善家庭政策（family friendly policy）是最新興的議題。強調組織的人力資源管理政策，必須能提供員工成功的整合其個人、工作、婚姻，以及家庭各方面角色需求的機會。換言之，一個具有友善家庭概念的組織，會透過許多政策的推行與執行，以使員工在面臨工作與家庭雙重角色要求與壓力時，仍然能夠輕鬆愉快地面對，且依然可以在組織中享有成功的職業生涯。如果能夠透過友善家庭政策，協助員工增加其在生涯發展上的有利因素，以及排除阻礙不利生涯發展與成功的因素，則不僅可以降低員工的事病假頻率，提高對組織的承諾感，更可以提升組織的總體競爭優勢。

(一)**定義**：經濟合作發展組織（OECD）將友善家庭政策主要目標在於達到「工作與家庭生活調和」的社會目標，包括促進就業、兒童福利、及性別平等。基於此友善家庭政策可說是達到經濟發展和社會進步的重要措施。近年來，學者致力於研究友善家庭政策對組織績效、員工的工作與家庭平衡及工作與家庭衝突的影響，並廣泛探討影響推動友善家庭政策的因素。

(二)**家庭制度內涵**：黃煥榮綜合國外文獻研究指出，友善家庭政策的推動，歐洲國家可說是先驅，其家庭政策制度理念已提升至較高層次，且總體制度十分完備，歐洲國家家庭政策制度範疇包括：

家庭給付制度	包含子女津貼（child allowance）、生育津貼（birth allowance）、子女就學補助費(allocation at reopening of the school year)、結婚給付（marriage allocation/marriage benefit）等。
優惠家庭之財稅福利制度	家庭政策與財稅政策所協調之福利制度，可減輕家庭因養兒育女之經濟負擔，如扶養親屬寬減額等。

兼顧家庭與工作福利制度	包含親職假（paternity leave）、彈性工時（flextime）、部分工時工作（part-time work）與托育（child care）制度。
補助家務勞動制度	包含給予從事家務勞動者定額補助、鼓勵兩性公平分擔家務、提供照顧者津貼與必要之福利制度。
住宅福利政策相關制度	包含住宅津貼、緊急臨時庇護所等。

(三)**常見措施**：綜合學者提出的理論和先進國家推動經驗，友善家庭政策包括工作彈性（flexible work）、受撫養者的照顧服務（dependent care service）、家庭事故休假（leave program）三部分，具體內容如下：

1. **受撫養者的照顧者**：

兒童托育服務	組織擁有專屬之托兒育兒機構，或是合作簽約之托兒育兒機構，提供員工優惠之托兒育兒服務。
兒童托育補助	提供員工於托兒育兒支出費用之金額補助。
老年眷屬托顧服務	組織擁有專屬之員工老年眷屬托顧機構，或是合作簽約之托顧機構，提供員工優惠之老年眷屬托顧服務。
老年眷屬托顧補助	提供員工於老年眷屬托顧支出費用之金額補助。

2. **工作彈性**：

(1)**彈性工時**：提供員工彈性工時之政策，讓員工得以就工作時間做彈性的調配，以維持工作與家庭時間的平衡。

(2)**電子通勤（telecommunting）**：提供員工每週二至三天可以在家透過電腦連線工作，不必到辦公室上班，以幫助員工維持工作與家庭時間的平衡。電子通勤的優點包括可以從更大的人才庫吸引人才、提高生產力、降低流動流、減少辦公室開支等；而缺點則是無法直接督導，然而現代管理強調團隊運作，但電子通勤卻使得團隊協調變得更為困難。

3. **休假**：廣義而言，在工作職場，員工因生養育兒所申請之休假，概可統稱為家庭假；狹義而言，在家庭假之下，又可細分為下列四種不同的休假（鄭麗嬌，2006）。

   (1)**產假**：係提供女性員工因分娩所休的假，休完假後可立即回復工作。在大多數國家女性員工皆有5到10週不等的法定產假；倘若其流產時，亦會給予相關之流產假。一般而言，產假期間可自行安排，不過多數女性員工會合併產前與產後休假於一，延長休假期間，俾做充分休養及哺育幼兒之用。

   (2)**親職假**：通常是在產假之後，只要是為人父母者皆可擇一提出休假，此假強調性別中立且具工作保障。不過，大多數的親職假是保留給女性，以確保其產後恢復身體健康之用；而近年亦有主張親職假保留給父親者，以使父親能扮演較積極的親職角色。

   (3)**父親假**：針對父親而訂的假，與產假、親職假一樣，具有工作保障，強調係依性別平等所設計的休假。父親假通常期間較產假短，具輔助性功能。一般而言，當家庭有第二個幼兒出生，而母親及長子女急需照顧，父親假可以立即派上用場。

   (4)**育嬰假**：在產假之後，父母為親自照顧幼兒，可以提出育嬰假之申請。與親職假不同的是，育嬰假的時間較長，通常是1至3年不等。休假期間支較低薪資，所支現金可能相當托嬰的支出，以補家庭的不足。

4. **其他**：

   (1)**女性哺乳時間**：提供員工於其子女未滿1歲且須親自哺乳時，除規定之休息時間外，每日另給哺乳時間2次，每次以30分鐘為度。

   (2)**工作與家庭平衡之相關訓練措施**：提供員工不定期之家庭婚姻座談會、研習營及讀書會等與工作家庭生活相關之訓練。

   至於我國對於友善家庭政策，主要表現在性別平等工作法中，該法對兩性工作與家庭責任的兼顧提供更多的協助，對於促進工作平等措施之規範，根據該法的規定，主要的政策內容如表10-15所示。性別平等工作法涵蓋的工作家庭政策範圍甚廣，涉及員工對受撫養者的照顧服務、彈性工作及休假等三大歸類，其中針對母性保護與家庭照顧假之部分，其限制門檻較低，對於以中小企業為主的台灣而言，較能保障到多數勞工的權益及福利，這對大多數勞工來說，不失為一大福音，同時也是台灣對於性別工作權的保障的一個重大里程碑。

表10-15　我國性別平等工作法提供之友善家庭政策

友善家庭政策	主題	條文	內容
受撫養者的照顧服務	哺乳時間	第18條	子女未滿1歲須受僱者親自哺（集）乳者，除規定之休息時間外，雇主應每日另給哺乳時間60分鐘為度。前項哺（集）乳時間，視為上班時間。
	托兒設施	第23條	僱用受僱者100人以上之雇主，應設置托兒設施或提供適當之托兒措施。主管機關對於雇主設置托兒設施或提供托兒措施，應給予經費補助。
工作彈性	彈性工時	第19條	對於僱用30人以上雇主之受僱者，為撫育未滿3歲子女，得向雇主請求為下列二款事項之一：(1)每天減少工作時間1小時；減少工作時間，不得請求報酬。(2)調整工作時間。
休假	產假／陪產檢及陪產假／產檢假	第15條	雇主於女性受僱者分娩前後，應使其停止工作，給予產假8星期；妊娠3個月以上流產者，應使其停止工作，給予產假4星期；妊娠2個月以上未滿3個月流產者，應使其停止工作，給予產假1星期；妊娠未滿2個月流產者，應使其停止工作，給予產假5日；產假期間薪資之計算，依相關法令之規定。 受僱者於其配偶分娩時，雇主應給予陪產檢及陪產假7日。陪產檢及陪產假期間工資照給。
	育嬰留職停薪	第16條	妊娠期間應給予產檢假7日，薪資照給。受僱者任職滿6個月後，於每一子女滿3歲前，得申請育嬰假留職停薪，期間至該子女滿3歲止，但不得逾2年。同時撫育子女2人以上者，其育嬰留職停薪期間應合併計算，最長以最幼子女受撫育2年為限。

友善家庭政策	主題	條文	內容
事假	家庭照顧假	第20條	受僱者於其家庭成員預防接種、發生嚴重之疾病或其他重大事故須親自照顧時,得請家庭照顧假,其請假日數併入事假計算,全年以7日為限。家庭照顧假薪資之計算,依各該事假規定辦理。

 七 ## 彈性管理與企業工時制度規劃

(一)基本概念:

1. **影響工時長短的因素:**
   (1)**工資水準。**　　(2)**主觀意願。**　　(3)**政府政策。**
   (4)**人力供需狀況。**　(5)**經濟景氣變動。**
   (6)**集體協商:**隨著工會組織發展,有關勞動條件決定取決於勞資間的團體協商。因此,即便是法律規定每週最高工時為40小時,但許多產業或企業的正常工時經常要比40小時要少。
   (7)**企業管理模式調整:**當經濟發展逐漸邁入成熟的階段,許多國家或社會多會面臨勞動力供給減少的窘境,企業內部的管理模式也會跟著調整,工時也自然受到影響。
   (8)**國際規範與競爭壓力:**在國際化與自由化的發展趨勢下,一個國家的勞動條件似乎不再成為排他性管轄權的事項之一。許多國家及國際性專業組織會以經濟發展階段和勞動人權做為衡量標準,要求其他國家遵守一定的國際勞動規範。舉例來說,國際間有關工時的規定,以1919年的第一號公約和1935年的第47號公約做遵循的依據,而遵守每週正常工時48小時的規定並未違反國際間的有關基準。然而,考量到我國經濟的發展程度和以貿易為導向的經濟發展方向,以每週正常工時48小時做為遵循的依據不具足夠說服力。因此,國際規範與競爭壓力成為影響工時長短的重要因素之一。加以,我國自2016年1月1日開始進入每週法定工時40小時的新紀元,迎合國際趨勢是理智的作法。

2. **彈性管理:**
   (1)**定義:**包括以下意涵:
   A.彈性管理尊重個體的差異及理解「平等並非一致」(equality does not mean sameness)的原則,管理政策、制度與措施的建構應個體化。

B.員工為珍貴的資產，應予以開發和維護；由於人力資源組成的多樣
　化，員工應被視為個體的集合，每一位員工都有獨特的需求和偏好。

C.強調自我管理的價值，提供員工自我選擇的空間；即調整父權式管
　理（強調規矩與監督）為自治管理（員工參與、使命感與責任）。

D.重視彈性（Flexibility），理解到一套制度不足以因應人力資源多
　樣化的發展。

(2)**彈性管理趨勢下的工時制度**：在彈性管理的發展趨勢下，有關工時制
度大致上可以區分為兩大類型：工時彈性化及工時縮減。

(二)**工時彈性化方案**：工時彈性化是放寬原有工時安排限制與僵化，促進彈性
化。工時彈性化方案包括工時彈性、壓縮工時/變形工時、彈性工作場所。

1. **工時彈性**（Flextime）：除核心工作時間所有員工必須出勤，由員工自
己選擇上、下班時間。
實施方式：
(1)在一定期間內，員工選擇上、下班時間是固定的，而每日工作時間不變。
(2)上、下班時間每日不同，但每日工作時間不變。
(3)每日工作時數不同，且員工必須於核心時段出現，且每週或每兩週總
　工作時數不變。
(4)每日工作時數不同，且員工不必於核心時段出現。
實施彈性工時的好處：
(1)滿足不同時段工作與客戶服務的需求。
(2)提高生產力。
(3)延攬及留任優秀人才，提高員工素質。
(4)減少員工壓力，強化員工承諾。
(5)減少員工曠職與遲到。

2. **壓縮工時**（Compressed workweek）：將某一日的工作時間安排至其他
工作日，以增加員工休假的天數。
實施理由：
(1)滿足員工個人與休憩的需求。　(2) 延長生產與服務時間。
(3)增加機器設備使用時間。　　　(4) 減少曠職與遲到。
(5)滿足員工教育訓練的需求。　　(6) 降低成本。

3. **彈性工作場所／電傳工作**（Flex-place or telecommuting）：透過資訊科技
設備，容許員工完全或部分時間不到辦公室工作。首先，電傳工作的發展與
「距離策略」等勞動彈性化觀念發展有關。距離策略是指企業利用商業契約
而非勞動契約關係，來達到產品生產、服務提供和企業運作持續的目的。

距離策略是利用外包（Outsourcing、Contracting out）方式，讓承包企業或個人滿足企業用人需求。從傳統的家內勞動（Home working）到現代的家庭辦公室（Home office）、電傳勞動（Tele-work）、派遣勞動（Dispatched Work）和網路勞動（Networking），都是企業距離策略下的產物。

實施理由：

(1)滿足生產高峰的需求。　　　　(2)降低勞動生產成本。

(3)降低人事成本。　　　　　　　(4)限制企業員工人數增加。

(5)專注於企業專長與競爭優勢的發揮。

(三)**工時彈性化做法**：導入工時彈性化的方法，依照功能或目的區分為以下二種：

1. **切割員工實際工時，以利生產設備與設施能運轉更長時間，最極致情況為**：每日24小時、每週七天的全年無休狀態。基於此一目的，工時的彈性化則大多有賴採行輪班設計，包括連續班制（successive shifts）及交疊班制（overlapping shifts）運用，員工可以是「輪班」或「固定班」。此間，若能搭配使用一些部份時間工作者，則更能做靈活的運用，從而安排一些例如「週末班」、「假日班」、「小夜班」、「短班」等設計。

2. **變形工時制**：正常工時隨著企業需求而變動稱為變形工時制。作法上，必須在團體協約中約定一日或一週工時上、下限調整，工時的調整週期少則一週、多則一年，可讓雇主減少加班費支出負擔。另一類似作法，對於「超出約定工時」工作，以補假休息方補償，不發給加班費；另也有「個人工時帳戶」（individual working time accounts）設計，將員工超時工作儲存個人名義專戶中，等待勞工需要時，可依規定自帳戶「存款」中提出來「花用」，其結算期可以設計為跨越數年。

3. **工時縮減方案**：

   (1)**經常性部分工時工作（Regular part-time employment）**：自願性成為部分時間工作員工，工資與福利根據比例原則計算。然而，自願性部分時間工作可滿足勞工工作與家庭兼顧需求，但工資偏低和缺乏教育訓練機會可能是負面影響。

   (2)**職務分擔（Job sharing）**：由兩位部分時間工作員工共同來分擔一項職務，薪資和福利按比例分配。

   (3)**階段性退休（Phased retirement）**：將退休中高齡員工逐漸或階段性減少工作時間，一方面可充分運用中高齡勞工的勞動力，另一方面可降低退休對中高齡勞工的衝擊。

(4)自願性減時方案（Voluntary reduced work time programs）：在一定期間內，員工願意減少工作時間及相對薪資報酬。

(5)工作分享（擔）（Work sharing）：員工願意共同分擔工作，以避免資遣。

(6)休假與特別休假（Leaves and sabbaticals）：允許員工離開工作崗位一定時間，前者可以是給薪或不給薪，而後者則是給薪的。

 ## 八　推動週休三日的芻議

據中央通訊社112年1月21日報導，工業社會實施週休2日的歷史已超過100年，不少歐洲國家近年來積極推動加碼政策，比利時予西班牙政府在112年推出週休3日政策，甚至發給補助，已實驗多年的冰島更擴大到9成工作者，由此可見工時的百年革命正如火如荼進行中。

根據大西洋月刊（The Atlantic）2014年一篇文章追溯，19世紀英國工廠老闆們為了讓週日休假狂歡的員工能在週一清醒回來上班，於是提早放假，開始了週六只上班半天的歷史。1908年，美國一家磨坊因為猶太教徒休週六、基督徒休週日，為了避免員工在其他宗教休息日上班的文化衝突，在週六、日都放假，成為最早提供週休2日的企業。週休2日實施迄今超過100年，全球COVID-19疫情大幅改變工作模式和心態，使得每週再多休1日成為部分歐洲國家躍躍欲試的新作法。比利時政府2022年2月通過法案提供工時彈性，自同年11月21日法案生效日起，員工可在工時不變下，選擇每週要工作5日或4日。

西班牙政府亦在2022年12月宣布一項前導計畫，提供1000萬歐元（約新台幣3.2億元）基金補助中小企業進行每週工作4日的實驗，可獲德補助的基本條件是企業要開發出增加生產力的方法，而非緊緊增加人力。英國蘇格蘭政府亦準備於2023年展開週休3日試驗，勞工將在薪資不變下減少20%工時，參與試驗的企業可從政府提供的1000萬英鎊（約新台幣3.7億元）預算中申請補助。德國是歐洲總工時最短的國家之一，根據世界經濟論壇（WEF）統計，德國人平均每週工作34.2小時。惟德國最大的工會—金屬工業工會（IG Metall）倡議讓工時更短，這樣可以保住工作、避免公司資遣員公。德國民調機構佛爾沙研究中心（Forsa Institute）調查，超過75%員工和2/3的雇主都支持政府評估週休3日政策，46%雇主認為在自家企業實驗週休3日是可行的。冰島從2015至2019年率先展開全球最大型的縮減工時前導實驗，從每週40小時減到35或36小時，有2500人參與，實驗內容交由一家英國智庫和一家冰島非政府組織分析

評估。結果被評為大大成功,勞工壓力和疲憊都可獲得減緩,生活與工作更加平衡,但生產力並未因此下降。如今,冰島近90%工作人口都享有減免工時。

依據世界經濟論壇調查結果,綜整週休三日的優缺點如下:

(一)**優點**:

照護員工健康	研究顯示,實施週休三日的員工身心會更健康,無論睡眠品質或運動時間都提升,生活滿意度也會更高。
提振工作士氣	提高勞工的專注力,降低倦怠感,減少請假率及提高工作效率。
吸引與留用人才	為員工提供靈活的工作模式,降低流動率,留住優質人力,同時吸引外部人才進入公司服務。

(二)**缺點**:

並非適用於各行業	需要全天堅守崗位的產業,如:緊急救助、公共交通、物流產業等,仍需調整制度以提供全年無休服務,全體員工都週休3日不可行。
並非所有員工都適用	雖然多數勞工偏好週休三日,但仍有少數勞工認為自己更適合5天的工時結構,有少數人偏好加班,將工作平均分配到其他天。
可能增加成本	針對部分行業(如:醫療體系),員工的工時較長,企業或組織可能必須支付更多加班費,以補足短少的人力。

九　勞雇雙方協商延後強制退休年齡

113年7月31日公布施行《勞動基準法》第54條修正案,明定勞雇雙方得協商延後強制退休年齡,正面是鼓勵高齡者勞動人力持續投入勞動市場,但衍生的勞資協商機制或與個別勞工重新簽訂勞動契約的過程沸沸揚揚。

勞動部表示,《勞動基準法》第54條第1項第1款規定勞工非年滿65歲,雇主不得強制其退休,其立法意旨,係規範勞工持續受僱至年滿65歲前,雇主不得任意強制勞工退休。本次修正明定勞雇雙方可協商延後強制退休年齡,將勞資協商明文列為法律,一則可讓資方鼓勵高齡勞工續留職場,再者讓有意

願繼續留在職場的高齡勞工能有與資方協商的權益,對於勞雇雙方係為更進一步的退休保障之修正。

另,依《中高齡及高齡者就業促進法》第12條規定,「雇主對求職或受僱之中高齡者及高齡者,不得以年齡為由予以差別待遇」,所指差別待遇包括「薪資之給付或各項福利措施」等事項。因此,如勞雇雙方已依《勞動基準法》第54條規定,經協商同意延後勞工之退休年齡後,雇主除有正當事由外,不得對逾65歲繼續工作之勞工有降低薪資給付及其他勞動條件等不利對待,否則,地方勞動主管機關依法論處雇主新臺幣30萬元以上150萬元以下罰鍰,並公布其姓名或名稱、負責人姓名。

由於《勞動基準法》係規範勞動條件的最低標準,政府鼓勵雇主及勞工可依事業單位的工作性質及人力需求等,於團體協約或勞動契約協商約定優於《勞動基準法》之勞動條件。

Chapter 11 企業倫理與職業倫理議題

依據出題頻率區分，屬：**B** 頻率中

課前導讀

企業倫理是指企業組織或企業主基於經營事業或管理組織必須恪盡的義務與應負的責任，反觀，職業倫理則是站在員工或勞工立場，必須遵守的基本規範或自我管理的責任或義務。兩者是相對應的。

圖11-1　本章架構圖

重點綱要

一、企業倫理

(一) **定義**：企業經營本身應具備的的行為標準或基本規範。

(二) **起源與發展**：

　1. 1960年代以前：概念模糊。

　2. 1960年代：反商情節充斥。

　3. 1970年代：管理者及員工雙方觀點。

　4. 1980年代：進入專業的系統化風貌。

　5. 1990年代：跨國、多元探討與良好發展。

(三) **倫理原則的理論**：

　1. 目的論。　　　2. 義務論。　　　3. 德性論。

(四) **範圍**：

　1. 內部與外部。

　2. 企業與員工間、企業與顧客間、企業與同業間、企業與股東間、企業與社會間、企業與政府間。

(五) **企業倫理熱門議題**：

　1. 個人層次。　　　　2. 組織層次。　　　　3. 協會層次。

　4. 社會層次。　　　　5. 國際層次。

(六) **實施**：

　1. 制訂道德標準。　　　　　2. 實施道德訓練。

　3. 打擊不道德行為。　　　　4. 主管檢視自我決策並監督部屬行為。

　5. 回饋社會行為。　　　　　6. 改善組織文化。

　7. 改善行政倫理。　　　　　8. 慎選新進人員。

(七) **企業可推動的企業倫理**：

　1. 制定並執行企業倫理守則。　2. 設定倫理目標。

　3. 加強員工企業倫理教育。　　4. 由上層開始推動倫理建設。

二、企業社會責任

(一) **定義**：指組織針對其運作的社會，為達保護和強化該社會必須善盡的一套義務。

(二) **範圍**：

　1. 製造產品上。　　　2. 行銷活動中。　　　3. 員工教育訓練。

　4. 環境保護。　　　　5. 良好員工關係與福利。　6. 提供僱用平等機會。

　7. 員工安全與健康。　8. 慈善活動。

(三) **企業社會責任與國際標準規範**：OECD多國企業指導綱領、聯合國全球盟約、全求蘇利文原則、全球永續性報告協會、國際勞工組織核心勞工標準、SA8000、AA10000、ISO14000。

(四) **企業社會責任的實現**：
1. 維護人權。
2. 恪遵法律。
3. 高階管理者的參與。
4. 與股東展開對話。
5. 員工優先。
6. 保護消費者的利益。
7. 重視環境保護。
8. 慈善公益。
9. 員工自我揭露（吹哨）。

(五) **企業倫理與企業社會責任區別及關連性。**

三、永續發展目標（SDGs）

(一) **緣起與意義**
(二) **目標內容（含17個目標）**
(三) **台灣永續發展目標**
(四) **企業落實SDGs做法**

四、淨零轉型

五、永續發展目標（ESG）

六、多元平等共融（DEI）

內容精論

企業倫理

(一) **定義**：倫理（Ethics）是人與人、人與其它生物或人與環境間的行為準則。倫理是研究個人與集體的道德意識、判斷、特徵與指引。
　　企業倫理（Enterprise Ethics）又稱商業倫理（Business Ethics），是企業經營本身的倫理。不僅企業，凡是與經營有關組織都包含有倫理問題。只要由人組成的集合體在進行經營活動時，在本質上始終都存在著倫理問題。一個有道德的企業應當重視人性，不與社會發生衝突與摩擦，積極採取對社會有益的行為。簡言之，企業倫理則是將倫理判斷標準範圍予以擴充，使其包含社會期望、公平競爭、人際關係的運用、社會責任的意義、顧客至上的程度等。企業倫理是組織中引導決策和行為的指導原則，也是個人倫理道德的延伸，把倫理道德的規範應用在商業情境中，企業倫理觀念是美國70年代提出的，企業將獲利視為主要目的，倫理則是追求的道德規

範，企業經營目標與企業社會責任無必然聯繫，甚且水火不相容，亦即，企業經營目標和倫理是相互矛盾的，追求利潤為唯一目標的思維模式是未與時俱進的。當今社會，企業只追求利潤而不考慮企業倫理，企業經營活動將為社會所不容，必定被淘汰。也就是說，企業經營活動中若無倫理觀指導，經營本身就無法成功。樹立企業倫理觀念，也重視企業經營活動中，人與社會都是同等重要的理念。

(二)**起源與發展**：Ferrell與Fraedrich（1997）參酌De George（1987）的論點，將企業倫理的發展演進分成以下五個階段：

1960年代 以前	企業倫理的概念還相當模糊，當時多以神學或宗教觀點討論公平薪資與適當工作環境等企業倫理議題。
1960年代	企業的社會議題逐漸出現，社會上充斥著反商情節，因為企業發展造成生活環境污染，人們開始對經濟發展與環境保護產生反省，但只強調合法性，尚未有系統的討論企業倫理的重要性。
1970年代	哲學家在此時期加入探討並提供新的觀念性架構，使得企業倫理從原本管理者觀點，擴大為包含員工、股東與消費者的觀點。例如，Walton（1977）認為企業倫理是將人類行為舉止的倫理判斷標準範圍予以擴充，包含社會期望、公平競爭、廣告審美、人際關係運用、社會責任界定、企業內部合作協調行為與對外行為之協議、顧客至上的程度、大小合作的關聯性以及通訊處理等內涵。
1980年代	由於學者投入相關研究，企業倫理在此時期成為專業領域並逐漸系統化，企業界也紛紛辦理企業倫理教育訓練。Lewis（1985）認為企業倫理是一種規則、標準、規範或原則，提供在特定情境下，合乎道德行為與真理的指引。換言之，企業倫理是企業內部人員行為是非對錯的標準。Gandz與Hayes（1988）則認為企業倫理是含有道德價值的管理決策。
1990年代 以後	企業倫理發展逐漸跨越國界，朝其他國家發展。企業倫理更成為廣泛的學術領域，包括神學、哲學與行為科學，研究對象包含公司、工會與消費者；研究範圍涵蓋企業倫理與企業社會責任，成為一完整領域。Ferrell與Fraedrich（1997）認為企業倫理由道德原則與標準所組成，以引導世界中的企業行為。許士軍（1995）則指出，企業倫理應著重於倫理關係的實質內容，要求企業能壓抑自利動機，追求對於社會公益或其他相關人群福祉的貢獻。

綜上，隨著企業倫理發展的逐漸成熟，企業倫理規範的關係亦日益擴大，舉凡與企業有關的組織與個人之間的關係，都包含在企業倫理規範之內；換言之，企業倫理強調必須顧及所有利害關係人（stakeholders）的利益，包括：市場上的股東、員工、消費者、競爭者、供應商、批發零售商、債權人，以及非市場的社會大眾、當地社區、企業支援團體、傳播媒體、社會活動團體、外國政府與本國政府。Jeurissen與Keijzers（2004）提出，多數工業化國家的企業倫理強調環境議題的重要，包括對環境的態度、清理的努力、環境保護，以及對自然資源的保存與生物的多樣性。Cavanagh（2004）更強調國際組織所制定的全球經濟制度運作相關規定，例如：世界貿易組織（the World Trade Organization，WTO）與國際貨幣基金（the International Monetary Fund，IMF），其中包含相關倫理規定與原則。

(三)**倫理原則的理論**：倫理原則（Ethical Principles）是用來判斷行為是否合乎倫理規範，最主要的倫理理論，包括目的論、義務論與德行論三種，分別是：

1. **目的論（Teleology）**：以行為結果作為判斷善惡或行為好壞的標準。一種行為如果產生好的結果，就是好的行為，如果產生不好的結果，就是壞的行為。目的論的主要思想是英國哲學家邊沁（J. Bentham, 1749-1832）和經濟學家彌爾（J. S. Mill, 1806-1873）的功利主義（Utilitarianism）。邊沁強調人性是趨樂避苦，因此快樂（pleasure）即善、痛苦（pain）即惡。彌爾則提出幸福（happiness），以取代快樂，以及著重幸福之「質」的觀點。簡言之，功利主義的觀點認為，最道德的行為便是「為善最大」的行為，也就是在所有可能的情況下，盡量為最大多數人製造最大的效益（utility）。

   然而，目的論也有其限制與盲點，像是功利主義忽視正義與權利原則，疏忽平等與分配的精神，不重視個人權益；尤其是功利主義不注重行為的過程，而是以行為的結果來論斷對與錯，萬一行為本身就錯了，決策者又怎能只看行為的結果呢？

2. **義務論（Deontology）**：義務論以18世紀德國哲學家康德（I. Kant）為代表，康德認為道德行為不能靠結果效益加以判斷，應源於行動者的意圖（intentions）和動機（motives）。如果是好的行為，就該義無反顧去做。因此，倫理是一種責任（duty），一種義務（obligation）。康德提出「普遍性」（universality）為衡量行為的標準。普遍性是指對所有人

都一體適用的原則，沒有例外。在康德的理論下，行為準則由於具有普遍性，所以成為至高無上的「絕對命令」（Categorical Imperative），人人都得遵守，包括三種形式：

(1)行為所遵照的準則應為普遍律（Universal Laws）；是一致性原則。

(2)永遠將人當作目的來尊重，不可僅當作手段來利用；是公平與尊重原則。

(3)行為必須出於自願，亦即出於自由選擇與自我節制，並非出於強制；是自由選擇原則。

簡言之，義務論困難在於如何建立道德義務或原則對個人或團體有道德的約束及普遍性，同時，當兩個義務或原則發生衝突時如何克服，是義務論必須面對的。

3. **德行論（Virtue）**：德行倫理學可追溯到希臘時代亞里斯多德（Aristotle）的主張，德行論的焦點是「行為者」（agent），關切的是「我該成為怎樣的人？」（What kind of person should I be?），和目的論及義務論將道德判斷的焦點置於「行為」（action）、關切「我該做什麼？」（What ought I to do?）的觀點不同。根據德行論的看法，一個人是什麼樣的人會呈現在其行為之中，強調道德應該重視人的性格特點、氣質，而非行為的規則。德行必須透過實踐才能彰顯價值和意義，實踐是完成德行的不二途徑。然而，德行論主張也受到若干批評，例如：什麼是理想的人格？那一種人可稱為是擁有德行的人？德行論又如何不需要透過道德規則來完成德行？凡此都顯露德行論主張有待克服之處。

(四)**範圍**：企業倫理內容依據主題不同可分為對內和對外兩部分：

1. **內部**：勞資倫理、工作倫理、經營倫理。

2. **外部**：顧客倫理、社會倫理、社會公益。

企業倫理也可依據相互關係不同分為以下6個部分：

企業與員工間的勞資倫理	勞資雙方如何互信、勞資雙方如何擁有和諧關係、倫理領導與管理、職業訓練（員工素質提升，包含職前訓練與在職訓練）。
企業與顧客間的顧客倫理	最主要的是服務倫理，服務特質包括；無形性（intangibility）、不可分割性（inseparability）、異質性（heterogeneity）與易逝性（perishability）。顧客倫理的核心精神在於滿足顧客需求，才是企業生存根基。顧客是企業經營的主角，是企業存在的重要價值。

企業與同業間的 競爭倫理	不削價競爭（惡性競爭）、散播不實謠言（黑函、惡意中傷）、惡性挖角、竊取商業機密……。
企業與股東間的 股東倫理	企業最根本的責任是追求利潤，因此企業必須積極經營、謀求更多的利潤，藉以創造股東更多的權益。並清楚嚴格劃分企業經營權和所有權，讓專業經理人充分發揮，確保企業公司營運自由。
企業與社會間的 社會責任	企業與社會息息相關，企業無法脫離社會獨立運作。秉持「取之於社會、用之於社會」，重視社會公益，提升企業形象，謀求企業發展與環境保護之間的平衡。
企業與政府間的 政商倫理	政府政策需要企業配合與支持，金融是國家經濟發展的重要產業之一，因而金融政策更是政府施政的重點，企業體不但要遵守政府相關法規，更要響應與配合政府的金融政策。

(五)**企業倫理熱門議題**：可分別從個人層次、組織層次、協會層次、社會層次、國際層次等五大面向探討：

　1.**個人層次**：個人層次的研究議題為個人行為與決策的探討。例如：個人心理認知不同，表現的倫理行為亦有所差異；女性管理者倫理決策相關議題；組織中個人責任的探討；員工忠誠度及相關行為探討；弊端揭發者（whistle-blowing）問題；男性與女性員工升遷與特定職位任用不公平待遇；女性工作職場歧視問題；上下屬間任用親信（cronyism）問題；企業執行長倫理價值觀不同導致領導風格上差異；多國籍企業運作與經營時，考量在地國的國家文化背景與貪腐程度問題。

　2.**組織層次**：企業倫理的組織層次議題主要探討整體組織系統目標與組織的人力資源政策、經營管理、績效管理等等。例如：企業財務績效與企業倫理行為間的關係；組織倫理氣候與組織承諾的效果；工作職場中恃強欺弱（bullying）行為對組織運作與績效的關係。另，公司治理（corporate governance）的相關主題，企業履行社會責任與相關義務，可獲得良好形象與知名度，組織績效也可提升；或者企業必須先有穩定獲利與成長，才有餘力實踐社會責任。

　3.**協會層次**：協會層次主要探討專業人員的工作倫理規範；專業人員具備一技之長，工作效益具外部性；亦即，除了對老闆或企業負責外，很多工作效益會外溢到其他相關利害關係人，尤其是最常接觸的顧客群，工

作內容也常涉及顧客權益與安全，因此對專業人員應有更高道德標準與倫理要求。這些倫理要求不全然來自工作組織，而是公司組織之上，由該領域所有的專業協會，統一制定倫理規範與相關禁止事項，就是協會層次探討的議題。

4. **社會層次**：社會層次探討最具知名度的是安隆案，因為公司利害關係人（監督者）無法出聲，產生基本監督作用，進而對相關制度建構做出建議。另，非營利組織興起後，對於環保與社會責任相關議題投注相當大的心力，要求企業制定相關倫理規範，例如：ISO 14000的環保認證及社會責任的SA 8000認證。企業履行的責任範圍有多大，仍受到廣泛討論與研究；企業對於社會的回饋，例如：公益活動、藝文贊助、生態保育等等，都是企業個別主觀的認知，且不同企業的執行成效有相當大的差異。

5. **國際層次**：國際層次的研究焦點在於倫理規範的跨國性比較、國際組織所制定全球經濟制度運作的相關規定，以及多國籍企業的營運，所發展的國際化倫理原則探討。近年來，熱門國際層次議題含全球企業公民精神（global business citizenship，GBC），包括各國分公司、工廠與面對來自不同國家的顧客群等等，會為企業經營運作造成相當多難題。

另，有學者將企業的範圍分為個人工作倫理、公司政策倫理及管理功能倫理三大項，詳細內容如下：

個人工作倫理	(1)利益衝突、(2)欺騙、(3)貪污賄賂、(4)挪用公款、(5)侵犯隱私、(6)歧視、(7)不負責任。
公司政策倫理	(1)員工之公平對待、(2)工作安全、(3)環境保護、(4)股東利益之保護、(5)社會貢獻、(6)不當投資決策。
管理功能倫理	(1)會計揭露不實、(2)財務交易不當、(3)不當之行銷手段、(4)資訊管理不當、(5)採購舞弊。

(六)**實施**：企業倫理的實施主要分為：

1. 訂定道德準則。
2. 實施道德訓練。
3. 打擊不道德行為。
4. 主管檢視自我決策並監督部屬行為。
5. 回饋社會行為。
6. 改變組織文化（授權及擴大參與）。
7. 改善行政倫理。
8. 慎選新進人員。

(七)**企業可推動的企業倫理**：企業可從以下四方面入手，推動企業倫理的建立：

1. **制定並執行企業倫理守則**：倫理守則規範的內容是企業與其利益關係人（員工、顧客、股東、政府、社區、社會大眾）的責任關係，同時包含公司經營理念與道德理想，如同一般人的座右銘，可反映公司組織文化與行為、生存基本意義和行為基本方向。企業信奉的倫理守則應貫徹到經營決策制定及重要企業行為中。建立倫理法則的同時，通過一系列的獎勵、審核以及控制系統加以強化，並對破壞倫理規範的行為予以懲罰，公司必須讓員工瞭解，組織不容許違反倫理行為。管理者對違規者的默許，將嚴重破壞組織走向更具倫理氣候的環境。

   倫理法規要更具備效力，必須將組織中的經理、員工思想和政策信仰予以具體化。亦即將思想方針、行為指導、技術手冊和企業簡介等加以記錄，建立公司對於正直人格的承諾和關於正確行為的指導原則。且教育員工制定決策時，既要考慮公司和個人利益，也要考慮供應商、客戶及社會需求，絕對誠實、禮貌及尊重他人是公司業務的標準。

2. **設定倫理目標**：企業倫理目標強調企業行為不僅具經濟價值，尚具備倫理價值。企業在追求經濟目標同時，不由自主將獲利作為衡量行為價值的唯一尺度，於是為了實現利潤最大化，不惜損害他人利益的行為偶而發生，說明企業經濟目標需要倫理目標加以調節和嚴格制約。企業目標制約下的行為不僅不違背法規，進一步以倫理準則約束自己，主動實現道德自律。經營者必須不斷提醒自己：企業生存的根本意義是什麼？企業的生存並非一個目的，而是一個手段，透過企業的生存，求得顧客的滿意。所以，當一個企業非要用不倫理的手段才能生存時，就不具備存在意義和價值了。企業想獲得永續發展，追求經濟目標中應包含倫理道德要求，經濟目標和倫理目標要完全統一。亦即，企業經濟目標和倫理目標相輔相成，同時存在，企業才能真正發展。

3. **加強員工企業倫理教育**：不少國外大企業，在員工教育訓練課程中，邀請詩人、哲學家為員工上課，目的是希望員工能對身邊的人與物有更高的敏感度，幫助員工在道德思想和行為中注入強大個人意志，防止破壞性的道德淪喪。企業也可參與有意義的社會活動，協助推動社會良性改革，不僅可提高公司的向心力，激勵員工士氣，也可提升個人品質，滿足員工更高層次的心理需求。需求滿足會進一步激發員工積極性、創造性和敬業精神，從而更有利於企業經濟目標的實現。因此，企業應加

強員工企業倫理教育，注重培養反映企業價值觀的態度觀念、思考方式等，讓員工深刻瞭解企業使命。

4. **由上層開始推動倫理建設**：作為成功企業，應是一個合乎高標準倫理的公司，在勞資關係、尊重智慧財產權、遵守法令等企業文化上，都有相當的進步；成功企業中著有成就、德高望重的領導者，是最有資格提升社會倫理道德的人物。因此，高層領導者的重要職責之一是賦予企業指導價值觀，建立一個支持各種道德行為的環境，並在員工中灌輸一種共同承擔的責任感，讓員工體會到遵守倫理是企業積極生活的一面，而非權威強加的限制條件。領導者要勇於承諾，敢為自己倡導的價值觀念採取行動，當道德義務存在衝突時，敢以身作則。如果絕大部分的企業領袖能充分認識並致力於提高企業倫理，社會的人文精神自然也提高了。企業管理者的責任是教導、促進、啟發員工的誠實、正直、公正感。一位真正的企業家，應是淨化社會風氣的先鋒。企業以誠信為本，創造經濟利益的同時，將企業倫理作為體制改革的重要部分，在組織內建立一套行之有效的倫理監督機制，肩負應盡的社會責任，實現企業的永續發展。

二　企業社會責任

(一)**定義**：企業社會責任（corporate social responsibilities, CSR）是指組織針對其位居其中運作的社會，為了保護和強化該社會所必須善盡的一套義務（Griffin,1999）。企業的社會責任之所以成為一項被關注的議題，是在1960年代以後形成的。1960年代以前，企業追求單一經濟目標被認為是理所當然；1960年代以後，部分團體開始關切少數群體和弱勢群體是否受到企業的公平待遇，促使管理者在制定管理決策時，也開始考慮其對社會的衝擊與社會責任的問題。這些問題所牽涉到的企業問題相當廣泛，包括訂價、僱用員工、產品品質，以及設廠地點等（林建煌，2015）。

企業社會責任是在法律規定與經濟運作之因素外，企業所做含有道德與倫理考慮因素的決定。企業在決策過程中，必須考慮政策對社會所產生的影響，企業有義務做出有利社會的決定，協助解決社會問題。

(二)**範圍**：企業社會責任的範圍非常廣泛，陳光榮（2011）將其分為八類，包含製造、行銷、內部員工、環保及慈善公益等相關社會責任：

1. **在製造產品上的責任**：製造安全、可信賴及高品質的產品。
2. **在行銷活動中的責任**：做誠實的廣告等。

3. **員工的教育訓練的責任**：在新技術發展完成時，以對員工的再訓練代替解僱員工。
4. **環境保護的責任**：研發新技術以減少環境污染等。
5. **良好的員工關係與福利**：讓員工有工作滿足感等。
6. **提供平等僱用的機會**：僱用員工時沒有性別歧視或種族歧視。
7. **員工之安全與健康**：如提供員工舒適安全的工作環境等。
8. **慈善活動**：如贊助教育、藝術、文化活動，或弱勢族群、社區發展計畫等。

Carroll（1995）將企業的社會責任分為經濟、法律、道德、以及慈善等四個部分，提出企業社會責任模型（corporate social responsibility, CSR model）（表11-1），此模型最大特點之一，是將法律層面納入企業社會責任之中。

表11-1　CSR模型

慈善責任 Philanthropic Responsibilities	貢獻企業的資源以改善生活品質。
道德責任 Ethical Responsibilities	除了法律的規定之外，企業的行為必須合乎公平、正義、避免傷害等原則。
法律責任 Legal Responsibilities	1. 遵守法律的規定。 2. 環境保護、消費者保護、勞基法等相關法規。 3. 法律是社會對企業行為最低的要求。
經濟責任 Economic Responsibilities	企業要致力於減少成本、創造利潤、帶動社會經濟發展。

經濟責任是企業首要的社會責任，企業必須提供產品及服務給消費者，創造利潤，為社會帶來經濟成長；法律責任則是要求企業的運作必須遵照法律規範，依法從事各項商業行為、環境保護、消費者保護等，法律是社會對企業行為的最低要求；道德責任超越法律所明訂的責任底限，卻是社會對企業的期待，包括期待企業的行為能符合公平、正義等原則；最上層為慈善責任，也就是企業自發性的慈善活動，如成立基金會、捐款、發動員工參與社會公益等，使成為良好的企業公民。

CSR模型除了有助於企業社會責任概念的釐清外，另一個重要的概念是社會對於這四個部分的企業責任有不同程度的要求與期待。首先，企業

必須創造利潤，且永續經營，方能對社會有利。同時，企業行為必須遵守法律規定與符合倫理道德的規範。最後才是期望企業從事公益活動回饋社會。簡言之，企業社會責任概念，是從企業必須負擔的基本責任，逐漸往社會對於企業的期待與企業自發性回饋社會的概念挪移。

世界企業永續發展委員會（WBCSD，2000）更將企業社會責任關切的重點放在人權、員工權益、環境保護、社區參與、供應商關係、利害關係人權益及企業社會責任的監督與評估等七個面向：

人權	企業必須公開表明支持人權，並提供員工認知訓練。
員工權益	企業必須尊重當地的習慣以調整作法，瞭解職場的多樣性（文化與性別），以擬訂最佳行動計畫。
環境保護	保護環境免受企業經營的衝擊是企業的核心責任。企業必須保護其供應鏈所在的環境，符合生態效益，設法達成服務與產品完整的生命週期。
社區參與	企業必須重視對當地的衝擊、互動，並捐助慈善事業，誠心瞭解社區關切的事務，讓社區能感受到企業的重視。
供應鏈關係	供應鏈的責任關係向上、下兩端延伸，企業受制於其直接、間接供應商的一舉一動，已是不爭的事實。
利害關係人權益	利害關係人的範圍除了公司股東之外，還包括員工、顧客／消費者、供應商、社區等，這些利害關係人的權益，都必須獲得尊重。
企業社會責任的監督與評估	有效的企業社會責任管理，需要以反向思考一般認定的指標，透過個別評估的許多獨立體系，來加以監督、評估、申報成果。

從上述的分類與關切重點可知，企業社會責任的理念屬於企業的核心價值，而落實於與利害相關人的議和（engagement）、環境的保護，以及透明化和企業擔當等層面。企業領導者應憑著倫理判斷，衡量企業的能力和平衡內外利益後，再評估從事適宜的企業行動，以確保企業創造價值的宗旨，並兼顧社會正義與環境效益。換言之，企業負起社會責任就是要遵守法律規範、實現社會期望及自我約束。

(三)**企業社會責任國際標準規範**：企業社會責任範圍相當廣泛，並無國際通用概念，為因應企業在管理層面的需求，國際上與社會責任相關的規範、標準及道德行為準則（codes of conduct）應運而生，要求企業能自發性遵

循這些規範，目前全球約有400多個與企業社會責任相關的規範或倡議，其中能獲得多數人認同並引為圭臬的大致有下列8項（沈泰民、蘇薔華，2006；台灣企業社會責任網站 http://csr.moea.gov.tw/；胡憲倫、許家偉，2005b），包括OECD多國企業綱領、全球盟約、全球蘇利文原則、全球永續性報告協會綱領、國際勞工組織核心勞工標準SA 8000、AA 1000、ISO 14000。

1. 第一項為「OECD多國企業指導綱領」是各國政府對多國企業營運行為的建議事項，為一符合相關法律規範的自發性商業行為及標準。其主要目標是希望多國企業的營運目標能與政府一致，加強企業與其營運所處地社會間的互信基礎，以及協助改善外國投資氣候及強化多國企業對永續發展的貢獻。

2. 第二項為「聯合國全球盟約」（The UN Global Compact），此盟約強調要求企業於其具有影響力之範圍內，於人權、勞動標準、環境、反貪腐等領域，能確實遵守其所提出之諸多原則，如尊重普世人權、保障勞動團結權、促進環境保護、消除一切形式之貪腐等。目前全球已有來自超過80個國家的2,200家企業簽署「全球盟約」，聯合國自2005年起，已開始檢視簽署企業之執行成果的績效資訊揭露。

3. 第三項為「全球蘇利文原則」（The Global Sullivan Principles），於1977年建立，主要是呼籲企業應遵從法律及負責任，並將原則長期性的整合到企業內部的經營策略上，包括了公司政策、程序、訓練及內部報告制度，並承諾達到這些原則，以便促進人與人之間的和諧及諒解，以及提升文化與維護世界和平。

4. 第四項為「全球永續性報告協會」（The Global Reporting Initiative, GRI）綱領。GRI所提供的永續性報告，涵蓋了永續性之不同層面的經濟衝擊、環境衝擊與社會衝擊，目前全球已有超過400家的跨國企業應用2002年版的GRI綱領，來編撰報告書。

5. 第五項為「國際勞工組織核心勞工標準」（ILO convention on core labor standards）。1919年，國際勞工組織（ILO）正式成立，於1946年成為聯合國第一個專門機構。隨著成員國數目的增長，活動有相當大變化。在改善工作與生活條件和促進就業機會為目標的同時，也處理職業安全與衛生、員工和管理人員培訓、勞資關係、婦女和移民勞工、社會保障以及其他迫切的社會問題。ILO界定的勞工標準共19項。

6. 第六項為「社會責信SA 8000系列」（Social Accountability 8000）。1969年美國成立國際社會責信組織（Social Accountability International），

其前身乃經濟優先鑑定機關（Council on Economic Priorities Accreditation Agency, CEPAA），是推動CSR的創始者之一。目標是提供正確性，以及不偏不倚的分析以評估企業的社會績效，進而推廣優越的企業公民概念。評估結果多為投資者及顧客所使用，乃全球最佳的顧客指引（Shopping for a Better World consumer guide）。1997年，CEPAA結合各公會代表、人權與兒童權益組織、學術單位、零售業、製造商、承包者、顧問公司、會計及認證機構等，共同研商員工權益的指導綱領，也就是目前的Social Accountability 8000（SA 8000）。

7. 第七項為「AA標準系列」（AccountAbility 1000）。社會與倫理責信研究所（Institute of Social and Ethical Accountability, AccountAbility）於1999年成立，是非營利及專業組織，成員涵括企業／產業協會／公會、非政府組織（NGO）、學術團體及企業諮詢組織。目的在於透過策劃、會計、稽核與報告、鑲嵌，以及利害相關者承諾參與（stakeholder engagement）之五個步驟來建立組織的責信標準。AA 1000是種標準，主要推行計畫（initiatives）之基礎。

8. 第八項為「國際標準組織環境管理系統」（ISO 14000 Series）。在企業社會責任／企業公民上，國際標準組織（ISO）乃藉由ISO 9000及ISO 14000系列來促成品質、安全與健康、環境的改善。特別是1996年建立的ISO 14001系列，提供企業去尋求環境管理的系統。ISO於2008年發布ISO 26000，擬定的社會責任議題，包括八大面向，例如：人權、職場及員工議題、違反公平原則的事務如行賄、貪污、反競爭作為、組織的治理、環境、市場及消費者議題、社區參與及社會發展等。

當全球企業社會責任的規範或倡議行動紛紛展開，而在台灣，企業善盡社會責任的觀念仍處於萌芽階段，因此，透過國際相關企業社會責任規範目前的發展現況，促使台灣企業對此領域有更深一層的認識，進而朝向永續經營的進程邁進。

(四)**企業社會責任的實現**：依據吳必然與賴衍輔（2006）研究發現，企業在推廣、運作企業社會責任的相關活動時，常遭遇困難或阻礙，甚至面臨失敗的窘境，可能原因包括：欠缺管理階層的參與、設計上未能切合員工之需求、未能集中運作焦點、未能取得相關利害關係人之信任、企業經營欠缺透明度及欠缺溝通等。張培新（2013）提出企業可推動的具體做法如下：

1. **維護人權**：企業應充分遵循和支持國際組織通過的企業社會責任標準，亦即充分維護基本人權、婦女權益及嚴格管理非自願式強制勞動、童工

等問題的政策。對於不充分遵循和支持國際人權的供應商、代理商或有關機構，均應拒絕與其業務往來。

2. **恪遵法律**：企業應遵從政府及國際組織所規定之各項法令，例如有關員工聘用、薪資給付、工作安全和醫療健康等是否符合法律規定，均由公司高階人力資源主管負責。同樣地，財務部門主管亦應監管公司是否符合金融相關法令，法務部門也實施一般性監督及提供法律諮詢。

3. **高階管理者的參與**：企業應將CSR的活動實踐當作是企業經營的優先考量，為確保企業能永續推廣及落實此一理念，最佳的策略即是讓企業領導者帶頭進行活動。

4. **與股東展開對話**：企業股東的思考動機出發點仍係建立在「獲利面」，職是，企業經營管理階層必須有效彰顯企業社會責任與企業永續經營及獲利的關連性，透過對話，建立公司與股東之間的信賴關係，提昇企業的形象及聲譽，將有助於企業社會責任活動的運作。

5. **員工優先**：在追求更大股東價值的過程中，企業應將員工列為最重要的利害關係人，員工以及員工間的關係在執行企業社會責任工作上有舉足輕重的影響。企業對員工應提供合理的薪酬、安全的工作環境，並提供員工進修和培訓的機會，維護員工結社自由，承認勞資集體談判的權利，提倡多樣性、鼓勵員工公開交換意見。將員工的力量集合起來，可能是推動良好企業社會責任最大的動力。

6. **保護消費者的利益**：企業和員工都應該將消費者的利益放在第一位，竭盡所能為其提供最佳品質的產品或最卓越的服務，務使消費者滿意，杜絕虛偽不實、過度誇張的廣告或其他推廣活動，以展現誠信的操守。

7. **重視環境保護**：企業應充分認知經認證的環境管理體系和生態環境保護的重要性，監管並減少對生態環境的破壞，並多方尋找可替代的資源，同時增加對污染防治的投資，鼓勵無害環境技術的發展與推廣。

8. **慈善公益**：企業通過慈善和公益贊助活動，支持社會的發展和福祉，並鼓勵員工參加社區志願服務和活動，藉由參與各種社會公益活動而履行其對社會的責任。

9. **員工自我揭露（吹哨者，whistle-blowing）**：係指員工針對組織內部，部分人士的非法或違反倫理道德行為的揭發行徑。而企業履行社會責任的態度，通常可由處理這類事情的手段看出端倪。企業應訂定保密條款和不會受到懲罰保證，接受員工對於公司即發現其他員工未遵守企業社會責任的舉報。

(五)**企業倫理與企業社會責任區別及關聯性**：企業倫理與企業社會責任內涵
容易造成混淆，事實上有很大的差異性。Ferrell與Geoffrey（2000）指
出：很多人將「企業倫理」與「社會責任」混淆使用，事實上，兩者不
代表同一件事。當社會評估個人或團體決策正確與否時，與企業倫理有
關；而社會責任是個較廣的概念，關注整個企業活動對社會的影響。進
一步的說，企業倫理為決定商業行為是否可被接受的原則和標準。社會
責任則是一個企業承擔對社會的責任，要將其對社會正面的影響發揮至
極致，將負面影響降至最低。Lussier（2000）認為社會責任是為所有
關係人創造一個雙贏情況的自覺及努力。Ebert與Griffin（2000）則認
為社會責任是企業對待其他團體的行為方式，這些團體包括顧客、其
他企業、員工及投資者。在企業倫理與社會責任的連貫面上，吳復新
（1996）將企業倫理內容歸納為企業的同行倫理、企業的管理倫理、及
企業社會責任。Lussier（2000）則認為遵循企業倫理的企業行為也常是
善盡社會責任的表現，二者存在著某種程度的因果關係。由此可知，兩
者仍存在著差異性。

 永續發展目標（SDGs）

(一)**緣起與意義**：SDGs（Sustainable Development Goals）是聯合國於2015年
提出的，永續發展的意義在於：「滿足當代需求的同時，不損及後代子孫
滿足其自身需求」之發展途徑，此概念開啟全球對於永續發展的關注。

(二)**目標內容**：包含17個永續發展目標：

SDG 1	消除貧窮	消除全世界任何形式的貧窮（No Poverty）
SDG 2	消除飢餓	透過促進永續農業確保糧食安全並達到消除飢餓（Zero Hunger）。
SDG 3	良好健康與福祉	確保健康的生活，促進各年齡階段人口的福祉（Good Health and Well-Being）。
SDG 4	優質教育	確保包容和公平的優質教育，讓全民享有終身學習的機會（Quality Education）。
SDG 5	性別平等	實現性別平等及所有女性之賦權（Gender Equality）
SDG 6	乾淨水與衛生	為所有人提供水和環境衛生，並對其進行永續維護管理（Clean Water and Sanitation）

SDG 7	可負擔的潔淨能源	確保所有人獲得可負擔、安全和永續的現代能源（Affordable and Clean Energy）
SDG 8	尊嚴就業與經濟發展	促進持久、包容性和永續的經濟成長，充分的生產性就業和所有人獲得體面工作。（Decent Work and Economic Growth）。
SDG 9	產業創新與基礎建設	建設具有韌性的基礎設施，促進包容性和永續的工業化，推動創新（Industry, Innovation and Infrastructure）
SDG 10	減少不平等	減少國家內部和國家之間的不平等（Reduced Inequalities）。
SDG 11	永續城市與社區	建設包容、安全、有抵禦災害能力和永續的城市和人類社區（Sustainable Cities and Communities）
SDG 12	負責任的消費與生產	確保採用永續的消費和生產模式（Responsible Consumption and Production）
SDG 13	氣候行動	「採取緊急行動應對氣候變遷及其影響（Climate Action）。
SDG 14	保育海洋生態	保護永續利用海洋和海洋資源，促進永續發展（Life Below Water）。
SDG 15	保育陸域生態	保護、恢復和促進陸域生態系統永續利用。維護森林防治荒漠化，制止並扭轉土地退化，以及遏制生物多樣性的喪失（Life on Land）。
SDG 16	和平正義與有力的制度	倡建和平、包容的社會以促進永續發展，讓所有人都能訴諸司法，在各級建立有效、負責和包容的機構（Peace, Justice and Strong Institutions）
SDG 17	夥伴關係	強化執行手段，重振全球永續發展夥伴關係（Partnerships for the Goals）

其中與企業經營管理相關的目標計有性別平等、尊嚴就業與經濟發展及負責任的消費與生產等三大項，其細項目標分別是：

1. SDG 5 **性別平等**：含以下6個細項目標

5.1 消除所有地方對婦女的各種形式的歧視。

5.2 消除公開及私人場合中對婦女的各種形式的暴力，包括人口走私、性侵犯，以及其他各種形式的剝削。

5.3 消除各種有害的做法，例如童婚、未成年結婚、強迫結婚，以及女性生殖器切割。

5.4 透過提供公共服務、基礎建設與社會保護政策承認及重視婦女無給職的家庭照護與家事操勞，依據國情，提倡家事由家人共同分擔。

5.5 確保婦女全面參與政經與公共決策，確保婦女有公平的機會參與各個階層的決策領導。

5.6 依據國際人口與發展會議（以下簡稱ICPD）行動計畫、北京行動平台，以及它們的檢討成果書，確保每個地方的人都有管道取得性與生殖醫療照護服務。

(1)進行改革，以提供婦女公平的經濟資源權利，以及土地與其他形式的財產、財務服務、繼承與天然資源的所有權與掌控權。

(2)改善科技的使用能力，特別是ICT，以提高婦女的能力。

(3)採用及強化完善的政策以及可實行的立法，以促進兩性平等，並提高各個階層婦女的能力。

2. SDG 8 **尊嚴就業與經濟發展**：含以下10個細項目標

8.1 依據國情維持經濟成長，尤其是開發度最低的國家，每年的國內生產毛額（以下簡稱GDP）成長率至少7%。

8.2 透過多元化、科技升級與創新提高經濟體的產能，包括將焦點集中在高附加價值與勞動力密集的產業。

8.3 促進以開發為導向的政策，支援生產活動、就業創造、企業管理、創意與創新，並鼓勵微型與中小企業的正式化與成長，包括取得財務服務的管道。

8.4 在西元2030年以前，漸進改善全球的能源使用與生產效率，在已開發國家的帶領下，依據十年的永續使用與生產計畫架構，努力減少經濟成長與環境惡化之間的關聯。

8.5 在西元2030年以前，實現全面有生產力的就業，讓所有的男女都有一份好工作，包括年輕人與身心障礙者，並實現同工同酬的待遇。

8.6 在西元2020年以前，大幅減少失業、失學或未接受訓練的年輕人。

8.7 採取立即且有效的措施，以禁止與消除最糟形式的童工，消除受壓迫的勞工；在西元2025年以前，終結各種形式的童工，包括童兵的招募使用。

8.8 保護勞工的權益，促進工作環境的安全，包括遷徙性勞工，尤其是婦女以及實行危險工作的勞工。

8.9 在西元 2030 年以前，制定及實施政策，以促進永續發展的觀光業，創造就業，促進地方文化與產品。

8.10 強化本國金融機構的能力，為所有的人提供更寬廣的銀行、保險與金融服務。

(1)提高給開發中國家的貿易協助資源，尤其是LDCs，包括為LDCs提供更好的整合架構。

(2)在西元2020年以前，制定及實施年輕人就業全球策略，並落實全球勞工組織的全球就業協定。

3. SDG 12 **確保永續的消費與生產模式**：含以下8個細項目標

12.1 實施永續消費與生產十年計畫架構（以下簡稱10YEP），所有的國家動起來，由已開發國家擔任帶頭角色，考量開發中國家的發展與能力。

12.2 在西元2030年以前，實現自然資源的永續管理以及有效率的使用。

12.3 在西元2030年以前，將零售與消費者階層上的全球糧食浪費減少一半，並減少生產與供應鏈上的糧食損失，包括採收後的損失。

12.4 在西元2020年以前，依據議定的國際架構，在化學藥品與廢棄物的生命週期中，以符合環保的方式妥善管理化學藥品與廢棄物，大幅減少他們釋放到空氣、水與土壤中，以減少他們對人類健康與環境的不利影響。

12.5 在西元2030年以前，透過預防、減量、回收與再使用大幅減少廢棄物的產生。

12.6 鼓勵企業採取可永續發展的工商作法，尤其是大規模與跨國公司，並將永續性資訊納入他們的報告週期中。

12.7 依據國家政策與優先要務，促進可永續發展的公共採購流程。

12.8 在西元2030年以前，確保每個地方的人都有永續發展的有關資訊與意識，以及跟大自然和諧共處的生活方式。

(1)協助開發中國家強健它們的科學與科技能力，朝向更能永續發展的耗用與生產模式。

(2)制定及實施政策，以監測永續發展對創造就業，促進地方文化與產品的永續觀光的影響。

(3)依據國情消除市場扭曲，改革鼓勵浪費的無效率石化燃料補助，作法包括改變課稅架構，逐步廢除這些有害的補助，以反映他們對環境的

影響，全盤思考開發中國家的需求與狀況，以可以保護貧窮與受影響社區的方式減少它們對發展的可能影響。

(三) 台灣永續發展目標

永續發展向為我國所重視的核心價值之一，為追求我國積極邁向永續發展，並回應全球永續發展行動與國際接軌，同時兼顧在地化的發展需要，台灣於2016年啟動研訂「台灣永續發展目標」作業。「行政院國家永續發展委員會（簡稱永續會）於2016年第29次委員會議決議參考SDGs研訂「台灣永續發展目標」。於2018年完成，共有18項核心目標、143項具體目標及336項對應指標。

核心目標 01　強化弱勢群體社會經濟安全照顧服務
核心目標 02　確保糧食安全，消除飢餓，促進永續農業
核心目標 03　確保及促進各年齡層健康生活與福祉
核心目標 04　確保全面、公平及高品質教育，提倡終身學習
核心目標 05　實現性別平等及所有女性之賦權
核心目標 06　確保環境品質及永續管理環境資源
核心目標 07　確保人人都能享有可負擔、穩定、永續且現代的能源
核心目標 08　促進包容且永續的經濟成長，提升勞動生產力，確保全民享有優質就業機會
核心目標 09　建構民眾可負擔、安全、對環境友善，且具韌性及可永續發展的運輸
核心目標 10　減少國內及國家間不平等
核心目標 11　建構具包容、安全、韌性及永續特質的城市與鄉村
核心目標 12　促進綠色經濟，確保永續消費及生產模式
核心目標 13　完備減緩調適行動以因應氣候變遷及其影響
核心目標 14　保育及永續利用海洋生態系，以確保生物多樣性，並防止海洋環境劣化
核心目標 15　保育及永續利用陸域生態系，以確保生物多樣性，並防止土地劣化
核心目標 16　促進和平多元的社會，確保司法平等，建立具公信力且廣納民意的體系
核心目標 17　建立多元夥伴關係，協力促進永續願景
核心目標 18　逐步達成環境基本法所訂非核家園目標
見下圖。

台灣永續發展目標

人力資本

SDG1：強化弱勢群體社會經濟安全照顧服務
SDG3：確保及促進各年齡層健康生活與福祉
SDG4：確保全面、公平及高品質教育，提倡終身學習
SDG5：實現性別平等及所有女性之賦權

循環經濟

SDG8：促進包容且永續的經濟成長，提升勞動生產力，
　　　確保全民享有優質就業機會
SDG12：促進綠色經濟，確保永續消費及生產模式

**能源轉型
加速去碳化**

SDG7：確保人人都能享有可負擔、穩定、永續且現
　　　代的能源
SDG13：完備減緩調適行動以因應氣候變遷及其影響
SDG18：落實環境基本法，逐步達成非核家園

**永續食農
生態保育**

SDG2：確保糧食安全，消除飢餓，促進永續農業
SDG6：確保環境品質及永續管理環境
SDG14：保育及永續利用海洋生態系，以確保生物多
　　　　樣性，防止海洋環境劣化
SDG15：保育及永續利用陸域生態系，以確保生物多
　　　　樣性，防止土地劣化

**智慧韌性
城鄉**

SDG9：建構民眾可負擔、安全、對環境友善，且具
　　　韌性及可永續發展的運輸
SDG11：建構具包容、安全、韌性及永續特質的城市
　　　　與鄉村

數位革命

SDG4：確保全面、公平及高品質教育，提倡終身學習
SDG8：促進包容且永續的經濟成長，提升勞動生產力，
　　　確保全民享有優質就業機會
SDG10：減少國內及國家間不平等

跨域整合

SDG16：促進和平多元的社會，確保司法平等，建立具公信力且廣納民意的體系
SDG17：建立多元夥伴關係，協力促進永續願景

(四)**企業落實永續發展目標的作法**

根據2015《哈佛商業評論》中「企業需要知道關於SDGs」一文指出，企業採用SDGs作為經營發展策略有其具體優勢：

1. SDGs**蘊藏企業成長機會**：新興市場與邊境市場充斥永續發展問題，能有效改善此問題的企業，將獲得可觀商機，特別是各國日益重視SDGs的實踐，對企業跨國成長與發展，有加分效果。

2. SDGs**領先企業，將取得優勢**：SDGs正逐漸被了解與接受，有許多廠家積極投入與實踐，較晚跟進或無視SDGs的企業將嚴重損其企業形象。

3. SDGs**引領企業發展「由外而內」的策略**：過往企業採用由內而外觀點，思考公司產品對外行銷策略，然SDGs是一個轉化策略，成為「由外而內」策略轉變契機，引領企業站在全球視野，探索外部需求並設定相對應目標。

企業如何善用SDGs目標，朝向「永續企業」發展的策略建議：

1	融入SDGs概念於產品的設計／製造
2	設置專責部門負責企業SDGs的推動
3	積極落實企業社會責任(CSR)
4	善用SDGs國際平臺資源、積極投入社會公益

以台灣推動成功案例分享如下：

1. **聯發科技股份有限公司**：IC設計大廠，已連續三年獲得由台灣企業永續學院（TACS）頒發的「台灣十大永續典範企業獎」，目前正致力透過開發前端技術來推動IC綠色創新，藉此因應節能減碳的環保趨勢，完美體現對於永續營運的追求有著毫不懈怠的精神。

另外，聯發科公布2020年最終產品的能源績效，能耗比率較前一年度降低11%，相當於400座大安森林公園碳吸附量，能夠供應約7.5萬戶家庭的一整年的用電量。同時，聯發科也發揮產業領導人的永續影響力，舉辦半導體責任供應鏈論壇，帶動供應鏈夥伴響應聯合國永續發展目標（SDGs），共同控制溫室氣體碳排量，以每年至少下降2%為目標，期望能有效抵禦氣候變遷帶來的風險，為世界盡一份心力。

2. **聯華電子股份有限公司**：與臺積電並稱晶圓雙雄的聯電，已連續13年獲選為道瓊永續性指數（DJSI）的成分股，且為了回應全球永續趨勢對於ESG公司治理面向高度關注，對內，聯電成立ESG指導委員會，並增設永續長一職，使所有營運決策皆必須納入永續發展的考量。此外，聯電重塑團隊樣貌，將永續概念深植為企業文化，叮嚀員工追求實務績效的同時，別忘了重視 ESG的平衡與實踐。在2020年，公司集結同仁們投入公益活動，企業志工累計時數高達6,425小時，其中，除了組建節能服務隊，協助弱勢機構節能減碳之外，聯電更首創科技人演舞台劇的創新形式，成立故事團，積極展現促進社會福祉等永續作為。環境議題方面，聯電接軌氣候相關財務揭露工作小組（TCFD）的倡議，公開承諾2050年達到淨零碳排，也獲得超過五百家夥伴響應，共同打造了低碳永續供應鏈。另外，聯電領先了全球半導體產業，於2021年5月通過了「TCFD第三方績效評核」，獲得驗證機構台灣檢驗科技(SGS)的肯定，將之評定為標竿者等級。

 四　淨零轉型

聯合國政府間氣候變化專門委員會（Intergovernmental Panel on Climate Change, IPCC）2022年2月公布第六次評估報告（IPCC AR6）指出，全球暖化將在近20年內升溫至攝氏1.5度，多種氣候危害的增加，如極端氣候災難、熱浪、生物多樣性喪失等，全球皆無法倖免。這些危害衝擊到了能源、水資源與糧食安全，並造成許多居住地與生物棲地的喪失。聯合國氣候變化綱要公約第26次締約方大會（UNFCCC COP26）亦呼籲各締約方應採取更為急迫之氣候行動，將全球溫室氣體排放量在2030年前減半，並在2050年達到淨零，方可將全球溫升控制在1.5°C以內，以因應全球氣候緊急之高風險衝擊。已有超過130個國家宣布推動「淨零排放」，2021年4月22日「世界地球日」，2050淨零轉型是全世界的目標，也是臺灣的目標。

我國於2022年3月正式公布「2050淨零排放政策路徑藍圖」，提供至2050年淨零之軌跡與行動路徑，以促進關鍵領域之技術、研究與創新，引導產業綠色轉型，帶動新一波經濟成長，並期盼在不同關鍵里程碑下，促進綠色融資與增加投資，確保公平與銜接過渡時期。

我國2050淨零排放路徑將會以「能源轉型」、「產業轉型」、「生活轉型」、「社會轉型」等四大轉型，及「科技研發」、「氣候法制」兩大治理基礎，輔以「十二項關鍵戰略」，就能源、產業、生活轉型政策預期增長的重要領域制定行動計畫，落實淨零轉型目標。透過打造具競爭力、循環永續、韌性且安全之各項轉型策略及治理基礎，以促進經濟成長、帶動民間投資、創造綠色就業、達成能源自主並提升社會福祉。「2050淨零轉型」不僅攸關競爭力，也關係環境永續，必須打下長治久安的基礎，才能留下一個更好的國家給年輕人。

臺灣未來整體淨零轉型規劃係參考國際能源總署（IEA）、美國、歐盟、韓國等淨零排放能源路徑進行規劃，預計分為下列兩階段：

(一)短期（～2030）達成低碳

執行目前可行減碳措施，致力減少能源使用與非能源使用碳排放。

能源系統：透過能源轉型，增加綠能，優先推動已成熟的風電和光電，並布局地熱與海洋能技術研發；增加天然氣以減少燃煤的使用。

(二)長期（～2050）朝零碳發展

布局長期淨零規劃，使發展中的淨零技術可如期到位，並調整能源、產業結構與社會生活型態。

1. **能源系統**：極大化布建再生能源，並透過燃氣機組搭配碳捕捉再利用及封存（Carbon Capture, Utilization and Storage, CCUS）以及導入氫能發電，來建構零碳電力系統。燃煤則基於戰略安全考量轉為備用。

2. **極大化各產業部門及民生用具之電氣化**：減少非電力之碳排放，集中改善電力部門零碳能源占比。

3. **積極投入各種技術開發**：包括高效率的風電及光電發電技術、碳捕捉再利用及封存（CCUS）、氫能發電及運用之技術。

   藉由上述兩個階段之工作，臺灣規劃2050淨零排放初步總電力占比60～70%之再生能源，並搭9～12%之氫能，加上顧及能源安全下使用搭配碳捕捉之火力發電20～27%，以達成整體電力供應的去碳化。在非電力能源去碳化方面，除加速電氣化進程外，亦將投入創新潔淨能源之開發，如氫能與生質能以取代化石燃料，並搭配碳捕捉再利用及封存技術。而在其他難以削減之溫室氣體排放方面（如：科技產業製程含氟氣體排放、農業畜牧生產及廢棄物廢水處理衍生之甲烷、氧化亞氮排放等），將積極規劃山林溼地保育以提升國土碳匯量能。

根據此規劃藍圖，臺灣提出2050淨零排放路徑里程碑自短期不興建新燃煤電廠開始、陸續擴增再生能源裝置容量、達成100%智慧電網布建、燃煤/燃氣電廠依CCUS發展進程導入運用、最終布建超過60%發電占比之再生能源；此外，亦須搭配產業住商運輸等需求端之各階段管理措施，藉以達成2050淨零排放之長期目標。

圖11-1　臺灣淨零轉型之策略與基礎

圖11-2　臺灣2050淨零轉型之12項關鍵戰略

五　永續發展目標（ESG）

ESG指標最初是由聯合國2004年的《WHO CARES WINS》報告提出，是一種非財務性的績效指標，用來評估企業的永續發展表現，三個字母分別代表：環境保護Environmental、社會責任Social及公司治理Governance。期待企業在ESG三個指標上若能有良好表現，競爭力相較其他企業強，應將ESG指標納入企業經營的評量基準。

三項指標分別是：

(一)環境保護（Environmental）

「環境保護」是觀察企業在面對環境議題時採取何種策略應對，評估面向包含：企業的資源利用策略、營運上對環境的影響及因應措施。例如建造綠建築、提供電子化產品、遠距服務與保護生態多樣性。

(二)社會責任（Social）

核心為人權與公平，重點在於企業的政策或行動，如何影響個人和社會。評估面向為企業是否重視利害關係人的權益，利害關係人包含：企業外部對象（如：客戶、供應鏈廠商）和內部員工。例如：提供多元員工福利、回饋社會及重視弱勢消費者等。

(三)公司治理（Governance）

指標是觀察企業做成決策時，採用何種監督、政策以及規則機制，評估面向包含：企業的管理政策、在制度和運作上是否誠信透明。例如：合理的薪資制度、改善董事會成員組成等。

ESG和SDGs、CSR的關聯或差異：ESG是將企業社會責任（CSR）達成度具體化的指標，主要基於永續發展理念所產生的企業營運策略，被視為企業社會責任的延伸，協助企業評估永續發展的實際成效，而永續發展目標（SDGs）是企業落實 CSR可以具體努力的方向。一般所指的是探討企業的社會責任，代表企業角色的改變，不再只追求營利，對社會也有貢獻；而SDGs 主要包含五大面向，以五個「P」來表示，分別為人們（People）、繁榮（Prosperity）、地球環境（Planet）、和平（Peace）及夥伴關係（Partnership）。

ESG表現良好的企業，可為企業創造以下具體價值：

(一)增加企業營收

對ESG三指標展現重視的企業，有可能吸引到同樣看重永續發展的消費者、客戶，獲得更高的銷售額、投資或合作機會。

(二)降低成本

增加能源使用效率或導入再生能源，能幫助企業減少成本支出，幫助企業減免稅收及獲得政府補助。

(三)減少政府監督與干預：

由於消費者相對於企業屬於弱勢，因此政府透過法規或政策進行監督或干預，ESG評分好的企業可自證其誠信、透明營運，進而減輕政府監管，獲得更多的策略自由。該報告也同時表示，將ESG指標納入投資決策的分析中，是對投資者和資產管理人有利的行動，有助於更好的投資市場及地球永續發展。

(四)提升員工生產力

ESG表現良好的企業，被認為對社會產生正面的影響力，此價值感和使命感將激勵員工，使員工在工作上獲得更大的滿足和動力，進而提高整體生產力。

(五)優化資產使用

透過ESG的客觀評估，企業重新檢視現有資產，並將其重新規劃或更新至較低污染狀態。例如將高耗能工廠進行設備更新。

但，ESG也可能帶給企業以下的負面影響：

(一)產生漂綠／洗綠行為

為提高ESG分數，企業可能開始揭露具成本但膚淺的環保行動，甚至捏造虛假事實。

(二)塑造不良企業形象與聲譽

表現不佳的ESG分數，將帶給企業「正在污染環境、員工受到不當對待」的負面形象。

(三)損失客戶和消費者

環境污染可能導致企業形象受損，進而造成銷售額及績效雙雙下降。

(四)難以獲得資金

越來越多投資人將ESG納入投資策略中，不佳的ESG分數可能不受投資人青睞，無法獲得更多資金挹注。

臺灣企業目前進行ESG評分方式有以下兩種：

(一)政府機關

由財政部金融管理會試行階段的永續金融評鑑平台，已於2023年針對銀

行、證券、保險三個業別，進行首次評鑑，2024年已公布排名前20%之企業或機構。

(二)民間基金會或企業

目前主流的永續評鑑有三大ESG評分獎項，分別由：臺灣永續能源研究基金會、天下永續會及遠見雜誌舉辦。

六　多元平等共融（DEI）

(一)核心概念

DEI是Diversity（多元）、Equity（平等）、Inclusion（共融）的簡稱，中文稱作「多元共融」。

DEI核心概念是讓不同背景的員工，都能在職場上受到接納與支持，進而使所有人都能自由提出意見、充分發揮自身能力。

1. **多元（Diversity）**：指員工屬性的多元性，包括：性別、年齡、種族、性取向、性別認同、宗教、體能等，都是提升職場組成多元性的背景屬性。

2. **平等（Equity）**：是指公司應給予每位員工相對應的待遇，使所有人都能在職場上有一致的立足點及出發點。尤其是考量員工的族群、個體間的差異性，組織應提供不同資源，讓所有員工都可以在相同的高度上或資源上一起競爭。

3. **共融（Inclusion）**：又稱包容，是指職場上無區別地含納所有族群，讓員工在職場上自在做自己、表達自己以及感受到自己的想法受重視，不致有孤立孤獨感、甚至被排擠或排斥，進而對企業產生正向歸屬感與信任度。

(二)企業實施的好處

分別是：

1.增加人才吸引力。　　2.提高企業競爭力。

3.提高員工滿意度。　　4.增加企業獲利率。

(三)臺灣首創企業DEI評比獎項

多元共融願景獎（Diversity for Better Tomorrow Awards, DBTA）由深耕多元共融領域十餘年的女人迷在2022年首次發起，目的在打造一個多元共融的世界，也為了鼓勵各規模企業都投入規劃並推動DEI，特

別將企業獎分為「外商企業」與「本土企業」兩組各做評比。該獎項採用人權戰線（Human Right Campaign，HRC）發布的企業平等指數（Corporate Equality Index，CEI）中的關鍵指標，作為多元共融願景獎的評量項目。

Chapter 12
人力資源管理與勞動法令

依據出題頻率區分，屬：A 頻率高

本章是以人資人員觀點出發，從招募甄選、勞動契約簽訂、薪資福利、社會保險、工時休假等勞動條件、解僱、離職退休等政府公布施行的相關法令為主系統整理，重要法令規範彙整內文，法律全文詳見附錄（法務部全國法規資料庫網站可見最新法律條文）。

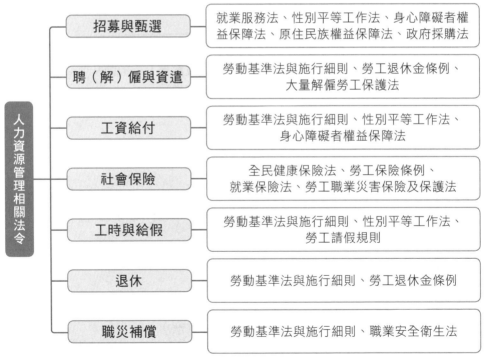

人力資源管理相關法令	招募與甄選	就業服務法、性別平等工作法、身心障礙者權益保障法、原住民族權益保障法、政府採購法
	聘（解）僱與資遣	勞動基準法與施行細則、勞工退休金條例、大量解僱勞工保護法
	工資給付	勞動基準法與施行細則、性別平等工作法、身心障礙者權益保障法
	社會保險	全民健康保險法、勞工保險條例、就業保險法、勞工職業災害保險及保護法
	工時與給假	勞動基準法與施行細則、性別平等工作法、勞工請假規則
	退休	勞動基準法與施行細則、勞工退休金條例
	職災補償	勞動基準法與施行細則、職業安全衛生法

圖12-1　本章架構圖

重點綱要

一、招募甄選相關法律規定

(一) **防制就業歧視**：就業服務法。

(二) **防止不實廣告或不當要求（含薪資資訊對稱）**：就業服務法。

(三) **防制性別歧視**：性別平等工作法。

(四) **定額僱用身心障礙者**：身心障礙者權益保障法。

(五) **定額僱用原住民族**：原住民族權益保障法。

(六) **承接政府業務之規定**：政府採購法。

(七) **聘僱藍領外國人（移工）**：就業服務法。

(八) **聘僱外國留學生**：就業服務法。

(九) **延攬外國專業人才**：外國專業人才延攬及僱用法

二、聘（解）僱及資遣費發給相關法律規定

(一) **簽訂聘僱（勞動）契約**：勞動基準法。

(二) **勞動契約簽訂內容**：勞動基準法施行細則。

(三) **雇主得預告勞工，終止勞動契約**：勞動基準法。

(四) **雇主得不預告勞工，終止勞動契約（俗稱懲戒解僱）**：勞動基準法。

(五) **勞工得不經預告雇主，終止勞動契約**：勞動基準法。

(六) **職業災害公殤病假期間勞工的勞動契約終止**：勞動基準法。

(七) **大量解僱勞工**：大量解僱勞工保護法。

(八) **資遣費發給**：勞動基準法及勞工退休金條例。

(九) **資遣通報**：就業服務法

(十) **職務調動規定**：勞動基準法。

(十一) **簽訂競業禁止條款**：勞動基準法及勞動基準法施行細則。

(十二) **派遣勞工保障**：勞動基準法。

三、薪資及加班費給付相關法律規定

(一) **工資發給**：勞動基準法

(二) **延長工時工資（加班費）**：勞動基準法。

(三) **例假、休息日、休假、特別休假工資**：勞動基準法。

(四) **薪資給付平等原則**：勞動基準法、性別平等工作法、身心障礙者權益保障法。

四、工時與給假相關法律規定

(一) **法定工作時間**：勞動基準法。

(二) **延長工作時間（加班）**：勞動基準法。

(三) **休息時間、休息日、例假日**：勞動基準法。

(四) **彈性工時**：勞動基準法。

(五) **休假日**：勞動基準法。

(六) **特別休假**：勞動基準法。

(七) **其它假別**：勞工請假規則、性別平等工作法。

(八) **勞雇雙方協商減少工時。**

(九) **部分工時與法令規定。**

五、退休相關法律規定

(一) **退休金提繳**：勞工退休金條例

(二) **退休資格**：勞動基準法。

(三) **退休金發給**：勞動基準法及勞工退休金條例。

六、職災補償相關法律規定

(一) **職災補償**：勞動基準法。

(二) **雇主預防職災責任**：職業安全衛生法。

七、職場性騷擾防治相關規定

八、勞資會議實施辦法及同意事項

九、社會保險法令規定

(一) **參加全民健康保險**：全民健康保險法。

(二) **參加勞工保險**：勞工保險條例。

(三) **參加就業保險**：就業保險法。

(四) **參加勞工職災保險**：勞工職業災害保險及保護法。

內容精論

一　招募甄選相關法律規定

(一) **防制就業歧視**：就業服務法第5條第1項：為保障國民就業機會平等，雇主對求職人或所僱用員工，不得以種族、階級、語言、思想、宗教、黨派、籍貫、出生地、性別、性傾向、年齡、婚姻、容貌、五官、身心障

礙、星座、血型或以往工會會員身分為由，予以歧視；其他法律有明文
規定者，從其規定。

違反規定，依同法第65條處新台幣30萬元以上150萬元以下罰鍰。

(二)**防止不實廣告或不當要求（含薪資資訊對稱）**：雇主招募或僱用員工，
不得有下列情事：

1. 為不實之廣告或揭示。
2. 違反求職人或員工之意思，留置其國民身分證、工作憑證或其他證明文
件，或要求提供非屬就業所需之隱私資料。
3. 扣留求職人或員工財物或收取保證金。
4. 指派求職人或員工從事違背公共秩序或善良風俗之工作。
5. 辦理聘僱外國人之申請許可、招募、引進或管理事項，提供不實資料或
健康檢查檢體。
6. 提供職缺之經常性薪資未達新臺幣4萬元而未公開揭示或告知其薪資範圍。
違反規定，依同法第65條處新台幣30萬元以上150萬元以下或6萬元以上
30萬元以下罰鍰。

(三)**防制性別歧視**：性別平等工作法第7條：「雇主對求職者或受僱者之招
募、甄試、進用、分發、配置、考績或升遷等，不得因性別而有差別待
遇。但工作性質僅適合特定性別者，不在此限。」

違反規定，依同法第38-1條處新臺幣30萬元以上150萬元以下罰鍰。

(四)**定額僱用身心障礙者**：身心障礙者權益保障法第38條：「各級政府機
關、公立學校及公營事業機構員工總人數在34人以上者，進用具有就業
能力之身心障礙者人數，不得低於員工總人數3%。

私立學校、團體及民營事業機構員工總人數在67人以上者，進用具有就
業能力之身心障礙者人數，不得低於員工總人數1%，且不得少於1人。

前二項各級政府機關、公、私立學校、團體及公、民營事業機構為進用身
心障礙者義務機關（構）；其員工總人數及進用身心障礙者人數之計算方
式，以各義務機關（構）每月1日參加勞保、公保人數為準；第一項義務
機關（構）員工員額經核定為員額凍結或列為出缺不補者，不計入員工總
人數。

前項身心障礙員工之月領薪資未達勞動基準法按月計酬之基本工資數額
者，不計入進用身心障礙者人數及員工總人數。但從事部分工時工作，
其月領薪資達勞動基準法按月計酬之基本工資數額二分之一以上者，進
用2人得以1人計入身心障礙者人數及員工總人數。

辦理庇護性就業服務之單位進用庇護性就業之身心障礙者，不計入進用身心障礙者人數及員工總人數。

依第1項、第2項規定進用重度以上身心障礙者，每進用1人以2人核計。

身心障礙者權益保障法第43條規定：「進用身心障礙者人數未達第38條第1項、第2項標準之機關（構），應定期向所在地直轄市、縣（市）勞工主管機關之身心障礙者就業基金繳納差額補助費；其金額，依差額人數乘以每月基本工資計算。」

(五)**定額僱用原住民族**：原住民族工作權保障法第4條規定：「各級政府機關、公立學校及公營事業機構，除位於澎湖、金門、連江縣外，其僱用下列人員之總額，每滿100人應有原住民1人：

1. 約僱人員。　　　　　　　　　　2. 駐衛警察。
3. 技工、駕駛、工友、清潔工。　　4. 收費管理員。
5. 其他不需具公務人員任用資格之非技術性工級職務。

前項各款人員之總額，每滿50人未滿100人之各級政府機關、公立學校及公營事業機構，應有原住民1人。」

原住民族工作權保障法第5條：「原住民地區之各級政府機關、公立學校及公營事業機構，其僱用下列人員之總額，應有三分之一以上為原住民：

1. 約僱人員。　　　　　　　　　　2. 駐衛警察。
3. 技工、駕駛、工友、清潔工。　　4. 收費管理員。
5. 其他不需具公務人員任用資格之非技術性工級職務。

前項各款人員，經各級政府機關、公立學校及公營事業機構列為出缺不補者，各該人員不予列入前項總額計算之。原住民地區之各級政府機關、公立學校及公營事業機構，進用須具公務人員任用資格者，其進用原住民人數應不得低於現有員額之百分之二，並應於本法施行後三年內完成。但現有員額未達比例者，俟非原住民公務人員出缺後，再行進用。」

(六)**承接政府業務之規定**：政府採購法第98條：「得標廠商其於國內員工總人數逾100人者，應於履約期間僱用身心障礙者及原住民，人數不得低於總人數2%，僱用不足者，除應繳納代金，並不得僱用外籍勞工取代僱用不足額部分。」

(七)**聘僱藍領外國人（移工）**：就業服務法第46條：「雇主聘僱外國人在中華民國境內從事之工作，除本法另有規定外，以下列各款為限：

1. 專門性或技術性之工作。
2. 華僑或外國人經政府核准投資或設立事業之主管。

3. 下列學校教師：
   (1)公立或經立案之私立大專以上校院或外國僑民學校之教師。
   (2)公立或已立案之私立高級中等以下學校之合格外國語文課程教師。
   (3)公立或已立案私立實驗高級中等學校雙語部或雙語學校之學科教師。
4. 依補習及進修教育法立案之短期補習班之專任教師。
5. 運動教練及運動員。
6. 宗教、藝術及演藝工作。
7. 商船、工作船及其他經交通部特許船舶之船員。
8. 海洋漁撈工作。
9. 家庭幫傭及看護工作。
10. 為因應國家重要建設工程或經濟社會發展需要，經中央主管機關指定之工作。
11. 其他因工作性質特殊，國內缺乏該項人才，在業務上確有聘僱外國人從事工作之必要，經中央主管機關專案核定者。
    雇主依第1項第8款至第10款規定聘僱外國人，須訂立書面勞動契約，並以定期契約為限；其未定期限者，以聘僱許可之期限為勞動契約之期限。續約時，亦同。」

(八)**聘僱外國留學生**：就業服務法第50條：「雇主聘僱下列學生從事工作，得不受第46條第1項規定之限制；其工作時間除寒暑假外，每星期最長為20小時：
1. 就讀於公立或已立案私立大專校院之外國留學生。
2. 就讀於公立或已立案私立高級中等以上學校之僑生及其他華裔學生。」

(九)**延攬外國專業人才**：外國專業人才延攬及僱用法
   第4條　本法用詞，定義如下：
   一、外國專業人才：指得在我國從事專業工作之外國人。
   二、外國特定專業人才：指外國專業人才具有中央目的事業主管機關公告之我國所需科技、經濟、教育、文化藝術、體育、金融、法律、建築設計、國防及其他領域之特殊專長，或經主管機關會商相關中央目的事業主管機關認定具有特殊專長者。
   三、外國高級專業人才：指入出國及移民法所定為我國所需之高級專業人才。
   四、專業工作：指下列工作：
   (一)就業服務法第46條第1項第1款至第3款、第5款及第6款所定工作。
   (二)就業服務法第48條第1項第1款及第3款所定工作。

(三)依補習及進修教育法立案之短期補習班（以下簡稱短期補習班）之專任外國語文教師，或具專門知識或技術，且經中央目的事業主管機關會商教育部指定之短期補習班教師。

(四)教育部核定設立招收外國專業人才、外國特定專業人才及外國高級專業人才子女專班之外國語文以外之學科教師。

(五)學校型態實驗教育實施條例、公立高級中等以下學校委託私人辦理實驗教育條例及高級中等以下教育階段非學校型態實驗教育實施條例所定學科、外國語文課程教學、師資養成、課程研發及活動推廣工作。

第7條　外國專業人才、外國特定專業人才及外國高級專業人才在我國從事專業工作，有下列情形之一者，不須申請許可：

(一)受各級政府及其所屬學術研究機關（構）聘請擔任顧問或研究工作。

(二)受聘僱於公立或已立案之私立大學進行講座、學術研究經教育部認可。

外國專業人才、外國特定專業人才及外國高級專業人才，其本人、配偶、未成年子女及因身心障礙無法自理生活之成年子女，經許可永久居留者，在我國從事工作，不須向勞動部或教育部申請許可。

第8條　雇主聘僱從事專業工作之外國特定專業人才，其聘僱許可期間最長為5年，期滿有繼續聘僱之需要者，得申請延期，每次最長為5年。

前項外國特定專業人才經內政部移民署許可居留者，其外僑居留證之有效期間，自許可之翌日起算，最長為5年；期滿有繼續居留之必要者，得於居留期限屆滿前，向內政部移民署申請延期，每次最長為5年。該外國特定專業人才之配偶、未成年子女及因身心障礙無法自理生活之成年子女，經內政部移民署許可居留者，其外僑居留證之有效期間及延期期限，亦同。

第9條　外國特定專業人才擬在我國從事專業工作者，得逕向內政部移民署申請核發具工作許可、居留簽證、外僑居留證及重入國許可四證合一之就業金卡。內政部移民署許可核發就業金卡前，應會同勞動部及外交部審查。但已入國之外國特定專業人才申請就業金卡時得免申請居留簽證。

前項就業金卡有效期間為1年至3年；符合一定條件者，得於有效期間屆滿前申請延期，每次最長為3年。

聘（解）僱及資遣費發給相關法律規定

(一)**簽訂聘僱（勞動）契約**：不定期勞動契約為主要

勞動基準法第9條規定：「勞動契約分為定期契約及不定期契約。臨時性、短期性、季節性及特定性工作得為定期契約；有繼續性工作應為不定期契約。派遣事業單位與派遣勞工訂定之勞動契約，應為不定期勞契約。定期契約屆滿後，有下列情形之一者，視為不定期契約：

1. 勞工繼續工作而雇主不即表示反對意思者。
2. 雖經另訂新約，惟其前後勞動契約之工作期間超過90日，前後契約間斷期間未超過30日者。」

勞動基準法施行細則第6條規定：「本法第9條第1項所稱臨時性、短期性、季節性及特定性工作，依下列規定認定之：

臨時性工作	無法預期之非繼續性工作，其工作期間在6個月以內者。
短期性工作	可預期於6個月內完成之非繼續性工作。
季節性工作	受季節性原料、材料來源或市場銷售影響之非繼續性工作，其工作期間在9個月以內者。
特定性工作	可在特定期間完成之非繼續性工作。其工作期間超過1年者，應報請主管機關核備。」

(二)**勞動契約簽訂內容**：勞動基準法施行細則第7條規定：「勞動契約應依本法有關規定約定下列事項：

1. 工作場所及應從事之工作。
2. 工作開始與終止之時間、休息時間、休假、例假、休息日、請假及輪班制之換班。
3. 工資之議定、調整、計算、結算與給付之日期及方法。
4. 勞動契約之訂定、終止及退休。
5. 資遣費、退休金、其他津貼及獎金。
6. 勞工應負擔之膳宿費及工作用具費。
7. 安全衛生。
8. 勞工教育及訓練。
9. 福利。

10. 災害補償及一般傷病補助。
11. 應遵守之紀律。
12. 獎懲。
13. 其他勞資權利義務有關事項。」

(三) **雇主得預告勞工，終止勞動契約（俗稱經濟解僱）**：勞動基準法第11條
　　規定：「非有下列情形之一者，雇主不得預告勞工終止勞動契約：

1. 歇業或轉讓時。
2. 虧損或業務緊縮時。
3. 不可抗力暫停工作在1個月以上時。
4. 業務性質變更，有減少勞工之必要，又無適當工作可供安置時。
5. 勞工對於所擔任之工作確不能勝任時。」
　　預告期間依下列規定辦理：
　　勞動基準法第16條規定：「雇主依第11條規定終止勞動契約者，其預告
　　期間依下列各款之規定：

1. 繼續工作3個月以上1年未滿者，於10日前預告之。
2. 繼續工作1年以上3年未滿者，於20日前預告之。
3. 繼續工作3年以上者，於30日前預告之。」

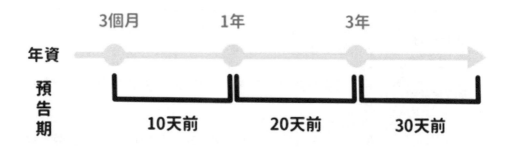

(四) **雇主得不預告勞工，終止勞動契約（俗稱懲戒解僱）**：勞動基準法第12
　　條規定：「勞工有下列情形之一者，雇主得不經預告終止契約：

1. 於訂立勞動契約時為虛偽意思表示，使雇主誤信而有受損害之虞者。
2. 對於雇主、雇主家屬、雇主代理人或其他共同工作之勞工，實施暴行或
　　有重大侮辱之行為者。
3. 受有期徒刑以上刑之宣告確定，而未諭知緩刑或未准易科罰金者。
4. 違反勞動契約或工作規則，情節重大者。

5. 故意損耗機器、工具、原料、產品，或其他雇主所有物品，或故意洩漏雇主技術上、營業上之秘密，致雇主受有損害者。

6. 無正當理由繼續曠工3日，或一個月內曠工達6日者。」

(五)**勞工得不經預告雇主，終止勞動契約**：勞動基準法第14條規定：「有下列情形之一者，勞工得不經預告終止契約：

1. 雇主於訂立勞動契約時為虛偽之意思表示，使勞工誤信而有受損害之虞者。

2. 雇主、雇主家屬、雇主代理人對於勞工，實施暴行或有重大侮辱之行為者。

3. 契約所訂之工作，對於勞工健康有危害之虞，經通知雇主改善而無效果者。

4. 雇主、雇主代理人或其他勞工患有惡性傳染病，有傳染之虞者。

5. 雇主不依勞動契約給付工作報酬，或對於按件計酬之勞工不供給充分之工作者。

6. 雇主違反勞動契約或勞工法令，致有損害勞工權益之虞者。

　　勞工依前項第1款、第6款規定終止契約者，應自知悉其情形之日起，30日內為之。

　　有第2款或第4款情形，雇主已將該代理人解僱或已將患有惡性傳染病者送醫或解僱，勞工不得終止契約。」

勞動契約終止時雇主應盡義務

工資給付	勞基法施行細則第9條：勞動契約終止後，積欠勞工之工資，雇主應即結清給付之
資遣費發給	勞工有資遣費之請求權者，雇主應於終止勞動契約時發給之
退休金給付	舊制退休金發給，依勞基法第56條第3項：雇主應於勞工退休之日起30日內給付，如無法一次發給時，得報經主管機關核定後，分期給付
服務證明發給	勞基法第19條：勞動契約終止時，勞工如請求發給服務證明書，雇主或其代理人不得拒絕
勞方物品或其他財產交付或返還	勞動契約終止後，勞方的物品公積金保證金及其他名義之財產，雇主應交付或返還

勞動契約終止時勞工應盡義務

工資結束之義務	依誠實信用原則，結束原擔任之工作
不為營業競爭之義務	勞基法第9-1條：勞動契約終止時，勞工與雇主簽訂競業禁止條款約定，不得從事競業行為
物品或其他財產返還之義務	返還原保管或使用之物品或其他財產

(六)**勞工職業災害公傷病假期間的勞動契約終止**：

1. **雇主終止勞動契約**：依勞工職業災害保險及保護法第84條：非有下列情形之一者，雇主不得預告終止與職業災害勞工之勞動契約：

    (1)歇業或重大虧損，報經主管機關核定。

    (2)職業災害勞工經醫療終止後，經中央衛生福利主管機關醫院評鑑合格醫院認定身心障礙不堪勝任工作。

    (3)因天災、事變或其他不可抗力因素，致事業不能繼續經營，報經主管機關核定。

    雇主依前項規定預告終止勞動契約時，準用勞動基準法規定預告勞工。

2. **勞工終止勞動契約**：依勞工職業災害保險及保護法第84條：

    有下列情形之一者，職業災害勞工得終止勞動契約：

    (1)經中央衛生福利主管機關醫院評鑑合格醫院認定身心障礙不堪勝任工作。

    (2)事業單位改組或轉讓，致事業單位消滅。

    (3)雇主未依第67條第1項規定協助勞工恢復原工作或安置適當之工作。

    (4)對雇主依第67條第1項規定安置之工作未能達成協議。

    職業災害勞工依前項第1款規定終止勞動契約時，準用勞動基準法規定預告雇主。

(七)**大量解僱勞工**：依大量解僱勞工保護法第2條規定：「本法所稱大量解僱勞工，係指事業單位有勞動基準法第11條所列各款情形之一、或因併購、改組而解僱勞工，且有下列情形之一：

1. 同一事業單位之同一廠場僱用勞工人數未滿30人者，於60日內解僱勞工逾10人。

2. 同一事業單位之同一廠場僱用勞工人數在30人以上未滿200人者，於60日內解僱勞工逾所僱用勞工人數三分之一或單日逾20人。

3. 同一事業單位之同一廠場僱用勞工人數在200人以上未滿500人者，於60日內解僱勞工逾所僱用勞工人數四分之一或單日逾50人。

4. 同一事業單位僱用勞工人數在500人以上者，於60日內解僱勞工逾所僱用勞工人數五分之一。
5. 同一事業單位於60日內解僱勞工逾200人或單日逾100人。」

事業單位僱用勞工人數	解僱人數及比例	
	期間／人數	單日／人數
29人以下	60日內超過10人	
30～199人	60日內超過1／3	單日超過20人
200～499人	60日內超過1／4	單日超過50人
500人以上	60日內超過1／5	
同一事業單位	60日內超過200人	單日超過100人

　　同法第4條規定：事業單位大量解僱勞工時，應於合乎第2條規定情事之日起60日前，將解僱計畫書通知主管機關及相關單位或人員，並公告揭示。但因天災、事變或突發事件，不受60日之限制。

　　依前項規定通知相關單位或人員之順序如下：

1. 事業單位大量解僱勞工所屬之工會。
2. 事業單位勞資會議之勞方代表。
3. 事業單位之全體勞工。

(八)**資遣費發給**：94年7月1日前僱用之員工（俗稱舊制），依勞動基準法規定辦理：

　　勞動基準法第17條規定：「雇主依前條終止勞動契約者，應依下列規定發給勞工資遣費：

1. 在同一雇主之事業單位繼續工作，每滿1年發給相當於1個月平均工資之資遣費。
2. 依前款計算之剩餘月數，或工作未滿1年者，以比例計給之。未滿1個月者以1個月計。

　　前項所定資遣費，雇主應於終止勞動契約30日內發給。」

　　94年7月1日後僱用之員工（俗稱新制），依勞工退休金條例規定辦理：

　　勞工退休金條例第12條規定：「勞工適用本條例之退休金制度者，適用本條例後之工作年資，於勞動契約依勞動基準法第11條、第13條但書、第14條、第20條或職業災害勞工保護法第23條、第24條規定終止時，其資遣費由雇主按其工作年資，每滿1年發給二分之一個月之平均工資，未

滿1年者，以比例計給；最高以發給6個月平均工資為限，不適用勞動基準法第17條之規定。」

(九)**資遣通報**

依就業服務法第33條規定，雇主資遣勞工時，應於勞工離職之10日前，將被資遣勞工之姓名、性別、年齡、住址、電話、擔任工作、資遣事由及需否就業輔導等事項，列冊通報當地主管機關及公立就業服務機構；但其資遣係因天災、事變或其他不可抗力之情事所致者，應自被資遣勞工離職之日起3日內為之。其中「資遣」係指雇主依勞動基準法第11條、第13條但書及第20條所規定之情形終止勞動契約者。如雇主未依規定通報者，依就業服務法第68條及第75條規定，由直轄市及縣（市）主管機關處新臺幣3萬元以上，15萬元以下罰鍰。又，辦理資遣通報方式，可採「線上通報」或「書面通報」擇一辦理。

勞基法資遣預告／就服法資遣通報差異比較分析表

項目別	勞基法資遣預告	就服法資遣通報
法源	勞基法第16條	就服法第33條
對象	被資遣勞工	地方政府機關及公立就業服務機構
通知期間	預告期間視勞工已受僱時間長短而定，10、 20 、30天三種	一般資遣於員工離職之10日前通報，緊急資遣在被資遣員工離職之日起3日內補通報
目的	讓勞工有所準備	讓政府協助被資遣勞工迅速再就業
罰則	新台幣2-30萬元	新台幣3-15萬元

(十)**職務調動規定**：勞動基準法第10-1條規定：「雇主調動勞工工作，不得違反勞動契約之約定，並應符合下列原則：

1. 基於企業經營上所必須，且不得有不當動機及目的。但法律另有規定者，從其規定。
2. 對勞工之工資及其他勞動條件，未作不利之變更。
3. 調動後工作為勞工體能及技術可勝任。
4. 調動工作地點過遠，雇主應予以必要之協助。
5. 考量勞工及其家庭之生活利益。」

(十一) **簽訂競業禁止條款**：勞動基準法第9-1條規定：「未符合下列規定者，雇主不得與勞工為離職後競業禁止之約定：

1. 雇主有應受保護之正當營業利益。
2. 勞工擔任之職位或職務，能接觸或使用雇主之營業秘密。
3. 競業禁止之期間、區域、職業活動之範圍及就業對象，未逾合理範疇。
4. 雇主對勞工因不從事競業行為所受損失有合理補償。

　　離職後競業禁止之期間，最長不得逾2年。逾2年者，縮短為2年。」

　　勞動基準法施行細則第7-1條規定：「離職後競業禁止之約定，應以書面為之，且應詳細記載本法第9條之1第1項第3款及第4款規定之內容，並由雇主與勞工簽章，各執1份。」

　　同法第7-2條規定：「本法第9條之1第1項第3款所為之約定未逾合理範疇，應符合下列規定：

1. 競業禁止之期間，不得逾越雇主欲保護之營業秘密或技術資訊之生命週期，且最長不得逾2年。
2. 競業禁止之區域，應以原雇主實際營業活動之範圍為限。
3. 競業禁止之職業活動範圍，應具體明確，且與勞工原職業活動範圍相同或類似。
4. 競業禁止之就業對象，應具體明確，並以與原雇主之營業活動相同或類似，且有競爭關係者為限。」

　　同法第7-3條規定：「本法第9條之1第1項第4款所定之合理補償，應就下列事項綜合考量：

1. 每月補償金額不低於勞工離職時一個月平均工資50%。
2. 補償金額足以維持勞工離職後競業禁止期間之生活所需。
3. 補償金額與勞工遵守競業禁止之期間、區域、職業活動範圍及就業對象之範疇所受損失相當。
4. 其他與判斷補償基準合理性有關之事項。」

(十二) **派遣勞動保障**

　　傳統勞動關係中，勞工直接由雇主指揮監督，為其提供職業上之勞動力，雇主則給付工資作為報酬。但隨著服務業經濟發展與經貿全球化，企業為因應景氣變化而產生彈性運用勞動力之需求，於是逐漸興起多種「非典型勞動」型態，例如：部分時間工作、外包、電傳勞動及勞動派遣等。

　　有關勞動派遣之概念，可簡單歸納如下：提供派遣勞工者（以下稱派遣機構）與使用派遣勞工者（以下稱要派機構）簽訂提供與使用派遣勞工

之商務契約（以下稱要派契約），而派遣勞工在與派遣機構維持勞動契約前提下，被派遣至要派機構之工作場所，並在要派機構之指揮監督下提供勞務。所以勞動派遣具有以下特色：

1. 是一種涉及三方當事人的勞動關係。
2. 派遣勞工與派遣機構間為勞動契約關係。
3. 派遣機構與要派機構間為商務契約關係。
4. 要派機構與派遣勞工間雖無勞動契約關係，但派遣勞工係在要派機構之指揮監督下提供勞務。

茲將派遣機構、要派機構與派遣勞工間之關係圖示如下：

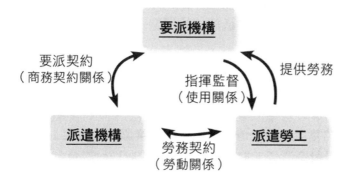

勞動派遣適用勞動基準法：查中華民國行業標準分類（民國85年12月31日第6次修訂版）規定，其他工商服務業項下人力供應業（細類編號：7901）係指凡從事職業介紹或人力仲介、派遣、接受委託招募員工之行業均屬之。依據行政院勞工委員會民國86年10月30日（86）台勞動一字第047494號函釋，其他工商服務業及所屬勞工應自民國87年4月1日起適用勞動基準法。所以派遣機構應適用勞動基準法。是以，派遣勞工若受僱於派遣機構或其他適用勞動基準法之事業單位，雙方約定之各項勞動條件，均不得低於該法所定之最低標準，且僱用派遣勞工之派遣機構當然應遵行所有勞動法令規定之雇主義務。

1. 勞動部為使派遣事業單位與要派單位確實符合勞動法令，保障派遣勞工權益，特於111年4月7日修訂勞動派遣權益指導原則。
2. **本指導原則用詞，定義如下：**
   (1)勞動派遣：指派遣事業單位指派所僱用之勞工至要派單位，接受該要派單位指揮監督管理，提供勞務之行為。
   (2)派遣事業單位：指從事勞動派遣業務之事業單位。

(3)要派單位：指依據要派契約，實際指揮監督管理派遣勞工從事工作者。

(4)派遣勞工：指受派遣事業單位僱用，並向要派單位提供勞務者。

(5)要派契約：指要派單位與派遣事業單位就勞動派遣事項所訂立之契約。

3. **派遣事業單位僱用派遣勞工，應注意下列事項：**

(1)人力供應業於中華民國87年4月1日起納入勞動基準法適用範圍，派遣事業單位僱用派遣勞工從事工作，應遵循勞動基準法及相關勞動法令之規定。

(2)派遣事業單位與派遣勞工訂定之勞動契約，應為不定期契約。派遣事業單位不得配合要派單位之需求，與派遣勞工簽訂定期契約。

(3)有關勞動基準法施行細則第7條規定之事項，派遣事業單位與派遣勞工應本誠信原則協商，且不得低於法律規定，並宜以書面載明，由勞雇雙方各執1份為憑。

(4)派遣事業單位應依法令規定為派遣勞工辦理勞工保險、勞工職業災害保險、就業保險及全民健康保險，並依規定覈實申報投保薪資（金額）。

(5)派遣事業單位應依勞動基準法及勞工退休金條例辦理勞工退休事項。

(6)派遣事業單位招募或僱用派遣勞工應遵守就業服務法規定，不得有就業歧視，亦不得對派遣勞工扣留證件、財物或收取保證金。

(7)派遣事業單位招募或僱用派遣勞工應遵守性別平等工作法規定。

(8)派遣勞工依勞動基準法第17-1條規定與要派單位訂定勞動契約者，其與派遣事業單位之勞動契約視為終止，派遣勞工不負違反最低服務年限約定或返還訓練費用之責任。派遣事業單位應依同法或勞工退休金條例規定之給付標準及期限，發給派遣勞工退休金或資遣費。

(9)派遣事業單位不得因派遣勞工依前款規定向要派單位提出要求訂約之意思表示，而予以解僱、降調、減薪、損害其依法令、契約或習慣上所應享有之權益，或其他不利之處分。

派遣事業單位為前開行為之一者，無效。

(10)要派單位與派遣事業單位終止要派契約，不影響派遣勞工為派遣事業單位工作之受僱者權益。派遣事業單位無適當工作可供安置者，有關勞動契約之終止，應依勞動基準法等相關規定辦理。

(11)派遣事業單位僱用勞工人數在30人以上者，應依其事業性質，訂立工作規則，報請主管機關核備後公開揭示。

(12)派遣事業單位未符合勞動基準法第15-1條第1項規定者，不得約定勞工於派遣期間，轉任為要派單位之正職人員須給付違約金或返還訓練費用。

(13)派遣事業單位未符合勞動基準法第9-1條第1項規定者，不得約定勞工於勞動契約終止後，一定期間內禁止至要派單位任職。

4. **要派單位使用派遣勞工，應注意下列事項：**

(1)要派單位不得為規避勞動法令上雇主義務，強迫正職勞工離職，改用派遣勞工。

(2)要派單位不得於派遣事業單位與派遣勞工簽訂勞動契約前，有面試該派遣勞工或其他指定特定派遣勞工之行為。

(3)要派單位違反前款規定，且已受領派遣勞工勞務者，派遣勞工得於要派單位提供勞務之日起90日內，以書面向要派單位提出訂定勞動契約之意思表示。

(4)要派單位應自前款派遣勞工意思表示到達之日起十日內，與其協商訂定勞動契約。逾期未協商或協商不成立者，視為雙方自期滿翌日成立勞動契約，並以派遣勞工於要派單位工作期間之勞動條件為勞動契約內容。

(5)要派單位不得因派遣勞工依前2款規定向其提出要求訂約之意思表示，而予以解僱、降調、減薪、損害其依法令、契約或習慣上所應享有之權益，或其他不利之處分。要派單位為前開行為之一者，無效。

(6)勞動派遣關係有其特殊性，有關派遣勞工提供勞務時之就業歧視禁止、性騷擾防治、性別平等及職業安全衛生等事項，要派單位亦應積極辦理。

(7)要派單位為派遣勞工辦理教育、訓練或其他類似活動，不得因性別或性傾向而有差別待遇。

(8)要派單位應設置處理性騷擾申訴之專線電話、傳真、專用信箱或電子信箱，並將相關資訊於工作場所顯著之處公開揭示。

(9)要派單位知悉派遣勞工遭性騷擾之情形時，應採取立即有效之糾正及補救措施。派遣勞工遭受要派單位所屬人員性騷擾時，要派單位應受理申訴並與派遣事業單位共同調查；調查屬實者，要派單位應對所屬人員進行懲處，並將結果通知派遣事業單位及當事人。

(10)派遣勞工於要派單位工作期間之福利事項，除法律另有規定外，應本公平原則，避免差別待遇。

(11)要派單位應依法給予派遣勞工哺（集）乳時間，哺（集）乳時間視為工作時間。派遣勞工子女未滿2歲須親自哺（集）乳者，除規定之休息時間外，要派單位應每日另給哺（集）乳時間60分鐘；派遣勞工於每日正常工作時間以外之延長工作時間達1小時以上者，要派單位應

給予哺（集）乳時間30分鐘。僱用30人以上受僱者之要派單位，派遣勞工育有未滿3歲子女者，得要求每日減少工作時間1小時或調整工作時間，要派單位不得拒絕。

(12)要派單位不得因派遣勞工提出性別平等工作法之申訴或協助他人申訴，而予以解僱、調職或其他不利之處分。

(13)派遣事業單位積欠派遣勞工工資，經主管機關處罰或限期令其給付而屆期未給付者，派遣勞工得請求要派單位給付。
要派單位應自派遣勞工請求之日起30日內給付之。

(14)要派單位使用派遣勞工發生職業災害時，要派單位應與派遣事業單位連帶負擔勞動基準法所定雇主職業災害補償之責任；其職業災害依勞工職業災害保險及保護法或其他法令規定，已由要派單位或派遣事業單位支付費用補償者，得主張抵充。

(15)要派單位及派遣事業單位因違反勞動基準法或有關安全衛生規定，致派遣勞工發生職業災害時，應連帶負損害賠償之責任。要派單位或派遣事業單位依勞動基準法給付之補償金額，得抵充就同一事故所生損害之賠償金額。

三 薪資及加班費給付相關法律規定

(一)**工資發給**：勞動基準法第21條規定：「工資由勞雇雙方議定之。但不得低於基本工資。」

（114年1月1日起，政府公告基本工資月薪新台幣28,590元，時薪190元）

同法第22條：「工資之給付，應以法定通用貨幣為之。但基於習慣或業務性質，得於勞動契約內訂明一部以實物給付之。工資之一部以實物給付時，其實物之作價應公平合理，並適合勞工及其家屬之需要。工資應全額直接給付勞工。但法令另有規定或勞雇雙方另有約定者，不在此限。」

同法第23條：「工資之給付，除當事人有特別約定或按月預付者外，每月至少定期發給2次，並應提供工資各項目計算方式明細；按件計酬者亦同」。

同法第26條：「雇主不得預扣勞工工資作為違約金或賠償費用。」

(二)**延長工時工資（加班費）計算**

1.**勞動基準法第30條**：勞工每日正常工作時間不得超過8小時，每週正常工作時數不得超過40小時。

2. **勞動基準法第32條**：雇主延長勞工之工作時間連同正常工作時間，一日不得超過12小時；延長之工作時間，一個月不得超過46小時，但雇主經工會同意，如事業單位無工會者，經勞資會議同意後，延長之工作時間，一個月不得超過54小時，每3個月不得超過138小時。

3. **勞動基準法第36條**：勞工每7日中應有2日之休息，其中1日為例假，1日為休息日。

4. **勞動基準法第24條第1項**：如雇主有使勞工每日工作時間超過8小時者，或每週工作超過40小時者，應依法給付加班費，其標準為：

   (1)延長工作時間在2小時以內者，按平日每小時工資額加給3分之1以上。

   (2)再延長工作時間在2小時以內者，按平日每小時工資額加給3分之2以上。

   (3)雇主因天災、事變或突發事件，有使勞工於平日延長工作時間者，按平日每小時工資額加倍發給。

5. **勞動基準法第24條第2項**：雇主使勞工於第36條所定休息日工作時，應依法給付加班費，其標準為：

   (1)工作時間在2小時以內者，按平日每小時工資額另再加給1又1/3以上。

   (2)工作2小時後再繼續工作者，按平日每小時工資額另再加給1又2/3以上。

   (3)工作超過8小時者，按平日每小時工資額另再加給2又2/3以上。

   (4)雇主使勞工於休息日工作之時間，計入勞動基準法第32條第2項所定延長工作時間總數（即必須計入一個月46小時內）。

   (5)因天災、事變或突發事件，雇主使勞工於休息日工作之必要者，出勤工資應依勞動基準法第24條第2項規定計給，其工作時數不受勞動基準法第32條第2項規定之限制。

6. **國定假日及特別休假出勤工資**：勞動基準法第39條規定：雇主經徵得勞工同意於休假日（國定假日或特別休假）工作者，工資應加倍發給，所稱加倍發給，係指假日當日工資照給外，再加發1日工資。

7. **例假出勤工資**：勞動基準法第40條：沒有天災、事變或突發事件，雇主不得使勞工於「例假」出勤，若因前揭原因有使勞工出勤者，該日應加倍給薪，並應給予勞工事後補假休息。

   舉例而言：勞工月薪30,000元，於平日加班3小時，休息日加班6小時，國定假日出勤8小時，其加班費算法如下：

   $$((30,000/240 \times 4/3 \times 2) + (30,000/240 \times 5/3 \times 1) + (30,000/240 \times 4/3 \times 2) + (30,000/240 \times 5/3 \times 4) + (30,000/240 \times 8 \times 1)) = 2,708.33 \cdots\cdots$$

(三)**薪資給付平等原則**：勞動基準法第25條規定：「雇主對勞工不得因性別而有差別之待遇。工作相同、效率相同者，給付同等之工資。」

性別平等工作法第10條規定：「雇主對受僱者薪資之給付，不得因性別而有差別待遇；其工作或價值相同者，應給付同等薪資。但基於年資、獎懲、績效或其他非因性別因素之正當理由者，不在此限」。

身心障礙者權益保障法第40條規定：「進用身心障礙者之機關（構），對其所進用之身心障礙者，應本同工同酬之原則，不得為任何歧視待遇，其所核發之正常工作時間薪資，不得低於基本工資。」

四 工時與給假相關法律規定

(一)**法定工作時間**：勞動基準法第30條規定：「勞工正常工作時間，每日不得超過8小時，每週不得超過40小時。

前項正常工作時間，雇主經工會同意，如事業單位無工會者，經勞資會議同意後，得將其二週內2日之正常工作時數，分配於其他工作日。其分配於其他工作日之時數，每日不得超過2小時。但每週工作總時數不得超過48小時。

第一項正常工作時間，雇主經工會同意，如事業單位無工會者，經勞資會議同意後，得將8週內之正常工作時數加以分配。但每日正常工作時間不得超過8小時，每週工作總時數不得超過48小時。

前二項規定，僅適用於經中央主管機關指定之行業。」

(二)**延長工作時間（加班）**：勞動基準法第32條規定：「雇主有使勞工在正常工作時間以外工作之必要者，雇主經工會同意，如事業單位無工會者，經勞資會議同意後，得將工作時間延長之。

前項雇主延長勞工之工作時間連同正常工作時間，1日不得超過12小時。延長之工作時間，一個月不得超過46小時。但雇主經工會同意，如事業單位無工會者，經勞資會議同意後，延長之工作時間，1個月不得超過54小時，每3個月不得超過138小時。雇主僱用勞工人數在30人以上，依前項但書規定延長勞工工作時間者，應報當地主管機關備查。

因天災、事變或突發事件，雇主有使勞工在正常工作時間以外工作之必要者，得將工作時間延長之。但應於延長開始後24小時內通知工會；無工會組織者，應報當地主管機關備查。延長之工作時間，雇主應於事後補給勞工以適當之休息。」

(三)**休息時間、休息日、例假日**：勞動基準法第35條規定：「勞工繼續工作4小時，至少應有30分鐘之休息。但實行輪班制或其工作有連續性或緊急性者，雇主得在工作時間內，另行調配其休息時間。」

勞動基準法第36條規定：「勞工每7日中應有2日之休息，其中1日為例假，1日為休息日。

例假與休息日之區別：

1. 「例假」屬強制性規定，俾以適當地中斷勞工連續多日之工作，保護其身心健康，雇主不得任意剝奪勞工此項基本權益。例假之合法出勤要件，僅限於勞動基準法第40條所列「天災、事變或突發事件」之極特殊狀況，若無該等法定原因，縱然勞工同意，亦不得使勞工於例假日工作。

2. 「休息日」之出勤較為彈性，其出勤性質屬延長工作時間，雇主如有使勞工於休息日工作之必要，在遵守勞動基準法第24條第2項、第3項、第32條及第36條規定之前提下，可徵求勞工之同意出勤。

(四)**彈性工時**

可分為2週、4週、8週彈性工時三種：

1. **2週彈性工時**：適用勞動基準法之行業，在正常工作時間，雇主經工會同意，如事業單位無工會者，經勞資會議同意後，得將其2週內2日之正常工作時數，分配於其他工作日。分配於其他工作日之時數，每日不得超過2小時。但每週工作總時數不得超過48小時。

2. **4週彈性工時**：經中央主管機關指定之行業，雇主經工會同意，如事業單位無工會者，經勞資會議同意後，得將4週內之正常工作時數（即168小時）加以分配。但每日正常工作時間不得超過10小時，每2週內應有2日之休息，作為例假。

3. **8週彈性工時**：中央主管機關指定之行業，雇主經工會同意，如事業單位無工會者，經勞資會議同意後，得將8週內之正常工作時數(即336小時)加以分配。但每日正常工作時間不得超過8小時，每週工作總時數不得超過48小時。

三種彈性工時模式比較

類別	2週彈性	4週彈性	8週彈性
定義	2週內2天正常工時分配到其他工作日	4週內正常工時加以分配	8週內正常工時加以分配
法條	30條2項	30-1條	30條3項

類別	2週彈性	4週彈性	8週彈性
工時上限	每日10小時，每週48小時	每日8小時，每週48小時	每日10小時，每4週160小時
延長工時上限	每日正常工時加延長工時上限為12小時		
休息日	每7天需有1例假日，不得連續工作超過6天	每14天需有2例假日	每7天需有1例假日，不得連續工作超過6天
例假日	每2週2休	每4週4休	每8週8休

(五)**休假日**：勞動基準法第37條規定：「內政部所定應放假之紀念日、節日、勞動節及其他中央主管機關指定應放假之日，均應休假。」

(六)**特別休假**：勞動基準法第38條規定：「勞工在同一雇主或事業單位，繼續工作滿一定期間者，應依下列規定給予特別休假：

1. 6個月以上1年未滿者，3日。
2. 1年以上2年未滿者，7日。
3. 2年以上3年未滿者，10日。
4. 3年以上5年未滿者，每年14日。
5. 5年以上10年未滿者，每年15日。
6. 10年以上者，每1年加給1日，加至30日為止。」

勞工特別休假一覽表

勞工服務年資	特別休假日數	勞工服務年資	特別休假日數
6個月至未滿1年	3	滿第13年	19
滿第1年	7	滿第14年	20
滿第2年	10	滿第15年	21
滿第3年	14	滿第16年	22
滿第4年	14	滿第17年	23
滿第5年	15	滿第18年	24
滿第6年	15	滿第19年	25
滿第7年	15	滿第20年	26
滿第8年	15	滿第21年	27

勞工服務年資	特別休假日數	勞工服務年資	特別休假日數
滿第9年	15	滿第22年	28
滿第10年	16	滿第23年	29
滿第11年	17	滿第24年	30
滿第12年	18	滿第25年	30

(七)**其它假別**：依據勞工請假規則規定的假期計有以下：

1. **婚假**：8日，工資照給。

2. **喪假**：依下列規定：

 (1)父母、養父母、繼父母、配偶喪亡者，喪假8日，工資照給。

 (2)祖父母、子女、配偶之父母、配偶之養父母或繼父母喪亡者，喪假6日，工資照給。

 (3)曾祖父母、兄弟姊妹、配偶之祖父母喪亡者，喪假3日，工資照給。

3. **普通傷病假**：

 (1)未住院者，1年內合計不得超過30日。

 (2)住院者，2年內合計不得超過1年。

 (3)未住院傷病假與住院傷病假2年內合計不得超過1年。

 普通傷病假超過期限，經以事假或特別休假抵充後仍未痊癒者，得予留職停薪。但留職停薪期間以1年為限。

4. **公傷病假**：職業災害而致失能、傷害或疾病者，其治療、休養期間，給予公傷病假。

5. **事假**：1年內合計不得超過14日，不給工資。

勞動基準法相關假別一覽表

假別	給假原則	依據
例假	勞工每7日中應有2日之休息，其中1日為例假，1日為休息日。	勞動基準法第36條
國定假日	內政部所定應放假之紀念日、節日、勞動節及其他中央主管機關指定應放假日。	勞動基準法第37條
特別休假	1. 6個月至未滿1年：3日。　2. 工作滿第1年：7日。 3. 工作滿第2年：10日。　4. 工作滿第3年：14日。	勞動基準法第38條 特別休假試算表

假別	給假原則	依據
特別休假	5. 工作滿第4年：14日。　6. 工作滿第5年：15日。 7. 工作滿第6年：15日。　8. 工作滿第7年：15日。 9. 工作滿第8年：15日。　10. 工作滿第9年：15日。 11. 工作滿第10年：16日。12. 工作滿第11年：17日。 13. 工作滿第12年：18日。14. 工作滿第13年：19日。 15. 工作滿第14年：20日。16. 工作滿第15年：21日。 17. 工作滿第16年：22日。18. 工作滿第17年：23日。 19. 工作滿第18年：24日。20. 工作滿第19年：25日。 21. 工作滿第20年：26日。22. 工作滿第21年：27日。 23. 工作滿第22年：28日。24. 工作滿第23年：29日。 25. 工作滿第24年：30日。26. 工作滿第25年以上：30日。	勞動基準法第38條特別休假試算表
婚假	1. 8日。	勞工請假規則第2條
喪假	1. 父母、養父母、繼父母、配偶喪亡者，喪假8日。 2. 祖父母、子女、配偶之父母、配偶之養父母或繼父母喪亡者，喪假6日。 3. 曾祖父母、兄弟姊妹、配偶之祖父母喪亡者，喪假3日。	勞工請假規則第3條
普通傷病假	1. 未住院者，1年內合計不得超過30日。 2. 住院者，2年內合計不得超過1年。 3. 未住院傷病假與住院傷病假2年內合計不得超過1年。 4. 經醫師診斷，罹患癌症（含原位癌）採門診方式治療或懷孕期間需安胎休養者，其治療或休養期間，併入住院傷病假計算。	勞工請假規則第4條
公傷病假	因職業災害而致失能、傷害或疾病者，其治療、休養期間，給予公傷病假。	勞工請假規則第6條
事假	1年內合計不得超過14日。	勞工請假規則第7條
公假	依法令規定應給予公假者。	勞工請假規則第8條

6. **安胎假**：懷孕期間需安胎休養者，休養期間併入住院傷病假計算。

另，依據性別平等工作法規定的假期計有以下：

生理假	女性受僱者因生理日致工作有困難者，每月得請生理假1日，全年請假日數未逾3日，不併入病假計算，其餘日數併入病假計算。併入及不併入病假之生理假薪資，減半發給。
產假	女性受僱者分娩前後，應使其停止工作，給予產假8星期；妊娠3個月以上流產者，應使其停止工作，給予產假4星期；妊娠2個月以上未滿3個月流產者，應使其停止工作，給予產假1星期；妊娠未滿2個月流產者，應使其停止工作，給予產假5日。
產檢假	7日，薪資照給。
陪產檢及陪產假	7日，薪資照給。
育嬰假	受僱者任職滿6個月後，於每一子女滿3歲前，得申請育嬰留職停薪，期間至該子女滿3歲止，但不得逾2年。同時撫育子女2人以上者，其育嬰留職停薪期間應合併計算，最長以最幼子女受撫育2年為限。
哺（集）乳時間	子女未滿2歲須受僱者親自哺（集）乳者，除規定之休息時間外，雇主應每日另給哺（集）乳時間60分鐘。於每日正常工作時間以外之延長工作時間達1小時以上者，雇主應給予哺（集）乳時間30分鐘。哺（集）乳時間，視為工作時間。
減少或調整工作時間	受僱於僱用30人以上雇主之受僱者，為撫育未滿3歲子女，得向雇主請求為下列二款事項之一： 1.每天減少工作時間1小時；減少之工作時間，不得請求報酬。 2.調整工作時間。
家庭照顧假	受僱者於其家庭成員預防接種、發生嚴重之疾病或其他重大事故須親自照顧時，得請家庭照顧假；請假日數併入事假計算，全年以7日為限。

(八)勞雇雙方協商減少工時

1. 勞動部為因應事業單位受景氣因素影響，勞雇雙方協商減少工時時，保障勞工權益，避免勞資爭議，特訂定本注意事項。
2. 事業單位受景氣因素影響致停工或減產，為避免資遣勞工，經勞雇雙方協商同意，始得暫時縮減工作時間及減少工資。

3. 事業單位如未經與勞工協商同意，仍應依約給付工資，不得片面減少工資。勞工因雇主有違反勞動契約致有損害其權益之虞者，可依勞動基準法第14條規定終止勞動契約，並依法請求資遣費。

4. 事業單位如確因受景氣因素影響致停工或減產，應優先考量採取減少公司負責人、董事、監察人、總經理及高階經理人之福利、分紅等措施。如仍有與勞工協商減少工時及工資之必要時，該事業單位有工會組織者，宜先與該工會協商，並經與個別勞工協商合意。

5. 事業單位實施勞資雙方協商減少工時及工資者，就對象選擇與實施方式，應注意衡平原則。

6. 勞雇雙方協商減少工時及工資者，對於按月計酬全時勞工，其每月工資仍不得低於基本工資。

7. 勞雇雙方終止勞動契約者，實施減少工時及工資之日數，於計算平均工資時，依法應予扣除。

8. 事業單位實施減少工時及工資之期間，以不超過3個月為原則。如有延長期間之必要，應重行徵得勞工同意。事業單位營運如已恢復正常或勞資雙方合意之實施期間屆滿，應即恢復勞工原有勞動條件。

9. 勞雇雙方如同意實施減少工時及工資，應參考「勞雇雙方協商減少工時協議書」，本誠信原則，以書面約定之，並應確實依約定辦理。

10. 事業單位與勞工協商減少工時及工資者，應依「地方勞工行政主管機關因應事業單位實施勞雇雙方協商減少工時通報及處理注意事項」，確實通報勞工勞務提供地之下列機關：

    (1)地方勞工行政主管機關。

    (2)勞動部勞動力發展署所屬分署。

    事業單位縮減工作時間之實施期間或方式有變更者，仍應依前項規定辦理通報。

    事業單位未依前2項規定辦理通報，勞工得逕向地方勞工行政主管機關反映或申訴；地方勞工行政主管機關知悉轄內事業單位有實施減班休息情事，應即進行瞭解，並依法處理。

11. 勞工欲參加勞工行政主管機關推動之短期訓練計畫或就業協助措施者，雇主應提供必要之協助。

12. 事業單位於營業年度終了結算，如有盈餘，除繳納稅捐及提列股息、公積金外，對於配合事業單位實施減少工時及工資之勞工，於給予獎金或分配紅利時，宜予特別之考量。

(九)部分工時與法令規定

定義：依據國際勞工組織（ILO）第一七五號部分時間工作公約（The Part-Time Work Convention）對於部分時間工時者定義為：其正常工時少於可比全時工作（comparable full-time workers）之受僱者。我國部分時間工作者之定義按行政院勞動部指部分工時為其工作時間，較該事業單位內之全時勞工工作時間有相當程度縮短之勞工，其縮短之時數，由勞僱雙方協商議定之。易言之，事業單位內部勞工從事工作之時間較法定、團體協約約定或事業單位內已設定之一般正常工作時數為短之制度。其型態計有縮短每日、每週、每月和每年之工時；等量、不等量；規律和不規律分配；僵硬或彈性的工時規定，亦可綜合各種型態加以運用。

另勞動部於111年3月14日公布僱用部分時間工作勞工應行注意事項如下：

1. **前言**：從事部分時間工作勞工（下稱「部分工時勞工」）在歐美國家占有相當大的比率，近年臺灣隨著產業型態變遷，勞務給付型態日趨多元化。為保障部分工時勞工之勞動權益，特訂定本注意事項。

2. **適用**：事業單位僱用部分工時勞工，除依其應適用之勞工法令外，並參照本注意事項辦理；僱用中高齡及高齡之部分工時勞工，亦同。本注意事項所引用或涉及之法令如有變更，應以修正後之法令為準。

3. **定義**：部分工時勞工：謂其所定工作時間，較該事業單位內之全部時間工作勞工（下稱「全時勞工」）工作時間（通常為法定工作時間或事業單位所定之工作時間），有相當程度縮短之勞工，其縮短之時數，由勞僱雙方協商議定之。

4. **常見之部分時間工作型態**：事業單位內之工作型態有下列情形之一，且從事該工作之勞工所定工作時間較全時勞工有相當程度之縮短者，即為本注意事項所稱之部分時間工作：

   (1)在正常的工作時間內，每日工作有固定的開始及終止之時間，但其每日工作時數較全時勞工為少；或企業為因應全時勞工正常工作時間外之營運需求，所安排之班別；或企業為因應營運尖峰需求所安排之班別，在1日或1週之工作量尖峰時段中，工作某一固定時間。

   (2)結合部分時間工作與彈性工作時間制度，亦即約定每週（每月、或特定期間內）總工作時數，但每週（每月、或特定期間）內每日工作時段及時數不固定者。

   (3)分攤工作的安排，如兩人一職制。

5. **僱用**：

(1)僱用部分工時勞工，勞動契約宜以書面訂定，其勞動條件及勞動契約形式，應與全時勞工相同，並應明確告知部分工時勞工其權益。

(2)雇主於招募全時勞工時，對於原受僱從事相同職種工作之部分工時勞工，宜優先給予僱用之機會。

6. **勞動條件基準**：

(1)**工作年資**：部分工時勞工其工作年資應自受僱日起算。部分工時勞工轉換為全時勞工，或全時勞工轉換為部分工時勞工，其工作年資之計算亦同。

(2)**工資**：

A.工資由勞雇雙方議定之。但按月計酬者，不得低於按工作時間比例計算之每月基本工資；按時計酬者，不得低於每小時基本工資，且其工資不宜約定一部以實物給付；按日計酬者，於法定正常工作時間內，不得低於每小時基本工資乘以工作時數後之金額。

B.勞工每日工作時間超過約定之工作時間而未達勞動基準法所定正常工作時間部分之工資，由勞雇雙方議定之；超過該法所定正常工作時間部分及於休息日出勤工作者，應依該法第24條規定給付工資。但依勞工意願選擇補休並經雇主同意者，應依勞工工作之時數計算補休時數。

C.前目補休期限由勞雇雙方協商；補休期限屆期或契約終止未補休之時數，應依延長工作時間或休息日工作當日之工資計算標準發給工資；未發給工資者，依違反勞動基準法第24條規定論處。

(3)**例假、休息日、休假、請假等相關權益**：

A.勞工每7日中應有2日之休息，其中1日為例假，1日為休息日，工資照給；按時計酬者，勞雇雙方議定以不低於基本工資每小時工資額，除另有約定外，得不另行加給例假日及休息日照給之工資。

B.內政部所定應放假之紀念日、節日、勞動節及其他中央主管機關指定應放假之日，均應休假，工資應由雇主照給。雇主經徵得勞工同意於休假日工作者，工資應加倍發給。但得由勞雇雙方協商將休假日與其他工作日對調實施放假。

C.特別休假依勞動基準法第38條規定辦理。其休假期日由勞工排定之，如於年度終結或契約終止而未休之日數，雇主應發給工資。但年度終結未休之日數，經勞雇雙方協商遞延至次一年度實施者，於

次一年度終結或契約終止仍未休之日數，雇主應發給工資。年度可休特別休假時數，得參考下列方式比例計給之：

部分工時勞工工作年資滿6個月以上未滿1年者，自受僱當日起算，6個月正常工作時間占全時勞工6個月正常工作時間之比例；部分工時勞工工作年資滿1年以上者，以部分工時勞工全年正常工作時間占全時勞工全年正常工作時間之比例，乘以勞動基準法第38條所定特別休假日數計給。不足1日部分由勞雇雙方協商議定，惟不得損害勞工權益。但部分工時勞工每週工作日數與該事業單位之全時勞工相同，僅每日工作時數較短者，仍應依勞動基準法第38條規定給予休假日數。

D. 婚、喪、事、病假依勞工請假規則辦理，其請假之時數，得參考下列方式計給：按勞工平均每週工作時數除以40小時乘以應給予請假日數乘以8小時。

E. 產假依勞動基準法第50條及性別平等工作法第15條規定辦理：

(A) 產假旨在保護母性身體之健康，部分時間工作之女性勞工亦應享有此權利，因此仍應依勞動基準法第50條及性別平等工作法第15條規定，給予產假，依曆連續計算，以利母體調養恢復體力。

(B) 適用勞動基準法之女性勞工，受僱工作6個月以上者，產假停止工作期間工資照給；未滿6個月者減半發給。

F. 性別平等工作法所規定之其他假別及相關權益：

(A) 安胎休養及育嬰留職停薪：基於母性保護之精神，部分工時勞工懷孕期間經醫師診斷需安胎休養者，雇主應按所需期間，依曆給假。至於有親自照顧養育幼兒需求而申請育嬰留職停薪者，其期間依曆計算，不因部分時間工作而依比例計給。

(B) 產檢假、陪產檢及陪產假及家庭照顧假：部分工時勞工於請求產檢假、陪產檢及陪產假及家庭照顧假時，依均等待遇原則，按勞工平均每週工作時數依比例計給（平均每週工作時數除以40小時，再乘以應給予請假日數並乘以8小時）。

(C) 生理假：

a. 部分工時勞工依性別平等工作法第14條規定，每月得請生理假1日，該假別係基於女性生理特殊性而定，爰每次以一曆日計給為原則。

　　　　　b. 生理假全年請假日數未逾3日者，不併入病假計算，薪資減半
　　　　　　發給；逾3日部分，按規定應併入病假計算，其有薪病假之給
　　　　　　假時數，按勞工平均每週工作時數除以40小時之比例計給，
　　　　　　薪資減半發給。

　　　　　c. 部分工時勞工年度內所請應併入未住院普通傷病假之生理
　　　　　　假，連同病假如已屆上開按比例計給時數上限，仍有請生理
　　　　　　假需求者，雇主仍應給假，但得不給薪資。

　　　(D)哺（集）乳時間：部分工時勞工若有哺（集）乳之需求，雇主
　　　　　應依性別平等工作法第18條規定給予哺（集）乳時間。

(4)**資遣與退休**：

　　A.資遣預告期間，依勞動基準法第16條規定辦理：

　　　(A)勞工接到資遣預告後，為另謀工作得請假外出（謀職假），請假
　　　　　期間之工資照給。其請假時數，每星期不得超過2日之工作時間。

　　　(B)謀職假之每日時數，得參考下列方式計給：按勞工平均每週工
　　　　　作時數除以40小時乘以應給予請假日數並乘以8小時。

　　B.部分工時勞工如有工作年資未滿3個月需自行離職之情形，雇主不
　　　得要求其預告期間長於勞動基準法之最低標準。

　　C.資遣費與退休金，依勞動基準法及勞工退休金條例計給：

　　　(A)部分工時勞工適用勞動基準法退休制度工作年資之退休金、資
　　　　　遣費計算，依據該法第2條、第17條、第55條及第84條之2規定
　　　　　計給，其計算方式與全時勞工並無不同。

　　　(B)部分工時勞工適用勞工退休金條例之工作年資退休金，雇主應
　　　　　依該條例第6條及第14條規定，按月為勞工提繳退休金。資遣費
　　　　　計算應依該條例第12條規定計給。

　　　(C)部分工時勞工轉換為全時勞工或全時勞工轉換為部分工時勞
　　　　　工，勞動基準法之退休金、資遣費及勞工退休金條例之資遣費
　　　　　計給，應按工作時間比例分別計算。

(5)**職業災害補償**：部分工時勞工發生職業災害時，雇主應依勞動基準法
　　第59條規定予以補償，不因其為部分工時勞工而有不同。

(6)**工作規則**：勞動基準法第70條規定，凡僱用勞工人數30人以上者，應
　　依其事業性質，訂立工作規則；如有僱用部分工時勞工，工作規則中
　　應依相關法令訂定適用於部分工時勞工之條款。

7. **職工福利**：凡受僱於公、民營工廠、礦廠或平時僱用職工在50人以上金融機構、公司、行號、農、漁、牧場等之部分工時勞工，應依職工福利金條例規定每月自薪津扣0.5%職工福利金，並享有由職工福利委員會辦理之福利事項。

8. **勞工保險與就業保險及勞工職業災害保險**：
   (1)年滿15歲以上，65歲以下，受僱於僱用勞工5人以上工廠、公司及行號等之部分工時勞工，應依勞工保險條例第6條規定由雇主辦理加保。至於僱用勞工未滿5人及第6條第1項各款規定各業以外事業單位之部分工時勞工，依勞工保險條例第8條規定，得自願加保。惟雇主如已為所屬勞工申報加保者，其僱用之部分工時勞工，亦應辦理加保。
   (2)年滿15歲以上，65歲以下受僱之部分工時勞工，具中華民國國籍者，或與在中華民國境內設有戶籍之國民結婚，且獲准居留依法在臺灣地區工作之外國人、大陸地區人民、香港居民或澳門居民，應依就業保險法第5條規定，由雇主辦理加保。
   (3)年滿15歲以上，受僱於下列單位之部分工時勞工，應依勞工職業災害保險及護法（111年5月1日施行）第6條規定，由雇主辦理加保：
   　A.領有執業證照、依法已辦理登記、設有稅籍或經中央主管機關依法核發聘僱許可之雇主。
   　B.依法不得參加公教人員保險之政府機關、行政法人及公、私立學校之受僱員工。
   (4)部分工時勞工之勞工保險、就業保險及勞工職業災害保險之月投保薪資，分別依勞工保險條例第14條、就業保險法第40條及勞工職業災害保險及保護法第17條規定應由雇主依其月薪資總額，依各該保險適用之投保薪資分級表規定覈實申報。

9. **安全衛生**：
   (1)事業單位僱用部分工時勞工，其工作場所之安全衛生設施標準，應與全時勞工相同，並提供其必要之職業安全衛生教育訓練及勞工健康保護等措施，不應有所差異。
   (2)事業單位僱用部分工時勞工時，應事前考量其健康及安全，予以適當分配工作，並針對其工作預防設備與措施環境、作業危害，採取必要之安全衛生教育訓練，及提供其個人安全衛生防護器具。

退休相關法律規定

(一)**勞工退休金提繳**：勞工退休金條例

　　第14條　雇主應為第7條第1項規定之勞工負擔提繳之退休金，不得低於勞工每月工資6%。

　　第7條　本條例之適用對象為適用勞動基準法之下列人員，但依私立學校法之規定提撥退休準備金者，不適用之：

　　(一)本國籍勞工。

　　(二)與在中華民國境內設有戶籍之國民結婚，且獲准居留而在臺灣地區工作之外國人、大陸地區人民、香港或澳門居民。

　　(三)前款之外國人、大陸地區人民、香港或澳門居民，與其配偶離婚或其配偶死亡，而依法規規定得在臺灣地區繼續居留工作者。

　　(四)前2款以外之外國人，經依入出國及移民法相關規定許可永久居留，且在臺灣地區工作者。

　　第18條　雇主應於勞工到職、離職、復職或死亡之日起7日內，列表通知勞保局，辦理開始或停止提繳手續。

(二)**退休資格**：分為自願退休與強制退休兩種：

　1.**自請退休規定**：勞動基準法第53條規定：勞工有下列情形之一者，得自請退休：

　　(1)工作15年以上年滿55歲者。

　　(2)工作25年以上者。

　　(3)工作10年以上年滿60歲者。

　2.**強制退休規定**：同法第54條規定：勞工非有下列情形之一者，雇主不得強制其退休：

　　(1)年滿65歲者，經勞雇雙方協商可延後之（擔任具有危險、堅強體力等特殊性質之工作者，得由事業單位報請中央主管機關予以調整。但不得少於55歲。）

　　(2)身心障礙不堪勝任工作者。

(三)**退休金發給**：94年7月1日前僱用或保留勞動基準法年資之員工（俗稱舊制），依勞動基準法規定辦理：

勞動基準法第55條規定：勞工退休金之給與標準如下：

1. 按其工作年資，每滿1年給與2個基數。但超過15年之工作年資，每滿1年給與1個基數，最高總數以45個基數為限。未滿半年者以半年計；滿半年者以1年計。
2. 依第54條第1項第2款規定，強制退休之勞工，其心神喪失或身體殘廢係因執行職務所致者，依前款規定加給20%。

前項退休金基數標準係指核准退休時1個月平均工資。

94年7月1日後僱用之員工（俗稱新制），依勞工退休金條例規定，雇主按月提繳退休金至勞工個人帳戶：

勞工退休金條例第14條規定：「雇主應為第7條第1項規定之勞工負擔提繳之退休金，不得低於勞工每月工資6%。」

同法第23條：退休金之領取及計算方式如下：

月退休金	勞工個人之退休金專戶本金及累積收益，依據年金生命表，以平均餘命及利率等基礎計算所得之金額，作為定期發給之退休金。
一次退休金	一次領取勞工個人退休金專戶之本金及累積收益。

同法第24條：勞工年滿60歲，得依下列規定之方式請領退休金：

1. 工作年資滿15年以上者，選擇請領月退休金或一次退休金。
2. 工作年資未滿15年者，請領一次退休金。

同法第24-2條：勞工未滿60歲，有下列情形之一，其工作年資滿15年以上者，得請領月退休金或一次退休金。但工作年資未滿15年者，應請領一次退休金：

1. 領取勞工保險條例所定之失能年金給付或失能等級三等以上之一次失能給付。
2. 領取國民年金法所定之身心障礙年金給付或身心障礙基本保證年金給付。
3. 非屬前二款之被保險人，符合得請領第一款失能年金給付或一次失能給付之失能種類、狀態及等級，或前款身心障礙年金給付或身心障礙基本保證年金給付之障礙種類、項目及狀態。

職災補償相關法律規定

(一)職災補償：勞動基準法第59條規定：勞工因遭遇職業災害而致死亡、失能、傷害或疾病時，雇主應依下列規定予以補償。但如同一事故，依勞工保險條例或其他法令規定，已由雇主支付費用補償者，雇主得予以抵充之：

1.勞工受傷或罹患職業病時，雇主應補償其必需之醫療費用。職業病之種類及其醫療範圍，依勞工保險條例有關之規定。

2.勞工在醫療中不能工作時，雇主應按其原領工資數額予以補償。但醫療期間屆滿2年仍未能痊癒，經指定之醫院診斷，審定為喪失原有工作能力，且不合第3款之失能給付標準者，雇主得一次給付40個月之平均工資後，免除此項工資補償責任。

3.勞工經治療終止後，經指定之醫院診斷，審定其身體遺存障害者，雇主應按其平均工資及其失能程度，一次給予失能補償。失能補償標準，依勞工保險條例有關之規定。

4.勞工遭遇職業傷害或罹患職業病而死亡時，雇主除給與5個月平均工資之喪葬費，並應一次給與其遺屬40個月平均工資之死亡補償。

同法第60條規定：雇主依前條規定給付之補償金額，得抵充就同一事故所生損害之賠償金額。

(二)雇主預防職災責任：職業安全衛生法相關規定如下：

1.雇主使勞工從事工作，應在合理可行範圍內，採取必要之預防設備或措施，使勞工免於發生職業災害。機械、設備、器具、原料、材料等物件之設計、製造或輸入者及工程之設計或施工者，應於設計、製造、輸入或施工規劃階段實施風險評估，致力防止此等物件於使用或工程施工時，發生職業災害。

2.符合規定之必要安全衛生設備及措施。

3.具有危害性之化學品，應予標示、製備清單及揭示安全資料表，並採取必要之通識措施。經中央主管機關指定之作業場所應依規定實施作業環境測定；對危險物及有害物應予標示，並註明必要之安全衛生注意事項。

4.對於化學品，應依其健康危害、散布狀況及使用量等情形，評估風險等級，並採取分級管理措施。

5.中央主管機關定有容許暴露標準之作業場所，應確保勞工之危害暴露低於標準值。

6. 經中央主管機關指定具有危險性之機械或設備，非經勞動檢查機構或中央主管機關指定之代行檢查機構檢查合格，不得使用；其使用超過規定期間者，非經再檢查合格，不得繼續使用。

7. 勞工工作場所之建築物，應由依法登記開業之建築師依建築法規及本法有關安全衛生之規定設計。

8. 工作場所有立即發生危險之虞時，雇主或工作場所負責人應即令停止作業，並使勞工退避至安全場所。勞工執行職務發現有立即發生危險之虞時，得在不危及其他工作者安全情形下，自行停止作業及退避至安全場所，並立即向直屬主管報告。

9. 在高溫場所工作之勞工，雇主不得使其每日工作時間超過6小時；異常氣壓作業、高架作業、精密作業、重體力勞動或其他對於勞工具有特殊危害之作業，亦應規定減少勞工工作時間，並在工作時間中予以適當之休息。

10. 僱用勞工時，應施行體格檢查；對在職勞工應施行下列健康檢查：
    (1)一般健康檢查。
    (2)從事特別危害健康作業者之特殊健康檢查。
    (3)經中央主管機關指定為特定對象及特定項目之健康檢查。

11. 雇主依前條體格檢查發現應僱勞工不適於從事某種工作，不得僱用其從事該項工作。健康檢查發現勞工有異常情形者，應由醫護人員提供其健康指導；其經醫師健康評估結果，不能適應原有工作者，應參採醫師之建議，變更其作業場所、更換工作或縮短工作時間，並採取健康管理措施。

12. 事業單位勞工人數在50人以上者，應僱用或特約醫護人員，辦理健康管理、職業病預防及健康促進等勞工健康保護事項。

13. 依規定會同勞工代表訂定適合其需要之安全衛生工作守則，報經檢查機構備查後，公告實施。

14. 依事業單位之規模、性質，訂定職業安全衛生管理計畫；並設置安全衛生組織、人員，實施安全衛生管理及自動檢查。

15. 經中央主管機關指定具有危險性機械或設備之操作人員，應僱用經中央主管機關認可之訓練或經技能檢定之合格人員充任。

職場性騷擾防治相關規定

性別平等工作法中有關性騷擾的防治規定：

(一)**性騷擾樣態**

敵意式性騷擾	受僱者於執行職務時，任何人以性要求、具有性意味或性別歧視之言詞或行為，對其造成敵意性、脅迫性或冒犯性之工作環境，致侵犯或干擾其人格尊嚴、人身自由或影響其工作表現。
交換式性騷擾	雇主對受僱者或求職者為明示或暗示之性要求、具有性意味或性別歧視之言詞或行為，作為勞務契約成立、存續、變更或分發、配置、報酬、考績、陞遷、降調、獎懲等之交換條件。
權勢性騷擾	指對於因僱用、求職或執行職務關係受自己指揮、監督之人，利用權勢或機會為性騷擾。

(二)**防治措施**

雇主應採取適當措施防治性騷擾發生：

1. 僱用受僱者10人以上未達30人者，應訂定申訴管道，並在工作場所公開揭示。
2. 僱用受僱者30人以上者，應訂定性騷擾防治措施、申訴及懲戒規範，並在工作場所公開揭示。
3. 防治內容應包括性騷擾樣態、防治原則、教育訓練、申訴管道、申訴調查程序、應設申訴處理單位之基準與其組成、懲戒處理及其他相關措施。

(三)**立即有效之補正措施**

雇主知悉性騷擾情形時，應採取下列立即有效之糾正及補救措施：

1. 雇主因接獲被害人申訴而知悉性騷擾之情形時：
   (1)採行避免申訴人受性騷擾情形再度發生之措施。
   (2)對申訴人提供或轉介諮詢、醫療或心理諮商、社會福利資源及其他必要之服務。

(3)對性騷擾事件進行調查。

(4)對行為人為適當之懲戒或處理。

2. 雇主非因前款情形而知悉性騷擾事件時：

(1)就相關事實進行必要之釐清。

(2)依被害人意願，協助其提起申訴。

(3)適度調整工作內容或工作場所。

(4)依被害人意願提供或轉介諮詢、醫療或心理諮商處理、社會福利資源及其他必要之服務。

(四)**調查期間之作為**

1. 性騷擾被申訴人具權勢地位，且情節重大，於進行調查期間有先行停止或調整職務之必要時，雇主得暫時停止或調整被申訴人之職務；經調查未認定為性騷擾者，停止職務期間之薪資，應予補發。

2. 申訴案件經雇主或地方主管機關調查後，認定為性騷擾，且情節重大者，雇主得於知悉該調查結果之日起30日內，不經預告終止勞動契約。

(五)**申訴、調查及處理**

1. 受僱者或求職者遭受性騷擾，應向雇主提起申訴。但有下列情形之一者，得逕向地方主管機關提起申訴：

(1)被申訴人屬最高負責人或僱用人。

(2)雇主未處理或不服被申訴人之雇主所為調查或懲戒結果。

2. 受僱者或求職者依前項但書規定，向地方主管機關提起申訴之期限，應依下列規定辦理：

(1)被申訴人非具權勢地位：自知悉性騷擾時起，逾2年提起者，不予受理；自該行為終了時起，逾5年者，亦同。

(2)被申訴人具權勢地位：自知悉性騷擾時起，逾3年提起者，不予受理；自該行為終了時起，逾7年者，亦同。

申訴期限相關規定

被申訴人	自知悉時起	行為終了時起
非具權勢地位	2年	5年
具權勢地位	3年	7年

申訴期限例外規定

類型	特別時效
行為人為最高負責人	離職後1年內
未成年發生	成年後3年內

(3)地方主管機關為調查前述性騷擾申訴案件，得請專業人士或團體協助；必要時，得請求警察機關協助。

(4)地方主管機關依本法規定進行調查時，被申訴人、申訴人及受邀協助調查之個人或單位應配合調查，並提供相關資料，不得規避、妨礙或拒絕。

(5)地方主管機關受理之申訴，經認定性騷擾行為成立或原懲戒結果不當者，得令行為人之雇主於一定期限內採取必要之處置。

(6)性騷擾之被申訴人為最高負責人或僱用人時，於地方主管機關調查期間，申訴人得向雇主申請調整職務或工作型態至調查結果送達雇主之日起30日內，雇主不得拒絕。

(7)公務人員、教育人員或軍職人員遭受性騷擾，且行為人為最高負責人者，應向上級機關（構）、所屬主管機關或監督機關申訴。

(8)最高負責人或機關（構）、公立學校、各級軍事機關（構）、部隊、行政法人及公營事業機構各級主管涉及性騷擾行為，且情節重大，於進行調查期間有先行停止或調整職務之必要時，得由其上級機關（構）、所屬主管機關、監督機關，或服務機關（構）、公立學校、各級軍事機關（構）、部隊、行政法人或公營事業機構停止或調整其職務。

(9)私立學校校長或各級主管涉及性騷擾行為，且情節重大，於進行調查期間有先行停止或調整職務之必要時，得由學校所屬主管機關或服務學校停止或調整其職務。依規定停止或調整職務之人員，其案件調查結果未經認定為性騷擾，或經認定為性騷擾但未依公務人員、教育人員或其他相關法律予以停職、免職、解聘、停聘或不續聘者，得依各該法律規定申請復職，及補發停職期間之本俸（薪）、年功俸（薪）或相當之給與。

(10)機關政務首長、軍職人員，其停止職務由上級機關或具任免權之機關為之。

成立申訴調查處理單位與小組的規定

僱用受僱者人數	申訴處理單位	申訴調查小組
100人以上	①法定應組成 ②成員應有具備性4別意識的專業人士，女性成員不得低於2分之1 ③人數建議：3人以上；僱用受僱者500人以上者，建議5人以上	①法定應組成 ②成員並應有具備性別意識之外部專業人士 ③人數建議：2人以上(應包括外部專業人士至少1人)
30人以上未滿100人	①法定應組成 ②成員應有具備性別意識的專業人士，女性成員不得低於2分之1 ③人數建議：3人以上	①未強制組成 ②建議可由「申訴處理單位」指定適當內部成員或可委由具備性別意識之外部專業人士協助調查 ③人數建議：2人以上
未滿30人	①未強制組成 ②得由雇主與受僱者代表共同組成申訴處理單位，並應注意成員性別之相當比例 ③實際運作上如有困難，建議可委由具備性別意識之外部專業人士協助處理調查	

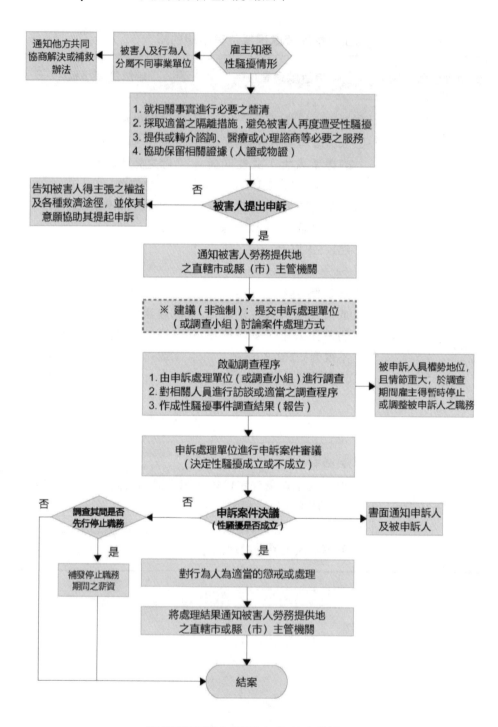

職場性騷擾申訴調查處理流程圖

資料來源：勞動部113年5月出版「職場性騷擾申訴處理指導手冊」第61頁。

性別平等工作法罰則一覽表

措施	條文	違反之規定	罰則內容
性別歧視禁止	第7條	雇主對求職者或受僱者之招募、甄試、進用、分發、配置、考績或陞遷等，不得因性別或性傾向而有差別待遇。	處新臺幣30萬元以上150萬元以下罰鍰
	第8條	雇主為受僱者舉辦或提供教育、訓練或其他類似活動，不得因性別或性傾向而有差別待遇。	
	第9條	雇主為受僱者舉辦或提供各項福利措施，不得因性別或性傾向而有差別待遇。	
	第10條	雇主對受僱者薪資之給付，不得因性別或性傾向而有差別待遇；其工作或價值相同者，應給付同等薪資。	
	第11條第1項	雇主對受僱者之退休、資遣、離職及解僱，不得因性別或性傾向而有差別待遇。	
	第11條第2項	工作規則、勞動契約或團體協約，不得規定或事先約定受僱者有結婚、懷孕、分娩或育兒之情事時，應行離職或留職停薪；亦不得以其為解僱之理由。	
性騷擾防治	第13條第1項第2款	僱用受僱者30人以上者，應訂定性騷擾防治措施、申訴及懲戒規範，並在工作場所公開揭示。	處新臺幣2萬元以上30萬元以下罰鍰
	第13條第1項第1款	僱用受僱者10人以上未達30人者，應訂定申訴管道，並在工作場所公開揭示。	處新臺幣1萬元以上10萬元以下罰鍰
	第13條第2項	雇主於知悉性騷擾之情形時，應採取下列立即有效之糾正及補救措施；被害人及行為人分屬不同事業單位，且具共同作業或業務往來關係者，該行為人之雇主，亦同	處新臺幣2萬元以上100萬元以下罰鍰

措施	條文	違反之規定	罰則內容
性騷擾防治	第32條之2第3項	地方主管機關受理之申訴，經認定性騷擾行為成立或原懲戒結果不當者，得令行為人之雇主於一定期限內採取必要之處置，但雇主未在期限內進行處置	處新臺幣1萬元以上5萬元以下罰鍰
	第32條之2第5項	性騷擾之被申訴人為最高負責人或僱用人時，於地方主管機關調查期間，申訴人得向雇主申請調整職務或工作型態至調查結果送達雇主之日起30日內，雇主不得拒絕	
	第38條之2	最高負責人或僱用人經地方主管機關認定有性騷擾者	處新臺幣1萬元以上100萬元以下罰鍰
	第32條之2第2項	被申訴人無正當理由而規避、妨礙、拒絕調查或提供資料者	處新臺幣1萬元以上5萬元以下罰鍰，並得按次處罰
促進工作平等措施	第21條	受僱者依前7條之規定為請求時，雇主不得拒絕。 受僱者為前項之請求時，雇主不得視為缺勤而影響其全勤獎金、考績或為其他不利之處分。	處新臺幣1萬元以上30萬元以下罰鍰
	第27條第4項	被害人因遭受性騷擾致生法律訴訟，於受司法機關通知到庭期間，雇主應給予公假。	
	第36條	雇主不得因受僱者提出本法之申訴或協助他人申訴，而予以解僱、調職或其他不利之處分。	

勞資會議實施辦法及同意事項

(一)勞資會議實施辦法

1. **法源**：勞動基準法第83條。

2. **召開對象**：事業單位均應舉辦勞資會議，分支機構人數在30人以上者，也應分別舉辦。

3. **勞資會議的功能：**

   (1)知的功能。　　　　(2) 提昇勞工參與感。　　　(3) 增進和諧基礎。

   (4)勞工期望達成。　　(5) 資方期望達成。　　　(6) 共同解決問題。

4. **參與人員及產生方法：**

   (1)勞資雙方同數代表組成。　　　　　　(2) 各2人至15人。

   (3)員工人數100人以上者，各不得少於5人。　(4) 資方代表由雇主指派。

   (5)勞方代表由工會推選。

5. **代表身份之限制：**

工會幹部	理、監事當選勞方代表不得超過勞方所選代表總額三分之二。
性別代表	單一性別勞工人數佔勞工人數二分之一以上者，其當選勞方代表名額不得少於勞方應選出代表總額之三分之一。
代表行使管理權者	代表雇方行使管理權之一級業務行政主管人員不得為勞方代表。

6. **勞方代表選舉權與被選舉權：**

   (1)勞工年滿16歲，有選舉勞方代表之權。

   (2)勞工年滿20歲，在同一事業單位繼續工作1年以上者，有被選舉為勞資會議勞方代表之權。

7. **代表任期與主席人選：**

   (1)代表任期3年。

   (2)會議主席：由代表輪流擔任，必要時，勞資雙方代表各推派1人共同擔任。

   (3)至少每3個月舉行一次。

8. **議事範圍：**

　　(1)**報告事項：**

　　　A.上次會議決議事項辦理情形。　　B.勞工動態。

　　　C.生產計畫及業務概況。　　　　　D.其他報告事項。

　　(2)**討論事項：**

　　　A.協調勞資關係、促進勞資合作事項。　B.勞動條件事項。

　　　C.勞工福利籌劃事項。　　　　　　　　D.關於提高工作效率事項。

　　(3)**建議事項：**

9. **會議人數與限制：**

　　(1)代表各過半數（大多數）出席，方得開會。

　　(2)出席代表四分之三（絕大多數）以上同意方得決議。

10. **其他事項：**

　　(1)召開會議時，與議案有關人員得經勞資會議議決列席說明解答有關問題。

　　(2)勞資會議得設專案小組處理有關議案或重要問題。

　　(3)議事事務由事業單位指定人員辦理費用由事業單位負擔。

　　(4)決議由事業單位分送工會及有關部門辦理。

　　(5)會議依會議規範相關規定進行。

(二)若企業未成立工會，依法必須由勞資會議同意的事項計有：

1. **實施彈性工作時間：**不論實施2週、4週或8週彈性工時

　　勞基法第30條第2項及第3項：前項正常工作時間，雇主經工會同意，如事業單位無工會者，經勞資會議同意後，得將其2週內2日之正常工作時數，分配於其他工作日。其分配於其他工作日之時數，每日不得超過2小時。但每週工作總時數不得超過48小時。

　　第1項正常工作時間，雇主經工會同意，如事業單位無工會者，經勞資會議同意後，得將8週內之正常工作時數加以分配。但每日正常工作時間不得超過8小時，每週工作總時數不得超過48小時。

　　勞基法第30-1條：「中央主管機關指定之行業，雇主經工會同意，如事業單位無工會者，經勞資會議同意後，其工作時間得依下列原則變更：一、4週內正常工作時數分配於其他工作日之時數，每日不得超過2小時，不受前條第2項至第4項規定之限制。二、當日正常工作時間達10小時者，其延長之工作時間不得超過2小時。三、女性勞工，除妊娠或哺乳

期間者外，於夜間工作，不受第49條第1項之限制。但雇主應提供必要之安全衛生設施」

2. **延長工作時間**：勞基法第32條：「雇主有使勞工在正常工作時間以外工作之必要者，雇主經工會同意，如事業單位無工會者，經勞資會議同意後，得將工作時間延長之。前項雇主延長勞工之工作時間連同正常工作時間，1日不得超過12小時；延長之工作時間，1個月不得超過46小時，但雇主經工會同意，如事業單位無工會者，經勞資會議同意後，延長之工作時間，1個月不得超過54小時，每3個月不得超過138小時。

3. **變更休息時間**：勞基法第34條第3項：「雇主依前項但書規定變更休息時間者，應經工會同意，如事業單位無工會者，經勞資會議同意後，始得為之」。

4. **調整例假日**：勞基法第36條第5項：「前項所定例假之調整，應經工會同意，如事業單位無工會者，經勞資會議同意後，始得為之」。

   至於原本女性夜間工作亦須經工會或勞資會議同意，因大法官釋字第847號解釋自始違憲，本處不再贅述。

九　社會保險法令規定

與事業單位或所僱員工的相關保險計有全民健康保險法、勞工保險條例、就業保險法及勞工職業災害保險及保護法，其中，以就業保險法最為重要，另增列新頒「勞工職業災害保險及保護法」，僅整理其重點如後。由於法令常有修訂，不及於本書中立即修正，請關注勞動部相關修法資訊公開，並上勞動部網站了解修正重點，容易成為命題重點；或上法務部的〈全國法規資料庫〉亦可找到最新修法重點內容。

(一)**全民健康保險法**：

1. **保險對象**：第8條：具有中華民國國籍，符合下列各款資格之一者，應參加本保險為保險對象：

   (1)最近2年內曾有參加本保險紀錄且在台灣地區設有戶籍，或參加本保險前六個月繼續在台灣地區設有戶籍。

   (2)參加本保險時已在台灣地區設有戶籍之下列人員：

   　　A.政府機關、公私立學校專任有給人員或公職人員。

   　　B.公民營事業、機構之受僱者。

C.前2目被保險人以外有一定雇主之受僱者。

D.在台灣地區出生之新生嬰兒。

E.因公派駐國外之政府機關人員與其配偶及子女。

2. **被保險人**：第8條：被保險人區分為下列6類：

(1)**第一類**：

A.政府機關、公私立學校之專任有給人員或公職人員。

B.公、民營事業、機構之受僱者。

C.前2目被保險人以外有一定雇主之受僱者。

D.雇主或自營業主。

E.專門職業及技術人員自行執業者。

(2)**第二類**：

A.無一定雇主或自營作業而參加職業工會者。

B.參加海員總工會或船長公會為會員之外僱船員。

(3)**第三類**：

A.農會及水利會會員，或年滿15歲以上實際從事農業工作者。

B.無一定雇主或自營作業而參加漁會為甲類會員，或年滿15歲以上實際從事漁業工作者。

(4)**第四類**：

A.應服役期及應召在營期間逾2個月之受徵集及召集在營服兵役義務者、國軍軍事學校軍費學生、經國防部認定之無依軍眷及在領卹期間之軍人遺族。

B.服替代役期間之役齡男子。

C.在矯正機關接受刑之執行或接受保安處分、管訓處分之執行者。但其應執行之期間，在2個月以下或接受保護管束處分之執行者，不在此限。

(5)**第五類**：合於社會救助法規定之低收入戶成員。

(6)**第六類**：

A.榮民、榮民遺眷之家戶代表。

B.第1款至第5款及本款前目被保險人及其眷屬以外之家戶戶長或代表。

3. **保障事故及保險給付**：第8條：保險對象發生疾病、傷害事故或生育時，保險醫事服務機構提供保險醫療服務，應依第2項訂定之醫療辦法、第41條第1項、第2項訂定之醫療服務給付項目及支付標準、藥物給付項目及支付標準之規定辦理。

(二)**勞工保險條例：**

1. **保險對象：**勞工保險是在職保險，其對象是實際從事工作，獲得報酬之專任員工，兼職人員不包括在內，分為強制被保險人與自願被保險人兩種，以強制為主，自願為輔。

   (1)**強制被保險人：**年滿15歲以上，65歲以下之下列勞工，應以其雇主或所屬團體或所屬機構為投保單位，全部參加勞工保險為被保險人：

   A.受僱於僱用5人以上之公營、民營工廠、礦場、鹽場、農場、牧場、林場、茶場之產業勞工及交通、公用事業之員工。

   B.受僱於僱用5人以上公司、行號之員工。

   C.受僱於僱用5人以上之新聞、文化、公益及合作事業之員工。

   D.依法不得參加公務人員保險或私立學校教職員保險之政府機關及公、私立學校之員工。

   E.受僱從事漁業生產之勞動者。

   F. 在政府登記有案之職業訓練機構接受訓練者。

   G.無一定雇主或自營作業而參加職業工會者。

   H.無一定雇主或自營作業而參加漁會之甲類會員。

   (2)**自願被保險人：**

   A.受僱於第6條第1項各款規定各業以外之員工。

   B.受僱於僱用未滿5人之第6條第1項第1款至第3款規定各業之員工。

   C.實際從事勞動之雇主。

   D.參加海員總工會或船長公會為會員之外僱船員。

   E.個人自願被保險人，如：

   　(A)應徵召服兵役者。

   　(B)派遣出國考察、研習或提供服務者。

   　(C)因傷病請假致留職停薪，普通傷病未超過1年，職業災害未超過2年者。

   　(D)在職勞工，年逾65歲繼續工作者。

   　(E)因案停職或被羈押，未經法院判決確定者。

   　(F) 被保險人參加保險，年資合計滿15年，被裁減資遣而自願繼續參加勞工保險者。

2. **保險費率內容及種類：**勞工保險普通事故保險費率係按保險人當月投保薪資7～13%擬訂。民國97年7月17日修正之條文施行時，保險費率定為7.5%，施行後第三年調0.5%，其後每年調高0.5%至10%，並自10%當年

起，每兩年調高0.5%至上限13%。但保險基金餘額足以支付未來20年保險給付時，不予調高。（自113年1月1日起費率12%，見下表）。

勞保年金施行後保險費率的調整及老年年金請領年齡遞增之一覽表

年度	1	2	3	4	5	6	7	8	9	10	11	12	13	14	15	16	17	18	19
民國	98	99	100	101	102	103	104	105	106	107	108	109	110	111	112	113	114	115	116
費率(%)	7.5	7.5	8	8.5	9	9.5	10	10	10.5	10.5	11	11	11.5	11.5	12	12	12.5	12.5	13
勞保	6.5	6.5	7	7.5	8	8.5	9	9	9.5	9.5	10	10	10.5	10.5	11	11	11.5	11.5	12
老年年金請領年齡	60	60	60	60	60	60	60	60	60	61	61	62	62	63	63	64	64	65	----

3. **保險費的負擔**：勞工保險保險費是採勞、資共同分擔的方式，現行規定各類被保險人應該分擔的情形如下列：

   (1)**有雇主的各類被保險人**：普通事故保險費本人負擔20%，投保單位負擔70%，其餘10%，由中央政府補助；職業災害保險費全部由投保單位負擔。

   (2)**無一定雇主或自營作業之職業工人**：其普通事故保險費及職業災害保險費，由中央政府補助40%，被保險人負擔60%。

   (3)**外僱船員**：其普通事故保險費及職業災害保險費，由中央政府補助20%，被保險人負擔80%。

   (4)**裁減資遣續保人員**：其保險費被保險人負擔80%，其餘20%，由中央政府補助。

   (5)**無一定雇主或自營作業之漁會甲類會員**：其普通事故保險費及職業災害保險費，由被保險人負擔20%，其餘80%，由中央政府補助。

保險費負擔比例一覽表

被保險人類別	保險費負擔比例								
	勞工保險						就業保險費		
	普通事故保險費			職業災害保險費					
	被保險人	投保單位	政府	被保險人	投保單位	政府	被保險人	投保單位	政府
1.產業勞工及交通、公用事業之員工 2.公司、行號之員工 3.新聞、文化、公益、合作事業之員工 4.受僱從事漁業生產者 5.政府機關及公、私立學校之員工 6.勞工保險自願加保員工	20%	70%	10%		100%		20%	70%	10%
職訓機構受訓者	20%	70%	10%		100%				
無一定雇主之職業工人	60%		40%	60%		40%			
無一定雇主之漁會甲類會員	20%		80%	20%		80%			
漁民上岸候船	100%								
外僱船員	80%		20%	80%		20%			
外僱船員上岸候船	100%								
自願參加職災保險人員					100%				
被裁減資遣續保人員	80%		20%						
育嬰留停續保人員（政府單位）	20%	70%	10%				20%	70%	10%
育嬰留停續保人員（政府單位以外之投保單位）	20%		80%				20%		80%
職災勞工離職後續保人員	20%		80%						
僅參加就業保險人員							20%	70%	10%

備註：

1. 育嬰留職停薪繼續加保人員原由投保單位負擔部分之保險費由政府負擔。惟自92年1月1日起，受僱政府單位之育嬰留職停薪繼續加保人員，投保單位應負擔之保險費仍由投保單位負擔。

2. 依照行政院勞工委員會93年4月2日函示，自93年4月1日起外僱船員上岸候船期間繼續加保被保險人不計收職業災害保險費。

3.96年2月9日後初次辦理職災勞工離職後續保人員，於初次加保生效之日起2年內，其保險費由被保險人負擔20%，政府專款負擔80%。2年後則由被保險人及專款各負擔50%。

4. **保險給付的分類與基準**：勞工保險均為現金給付，計有生育、傷病、失能、死亡及老年等五種給付，平均月投保薪資之計算方式如下：

   (1)**年金給付及老年一次金給付**：按被保險人加保期間最高60個月之月投保薪資予以平均計算；參加保險未滿5年者，按其實際投保年資之平均月投保薪資計算。

   (2)**依勞保條例修正條文第58條第2項規定選擇一次請領老年給付**：仍同舊制規定，按被保險人退保之當月起前3年之月投保薪資平均計算；參加保險未滿3年者，按其實際投保當年資之平均月投保薪資計算。

   (3)**其他現金給付**：仍同舊制規定，按被保險人發生保險事故之當月起前6個月之實際月投保薪資平均計算；其以日為給付單位者，以平均月投保薪資除以30計算。

   (4)**同時受僱於2個以上投保單位**：其普通事故保險給付之月投保薪資得合併計算，不得超過勞工保險投保薪資分級表最高1級。但連續加保未滿30日者，不予合併計算。

   (5)**至於保險年資計算方式**：在條例修正施行後，不論是「三種年金給付」，「老年一次金」或「一次請領老年給付」，於計算給付標準時，如保險年資未滿1年者，依其實際加保月數按比例計算；未滿30日者，以1個月計算（計算至小數第二位為止，小數第二位以下四捨五入）。
   例如：實際投保年資16年3個月15天，則以「16又12分之4」年（16.33年）計算核給（見下表）。

勞工保險平均月投保薪資計算標準

給付項目	平均月投保薪資計算
老年年金	加保期間最高60個月的平均月投保薪資
失能年金	
遺屬年金	
老年一次金	

給付項目	平均月投保薪資計算
一次請領老年給付	退保當月起前3年的平均月投保薪資
生育給付	事故之當月起前6個月的平均月投保薪資
傷病給付	
喪葬津貼	
遺屬津貼	
失蹤津貼	

5. **各項保險給付資格與標準**

(1) **勞工保險生育給付請領資格與給付標準**

A. **請領資格：**

(A) 被保險人參加保險280日後分娩者。

(B) 被保險人參加保險滿181日後早產者。

早產的定義

依妊娠週（日）數	流產	早產	分娩
	20週↓（含140日）	20週↑~37週↓（141~258日）	37週↑（含259日）

依胎兒重量	流產	早產	分娩
	500公克↓	501公克~2499公克	2500公克↑

B. **給付標準**：被保險人分娩或早產者，按其平均月投保薪資一次給付生育補助費60日。

(2) **勞工保險普通傷病給付請領資格與給付標準：**

A. **請領資格**：被保險人罹患普通疾病住院診療，不能工作，以致未能取得原有薪資，正在治療中者，得自不能工作之第4天起，請領普通疾病補助費。

B.**給付標準**：普通疾病補助費，按被保險人平均月投保薪資半數發給，每半個月發給一次，以6個月為限。但傷病事故前參加保險已滿1年者，增加給付6個月，計1年。

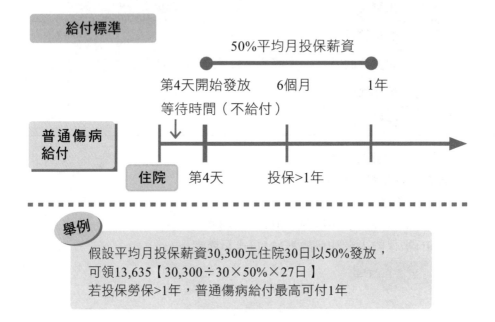

舉例

假設平均月投保薪資30,300元住院30日以50%發放，
可領13,635【30,300÷30×50%×27日】
若投保勞保>1年，普通傷病給付最高可付1年

(3)**勞工保險失能給付請領資格與給付標準**：

　　A.**請領資格**

　　　(A)失能年金：被保險人遭遇傷害或罹患疾病，經治療後，症狀固定，再行治療仍不能期待其治療效果，經全民健康保險特約醫院診斷為永久失能，並符合失能給付標準或為身心障礙者權益保障法所定之身心障礙，且經評估為終身無工作能力者，得請領失能年金給付。

　　　(B)失能一次金：

　　　　a.被保險人遭遇傷害或罹患疾病，經治療後，症狀固定，再行治療仍不能期待其治療效果，經全民健康保險特約醫院診斷為永久失能，並符合失能給付標準規定，且失能程度未達終身無工作能力者，得一次請領失能給付。

　　　　b.被保險人之失能程度經評估為終身無工作能力，且於98年1月1日前有保險年資者，亦得選擇一次請領失能給付。

B.**給付標準**：按勞工保險失能給付標準及其附表所定之失能項目、失能等級及給付日數審核辦理。係以身體失能部位不同計分：精神、神經、眼、耳、鼻、口、胸腹部臟器、軀幹、頭臉頸、皮膚、上肢、下肢等12個失能種類、220個失能項目、15個失能等級。

平均月投保薪資及平均日投保薪資之計算：

(A)失能年金：按被保險人加保期間最高60個月之月投保薪資平均計算。

(B)失能一次金（含職業傷病失能補償一次金）：按被保險人發生保險事故（即診斷永久失能日期）之當月起前6個月之實際月投保薪資平均計算；平均日投保薪資以平均月投保薪資除以30計算之。

C.**金額**：

(A)失能年金：

a. 保險人之保險年資計算，每滿1年，發給平均月投保薪資之1.55%（即平均月投保薪資×年資×1.55%）。

b. 不足新台幣4,000元者，按新台幣4,000元發給。

c. 被保險人具國民年金保險年資者，已繳納保險費之年資，每滿1年，按其國民年金保險之月投保金額1.3%計算發給（即國保之月投保金額×繳費年資×1.3%）。

d. 合併勞工保險失能年金給付及國民年金保險身心障礙年金給付後，金額不足新台幣4,000元者，按新台幣4,000元發給。

e. 因職業傷害或罹患職業病失能者，另一次發給20個月職業傷病失能補償一次金。

f. 保險年資未滿1年者，依實際加保月數按比例計算；未滿30日者，以1個月計算。

舉例1

> 張女士經評估為終身無工作能力，保險年資20年又6個多月，平均每月投保薪資32,000元。
> 每月年金金額：32,000×(20+7/12)×1.55%=10,208元。
> 如其為職災事故，再加發：32,000×20個月=64萬元。

g. 眷屬補助：

(a)加發眷屬補助：請領失能年金給付者，同時有符合下列條件之配偶或子女時，每一人加發依第53條規定計算後金額25%之眷屬補助，最多加計50%。

對象	資　格
配偶	符合下列情形之一者： 1. 年滿55歲，且婚姻關係存續1年以上。但如無謀生能力或有扶養下列規定之子女者，不在此限。 2. 年滿45歲，婚姻關係存續1年以上，且每月工作收入未超過投保薪資分級表第一級。
子女	符合下列情形之一者（養子女須有收養關係6個月以上）： 1. 未成年。 2. 無謀生能力。 3. 25歲以下，在學，且每月工作收入未超過投保薪資分級表第一級。

(b)停發眷屬補助：眷屬資格不符時，其眷屬補助應停止發給。

對象	原　因
配偶	1. 再婚。 2. 不符合前項所定配偶之請領條件。
子女	不符合前項所定子女之請領條件。
配偶 子女	1. 入獄服刑、因案羈押或拘禁。 2. 失蹤。

舉例2

同前列1，張女士有眷屬2人。
每月年金金額：$32,000 \times (20+7/12) \times 1.55\% \times (1+25\% \times 2)$
=15,312元

　　(B)失能一次金：因普通傷害或罹患普通疾病失能者，最高第1等級，給付日數1,200日，最低第15等級，給付日數30日。因職業傷害或罹患職業病失能者，增給50%，即給付日數最高為1,800日，最低為45日。
(4)**勞工保險老年給付請領資格與給付標準**：
　A.**請領資格**：
　　98年1月1日勞保年金施行後，老年給付分成三種給付項目：

(A)**老年年金給付**：被保險人合於下列規定之一者，得請領老年年金給付。

　a. 年滿60歲，保險年資合計滿15年，並辦理離職退保者。

　b. 擔任具有危險、堅強體力等特殊性質之工作合計滿15年，年滿55歲，並辦理離職退保者。

　※請領年齡逐步提高：自年金施行之日（98年1月1日）起，第10年提高1歲，其後每2年提高1歲，以提至65歲為限。

(B)**老年一次金給付**：年滿60歲，保險年資合計未滿15年，並辦理離職退保者。

(C)**一次請領老年給付**：97年12月31日前有勞保年資者，才能選擇；亦即98年1月1日勞保年金施行後初次參加勞工保險者，不得選擇一次請領老年給付。被保險人於98年1月1日勞工保險條例施行前有保險年資者，符合下列規定之一時，得選擇一次請領老年給付。

　a. 參加保險之年資合計滿1年，年滿60歲或女性被保險人年滿55歲退職者。

　b. 參加保險之年資合計滿15年，年滿55歲退職者。

　c. 在同一投保單位參加保險之年資合計滿25年退職者。

　d. 參加保險之年資合計滿25年，年滿50歲退職者。

　e. 擔任具有危險、堅強體力等特殊性質之工作合計滿5年，年滿55歲退職者。

　f. 轉投軍人保險、公教人員保險，符合勞工保險條例第76條保留勞保年資規定退職者。

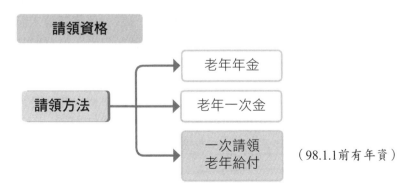

B.給付標準：

(A) **老年年金給付**：依下列2種方式擇優發給。

a. 平均月投保薪資×年資×0.775%+3,000元。

b. 平均月投保薪資×年資×1.55%。

平均月投保薪資按加保期間最高60個月之月投保薪資平均計算。
平均月投保薪資較高或年資較長者，選擇第2式較有利。

舉例1	陳先生60歲退休時，保險年資35年又5個多月，平均月投保薪資32,000元

每月年金金額：$32,000 \times (35 + 6/12) \times 1.55\% = 17,608$元。

舉例2	陳先生繼續工作延至63歲退休，保險年資38年又3個多月，平均月投保薪資32,000元。

每月年金金額：$32,000 \times (38 + 4/12) \times 1.55\% \times (1+4\% \times 3)$
$= 21,293$元。

(B) **老年一次金給付**：保險年資合計每滿1年，按其平均月投保薪資發給1個月。保險年資未滿1年者，依其實際加保月數按比例計算；未滿30日者，以1個月計算。逾60歲以後之保險年資，最多以5年計。平均月投保薪資按加保期間最高60個月之月投保薪資平均計算。

(C) **一次請領老年給付**：保險年資合計每滿1年，按其平均月投保薪資發給1個月；保險年資合計超過15年者，超過部分，每滿1年發給2個月，最高以45個月為限。被保險人逾60歲繼續工作者，其逾60歲以後之保險年資，最多以5年計，合併60歲以前之一次請領老年給付，最高以50個月為限。保險年資未滿1年者，依其實際加保月數按比例計算；未滿30日者，以1個月計算。平均月投保薪資按退保當月起前3年之實際月投保薪資平均計算。

舉例	陳先生57歲退休時，保險年資30年，平均月投保薪資32,000元，其一次請領老年給付金為：$32,000 \times (15 \times 1 + 15 \times 2) = 1,440,000$元。

勞保老年年金法定請領年齡與出生年次對照表

出生年次		46年（含）以前	47	48	49	50	51	52年（含）以後
法定請領年齡（註1）	年齡	60	61	62	63	64	65	65
	民國	98-106	108	110	112	114	116	出生年次計算滿65歲之年度
請領減給年齡	年齡	55-59	56-60	57-61	58-62	59-63	60-64	60-64
	民國	98-105	103-107	105-109	107-111	109-113	111-115	依出生年次計算滿60~64歲之年度（註2）

註：1. 勞保老年年金給付之法定請領年齡自勞保年金制度98年1月1日施行日起為60歲，第10年提高1歲，其後每2年提高1歲，提高到65歲為上限。

2. 52年次出生請領減給年齡對應之民國為112-116年；53年次出生請領減給年齡對應之民國年為113-117年，依此類推。

(5)**勞工保險死亡給付請領資格與給付標準：**

A.**本人死亡給付：**

(A)喪葬津貼：

a. 被保險人在保險有效期間因普通傷病死亡時，由支出殯葬費之人，按被保險人死亡之當月（含）起前6個月之平均月投保薪資，請領喪葬津貼5個月。

b. 被保險人死亡，其遺屬不符合請領遺屬年金給付或遺屬津貼條件，或無遺屬者，由支出殯葬費之人，按被保險人死亡之當月（含）起前6個月之平均月投保薪資請領10個月喪葬津貼。

(B) 遺屬津貼：
  a. 請領資格：被保險人於98年1月1日前有保險年資者，在保險有效期間死亡，遺有配偶、子女及父母、祖父母或受被保險人生前扶養之孫子女及兄弟、姊妹者。
  b. 給付標準：
    (a) 保險年資合併未滿1年者，按其死亡之當月（含）起前6個月之平均月投保薪資，1次發給10個月遺屬津貼。
    (b) 保險年資合併已滿1年而未滿2年者，按其死亡之當月（含）起前6個月之平均月投保薪資，1次發給20個月遺屬津貼。
    (c) 保險年資合併已滿2年者，按其死亡之當月（含）起前6個月之平均月投保薪資，1次發給30個月遺屬津貼。

給付標準

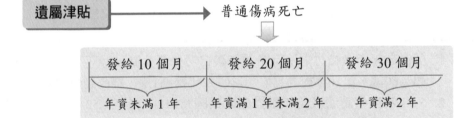

(C) 遺屬年金：
  a. 請領資格：
    (a) 被保險人在保險有效期間死亡者。
    (b) 被保險人退保，於領取失能年金給付或老年年金給付期間死亡者。
    (c) 保險年資滿15年，並符合勞工保險條例第58條第2項各款所定請領老年給付資格，於未領取老年給付前死亡者。
  b. 遺屬順序：A.配偶及子女→B.父母→C.祖父母→D.受扶養之孫子女→E.受扶養之兄弟、姊妹。
  c. 請領條件
    (a) 配偶：符合下列情形之一：
      ・年滿55歲，且婚姻關係存續1年以上。但如無謀生能力或有扶養下述B項之子女，不在此限。

・年滿45歲且婚姻關係存續1年以上，且每月工作收入未超過投保薪資分級表第一級。

(b)子女（養子女須有收養關係6個月以上）：符合下列情形之一。

・未成年。

・無謀生能力。

・25歲以下，在學，且每月工作收入未超過投保薪資分級表第一級者。

(c)保險年資滿15年，並符合勞工保險條例第58條第2項各款所定請領老年給付資格，於未領取老年給付前死亡者。

d. 給付標準

(a)被保險人在保險有效期間死亡者：依被保險人之保險年資合計每滿一年，按其平均月投保薪資之1.55%計算。

(b)被保險人退保，於領取失能年金給付或老年年金給付期間死亡，或保險年資滿15年，並符合勞工保險條例第58條第2項各款所定請領老年給付資格，於未領取老年給付前死亡者：依失能年金或老年年金給付標準計算後金額之半數發給。

舉例1

李先生在保險有效期間死亡，保險年資25年又3個多月，平均月投保薪資32,000元。

每月年金金額：32,000×(25+4/12)×1.55%=12,564元，如其為職災事故，再加發：32,000×10個月=32萬元。

舉例2

周先生在領取老年年金期間死亡，保險年資25年又3個多月平均月投保薪資32,000元。

原領每月老年年金金額：32,000×(25+4/12)×1.55%=12,564元改領每月遺屬年金金額：12,564×50%=6,282元

(c)前述計算後之給付金額不足新臺幣3,000元者，按新臺幣3,000元發給。

(d)遺屬加計：同一順序遺屬有2人以上時，每多1人加發25%，最多加計50%。

舉例3

同前例1,李先生在保險有效期間死亡,遺有配偶及2名子女。

每月年金金額:$32,000 \times (25+4/12) \times 1.55\% \times (1+25\% \times 2)$
$=18,846$元

舉例4

同前例2,周先生在領取老年年金期間死亡,遺有配偶及2名子女。

每月年金金額:$6,282 \times (1+25\% \times 2)=9,423$元

本人死亡給付

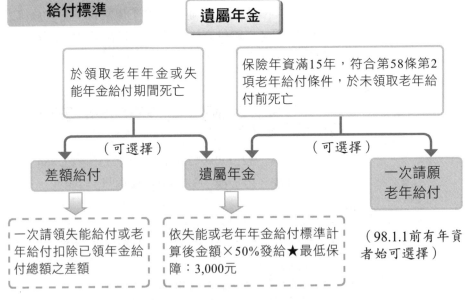

B.**家屬死亡給付**：家屬死亡給付項目為喪葬津貼，按家屬死亡之當月
（含）起前6個月之被保險人平均月投保薪資，依下列標準發給。
(A)父母、配偶死亡時，發給3個月。
(B)年滿12歲之子女死亡時，發給2.5個月。
(C)未滿12歲之子女死亡時，發給1.5個月。

(三)就業保險法令規定

1. **立法與實施日期**：91年4月25日公布，最近一次修正為111年1月12日。
2. **宗旨**：提昇勞工就業技能，促進就業，保障勞工職業訓練及失業一定期
間之基本生活。
將88年1月1日起實施的失業保險給付由現行勞工保險體系脫離並單獨立
法，並將消極的救助失業，改為積極的促進就業。
3. **保險人**：勞工保險局。
基於精減原則，本保險業務利用勞工保險局現有資源辦理，可免除人
力、物力、組織與設備重複設置之浪費情形。
4. **被保險人**：年滿15歲以上，65歲以下，受僱之本國籍勞工，應以其雇主
或所屬機構為投保單位，參加本保險為被保險人。
但下列人員不得參加本保險：
(1)依法應參加公教人員保險或軍人保險者。
(2)已領取勞工保險老年給付或公教人員保險養老給付者。
(3)受僱於依法免辦登記且無核定課稅或依法免辦登記且無統一發票購票
證之雇主或機構者。
(4)受僱於二個以上雇主者，得擇一參加本保險。
5. **保險費率**：被保險人當月月投保薪資1～2%。（現行1%）
保險費率採彈性費率制，施行初期之保險費率，基於不增加勞資雙方保
費及政府財政負擔之原則，定為1%，同時將被保險人之勞工保險普通事
故保險費率扣除1%，意指原勞保被保險人保費不增加。
6. **保險給付**：
(1)失業給付。　　　　　　　　　　(2) 提早就業獎助津貼。
(3)職業訓練生活津貼。　　　　　　(4) 留職停薪育嬰津貼。
(5)失業之被保險人及隨同被保險人辦理加保眷屬全民健康保險保險費補助。

7. **保險給付之請領條件：**

(1)**失業給付**：被保險人於非自願離職辦理退保當日前3年內，保險年資合計滿1年以上，具有工作能力及繼續工作意願，向公立就業服務機構辦理求職登記，自求職登記之日起14日內仍無法推介就業或安排職業訓練。

(2)**提早就業獎助津貼**：符合失業給付請領條件，於失業給付請領期限屆滿前受僱工作，並參加本保險3個月以上。

(3)**職業訓練生活津貼**：被保險人非自願離職，向公立就業服務機構辦理求職登記，經公立就業服務機構安排參加全日制職業訓練。

(4)**育嬰留職停薪津貼**：被保險人之保險年資合計滿6個月以上，子女滿3歲前，依性別平等工作法之規定，辦理育嬰留職停薪。

被保險人因定期契約屆滿離職，逾1個月未能就業，且離職前1年內，契約期間合計滿6個月以上者，視為非自願離職，並準用前項之規定。

本法所稱非自願離職，指被保險人因投保單位關廠、遷廠、休業、解散、破產宣告離職；或因勞動基準法第11條、第13條但書、第14條及第20條規定各款情事之一離職。

申請人對公立就業服務機構推介之工作，有下列各款情事之一而不接受者，仍得請領失業給付：

一、工資低於其每月得請領之失業給付數額。

二、工作地點距離申請人日常居住處所30公里以上。

8. **保險給付之內容：**

(1)**失業給付**：按申請人離職辦理本保險退保之當月起前6個月平均月投保薪資60%按月發給，最長發給6個月。但申請人離職辦理本保險退保時已年滿45歲或領有社政主管機關核發之身心障礙證明者，最長發給9個月。

又中央主管機關於經濟不景氣致大量失業或其他緊急情事時，於審酌失業率及其他情形後，得延長前項之給付期間最長至9個月，必要時得再延長之，但最長不得超過12個月。但延長給付期間不適用第13條及第18條之規定。

依規定領滿給付期間者，自領滿之日起2年內再次請領失業給付，其失業給付以發給原給付期間之二分之一為限。且領滿失業給付之給付期間者，本保險年資應重行起算。

被保險人非自願離職退保後，於請領失業給付或職業訓練生活津貼期間，有受其扶養之眷屬者，每1人按申請人離職辦理本保險退保之當月起前6個月平均月投保薪資10%加給給付或津貼，最多計至20%。

(2)**提早就業獎助津貼**：符合失業給付請領條件，於失業給付請領期限屆滿前受僱工作，並依規定參加本保險為被保險人滿3個月以上者，得申請按其尚未請領之失業給付金額之50%，1次發給。

(3)**職業訓練生活津貼**：參加全日制職業訓練，於受訓期間，每月依退保之當月起前6個月平均月投保薪資60%發給，最長發給6個月。

又被保險人於失業期間另有工作，其每月工作收入超過基本工資者，不得請領失業給付；其每月工作收入未超過基本工資者，其該月工作收入加上失業給付之總額，超過其平均月投保薪資80%部分，應自失業給付中扣除。但總額低於基本工資者，不予扣除。

(4)**育嬰留職停薪津貼**：以被保險人育嬰留職停薪之當月起前六個月平均月投保薪資60%計算，於被保險人育嬰留職停薪期間，按月發給津貼，每一子女合計最長發6個月。於同時撫育子女2人以上之情形，以發給1人為限。

失業給付	按平均月投保薪資60%發給，最長發給6個月。但申請人離職辦理退保時已年滿45歲或領有社政主管機關核發之身心障礙證明者，最長發給9個月。
提早就業獎助津貼	按尚未請領之失業給付金額的50%，一次發給。
職業訓練生活津貼	按平均月投保薪資60%發給，最長發給6個月。
健保費補助	領取失業給付或職業訓練生活津貼者以每次領取末日之當月（失業勞工及其離職退保當時隨同參加全民健康保險之眷屬），全額補助自付部份之健保費，但依全民健康保險法所定補充保險費率計收之補充保險費，則不予補助。
育嬰流質停薪津貼	按平均月投保薪資60%發給，每一子女合計最長發給6個月，自110年7月開始政府加發20%補助。

※申請失業給付或職業訓練生活津貼期間有受其扶養之無工作收入眷屬者，每1人加計10%最多計20%。

(四)勞工職業災害保險及保護法

1. **公布日期**：110年4月30日公布，111年5月1日施行。

2. **立法目的**：以專法形式，將勞工保險條例的職業災害保險及職業災害勞工保護法的規定整合，除擴大納保，受僱勞工到職即有保障，一旦發生職災，政府有給付保證；提升各項給付，勞工災後生活有保護；雇主也藉由少許保費，讓勞工獲得大保障，雇主更有效分攤補償責任；並整合職災預防與重建業務，使整體職災保障制度更完善。

3. **立法特色**：

   分別是：

   (1)擴大納保範圍及提高處罰額度：

   　A.為強化勞工工作安全，並因應現行勞工保險僱用4人以下事業單位屬自願加保，且於申報作法下，雇主未加保，勞工無給付保障之狀況，本法參採先進國家作法，明定受僱於登記有案事業單位勞工，不分僱用人數，皆強制納保，且其保險效力自到職日起算。

   　勞工遭遇職業傷病，即使雇主未辦理加保手續，勞工仍得依規定請領相關給付。為督促雇主為所屬勞工辦理保險手續，提高未加保處罰額度，並明定公布事業單位名稱、負責人姓名等名譽處罰；勞工於未加保期間遭遇職業傷病領取保險給付者，後續也將向違法雇主追繳保險給付金額。

   　B.考量我國從事非典型工作的勞動者逐漸增加，且提供勞務的型態日趨多元，為讓臨時或短暫受僱於自然人雇主之勞工，或實際從事勞動之人員均可獲得本法保障，故將其納為特別加保對象。

   (2)保險費率調整機制：基於職業災害保險屬短期保險，各先進國家就其保險費率，多採經驗費率方式，以達各行業費率計算之公平性與保險財務之健全，本法亦依循該作法，並針對僱用員工達一定人數以上之投保單位搭配實績費率機制，以確實反映各行業別發生職業災害之風險程度，鼓勵雇主重視職業安全衛生，以降低職業災害發生。另為減低施行初期勞資雙方之保險費負擔，本法明定施行前3年按現行職業災害保險費率表計收保費，第4年起再依精算結果據以調整費用。

   (3)增進各項保障權益：為因應現行職業災害保險於勞工保險之綜合保險體系，難單獨調整，致有保障不足、雇主無法抵充職業災害補償責任之問題，參酌國際勞工組織公約及先進國家職業災害保險制度作法，調整本法各項給付或津貼補助內容，以符職災勞工及其家屬之保障需求。各項給付或津貼補助與現行規定對照詳下表。

本法保險給付或津貼補助與現行規定之對照表

	本法	現行規定
投保薪資	上限：規劃72,800元。 下限：基本工資（目前24,000元）。	上限：45,800元。 下限：基本工資（目前24,000元），部分工時者，得自11,100元起申報。
醫療給付	除依健保給付標準支付外，將提供健保給付之特殊材料自付差額保障。	依健保支付標準給付診療費用。
傷病給付	前2個月發給平均投保薪資之100%第3個月超發給平均投保薪資之70%，最長2年。	第1年按平均投保薪資70%發給，第2年減為50%，最長2年。
失能年金	增列部分失能年金。 年金按失能程度以平均投保薪資一定比率發給，不以年資計（完全失能70%，嚴重失能50%，部分失能20%）。	年金須評估終身無工作能力者，按平均投保薪資×年資×1.55%計算，並加發20個月補償一次金。
遺屬年金	加保期間死亡，按平均投保薪資50%發給，不以年資計。 不符年金資格，發給遺屬一次金。	加保期間死亡，按平均投保薪資×年資×1.55%計算，並加發10個月補償一次金。
年金競合	得併領，職災年金給付減額發給。	擇一請領。
相關津貼補助	退保後經診斷確定罹患職業病者，發給醫療補助，失能或死亡津貼。 提供被保險人、退保後經診斷確定罹患職業病者之照護補助、輔助器具補助。 未加保勞工之照護、失能及死亡補助。	

(4)**整合職業災害預防重建及其他勞動權益保障**：本次職業災害保險單獨立法的一大重點，是運用保險資源，連結職業災害預防與重建業務，以因應現行多以年度採購計畫方式辦理，所衍生難培養專業人力、經驗難以傳承等問題，且藉由相關業務的法制化、專責機構的建置，以同步提升辦理職業災害預防與重建措施之質與量，落實本法連結災前

預防與災後重建的立法目的。本法職業災害預防重建及其他勞動權益保障詳下表。

本法有關職業災害預防與重建措施

經費來源	年度應收保費20%範圍內，編列經費辦理。
統籌單位	成立財團法人職災預防及重建中心統籌辦理。
辦理預防健檢	持續辦理被保險人在職健康檢查。 曾從事有害作業（疾病潛伏期長）者，在轉換工作或離職退保後，提供追蹤健檢。
明定重建業務	明定重建業務範疇（醫療復健、社會復健、職能復健、職業重建）。 個管服務機制法制化，整合資源提供個別化服務。
強化職能復健	提供職能復健服務，包含就業適性評估、擬定復工計畫及生理心理功能強化訓練等。 提供勞工最長180日之職能復健津貼。 提供雇主協助職災勞工復工之輔助設施補助。 提供事業單位僱用職災勞工之補助。
職業傷病通報	認可醫療機構提供職業傷病診治整合性服務，辦理職業病通報。 職災勞工、雇主、醫療機構亦得通報。
其他勞動權益保障	明定雇主與職業災害勞工得終止勞動契約之情形，以及職業災害勞工之續保、資遣費、退休金或離職金，與傷病假等權益。

4. 保險對象：

　(1)強制參加：

　　A.**受僱勞工**：年滿15歲以上之下列勞工，應以其雇主為投保單位，參加本保險為被保險人：

　　　(A)受僱於領有執業證照、依法已辦理登記、設有稅籍或經中央主管機關依法核發聘僱許可之雇主。

　　　(B)依法不得參加公教人員保險之政府機關（構）、行政法人及公、私立學校之受僱員工。

　　依勞動基準法規定未滿15歲之受僱從事工作者，亦適用之。

B.**職業工會或漁會會員**：年滿15歲以上之下列勞工，應以其所屬團體為投保單位，參加本保險為被保險人：

(A)無一定雇主或自營作業而參加職業工會之會員。

(B)無一定雇主或自營作業而參加漁會之甲類會員。

C.**參加職業訓練之學員**：年滿15歲以上，於政府登記有案之職業訓練機構或受政府委託辦理職業訓練之單位接受訓練者，應以其所屬機構或單位為投保單位，參加本保險為被保險人。

以上均包括外國籍人員。

(2)**任意參加**：下列人員得準用本法規定參加本保險：

A.受僱於經中央主管機關公告之第6條第1項規定以外雇主之員工。

B.實際從事勞動之雇主。

C.參加海員總工會或船長公會為會員之外僱船員。

5. **保險給付及內容**：

共分(1)醫療給付。(2)傷病給付。(3)失能給付。(4)死亡給付。(5)失蹤給付等五類，各項給付內容如下：

(1)**醫療給付**：被保險人遭遇職業傷病時，應至全民健康保險特約醫院或診所診療；其所發生之醫療費用，由保險人支付予全民健康保險保險人，被保險人不得請領現金。

(2)**傷病給付**：

A.**資格條件**：被保險人遭遇職業傷病不能工作，致未能取得原有薪資，正在治療中者，自不能工作之日起算第4日起，得請領傷病給付。

B.**給付標準**：前2個月按被保險人平均月投保薪資發給，第3個月起按被保險人平均月投保薪資70%發給，每半個月給付1次，最長以2年為限。

(3)**失能給付**：

A.**失能一次金**：被保險人遭遇職業傷病，經治療後，症狀固定，再行治療仍不能改善其治療效果，經全民健康保險特約醫院或診所診斷為永久失能，符合本保險失能給付標準規定者，得按其平均月投保薪資，依規定之給付基準，請領失能一次金給付。

B.**失能年金**：被保險人失能程度經評估符合下列情形之一者，得請領失能年金：

(A)完全失能：按平均月投保薪資70%發給。

　　　(B)嚴重失能：按平均月投保薪資50%發給。

　　　(C)部分失能：按平均月投保薪資20%發給。

　(4)**死亡給付**：

　　A.**喪葬津貼**：被保險人於保險有效期間，遭遇職業傷病致死亡時，支出殯葬費之人，得請領喪葬津貼。按被保險人平均月投保薪資一次發給5個月。被保險人無遺屬者，按其平均月投保薪資一次發給10個月。

　　B.**遺屬年金**：被保險人遺有配偶、子女、父母、祖父母、受其扶養之孫子女或受其扶養之兄弟姊妹者，得依順序，請領遺屬年金。給付標準按被保險人之平均月投保薪資50%發給。

　　C.**遺屬一次金及遺屬津貼**：按被保險人平均月投保薪資發給40個月。

　(5)**失蹤給付**：被保險人於作業中遭遇意外事故致失蹤時，自失蹤之日起，發給失蹤給付。按被保險人平均月投保薪資70%，於每滿3個月之期末給付一次，至生還之前1日、失蹤滿1年之前1日或受死亡宣告裁判確定死亡時之前1日止。

6. **預防職業病健康檢查**：為維護被保險人健康，勞保局辦理預防職業病健康檢查，俾及早發現職業病初期徵兆，早日治療。被保險人從事「勞工職業災害保險預防職業病健康檢查及健康追蹤檢查辦法」第2條第1項規定之有害作業，最近加保年資至勞保局受理申請日止，連續滿1年以上者，每年得申請本項檢查1次。

勞工職業災害保險投保薪資分級表		中華民國113年11月15日勞動部勞動保3字第11300875815號令修正發布，自114年1月1日施行
投保薪資等級	月薪資總額（實物給付應折現金計算）	月投保薪資
第1級	28,590元以下	28,590元
第2級	28,591元至28,800元	28,800元
第3級	28,801元至30,300元	30,300元
第4級	30,301元至31,800元	31,800元

勞工職業災害保險投保薪資分級表		中華民國113年11月15日 勞動部勞動保3字 第11300875815號令修正發布， 自114年1月1日施行
第5級	31,801元至33,300元	33,300元
第6級	33,301元至34,800元	34,800元
第7級	34,801元至36,300元	36,300元
第8級	36,301元至38,200元	38,200元
第9級	38,201元至40,100元	40,100元
第10級	40,101元至42,000元	42,000元
第11級	42,001元至43,900元	43,900元
第12級	43,901元至45,800元	45,800元
第13級	45,801元至48,200元	48,200元
第14級	48,201元至50,600元	50,600元
第15級	50,601元至53,000元	53,000元
第16級	53,001元至55,400元	55,400元
第17級	55,401元至57,800元	57,800元
第18級	57,801元至60,800元	60,800元
第19級	60,801元至63,800元	63,800元
第20級	63,801元至66,800元	66,800元
第21級	66,801元至69,800元	69,800元
第22級	69,801元以上	72,800元
備註	一、本表依勞工職業災害保險及保護法第17條第4項規定訂定之。 二、本表投保薪資金額以新臺幣元為單位。	

(五)**中高齡者及高齡者就業促進法**
  1. **施行日期**：113年7月31日施行
  2. **重點內容**：分別是：
   (1)**禁止年齡歧視**：中高齡者及高齡者就業主要面臨年齡歧視、社會刻板印象等問題，因此訂定「禁止年齡歧視」專章，禁止雇主因年齡因素歧視求職或受僱之中高齡者及高齡者。
   (2)**放寬高齡者適用相關獎補助**：如職訓生活津貼、僱用獎助、跨域就業補助、臨工津貼及創業貸款利息補貼等。
   (3)**新增繼續僱用、僱用退休高齡者傳承經驗補助，及補助提供退休準備及再就業協助措施**：鼓勵雇主持續僱用或聘用退休高齡者傳承經驗，及協助退休人員適應退休生活。
   (4)**強化現行就業促進措施**：另為協助中高齡者及高齡者續留職場，透過推動職務再設計、職業訓練、創業輔導等措施協助在職、失業及退休之中高齡者及高齡者就（創）業，促進世代交流與合作。
   (5)**放寬雇主以定期契約僱用高齡者**：因應65歲以上勞工需求，放寬雇主以定期契約僱用65歲以上高齡者，增加勞雇雙方彈性，也將運用獎補助提高雇主僱用誘因。
   (6)**推動銀髮人才服務**：未來將整合中央與地方政府資源共同推動銀髮人才服務，設立銀髮人才服務中心或據點，宣導倡議中高齡及高齡人力運用及延緩退休，開發短期性、臨時性、部分工時等工作機會，並建置退休人才資料庫促進退休人力再運用。
  3. **在職中高齡者及高齡者穩定就業措施如下**：
   (1)**職業訓練之補助**：雇主指派所僱用之中高齡者或高齡者參加外部職業訓練，得申請訓練費用最高70%之補助。
   (2)**職務再設計與就業輔具之補助**：雇主為協助中高齡及高齡者排除工作障礙，得申請職務再設計或提供就業輔具之補助，每人每年以新臺幣10萬元為限。
   (3)**世代合作之輔導及獎勵**：獎勵雇主得透過同一工作分工合作及調整內容等方法，使所僱用之中高齡者與高齡者與差距年齡達15歲以上之受僱者共同工作。
   (4)**繼續僱用之補助**：
    A.補助條件：雇主繼續僱用符合勞動基準法第54條第1項第1款規定

之受僱者，達其所僱用符合該規定總人數之30%。僱用達6個月以上，且不低於原有薪資者。

B.補助期間及額度：前6個月每月1萬3千元，第7-18個月每月1萬5千元；或前6個月每小時70元，第7-18個月每小時80元。

C.由中央主管機關每年公告受理次一年度之申請案件。

4. **失業中高齡者及高齡者就業促進措施如下：**

(1)**職業訓練補助：**

A.中高齡及高齡失業者參加本部主辦、委託或補助辦理之職業訓練課程，全額補助訓練費用，並準用就業促進津貼實施辦法發給職業訓練生活津貼。

B.因應高齡者之身心特性及未來就業型態開設「高齡者職業訓練專班」。

C.放寬雇主辦理符合本法適用對象資格之失業者職業訓練最低開班人數為5人，惟訓練時數不得低於80小時。

(2)**創業貸款利息補貼：**

A.中高齡及高齡失業者得辦理創業貸款，前2年利息全額補貼，利息補貼最高貸款額度200萬元。

B.中高齡及高齡失業者與29歲以下青年共同創業，提供最長7年之利息補貼。前3年利息全額補貼；第4年起自行負擔年息1.5%利息，差額由中央主管機關補貼。

(3)**跨域就業補助：**

A.**求職交通補助金**：500元，1年4次。

B.**搬遷補助金**：3萬元。

C.**租屋補助**：租金之6成，不超過5千元，最高補助12個月。

D.**異地就業交通補助金**：依距離每月1至3千元，補助12個月。

(4)**臨時工作津貼**：失業之中高齡者及高齡者，親自向公立就業服務機構辦理求職登記，經就業諮詢及推介就業，得指派其至用人單位從事臨時性工作，並按每小時基本工資核給臨時工作津貼，每月最高核給不得超過每月之基本工資，最長以6個月為限。

(5)**職場學習及再適應津貼：**

A.失業之中高齡者及高齡者，親自向公立就業服務機構辦理求職登記，經評估後，推介至用人單位進行職場學習及再適應，發給職場學習及再適應津貼。

B.津貼按每小時基本工資核給，且每月最高核給津貼不超過每月基本工資，最長3個月，經評估同意後得延長至6個月。

　　(6)**僱用獎助**：雇主僱用由公立就業服務機構或受託單位推介失業之中高
　　齡者及高齡者連續滿30日，發給僱用獎助，最長發給12個月：
　　　A.中高齡者：每月1萬3千元（或每小時70元）。
　　　B.高齡者：每月1萬5千元（或每小時80元）。

5. **退休中高齡者及高齡者再就業措施如下：**
　　(1)補助雇主對達勞動基準法第54條第1項第1款強制退休前1年之中高齡
　　者提供協助措施：
　　　A.辦理勞工退休準備及調適之課程、團體活動、個別諮詢、資訊、文
　　　宣。同一雇主每年最高補助50萬元。
　　　B.辦理勞工退休後再就業之職涯發展、就業諮詢、創業諮詢、職業訓
　　　練。同一雇主每年最高補助50萬元。
　　(2)補助雇主僱用依法退休之高齡者傳承專業技術及經驗
　　　A.補助講師鐘點費、非自有場地費、其他必要費用。
　　　B.每位受僱用之高齡者每年最高補助雇主新臺幣10萬元，每位雇主每
　　　年最高補助50萬元。
　　　針對企業端及勞工端的各項政府獎助簡要說明詳下圖：

獎助措施-勞工

職業訓練
- 失業者免費參訓
- 參訓期間提供職訓生活津貼
- 開辦高齡者專班

創業輔導&貸款利息補貼
- 提供免費創業研習課程
- 前2年利息全額補貼
- 青銀共同創業前3年利息全額補貼

臨時工作津貼
- 按每小時基本工資核給且不超過每月基本工資，最長6個月

跨域就業補助
- 求職交通補助金 最高1250元/月
- 異地就業補助金 最高3000元/月
- 搬遷補助金 最高3萬元
- 租屋補助金 最高5000元/月

職場學習及再適應津貼
- 按每小時基本工資核給且不超過每月基本工資，最長3個月，高齡者經評估可至6個月

(六)移工留才久用方案

1. **緣起**：政府為推動國家重大建設，補足缺工問題，開放引進移工迄今已近70萬人，多從事國人不願投入的製造業、營造業及漁業等3K（骯髒、辛苦、危險）產業與失能照顧工作，是我國不可或缺的生產力，其中有許多移工在雇主訓練及多方合作下，不但熟悉臺灣生活環境，更熟練勞動、生產及運用的技術，已成為我國所需的中階技術人才。

   過去受限於法令規定，移工工作達一定年限就必須離開，等於平白將訓練好的人才送往他國，且為因應我國中階技術人力缺工逐年擴大（如110年缺工逾13萬人），再加上近年鄰近國家爭相延攬並留用優秀外國技術人力，行政院於111年2月17日通過勞動部研擬的「移工留才久用方案」，在確保國人就業前提下，開放符合資格的移工、僑外生在臺從事中階技術工作，並且無工作年限的限制，希望藉此留用在臺優秀且成熟的外國技術人才，在最短時間內補充所需人力。

2. **方案重點**：

   (1)**開放在臺從事中階技術工作**：

   A.**適用對象**：在臺工作滿6年以上的移工，及取得我國副學士（專科）以上學位的僑外生符合薪資或技術條件者，可由雇主申請為中階技術人力留用。

B.**薪資條件：**

(A)產業類：每月經常性薪資逾3萬3千元或年總薪資逾50萬元（僑外生首次聘僱3萬元，續聘回歸3萬3千元）。

(B)社福類：機構看護每月經常性薪資逾2萬9千元、家庭看護每月總薪資逾2萬4千元。

C.**技術條件：**

(A)產業類或其他指定工作：符合勞動部彙整各部會所提專業證照、訓練課程或實作認定等資格條件之一，但經常性薪資逾3萬5千元者，免技術條件。

(B)看護工作：應同時符合我國語言測驗及相關教育訓練課程資格條件。

D.**開放類別：**

(A)產業類：製造業、營造業、農業（限外展、農糧）、海洋漁撈。

(B)社福類：機構看護工、家庭看護工。

(C)其他經中央目的事業主管機關指定之國家重點產業。

E.**名額核算：**為保障國人就業，產業類個別雇主申請中階人力名額，不超過移工核配比率25%，且移工、中階人力及專業外國人合計不超過總員工50%。

(2)**申請永久居留：**資深移工或僑外生從事中階技術工作滿5年，符合《入出國及移民法》相關規定，每月總薪資逾2倍基本工資（即5萬500元）或取得乙級專業技能證明，得申請永久居留。

臺灣在疫情衝擊下，不但經濟逆勢成長，加上臺商回臺、外資湧入、民間投資熱絡，在許多方面都需要更多生產力與勞動力，但臺灣總勞動力缺口是事實，且現今人才養成不易，政府因此優化條件，提高誘因，持續加強留才攬才，希望在最短時間內解決臺灣迫切、重大的人才需求，同時也對外展現臺灣的友善與熱情。

移工政策的未來工作重點分別為：

1. **對象擴大：**延攬外國專業人才目的是期盼引進國外之先進技術及知能，提昇國內的產業技術水準，進而提高產業競爭力。在世界各國積極延攬專業人才下，我國於93年1月15日起由勞動部勞動力發展署單一窗口辦理外國專業人才來臺工作許可之法制及審核，並配合國內經濟發展、就業市場情勢及各行職業別的勞動供需狀況等，適時檢討聘僱外國專業人才工作許可的規定，以衡平國人就業權益及企業用人需求。配合外國專業

人員延攬及僱用法施行，有關學校教師申案自107年2月8日改由向教育部申請許可。另，自111年4月30日起，開放外國人從事中階技術工作。

為留用優秀資深移工及在臺取得副學士學位以上僑外生，行政院擬訂「移工留才久用方案」，自111年4月30日開始實施。凡在臺工作滿6年以上的移工，符合薪資與技術條件規定標準，可由雇主申請聘僱從事中階技術工，每次許可最長3年，期滿可申請展延，且無工作年限的限制，將能留用資深移工及我國培育的僑外生，解決各企業中階技術人力短缺問題。且外國人從事中階技術工作滿5年，得依移民法規定申請永久居留，對企業人力留才久用及臺灣生產人口增加具雙重擴增功能。本次開放的工作類別是：海洋漁撈、製造業、營造業、部分農業及看護工等中階技術工作；勞動部初估約有21萬名移工符合資格，中階技術人力名額比例上限，不超過移工核配比率的25%。

2. **享本國國民同等待遇**：外國人才來臺工作前，應依序申請取得應聘工作許可、入國簽證，及入境我國後，辦理居留許可。外國人才在臺工作等其餘事項，均以國民待遇原則對待，同受我國勞動法令保障。倘雇主為公告適用勞動基準法的行業，亦一體適用。

   另外，為使外國人才基本人權及勞動條件獲得保障，權益保護措施如下：

   (1)**薪資應全額直接給付**：除依法應負擔之費用得自工資逐予扣除外，雇主應全額直接給付薪資。

   (2)**暢通諮詢及申訴管道**：

   　A.**1955勞工諮詢專線**：提供勞工24小時、全年無休、雙語及免付費之諮詢及申訴服務，並於受理申訴案件後，電子派案請各地方政府查處，且追蹤管理案件後續處理情形。

   　B.**地方政府諮詢服務中心**：地方政府設置諮詢服務中心，配置雙語諮詢人員，提供諮詢、申訴及勞資爭議處理等服務。

   　C.**工作及生活管理違法查察**：地方政府設置訪視員，訪視雇主及外國人才工作情形及民眾檢舉違法案件。

3. **僑外生畢業後留臺工作**：僑外生畢業後留臺工作，可循下列兩種管道申請：

   (1)**依一般依薪資、工作經驗等條件申請**：現行開放外國人才得在臺從事之6大類工作，A.專門性或技術性工作、B.華僑或外國人經政府核准投資或設立事業之主管、C.學校教師、D.補習班之專任外國語文教師、E.運動教練及運動員、F.藝術及演藝工作，不同工作屬性，有不同資格規範，其中從事「專門性或技術性工作」，應符合薪資、學經

歷、執業資格等條件。僑外生畢業後若符合上述工作資格條件，均可依規定申請。

(2)**依僑外生留臺工作評點新制申請**：來臺求學且畢業的僑外生，經我國及外國政府投入教育資源培育，且對我國文化及語言與生活具一定程度瞭解，應優先留用及延攬在臺工作。自103年7月3日起新增「僑外生留臺工作評點新制」，該制度不再單以聘僱薪資作為資格要求，而改以學經歷、薪資水準、特殊專長、語言能力、成長經驗及配合政府產業發展政策等8項目進行評點，累計點數超過70點者，即符合資格。另外，採取定額開放申請，公告申請期間額滿，就不再核發。

4. **外國人才依國際協定來台**：因應全球化及國際貿易自由化，外國人才全球移動頻繁。我國除已自91年加入WTO外，也分別與新加坡簽署「臺星經濟夥伴協定」，及和紐西蘭簽署「紐西蘭與臺澎金馬個別關稅領域經濟合作協定」，並就多邊或雙邊自然人移動的類型、資格條件、申請程序等相互約定。外國人才依上述國際協定來臺，可分為：商務訪客、企業內部人員調動、安裝或服務人員及獨立專業人士。其中，企業內部人員調動、安裝或服務人員及獨立專業人士，應向勞動部勞動力發展署申請許可。

(七)疫後缺工獎勵方案

為改善疫後產業缺工問題，勞動部規劃「疫後改善缺工擴大就業方案」，建立跨部會合作機制，設定「專案職缺」範圍及薪資標準等具體條件，從「獎勵勞工就業」及「鼓勵雇主僱用」，運用方案之獎補助資源，協助企業補實人力需求。

1. **獎勵勞工就業**：為擴大勞動力供給，勞動部提供就業獎勵，鼓勵勞工投入專案職缺，一般身分勞工給予就業獎勵每月6,000元、中高齡等特定對象勞工每月給予10,000元，最長發給12個月。工作地點位處花東、離島或偏遠地區，獎勵金每月再加碼3,000元，中高齡等特定對象勞工每人每月最高1.3萬元。中高齡等特定對象勞工從事部分工時工作，每月薪資符合規定，每人每月發給5,000元（偏遠地區發給6,500元），最長發給12個月。

2. **鼓勵雇主僱用**：為鼓勵雇主辦訓增加僱用，企業以「先僱後訓」方式辦理工作崗位訓練，補助企業每人每月1.2萬元之自訓指導費，訓練地點位於偏遠地區，補助額度提高為每人每月1.5萬元，最長補助3個月。

如雇主採「先訓後僱」方式辦訓，補助雇主訓練費用每年最高100萬元。專案職缺相關職類專班結訓學員發給一次性獎勵5,000元，偏遠地區發給8,000元。

政府就業服務

台灣就業通網站　就業中心　銀髮人才資源中心　青年職涯發展中心

✓ 提供勞工就業諮詢
✓ 推介職業訓練課程
✓ 辦理就業媒合活動
✓ 運用就業促進工具

專案擴大就業獎勵

勞工投入專案職缺工作就業獎勵，最長12個月

一般勞工	中高齡等特定對象
6,000元/人月	全時工作：　1萬元/人月 部分工時：5,000元/人月

偏遠地區再加碼3,000元

一般勞工	中高齡等特定對象
9,000元/人月	全時工作：1.3萬元/人月 部分工時：6,500元/人月

鼓勵雇主進用

 勞動部 Ministry of Labor

中央目的事業主管機關
經濟部　農委會　交通部　內政部

勞動部 Ministry of Labor

雇主補助

職缺薪資達專案標準，提供業者補助，以引導業者提高員工薪資

交通部　交通部觀光局補助旅宿業穩定接待國際旅客服務量能實施要點
旅宿業新僱房務員及清潔人員，每月薪資北部達3.3萬元、其他地區達3.1萬元，提供雇主補助

產業輔導服務

輔導業者推動自動化、改善工作方法及改善工作環境，以減少人力需求及提高人員留任意願

經濟部：如：中小企業數位共好計畫
輔導工作流程數位化，減少人力需求

求才服務

強化媒合失業/待業勞工、中高齡特定對象、青年、結訓學員等
協助業者僱用70萬人/年

產訓合作

● 先訓後僱-補助訓練費，最高100萬元/年
● 先僱後訓-專案職缺補助自訓指導費1.2萬元/人月，最長3個月
偏遠地區加碼補助，提高為1.5萬元/人月

參訓獎勵金(先訓後僱)

專案職缺相關職類專班結訓學員
● 發給學員一次性獎勵5,000元/人
● 偏遠地區加碼獎勵，提高為8,000元/人

職務再設計

● 補助改善工作機具設備及提供就業輔具
　不限申請次數，最高補助10萬元/人年
● 輔導雇主改善工作條件或調整工作方法

Chapter 13 企業勞資關係與爭議處理

依據出題頻率區分，屬：**B** 頻率中

課前導讀

本章主要說明企業勞資關係的建立以及發生勞資爭議時，可以採取的處理方式。至於，增進勞資關係的具體作法，部分內容置於員工福利服務乙章內。首先，說明勞資關係的基本概念，其次介紹集體協商與團體協定的簽定，是約束相互關係的最佳途徑；最後再介紹勞資爭議權行以及勞資爭議的方式與過程。

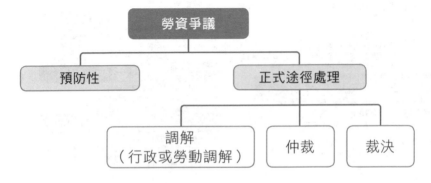

圖13-1　本章架構圖

重點綱要

一、勞資關係的定義
勞工和管理者（資方）之間的關係。

二、勞資關係的形成與演進
(一) 工業革命前。　　　　　　　(二) 工業革命後初期。
(三) 後工業革命階段。

三、勞資關係的領域
(一) 個體領域。　　　　　　　　(二) 總體領域。

四、勞資關係的類型
(一) 以演變階段區分為以下三類：
　1.壓迫型勞資關係。　　　　　2.對抗型勞資關係。
　3.合作型勞資關係。
(二) 以勞資關係品質分為以下四類：
　1.公開衝突。　　　　　　　　2.武裝休戰。
　3.工作和諧。　　　　　　　　4.勞資合作。

五、勞資關係模式
(一) 「非集體協商型」的勞資關係模式：
　1.無工會組織的「非集體協商型」的勞資關係模式。
　2.有工會組織的「非集體協商型」的勞資關係模式。
(二) 「集體協商型」的勞資關係模式。

六、勞資關係的特性
(一) 個別性與集體性。　　　　　(二) 平等性與不平等性。
(三) 對待性與非對待性。　　　　(四) 共益性與非共益性。
(五) 經濟性與法律性。

七、勞資關係的分析層次
(一) 個人層次。　　　　　　　　(二) 組織或事業單位層次。
(三) 國家層次。　　　　　　　　(四) 國際系統層次。

八、勞資關係形成之層面
(一) 組織層面勞資關係：
　1.對立關係。　　　　　　　　2.職務方面。

(二) **僱傭層面的勞資關係。**　　　　(三) **職場層級的勞資關係。**

(四) **角色層面的勞資關係。**

九、國家在勞資關係中所扮演的角色

(一) **法律制定者。**　　　　　　　(二) **勞資雙方第三方的制約者。**

(三) **勞資雙方的調停者。**　　　　(四) **公共部門的雇主。**

(五) **所得制約者。**　　　　　　　(六) **人力資源規劃者。**

十、勞動者的爭議行為

(一) **罷工：**

　1. **罷工的意義**：是指事業內的全體被僱者，或是一群被僱者，以工資或其他勞動條件的改善，與經濟利益獲得為目的，而共同停止工作的行為。其定義與概念是：

　　(1) 集體行為非個別行為。

　　(2) 須基於經濟上原因。

　　(3) 是勞務提供之「中止」，而非勞動契約之「終止」。

　2. **罷工的種類：**

　　(1) 依其目的可分為「經濟性罷工」、「政治性罷工」、「同情性罷工」及其他目的等罷工型態。

　　(2) 依參與人數分為「全面性罷工」、「部分罷工」（「指名罷工」、「限時罷工」、「波狀罷工」）。

　　(3) 常見不合法的罷工為「野貓式罷工」、「冷不防罷工」。

(二) **怠工**：怠工是勞動者在形式上仍然提供勞務，但是故意讓工作效率降低，為一種勞務不完全提供之爭議行為。

(三) **杯葛**：杯葛是勞動者對於雇主不當之措施，不採直接之對抗，而向第三人所為之間接爭議行為。

(四) **糾察**：糾察行為是指罷工或怠工期間，為了確保爭議行為之實效性，對於拒絕或反對罷工、怠工之勞工，予以糾舉察查，阻止其上工。

(五) **占據**：是指勞工以強化或維持罷工之態勢，並提高罷工之時效為目的。於相當時間內，在工作場所或其他事業場所內，占有雇主的廠房、生產設備及材料，使雇主無法從事企業之營運。

(六) **生產管理**：是勞工團體為達成爭議目的，或因雇主逃避經營不善之責任，不經雇主同意，將雇主廠場、設備、原料等置於自己實力管轄下，並排除雇主指示，自行進行企業之生產、營運及管理。

十一、雇主之爭議行為

(一) **鎖廠**：攻擊性鎖廠、防禦性鎖廠。　　(二) **繼續營運**。

(三) **黑名單**。　　(四) **停工**。

十二、團結權與工會組織

(一) **勞工團結權—工會**

(二) **工會任務**

(三) **工會組織**

　1. 企業工會　　　2.產業工會　　　3.職業工會

(四) **工會發起與登記**

(五) **工會章程訂定事項**

(六) **工會保護（又稱不當勞動行為）**

十三、協商權與集體協商

(一) **集體協商意義與重要性**：

　1. **意義**：是指勞資雙方透過談判、協商完成團體協約的締結。

　2. **重要性**：集體協商是勞工大眾掌握企業經營資訊影響政府勞工政策的重要憑藉。

(二) **集體協商種類**：

　1. 分配性集體協商。　　　2. 策略性集體協商。　　　3. 整合性集體協商。

(三) **誠信協商**。

(四) **集體協商議題**：

　1. **經濟議題**：薪資、員工福利、工時。

　2. **制度議題**：工會保障、工會會費自動扣繳、不罷工條款、管理權、共同決定。

　3. **行政議題**：員工年資、員工紀律、安全衛生、工作外包、技術變革、生產標準。

(五) **台灣集體協商的現況**。

(六) **團體協約**：

　1. **定義**：是工會與雇主（團體）針對勞動條件及其他勞資雙方當事人間之勞動關係事項，進行協商後達成合意結果予以文書化的契約。

　2. **機能**：

　　(1) 提升勞動條件之機能。　　(2) 組織擴大之機能。

　　(3) 秩序形成之機能。　　　　(4) 所得政策之機能。

　　(5) 團體協約之國家法規範機能。

　3. **誠信協商原則**：

　　(1) 誠信協商之定義。　　　　(2) 協商資格之取得。

　　(3) 拒絕協商之類型。

　　(4) 違反誠信協商原則與拒絕協商之法律效果。

4. **內容：**

　　(1) 團體協約約定事項。　　　　(2) 工會安全條款。

5. **團體協約和工作規則。**

6. **團體協商的進行：**

　　(1) 協商前之準備。　　　　　　(2) 召開協商會議（實際進行協商）。

　　(3) 簽訂團體協約。

7. **團體協約的執行與效力：**

　　(1) 團體協約的執行。　　　　　(2) 團體協約的拘束。

　　(3) 團體協約的效力。　　　　　(4) 團體協約爭議之處理。

8. **團體協約的期間與終止：**

　　(1) 團體協約終止的原因。

　　(2) 團體協約之合併、分立及團體協約當事團體解散。

　　(3) 情事變更之處理。

十四、勞資爭議

(一) **勞資爭議分類：**

1. **個別爭議：**爭議主體為個別勞工，爭議對象為私法權利，因此，個別爭議可視為權利爭議。

2. **集體爭議：**勞動條件集體變更和新權利爭取，是集體勞工和雇主或雇主團體之間的經濟利益衝突，爭議內容為集體勞工利益，主體為集體勞工。

(二) **勞資爭議處理方式：**

1. **非正式處理方式。**

2. **正式處理方式：**

　　(1) 司法途徑（勞動法庭或勞動調解）。

　　(2) 勞工行政途徑（調解）。

　　(3) 鄉鎮市調解委員會途徑。

　　(4) 仲裁法之仲裁途徑。

(三) **勞資爭議處理原則：**

1. 國家中立原則。　　　　　　　2. 協約自治原則。

(四) **企業內勞資爭議處理機制：**

1. 整合型衝突管理體系。　　　　2. 獨立點的計劃。

3. 監察官制度。

(五) **預防性爭議調解機制**：預防性調解機制概念已正名為勞資關係發展與訓練計畫，主要想法在於利用基於權益原則教導勞資雙方以非對抗性方式，表達相互主張與解決問題，目的是讓勞資雙方學習如何溝通與解決問題。

(六) **勞資爭議處理各項程序**：
　1. 調解（行政及勞動調解）。　　　2.仲裁。　　　3.裁決。

(七) **勞動事件法重點。**

內容精論

 勞資關係的定義

勞資關係係指勞工與管理者（資方）之間的關係。不同學者的定義，也有所不同，常見的是：

學者	定義
劉昆祥	勞資關係是指雇主與僱者雙方間權利義務之關係，其適用的範圍，不僅包括僱用者與受僱者雙方之個人關係，亦包括資方團體與勞方團體之群體關係。
白井泰四郎	勞資關係為勞工與代表資本家行使管理權的管理者間之關係。
衛民	勞資關係是勞資之間協商、調適及合作的一連串互動過程，最終之目的在求獲致勞資雙方的共同利益和企業發展。
林正綱	勞資關係是指勞方（或勞方代表）與資方（或資方代表）相互交往的過程及針對薪資、福利工作環境以及其他勞資雙方權利義務有關事宜之溝通、協調、調解、爭執、糾紛、合作、和諧等一連串的活動，其目的在於勞資雙方相互利益的維護。
傅肅良	勞資關係係研究事業機構內資方（管理者）與勞方（工會或勞工）相互意見溝通、行為規範的訂定及爭議的處理等，以加強雙方之合作、增進工作效率，進而使雙方均受其利。
歐憲瑜	勞資關係是雇主與勞工在互動中所表現的「衝突」與「順應」的過程。表現在衝突面的現象就是勞資爭議，是消極的勞資關係面；表現在順應的現象是協商、互相規範勞資關係間應遵守的一套秩序與規則，是積極的勞資關係面。

廣義的勞資關係是指除雙方應負的權利、義務外，還包括欲獲得利潤與工資比率或設定勞動條件之勞資雙方的交涉；狹義的勞資關係是指勞方與資方之間的單純權利與義務的關係而言。勞資關係與「勞動關係」不同，因為勞動關係是單一的勞工與雇主依「勞動契約」而產生之法律關係；在此契約中，規定雙方應行遵守的權利與義務，其約束性僅限於雇主及受僱勞工。

綜上，勞資關係一詞的內涵，不外涵蓋下列三項見解：

(一)勞資關係是針對工業社會或工作環境中，發生的各項勞工問題，所採取的處理措施。

(二)勞資關係是解決僱用關係中之薪資與權力衝突的理論、技術及制度。

(三)勞資關係係指受僱者或受僱者團體、與雇主或雇主團體之間，一切正式與非正式之互動及協議之總稱。

勞資關係的形成與演進

勞動和資本為經濟生產之基本要素，自古已然。惟以往在經濟發展中，兩者的關係至為密切，未能強加分開，各自獨立性較不突出，因而勞動階級（labor class or bourgeoisie class）也未能明顯劃分。此一現象到工業革命發生後，才被突破。一般人認為勞資關係的形成是工業革命後的產物。於是，工業革命成為勞資關係形成與演進的重要分水嶺。僅將勞資關係演進過程以工業革命發生前後及其進展為基準，分述如下：

(一)**工業革命前**：無勞資雙方概念。

(二)**工業革命後初期（industrial stage）**：工業革命後初期，由於生產方式的改變，使得勞動力和資本所屬逐漸分離，分屬兩種截然不同立場的團體，使兩種經濟生產因素的獨立性更加突出和深化。工業革命最主要的特徵就是工廠制度取代了家庭手工式的生產，機器的操作和使用，替代了個人技術為準的手工藝，在此生產體制下，勞動變成了可以出賣的「商品」，工作也因此脫離了生活與個體的領域；在此細密的分工下，個人只能在極微小的單位反覆的操作一種機器，而難以掌握或了解整個生產過程，工作不再像以往一樣，是能夠提供自我實現的一種創造性活動，個別的勞動者淪為機器的奴隸及資本的附傭，因此造就出擁有機器而坐收利潤與出賣勞力而獲得工資的兩種迥然不同境遇的階級。因此，凡是與勞工有關的切身利害問題，也正是雇主利益之所寄。例如在勞工方面希望工資越高越好，一切勞動條件越低廉越好。兩者的立場與要求

不同，勞資之間是一種對立而不平等的關係。而此突顯於外之對立且不平等的關係也有時空背景因素：工業革命後初期，經濟發展階段係以工業為體，為數龐大的藍領勞工是當時的主要工作群體，其所從事之工作大多為不須具備工作技能或僅須具備簡單工作技能即可勝任之工作，故勞工間的替代性大；且當時的勞動供給遠大於勞動需求，加上勞動者的教育程度不高，權利意識也弱，對自己應有的權益認識有限，而雇主對勞動者的團結與反抗行為，不斷採取恐嚇威脅的阻攔手段，以及國家對勞動者團結權的否認等因素，均使得工業革命初期的勞資關係呈現緊張對立且不平等之狀態。

(三) **後工業革命階段**：隨著技術的不斷進步與革新，以及服務業的就業人口與產值躍居三級產業之冠，各工業國家之經濟發展逐步邁入以高科技與服務業為主體的階段，白領勞工逐漸成為主要的工作群體，這些勞動者由於各國教育的普及以及對職業訓練的重視，而較有較高的教育程度與工作所需的工作技能，再加上出生率的降低，使得勞動供需趨於平衡；而各國政府為求穩定政局、安定社會秩序，紛紛採取承認勞工團結構，並確保權利，鼓勵其與雇主簽訂團體協約、維持工業和平的勞資雙方自治制度，此時，勞資間的不平等狀態已縮至最小；雇主面臨上述之轉變以及國際間、產業間競爭之激烈，勞資若不和諧相處以提升競爭力，則易遭淘汰。於是，管理模式及思潮有了更人性化的趨勢，勞資和諧成為勞資間的共同目標。後工業革命階段的勞資關係更重視意見的溝通，也重視勞動者之參與，無論是在勞動條件之規範或爭議之處理方面都是如此。

🔍 **資深觀察家**
台灣地區的勞資關係發展情形隨著勞動力供需變化、產業結構的調整、勞工教育程度的提升與權利意識的高漲及管理模式重視人性化管理的演變，由早期不平等但卻和諧的模式，經歷緊張對立且不平等之過程，逐漸走向重視意見溝通及建立制式化管理的勞資關係，頗有前述工業革命初期及後工業革命階段之縮影。

 勞資關係的領域

平時勞資雙方若能居於平等對等關係，和諧相處，則能共享利益；反之，若雙方為自身利益，在相互團結並採取抵制或抗爭的行動，就會由個別對立

形成團體勞資雙方的對立態勢。因此，勞資關係的領域可以分為個體領域（micro area）與總體領域（macro area）兩類，分別是：

(一)**個體領域（或稱微觀面向）**：勞資雙方對立，在無法達成雙方共識時，在攻守進退間採取直接對抗或具有攻擊性的手段爭取或維護自身權益。勞工方面若由工會統籌領導採取手段，一開始多是由「怠工」（Sabotage）展開，怠工，是指雖然人在工作崗位上執行工作，卻不認真，因而降低生產效率，也造成原物料浪費，使雇主遭受損失。若怠工無效，接下來採取的是「杯葛」（Boycott），是指勞工為了滿足自身需求，對雇主採取拒絕任何交易往來的舉動，造成雇主間接的損失，迫使就範；倘若再無結果，就會採取更激烈的「罷工」（Strike），甚至封鎖工廠，在此情況下，工廠無法生產產品，雇主損失更加重大。而資方在勞工組織的施壓下，也會採取強硬或與雇主聯合，加以對抗。最先採取的是解僱，雇主將違反勞動契約之勞工予以解僱；再來會採取閉廠（Lockout），是指雇主關閉工廠，讓勞工喪失工作機會。

(二)**總體領域（又稱鉅觀面向）**：勞資雙方對立但問題卻無法解決時，勞工方面會由工會出面與雇主或代表雇主的雇主團體以和平理性方式來協商，亦即集體交涉，或稱為集體談判。集體交涉若有結果，就會簽署團體協約；若仍無結果，將依雙方或一方申請或由政府指定，以第三者的地位來進行「調解」或「仲裁」。

四　勞資關係的類型

關於勞資關係的類型，中外學者均增對其做過不同的分類，有依其演變的階段來區分者，有依其品質來做分類者，茲分述如下：

(一)**以演變階段區分為以下三類：**

1. **壓迫型勞資關係**：工業革命後的資本主義放任思想，有三個最顯著的特徵，即私有財產、自由企業及市場價格。主張自由企業，則要求政府完全免除對經濟活動的干涉，並將此要求應用於資本家與勞動契約上，主張僱傭的條件，包括工資及其它勞動條件，都由雙方自由訂定，不受政府限制。基於此一理念所形成的工廠制度，為了充分利用分工，管理者將勞工予以編組，各依工作任務，配置於適當的場所，與機器相配合。

在此情況下，管理者所重視的是如何提高生產效率，而非勞動者的工作條件、心理感受和物質報酬；又由於勞動市場是不完全競爭的市場，雇主又認為投資設廠者有權利來決定勞動者的工資以及其它勞動條件，故在和無實質力量與雇主抗衡之勞動者締結契約時，恣意迫使勞動者在其所自訂的勞動條件下從事工作，已成為一極其自然而平常的事，管理者高高在上，與勞方間的溝通在當時被認為沒有必要。

2. **對抗型勞資關係**：壓迫型勞資關係完全是一面倒的狀態：勞動者身心受到不平等的待遇，在此情況下，勞動者為求合理的勞動條件及待遇，乃逐漸意識到須以集體的力量來爭取，因而慢慢形成一股與資方對立的勢力 —— 工會的出現。工會的地位在初期並不被管理者承認，在其不斷努力與政府的保護下，終使得勞資間有對等的地位。對抗型的勞資關係，使得資方無法完全採專斷獨裁作風，資方為了緩和與勞資間的對立以提高生產效率，往往採取所謂的「仁愛專制管理方式」，提供各項福利措施，表現出對勞工之親情，博得勞工之忠誠，因此造成雙方溫情之關係。這是19世紀中葉之勞資關係型態與管理方式。

3. **合作型勞資關係**：19世紀中業以後，雇主開始體認勞工的重要性，必須維持工業和平，才能使生產秩序正常運作；再者，由於生產技術更加進步，在在需要熟練的勞工，才能使良好的機器設備發揮其應有功能，以提高產品的質與量，以利市場的競爭。由於資本集中，企業型態以股份有限公司出現，經營權與所有權分開，經營規模擴大，管理也合理化，而形成勞資雙方緩和的關係。如何激發勞工的工作意願，發揮機器的高度效能，提升組織績效之體認，使工業中人的因素及人群關係逐漸地受到重視。勞資雙方對於組織具有同等的價值，兩者相互依賴不能分離，只有勞資雙方互信互賴、彼此合作，共同為組織目標而努力，企業才得以成長、發展與茁壯。

(二)**以勞資關係品質分為以下四類**：學者Mills以勞資關係所呈現的品質加以分類：

公開衝突 open conflict	在此種勞資關係之下，勞資間公開爭議與衝突，任何一方對於另一方的行動和行為有所挑剔，勞資合作完全不存在，工廠時常歇業、停工。

武裝休戰 armed truce	勞資雙方仍視他方為敵人，而且隨時準備公開的衝突，不過每一方都在限制他們的敵視，以便雙方不致遭受太大的損失。
工作和諧 working harmony	在此種情況下，勞資雙方都尊重對方，爭議是有限的，因為雙方都有意相互忍讓，且循各種方式解決爭議。
勞資合作 labor-management cooperation	勞資之間不僅相互尊重，同時每一方都仰賴對方的幫助以解決共同的問題，而衝突是嚴格限制的，如此才能夠使合作的關係不致逐漸的惡化。

 五　勞資關係模式

勞資間之互動模式、過程及其產生的結果是勞資關係核心議題。而勞資自治則是較為理想的互動模式。參酌Dunlop之《勞資關係系統》之各項構成要素，及國內學者衛民以集體協商的重要性與協商的涵蓋範圍為標準所發展出之「集體協商型」與「非集體協商型」勞資關係模式，若以內在（管理模式、員工特質）及外在（政治、經濟、社會、法律）兩大影響因素，將勞資關係模式劃分為「無工會組織的非集體協商型」、「有工會組織的非集體協商型」及「集體協商型」等三種勞資關係模式：

(一)**「非集體協商型」的勞資關係模式**：在此模式中，勞資雙方無任何協商行為，市場理論家稱之為「單方行動的默許模式」，認為勞資雙方之優勢地位究竟屬誰，完全由勞動市場來決定，當勞動需求大於勞動供給時，勞方享有主宰勞動條件之地位；反之，則資方享有主宰條件之權力。理論上固然如此，但實際上經濟地位居於弱勢、且其流動性並非得以完全不受約束的勞工，其經濟地位的提升、就業權益的保障，經常需要透過集體的力量才得以獲得。

因此，非集體協商型的勞資關係模式幾乎成為「資方單方行動的默許模式」。在「非集體協商型」的勞資關係模式中，又可分為以下兩子類型模式：

1. **無工會組織的「非集體協商型」的勞資關係模式（如圖13-2）**：於此模式中，勞方團體並未成立，在意見溝通、勞動條件的決定、爭議處理等各方面均無勞方團的參與。

圖13-2　無工會無集體協商勞資關係模式

此種勞資關係模式之成因可歸納為：

(1)由其內部管理層面觀之：

　A.事業單位的人力資源政策仿照與其相類似之組織，工會透過集體協商爭取相關權益。

　B.由於事業單位的員工關係氣氛形成無工會的情形。

(2)受限於規模：許多僱用員工人數未達法定組織工會人數的事業單位即屬之。

(3)地區性之影響：美國南部地區工會組織率最低，即屬之。

(4)員工不知本身有此權益或無籌組工會之能力。

(5)雇主以利誘或脅迫方式使工會無法組成。

🔍 **資深觀察家**

在高科技或勞動力來源缺乏的事業單位中，雇主為使員工之潛能充分發揮、穩定員工流動率，以提升本身之競爭優勢，其內部管理有的甚至已發展出一大套適合本身行業之特性，且為員工所樂意接受的管理模式，其以員工參與的方式訂定各種勞資合作的方案，而使勞資關係呈現出「非集體協商型」的模式。

無可諱言地，有更多無工會而無法協商的事業單位是由於上述第(2)至第(5)項之因素所導致，尤其在我國97%以上的中小企業中有半數以上的事業單位之僱用人數不足組織工會的法定人數；而工會教育的不普及，是使此種型態之勞資關係模式普遍存在的原因。

2. 有工會組織的「非集體協商型」的勞資關係模式（如圖13-3）：

圖13-3 有工會無集體協商勞資關係模式

在現代民主法治的國家中，集體協商的行使以合於規定之法人或法人團體為必要條件之一，但並非合於規定之法人或法人團體均有良好的協商環境與協商之實力，因此「非集體協商型」的勞資關係之類型，尚涵括有工會組織但無協商行為的類型在內，有些學者甚至認為進行協商以簽訂協約，乃工會組織之主要任務，無協商行為之「工會」不應該稱之為工會（union），而僅是一種協會（association）性質的組織。

在此模式中，勞方團體雖已成立，在意見溝通與爭議的處理等方面或許亦積極的參與，但由於其並未有協商行為產生，故在條件方面，仍無法立於雙方對等的地位來產生平衡的作用。

而造成此勞資關係模式的原因包括：

(1)工會會員不足，導致代表性受質疑。

(2)工會運作不良，無協商實力。

(3)無適格之協商對象。

(4)政府介入過多，取代工會職能。

(5)雇主不願與工會協商，而法律對此亦無限制。

(二)「集體協商型」的勞資關係模式（如圖13-4）

圖13-4 有工會有集體協商型勞資關係模式

「集體協商型」的勞資關係模式是政府積極推動的既定政策之一，此模式之最終目標在於達成勞資之自治，而政治僅肩負建立公平遊戲規則，此公平遊戲規則包括：對工會組織的承認與適當的管理（監督）、集體協商及爭議處理制度的建立與公平公正的執行等。如果勞方能有較高的教育、知識水準，願以理性溫和的方式與雇主就其權利義務方面之相關事宜進行協商；雇主願坦誠面對勞資間於利益分配方面的衝突，並積極與勞方尋求合理合法的解決；而政府能夠恪盡建立、執行公平遊戲規則之責任，集體協商型的勞資關係模式，將是目前用以解決勞資間利益分配衝突的最佳模式。

六 勞資關係的特性

國內學者黃英忠提出勞資關係具備以下五大特性：

(一)**個別性與集體性**：就勞資關係之主體而言，可分為個別的勞資關係與集體的勞資關係。所謂個別的勞資關係，乃指個別的勞動者與雇主間的關係，係以個別的勞動者在從屬的地位上提供職業上勞動力，而雇主給付報酬之關係；集體的勞資關係，則指勞動者之團體和工會等，為維持或提高勞動者之勞動條件，與雇主或雇主團體互動之關係。

(二)**平等性與不平等性**：勞動者係在從屬的地位上提供其職業上之勞動力為主要業務，因此，勞動者在勞務的提供過程當中，有服從雇主指示之義務。就此觀點而言，勞資關係即有其不平等面。但勞動者在成立勞動關係前，與雇主就勞動條件協商時，並無從屬地位之關係；縱使勞動關係存立間，就勞動關係之維持或提高，與雇主協商時，亦無服從之義務，此乃勞資關係的平等面。

(三)**對待性與非對待性**：就勞資關係當事人應為履行的義務相互間而言，可有對待性義務及非對待性義務之別。所謂對待性義務乃指當事人一方不為某一項義務之履行時，他方可免為另一項相對義務之履行；而所謂非對待性義務則指當事之一方切使不為另一項義務之履行，他方亦仍不能免為另一項相對義務之履行。例如，勞動者之勞務提供與雇主之照顧義務，勞動者之忠實義務與雇主之報酬給付，以及勞動者之忠實義務與雇主之照顧義務則均無對待性。由此所謂「雇主對勞動者有照顧義務」，

即何以雇主必須以福利措施略補員工在待遇方面的不足，藉以加強員工情緒的安定力量，以提高工作效率，同時增加勞資雙方公私間的情感與依存性。

(四) **共益性與非共益性**：勞動者與雇主建立勞資關係之目的，有其共益性非共益性。所謂共益性，乃指勞動關係中，契約之履行，對勞動者與雇主二者，有共同利益之點；而所謂非共益性，則指勞動關係中，契約之履行，對勞動者與雇主二者，無其共同利益之點。

(五) **經濟性與法律性**：勞動者盡了勞務給付的義務，從雇主獲得一定的報酬，這種勞務就是勞動者的經濟價值，因此，在勞資關係中含有經濟的要素；同時，勞資關係在法律上完全是一種契約的形式，乃是經濟要素與身分要素為勞資關係中的主要部分。

七　勞資關係的分析層次

衛民（2019）指出，從各個學科內的勞資關係研究主題可以看出，勞資關係可以從個人、組織或事業單位層次、國家、國際系統等四個層次加以分析：

(一) **個人層次**：個別勞工的工作動機、工作態度與工作滿足是主要的範疇，影響個人心理層面的因素包括：工資、工作環境、勞動過程、勞工教育、企業組織文化、管理方式等，心理學為這種取向的研究提供許多理論基礎。

(二) **組織或事業單位層次**：勞資雙方的組織、行為與互動是主要研究焦點，例如企業組織的變革與發展、企業人力資源策略、工會的組織、集體協商、勞資爭議與爭議行為、員工績效、員工甄選與考核等，管理學為這些主題的研究提供許多理論基礎。

(三) **國家層次**：研究範疇更加廣泛。今日的勞資關係已經擴及到受僱者就業前與離職後的事務，例如就業服務、職業訓練、失業保險等，這些事務都涉及國家。雖然許多學者指出，全球化時代的來臨，使得國家的角色與功能逐漸衰退，不過，對絕大多數的受僱者而言，國家仍然是保護勞工權益的主要機構，也是規範勞資關係的權威所在。舉凡規範勞資關係的各種法律、勞工政策、政府作為等都是學者關切的課題。許多經濟學、政治學、社會學、法律學領域的學者都投入這個層次上的研究，成果相當豐碩。

(四) **國際系統層次**：研究焦點集中在國際或跨國性組織訂定的國際勞動標準。長久以來，聯合國（United Nations）、國際勞工組織（International Labor

Organization, ILO）、世界貿易組織（World Trade Organization, WTO）、歐洲聯盟（European Union, EU）等組織對勞工事務相當關切，試圖利用所訂定的勞動人權與僱用標準，規範各個國家與跨國公司的勞資關係。在全球化時代，此層次的研究愈來愈多。

八　勞資關係形成之層面

勞資關係依據不同的形成可從4種形態深入分析：

(一)**組織層面勞資關係**：工業社會初期，雇主身兼管理者，擁有絕對的支配權力，除擁有生產工具（生產原料、機械、設備）之外，亦可左右勞工團體的運作，完全操控勞動成果分配，導致勞工運動興起。

　　勞工運動不斷發展，勢力擴增，活動範圍不僅跨越個別企業，並出現橫向組織，經由意識型態的宣揚，逐漸聚集大量勞工，成為一股社會勢力。因此，將企業組織與工會組織之間的關係，視為勞資關係，是普遍的觀念。因此，工會的存在，可以不受企業支配組織，此層次的勞資關係，是存在於企業外的勞資關係。資方組織與勞工組織間的關係，具有以下特質：

1. **對立關係**：工會本質在於保護勞工權利與利益，提高勞工生活地位。此種目的與功能，和企業存在目的與功能，本質上不同。

　　儘管工會運作，是和企業共同取得雙贏，必須對企業提供協助，但無損於工會的組織特質。勞資問題涉及「經濟餅增大」問題，要使「餅增大」，勞資雙方須以工會為基礎，採平等的立場，從事理性協議，進行合作，以利生產進行。因此，工會與企業在情勢上必須採取合作態度，是工會應具有的使命。

　　而對立關係和抗爭、破壞等非理性行為，具有不同意義。企業與工會存在目的相異，立場不同，利害也相反。這兩個組織，可以透過集體交涉及勞資會議，進行折衝，溝通協調，從中找出兩方面都能接受的意見，才是正規的良好關係。有關利害一致部分，可進行協議，透過勞工參與經營等活動，加以改善。

2. **職務方面**：勞資關係不僅和僱傭關係及工作場所的社會關係有密切的關聯，以企業組織與工會的關係而言，現實上涉及(1)工會幹部或工會領導人、(2)工會會員兼具從業員身分者、(3)企業管理與監督者等三種不同身分的成員共同產生的互動關係。

亦即勞工扮演工會會員與企業從業員兩種角色，在態度及行為方面較傾向那一邊，對於勞資關係的運作關鍵性角色。

(二) **僱傭層面勞資關係**：此關係的形成，以企業內部為舞台。勞資關係主要為僱傭關係，而僱傭關係的有效運作，被視為提高生產力的有效手段，再者，有效的僱傭制度，也是提高企業競爭力的重要因素。

此層次的勞資關係，可說是企業內的勞資關係。亦即，為一個企業或公司內部所存在的從業員與經營者，勞工與資方，受僱者與雇主之間的關係，所顯現的意義，是成員對成員的關係。

從微視觀點來看，此層級是以一個企業內部，受僱員工與經營管理、監督者之間，針對受僱勞動條件進行交易，以及經過一定的交涉與妥協的勞動契約為主軸。其中，包含代表雇主的管理、監督者，這些人員也是雇主利益的代言人，參與人事權的決定，並從事勞動關係的計畫和方針的擬訂，而且行使管理、監督等權限，在雇主所指示的勞動條件；薪資、作業條件、工作時間、休息、休假、福利、調職、升遷、調薪、退休、解僱等多方面的條件，與在此種條件下受僱的勞工，接受管理、監督，作為組織內分工體系之一環，實現一定勞動力的供給關係，使勞資關係得以成立。

此種關係形成後，受僱者透過權利主張與不同意見的申訴，影響關係內容。再者，外部勞動市場的質與量產生的勞動供需平衡，與企業所屬產業經濟的大環境，對僱傭關係也有很大的影響。

(三) **職場層級的勞資關係**：職場層級的勞資關係是指，一個企業內部各工作場所第一線管理者與一般從業員、工作場所的雇主與其部屬的各成員所組成，是與一般員工之間的關係。

其中人際關係互動，顯現極端複雜的情況。以一位第一線作業現場的主管來說，當他面對工作場所的一般勞工時，他負有監督指導任務，具有一定權力與責任，其次，任務背後受到整個企業經營方針與上級主管的理念左右。最後，屬於個人特質的知識與人際關係能力也發生一定作用，出現個人獨特的領導風格。這位代表企業雇主的第一線主管，若身兼工會幹部時，必須採取對具有工會會員身分的從業員，從工會的立場從事照顧；參與工會活動時，受到工會理事或監事身分的影響，導致直接或間接限制其自身意見的提供或活動的進行。

由此可知，工作場所內部的勞資關係，並非單純的第一線主管與一般從業員之間的片面關係，是整體複雜勞資關係的焦點。

(四)**角色層面勞資關係**：處於工作場所的勞工，一方面具有受僱者身分，同時又兼具工會會員身分。因此，勞工在企業及工會所扮演的角色具有雙重性。由於此二種角色由同一位勞工扮演，未必能同時順利運作，因此，兩者是相互矛盾的，例如：

1. 為扮演好企業從業人員的角色，對企業及主管忠誠，往往忽視工扮演的角色。
2. 相對的，為顧全工會會員的角色，也會導致不充分履行從業人員的義務，或者對企業管理者採不合作態度就會出現角色衝突，遭受忠誠質疑的兩難局面。

工會與企業兩股組織力量，彼此對立出現表面化，或者兩者從均衡狀態的對立關係轉變為緊張關係，則此兩股影響力會急遽擴大。再者，均衡狀態若完全破壞，由對立關係轉化為鬥爭關係，捲入工會興亡的長期罷工，與連續性的抗爭情況時，兩股相反方向的作用力，對於勞工都深具破壞力。

當然，勞工於平時並非隨時都面臨要選擇忠於工會或企業的情形，但是來自工會與企業的不同作用力，不管在抗爭或平時，對勞工的意識與行為會產生某種程度影響，是不爭的事實。結果導致一位勞工，在所負擔的從業角色與工會會員的角色之間，存在某種緊張的關係。

勞工擔任從業人員與工會會員的兩種角色，要對那一種角色忠誠，在程度上有所差異，總有某種自覺或關心，例如：我是企業的從業人員，作為一個受僱者，必須遵守企業工作規則及工作紀律，此種對企業的認同感，也同樣可以在工會會員角色中發現。

勞工對於企業與工會，可能同時具有歸屬感，究竟要認同那一種角色，依個人及所處的情境有所差異。亦即，對於從業員的角色，與工會會員的角色，總會表示對那一方比較重視，具有較多的關心，或對那一方有較力的反應，不願付出。

九　國家在勞資關係中所扮演的角色

國家中心論者認為國家機器不僅是消極反應市民社會的要求，國家具有經濟、組織及強制力的資源，它擁有自己的利益和作為。國家的決策同時受到國際政治與國內階級衝突的影響。此外，國家有其特定立場，得以動員其他社會資源而與優勢的階級或團體相互抗衡，特別是在政權或國家面臨危機時。因此，國家具有相對自主性與能力擬訂政策目標，並有效執行，因而國家具有高度的自主性及強力的能力，可以克服內外困境而獲得發展。

學者Bean將國家在勞資關係所扮演的角色，分為以下六種型態：

(一)**法律制定者**（statutory law maker）：國家機關運用本身權力來制定一些法律，以保障勞力的工作權和維持雇主的財產權。例如，政府制定有關工時、工資、就業等最低僱用條件的法律。

(二)**勞資雙方第三方的制約者**（a third-party regulator）：所謂國家機關扮演勞資雙方第三方制約者的角色，換言之，由國家出面訂定遊戲規則，而勞資雙方要在此規則下進行互動，進而促進勞資雙方和諧。

(三)**勞資雙方的調停者**（reconciler）：在工業社會中，勞資之間的衝突是經常發生的，所以，國家角色即為化解勞資雙方衝突的調停者，同時也提供解決衝突的方案，可採取協調、調解、仲裁等方法。

(四)**公共部門的雇主**（an employer of public service）：現代的國家裡，公共部門的成員為大眾提供了許多服務，而僱用這批人的機構即是國家，所以國家機關此時的身分就像是私人部門中的雇主，工作就是要與各個部門間的受僱者進行各項協商。

(五)**所得制約者**（a regulator of incomes）：在一些集體協商中的國家，國家機關為了避免勞資協商對於經濟產生了不良影響，許多國家都透過所得政策來修正集體協商的成果，亦即透過限制工資上漲以及物價膨脹方法，來控制通貨膨脹的產生。

(六)**人力資源規劃者**（a designer of human resource）：在人力資源的運用上，國家設置一套就業安全體制，包含職業訓練、就業服務以及失業補償等方案，使得已就業或未就業的勞工都能獲得一定程度的保障，最後使得整體的人力規劃得到最佳的效果。國內學者衛民將政府在勞資關係系統中歸納為以下五項：

個別勞工基本權利的保護者	政府第一個角色是「保護者」（protector）或「管制者」（regulator），凡是個別勞工的基本權利：例如勞動基準法、勞動管制法、勞工保險法、勞工福利法、勞工教育法、勞工安全衛生法、勞動檢查法、勞工職業訓練法及勞工就業服務法等事務，政府首先要善盡保護者的義務，澈底而周全的保護每一位勞工的基本權利。

集體交涉與勞工參與的促進者	政府第二個角色「促進者」（promoter），積極促進勞資之間的自行交涉與對談，希望政府建立基本遊戲規劃在基本勞動基準之上，任由勞工或工會與雇主或雇主團體自行協商勞資關係的主要內容上，而不必由政府介入太多。例如：勞資爭議處理法、團體協商法、工會法、大量解僱勞工保護法、性別平等工作法等事務，為政府促進勞工與雇主之間的協議。
勞資爭議調停者	政府的第三個角色是「調停者」（reconciler），有時是「調解者」（mediator）、「仲裁者」（arbitrator）或「和平製造者」（peace maker）。此一角色是當勞資爭議發生時，挺身而出解決爭議，以維持工業和平，降低對社會的衝擊。
就業安全與人力資源的規劃者	政府的第四個角色是一個「規劃者」（planner），針對福利國家的需求，為全民建立一套合適合的就業安全制度，其中包括了三大支柱：職業訓練、就業服務和失業保險，好讓就業勞工或未就業勞工都高枕無憂，國家也可以充分利用全民的生產力去建設國家。因此，透過政府角色來規劃完善的制度，以確保勞工基本保障。
公共部門的僱用者	政府的第五個角色是一個「僱用者」（employer），政府是所有公共部門（public sector）的雇主、老闆和資方。而公共部門的勞工包括了政府中央與地方的公務人員，以及所有公營事業的受僱員工，其規模和人數在各國不一，但都佔相當重要地位。

 勞動者的爭議行為

當勞資爭議發生後，勞動者所採取之爭議行為型態為：罷工、怠工、杯葛、糾察、占據及生產管理等，分述如下：

(一)**罷工（strike）：**

1. **罷工的意義**：按罷工一語，源自英語的（To Strie Work），在19世紀中葉以後，通行於英國，而後蔓延於其他各國，又稱為同盟罷工。是指事

業內的全體被僱者，或是一群被僱者，以工資或其他勞動條件的改善，與經濟利益獲得為目的，而共同停止工作的行為。

罷工是勞工團體共同之合意，或依工會指令，通常以改善或維持僱用條件為目的，而任意停止工作。也有學者進一步解釋為「罷工為多數之被僱人，以勞動條件之維持改善或其他經濟利益之獲得為目的，協同的為勞動之中止。」「罷工」實質上是指勞動團體為向雇主要求勞動條件之維持、改善或其他經濟地位之提升與相關勞資爭議目的，有計畫的進行團結，暫時性對雇主拒絕勞務之提供，以脅迫雇主的爭議行為。整體而言，仍未能脫離勞動契約關係之行為，此為勞動者爭議行為中最典型的爭議行為。勞動者基於爭議權，互相團結暫時不履行依勞動契約所負勞務供給之義務之集體行動，在此爭議過程中與爭議當事者間之勞動契約從未中斷。罷工為單純勞動之休止，生產秩序之中斷，而非勞動契約之終止，且為多數勞動者之共同行為（黃越欽，2000）。故罷工期間，爭議當事者間即無勞務提供及報酬給付之互負對價關係的行為；如前所述，罷工行為乃勞、資雙方之間合法互相進行爭議之權利，因此，罷工期間為爭議當者事間勞動契約之暫時中斷，待爭議結束，恢復勞務提供再讓勞動契約重新生效。

綜上，罷工的定義與概念分別是：

(1)集體行為非個別行為。

(2)須基於經濟上原因。

(3)是勞務提供之「中止」，而非勞動契約之「終止」，如多數勞工以獲他處僱用之意圖而一齊集體離職或離開工作崗位，並非罷工定義範圍。

2. **罷工的種類**：罷工種類繁多，以其目的與參與人數分述如下：

(1)罷工依其目的可分為「經濟性罷工」、「政治性罷工」、「同情性罷工」及其他目的等罷工型態，分別是：

A.**經濟性罷工**：是指勞動者係以勞動條件之維持或變更，或其他經濟利益獲取為目的所為之罷工行為，泛指為維持或提高改善勞動條件所進行的罷工，可稱為經濟性罷工，爭議當事者以雇主為主要目標。例如：以年終獎金之發放或分配之公平性與否為目的之罷工，或以工資工時之標準或調整之幅度及締結團體協約為爭議目的之罷工，均屬之。

B.**政治性罷工**（political strike）：是前述經濟性罷工之相對概念。是勞動者以特定政治主張之貫徹執行為目的之罷工。訴求之目的屬

政治上之訴求為主,而非經濟(勞動條件等)的訴求,且爭議之勞動者是以國家機關或地方行政機關為爭議之直接對象,而非勞資關係相對人的資方。例如:勞動者以民意代表之改選方式或任職期間為目的之罷工即屬之。政治罷工唯一可與一般罷工的區別標準只是其針對的對象而已,凡是施加壓力的行動對象為國家或公權力機關(含行政、立法、司法等機關),即屬於政治罷工之範疇。換言之,只要勞資爭議非針對資方或非僅針對資方,同時也針對國家、公權力機關者,均屬政治罷工。

政治性罷工除上述外,尚可分為純政治性罷工及經濟的政治性罷工。純政治性罷工是與勞動者經濟利益直接無關的政治問題所為之罷工。經濟的政治性罷工是與勞動者條件、團結權、社會保障等勞動者經濟利益直接有關之立法或政策所為之罷工。換言之,此種罷工,一般是促進勞動者經濟利益的立法、政策,或對於國家及雇主併同訴求混合型罷工。

C.**同情性罷工**(sympathetic strike):是勞動者並非對有關自己勞動關係之要求,係以支援與其他雇主處於爭議狀態之其他勞動者要求實現目的所為之罷工。意即當某一事業單位發生罷工事件時,另一或其他事業單位之勞工團體,為表示聲援所發動之罷工,是對「主罷工」提供援助,又稱為「援助罷工」。此種罷工形式,為多數國家所不允許,惟少數國家則僅其加以限制,而未逕予評斷為非法。

主張「同情罷工」屬於非法者的基本立法是進行同情罷工的目的只是在顯示勞工的團結,對自身勞動條件並無爭議,顯然並非為了解決企業本身的糾紛,因而與集體交涉之勞動條件並無直接關聯,應不具合法性。惟工會則強調,如某一行企業的勞工罷工失敗,未能提高工資,甚至被迫接受減少工資,往往會影響到同性質之其他行業的勞工。所以,「同情罷工」表面上是為了其他行業勞工利益,但實質上卻也等於為了維護自己之利益,此種現象,尤其是在進行罷工的行業與舉行「同情罷工」之行業密切關係時,表現最為明顯。此外,工會的「團結權」,似應廣義包含「同情罷工」在內,可認定「同情罷工」具合法性。

(2)**依參與人數分**:罷工依參加人數可分為「全面罷工」與「部分罷工」兩種:

  A.**全面性罷工**：全面罷工是工會所屬全體員會均參加罷工。此與「全國總罷工」有異，「全國總罷工」是指全國規模罷工，此處之「全面罷工」則僅指該工會所屬會員參加而已。

  B.**部分罷工**：部分罷工是工會所屬部分會員參加的罷工。即工會於集體交涉後，為爭取勞動條件之改善，經工會決議指定部分會員停止勞務提供，「部分罷工」依其實施型態不同，又可分區分為：「指名罷工」、「限時罷工」與「波狀罷工」三種：

指名罷工	指名罷工是工會指定個別工會會員參加罷工。工會與資方集體交涉後，為爭取勞動條件改善，達到爭議之目的而指定某些會員進行罷工。
限時罷工	是限於工作時間之一部分罷工者。例如：自上午八時至九時罷工一小時屬之。
波狀罷工	是以限時罷工反覆進行部分罷工。通常工會為減輕其罷工期間之負擔，以造成爭議當事者對造更多之損害而為之，在工會財務薄弱時，最常見。

(3)常見不合法的罷工形式有下列兩種：

  A.**野貓式罷工**（wildcat strike）：野貓罷工是指違反工會之規約、決議或指令而進行之罷工。是指一群受僱者未經工會之授權或批准而擅自停止勞務之提供，進行罷工行為。野貓罷工可能侵害工會團結權，違反工會內部領導制度，並侵害資方權益，故多數先進國家相關資勞資法案皆明文禁止，如英國1982年「就業法」規定工會如未獲代表大會通過罷工之決議而逕行罷工，應屬違法罷工；另英國1984年「工會法」第10條亦規定，凡未經合法決議而號召罷工之工會，其行為係打破其他從業人員與雇主之間的勞動契約，屬非法罷工。此外，日本法院判例見解亦認為，工會會員應不得違反工會之規約、決議或指令，而進行爭議行為或不停止爭議行為。

  B.**冷不防罷工**（snap strike）：指工會進行罷工時，未經事先預告資方的一種爭議形態。冷不防罷工，因未經預告雇主而即採取罷工，讓雇主措手不及，極可能造成資方重大損失，故一般認為此種罷工，勞方在履行提供勞務之義務時有違誠信原則。

(二)**怠工**（slow down）：怠工是勞動者在形式上仍然是提供勞務，但是故意
讓工作效率降低，為一種勞務不完全提供之爭議行為。意即勞工間，基於
意思聯絡，集體以遲緩工作之方法，予以雇主壓力，以謀求勞動條件之維
持或變更，或獲取一定經濟利益的爭議手段。因此，怠工在實質上仍受到
工會支配，而部分排除雇主勞務指揮權為勞務不完全給付之行為。

🔍**資深觀察家**

怠工與罷工相比較，罷工是以積極作為方式達到爭議之目的；反之，怠工則
是以消極不作為方式達到爭議目的，兩者最大的差別在於罷工是一種完全不
提供勞務的行為，而怠工則是一種勞務不完全提供的行為。

英國「勞資關係法」（Industrial Relation Act, 1971）第33條第4項規
定，怠工屬於非罷工之抗爭行為（irregular industrial action short of a
strike），在動機與行為上有違契約之雙方誠信原則，屬違反契約之行
為。日本法院實例則認為，倘怠工目的只是減少產量，而不是在降低產
品品質或破壞機器、原料，則該項怠工僅屬於消極行為，應屬正常爭議
行為。

(三)**杯葛**（Boycott）：杯葛是勞動者對於雇主不當之措施，不採直接之對
抗，而向第三人所為之間接爭議行為。意指對第三人發起對於特定企業
之產品，或是勸說一般大眾拒絕購買，以共同排斥該企業之貨品的一種
向第三人所為之爭議手段。

杯葛之手段有對於特定企業之產品，勸說一般民眾共同拒絕購買；也有
勸說對之拒絕提供勞動者；也有二者兼採的。第一種型態為「商品杯
葛」，第二種型態則稱為「勞動杯葛」。而勞動者在為商品杯葛時，通
常在終端消費品上比較容易達到預期效果。

此外，一般所稱「第一杯葛」，係指對「雇主」之產品予杯葛；至於所
謂「第二次杯葛」，則指對雇主之「交易相對人」之產品發動拒購運動
之杯葛，以達成該「交易相對人」停止與雇主進行交易而間接給予雇主
壓力之目的。美國法律規定，禁止進行「第二次杯葛」。

杯葛不可以任何不實的內容來傳播以達成杯葛的效果，若有不實宣傳或
毀謗企業之事實，則構成對企業之名譽信用及營業等嚴重侵害，需負民
事及形事責任。

(四)**糾察（Piketing）**：糾察行為是指在罷工或怠工期間，為了確保爭議行為之實效性，對於拒絕或反對罷工、怠工之勞工，予以糾舉察查，阻止其上工，或於公眾或雇主之客戶為監視行動或阻雇主出貨之爭議手段。因此，「糾察」並非獨立的爭議行為，通常附隨於其他爭議行為，屬於輔助的爭議手段。易言之，當進行罷工之際，有一部分工會會員不加入工會行為，勢必破壞罷工之行動，減低罷工之效果，此時工會為確保其罷工之效果，且基於統制立場，派遣其會員至工作場所周圍，監視出入工作場所者或阻入進入工作場所者，即屬「糾察」行為。糾察任務之目的為：

1. 向社會大眾及員工告知當時發生及爭議。
2. 勸使工人加入工會的行動。
3. 阻止任何人員前往工作或原料及成品進出工作場所。

　其次，「糾察」的方式，有採取和平的說服方法，也有採實力的阻擋方法。但採實力的阻擋方法，由於已脫離單純的說服、宣傳範圍，帶有脅迫、恐嚇性質，其採取之程度常產生合法性之界限問題。

(五)**占據（Occupied）**：是指勞工以強化或維持罷工之態勢，並提高罷工之實效為目的，於相當時間內，在工作場所或其他事業場所內，占有雇主的廠房、生產設備及材料，使雇主無法從事企業之營運。故「占據」並非意在占有、侵奪，亦非對工廠、機械設備等行使暴力加以破壞等所有權侵害之行為，因此又稱為「占據型罷工」。

(六)**生產管理（Productive management）**：是指勞工團體為達成爭議目的，或因雇主逃避經營不善之責任，不經雇主同意，將雇主的廠場、設備、原料等，置於自己實力管轄下，並排除雇主的指示，自行進行企業之生產、營運及管理，有些學者將其稱為「接管」或「自主生產」。

十一　雇主之爭議行為

雇主的爭議行為型態力鎖廠、繼續營運、黑名單及停工，分述如下：

(一)**鎖廠（Lock-Out）**：又稱「閉廠」或「停工」、「歇業」，是雇主使用的主要爭議手段，與勞動者的罷工行為具同樣效果。易言之，「鎖廠」是雇主為貫徹其對勞動條件之主張，強制關閉工作場所，停止生產營運，並使勞動者集體退出工作，拒絕所有勞務提供者。鎖廠與經營上之理由如天災事變之理由而關閉工廠截然不同。行使之方式可分為以下二種：

1. 僱用人於短時期內封鎖廠場，以對抗受人並促進反省，此時勞動契約並不因之消滅，僅發生僱用人受領延遲之問題，故在此期間僱用人仍有支付勞動報酬之義務。

2. 僱用人為團體的解僱，此乃關廠一般所採取之方式，故有學者將「關廠」稱之為「團體解僱」者。

   鎖廠可分為以下二類：

   (1) **攻擊性鎖廠**：攻擊性鎖廠又稱為「先發的攻擊性鎖廠」，即勞資爭議發生之際，為免勞動者行使罷工、怠工等爭議行為造成雇主之損害，而先發制人的將作業場所予以關閉。學理上認為採攻擊性鎖廠，以有其「必要性」之限度內始應予允許，以免雇主隱藏經營上或天災事變之理由而為鎖廠。一般在勞資爭議之際，勞資雙方勢力均失去均衡致雇主負擔過重；或當時之危險性對雇主而言，明白、具體且現實存在等緊急性之情形均屬之。

   (2) **防禦性鎖廠**：防禦性鎖廠又稱為「被動的防禦性鎖廠」，即勞資爭議之際，勞動者已出現罷工、怠工等爭議行為，為減輕或避免雇主損害，而被動的將作業場所予以關閉。例如在勞資爭議發生之際，勞動者採部分罷工，為避免相關部門機能癱瘓情形發生；或波狀罷工時，因生產所需之停機後開機的時間及經費；或怠工時因效率低下導致產品質量降低考慮均屬之。

(二) **繼續營運**：繼續營運是勞動者在罷工之際，雇主動員管理者、非工會會員之勞工或其他可代替罷工人員之勞動力，而維持事業之繼續營運。「繼續營運」與「閉廠」同屬對抗勞動者爭議之行為，不同在於「鎖廠」無論是攻擊性或防禦性之鎖廠仍屬消極不為營業之行為，而「繼續營運」則是積極的以其他人力代替罷工之人力繼續營運，以破壞勞動者罷工效果之行為。

(三) **黑名單（Black List）**：黑名單是指雇主將工會積極抗爭之分子或不受歡迎之勞工列冊，而與其他相關雇主相互通知及交換名冊，共同採取不予僱用之聯會圍堵之手段。

(四) **停工**：停工是指當發生勞資爭議時，雇主所採行暫停工作的爭議手段，而使全體或多數受僱勞工暫時退出工作，以促使勞工反省其爭議手段的一種對抗手段。因停工只是暫時地停止企業之營運，原無對勞工為解僱之意思，惟在經過一段相當時間的停工後，雇主也可能進一步將停工轉變為更激烈的關廠行為。

團結權與工會組織

(一)勞工團結權─工會

又稱「同盟自由權」，我國工會法第4條：勞工均有組織及加入工會之權利。

被剝奪團結權，無法行使團結權組織或加入工會的有：

1. 現役軍人與國防部所屬及依法監督之軍火工業員工，不得組織工會。
2. 各級政府機關及公立學校公務人員之結社組織，依其他法律之規定。

(二)工會任務

第5條：工會之任務如下：

1. 團體協約之締結、修改或廢止。
2. 勞資爭議之處理。
3. 勞動條件、勞工安全衛生及會員福利事項之促進。
4. 勞工政策與法令之制（訂）定及修正之推動。
5. 勞工教育之舉辦。
6. 會員就業之協助。
7. 會員康樂事項之舉辦。
8. 工會或會員糾紛事件之調處。
9. 依法令從事事業之舉辦。
10. 勞工家庭生計之調查及勞工統計之編製。
11. 其他合於第一條宗旨及法律規定之事項。

(三)工會組織

第6條：工會組織類型如下，但教師僅得組織及加入第2款及第3款之工會：

1. 企業工會：結合同一廠場、同一事業單位、依公司法所定具有控制與從屬關係之企業，或依金融控股公司法所定金融控股公司與子公司內之勞工，所組織之工會。
2. 產業工會：結合相關產業內之勞工，所組織之工會。
3. 職業工會：結合相關職業技能之勞工，所組織之工會。

(四)工會發起與登記

第11條：組織工會應有勞工30人以上之連署發起，組成籌備會辦理公開徵求會員、擬定章程及召開成立大會。籌備會應於召開工會成立大會後

30日內,檢具章程、會員名冊及理事、監事名冊,向其會址所在地之直轄市或縣(市)主管機關請領登記證書。

(五)工會章程訂定事項

第12條:工會章程之記載事項如下:

1.名稱。　　　　　　2.宗旨。　　　　　　3.區域。

4.會址。　　　　　　5.任務。　　　　　　6.組織。

7.會員入會、出會、停權及除名。

8.會員之權利及義務。

9.會員代表、理事、監事之名額、權限及其選任、解任、停權;置有常務理事、常務監事及副理事長者,亦同。

10.置有秘書長或總幹事者,其聘任及解任。

11.理事長與監事會召集人之權限及選任、解任、停權。

12.會議。

13.經費及會計。

14.基金之設立及管理。

15.財產之處分。

16.章程之修改。

17.其他依法令規定應載明之事項。

工會章程之訂定,應經成立大會會員或會員代表過半數之出席,並經出席會員或會員代表三分之二以上之同意。

(六)工會保護(又稱不當勞動行為)

第35條:雇主或代表雇主行使管理權之人,不得有下列行為:

1. 對於勞工組織工會、加入工會、參加工會活動或擔任工會職務,而拒絕僱用、解僱、降調、減薪或為其他不利之待遇。

2. 對於勞工或求職者以不加入工會或擔任工會職務為僱用條件。

3. 對於勞工提出團體協商之要求或參與團體協商相關事務,而拒絕僱用、解僱、降調、減薪或為其他不利之待遇。

4. 對於勞工參與或支持爭議行為,而解僱、降調、減薪或為其他不利之待遇。

5. 不當影響、妨礙或限制工會之成立、組織或活動。

雇主或代表雇主行使管理權之人,為前項規定所為之解僱、降調或減薪者,無效。

協商權與集體協商

(一)**集體協商意義與重要性**：集體協商（collective bargaining）是指勞資雙方透過談判、協商完成團體協約的締結。因此，集體協商是種談判、協商過程，也可說是一種決策過程。目的是為了締結團體協約，而團體協約又是規範勞資雙方權利義務關係的重要基礎之一。因此，集體協商可視為決策過程，是勞資互動關係的反映與呈現，勞資雙方願意透過集體協商進行勞動條件等事項的議定。

集體協商是勞工大眾掌握企業經營資訊和影響政府勞工政策的重要憑藉。研究指出，集體勞資關係的發展是衡量一個國家民主化的具體指標。其中，工會發展與集體協商更是關鍵性指標；工會發展反映一個國家「結社自由」的程度，而集體協商則反映出人際之間民主精神與價值具備與落實竹的程度。易言之，集體協商不僅議求謀略，更強調和平、理性與制度的尊重，「集體協商」制度能夠在勞資關係體系中落實，社會必然是一個民主的社會。

集體協商制度的運用不盡然限定於勞資雙方間的談判和協商，只要涉及買賣雙方價格議定的經濟活動，集體協商制度都能發揮和運作。無論是運作面或理念層次，集體協商可以真正反映民主價值與制度運作，才會有更廣泛的應用空間。

(二)**集體協商種類**：在私部門的勞資關係體系運作，市場、政府法令與集體協商是三項重要的影響因素，彼此間構成競合的關係。就學理上來看，政治法令被賦予最低勞動標準規範者的角色，市場力量就視為制約者的角色，集體協商在市場與政府法令間發揮和運作。因此，市場力量與政府法令之間才是集體協商運作和發揮的空間。由集體協商制度衍生「分配性集體協商」、「策略性集體協商」與「整合性集體協商」三個種類，每一類型的集體協商要達成之目的都不同：

分配性集體協商 **Distributive Collective Bargaining**	參與者僅限於勞資雙方，是以限定利益進行輸贏的分配。
策略性集體協商 **Stratege Collective Bargaining**	參與者擴及企業發展有關的利益關係人，除勞資雙方外，包括供應商、消費者甚至社會意見領袖等。

整合性集體協商 **Integrative Collective Bargaining**	是協商者之間在互動過程中表現高度和平、理性與尊重,同時是為了創造彼此最大的利益,俗稱把餅做大。

(三)**誠信協商**:吳全成(2006)指出,誠信協商(faithfell bargaining)是當雙方當事人會面協調,秉持誠信原則,針對法定議題展開談判,就是誠信協商之範圍;反之,若屬非法議題,則雇主或工會均未表現義務展開協商,強迫對方對非法議題協商,也是不當勞動行為。

1935年美國全國勞工關係法及1947年勞資關係法都規定雇主與工會的協商義務。法定議題是當事人必須本著誠信原則進行協商,包括工資、工時及僱傭關係的其他內容和條件。法定的議題包括雇主不得採取單方面決定做法,必須與工會協商,並給予工會修改、建議或進行協商的機會。

自願議題則採雙方自願協商方式,於法並無不可。根據全國勞工關係法(NLRA)規定:雇主與員工代表有義務「在工資、工時或其他勞動條件,及協商條文解釋上的協商時,秉持誠信原則。……但該義務並未強迫任何一方同意對方的提案,或必須做出讓步。」

(四)**集體協商議題**:衛民(2019)指出,集體協商的內容不外乎經濟、制度和行政三大議題,分別是:

1. **經濟議題**:經濟議題包括三類:薪資、員工福利和工時。

  (1)**薪資**:在協商薪資時,勞資雙方大多會根據三項標準決定薪資率:比較薪資、給付能力和生產力。

比較 薪資	比較薪資是最常用的標準,本著同酬的原則,勞資雙方可以參考同一地區勞動市場上的價格、同一產業中其他公司的薪資標準、其他產業的薪資標準,作為談判的準據,當使用比較薪資作為標準時,薪資被視為是一種勞工所得而非勞動成本。
給付 能力	給付能力的標準是指勞資雙方根據企業獲利的程度來訂定薪資率,企業獲利的程度當然與產品的競爭力與經濟的景氣有關,如果預估利潤會增加,工會自會要求較高的工資,不過勞資雙方經常對利潤的觀點不太一致。當使用雇主給付能力作為標準時,薪資就成了雙方眼中的勞動成本而非勞工所得了。

生產力	生產力是指企業的產出（例如產品數量或價值）與投入（例如勞力、資本、設備、原料等）實際量間之比率。理論上，企業的生產力增加，勞工有相當貢獻，薪資率自然應該提高，不過生產力增加還涉及企業資本的投注、經營策略的改進、設備的增添與更新等因素，以致於很難評估生產力增加的主要原因為何，因此，此項標準在協商中比較少用。

(2)**員工福利**：集體協商的第二類經濟性議題是員工福利，又稱：非工資給付，員工福利的範圍很廣，常見的有帶薪休假（或特別休假）、各種不同的保險、退休金、子女學費補助、年金給付的退休方案、設置員工餐廳，托兒服務等。

(3)**工時**：集體協商的第三類經濟性議題是工時，工時議題包括每週工作總時數、每日工作時數、延長工時（或稱加班）、彈性上下班、變形工時（或壓縮工時）等。

變形工時是指一週或數週內某些工作日之正常工作時數分配於其他工作日，例如將一週工作總時數40小時，原本工作5天，每天8小時，改成工作4天，每天10小時，多出的兩個小時，不另付加班費。

2. **制度議題**：在集體協商中，勞資雙方的代表都會試圖透過談判過程維繫或強化他們的組織，所以協商中的某些議題涉及工會或共同管理制度上的需求，這些議題包括工會保障（或工會安全）（union security）的安排、工會會費自動扣繳（check-off）的設計、不罷工條款（no-strike provision）、管理權（management rights）、共同決定（co-determination）等。

工會保障	工會組織的保障是協商的重要議題，一般協約中都有「工會保障條款」，這些條款環繞著一個主題，那就是工人參加工會與否是不是能作為一項受僱的條件。
工會會費自動扣繳	經費也是工會的命脈之一，工會自行收繳會員的會費相當麻煩，所以工會常要求與雇主簽定工會會費自動扣繳條款，也就由雇主從會員薪資中將會費扣除，再轉交工會。
不罷工條款	團體協約中大多會載明工會的權利與義務，工會的主要義務是承議在協約存續的期間內不罷工，如果有涉及協約解釋和適用上的爭議，工會同意透過申訴程序解決，必要時訴諸第三者進行仲裁。

管理權	管理者通常都會希望保持最多的權威，為了防止工會侵犯管理權，雇主在集體協商時會要求確定管理權的範圍，諸如雇主可以擁有僱用、解僱、調動等權利，並且掌控生產的方法，引進技術變革、決定關廠、遷廠或增添新設備等，而工會在該範圍中無置喙的餘地；但是工會則希望參與的事項越多越好，主張限制雇主管理權的無限延伸。
共同決定	共同決定係指勞工參與企業組織的決策機制，通常是指定工會會員或幹部成為公司董事會或高階委員會的成員，這意味著公司的主要政策或營運措施由勞資雙方共同決定。

3. **行政議題**：行政議題與制度議題均非經濟性的議題，不過行政議題往往影響及於協商雙方的經濟地位以及生產效率，常見的行政議題包括年資（seniority）、紀律（discpline）、安全衛生（safety and health）、工作外包（subcontracting）、技術變革（technical change）、生產標準（production standards）等。

員工年資	年資通常指受僱者為同一位雇主的服務時間長度，牽涉到員工的資遣、召回、調動、升遷，甚至加薪等級與特別福利。
員工紀律	紀律的規範本為雇主單方面的權限，但是集體協商將其變成勞資雙方共同決定的事項，即使協商的結果將權限歸屬於雇主，工會也有權對不當的懲處透過申訴程序表達異議。
安全衛生	勞工的安全與衛生大多由政府立法加以規範，不過仍可以成為集體協商中的重要議題，因為工會希望勞工在安全衛生面獲得更多的保障，所以有的協約會清楚列舉勞資雙方的責任。
工作外包	工作外包會影響工會會員的受僱機會，所以，工會通常在協商過程中，對雇主外包的工作加上某些限制。
技術變革	技術變革與工作外包一樣，也會造成工會會員的失業，特別是自動化機器的不斷引進，不但造成非技術工人失業；也對技術工人的工作產生威脅，因此工會希望對此加以限制。
生產標準	生產標準涉及工人的工作量與操作速度，雇主希望工作場所的效率越高越好，工會則要求生產標準能公平合理，如果資方獲得單方面訂定生產標準的權利，工會也會要求在協約中載明；工會有透過正常的申訴程序對不當標準提出異議。

(五)**團體協約（以下資料引自勞動部網站）**

1. **定義**：團體協約是工會與雇主或雇主團體，針對勞動條件及其他勞資雙方當事人間之勞動關係事項，進行團體協商後達成合意之結果予以文書化，由於該等文書係勞工團結組織與雇主間所締結之契約，因此稱為「團體協約」。依據國際勞工組織（ILO）在第91號建議書「關於團體協約之建議書」中所作解釋：「團體協約係指個別或多數之雇主或雇主團體與代表工人之團體或由工人依照國家法令選舉並授權之代表所締結關於規定工作條件及僱用條件之書面契約。」另，我國團體協約法第1條規定：「稱團體協約者，謂雇主或有法人資格之雇主團體，與有法人資格之工人團體以規定勞動關係為目的所締結之書面契約。」當然除勞動關係以外之事項，雙方得合意訂定於團體協約中，比如雙方爭議的處理程序。

2. **功能**：團體協約的簽訂可獲致以下功能：

   (1)**提升勞動條件**：團體協約乃是集合團體之力量與雇主協商所合意者，其具有提升勞動條件之機能應無疑義。此由勞動基準法第71條規定「工作規則，違反法令之強制或其他有關該事業適用之團體協約規定者，無效」之規定看來，更加明顯。

   (2)**組織擴大功能**：團體協約之訂定，有促進工會組織擴大之機能性。因為，團體協約訂定後所獲得之有利勞動條件，往往會形成吸引勞工入會之效果。但如果團體協約內容無條件也可適用於一般非工會會員勞工時，此種協約之魅力將大為減弱。故一般工會與雇主締結團體協約時，大抵上皆會有非工會會員勞工不得適用本協約內容之約定。

   (3)**秩序形成功能**：一般而言，在團體協約中都會訂定許多有關工會活動之規範，這些條款有助於使勞工團結權、團體協商權乃至於團體行動權具體化之機能，對於勞資習慣之形成有其功效。雖然基於勞資合意之團體協約，有一時性、相對性之性格，但不能否認對於勞資關係可以形成一定之秩序，有安定化之作用。一般稱為團體協約之「和平機能」。

   (4)**所得政策功能**：全國性團體協約之勞動條件，特別是有關於工資基準之事項，有擔負國家所得政策與經濟政策之機能。雖然一般例如日本與台灣等企業別工會，在此項機能之發揮比較微弱，但最近全國性工會團體所扮演的角色有愈來愈重之趨勢，例如全國總工會與工業總會等進行協商基本工資調整幅度，儘管過去的協商未能成功，但將來所合意之內容，極有可能主導我國經濟政策與所得政策之效果。

(5)**團體協約的國家法規範功能**：我國的團體協約制度，可以說是屬於大陸法，亦即在團體協約法中，承認團體協約有規範之效力（第19條：團體協約所約定勞動條件，當然為該團體協約所屬雇主及勞工間勞動契約之內容。勞動契約異於該團體協約所約定之勞動條件者，其相異部分無效；無效之部分以團體協約之約定代之），同時針對團體協約之成立生效要件（第9、10條）、團體協約之期間（第26、27、28、29條）、團體協約之餘後效力（第20條）等，也都有具體明文之規定。

3. **協商資格之取得**：有協商資格之勞方，指下列工會：

(1)企業工會。

(2)會員受僱於協商他方之人數，逾其所僱用勞工人數二分之一之產業工會。

(3)會員受僱於協商他方之人數，逾其所僱用具同類職業技能勞工人數二分之一之職業工會。

(4)不符合前三款規定之數工會，所屬會員受僱於協商他方之人數合計逾其所僱用勞工人數二分之一。

(5)經依勞資爭議處理法規定裁決認定之工會。勞方有二個以上之工會，或資方有二個以上之雇主或雇主團體提出團體協約之協商時，他方得要求推選協商代表；無法產生協商代表時，依會員人數比例分配產生。

4. **拒絕協商之類型**：勞資之一方於有協商資格之他方提出協商時，有下列情形之一，為無正當理由：

(1)對於他方提出合理適當之協商內容、時間、地點及進行方式，拒絕進行協商。

(2)未於六十日內針對協商書面通知提出對應方案，並進行協商。

(3)拒絕提供進行協商所必要之資料。

5. **違反誠信協商原則與拒絕協商之法律效果**：

(1)**行政罰**：勞資之一方，違反誠信協商之規定，經依勞資爭議處理法之裁決認定者，處新臺幣10萬元以上50萬元以下罰鍰。

勞資之一方未依前項裁決決定書所定期限為一定行為或不行為者，處新臺幣10萬元以上50萬元以下罰鍰，並得令其限期改正，屆期未改正者，得按次連續處罰。

(2)**他方得進行爭議行為**：經中央主管機關設置之不當勞動行為裁決委員會決定為不當勞動行為者，該雇主所經營之事業單位企業工會得為爭議行為。

6. **內容**：團體協約得約定之事項：團體協約固以約定勞動關係及相關事項為主，並不排除雙方另就集體勞動關係及管理權之範圍作約定，基於契約當事人自治原則，團體協約亦可就非勞動關係事項為約定。學徒關係與技術生、養成工、見習生、建教合作班之學生及其他與技術生性質相類之人，其前項各款事項，亦得於團體協約中約定。實務上團體協約通常得訂定下列事項：

(1)工資、工時、津貼、獎金、調動、資遣、退休、職業災害補償、撫卹等勞動條件。

(2)企業內勞動組織之設立與利用、就業服務機構之利用、勞資爭議調解、仲裁機構之設立及利用。

(3)團體協約之協商程序、協商資料之提供、團體協約之適用範圍、有效期間及和諧履行協約義務。

(4)工會之組織、運作、活動及企業設施之利用。

(5)參與企業經營與勞資合作組織之設置及利用。

(6)申訴制度、促進勞資合作、升遷、獎懲、教育訓練、安全衛生、企業福利及其他關於勞資共同遵守之事項。

(7)其他當事人間合意之事項。

7. **工會安全條款**：第13條及第14條為工會安全條款，分別為工會廠場條款及代理工會廠場條款。

工會廠場條款是指團體協約得約定雇主僱用勞工，以一定工會之會員為限。但有下列情形之一者，不在此限：

(1)該工會解散。

(2)該工會無雇主所需之專門技術勞工。

(3)該工會之會員不願受僱，或其人數不足供給雇主所需僱用量。

(4)雇主招收學徒或技術生、養成工、見習生、建教合作班之學生及其他與技術生性質相類之人。

(5)雇主僱用為其管理財務、印信或機要事務之人。

(6)雇主僱用工會會員以外之勞工，扣除前二款人數，尚未超過其僱用勞工人數十分之二。

代理工會廠場是指團體協約得約定，受該團體協約拘束之雇主，非有正當理由，不得對所屬非該團體協約關係人之勞工，就該團體協約所約定之勞動條件，進行調整。但團體協約另有約定，非該團體協約關係人之

勞工，支付一定之費用予工會者，不在此限。此一條款習稱避免搭便車
（free-rider）條款。

8. **團體協商的進行：**

(1) **協商前之準備：**

A. **選定協商代表：** 工會或雇主團體以其團體名義進行團體協約之協商
時，其協商代表應依下列方式之一產生：

(A) 依其團體章程之規定。

(B) 依其會員大會或會員代表大會之決議。

(C) 經通知其全體會員，並由過半數會員以書面委任。

協商代表，以工會或雇主團體之會員為限。但經他方書面同意者，
不在此限。協商代表之人數，以該團體協約之協商所必要者為限。
協商勞資任一方有二個以上提出團體協約之協商時，為強化協商力
量及促進勞資雙方之協商意願，他方得要求提出協商之一方推選協
商代表，無法產生協商代表時，則依會員人數比例分配產生。

B. **確認簽約代表：** 工會或雇主團體以其團體名義簽訂團體協約，應該
依下列規定辦理：

(A) 依團體章程之規定者。

(B) 經會員大會或會員代表大會之會員或會員代表過半數出席，出
席會員或會員代表三分之二以上之決議。

(C) 通知其全體會員，經四分之三以上會員以書面同意。

未依前項規定所簽訂之團體協約，於補行前項程序追認前，不生
效力。

C. **蒐集相關資料：**

(A) 工會方面：

a. 公司之市場概況及相關產業之市場資訊等。

b. 公司之財務狀況、營運方針及發展情形。

c. 本地及全國同業間之工資、物價及勞動力統計資料。

d. 會員對本次協商之意見調查。

e. 歷次協約之內容。

f. 相關工會之需求現況。

g. 政府有關勞工法令。

h. 社會輿論報導。

(B)公司方面：
　　a.蒐集有關工資、福利、年資、工作效率、工作標準及與團體協商主題有關之資料。
　　b.研究現行團體協約，逐條逐字分析，檢討可能變更之條款。
　　c.自同業、社會輿論及勞資爭議事件中，蒐集有可能成為工會要求之重點內容與相關資訊。
　　d.分析各種可能需求之成本及效益。
　　e.瞭解工會運作現況。
　　f.檢討公司之營運狀況、盈利情形及同業間勞動條件資料。
　　g.探求勞工對勞動條件、福利事項等之需求。
　　h.蒐集政府有關勞工、經濟、法律、財政及社會等政策與相關統計資料。
D.**擬定協約草案**：擬定團體協約草案的程序，一般作業如下：
　(A)寄發問卷，探詢需求。
　(B)召開座談會，集思廣益，廣納建言。
　(C)試擬草約，並召開說明會，予以修正。
E.**研擬協商策略**：
　(A)確立協商目標。
　(B)瞭解對手相關資訊。
　(C)決定協商態度。
(2)**召開協商會議（實際進行協商）**：
　A.**決定協商會議時間、地點及議程**：我國現行團體協約法中並未明定協商會議的召開程序，因此，會議的進行並無固定的模式。勞資雙方各自擬好草案後，應將草案知會對方研究，並擇期擇地召開協商會議。協商會議的時間、地點及程序只要經勞資雙方的同意即可，但仍要考慮其適當性。
　B.**會議之進行**：主席依據所決定之議程和條款討論次序，逐一將條文提出協商。在協商過程中，遇雙方代表對某一條款意見重大分歧，無法達成協議時，主席得暫停此條款的協商，先行討論下一條款；或暫停會議的進行，由各方代表自行研討後再行協商。
　C.**協商僵局之處理**：當雙方毫無讓步之可能時，通常的解決方法如下：
　　(A)行使爭議行為：依其手段，常見者有罷工、怠工、杯葛、鎖廠等，前三者為勞工所採取的爭議手段，鎖場則為雇主較常見的

　　爭議手段。但當協商面臨僵局，有發生爭議之虞時，應儘量運用議事技巧，例如暫予保留，或另請公正第三者協處等，以避免爭議，且勞資雙方應有共識，非不得已，絕不行使爭議行為，避免雙方均蒙受損失。

　　(B)訴請主管機關處理：勞資爭議可由主管機關依勞資爭議處理法相關規定進行調解或仲裁。

(3)**簽訂團體協約**：簽訂書面團體協約一式四份，由勞資雙方簽約代表簽名蓋章，並加蓋所屬團體及事業單位之印信，由雙方各保管一份為憑，另二份由勞方當事人送其主管機關備查；其變更或終止時，亦同。另團體協約雙方當事人應將團體協約公開揭示之，並備置一份供團體協約關係人隨時查閱。

(4)**送請主管機關備查（或核可）**：團體協約經勞資雙方簽署後，應由勞方送請主管機關備查，但下列團體協約，應於簽訂前取得核可，未經核可者，無效：

A.一方當事人為公營事業機構者，應經其主管機關核可。

B.一方當事人為國防部所屬機關（構）、學校者，應經國防部核可。

十四　勞資爭議

(一)**勞資爭議分類**：各國法令都將勞資爭議分為權利事項之爭議和利益事項之爭議，兩個名詞創始於斯坎的那維亞各國，1920年代以後，才被德國沿用。在英、美等國則常以個別爭議（Indiiveidual Disputes）和集體爭議（Collective Disputes）區分。權利事項爭議的發生，多因個別勞工既存在權利被侵犯或漠視，爭議主體為個別勞工，爭議對象為私法權利。因此，個別爭議可視為權利爭議。另勞動條件集體變更和新權利爭取，是集體勞工和雇主或雇主團體之間的經濟利益衝突，爭議內容為集體勞工利益，主體為集體勞工而非個別勞工。

權利事項爭議既是勞工私人權利爭執，解決方法各國大致相同。按照民事訴訟程序，由普通法院解決；或設立勞工法庭，施行特別訴訟程序。採行方式雖不同，但以司法手段，按照審判程序，根據既存法令解決爭議則相同。

利益事項爭議，各國所採方法非常不一致。有的嚴禁利益爭議發生；有的採強制手段解決；有的以調解方法從中斡旋，不積極干涉。民主社會

主義國家，勞資雙方利益事項爭議為不可避免現象，政府鼓勵勞工團結一致，以集體力量向雇主或雇團體爭取勞動條件改善。因此，利益事項爭議發生後，勞資雙方使用種種手段獲得勝利。最普偏使用的手段，在資方為黑名單（Black List）、黃犬契約（Yellow Dog Contract）及停業；在勞方為罷工、杯葛（Boycott）及怠工等。故政府在勞資利益事項爭議發生時，以不偏袒的態度，從中調停，不強制其解決，更不應該代為決定。政府採取中立態度，罷工及停業事件層出不窮，不僅勞資雙方深受其害，國家經濟發展及社會秩序亦受影響。於是，政府態度稍微變更，尤其對於關係國計民生重要行業發生的利益事項爭議案件，多採取強制的態度。

在集權主義國家，利益事項爭議發生可能性稀少。因為勞工的勞動條件都由國家統制，勞工生活改善，不由勞工自己奮鬥，而由政府代為決定，容許民營企業存在，故勞資之間也有發生利益衝突的可能。政府對於利益爭議的解決，先進行調解，調解無望時，由政府解決，嚴禁停業、怠工、罷工、杯葛及黑名單等爭議手段。因為，國家社會主義國家的勞工政策是謀勞動生產力之提高，雇主與受僱者發生利益衝突，使用導致停工之爭議手段及謀求解決時，有礙生產力發展，政府不得不加以禁止。

(二)**勞資爭議處理方式**：王惠玲指出，我國勞資爭議實際處理方式大致可分為非正式處理及正式處理方式。分別是：

1. **非正式處理方式**：係指當事人尋求勞工行政主管機關、民意代表、民間中介團體或專家學者等非特定人士，以協調、談判方式進行調處。

2. **正式處理方式**：係指依據現行法令規定解決勞資爭議，通常可分為四種：

司法途徑	依據民事訴訟法第405條第1項規定，勞資爭議事項中權利爭議事項之爭議，爭議當事人得向管轄法院聲請調解。爭議當事人亦可依據民法、刑法等相關法令規定，向管轄法院提出訴訟，尋求解決勞資爭議。另，109年1月1日開始，增加勞動調解途徑。
勞工行政途經	依據勞資爭議處理法相關規定，循勞工行政體系向直轄市或縣（市）主管機關申請勞資爭議調解、仲裁或裁決，尋求解決勞資爭議。
鄉鎮市調解委會途徑	依據鄉鎮市調解條例向鄉、鎮、市公所設置之調解委員會聲請調解，尋求解決勞資爭議。
仲裁法之仲裁途徑	依據仲裁法循仲裁程序解決。（見圖13-5）

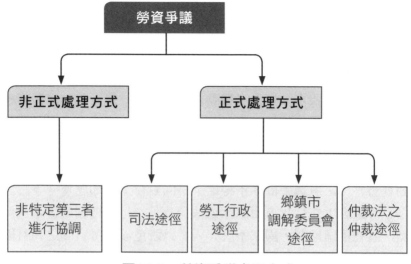

圖13-5　勞資爭議處理方式

(三)**勞資爭議處理原則**：王惠玲指出，勞資爭議處理制度有兩項基本原則：
1.國家中立原則，2.協約自治原則，分別敘述如下：

1. **國家中立原則**：在文化、價值與利益多元的現代社會中，各個團體為爭取自身利益，都希望獲得國家支持，而國家在面對各種利益團體的不同要求與壓力下，如不能以超然公正的地位以折衝、協調，則社會將充滿抗爭與緊張關係，因此，國家維持中正的地位有其重要性與必要性。中立的概念上有三種可能：

   (1)完全不加干預，不論當事人作何決定一概接受，國家僅作為旁觀者。

   (2)以超然態度公正執行遊戲規則，扮演裁判者角色。

   (3)維持雙方當事人力量對等，以達成實質平等。

   在勞資關係中由於體認勞工在資本主義社會中之弱勢地位，以及個別勞動者與雇主間力量之不對等，因此現代國家所扮演的是第三種概念下之中立者，換言之，國家為維護勞動條件的社會妥當性，仍有必要適度的干預。唯在個別勞動關係與集體勞動關係中，公權力介入之方式略有不同，在個別勞動關係下，國家係以設定勞動基準之方式，在最低限度內訂定勞動條件的上限或下限，直接干預勞動契約內容；在集體勞動關係下，則著重勞資雙方力量之對等，使勞資雙方得以在平等之情形下，重新以當事人合意之方式，自主形成勞動條件。因此，國家中立原則在集體勞動關係中，係藉由團結權之保障，使原本居於弱勢地位之個別勞動

者，透過工會代為談判協商訂定團體協約，在當事人均勢之前提下，重新回到私法自治原則，以協約自治之方式，使勞資雙方當事人發揮社會夥伴功能，故國家之介入，除創造勞資間之對等關係外，主要在於扮演公平的裁判者。

國家中立原則要求公權力之發動及行使必須維持中立，在勞資爭議發生時，不應偏袒勞資任何一方。在立法、行政、司法上，以充分尊重勞資自治、協約自治為前提，給予勞資雙方同等對待。在立法方面，法律之制訂應以憲法為最高指導原則，且國家不得制訂不公平之遊戲規劃，對社會夥伴之爭議手段亦不得給予不同對待，亦即應遵守爭議對等與武器平等原則；在行政方面除應依法行政外，行政機關應盡量避免價值判斷，且在爭議期間，國家不宜介入，以避免涉入勞資間之利益衝突，蓋團體協約在本質上仍屬私法自治之範疇，國家無從置喙；在司法方面，法官於具體個案裁判應遵守法律規定，在解釋法令時，亦應注意中立原則之精神。

然如前所述，國家中立並非單純不作為，就當事人而言，國家應維持並促進社會夥伴之均勢，因此，有工會之保護規定以及不當勞動行為禁止等規範之設，由社會整體而言，國家為維護社會與經濟秩序，就爭議行為仍得予以規範或限制爭議界限，且為避免爭議行為對社會公益造成過度之損害，亦得採行各種機制，盡可能防止或限制公開的衝突。

2. **協約自治原則**：協約自治原則是指勞資雙方當事人遠較國家瞭解自身利害之關係，因此國家就勞資事務應尊重勞資雙方之自治權，使其得透過集體協商訂定團體協約之方式自主形成勞動條件，並對勞資雙方團體之成員發生規範效力。本質上乃私法自治原則之體現。

協約自治主要目的在於自主形成勞動條件，不受國家干預，因此，爭議權之行使亦涵蓋在協約自治範圍內。蓋勞資爭議並非泛指一切糾紛、爭執，而是勞工為改善勞動條件，以工會為主體進行集體交涉，並為使交涉造成一定壓力，以有計畫、有組織之集體行為，破壞生產秩序，以達成締結或修訂團體協約之目的。爭議權行使之目的最終將落實在團體協約之締結上，因此，國家應給予一定空間，使當事人得以自主解決爭議。

在爭議權行使時，如過份強調協約自治，於雙方互不退讓之情況下，對勞方而言可能面臨所得縮減或中斷，就資方而言生產營運的中止亦代表

經濟利益之損失，對社會而言亦必須付出一定的社會成本。因此，先進各國基於公共利益之考量，如對公眾有過度損害或有明顯之危險時，仍得限制爭議權之行使，並提供各種調停之機制。

(四)**企業內勞資爭議處理機制**：王惠玲指出，企業內勞資爭議體系如何設計，決定勞資爭議機制如何運作。企業內之爭議處理機制依據不同的設計，可以有整合型的衝突管理體系、獨立點的計畫及建立監察官制度等三種：

整合型衝突管理體系	是將不同的爭議處理方法協調一起，提供組織內成長解決衝突的一種爭議處理模式。整合型的衝突處理機制比較有效的在爭議初期，最適當的階層，以最適當的態度，處理及解決爭議。整合型模式注意衝突原因，依此運用體系預防、管理和解決組織內的衝突。
獨立點的計畫	在組織內不同的工作場所設置獨立的處理訴怨單位，這些單位不融入既成的組織部門或爭議處理的體系，大多數試驗式的計畫是依此方式在工作場所中設置，作為一種試驗性的功能，測試在組織中可能的結果。
監察官制度	員工間的監察官制度，最早來自瑞典國會中的國會正義代表人的制度，由國會派出一位代表，接受人民的請求，處理對政府施政的抱怨。在企業中，也可以提供類似的機制以處理員工或顧客對其服務的抱怨。

因此，在企業組織內設立監察官制之目的是類似的，扮演一個在沒有工會的情況下，可以提供員工心聲的角色。讓員工有管道表達所關切的議題。對企業而言，不僅表示對員工權益的尊重，也減少員工想要組織工會的動機、昂貴的訴訟費用、低落的生產力、和缺乏適當的價值觀而變得很難纏的員工。

工作場所的監察官機制，通常是由一位中立且公正的企業內的經理人，在組織中以非正式的方式運作，透過保密過程，幫助員工解決爭議的制度。實際上，在企業內擔任此職務的經理人可能擁有不同的頭銜，在工作崗位上必須接受其它的高階管理者或第一線組織或人力資源部門的指揮監督。監察人職責包括溝通、政策解釋、諮商、幹旋、和審敘個案，以及向高階經理人提出處理的報告。

監察官的設置也可能是由所有員工投票選出的被認為最公正的人士，資
方必須承認其調查訴怨的權力，同時資方也必須接受監察官所作的爭議
處理決定。更重要的是，資方必須承諾對監察官在這些調查與決定上，
不論事前與事後的保障。雖然此種制度必須取決於資方之承諾，還是可
以扮演企業內勞資爭議處理的機制。

(五)**預防性爭議調解機制**：王惠玲指出，預防性調解（Preventive Mediation）
並非爭議處理機制，是一套幫助勞資雙方建立信任感與溝通能力的一系列
方法。預防性調解包括：從契約協商前簡單的權益型問題解決方法的訓
練，到創造一個永久性，得以能持續性解決爭議的永久機制，以至於加強
型的計畫以針對曾經有高度衝突勞資關係歷史的勞資雙方，或是運用在歷
經一段冗長且艱辛罷工後的組織。因此，預防性調解並不意味取代集體協
商代表勞資雙方利益之角色，是一套回應企業在競爭下的市場所帶來的挑
戰，以及因此導致的增加團體協商存續期間之要求，使團體協約能夠應付
存續問題。勞方與資方透過權益型問題解決的方法、溝通、主動聆聽、腦
力激盪和共識決議訓練，提供勞資雙方關鍵性的利基，以面對嶄新的全球
化世界。預防性調解在制度上的核心一是關係發展與訓練計畫與權益為基
礎的問題解決方法。

預防性調解機制概念已正名為勞資關係發展與訓練計畫，主要想法在於利
用基於權益（interest-based）原則教導勞資雙方以非對抗性方式，表達相互
主張與解決問題，目的是讓勞資雙方學習如何溝通與解決問題的。因此，
經由一系列的訓練教導勞資雙方如何共同解決爭議。以使勞資雙方可以在
具有充分溝通與知識的基礎上，和平的解決組織變遷過程中帶來的紛擾。

權益協商（interest based bargaining，IBB）是指雙方為了各自需要滿足
之權益（利益），透過資訊交換的過程所作的協商過程。之後，雙方運
用解決問題的方法發展幾套可以滿足雙方個別利益方案之方法。相較於
傳統協商，立場絕對，然後運用力量滿足需求是不同的。

假口遵守法令是勞資雙方的共識的話，爭議處理與解決更是一個溝通強
化的過程。因此，勞資雙方如果能在企業內，透過自願建立的制度解決
爭議的話，對勞資雙方應該都是最有利的關係發展與訓練計畫。

(六)**勞資爭議處理各項程序**：勞資爭議處理依法分為調解、仲裁及裁決等三
項，個別進行程序敘明如下：

1. **調解程序（如圖13-6）：**
   (1)調解開始的方式，由勞工或雇主任一方向勞工提供勞務之所在地之縣（市）政府申請調解，或是縣（市）政府認為有需要時，可以依職權直接通知雙方共同調解。
   (2)申請調解時，要先填寫「調解申請書」，申請書必須寫清楚姓名、性別、年齡、職業及地址，以及請求調解的事情是什麼，這些因申請調解所填寫或來檢附的資料，皆符合個人資料保護法蒐集之規定。此外，需要代理人代替自己出席調解會議，代理人的姓名、名稱及地址也要寫清楚，代理人可請任何自己信賴的人擔任，但必須有正式的委託書。
   (3)調解的方式又分成「調解人」與組成「調解委員會」兩種方式，申請人可以自由選擇。選擇「調解人」方式進行調解，調解人是由主管機關指派，或由其委託之專業具調解能力的民間團體選派，從「調解人」名冊指派一位協助雙方進行調解。

2. **仲裁程序（如圖13-7）：**
   (1)主管機關提供的另一勞資爭議處理之管道為仲裁，仲裁類型可分為合意仲裁、一方申請交付仲裁及依職權交付仲裁三種；審理方式有「仲裁人」或組成「仲裁委員會」兩種，仲裁人（委員會）作成判斷書之效力，與法院確定判決有同一效力，或可視為雇主與工會間之團體協約。
   (2)受理機關：第(一)類型及第(二)類型中的教師及國防部所屬機關之勞工，由當事人向勞務提供地之直轄市或縣（市）政府勞工行政主管機關提出申請，其他案件則向勞動部提出申請。
   (3)審理方式：由勞資雙方當事人選擇獨任仲裁人或組成仲裁委員會進行仲裁程序。案件申請起5日內，未選定仲裁人或仲裁委員，由地方主管機關代為指定。

3. **裁決程序（如圖13-8）：** 為確實保障勞工之團結構及協商權，迅速排除不當勞動行為，回復集體勞資關係之正常運作，由主管機關予以裁決認定，以為解決，工會因雇主違反工會法第35條第1項、第2項或勞資雙方有違反團體協約法第6條第1項規定，當事人一方應自知悉有違反規定之事由或事實發生之次日起90日內向中央主管機關申請裁決，中央主管機關應於收到裁決申請書之日起7日內，召開裁決委員會處理之。

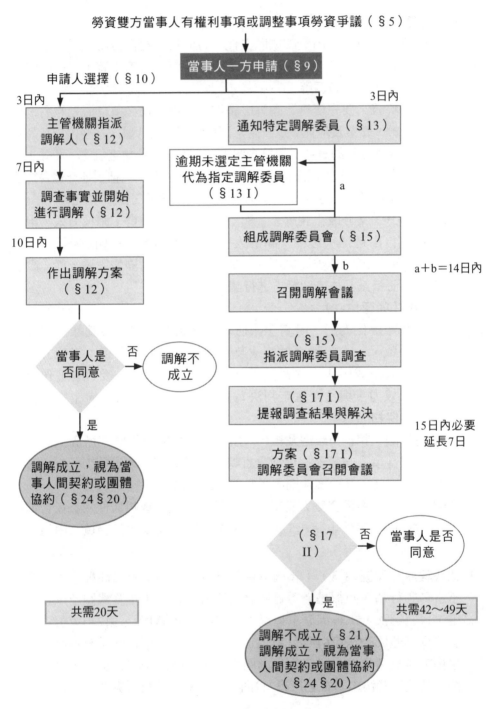

圖13-6　調解程序流程圖

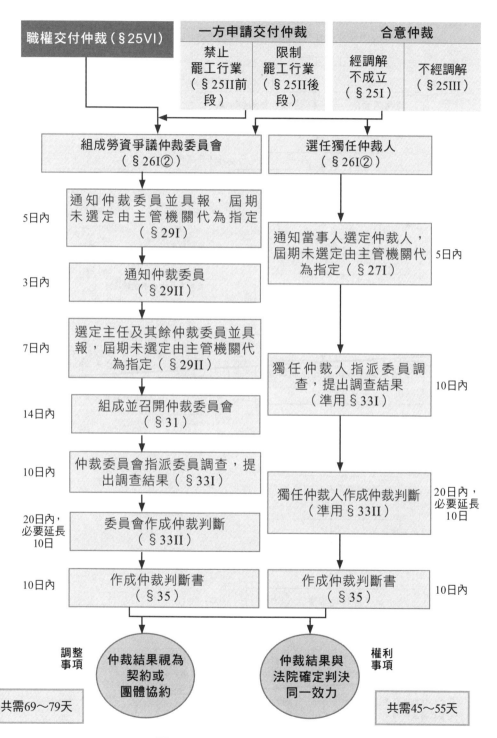

圖13-7 仲裁程序流程圖

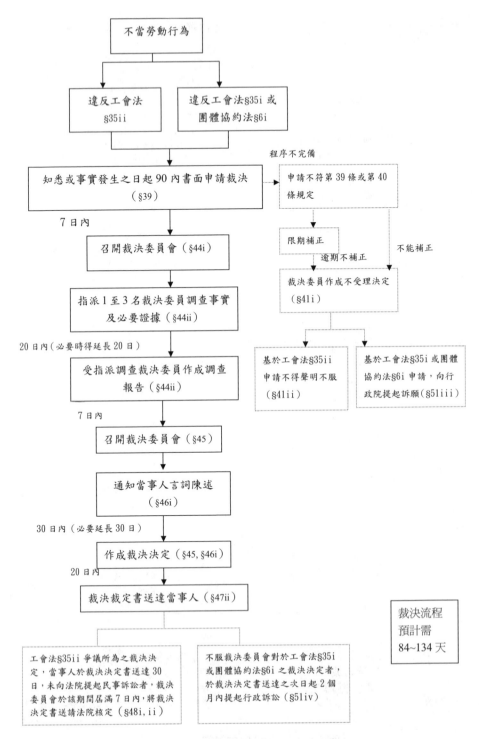

圖13-8　不當勞動行為裁決流程圖

(七)**勞動事件法重點**：勞動事件法107年12月5日公布，109年1月1日施行，全文53條，重要內容包括：

1. **專業的審理**：各級法院設置勞動法庭或專股，優先遴選具有勞動法相關學識、經驗者擔任勞動法庭法官，迅速進行勞動事件之審理。

2. **擴大勞動事件的範圍**：將與勞動事件相關之民事爭議，包括工會與其會員或會員間因工會相關規範所生爭議，建教生與建教合作機構間因建教合作相關規範所生爭議，及因勞動關係所生侵權行為爭議等，均納入勞動事件範圍。

3. **勞動調解委員會的組成**：參考日本法制，以勞動法庭法官1人與具有勞資事務、學識、經驗的調解委員2人共同組成勞動調解委員會進行調解，使當事人經由3次期日內之程序進行，對於爭議事實與法律關係有所了解，於此基礎上促成兩造解決紛爭之合意，提升當事人自主解決紛爭功能，並酌採仲裁原則，以擴大勞動調解弭平紛爭之成效。

4. **減少勞工的訴訟障礙**：包括調整勞動事件之管轄法院，規定勞工得於勞務提供地法院起訴；減徵或暫免徵收勞工起訴、上訴及聲請強制執行之裁判費、執行費；合理減輕勞工舉證責任，規定雇主就其依法令應備置之文書，有提出之義務等。

5. **迅速的程序**：明定法院及當事人都負有促進程序迅速進行的義務，法院為維護當事人間實質公平，應為相關事項之闡明並得依職權調查必要之證據；當事人也應以誠信協力程序之進行，適時提出事實及證據。勞動調解應於三次內終結，勞動訴訟以一次辯論終結為原則。

6. **強化紛爭統一解決的功能**：為利於爭點集中、提升審判效率及紛爭統一解決，參考德國法制引進團體訴訟之分階段審理模式，使工會依民事訴訟法第44條之1為選定之會員起訴者，得於第一審為訴之追加，請求先行確認選定人與被告間關於請求或法律關係之共通基礎前提要件是否存在；法院於工會為上述追加時，並得公告曉示其他本於同一原因事實有共同利益之勞工可併案請求。

7. **即時有效的權利保全**：減輕勞工聲請保全處分的釋明與提供擔保的責任；如法院判決勞工勝訴，應依職權宣告假執行。

析論：

勞動事件法係參考日本勞動審判法，日本勞動訴訟法規定勞動調解原則上應於3次、3個月內終結，勞動訴訟以一次辯論終結為原則，第一審應於6個月內審結。然而，日本勞動事件法僅適用於個別勞動爭議，故能輕

巧地以3次期日解決勞動爭議。反觀台灣的勞動事件法立法企圖心宏大，審理對象包含權利事項與調整事項或個別與集體的勞資爭議，鼓勵紛爭一次解決，允許訴之合併、追加及反訴（第3條），模糊了快速解決勞資爭議的立法本意。可預期的是，當有為數甚多、質量繁重的勞資爭議案件，將使勞動調解制度速度更加緩慢。

勞動事件法貴在平衡勞資、穩健可行的勞資關係得以持續。因此，勞動事件法規定：經證明勞工本於勞動關係自雇主所受領之給付，推定為勞工因工作而獲得之報酬（第37條），是否導致企業工資管理方式僵化，降低企業實施獎勵性薪酬制度意願？值得觀察。其次，出勤紀錄內記載勞工出勤時間，推定勞工於該時間內經雇主同意而執行職務（第38條），將擾動企業過往的工時管理作法，不僅對於中小企業的人資管理形成挑戰，即使是大企業未必能呼應此嚴苛的管理要求。

勞動事件法立法動機在於掃除勞工在既有勞動訴訟中的障礙，因此，設計機制傾向保護勞方，於資方而言，宜儘速建立符合勞動法制的內部人資管理制度，建構和諧友善職場，第一時間內於職場內有效化解勞資爭議，方屬上策。勞動調解的流程圖見圖13-9，行政調解的差異圖見圖13-10。

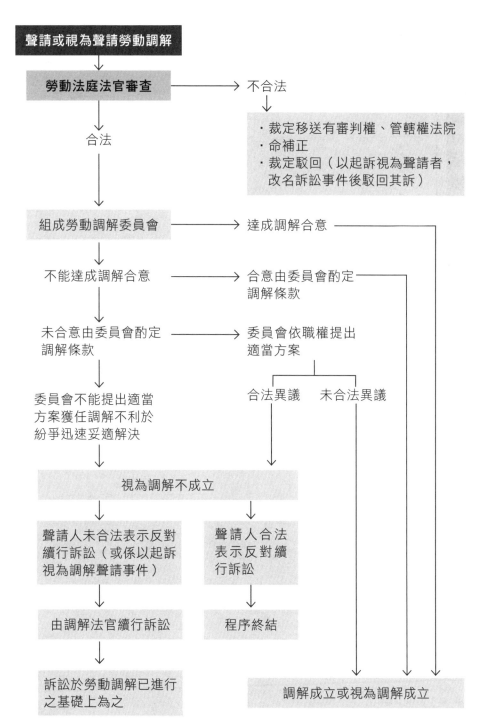

圖13-9　勞動調解的流程圖

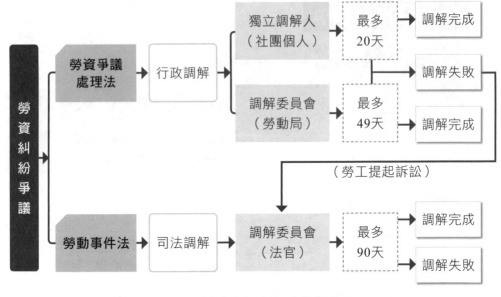

圖13-10　**勞動調解與行政調解差異**

人力資源管理未來發展

依據出題頻率區分，屬：**B** 頻率中

課前導讀 🔍

本章介紹目前人力資源管理所遭遇到的挑戰以及未來發展方向，內容主要分為五大部分，第一部分將探討全球化及國際人力資源管理的重要性；第二部分闡述如何運用人力資源管理的功能來協助企業面對現今知識經濟時代的挑戰；第三部分則討論如何使用外包方式來處理較不重要的人力資源活動，用以提昇組織整體績效；第四部分將介紹人力資源管理應如何面對未來高齡社會帶來的影響；最後一部分則是介紹為了因應新冠肺炎（COVID-19）而受到重視且被廣泛使用的電傳勞動型態，此工作型態可能會成為未來的新趨勢。

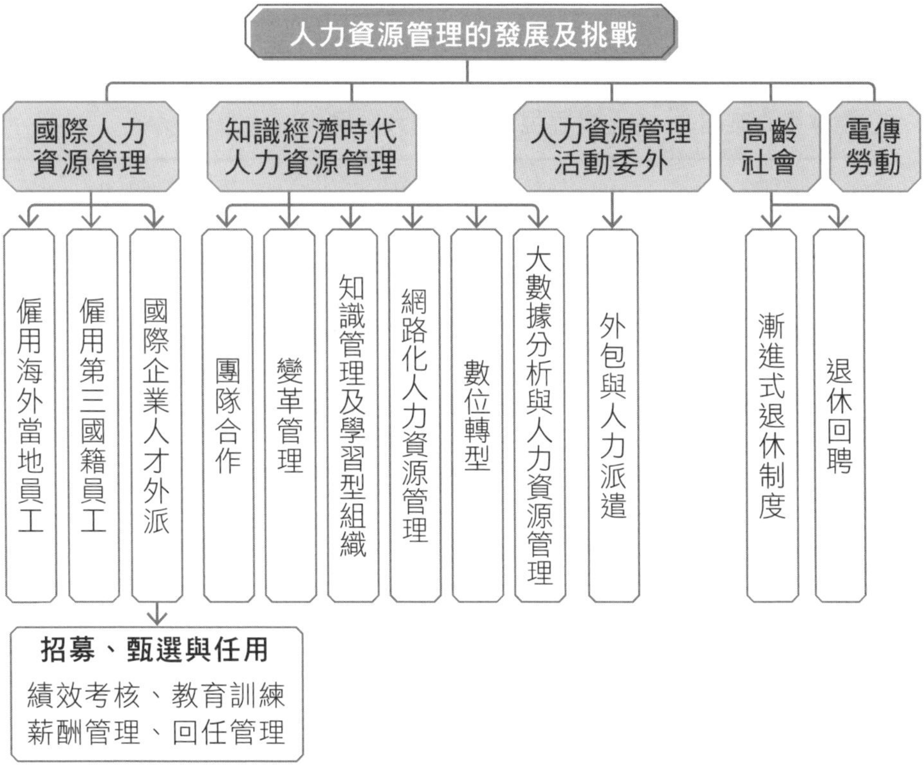

人力資源管理的發展及挑戰

- 國際人力資源管理
  - 僱用海外當地員工
  - 僱用第三國籍員工
  - 國際企業人才外派

    招募、甄選與任用
    績效考核、教育訓練
    薪酬管理、回任管理

- 知識經濟時代人力資源管理
  - 團隊合作
  - 變革管理
  - 知識管理及學習型組織
  - 網路化人力資源管理
  - 數位轉型

- 人力資源管理活動委外
  - 大數據分析與人力資源管理
  - 外包與人力派遣

- 高齡社會
  - 漸進式退休制度

- 電傳勞動
  - 退休回聘

圖14-1　本章架構圖

重點綱要

一、全球化與國際人力資源管理

(一) 國際間差異對人力資源管理的影響：

1. 文化因素：

(1) **權力距離**：權力的集中程度及領導的獨裁程度。

(2) **個人主義與集體主義**：個人對其所屬群體人際關係的認同與重視程度。

(3) **剛性氣質與柔性氣質**：社會上居於統治地位的價值標準。

(4) **不確定性迴避**：對不確定風險的容忍程度。

(5) **長期取向與短期取向**：一個民族對長遠利益和近期利益的價值觀。

2. 經濟因素。　　　　　　　　3. **法律因素。**

4. **政治因素。**　　　　　　　5. **勞動市場因素。**

(二) 企業的國際化經營：

1. 國際化戰略：

本國中心戰略	以母公司利益與價值為主。
多國中心戰略	依據各地主國的實際情況進行生產及經營模式的調整。
全球中心戰略	將全世界視為統一的大市場。

2. 國際化五階段：

多國本士化	亦稱產品出口化，增加國外顧客購買產品或服務的意願。
國際化	國際化市場，技術及能力轉移國外。
多國籍化	母公司負責協調，重要決策都交由各海外子公司自行主導。
全球化	生產資源與市場國際化，主要為價格導向。
跨國化	策略導向，獲得全球與策略性的競爭優勢。

3. 跨國企業的人力資源管理：

民族中心策略	人力資源的雇用會偏向於母國國籍。
多中心策略	人力資源的雇用會偏向於當地國國籍。

全球中心策略	人力資源的雇用並不考慮員工的國籍,而是在全球範圍內選擇最適合的人選。
區域中心策略	混合策略,同時選擇母國、地主國以及第三國的員工來擔任不同的地區性職務。

4. **全球化下的人力資源管理:**
   (1) 人力資源管理需要有效地管理更加複雜的環境。
   (2) 人力資源管理需要能夠巧妙地處理文化多元性。
   (3) 人力資源管理必須明智應對雇員多樣性。

(三) **海外派遣:**
   1. **不同國際化階段所運用之海外派遣策略:**

第一階段	整合期(外派人員任用的哲學是中央集權制)。
第二階段	集團期(逐漸轉為以僱用海外當地人員為主)。
第三階段	集權期(強化回任人力的運作)。
第四階段	平行期(外派人員的職涯規劃以及建立國際經營團隊)。

   2. **招募、甄選與任用。**

彈性能力	面對不同文化及工作情境之調適能力。
耐心	是否在工作步調不同的環境裡能耐心耕耘。
好的傾聽技巧	願意並有效傾聽他人意見與感覺。
語言能力	運用當地語言溝通之能力。

   3. **教育訓練:**
      (1) 派任前及派任初期的引導訓練。
      (2) 派任中的在職訓練。
      (3) 派任後的回任訓練。
   4. **績效考核。**
   5. **薪酬管理。**
   6. **回任管理。**

二、知識經濟時代的人力資源管理

(一) **團隊合作**：木桶理論的應用。

(二) **變革管理**：Lewin變革模型。

解凍	鼓勵員工改變原有的工作態度以及行為模式。
變革	明確指引出變革方向，協助員工建立起新的行為以及態度。
再凍結	利用各種的強化手段使新的態度與行為固定下來。

(三) **知識管理及學習型組織**。

(四) **網路化人力資源管理**：
  1. 網路化人力資源管理積極地推動了人力資源變革的進程。
  2. 網路化人力資源管理完全改變了人力資源管理部門的工作重心。
  3. 網路化人力資源管理把人員管理的重任轉移到第一線的經理身上。

(五) **人力資源系統與數位轉型**

(六) **大數據分析與人力資源管理**
  利用大數據的統計分析，組織能夠迅速蒐集員工的個人背景資料、專業技術水準、相關經歷與在職位上的工作表現等資訊，可以有效協助企業進行定期的人力盤點，以及後續人力資源管理活動的執行。

(七) **AI人工智慧與人力資源管理**
  人工智慧（Artificial intelligence，AI）是打造出讓電腦或機器可以模仿人類產生出辨認、學習、創造等能力，用來協助解決與人類智慧相關的認知問題。組織導入人工智慧將可以有效地提升招募甄選、訓練發展、績效管理以及薪酬管理等人力資源管理工作的效率。

三、替代性人力僱用、人力資源活動委外與人力派遣

(一) **替代性人力僱用**（alternative staffing）。

(二) **人力資源活動委外**。

(三) **人力派遣**：

人力派遣的優點	1.勞動生產性高、完成時間縮短。 2.降低人事成本： 　(1)降低招募成本。 　(2)節省福利費用支出。 　(3)免除資遣費用提列。

| 人力派遣的缺點 | 1.雇主責任歸屬爭議。 | 2.人才招募不易。 |
| | 3.剝削勞動。 | 4.不安的心理。 |

四、高齡化社會

漸進式退休制度：在退休前逐漸減少工作時間，以利在全職工作及完全退休之間調整生活。

退休回聘：為了達到經營運轉或專業技術傳承等目的，組織留用已屆強制退休年齡的員工，或者重新聘用已經退休的資深工作者。

五、電傳勞動

國際勞工組織定義電傳勞動為企業的員工能夠利用電腦軟體、網際網路等從事約定的工作，並利用電子科技回覆工作處理狀態，其優點是「不受場所限制」以及「可自行彈性安排工作時間」。受2020年新冠肺炎（COVID-19）疫情影響，各國企業廣泛使用此種工作型態，可能會成為未來工作的新趨勢。

內容精論

 全球化與國際人力資源管理

全球化（Globalization）是以經濟為核心，從最早期貨物及資本的跨國流動，逐漸涵蓋政治、文化、科技、法治、意識形態、管理模式、生活方式、價值觀念、人際交往等各種不同因素之跨國交流與融合的多元互動。對企業而言，全球化的挑戰在於，因各國獨特的差異性，將造成適用於某個國家的管理模式，無法成功地套用於另一個國家，所以企業必須依據當地國的環境，特別設計出一套能夠搭配組織的整體目標與策略之管理方法，若以人力資源管理觀之，在組織國際化後，將直接面臨到國際化的勞動市場而非僅限於企業所在母國，因此如何有效地運用HR政策來進行國際人力資源管理則形成了最大的挑戰。

國際人力資源管理的內涵，是針對不同文化背景以及跨國公司中人力資源進行整合，因此涉及更多的功能及活動，企業必須更加巧妙地處理文化多元性、員工多樣性，並有效管理環境複雜性，其重點分述如下。

(一)**國際間差異對人力資源管理的影響**：國際人力資源管理的困難不僅是距離，更嚴峻的挑戰是各國經濟、社會、自然環境的不同，使跨國公司面對更加不確定性的環境，所以對企業而言，人力資源管理的首要工作就是必

須充分瞭解當地環境，然後才能依據差異來調整出適當的管理模式，下圖
14-2展示了5項重要的國家差異將會影響到人力資源管理的運作。

圖14-2　影響國際人力資源管理的重要國家差異
資料來源：方世榮（2017：515）

1. **文化因素**：無庸置疑地，各國之間必定存在著不同的文化差異，因此文
   化多元性是國際經營中必須要面對的重大議題。荷蘭學者Hofstede針對
   國家文化進行研究，認為文化是同一環境中的人民所共有的價值觀及信
   念，而國家文化可以區別出群體與群體間的不同，並運用以下五個構面
   來衡量國家文化的差異：
   (1) **權力距離（power distance）**：係指權力的集中程度及領導的獨裁程
       度，換句話說，亦即人與人之間的不平等程度以及社會能夠接受組織
       中權力分配不平等的程度。舉例來說，一個團體如果強調階級與長幼
       有序，即為高度權力距離；反之，若是不強調階級，所有成員間的互
       動較為自由、平等，則是低度權力距離。
       若將權力距離的觀念應用於企業當中，可以理解為員工和管理者之間
       的社會距離。例如，美國是權力距離相對較低的國家，美國的員工傾
       向於不接受管理特權的觀念，因此在美國應採用員工參與式管理，而
       非要求員工聽命行事。
   (2) **個人主義與集體主義（individualism vs. collectivism）**：係指個人對
       其所屬群體之人際關係的認同與重視程度。個人主義強調以自我的利
       益為前提，由於每個人都重視自身的價值與需要，並以個人的努力來

謀取利益，因此是一種較為鬆散的社會組織結構；反之，集體主義則
強調團體的重要性，而對群體保持絕對的忠誠度，故為緊密的社會組
織結構。企業必須因應不同的文化而進行不同的管理方式，例如：美
國是崇尚個人主義的社會，所以在美國應採取以個人表現作為獎勵基
礎的激勵政策，相較之下，日本是較崇尚集體主義的社會，故應以建
構團隊互動之和諧關係為主。

(3) **剛性氣質與柔性氣質**（masculine vs. feminality）：係指社會上居於
統治地位的價值標準，若剛性價值觀占優勢，會較偏好於追求金錢及
物質、重視個人利益而不太關心他人；反之，若是柔性價值觀占優勢
時，則會重視於情感、生活品質以及人與人之間的關係。換句話說，
剛性氣質文化的社會競爭意識強烈，成功標準是財富功名，並讚賞工
作狂，故當組織中產生衝突時，會採用一決雌雄的方式來解決；反
之，柔性氣質突出的社會，所重視的是心靈的溝通而非物質的占有，
因此會採取談判、和解的方式去解決組織中的衝突問題。

(4) **不確定性迴避**（uncertainty avoidance）：係指對不確定風險的容忍
程度。高度不確定性避免傾向的人，會將生活中固有的不確定性視為
可怕的威脅，容易造成高度的焦慮，因此會急著想讓這樣的不確定性
結束或者盡可能地減少不確定性的產生；反之，不確定性避免傾向低
的人，會將不確定性當成是生活中的挑戰，能夠享受其所帶來的新奇
感。若將不確定性迴避的觀念應用於企業當中，在不確定性避免程度
高的社會，上級將傾向於對下屬進行嚴格的控制和清晰的指示，例
如：在日本這個不確性迴避程度高的國家，終身雇佣制以及全面品質
管理的實施都獲得了極大的成功。

(5) **長期取向與短期取向**（long vs. short term orientation）：係指一個民
族對長遠利益和近期利益的價值觀。長期取向的價值觀著重於對未來
的考慮，做任何事均留有餘地，因此會重視節約、節儉與儲備；反
之，短期取向的價值觀著眼於過去與現在，注重對傳統的尊重、負擔
社會的責任，因而在管理上要求立見功效，急功近利。

2. **經濟因素**：各國經濟制度的差異也會導致人力資源管理政策必須有所不
同。舉例來說，資本主義國家偏向市場經濟（Market Economy，亦稱自
由市場經濟），在這種體系下的生產及銷售大多由自由價格機制引導，
政府並非主要角色（例如：美國）；反之，採用計畫經濟（Planned/
Command Economy）的國家，在生產、資源分配以及產品消費各方面，

都是由政府事先進行計劃，政府扮演著極重要的角色（例如：北韓），因而在人力資源的管理上，想要於北韓開除員工無疑會比在美國來得困難得多。除此之外，各國之間的勞工成本差異也很大，歐洲國家的薪資水準是東南亞國家的好幾十倍（菲律賓時薪約2美元，而挪威時薪約64美元），也會成為企業於投資設廠與聘僱勞工時的重要參考因素。

3. **法律因素**：企業在拓展海外事業時，也必須熟悉當地的法律、法規、司法狀況和公民法律意識，其主要原因是，法律對企業經營同時具有監督以及保障的作用，企業所處的市場環境日趨複雜，所面臨法律問題也會隨之增加，如果不能及時察覺存在於經營過程中的潛在法律問題，企業可能會因此遭受重大損失。舉例來說，在印度，公司內部員工人數超過100人時，若想要解僱任何一位員工，都必須得要先獲得政府的同意方能為之。

4. **政治因素以及勞動市場因素**：已於第二章說明，詳細內容請參見第二章，此處不再贅述。

(二)**企業的國際化經營**：在全球化的時代中，企業為了尋求更大的市場、更好的資源、更高的利潤，通常會突破國家的界限，將其經營範圍擴大為以國際市場為主，在兩個或兩個以上的國家從事生產、銷售、服務等活動，此時企業必須積極累積資本、技術以及能力，並且迅速地融合當地國的資源及文化，用以提昇國際競爭力，進而真正邁入國際化的營運。

1. **國際化戰略**：企業為了能夠在國際市場的強烈競爭下長期生存與發展，必須依照自身資源及目前所處競爭環境為基礎，進行全面性思考而作出長遠的總體性規劃，並周密地安排全球戰略目標與策略，企業的國際化戰略通常可分為：本國中心戰略、多國中心戰略和全球中心戰略等三種。

   (1)**本國中心戰略**：係指企業以母公司利益與價值為主的經營戰略，其特徵是管理模式高度集中化，由母公司控制所有的經營決策權。此種戰略的主要優點是高度一體化的集中管理可以節約大量成本支出，而在國際競爭中占據主動的優勢；然而其缺點則是對地主國的市場的需求適應能力不佳。

   (2)**多國中心戰略**：係指企業會在統一的經營原則與目標下，依據各地主國的實際情況進行生產及經營模式的調整。換句話說，母公司主要擔負了總體戰略制定以及經營目標分解的工作，但海外的子公司可以根據當地的市場變化做出迅速的反應，相較於本國中心戰略而言，海外的子公司擁有較大的經營決策權。此種戰略的主要優點是對地主國的

市場變化做出迅速的反應；然而其缺點則是增加了各個海外子公司之間的協調難度。

(3)**全球中心戰略**：係指企業會直接將全世界視為統一的大市場，為了能在全球的範圍內獲取最佳的資源而採用全球決策系統把各個海外子公司連接起來（例如：利用全球商務網路，來實現全世界性的資源獲取以及產品銷售）。此種戰略的主要優點是同時考慮到了企業的整體利益以及地主國的需求差異，故成為現今企業戰略的主要趨勢；然而其缺點則是此戰略的運用對企業管理水準的要求相當高，且所需管理資金投入也比較大。

2. **國際化五階段**：一般而言，根據企業所使用的國際化發展戰略又可將企業的國際化程度分成以下五個階段：

(1)**多國本土化（Multi-Domestic stage）**：有時亦被稱為產品出口階段（export stage），係指企業在母國的國內市場開發產品，然後將產品提供給海外的子公司進行銷售，若有需求時，海外子公司亦能將產品改造成較滿足當地市場需要的形式。在此階段，管理階層大多採用以母國為中心的中央集權制，對於投資當地國的文化不太需要進行太多因地制宜的修正。

(2)**國際化（Internationalization stage）**：在這個階段，企業會將母國所開發出的某些產品與技能轉移到國外市場，從而創造出更高的價值，故比較重視地主國對於問題的回應以及學習的轉移效果。在此階段，管理制度大多採取因地制宜的地方分權，主要制度仍由母公司設立，但海外子公司可以將所引進的母國制度逐漸修正為能夠因應當地文化與員工的需求的制度。

(3)**多國籍化（Multinational stage）**：係指企業母公司所負責的工作僅是協調，而主要的決策都交由各海外子公司所主導，以維持彈性。在這個階段中，企業已經建立了許多國外的分支機構，在難以有效直接控制的情形下，便將決策權授與當地分支機構，期望其能夠依循組織整體目標做作出最合適的管理決策。

(4)**全球化（Global stage）**：係指企業會以全球的觀點調度各項資源，同時重視當地國的問題回應與全球化的整合，因此母國公司會對所有海外據點的管理作為進行高度整合，以滿足全球市場的需求。在這個階段，企業將面臨到母國中央及地主國地方權力分配的問題，故通常會

採用以區域為中心的型態，使中央與地方的權力均衡，讓制度能夠同時融合母國與地主國的優點。

(5)**跨國化（Transnational stage）**：係指企業完全跨越國家界線，打破母公司、海外子公司、母國以及當地國等界線，思考如何做更好的整合與回應，將各個分支機構視為既獨立又相互依賴的個體，透過整合與分散的彈性運用，配合各種環境的特性變化進行調整。在這個階段，企業將以全球為市場，運用跨文化的互動，來獲得策略性的競爭優勢

3. **跨國企業的人力資源管理**：一般而言，跨國企業內所雇用的員工可分為三類：(1)母國籍員工（Parent-country nationals, PCNs）；(2)子公司當地國員工（Host-country nationals , HCNs）；(3)第三國員工（Third-country nationals , TCNs）：員工既不是總公司母國籍，也非子公司當地國籍，而是擁有第三國籍。而人力資源管理的國際策略有以下四種：

民族中心策略 **Ethnocentric**	係指人力資源的雇用會偏向於母國國籍的策略，事實上，大多數跨國公司都傾向於採取這種策略，亦即會選擇母國公民擔任企業在世界各地海外子公司的經營管理人員。
多中心策略 **Polycentric**	亦稱為當地化策略，係指人力資源的雇用會偏向於當地國國籍的策略，跨國企業會聘用當地公民擔任子公司的重要管理職務，亦即公司願意將海外子公司交由當地人管理，而對於母公司總部的要職仍由選擇由母國員工擔任。
全球中心策略 **Geocentric**	係指人力資源的雇用並不考慮員工的國籍，而是在全球範圍內選擇最適合的人選，來擔任母公司和海外子公司的經營管理人員。此種人力資源管理政策相較於民族中心及多中心策略而言，令企業可在全球範圍內分配資源一致，因而更能符合企業的經營原則。
區域中心策略 **Regiocentric**	亦稱為混合策略。運用此策略比較常見的做法是：在總部主要雇用母國人；在海外子公司則儘可能雇用地主國員工，但關鍵的管理職務仍會由母國人擔任。而若是在區域性組織下，則可能會同時選擇母國、地主國以及第三國的員工來擔任不同的地區性職務。

4. **全球化下的人力資源管理**：一般而言，全球市場影響人力資源管理的因素包括文化、教育、經濟體制、法政體系等。但對於人力資源管理而言，在全球化的影響，員工極有可能來自不同國家、種族，他們將具備不同的文化背景、工作價值觀、態度、行為等，而以上種種的文化差異

必然會引起組織內部的文化衝突，倘若員工又缺乏文化交流的知識和技巧，此項文化差異將很容易造成團隊合作中的誤解和不必要的摩擦，進而影響組織績效造成企業競爭能力的減退，因此，全球市場影響人力資源管理的最重要因素應該是文化，而為了因應全球化的趨勢，人力資源管理工作必須能夠達成以下任務。

(1) **人力資源管理需要有效地管理更加複雜的環境**：各國之間經濟、社會、自然環境的不同，將造成跨國公司所面對的環境更具高度不確定性。跨國企業必須在充分瞭解當地環境的狀況下，進行管理方式的調整，並提供差異化的人力資源管理。例如根據當地習慣提供諸如招聘、培訓、考核等不同做法。

(2) **人力資源管理需要能夠巧妙地處理文化多元性**：文化多元性是全球化所帶來的另一個問題，因此人力資源管理部門必需具備多元文化管理的能力。跨國公司須在保證公司績效的基礎上，適應當地文化，減少文化衝突的風險。例如：跨國公司對於女性任職、雇員民族化等問題必須遵守當地的習俗傳統。

(3) **人力資源管理必須明智應對雇員多樣性**：跨國公司的員工可能來自母國、地主國以及第三國，其種族構成亦多種多樣，這使跨國公司人力資源管理涉及一系列的新問題。例如：外派經理的選拔與培訓、績效考核、薪酬設計、跨國調動及海外遣返等問題，這些對人力資源管理而言，無疑是一個嚴峻的挑戰，故人資部門必須具有處理以上問題的能力。

此外，跨國企業亦須在組織中培養國際化的人才，所謂國際化人才是指具有國際化意識及胸懷，使其在全球化的競爭之中，能夠善於把握機遇。國際化人才主要應具備6種素質：(1)寬廣的國際化視野與強烈的創新意識、(2)熟悉掌握專業性國際化知識、(3)熟悉國際慣例、(4)優秀的跨文化溝通能力、(5)獨立的國際活動能力、(6)能處理多元文化的衝擊。因此，國際化人才不僅只著重在單純語言溝通上的能力，更重要是必須能夠適應跨國文化，並具備與不同背景的人相處並合作的跨文化能力。而組織可以利用以下幾種方法來培養國際化人才。

(1) 根據國際化人才之特徵或所需條件，來對比組織內現有人員，找出員工的能力落差，針對能力缺點進行訓練補強，用以培養出所需的國際化人才。

(2) 著眼於人力資源整體性的規劃，將培育國際化人才、強化企業國際競爭力的思維納入，透過跨部會協調與分工的機制，培養員工的國際化能力。

(3)外派員工到海外工作前，提供行前教育訓練，使員工瞭解當地法令、文化，而更能適應當地的環境以及產生合適的管理行為。

(4)鼓勵員工出國受訓、工作、海外實習，以培養國際經驗與國際視野。

(三)海外派遣人員

周瑛琪與顏炘怡（2015：268）提到，人力資源管理策略通常必須根據國際化的程度進行調整，在不同的時期內有不同的目標及工作重點，以下是國際企業人員外派的四個階段。

1. 不同國際化階段所運用之海外派遣策略：

(1)**第一階段：整合期**

外派人員任用的哲學是中央集權制，凡是海外公司所有重要主管和工作職務都由母公司外派，以維持與母公司良好的溝通與互動關係。而人力資源主要的目標是將工作技術移轉到海外公司。各類別的操作人員都長期外派海外公司，外派期間也長達20年，直到他們退休為止。

(2)**第二階段：集團期**

外派人員的哲學，逐漸轉為以僱用海外當地人員為主，人力資源通常就地取「才」，因此只需部分外派人員，其主要工作在控制生產流程、資源取得以及市場通路。總公司也非常依賴外派人員在海外的經驗，因為回任原職的困難度較低，即使回任公司，公司仍然非常需要這些外派人員在不同海外分公司間相互交換職務，因此，對外派人員個人而言，外派任務與經驗對其全球職涯發展都有累加效果。簡而言之，在此階段，財務與生產方面則仍以母公司人員外派為主。人力資源的主要目的與核心工作，則與「整合期」措施大同小異，重點仍在維持外派人員任務的穩定性。

(3)**第三階段：集權期**

這階段人力資源管理目的，是建立全球共通的企業文化，並確保外派人員回任後，能整合與擴散其外派經驗，強化回任人力的運作。本階段人力資源管理功能則以外派人員職涯規劃為核心工作，由於前兩個階段外派人員的任期大多長達十至二十年，因此較沒有外派人員職涯規劃的問題，但在集權期有近五分之一是短期的外派，所以公司需為這些人員做好職涯規劃管理，一方面可讓外派人員願意接受出國外派，更重要的是可累積回任人員的經驗，幫助公司在企業國際化過程中不斷改善，以強化企業國際化競爭優勢。

(4)**第四階段：**平行期

此階段的主要目標是確保母公司與各總部間，區域總部與分公司間，分公司與分公司間的互相學習，以建立國際化經營團隊。人力資源主要的功能則是做外派人員的職涯規劃，以確保組織間的學習不會因外派人員離職而中斷或受損，另外一項工作重點即是建立國際經營團隊的文化。

若依照企業國際化五階段（多國本土化、國際化、多國籍化、全球化、跨國化將）可將海外派遣人員的策略運用如下表14-1所示。

表14-1　國際化階段與海外派遣人員策略

	階段一 多國本土化	階段二、階段三 國際化 多國籍化	階段四 全球化	階段五 跨國化
主要策略	增加國外顧客購買產品或服務的意願	國際化市場，技術及能力轉移國外	生產資源與市場國際化，主要為價格導向	策略導向，獲得全球與策略性的競爭優勢
外派人數數目	很少或沒有	很多	有部分人員	很多
外派人員目的	增加派遣人員的閱歷	為了銷售控制或技術移轉	為了控制國外產銷據點	協調與整合國內外企業
外派人員的職務	外派人員很少，主要為主管	執行者或營業人員	非常優秀的執行者	高發展潛能的經理或高階主管
外派人員所需技術	技術與管理	再加文化適應能力	再加對文化差異的了解	再加跨文化互動，影響與綜效
外派人員動機	金錢	金錢與冒險	挑戰與機會	挑戰機會與前程
對職涯的影響	負面影響	不利於在當地國的職涯發展	對全球的職涯發展很重要	外派是高階主管必備條件
外派人員之經濟誘因	額外的金錢以補償外派的艱苦	額外的金錢以補償外派的艱苦	待遇較沒那麼優渥，全球的薪資組合	待遇較沒那麼優渥，全球的薪資組合

	階段一 多國本土化	階段二、階段三 國際化 多國籍化	階段四 全球化	階段五 跨國化
語言與跨文化 管理之訓練 與發展	較不需要訓練	短時間的訓練	長時間的訓練	整個職涯中持 續訓練
外派人員之 績效考核	母公司主導	子公司主導	母公司主導	全球策略性的 定位
人員回任	困難	非常困難	困難較少	專業性人才容 易回任

資料來源：周瑛琪、顏炘怡（2015：272）

從上表14-1中可知，企業內人力資源管理策略將會隨著其國際化程度的不同而隨之調整，其主要的考慮的因素為：海外派遣人員的甄選任用、教育訓練、績效考核、薪酬管理以及回任管理等人力資源功能，以下就其重點分析如下：

2. **招募、甄選與任用**：周瑛琪與顏炘怡（2015：279）提出，美國訓練發展協會（ASTD）認為全球化經理人所必須具備的四種條件如下：

彈性能力 Flexibility	面對不同文化及工作情境之調適能力。
耐心 Patience	是否在工作步調不同的環境裡能耐心耕耘。
好的傾聽技巧 Good Listening Skills	願意並有效傾聽他人意見與感覺。
語言能力 Language Ability	運用當地語言溝通之能力。

由以上條件可以推論，跨國企業在選擇外派人員時，其衡量的標準一般為：個人的工作能力、對於組織的承諾、公司對於該員的信任以及員工本身的意願等。而人才選用的方式，可以適度運用性向測驗、家庭訪談及詳細的工作說明，找出潛在合適的海外派遣人員；海外人才選用不可只憑藉個人在母公司表現優良，在海外亦要有好的表現。一般而言，個

性開朗、有海外讀書經驗、勤於社交、具備國際觀、有包容力、勇於面對挑戰、有好奇心以及能接受新事物的人較為合適。性向測驗可協助人事部門，找出潛在外派人員，加以訓練。影響外派人員海外工作任務的最大影響力來自於配偶力量及家庭因素，故了解外派人員的配偶背景、意願及家庭成員的需要有助於外派任務的成功，特別是藉由訪談說明公司可提供協助，配偶及小孩就學的訓練安置，避免員工或家屬有不切實際的想像過高的期盼。同時詳細說明海外任務性質及工作職權範圍，提供海外分公司營運狀況及生活環境等相關資料供員工參考，觀察員工反應使其有心理準備，給與鼓勵及肯定，將使員工做出正確的決策，更接近公司預期達成的目標。對於公司來說，能夠挑選到合適的人才，就是全球化人力資源最重要的任務。

3. **教育訓練**：海外派遣人員至他國工作時，除職務外，還要面對種種生活上挑戰（例如語言、文化、飲食、生活習慣等），因此，企業必須提供派遣人員適當的教育訓練，以協助其能迅速克服各項困難，而訓練的效果往往也會直接決定外派人員能否成功地完成任務。一般而言，海外派遣人員的教育訓練大致上可概分為：派任前及派任初期的引導訓練、派任中的在職訓練、派任後的回任訓練等三種。

派任前及派任初期的引導訓練	在外派人員至他國之前以及初上任的時期，先加強其對當地國的認識與了解，使員工能夠快速適應海外子公司的工作與生活環境，較常使用的訓練方案有：加強語言技巧、國外文化的認識輔導、工作任務的詳細說明、輔導諮商個人與家庭的適應性等。
派任中的在職訓練	主要目的是建立員工在外派任務中所需的各種管理知識、技能和能力，一般會採取海外「師徒制」來培訓派遣人才，使其儘速的進入狀況。此外，派遣人員仍須持續維持外國語言的訓練，培養對當地企業運作的熟悉度以及管理工作壓力的能力。
派任後的回任訓練	外派人員的回任也必須有妥善的安排，方可使員工安心在外工作而無須擔憂回國後的遭遇，因此，企業對外派員工的職位保障或升遷，回國後文化的再適應以及家屬安排也都需要審慎考慮，一般而言，企業所提供的回任訓練，通常包括了幫助外派人員重新適應母國的文化，溝通其回國後薪資待遇的調整，並且使其熟悉新職位的技術能力，重新規劃其生涯發展。

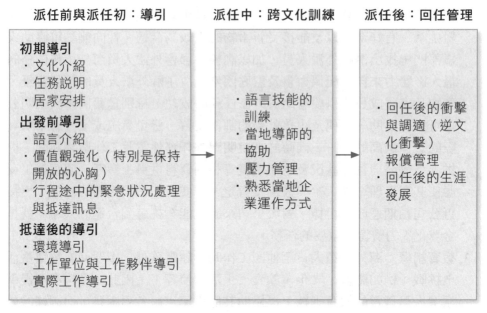

| 派任前與派任初：導引 | 派任中：跨文化訓練 | 派任後：回任管理 |

初期導引
．文化介紹
．任務說明
．居家安排

出發前導引
．語言介紹
．價值觀強化（特別是保持開放的心胸）
．行程途中的緊急狀況處理與抵達訊息

抵達後的導引
．環境導引
．工作單位與工作夥伴導引
．實際工作導引

．語言技能的訓練
．當地導師的協助
．壓力管理
．熟悉當地企業運作方式

．回任後的衝擊與調適（逆文化衝擊）
．報償管理
．回任後的生涯發展

圖14-3　海外派遣人員的教育訓練階段

資料來源：張承、莫惟（2008：13-12）

4. **績效考核**：績效考核是人力資源管理中的核心功能之一，外派人員的工作品質、任務達成度以及管理勝任能力等當然也都必須藉由績效考核才能得知。但由於外派工作的特殊性，因此在設計績效考核指標時，不僅需要考慮常規的工作目標，還需要加入對環境的適應能力、派駐地公司評價以及自我評價等，使企業能夠透過績效考核而準確地掌握外派人員的興趣發展方向、情緒動態等，而及時調整外派管理工作重點，為企業的經營發展提供正向推動力。此外，外派人員在國外的表現也代表著母公司，在提供其優渥薪資福利的同時，最好要搭配一套良好的績效考核制度，用以確保員工的良好行為表現。

5. **薪酬管理**：公平、合理的外派薪酬福利制度，是刺激外派人員工作動機的重要因素，一般而言，員工對於前往經濟與生活條件較差的國家，會較為抗拒，所以企業為了鼓勵員工接受這類海外職務，通常會提供更優渥的工作條件、薪資及津貼以作為誘因。除基本的生理需求外，外派人員薪酬福利制度尚須輔以探親假期、報銷探親交通費等補充福利制度，用來滿足員工其他的人性需求，另外，為了協助員工能在國外享受新生活，亦可提供搬家費、免費住屋、生活津貼、艱苦區域津貼、子女教育費、休假、眷屬探視機票等福利，以增加員工外派的意願。

6. **回任管理**：龐寶璽（2011：8）指出，外派人員回任的核心問題包括以下幾項，例如回任後是否還有適當的職位？是否繼續留在當地發展？外派工作固然有助於視野提升與未來職涯發展，但必須承載返國後的工作延續性與適應力的不確定因素，必須考量回任後工作職責是否變小或職位變低（Gregersen and Black, 1996），以及回任後的工作是否能將外派期間所學到的知識或技能發揮（Riusala and Suutari, 2000）。根據調查顯示，回任後的高離職率不利於外派經驗的反向移轉，也不利於員工對企業忠誠度的提升，企業若能善加管理外派回任人員，使其能夠全心全意的將海外知識、技術與經驗回饋給組織，將使企業更具國際觀及國際經營能力（Fink, Meierwert and Rohr, 2005）。一些國際化較深的企業如花旗銀行、IBM等，透過導師制（mentorship）來協助外派者，以降低回任離職率（Jassawalla, Asgary and Sashittal, 2006）。公司指派資深同仁擔任導師，為外派者定期提供母公司最新的現況或人事異動與缺額情形，並回報外派者在海外工作表現及其回任想法，調和公司與回任人員雙方對回任期待與認知的差距。

 ## 知識經濟時代的人力資源管理

(一)團隊合作：木桶理論的應用

木桶理論又稱短板理論，其核心內容為：一隻木桶盛水的多少，並不取決於桶壁上最高的那塊木塊，而是取決於桶壁上最短的那塊木板。依此得到兩個推論：

1. 只有桶壁上的所有木板都足夠高，木桶才能盛滿水。
2. 只要這個木桶裡有一塊木板的高度不夠，那木桶裡的水就不可能是滿的。

木桶理論啟發說明了企業團隊精神建設的重要性。在一個團隊裡，決定這個團隊戰鬥力強弱的不是那個能力最強、表現最好的人，而恰恰是那個能力最弱、表現最差的落後者。因為，最短的木板對於最長的木板起著限制和制約作用，故而決定了這個團隊的戰鬥力，影響了這個團隊的綜合實力。也就是說，要想方設法讓短板子達到長板子的高度或者讓所有的板子維持「足夠高」的相等高度，才能完全發揮團隊作用，充分體現團隊精神。另外，一個團隊，如果沒有良好的配合意識，不能做好互相的補位和銜接，最終儲水量也不能提高。單個的木板再長也沒用，這樣的木板組合只能說是一堆木板，而不是一個完整的木桶、一個團隊。最後，木桶儲水的多少也取決於板與板之間的配合程度，即板與板之間

的縫隙大小。在企業裡每個員工都是一塊木板，而且每塊木板都會有自己的長處和短處，也就是說企業的每個員工要能包容別人的缺點，發揮自己的優點，相互協助，密切配合，只有這樣才會縮小相互配合的縫隙，達到最佳儲水量。

(二)**變革管理**：在知識經濟的時代，社會經濟環境的劇烈變化著，組織為了生存往往有變革的需求，其中人力資源管理往往必須扮演變革推手的重要角色，以下將以Lewin的變革模型來進行說明。

Lewin變革模型在組織變革理論中具有相當重大的影響力。Lewin所提出變革模型是一個有計劃組織變革過程，其中包括了解凍、變革、再凍結等三個重要階段，以此來解釋如何發動、管理和穩定組織變革。而人力資源管理往往須扮演著變革推手的重要角色，在變革的三個階段中發揮不同的功能。

1. **解凍**：此階段的重點為創造變革的動機。主要作法在於鼓勵員工改變原有的工作態度以及行為模式，以因應組織戰略發展。為了達到此目的，除了需要對員工舊的行為與態度加以否定之外，亦必須使其確切的認知到變革的急迫性。利用比較評估的辦法，將單位的整體經營情況與其他競爭對手進行比較，找出其差距之處，使員工明白變革的重要性，願意接受新的工作模式並「解凍」現有態度和行為。此外，應建立員工心理上的安全感，方能減少員工對於變革的心理障礙，以提高變革的成功率。

2. **變革**：Lewin認為，變革是個認知的過程，需獲得新的概念以及資訊才能夠得以完成。變革其實就是一項學習的過程，必須提供新資訊予員工，其中包含了新行為模式以及新的視角，以明確指引出變革方向，進而有效協助員工建立起新的行為以及態度。這此階段，必須強調為新的工作態度與行為樹立起良好的榜樣，例如：運用角色模範、導師指導、專家演講、群體培訓等多種方法。

3. **再凍結**：在這一個階段，為了確保組織變革的穩定性，應注意使員工皆有機會嘗試與檢驗新的態度與行為，並且及時給予正增強，利用各種的強化手段使新的態度與行為固定下來，同時，亦應重視群體變革行為的穩定性，用以形成穩定持久的群體行為規範，如此一來，方能令組織變革處於穩定狀態。

Lewin的組織變革三階段流程的首要的工作是，管理者或者員工須先行瞭解變革的必要性，否則必定會傾向於維持現狀，不會有所行動；其次是診斷問題，澈底瞭解導致變革的成因、內外在環境因素、變革的目

標，以及變革可能對組織及成員所造成的影響等等；第三步則是研擬變革的各種方案並進行評估選擇，最後是將選定的變革方案付諸實行，並隨時檢討與致力於改善。後續許多進行組織變革所採用的技術或模式，亦多半依循Lewin的三步驟，只是更進一步地細分為更多具有意義的層級，或提出各層級內更具意義的特徵。例如在解凍層級中，組織必須採用哪些行動，才算是解凍的活動；或在變革層級裡，可透過何種程序（正式或非正式），公告周知成員組織目前正處於變革的階段中，藉此消除其內心的防衛狀態；而在再凍結層級裡，更是標明如何使創新的實施更具制度化，使創新與變革形成穩定持久的狀態。

(三) **知識管理及學習型組織**：知識管理與學習型知識管理（Knowledge Management）的定義為，在組織中建構一個人文與技術兼備的知識系統，讓組織中的資訊與知識，經過獲得、創造、分享、整合、記錄、存取、更新等過程，達到知識不斷創新並再度回饋到知識系統內的效果，個人與組織的知識得以永不間斷的累積，若以系統的角度進行思考，這將成為組織的智慧資本，有助於企業做出正確的決策，以因應市場的變遷。因此，知識管理在組織中是一個正式、具規範的流程，這個流程首先會推斷對組織最有助益的資訊，然後設法使公司上下能夠方便地獲取、理解以及運用該訊息，故知識管理亦是促使組織成員將其內隱知識外顯化的過程，以達成在組織中能夠有效地運用知識。

學習型組織（Learning Organization）則是，一種對組織發展的新型思維方式，它是有關於組織與成員之間相互作用的一種態度或理念，在學習型組織中，每位成員都要參與辨視問題以及解決問題的行動，使組織不斷的嘗試，進而改善和提高其效能。學習型組織的基本價值在於解決問題，與傳統組織設計的著眼點「效率」不同，成員必須參加問題的識別，還要嘗試解決問題，因此，它是透過新觀念與訊息而非物質上的產出來實現價值的提升。

以上兩者在績效管理與職涯發展上，可採以下方式來激發員學習成長的動機與熱忱，以達組織的發展與成長：

1. **績效管理**：建立與增加與組織學習、知識管理相關的績效評量標準。
   為知識管理績效評價是指組織實施知識管理戰略後，知識管理給組織帶來的直接的經濟績效、員工的發展動力、流程在多大程度上的進行了改造並提升了價值，針對這些制定可量化或可具體評測的衡量指標，並經由比較分析方法得到結果。
   知識管理績效評價的意義在於，組織可以透過績效評價的結果，而引導

管理者和員工，使個人努力目標和組織目標趨向一致，達到行動與目標一致化。績效評價有利幫助組織引導員工進行知識交流、分享、共用，以促進知識的擴散並加速知識應用，進而產生更大的價值。

2. **職涯發展**：協助員工進行知識管理，累積自身的無形資產。

配合組織發展需求，針對員工所應具備的核心、專業、管理職能，規劃出各階層學習地圖，同時並提供員工豐富的學習資源，與一展長才的職場環境，期許員工追求成長和發揮專長，致力於激發員工潛能，深化人才資本，以持續精進員工與公司的競爭優勢，力求個人職涯發展和企業發展共同成長，共創卓越與勞資雙贏。

由於學習型組織從本質上就與傳統的威權組織完全不同，所以若想要使組織蛻變就必須要採用一些技術來促成其發展。彼得‧聖吉（Peter Senge）提出了5項建立學習型組織不可或缺的技術，而也就是所謂的學習型組織的五項修煉。

1. **第一項修煉**：自我超越（Personal Mastery）

所謂自我超越的修煉是指個人不斷地釐清自身的願景，能夠集中精力去實現內心深處的渴望，這種全心投入、不間斷地創造與超越，無疑是終身學習的表現，而組織是由人員所組成的，所以組織的學習意願與能力完全是立基於個別成員的學習狀態，因此自我超越也是學習型組織的基本精神。

2. **第二項修煉**：改善心智模式（Improving Mental Model）

心智模式根植於人們的心中，會深刻地影響著我們對這個世界的認知。它讓我們不自覺地產生許多既定的假設與成見，而使我們的行為也隨之受到影響。在組織中亦然，許多管理決策會因為人們固有的心智模式而受到限制，所以改善心智模式是令組織開放並迅速發展的重要修煉之一。

3. **第三項修煉**：建立共同願景（Building Shared Vision）

共同的願景能夠使全體人員凝聚在一起共同奮鬥。人們必須有一個衷心想要實現的願望，才有可能主動地去付出心力，在組織中亦同，組織中的成員不會因為被他人要求而真心付出，而是會因為本身想要如此才會努力行動，所以組織若是能將個人的願景，轉化整合成組織的共同願景，就能有效地鼓舞大家努力學習、追求卓越，促使組織的快速成長。

4. **第四項修煉**：團隊學習（Team Learning）

團隊學習為什麼那麼重要？那是因為在現代的管理型態中，通常是以團隊組織為主，因此組織學習的基本單位是團隊，除非團隊能夠學習，否則組織無法學習。此外，當團隊進行學習時，不僅團隊整體會產生學習

效果，個別成員的學習成長的速度也會比其他方式來得更快。

5. **第五項修煉：系統思考（System Thinking）**

所謂的系統思考是指，我們必須理解所有事物就如同是一個系統，彼此之間息息相關並且相互牽連影響。我們不應該將思考聚焦於系統中某一個片段，而是應該看清整體的變化，如此一來，才能幫助我們認識全局的整體變化並開創新局。

此外，Senge（1990）也指出了，欲建構學習型組織就必須要先能夠辨識組織的學習障礙，並列舉出下列七項組織的學習障礙（Senge,1990:18-25；高淑慧，1995:72）：

1. **本位主義的思考方式（I am in my position）**

由於受到組織專業分工的影響，組織成員只關注自己的工作內容，形成侷限一隅的思考模式。

2. **歸罪於外的態度（the enemy is out there）**

由於組織成員習慣以片段思考來推斷整體，因此當任務無法達成時，往往會歸咎於外在原因所造成，而不會先檢討自己。

3. **負起責任的幻想（the illusion of taking charge）**

組織的領導者常認為自己應該對危機提出解決方案以示負責，而忽略與組織中的其他成員共同思考來解決問題。

4. **專注於個別事件（the fixation on events）**

當組織產生問題時，大家通常只專注於事件或問題本身，而忽略事件或問題其實是經由漸進的過程所緩慢形成，因此多以預測的方式提出解決方案，卻無法學會如何以更有創意的方式來解決問題。

5. **煮蛙的譬喻（the parable of the boiled frog）**

以溫水煮青蛙來舉例，意指組織成員應保持高度的覺察能力，並且重視造成組織危機的那些緩慢形成的關鍵因素。

6. **從經驗中學習的錯覺（the delusion of learning from experience）**

組織中的許多重要決定的結果，往往延續許多年或十年後才會出現，因此，組織成員難以純從工作經驗中學習。

7. **管理團隊的迷思（the myth of team management）**

組織團隊是由不同的部門及具有專業經驗能力的成員所組成，有時為維持團體凝聚力的表象，團體成員會抨擊不同意見的成員，久而久之，團隊成員即易喪失學習的能力。

(四)**網路化人力資源管理**：隨著企業資訊化建設的不斷深入和完善，eHR作為一個綜合性的人力資源管理系統越來越受到業界和各企業的重視。所謂電子化人力資源管理（或稱為網路化人力資源管理），狹義上是指基於網際網路，進行高度自動化的人力資源管理工作，包含了各項核心的人力資源工作（例如：招聘、薪酬管理、教育訓練與發展等）。廣義的eHR是指所有電子化人力資源管理工作，包括利用公司內部的區域網絡及其它各種電子設備所進行人力資源管理工作。e-HR的主要功能在於企業內部訊息的記錄，包含了組織架構、個人資訊，薪酬等，其目的就是為了要提高人力資源部門的工作效率。與傳統人力資源管理相較，電子化／網路化人力資源管理有以下的優勢：

1. **網路化人力資源管理積極地推動了人力資源變革的進程**：電子化人力資源管理使人力資源管理工作者從繁瑣的行政事務分離出來，同時也可以使人力資源管理部門從提供簡單的人力資源訊息轉變為提供人力資源管理知識和解決方案，並能夠隨時隨地向管理層提供決策支持，向人力資源管理專家提供分析工具和建議，並建立支持人力資源部門積累知識和管理經驗的體系。這兩方面使人力資源管理部門名副其實地進入「管理」的戰略伙伴角色。這是電子化人力資源管理系統給企業人力資源管理帶來的最積極的影響。

2. **網路化人力資源管理完全改變了人力資源管理部門的工作重心**：在傳統的人力資源管理方式下，人力資源工作者從事大量的工作就是行政事務，其次是管理諮詢的職能，而在幫助企業策略的制定方面是最少的。在電子化人力資源的管理環境下，人力資源工作者所從事大量的工作就是幫助企業在人員管理上提供管理諮詢服務，行政事務工作被電子化、自動化的管理流程所大量取代，工作效率得到明顯提高。另外，透過eHR授權員工進行自助服務，人力資源部門亦能夠由日益瑣碎的行政事務中解脫，進而成功地扮演起一個戰略性的角色。

3. **網路化人力資源管理把人員管理的重任轉移到第一線的經理身上**：第一線的業務經理可以通過網上得到最新的企業人力資源管理政策、流程、市場數據，經過授權，他們可以進行相關人員管理，包括進行人員的獎懲。

(五)**人力資源系統與數位轉型**：由於現今科技發展突飛猛進，所以已經從過去的單純地利用人力資源資訊系統（HRIS）來簡化作業流程，逐漸演化成企業必須運用資訊科技來改造自身的業務，也就是所謂的數位轉型（Digital Transformation）。數位轉型（Digital Transformation）係指組織為了改善自身的營運模式與流程，而導入了數位科技的運用，例

如人工智能以及雲端運算的大數據分析等，來應對瞬息萬變的市場與客戶需求。換句話說，數位轉型就是組織除了以數位化流程來取代非數位化的人工作業流程之外，亦致力於採用新型的資訊科技來改造商業模式。因此，數位轉型（Digital Transformation）與人們所熟知的數位化（Digitization）的概念並不相同，數位化僅只是將資料或作業進行電腦數位化，例如將書面文字或圖片轉成電子檔並儲存於電腦或雲端之中，但這最多只能算是數位轉型的前置作業，數位轉型並非僅只一次的數位化，而是需要長期且持續性的發展，組織若是想要做到真正的數位轉型，除了上述的資訊數位化外，還必須要從根本上改造組織的整體經營策略與作業流程，也就是所謂的企業轉型才行。所以，數位轉型實質上涉及了整個組織的全新變革，組織必須要重新思考如何利用技術、人員和流程，將組織的整體營運模式進行徹底轉型，方能全面地提升組織的價值。

相較之下，人力資源資訊系統（HRIS）是指一套互動式的資訊管理系統，其功能是將人力資源的作業與程序標準化，主要用來處理與維護員工的資訊並管理人力資源相關流程，同時有效地促進記錄保存與報告的準確性，例如記錄員工的工時與出勤，支援員工的薪酬以及福利管理等等。電子化或網路化人力資源管理（eHR）脫離不了對人力資源資訊系統的運用，現今人力資源的職能愈來愈趨於複雜，組織若能有效地運用人力資源資訊系統，就可以利用資訊系統以及網際網路將一些例行性工作加以簡化，舉例來說，員工可以自行操作加班、差旅以及請假的申請與登錄。如此一來便能夠有效地輔助人力資源管理的流程，進而大幅提昇人力資源管理功能之效率。

(六)大數據分析與人力資源管理

關於大數據或巨量資料（big data）的概念，其實最早是出現在統計相關領域中，不過在當時因為技術上的限制，因此並沒有受到重視。直至近十幾年來，由於資訊科技的發展突飛猛進，產生了海量的資訊與資料，再加上軟硬體也已經趨於成熟，雲端計算與儲存科技皆能夠負荷大數據分析之所需，因此大數據分析開始廣泛地被應用於企業管理活動中。所謂的大數據分析是指，專業數據分析人員能夠針對活動中所產生的大量數據進行分析，依此來調整經營策略以提高企業的效益。舉例來說，亞馬遜（Amazon）記錄了顧客在網路上瀏覽的足跡，來預測該消費者的網路購物行為，並進行相關產品的推銷以增加銷售量。

大數據的來源可以是公司的外部資料，比如上述的消費者瀏覽偏好記錄以及網路上的購買資料等。它也可以是來自於公司內部的資料，例如員工人事資料、工作日誌，以及績效考核資料等。因此，大數據分析一樣適用於人力資源管理，關於大數據分析在人力資源管理功能上的應用，將引述鄭晉昌（2021）之論點，進行說明如下：

1. **人力資源規劃**：利用大數據的統計分析，組織能夠迅速蒐集員工的個人背景資料、專業技術水準、相關經歷與在職位上的工作表現等資訊。如此一來，人力資源管理部門就可以依據這些資訊，將企業內的人力資本進行適當地調配，確保企業內部的人力資源達到最優化的配置。過去的人力資源管理可能會因資訊收集不完整，導致對員工的了解不夠深入，而無法對員工與職位間的配置進行客觀的判斷。如今大數據分析可以有效地改善此種情況，透過對海量數據進行系統化的分析，來確保人員配置的最佳化，此外，這些相關資訊的收集與整理，對於企業內部的定期人力盤點也能夠產生極大的助益。

2. **招募與甄選**：運用大數據，人力資源部門不必再透過甄選和面試瞭解應徵人員是否符合企業用人條件，相關管理人員可以透過網路數據篩選，直接定位符合企業發展要求的人才，對於人員以前的工作經歷以及離職原因都能清晰瞭解，有利於人力資源部門更有效率地招募到適合企業發展的人才。同時，對於現有員工的管理，人力資源管理部門可以透過數據分析，準確掌握員工個人成長曲線和離職傾向，可以事先採取預防措施，避免員工突然離職給企業造成損失，有利於規避風險（引自鄭晉昌，2021）。

3. **訓練與發展**：員工訓練是企業發展的重要途徑，系統化的員工訓練能夠為企業發展積蓄人才，為企業長遠發展奠定基礎。基於大數據，企業人力資源部門可以透過網路雲端、線上方式提供機會讓人員持續學習。並根據相關人事數據（例如：績效、主管工作回饋與建議等）分析進行個別員工客製化的學習課程。此舉不僅可以提升企業員工的整體業務表現所需的知識與技能，還可以為員工進行個人訂制課程，滿足員工個人化的學習需求（引自鄭晉昌，2021）。

4. **績效評估與薪酬管理**：透過對於數據的分析，能夠顯示出員工的績效表現的水準以及工作效率等。人力資源部門可以此作為員工階段性工作表現評價的依據，大數據在人力資源管理中的應用可以讓企業績效考核與薪酬激勵更加客觀真實，企業人力資源管理部門可以透過線上數據的即

時蒐集，掌握員工每日的工作進度、個人工作情況和工作成果，進一步利用大數據進行分析，結合企業績效目標，可以快速呈現與比對，協助主管公正地考核員工工作表現（引自鄭晉昌，2021），並且給予公平合理的激勵性薪資。

鄭晉昌博士認為，雖然大數據分析的運用可以為企業管理帶來正向的效益，但其實在人力資源管理的執行層面上，也有許多的問題需要解決，例如人力資源管理人員並非資訊科技專業人員，所以在運用大數據分析時，可能因為會缺乏資安意識而造成危機。在此引述鄭晉昌（2021）的論點如下：

大數據時代，資訊安全是企業發展的主要策略性課題，針對人力資源管理，相關人員缺乏資訊安全意識和數據管理能力，不能系統化地規避資安風險。在沒有資安的防範下，巨量資訊在網路上往往給不法分子提供可乘之機，給企業發展帶來風險。此外，企業人力資源管理對於人事資料管理的妥善與否直接關係到企業員工個人資訊的安全，如不能合理加以保護，極易造成企業員工資訊的外洩，為企業員工的資訊安全帶來潛在風險，甚至造成難以挽回的損失。

(七)AI人工智慧與人力資源管理

自從2022年底OPEN AI公司所研發的ChatGPT問世之後，AI人工智慧的話題迅速席捲全球引起了熱議，而其強大功能也的確令工作職場產生了巨大的變化。不過AI究竟是什麼呢？人工智慧（Artificial intelligence，AI）其實是打造出讓電腦或機器可以模仿人類產生出辨認、學習、創造等能力，用來協助解決與人類智慧相關的認知問題。AI能從大數據資料中取得有用資訊以形成自我學習系統，亦即AI可以輕而易舉地套用海量的資訊來進行推論、學習與採取行動決策，由於AI分析資料的規模遠超過人類分析能力的上限，所以AI能夠比人類更有效地處理資訊並提供解決方案。此外，AI與人類不同，是可以進行全天候工作並維持效率不變的，故AI技術的運用必定勢不可擋，組織將會導入人工智慧來處理各種經營管理上的任務，在人力資源管理層面當然也不會例外，AI的應用可以為多項人力資源功能提供相當大的助益，列舉說明如下：

1. **招募與甄選**：為了替組織尋找最適任的工作人員，首先就必須要避免招募團隊對候選人有任何的偏見，但人類可能會存在著連本身都沒有意識到的成見，所以很難完全克服這個問題。此時，應用AI系統就可以移除這種無意識偏見的影響，因為AI能夠經由數據分析技術，對履歷進行

關鍵字的匹配而不含任何偏見，亦可以在海量的大數據資料中迅速進行
搜尋、分析以及媒合，進而有效地識別出組織所欲尋找的候選人類型。
除此之外，AI系統還能夠對潛在員工進行工作技能與態度的測試，依
其工作適合性來進行排序。最後，組織甚至可以透過衍生式AI（如同
ChatGPT的招募機器人），直接與候選人進行互動與溝通，來執行初步
的智能面試。以上種種功用都能夠大幅提升人力招募與甄選的效率。

2. **訓練與發展**：組織可以利用AI系統來增進員工教育訓練的效果，如同胡
珈瑋（2023）的觀點，「生成式AI可以根據組織的需求和員工的技能矩
陣，自動生成個性化的培訓計劃和課程內容」。AI能夠藉由學習系統，
對員工的知識（knowledge）、技術（skills）以及能力（abilities）進
行分析，並診斷出員工應該增強哪些職能才能符合組織實際需求，依此
來提出一系列的推薦課程，甚至還可以根據員工的職業志向與優勢，為
員工發展出個人化的學習地圖，使每一位員工皆能獲得成長的機會。此
外，AI人工智慧也能提供互動式的多元學習模式，例如虛擬實境（VR）
訓練、即時互動的培訓聊天機器人等，不但方便使用也可以提升員工的
學習興趣。綜上所述，AI技術的應用不僅能節省人資工作者進行訓練與
發展的規劃時間，還可以提高培訓的效果與員工的參與度。

3. **績效管理**：由於AI人工智慧可以處理大量的資料，輕鬆地從大數據中進
行繁瑣的篩選工作，因此能夠輕而易舉地從多個層面（包括員工的工作
經歷與年資、個人技能、工作敬業程度、過去的績效考績、教育訓練程
度等不同角度的數據）對員工進行評估，來預測優秀員工的績效指標或
推測出需要更換工作職位的人員，並將建議發送給管理者以便於進行交
叉檢查。同時，因為AI系列是以數據為基礎，並不會受到主觀意識的影
響，故能克服人力的限制，有效地避免評估者的個人偏見，使結果更具
說服力。

4. **薪酬管理**：胡珈瑋（2023）引述HR Exchange的文章指出，將近80%的
受訪者在工作中使用AI來進行員工檔案管理，77%的人表示，他們使用
AI技術來處理薪資以及福利管理。這類屬於數據與文書類的工作通常是
例行性且相當繁瑣的，而AI人工智慧的運用可以將人資人員從此類繁複
的工作中進行解放。更重要的是，透過AI對數據的分析技術（例如從不
同的工作職責、城市平均工資、行業平均工資以及近幾年的工資增長情
形等數據），組織能更正確的監測內、外部薪資，此舉將有利於組織適
當的調整薪酬制度，並對員工的薪資與福利進行更合理的規劃。

替代性人力僱用、人力資源活動委外與人力派遣

(一)**替代性人力僱用**（alternative staffing）：替代性人力僱用是典型性、經常性的雇用型態的相對詞，組織為了節省成本或者回應勞動市場彈性化的需求，將會以聘僱短期定期契約的工作人員或者是兼職人員來取代繼續性工作的全職員工，通常所有不同於一般不定期之全時雇用的型態均可視為替代性的人力僱用。

(二)**人力資源活動委外**：人力資源活動委外就是企業將人力資源部門所承擔的部分工作（例如：人員招募、薪資發放、員工教育訓練等）交由其他企業或組織進行管理，用來降低成本，實現效率最大化，而所採取的方式多半為簽約付費並將工作職能委託給專業從事相關服務的外包服務商，故亦被稱為外包（outsourcing）。

企業外包的主要目的是為了加強掌握核心能力，所以才會選擇將非本身專業的部份外包出去。在激烈競爭的環境下，企業不願意將精力放置於與核心競爭力無關的活動上，為了使組織能把有限的資源集中，可以將以下繁重的例行性人資活動外包：

人員配置部分	發佈招募廣告、招募面試、求職者背景審查及推薦人調查等。
薪酬管理部分	薪資調查、薪資方案設計、薪資發放及退休金的管理等。
培訓發展部分	基層管理人員技能培訓、工作安全培訓等。
員工關係部分	向政府有關部門提供各種相關的資料和報告等。
外派人員管理	製作委派成本預算、外派人員的薪酬管理、對外派人員及其家屬進行派任前引導訓練等。
人力資源資訊系統方面	建立及維護技術性人力資源資訊系統等。

而企業進行人力資源外包的優點如下：

1. 使人力資源部門從繁雜的例行性工作中解脫，將精神專注於核心戰略性工作，進而提昇競爭力。
2. 降低成本，減少行政性、事務性人資活動的大量成本，另外又可從專業外包服務商獲取高品質的服務，贏得更多的價值。

3. 簡化流程，節省時間，提高員工滿意度。

　　企業在進行外包時，應特別注意，任何與可能滲透到企業內部核心工作的職能，（例如：人力資源規劃、員工職涯管理、企業文化建設等），皆不應該外包，而是由組織內的人資部門負責。

(三)**人力派遣**：所謂人力派遣是一種新興的工作型態，是派遣公司、派遣員工與要派企業，三方以勞動關係、工作關係、合約關係互動的鍊接模式，如下圖14-4所示。事實上，相較於傳統員工，派遣員工在要派公司內所獲得的工作福利、工作機會與長期的聘僱承諾皆較為弱勢，而造成派遣員工的工作滿足感難以提升，然而，員工對組織的心理契約、組織承諾與工作滿足感是影響其工作績效的重要因素，故企業如何一方面利用人力派遣來兼顧企業用人彈性的需求，而另一方面又要使派遣員工對企業保有組織承諾與高度投入工作就變成了一項嚴峻的挑戰。

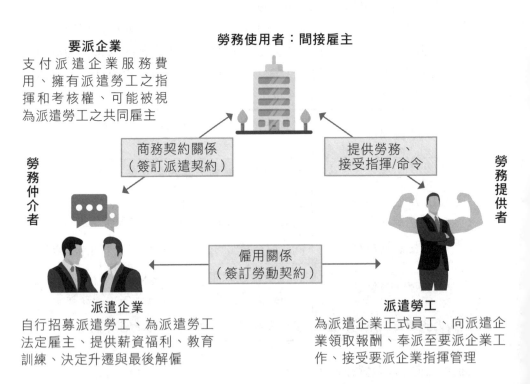

圖14-4　人力派遣關係圖

資料來源：簡建忠（2013：84）

1. **人力派遣的優點：**
   (1)**勞動生產性高、完成時間縮短：**無須培育新進人員，派遣至要派公司的人才可以馬上上線工作，不需冗長的教育訓練，能夠短時間裡提供高完成度的工作內容，此外，公司亦可先實際觀察人員績效表現，減少用錯人的風險並避免潛在問題的發生。
   (2)**降低人事成本：**

降低招募成本	刊登媒體、蒐尋人才、資格（文件）審查、面試等工作的龐大費用皆由派遣公司負責。
節省福利費用支出	企業是以向派遣公司租賃的方式來取得員工，因此不必負擔沈重的福利與保險，若是雇用傳統員工，企業用人成本包含了月薪、勞健保、退休、福利等費用，企業實際負擔成本，約為該員工薪資1.4～1.5倍。
免除資遣費用提列	當派遣合約期滿，企業不需負擔任何資遣費用。

2. **人力派遣的缺點：**

雇主責任歸屬爭議	臨時性支援服務涉及了共同僱用的問題，常造成法律上的爭議。
人才招募不易	由於派遣觀念未普及，以致勞工投入派遣業意願低，對於派遣工作的接受不高，導致人才不足。
剝削勞動	派遣勞動者的薪資結構與要派公司給予派遣公司的報酬間若差距過大，則產生派遣業者有不當剝削的狀況產生。
不安的心理	派遣勞工只有在接受派遣時有收入，要派公司若不在需要員工時，其被解僱的危險性很大。除此之外，企業為了節省成本，可能會減少僱用正式職員工，造成所有勞工遭受不安定僱用的比率增加，進而產生正職排斥派遣員工的現象。

四　高齡化社會

林海清（2016：60-71）研究中指出，全球人口結構逐漸邁入高齡化，影響勞動市場中工作者的年齡結構，再加上少子女化之現象，使得整體社會人力資源供給受到影響，進而衝擊國家的經濟發展。依據聯合國設定的標準，當一個國家六十五歲以上的人口數超過總人口數7%時，該國即可稱為邁入高齡化之社會。內政部統計資料顯示，我國人口截至民國112年，總人口數為2,342萬442人，其中，65歲以上人口約占總人口數之18.35%，比率逐年上升，而人口老化指數更是從111年的144.93攀升到了153.83。「老化指數」是指65歲以上老年人口相對於0到14歲幼年人口的比例，當老化指數大於100時，代表老年人口大於幼年人口，社會呈現老化的現象。由上可知，我國人口結構迅速高齡化已是不爭之事實。

我國的高齡勞動人口（65歲以上）雖逐年提高，但由於以往為解決高失業率而鼓勵提早退休，導致退休年齡普遍偏低，形成了人力資源的浪費以及勞動人口高齡化但是退休年齡卻偏低的反差現象產生。我國65歲以上高齡者的勞動參與率，相較於日本、韓國、新加坡以及美國等仍明顯落後，依照勞動部的統計來檢視我國65歲以上的勞動參與率，111年為9.62%，112年為9.91%，113年上半年度平均則為9.95%，雖然持續上升中，但仍遠遠不如111年時的其他亞洲鄰近國家（65歲以上的勞動參與率在日本為32.1%，南韓為37.3%，新加坡則是25.6%），即使與美國高齡勞動參與率的19.2%相比，也是處於落後狀況。因此提升中高齡者之勞動參與率，以活化中高齡及高齡之人力資源，是現階段提升國家生產力必要的策略。

如何讓已經退休的高齡者重返職場，大多數的企業所採用的因應措施包括了：延後退休、退休回聘、師徒制、知識管理、定期審視人力資源規劃、非核心工作外包、內部創業等。為因應勞動市場晚進早出的現象，宜參考國際經驗，規劃研議適齡退休與漸進式退休做法，根據工作者之年齡與健康狀況，適度調整工作時間、工作內容與工作型態，減緩高齡者退休後角色快速轉換造成的身心影響（以上內容擇重點摘錄並修正自林海清，2016：60-71）。

漸進式退休制度（Gradual retirement）

周瑛琪與顏炘怡（2016：326-327）闡述，漸進式退休（Gradual retirement）是指在退休之前逐漸減少工作時間，以利在全職工作（full-time work）及完全

退休（full-time retirement）之間調整生活。是由Genevieve Reday-Mulvay在1996年提出，其指出漸進式退休也稱為階段式退休、部分退休或兼職式的退休，漸進式退休可以提供人們一個轉換的期間，以順利調整全職工作到完全退休之間的過程，工作者可以運用降低工作時間的方式，逐漸淡出勞動市場，以取代立即的退休方式。漸進式退休對個人而言，提供新的生涯轉換的機會，可以順利的從工作移轉到退休（smooth transition from work to retirement）。

漸進式退休，包括：階段式退休（phased retirement）及部分退休（partial retirement）兩種。階段式退休（Phased retirement）是逐漸的退休，在相同的系統中為同一個雇主提供服務，意即在相同的工作，只是減少工作時間。而部分退休（partial retirement）則是更換成不同雇主而要求較少需求的工作，或是轉變為自我僱用（self-employment）的情況，通常工作時間及收入同時減少。

過去針對退休行為，乃是以全職工作及完全退休作為二分法，但是隨著經濟社會的發展及中高齡人口對於退休規劃的改變，許多的中老年人不再是直接從全職工作上退休，而是採取漸進式的模式，例如在他們完全退出勞動市場之前，會先減少工作時數或者是換到另外一個全職或部分工時的工作（陳鎮洲，2008）。英國倫敦政治經濟學院養老金問題專家羅斯・奧特曼（ROS Altmann）主張人們應該放棄一次性的退休模式，而改採循序漸進和彈性的退休生活。

漸進式退休可以使有經驗、知識及技術的長者繼續貢獻所學，傳承經驗，對社會及企業貢獻更多的知識及生產力。對於個人而言，可以逐步靈活的調整家庭需求及健康狀況。對於國家政府而言，亦可望達到促進經濟成長及生產力、維持充足稅基及降低依賴人口等三大好處（以上內容引自周瑛琪、顏炘怡，2016：326-327）。

退休回聘

是指組織為了達到經營運轉或專業技術傳承等目的，而採取留用已屆強制退休年齡的員工，或者重新聘用已經退休資深工作者的人資方案與措施。依據內政部的統計資料，台灣的少子化問題日益嚴重，使總人口呈現下降趨勢，在勞動力方面，更是預期在2030年時，55歲以上勞動力占總勞動力的比率將由2020年的17%提升至24%。而這種勞動力高齡化的現象其實是世界多數國家所共通的，全球知名諮詢顧問公司貝恩（Bain & Company）指出，7大工業國組織的勞動力市場在2031年時，將有25%以上的勞動率是來自於55歲以

上的工作者，受到少子化以及人口高齡化的衝擊之下，組織若堅持要招募年輕的勞動力，必定會遭遇人才短缺的窘況，而這種勞動力的欠缺是由大環境因素所造成，幾乎是不可逆轉的，因此組織應該把年長的工作者重新放入考量，規劃留才與徵才的策略，如此才能有效地抑制勞動力欠缺的重大影響。有些組織可能會質疑年長工作者的適任程度，但事實上，除了某些需要大量勞動並十分受到體能與年齡影響的工作之外，高齡工作者仍能勝任大多數職務。根據全球知名諮詢顧問公司貝恩（Bain & Company）的觀察，如果企業尋覓的是樂於助人、有團隊精神、相對獨立且追求自我進步的工作者，則相較於年輕族群，反而是在年長者工作者中更容易找得到理想人選。經理人月刊（2024）引述《哈佛商業評論》（Harvard Business Review）提到，聘用中高齡員工對於企業也有許多好處。舉例來說，中高齡的工作者通常足夠忠誠且可靠，過往的經驗亦有助於服務關鍵客戶時，做出明智判斷。同時「混齡職場」也會為組織帶來的好處，年輕和年長員工一起工作的團隊，能夠共享知識和經驗，彼此之間的生產力得以互補，更能培養出下一代的人才。OECD（經濟合作暨發展組織）則指出，如果一家公司50歲及以上的工人，比平均多出10%，整體的生產力將提高1.1%。因此，組織應該放下以往年紀可能會不利於工作表現的偏見，嘗試將資深工作者作為招募的重點，如此一來，不僅可以滿足現階段職務的人力缺口，甚至還可能會帶來意想不到的效果。

回聘制度最顯著的效果是利於組織的技術傳承。回聘制度最初是企業為了專業技術傳承、專業技術發明、專利權展延、技術品牌形象等各種因素，而要求即將屆齡退休的員工繼續留任，或者重新聘用已經退休（含自請退休）的人才返回組織從事工作，藉此來協助企業維持專業技術不墜。例如日本豐田（Toyota）汽車公司為了留住具有專業技術的人才，針對部分的職務採取了回聘制度，重新聘僱65歲以上的中高齡高階員工（豐田汽車原本規定的退休年齡是60歲），並延長工作年齡到70歲，期望能夠同時解決勞動力短缺與產線生產力問題外，亦能使專業知識與技術繼續傳承。不過日本豐田在現行的制度下，60歲選擇退休而不接受回聘的人仍約有兩成左右，因此如何吸引中高齡工作者也是組織的一大挑戰。

經理人月刊（2024）根據《哈佛商業評論》的調查（該調查研究了3萬5000名中高齡工作者重返職場的動機），提出了4項建議以作為企業招募中高齡人才的參考：

(一)**設計更具有目標的職位**：企業可以考慮跳脫瑣碎的日常事務，為工作者制定更具體、更有意義的職涯目標，並且在其中強化與同事、客戶之間的互動，以培養使命感。

(二)**更彈性的工作時間**：在調查中，有2/3的中高齡工作者希望能夠擁有更彈性的工作時間，取得工作與個人安排的平衡，企業可以考慮搭建一隻兼職的工作團隊，維持靈活性而不是將員工永遠綁在電腦椅上。

(三)**為實際的成果付費**：調查結果顯示，中高齡工作者在意的前10大因素都無關薪酬，這代表比起薪水，他們更在意工作帶來的意義與成就，企業可以更清楚連結成果與獎勵之間的關係，強化工作的意義。

(四)**建立社群與友情**：招聘中高齡工作者解決缺工危機，跨領域的經驗不在少數。研究中有2/3的受訪者表明自己會更傾向選擇一個有趣、具包容感的職場；企業不妨嘗試建立起社群，讓員工感受到被支持，員工幸福感提升，客戶滿意度與留任率就更容易提升。

另外，亦有其他的調查結果顯示，67%受訪者退休後打算回鍋工作，其中選擇兼職、計時比例最高，占51.2%；而對於退休後再就業的每週工時，平均希望落在25小時，因此彈性的工作時間對高齡工作者的吸引力極高，例如：一般工作的兼職人員、專業工作的約聘人員以及高階管理的諮詢顧問，都是相當適用於退休回聘的職位。

五　電傳勞動

2020年新冠肺炎（COVID-19）疫情蔓延，對世界各國的經濟產生了重大影響，由於COVID-19會因人群聚集進而迅速擴散傳染，讓不少企業不得不思考該如何以另一個有效的工作型態來取代集中式的傳統工作方式。現今的科技發達，隨著網路科技及通訊軟體的普遍應用，運用電傳勞動（telework）簡單易行，絕大多數的行業（除必須以人工生產的製造業外）都可運用電傳勞動（telework）方式來增加工作彈性，而事實上，2020年各國企業亦廣泛使用此種工作型態來因應COVID-19疫情，以此來降低員工群聚感染的風險，並使企業能夠正常營運，盡可能地減輕營業上的衝擊。

(一)**電傳勞動的定義**：依據國際勞工組織（International Labour Organization, ILO）的定義，所謂的電傳勞動（telework）係指企業的員工能夠利用電腦軟體、網際網路等從事約定的工作，並利用電子科技回覆工作處理狀

態，其優點是「不受場所限制」以及「可自行彈性安排工作時間」；勞動部亦於在2016年9月制定《勞工在事業場所外工作時間指導原則》，其中明文規定電傳勞動工作者係指勞工於雇主指揮監督下，於事業場所外，藉由電腦資訊科技或電子通信設備履行勞動契約之型態。由此可知，電傳勞動不受工作場域的限制，員工能夠自由選擇在企業場所以外的任何地方工作，此種工作模式的運用通常可形成企業與員工的雙贏型態，對於員工而言，無須進入特定工作場域辦公，可以省去通勤的交通時間和費用，而較為彈性的工作也能夠促進工作與家庭生活的和諧；而對企業而言，則可大量節省工作場所的相關固定成本（例如：降低水電開銷、減少辦公室耗材等）。

(二)**電傳勞動的方式**：Kurland & Bailey（1999）將電傳勞動的工作模式分為以下五種：

在家工作 home-based telecommuting	員工能夠以自家作為工作地點，不再強制必須通勤至原來的固定工作場域進行勞動，員工可使用各項科技通訊方式（例如：電話、傳真機、email等）與工作場所進行聯繫。
分區辦公室 satellite office	一般而言，分區辦公室係指機構為了在市郊亦能夠方便就地辦公而設立，促使員工的通勤距離小於原先必須抵達主要工作地點之距離，由於此種衛星職場在地理位置上遠離了組織主要營運場所，所以必須頻繁運用通訊科技設備來進行聯繫。
鄰里工作中心 neighborhood]work center	係指不同的組織管理者或勞動者會在一定的區域範圍內（通常鄰里或者社區），來選擇一個地點作為工作場所，因此他們除了會共用這個工作中心外，也會共同使用電腦通訊設備。
行動化工作 mobile working	在現今數位化的時代，遠距工作已不再是件難事，員工只要將電子設備連接上網就可以開始進行工作，因此行動工作者的工作場所是不固定的，可能在家中、車上、咖啡廳、甚至是路邊或者飛機上，這種能夠隨時隨地在各種各樣的場所執行工作的模型，能夠大幅提升工作效率，並即時地達成工作任務。

全球虛擬團隊 Worldwide virtual team	虛擬團隊主要透過電子通訊科技進行互動，成員們並不需要時常的面對面互動亦可約定於特定的時間內在不同的工作場所中進行溝通，以達到跨時空的合作來完成共同的任務及利益。這種容許地域分散的團隊令企業在招募甄選全球人才的彈性增加不少。

上述共說明了五種不同類型的電傳勞動，其中以「在家工作」為電傳勞動最主要的模式，尤其為了規避COVID-19疫情的群聚感染效應，在家工作的工作型態更是受到特別的重視。

(三)**僱用電傳勞動者應注意之法規事項**：雇主對於員工在家工作必須注意下列幾項勞工法規事項

1. **工作場所的變更**：依據《勞動基準法施行細則》第7條第1款中規定，工作場所原則上應由勞雇雙方自行約定，若有變更，也應由勞雇雙方協商議定。因此，若雇主為因應COVID-19疫情，而必須暫時變更原來所約定的工作場所，並更改成員工在家上班的模式，只要未違反勞動基準法第10條之1規定的調動原則，雇主縱然未經員工同意而片面變更工作場所，亦無違反勞動契約，此屬於雇主指示權的合法行使，員工應依照雙方約定的工作時間在家上班提供勞務。

2. **工作時間出勤記錄**：出勤紀錄的記載方式並非以打卡為限，任何可用來檢驗、查核員工出勤時間的工具都可以當作出勤紀錄。《勞工在事業場所外工作時間指導原則》第2條第6款規定：「在外工作勞工之工作時間紀錄方式，非僅以事業單位之簽到簿或出勤卡為限，可輔以電腦資訊或電子通信設備協助記載，例如：行車紀錄器、GPS紀錄器、電話、手機打卡、網路回報、客戶簽單、通訊軟體或其他可供稽核出勤紀錄之工具，於接受勞動檢查時，並應提出書面紀錄。」。故，若為了因應疫情而改採用員工在家工作的模式時，雇主仍要備置出勤紀錄，由勞工自行記載或透過電子設備記錄後電傳給雇主記載；雇主以通訊軟體、電話或其他方式使勞工延時工作，勞工可自行記錄工作之起迄時間，並輔以對話、通訊紀錄或完成文件交付紀錄等送交雇主、雇主應即補登工作時間紀錄。

3. **職業安全衛生義務**：根據勞動部職業安全衛生署職業安全衛生法問答集所載：「Q：雇主對在家工作者，是否也需等同廠場提供相同程度的保護？A：僅適用雇主對「合理可行範圍」內，應注意、能注意之一般責

任等事項負預防義務，與一般廠場工作場所，雇主應設安全衛生設施、實施安衛管理及教育訓練等義務並不相同。」。以因應COVID-19疫情為例，員工在家工作時，為保護個人隱私權，雇主不可能進入員工家中進行職安環境評估，但仍可配備完善的工作設備（例如：筆記型電腦、通訊設備以及完善的網路設施等）並善盡照護義務（例如：提供防疫口罩與消毒乾洗手液供員工在家上班使用以及身體不適通報關懷等）作為。

4. 職業災害補償責任：《職業安全衛生法》第5條第1項規定：「雇主使勞工從事工作，應在合理可行範圍內，採取必要之預防設備或措施，使勞工免於發生職業災害。」此外，《職業安全衛生法施行細則》第5條第1項規定：「本法第2條第5款、第36條第1項及第37條第2項所稱勞動場所，包括下列場所：一、於勞動契約存續中，由雇主所提示，使勞工履行契約提供勞務之場所。二、自營作業者實際從事勞動之場所。三、其他受工作場所負責人指揮或監督從事勞動之人員，實際從事勞動之場所。」。員工在家上班是受雇主指示並從事雇主所賦予的職務行為，雖然並非傳統雇主所支配與管理的場所，但仍符合《職業安全衛生法施行細則》第5條第1項第1款。因此，若是員工能夠舉證在符合在家工作時所遭受到的傷害的確符合「業務遂行性」與「業務起因性」的職災認定標準，則應仍夠受到職業災害補償的保障。

一、英特爾（Intel）前執行長安迪・葛洛夫（Andy Grove）師承彼得・杜拉克（Peter Drucker）的目標管理精髓，建立Intel的OKR（目標與關鍵結果法Objectives and Key Results）實施架構。請說明OKR的定義及其優勢；另請分析OKR與KPI（關鍵績效指標Key Performance Indicators）之差異。

解題指引 目標與關鍵結果法（OKR，Objectives and Key Results）及關鍵績效指標（KPI，Key Performance Indicators）與目標管理（Management by Objectives）有著密切相關性，它們主要是針對目標設定方式進行表達與陳述，因此只要考生具備目標管理理論的相關知識，就能夠順利作答。

答 目標管理（MBO，Management by Objectives）是由管理學之父彼得・杜拉克（Peter Drucker）於1954年所提出，其基本內容在於強調目標的重要性，並認為目標應以團隊參與的方式來共同制定。直至1990 年代，眾多學者更進一步地結合了目標管理以及80/20法則的概念，提出了關鍵績效指標（KPI，Key Performance Indicators）的目標制定方式；而差不多在同一時期，英特爾（Intel）的前執行長安迪・葛洛夫（Andy Grove）也於1999年時，提出了目標與關鍵成果（OKR，Objectives and Key Results）的論點。以下將分別針對關鍵績效指標與目標與關鍵成果的內容進行說明，並且分析其差異之處。

(一) 關鍵績效指標（Key Performance Indicator, KPI）

關鍵績效指標是一種量化指標，它可以把企業的戰略目標分解為可操作的工作目標，一般而言，KPI指標的選擇會隨著組織的型態而有所不同，但無論組織制定何種KPI指標，這些指標都必須要與組織目標相結合，並且能夠反映組織的關鍵成功因素。關鍵績效指標的設定可針對企業經營目標的達成與否提供即時的資訊，以利企業產生績效重點管理或績效表現異常時的及時處置。對企業外部而言，KPI要能衡量企業整體的表現，找出企業成功的關鍵；對企業內部而言，KPI要有改善的功能，從部門到個人的表現、主管到員工的表現，都要能衡量，並且找出改善的方法。

因此，人力資源部門通常使用關鍵績效指標來協助各部門主管確定部門的主要責任，並以此為基礎，制定各部門人員的績效衡量指標以作為企業成立績效改善專案的重要參考依據。然而，關鍵績效指標是一種由上而下的目標分配與指示，主要強調效率與效果，所以通常僅專注於結果而非過程。因此，採用關鍵績效指標的優點是，組織可以透過績效考核以及評分機制，來督促員工完成任務，但其缺點是，員工可能會為了能夠達成績效指標而不擇手段，反而不利於企業的願景發展。

(二) 目標與關鍵成果（OKR，Objectives and Key Results）

與關鍵績效指標著重在量化不同，目標與關鍵成果法的重點內容在於，組織必須經由對目標（objectives）以及關鍵成果（key results）兩項要素的制定，來協助團隊的成員們真正的了解，到底要做些什麼以及應該如何去做。也就是說，目標與關鍵成果法其實可以被視為是一種溝通，先和團隊共同討論制定出一個目標（objectives），讓團隊的所有成員理解他們現在到底要做什麼？然後再針對這個目標，與團隊成員們共同擬定出2到4個關鍵成果（key results），以作為如何達成目標要求的指引，所以一般而言，每一組目標將會與2到4個關鍵結果來進行搭配。而這種由下至上目標設定方式的優點是，能夠制定出令團隊中每位成員都願意去執行的目標，不過，它也有潛在的缺點，那就是一旦這些具有挑戰性的目標，並不與績效評估進行連結，員工的動力可能會因此而減弱。

(三) KPI與OKR的差異

關鍵績效指標的核心思想是「由上而下」的目標設定，亦即目標主要是由高階主管所制定，然後直接下達指示給員工，員工若能順利達成即可獲得相對應的獎勵。簡單來說，關鍵績效指標其實是主管要部屬做的事。

而目標與關鍵成果法的核心思想則是「由下而上」的目標設定，主管會讓員工共同參與，一起思考若欲達成目標需要完成哪些任務，用來確保團隊中所有成員都能了解為何去做以及如何去做，所以目標與關鍵成果法其實是將目標轉換成是員工自己想做的事。

二、管理大師彼得·聖吉（Peter Senge）1990年的經典大作《第五項修練》一書中提出「學習型組織」概念，而要建構「學習型組織」必須先能辨識組織的學習障礙，請列舉說明5項Senge所提之學習障礙，並請闡述「學習型組織」之定義與其內涵。

解題指引 此題在於測試考生是否了解學習型組織的理論概念，且特別將焦點擺放在彼得·聖吉（Peter Senge）所著之《第五項修練》中，因此考生的回答必

須要陳述彼得・聖吉（Peter Senge）的論點，而非他人的觀點，方能符合題意的要求。

答 (一) 學習型組織的定義及內涵

學習型組織（Learning Organization）是一種對組織發展的新型思維方式，它是有關於組織與成員之間相互作用的一種態度或理念，在學習型組織中，每位成員都要參與辨視問題以及解決問題的行動，使組織不斷的嘗試，進而改善和提高其效能。學習型組織的基本價值在於解決問題，與傳統組織設計的著眼點「效率」不同，成員必須參加問題的識別，還要嘗試解決問題，因此，它是透過新觀念與訊息而非物質上的產出來實現價值的提昇。

(二) 學習型組織的五項修煉

由於學習型組織從本質上就與傳統的威權組織完全不同，所以若想要使組織蛻變就必須要採用一些技術來促成其發展。彼得・聖吉（Peter Senge）提出了5項建立學習型組織不可或缺的技術，而也就是所謂的學習型組織的五項修煉。

1. 第一項修煉：自我超越（Personal Mastery）：

所謂自我超越的修煉是指個人不斷地釐清自身的願景，能夠集中精力去實現內心深處的渴望，這種全心投入、不間斷地創造與超越，無疑是終身學習的表現，而組織是由人員所組成的，所以組織的學習意願與能力完全是立基於個別成員的學習狀態，因此自我超越也是學習型組織的基本精神。

2. 第二項修煉：改善心智模式（Improving Mental Model）

心智模式根植於人們的心中，會深刻地影響著我們對這個世界的認知。它讓我們不自覺地產生許多既定的假設與成見，而使我們的行為也隨之受到影響。在組織中亦然，許多管理決策會因為人們固有的心智模式而受到限制，所以改善心智模式是令組織開放並迅速發展的重要修煉之一。

3. 第三項修煉：建立共同願景（Building Shared Vision）

共同的願景能夠使全體人員凝聚在一起共同奮鬥。人們必須有一個衷心想要實現的願望，才有可能主動地去付出心力，在組織中亦同，組織中的成員不會因為被他人要求而真心付出，而是會因為本身想要如此才會努力行動，所以組織若是能將個人的願景，轉化整合成組織的共同願景，就能有效地鼓舞大家努力學習、追求卓越，促使組織的快速成長。

4. 第四項修煉：團隊學習（Team Learning）

團隊學習為什麼那麼重要？那是因為在現代的管理型態中，通常是以團隊組織為主，因此組織學習的基本單位是團隊，除非團隊能夠學習，否

則組織無法學習。此外，當團隊進行學習時，不僅團隊整體會產生學習效果，個別成員的學習成長的速度也會比其他方式來得更快。

5. 第五項修煉：系統思考（System Thinking）

　　所謂的系統思考是指，我們必須理解所有事物就如同是一個系統，彼此之間息息相關並且相互牽連影響。我們不應該將思考聚焦於系統中某一個片段，而是應該看清整體的變化，如此一來，才能幫助我們認識全局的整體變化並開創新局。

(三) 組織的學習障礙

　　Senge（1990）指出，欲建構學習型組織就必須要先能夠辨識組織的學習障礙，並列舉出下列七項組織的學習障礙（Senge,1990：18-25；高淑慧，1995：72）：

1. 本位主義的思考方式（I am in my position）：由於受到組織專業分工的影響，組織成員只關注自己的工作內容，形成偏限一隅的思考模式。

2. 歸罪於外的態度（the enemy is out there）：由於組織成員習慣以片段思考來推斷整體，因此當任務無法達成時，往往會歸咎於外在原因所造成，而不會先檢討自己。

3. 負起責任的幻想（the illusion of taking charge）：組織的領導者常認為自己應該對危機提出解決方案以示負責，而忽略與組織中的其他成員共同思考來解決問題。

4. 專注於個別事件（the fixation on events）：當組織產生問題時，大家通常只專注於事件或問題本身，而忽略事件或問題其實是經由漸進的過程所緩慢形成，因此多以預測的方式提出解決方案，卻無法學會如何以更有創意的方式來解決問題。

5. 煮蛙的譬喻（the parable of the boiled frog）：以溫水煮青蛙來舉例，意指組織成員應保持高度的覺察能力，並且重視造成組織危機的那些緩慢形成的關鍵因素。

6. 從經驗中學習的錯覺（the delusion of learning from experience）：組織中的許多重要決定的結果，往往延續許多年或十年後才會出現，因此，組織成員難以純從工作經驗中學習。

7. 管理團隊的迷思（the myth of team management）：組織團隊是由不同的部門及具有專業經驗能力的成員所組成，有時為維持團體凝聚力的表象，團體成員會抨擊不同意見的成員，久而久之，團隊成員即易喪失學習的能力。

三、「人才」可謂企業經營之根本，請回答下列相關名詞之意義及內涵：
　　(一)人才管理（Talent Management）
　　(二)員工體驗（Employee Experience）
　　(三)人才地圖（Talent Mapping）

答 (一) 人才管理（Talent Management）這個專有名詞是麥肯錫於1997之後所提出的，不過，人才管理的概念與策略性人資管理以及人力資源規劃，其實具有高度的相似性。人才管理的主要內涵是指，組織對於所需的人力資本必須進行完善的策略性規劃，以滿足企業實現組織目標的需要。因此，企業對於選才、用才、育才、留才所制定的各項策略規劃，皆是人才管理的環節，只是人才管理將更偏向於人才評估、人才發展和高潛力人才管理等策略性工作，而招募與薪酬計算等例行性的行政工作不太會被認為是人才管理的重要職能。

(二) 員工體驗（employee experience）是指，將員工在組織內的所有階段視為一段旅程，而員工在這段過程中所有的接觸、觀察與感知，將統合成整體性的體驗與感受。也就是說，從潛在員工在還是應徵者與組織的接觸（招募面談）開始，一直到員工離職，這段期間內任何與工作及組織有關的互動，例如與主管、同事、顧客的接觸，所產生的認知與感受，就是所謂的員工體驗。因此員工體驗包含了從招募到離職的所有接觸點，而對於人力資源管理的功能來說，應該要掌握5個關鍵接觸點的員工體驗，亦即招募、任用、發展、留用、離職，使員工感到滿意與歸屬，方能成功地留住人才。

(三) 人才地圖（Talent Mapping）是人才管理（Talent Management）的基礎工作，主要用來協助企業確認關鍵人才的發展現狀，所以人才地圖通常是聚焦於較高階人員的分析。與人力資源規劃的概念相同，制定人才地圖時必須要對組織內、外部的人才供給與需求進行分析，才能明確地發現關鍵人才的缺口，並依此了解組織內部關鍵人才的整體優勢以及劣勢，進而成功地建構出人才發展體系。因此人才地圖（Talent Mapping）又分成對內與對外，對內就是指企業的人力盤點，以此來發現高潛力人才，並建立關鍵職位的人才儲備庫以及接班人計畫。而對外則是針對公司外部的同行進行調查，用來掌握外部關鍵人才的區域分布，了解行業情況、薪酬狀況、人選情況等，其目的是為了將人才引進。

四、 勞動事件法已於109年1月1日施行，請就該法有關勞資雙方工資及工時的舉證責任說明之；另為協助雇主妥慎因應，請提供雇主於工資與工時管理部分各3項之建議或注意事項。

答題指引 勞動事件法是民事訴訟的特別法，勞動事件法未規定之處回歸到《民事訴訟法》與《強制執行法》規定。勞動事件除有特殊情形外，起訴前應經由勞動調解委員會進行調解，若當事人直接向法院起訴，則視為調解聲請。且考量過往勞資雙方在舉證上，勞工在提供佐證資料上屬弱勢，因此，本法特別規定雇主必須提出反證資料，由此可見，雇主在平時收集並保存相關資料的重要性，尤其是工資和工時屬爭議的大宗，在管理上必須特別注意。

答 勞動事件法的主管機關是司法院，性質上是程序法，是民事訴訟法及強制執行法的特別法。是勞資爭議進入法院後使用的法律，並非規範實體權利義務的法律，但與勞工權益實現息息相關，必須由專業法律工作者協助處理因應，勞動事件進行勞動調解程序及訴訟或保全程序時，必須聘請專業律師代理勞資雙方進行處理。

勞動事件法考 勞工與雇主在經濟地位及訴訟經驗上具不平等特性，調整辯論主義原則，讓法院得以職權介入相關事實及證據的主張及提出。當法院在審理勞動事件時，可依據雙方已提出的主張及事實，向勞工闡明其應該提出的必要事實，並得依職權調查必要的證據。另，重新調整證據法則，除要求雇主對於法令規定應備置的文書（例如工資清冊、出勤紀錄等）有提出的義務外；對於勞動爭議中最常見的工資及工時舉證責任，更設有事實推定的特別規定。

本法在舉證責任規定有利於勞工，準此，雇主對於工資及工時的管理，實應更加確實與謹慎。具體建議如下：

(一) 在工資與非工資管理上，雇主給付勞工的所有款項，宜將總額及科目、計算明細明列清楚，基於獎勵員工所發給的恩給性給付或其他非屬工資性質的給與，亦應有更明確的適用條件及支給作法。

(二) 發放方式上，可利用系統簽收方式，並在系統中載明給付性質，以利於日後向法院舉證。

(三) 就工作時間管理上，宜在勞動契約、工作規則及各項內部辦法中，清楚載明工作時間起訖、休息時間及加班申請、核可程序等，並保存相關工作日誌，以利在日後訴訟中作為推翻工時推定的證據；若於員工出勤後，將雇主記錄的工作時間再請員工書面確認，更有助於減少工作時間的爭議。

五、 請問何謂團體協約的「債法性效力」？何謂團體協約的「有利原則」？

答題指引 團體協約多由企業工會與雇主或雇主團體所簽訂之具體規範，其規範位階高於個別勞工和雇主或雇主團體簽訂的勞動契約，具備法規與債法的雙效力，更是保障勞工的最有利原則下簽訂的，本題屬集體勞動法的相對艱深題型，大多數考生都不易意拿到高分。

答 團體協約效力可分為兩部分：法規性效力及債法性效力，分別是：

(一) 法規性效力：指工會與雇主或雇主團體簽訂之團體協約，對於其團體成員之個別勞工、個別雇主發生效力，其是否同意並不重要。透過團體協約強行規制團體協約當事人以外之第三人之法律關係，屬規範效力；換言之，對團體成員來說，其所屬團體所簽訂之團體協約將產生猶如法規一般的效力。

(二) 債法性效力：係針對團體協約當事人間（工會與雇主或雇主團體）之權利義務予以規定，此部分未涉及協約以外之第三人，是團體協約當事人雙方權利義務之內容，性質上與一般債法契約相同。債法性效力只要內容不違背法律強制或禁止規定、與公共秩序或善良風俗者，雙方當事人得本於契約自由原則自行約定。

至於團體協約的「有利原則」是指，在勞資關係體系中的法律位階，由高至低分別為勞動法令、團體協約、勞動契約、工作規則或勞動習慣，倘低位階規範與高位階規範產生衝突時，理應以高位階替代之；然而，勞動法上所謂「有利於勞工解釋」原則，即縱使低位階規範與高位階規範相互牴觸，仍應採取有利於勞工之規範，亦即，團體協約既作為最低勞動條件之保障，因此，團體協約自不應禁止勞資個別當事人，就團體協約所約定部分，作有利益之特別約定，因此縱使該有利之約定顯與團體協約產生衝突，原則上仍應以有利於勞工者為優先，此即為團體協約之「有利原則」。

六、 勞工A在公司B擔任貨車司機，某日受公司指派運送貨物至新竹科學園區，A在高速公路上一邊開車一邊滑手機，致發生車禍，因此須住院治療2個月，出院後仍無法工作，在家繼續療養1個月。請問：

(一) 公司B應給予勞工A的職業災害補償及其內涵為何？

(二) 請說明職災補償責任之請求權時效及確保條款。

(三) 公司B認為勞工A於開車時滑手機，屬執行職務時之過失，因違反工作規則情節重大予以解僱。請問公司B之主張是否合理？請以勞動基準法分析之。

答題指引 職業災害補償在勞動基準法有詳細的具體規範，至於，題所指的勞工違反工作規則且情節重大，自可依勞動基準法規定予以懲戒解僱，屬於勞工法令領域相對簡單題型。

答 (一) 公司的職業災害補償部分

B公司依據查勞動基準法第59條規定：勞工因遭遇職業災害而致死亡、失能、傷害或疾病時，雇主應依下列規定予以補償。但如同一事故，依勞工保險條例或其他法令規定，已由雇主支付費用補償者，雇主得予以抵充之：

1. A勞工職災受傷，依勞工保險條例申請住院或門診或在家療養之各項醫療給付。

2. A勞工在醫療中不能工作時，雇主應按其原領工資數額予以補償。亦即，雇主仍應給A勞工職災前支援領工資。

3. 惟A勞工職災保險費全額由雇主負擔，因此，A勞工由勞保局所領取之傷病給付，可抵掉雇主應發給的工資，不足部分再由公司補充發給。

(二) 職災補償請求權的時效

依勞動基準法第61條規定：第59條之受領補償權，自得受領之日起，因2年間不行使而消滅。且受領補償之權利，不因勞工之離職而受影響，且不得讓與、抵銷、扣押或供擔保。

(三) B公司懲戒解僱A勞工的合法性

依勞動基準法第70條規定：雇主僱用勞工人數在30人以上者，應依其事業性質，就左列事項訂立工作規則，報請主管機關核備後並公開揭示之。其中，工作規則可訂定事項：五、應遵守之紀律。倘B公司的工作規則中明確禁止貨車司機在行車時滑動手機，因此，公司以勞動基準法第12條第1項第4款：「勞工有下列情形之一者，雇主得不經預告終止契約：……四、違反勞動契約或工作規則，情節重大者」，予以解僱是合法的。

110年　一般警察人員三等

一、 網路科技時代，試論述混合式學習（blended learning/hybrid learning）的有效性？請分別從課堂上面對面學習（face-to face learning）的面向及線上學習（online learning）的面向與混合式學習相較後之優缺點來做說明。

解題指引　在廣義上，混合式學習為一種教育模式，是指運用兩種以上的教學媒介與學習方式，涵蓋同步（synchronous）與非同步（asynchronous）的一連串學習活動來增進學習效果。現今網路科技進步，混合式學習基本上已經直接被定義成結合傳統面對面（face-to-face）及遠距線上教學課程（online）的教育模式。考生只要對混合式學習的概念有所認識，即可順利作答。

答　由於現今網路科技發展迅速，絕大多數的人都已經習慣在網路上收集所需資料，所以利用網路的便捷來輔助學習已非難事，而混合式學習（blending Learning）就是同時運用實體面對面課程與網路虛擬課程的雙軌學習，令學習者能夠更彈性地依照自身的時間規劃以及學習速度，來進行學習的一種教學模式。因此混合式學習結合了面對面課程及線上學習，使其產生截長補短的功效。

(一) 課堂上面對面（face-to-face）學習之優缺點

　　在面對面的課堂上進行學習，其實就是所謂的講授法（lectures，亦稱講座），而這也是傳統上最典型、最經常使用的訓練方式，此方法能對大團體中的所有學習者，同時教導知識、概念、原則及理論，是快速傳遞資料的最有效方法。其主要的優點除了能在短時間內提供知識給受訓者外，亦能獲得規模經濟與不受場地限制的優勢，對於學習者而言，也方便於直接向老師發問來獲得解答。然而，這種一對多的訓練方式，將導致無法依據個人不同的能力與需求而進行特訓，此外，由於是課堂講座的形態，故也沒有辦法進行現場實地的操作演練，而造成學習成效不易轉移的問題。

(二) 線上（online）學習之優缺點

　　線上學習（online learning）或稱電子化學習（electronic training）是指利用資訊科技來製作學習內容，再以網路方式傳送，使員工能夠隨時隨地學習，許多大企業甚至會建立專屬於內部發展中心（in-house development centers），與學術機構、訓練與發展方案的開發商或線上教育網站等單位合作，共同開發專門的訓練方案和教材，以提供給員工進行學習。使用電子化學習主要的優點為員工無需舟車勞頓，節省往返的交通時間及成

本；對企業而言，授課成本通常比面對面教學來得低且安排訓練時程方面具有較大的彈性。然而，此方法的缺點則是訓練可能時無法與員工進行直接且即時的雙向互動，導致學習效果大打折扣的現象。

(三) 混合式學習（blended learning）之優缺點

混合式學習主要的優點是，可以令學習者獲得更高的學習成效，相較於完全使用傳統式面對面上課法，採用混合式學習的學習成效將會有相當顯著的提升。因為在傳統的課堂中，授課者通常是快速教過，一旦內容較為艱深難懂，學習者跟不上而疑惑不解時，通常無法立即反應並中斷講課要求重覆解釋。然而，若採用混合式學習，學習者就可以利用資訊科技來反覆地觀看課程內容，使學習到的新知能夠成功地被內化。除此之外，混合式學習亦能解決線上學習無法有效雙向互動的問題，因為它可以使對於學習內容的討論，由虛擬環境中再延續至實體課堂內，讓學習者更容易掌握學習要點而有效提升學習效果。不過，混合式學習亦有其挑戰之處，最主要的問題是課程安排的複雜性，授課者也必須網路科技具有相當程度的掌握與了解，才能使混合式學習的方式達到實質的功效。

二、一般而言，績效評估管理系統中有三大目的，分別是策略性目的（strategic purpose）、行政管理目的（administration purpose）及發展性目的（developmental purpose），試論述此三大目的的內容。

解題指引 大部分的人都認為，所謂的績效管理（performance management）就是企業內所定期舉辦的績效評估考核（performance appraisal），但事實上，這是一項錯誤的認知。相較於績效評估而言，績效管理是全面性、持續性且涵蓋了組織整體的管理活動，其中隱含了策略性、行政管理性以及發展性目的之達成。

答 績效管理是一種持續性的管理活動，其藉由組織內管理者與員工的有效溝通，使員工理解組織的整體經營目標，並將組織目標與員工個別目標形成緊密連結，讓員工對總體目標與達成目標的手段能夠產生共識，因此，企業可採用各種不同的管理方式，以增加達成策略性目標的可能性。簡言之，績效管理是一套有系統、持續性且遍及整個組織的管理活動，這些活動除了用來評核員工的績效表現外，更重要的是能夠發展員工的能力，而其最終目的是提升組織整體營運績效並達到永續經營，因此績效管理活動的執行，大致可概分為以下三種目的：

(一) 策略性目的：

有效的績效管理系統必須能夠將員工個人的需求與組織的使命及策略行動相互結合，因此，當員工完成個人目標時，亦可協助組織目標的達

成，而形成雙贏的效果。由於大多數人皆具有自利的本性，組織若欲使員工致力於組織目標的達成，激勵方法的運用不可或缺。組織首先應建立一套公平合理的績效管理制度，令員工明確感受到，若能完成目標即可獲得有形（如：獎金、紅利）或無形（如：訓練、職涯發展規劃）的獎勵，如此一來，方可有效激勵員工完成個人目標，進而連帶達成組織所預期的總體性目標。故績效管理必須搭配其他人力資源管理的功能（例如：訓練發展、薪酬管理等）才能有效地支援組織達成策略性目標。

(二) 行政管理性目的：

績效管理之行政性目的，主要在於建立公平無偏見的組織氛圍，如此一來，除了能夠激勵內部優秀員工願意全力以赴地達成組織目標外，亦可吸引外界人才的嚮往並加入組織行列中。為了有效的營造出公平的工作氛圍，績效管理制度必須能協助組織正確地區分出員工績效的良莠，並避免績效評估偏誤，進一步給予相當的獎勵以及懲罰，而這也就是績效管理的行政性功能。

(三) 發展性目的：

績效管理不應只是回顧過去績效，僅針對員工的工作表現給予獎賞或懲罰，更重要的是將焦點在組織未來的發展，利用績效管理的各項工具去協助員工的成長以達到組織總體發展目的。因此，成功的績效管理必須要能夠針對員工績效成果進行探討與分析，確認員工能力與預期績效的落差，並依據其能力差距提供相關的訓練與輔導，有效進行員工個人職涯發展的規劃。員工在組織內的持續性成長將導致組織整體性發展，取得企業永續經營的優勢。

三、 試述接班人計劃（succession plan）為何？並論述其對組織的影響為何？

解題指引 接班人計劃（succession plan）是指公司為了重要管理職位的繼任人選進行安排與培育的計畫，考生只要理解這個概念，就可以依此衍生出合理的論述與解答。

答 所謂的接班規劃或接班人計劃（succession plan），是指對公司的高階管理職位進行一連串規劃的人力計畫，經過系統確認、評估與培育組織領導能力，用來提升績效的流程，方世榮（2017：109-110）提出接班規劃包含了三個步驟。

(一)確認關鍵需求：首先，管理高層與人力資源長需先根據公司的策略事業計畫，確認公司未來需要哪些重要職位。此階段需要處理的事項包括：

定義關鍵職位和「高潛力人員」以及檢閱公司現有的人才，並根據公司
策略關鍵職位撰寫技能檔案。

(二)培育內部人選：確認未來重要職位後，管理者開始為這些職位創造人
選。此處的「創造」意指，找出能勝任該職位的潛在內部或外部人選，
並提供他們成為稱職人選所需要的培育經驗。公司利用內部訓練、跨部
門經驗、工作輪調、外部訓練，全球／區域任務指派等方式，來培育潛
力佳的員工。

(三)評估與選擇：接班規劃的最後階段是評估這些人選，從中挑選出最適合
的人選。

綜上所述不難得知，接班人計劃對於組織而言，具有其正向的影響性，
因為接班人計畫是企業為了面對未來高階管理者退休或者出缺的問題，
先提早做好準備，時刻不斷地找尋可能的接班人選（通常是優秀的中階
主管）並訓練之，所以一旦企業具備了完善的接班人計劃，就可以有效
地避免無人接任高層職位的窘境產生，並確保企業總體策略的落實。

**四、所謂360度績效評估，包含(一)管理者觀點、(二)同儕觀點、(三)部屬觀
點、(四)自我評量觀點及(五)客戶觀點進行評量，試述從這五個面向進行
員工績效評估時各自的優缺點有那些？**

解題指引 為了避免績效考核結果流於主觀造成偏誤的產生，因此許多組織會採
用360度績效評估的方式來進行考核，也就是讓不同的考核者對員工的績效進行
評估，而此題重點則是在於測試考生是否能夠完整地分析出，由不同評估者進行
績效評估的優、缺點分別為何。

答 360度績效評估與傳統績效考核方法最大的差異處在於，它採用了多元評估者
的回饋來進行績效評估，而非僅由主管作為考核者的角色，評估者包含了被
評估者的主管、顧客、供應商、同儕、部屬以及自己本身，盡可能地大量蒐
集與受考核者工作表現相關的有效資訊，以持續提供給員工建設性的回饋改
善意見，故此法結合了績效考核以及調查回饋，為一多角度且全方位的績效
回饋方法，以下將針對不同績效考核者，分別進行優缺點之分析。

(一)管理者觀點：以直屬主管為評估者（appraisal by immediate supervisor）
大部分的企業都是由受評者的直屬主管進行績效考核，因為直屬主管能
每天接觸該員工並實際觀察其工作表現，較能了解工作時的真實一面。
  1.優點：比較容易實施，且主管應該較能觀察與評估部屬的績效如何。
  2.缺點：如果主管的部屬太多，則觀察每個部屬的機會就減少，會導致無
  法真正評估部屬的績效。

(二) 同儕觀點：以同事為評估者（peer appraisal）

為了避免僅以直屬主管進行績效考核時，可能會因個人的偏見或主觀偏好而導致錯誤的結果，而將部分績效的評估交由同僚考核，使績效評估能夠更為精準。

1. 優點：同事彼此之間的互動和合作更密切，且由同事評估將更能瞭解員工的績效與工作情況。

2. 缺點：同事間可能會有相互掩護的行為而影響公平性，例如：部份同事可能私下勾結，彼此給對方打高分。

(三) 部屬觀點：以部屬為評估者（appraisal by subordinates）

是由下屬對其直屬主管工作績效進行考核（向上回饋），公司若採用此法，大多是希望能藉由雙向互評，促使主管更關心員工的工作需求，以此改善管理工作的品質。但為了能獲得正確的結果，進行評分的部屬應以匿名方式為之，以免員工為了害怕主管的報復而給予較正面的評價。

1. 優點：藉著下屬的意見，讓經理更瞭解自己的管理能力，並針對自己管理能力上的弱點進行加強。

2. 缺點：部屬可能因害怕主管的報復而給予較正面的評價，造成績效評估的誤差。

(四) 自我評量觀點：自我評估（self-appraisal）

自我評估是由員工自行評分，但一般會再與主管的考核進行結合，通常是請受評估者先自行說明工作成果並據實填寫，以此作為與主管進行績效評核溝通時的參考依據。

1. 優點：使員工能夠發掘自身的優缺點，達到員工自我發展的功效，此外，員工亦比上級主管或同事更能區別本身的優點與缺點，所以較不會產生月暈效應。

2. 缺點：通常員工對自己的評分，會比上級主管或同事評分較為寬鬆，亦即有自我吹噓現象。

(五) 客戶觀點

許多服務業者會將客戶列為員工績效評估的主要來源，以定期抽樣的方式請顧客評估該公司員工的服務成績。

1. 優點：客戶的評價對於從事服務業、銷售業的人員而言，會顯得特別的重要，因為員工的服務品質、服務態度以及行銷技巧等，唯有與其有直接接觸的顧客最為清楚，所以評估結果往往會比較可信。

2. 缺點：客戶畢竟是組織外部的人員，所以如果當顧客並不熟悉員工真正的工作內容與性質時，可能會無法進行正確地評估。

實施360度績效評估的優點是，由於其考核具有全方面且多元角度的觀

察，因此績效評核的結果比較客觀，而諮詢意見和建議也就比較容易被受評人員所接受。但其亦有缺點，由於回饋訊息來自於多方不同的面向，觀察點的不同將會造成績效評估結果的差異性，如此一來將會造成整體績效評斷上的困擾，其解決之道為加強管理者對於所獲得評核資訊的分析能力。

111年　一般警察人員三等

一、根據激勵過程理論中的公平理論，進行比較時，員工的參考對象有那四種？

解題指引 公平理論為激勵理論程序論的內容之一，公平理論是指員工的激勵程度會受到與參照物的比較結果所影響，也就是說員工會將工作報酬與其對工作的投入進行不同角度的比較，然後依據是否感到公平而產生相應的行為。考生只要對公平理論的內容有所概念，即可輕鬆作答。

答 公平理論（Equity Theory）又稱為「社會比較理論」，由美國心理學家John Stacey Adams所提出，是研究動機與知覺間關係的激勵理論，認為員工的滿足感是取決於本身所獲取報酬與付出比例的主觀性判斷，亦即員工的激勵程度會受到與參照物的比較結果所影響。舉例來說，員工可能會對自身與他人投入及報酬進行比較，也有可能僅比較自身所得報償與工作投入，而當員工感受到不公平時，將會採取不同的行動來獲得心理上的平衡。

(一) 橫向比較

是指員工會將自己獲得的報償（例如：薪資）與投入（例如：工作的時間）的比值與組織內的其他人進行比較，唯有比值相等時，才會感到公平。若當不公平情況發生，則會產生一些修正行為。

1. 自身的O/I ＝ 他人的O/I

感受到公平，維持現狀，不會進行修正。

2. 自身的O/I ＜ 他人的O/I

將感受到不公平，在這種情況下，員工可能會要求組織增加自己的收入或者減少自己的努力，使左方比值增大，兩者趨於相等。或者要求組織減少比較對象的收入或者加重比較對象的工作，使右方比值減小，兩者趨於相等。也可能更換比較對象，使自己能夠達到心理上的平衡。

3. 自身的O/I ＞ 他人的O/I

在這種情況下，員工可能會要求組織減少自己的報酬或自動自發地多做工作，直至認為其付出確實應當得到那麼高的待遇為止，以示對他人的公平。

(二) 縱向比較：

是指員工會將目前所獲得報償（例如：薪資）與目前投入（例如：工作的時間）的比值與過去狀況進行比較，唯有比值相等時，才會感到公平。若當不公平情況發生，則會產生一些修正行為如下：

1. 現在的O/I ＝ 過去的O/I

感受到公平，維持現狀，不會進行修正。

2. 現在的O/I ＜過去的O/I

　　員工將感受到不公平，而可能導致工作積極性下降。

3. 現在的O/I ＞過去的O/I

　　當出現這種情況時，員工會感到不公平，但不會覺得自己多拿了報償，就想要主動多做些工作。

　　（註：以上數學表達式的O為所獲得之報酬；I為所付出之投入）

　　綜上所述，當員工知覺到不公平時，可能會產生以下6種反應，分別為(一)改變自己的付出，例如減少努力。(二)改變自己的結果，例如要求加薪。(三)扭曲對自己的認知，例如告訴自己原來自己的努力程度還不夠，所以才會獲得較少的報酬。(四)扭曲對他人的認知，例如告訴自己其實他人比自己所認為的更加努力，所以他人的報酬才會比較高。(五)選擇不同的參考對象，讓自己感受到公平。(六)直接離職。

二、混合式學習（Blended Learning）係指把傳統的面授教學和線上學習兩種截然不同的學習方法融合，透過結合兩種學習方法的優點，能夠加強學生的學習效率。根據戴爾70/20/10學習理論，請說明混合式學習如何配置學習方法？

解題指引　此題與110年的考古題相當類似，主要在於測試考生對混合式學習的基礎知識，但除此之外，題目又特別將焦點放置於戴爾的70/20/10學習理論，因而形成了應用題，故考生必須先分別解釋兩個理論後，再提出如何進行應用，才能符合題意所需。

答　在廣義上，混合式學習為一種教育模式，是指運用兩種以上的教學媒介與學習方式，涵蓋同步（synchronous）與非同步（asynchronous）的一連串學習活動來增進學習效果。現今網路科技進步，由於現今網路科技發展迅速，絕大多數的人都已經習慣在網路上收集所需資料，所以利用網路的便捷來輔助學習已非難事，而混合式學習（blending Learning）就是同時運用實體面對面課程與網路虛擬課程的雙軌學習，令學習者能夠更彈性地依照自身的時間規劃以及學習速度，來進行學習的一種教學模式。因此混合式學習結合了面對面課程及線上學習，使其產生截長補短的功效。

戴爾70/20/10學習理論認為，人的學習成長以及能力的提升是經由三種方式，其中70%是來自於工作上的實作，20%則是來自於與其他人的互動，只有10%是來自於正規的課堂學習，而這個70-20-10的學習法則如今也被廣泛地應用於組織之中，作為制定員工學習發展計畫的指導方針，為了遵循70/20/10學習法則，企業應該要運用多種學習方法的組合，來擬定出員工訓練發展的計畫，例如提供在職訓練、模擬以及體驗學習等，令員工可以經驗

中學習。此外，也要發展企業內導師制以及組織內社交媒體，讓員工能夠從社會互動中學習。最後，正規的課堂教學也是不容忽視的，組織可以舉辦講座以及線上教學課程，使員工能夠接受到結構化教導與訓練。

三、 我國某警察局前因部屬浮濫敘獎608次，遭監察院調查並促請內政部檢討，試述警察人員獎懲制度與一般公務人員之不同？另就警察機關而言，獎懲應注意的基本原則為何？並說明之。

答題指引 警察和公務人員同屬廣義的公務員，由於身分別不同，適用的法令規範不同，因此，在考績、獎懲及免職的規定都不盡相同，本題屬簡單易答的時事題型。

答 公務人員的考績法（簡稱考績法）與適用警察人員的人事條例（簡稱警察條例），存在不同的法律效果，對懲戒免職規定差異如下：

(一) 公務人員考績法及懲戒法對於免職懲戒之規範

根據考績法第6條第3項之規定，公務人員在年度內，非有以下4款情形之一者，不得考列丁等：

1. 挑撥離間或誣控濫告，情節重大，經疏導無效，有確實證據者。

2. 不聽指揮，破壞紀律，情節重大，經疏導無效，有確實證據者。

3. 怠忽職守，稽延公務，造成重大不良後果，有確實證據者。

4. 品行不端，或違反有關法令禁止事項，嚴重損害公務人員聲譽，有確實證據者。

同法第12條也規定，各機關辦理公務人員年終考績時，平時考核獎懲得互相抵銷，無獎懲抵銷而累積達2大過者，年終考績應列丁等。

另，公務員懲戒法（簡稱懲戒法）第9條所規定之免除職務懲戒處分，依其第11條規定：「免除職務，免其現職，並不得再任用為公務員。」按公務人員之懲戒處分依過往規定，最重者為撤職，首見免除職務之懲戒處分入法，係於100年7月6日制定公布，並經司法院令定於1年後施行之法官法第50條規定：「（第一項）法官之懲戒處分如下：一、免除法官職務，並不得再任用為公務員。二、撤職……。」

(二) 警察條例對於免職之規範

依據公務人員任用法（以下簡稱任用法）第32條規定另定之警察條例第31條，針對適用警察官制之警消海巡人員，亦有應予免職之規定。該條第1項共有12款，其中第11款規定，同一考績年度中，其平時考核獎懲互相抵銷後累積已達二大過者，即應予免職。

由於警察條例為任用法以外之特種人事法規，基於特別法優於普通法之法理原則，適用警察官制人員，如有該條例第31條第1項各款情事之一

者，即應予以免職。是以，渠等人員於同一考績年度中，其平時考核獎懲互相抵銷後累積已達二大過者，不似考績法須至年終始能辦理年終考績，予以免職，而是即刻應予免職。此乃考績法與警察條例基於各自實務上管理之需要而有不同之免職規定，於時間上有所差異。

綜上，無論考績法、警察條例所規定之免職或懲戒法所規定之免除職務，均有其不同之構成要件及立法意旨，因此產生不同法律效果，差異處明顯可知。

四、根據公務員廉政倫理規範，公務員不得要求、期約或收受與其職務有利害關係者餽贈財物。但有那些情形，且係偶發而無影響特定權利義務之虞時，得受贈之？公務員遇有受贈財物情事時，處理程序為何？

答題指引 公務員廉政倫理規範於99年7月30日修訂頒布迄今已有12年，對於公務人員在收受民眾餽贈物品的內容及程序上均有一定標準與規定，本題屬簡單易答的題型。

答 (一)依公務員廉政倫理規範第四點規定：公務員不得要求、期約或收受與其職務有利害關係者餽贈財物。但有下列情形之一，且係偶發而無影響特定權利義務之虞時，得受贈之：

1. 屬公務禮儀。

2. 長官之獎勵、救助或慰問。

3. 受贈之財物市價在新臺幣500元以下；或對本機關（構）內多數人為餽贈，其市價總額在新臺幣1000元以下。

4. 因訂婚、結婚、生育、喬遷、就職、陞遷異動、退休、辭職、離職及本人、配偶或直系親屬之傷病、死亡受贈之財物，其市價不超過正常社交禮俗標準。

(二)依公務員廉政倫理規範第五點規定：公務員遇有受贈財物情事，應依下列程序處理：

1. 與其職務有利害關係者所為之餽贈，除前點但書規定之情形外，應予拒絕或退還，並簽報其長官及知會政風機構；無法退還時，應於受贈之日起3日內，交政風機構處理。

2. 除親屬或經常交往朋友外，與其無職務上利害關係者所為之餽贈，市價超過正常社交禮俗標準時，應於受贈之日起3日內，簽報其長官，必要時並知會政風機構。

3. 各機關（構）之政風機構應視受贈財物之性質及價值，提出付費收受、歸公、轉贈慈善機構或其他適當建議，簽報機關首長核定後執行。

111年　經濟部所屬事業機構

一、職務設計是企業運作的重要基礎，請問職務設計之目的及4種主要的形式為何？並請說明在進行職務設計時應考量哪些特性，才能對工作者產生激勵作用。

答題指引　考生若能明白職務設計其實就是指工作設計（job design），並且熟讀本書中第三章的工作設計內容，即能快速作答。

答　職務設計（job design）又稱為工作設計，係指企業組織為改善員工工作品質與提高生產力所提出一套最適當之工作內容、方法與型態的活動過程。工作設計是以工作分析所提供的資訊為基礎，研究工作應如何執行方能促進組織目標的實現，以及如何激勵員工以提升工作滿意度，因此，工作設計必須同時兼顧組織與個人的需要，除了規定各個工作的任務、責任、權力以及與其他工作的關係外，亦需將工作的內容、資格條件與報酬緊密連結起來，方可完善地滿足員工和組織的需要。

另外，亦有人將工作設計與工作再設計進行細分，認為工作設計（job design）是依照員工的工作能力與技術，安排相對應的工作任務，以符合組織目標的達成；而工作再設計（job redesign）則是指採取改變特定或相關性的工作，令員工感到工作更具有挑戰性與樂趣，來減少員工的倦怠感，以此提升員工的工作品質與生產力。

工作設計尚需考慮工作內容與工作職責二方面的設計，詳細說明如下：

(一) 工作內容：是工作設計的重點，一般而言，包括了工作廣度、深度、自主性以及完整性等四個項目：

1. 工作廣度：係指工作的多樣性，工作設計得太過單一，員工容易感到枯燥乏味而產生工作倦怠感，因此應儘量將工作設計得多樣化一些，以保持員工對於工作的樂趣。

2. 工作深度：工作的設計應從容易到困難，分別對員工的工作技能提出不同程度的要求，除了可增加工作的挑戰性外，亦能激發員工的創造力和克服困難的能力。

3. 工作完整性：保證工作的完整性將能夠提昇員工的自我成就感，透過對工作的全程參與，員工可以體驗到實際的工作成果，因而感受到工作的意義。

4. 工作自主性：適當給予員工自主的權力可使員工感到被重視以及信任，進而增加其工作的責任感以及熱情。

(二) 工作職責：包括工作的責任、權力以及方法等三個項目：

　1. 工作責任：是指員工在該份工作中所應承擔的工作負荷量。責任必須要適度，工作負荷過低，員工會因為沒有任何的壓力而導致輕率與低效率的狀況產生；而如果壓力過大的話，又會影響員工的身心健康，而導致員工的抱怨和抵觸。

　2. 工作權力：權力與責任是對應的，若是給予員工的責任越大則愈需要授予其較多的權力，否則必定會影響員工的工作積極性。

　3. 工作方法：工作方法的設計必須具靈活性以及多樣性，不同性質的職務，其工作特點必不相同，因此必須採取不同的處理方法或執行方式、不能千篇一律。

而在工作設計中，工作範圍與工作深度是最為重要的兩大面向。工作範圍（job scope）是指工作人員必須從事的工作數量與種類；而工作深度（job depth）則是指工作人員能夠規劃工作、決定自我工作進度以及與他人進行溝通的自由程度。考慮這兩大層面之後，最為常見的工作設計不外乎分為工作標準化、工作專業化、工作擴大化、工作豐富化、工作輪調、彈性工時、電子通勤、工作分擔以及壓縮工作週等9種方式，此9種不同的工作設計又可被歸為傳統的工作設計以及現代化的工作設計兩大類別。而如今最常見且主要4種的工作設計皆是現代化的工作設計，茲分述如下：

(一) 工作擴大化（Job Enlargement）

　工作擴大化是將某項工作的範圍加大，使員工所從事的工作任務變多，進而產生工作多樣化的感受。實施工作擴大化的最主要目的在於消除工作的單調感，使員工能夠從工作中感受到樂趣以增加其工作滿足感。可惜的是，工作擴大化的成果並不理想，因為有些工作還是一直重覆同類型的單調動作，工作擴大化的結果僅增加了員工的負擔，但工作還是相當乏味並不具挑戰性，而造成員工反彈，因此工作豐富化也就順勢而生。

(二) 工作豐富化（Job Enrichment）

　工作豐富化乃是針對工作擴大化的缺點而加以改良的，增加了垂直方向的工作內容。相較於工作擴大化，工作豐富化則是以人性的立場為出發點，澈底改變員工工作內容，除了擴展工作的廣度之外，同時也增加了工作的深度，其目的在於使員工對自己的工作有較大的控制權，令員工感受到個人的成長與發展，進而有效地激勵員工。讓員工較大的自主權，可使員工有加獨立並更具責任感去從事完整的工作。

(三) 工作輪調（Job Rotation）：

　當員工無法再繼續忍受例行性的工作時，就可以考慮使用工作輪調，當

某項工作不再對執行人員具有挑戰性時，可以將其調往工作技能要求類似的另一項工作。工作輪調的主要目的是：讓員工學得第二專長、使個人知識與技能成為公司資產，同時避免員工因久任於同一工作而感到厭倦或獨占其關鍵知識與技能。而實施工作輪調亦具有許多的限制面，例如：輪調人員的專長、層級差異、資歷差距皆不宜過大，此外，員工也必須對工作輪調具有高意願方可執行。組織在實行工作輪調後，對員工的影響不一，茲將工作輪調的優缺點分述如下：

優點	1. 增加挑戰機會，減少工作倦怠感，並擴大學習範圍，以拓廣員工的技能和興趣，並為員工進行訓練和開發新計畫。 2. 由於員工可學習多種工作技能，使得組織在未來的工作安排上能夠較具有彈性。
缺點	1. 輪調將使組織的訓練成本增加。 2. 輪調的員工於新上任的階段，生產力會降低，因此有礙經濟效益。

理論上，工作輪調應該是讓成員依照既定時程去輪流調職至組織內部的所有職位，並貫穿公司的經營管理系統，所以在制度的設計上也半是多偏重於培育及發展。

(四) 彈性工時（flextime）：

係指彈性利用正常工作時間的概念，設計出一種可變動而具有彈性的工作時間表。一般可以有以下幾種組合方式：

1. 在一定期間內，員工選擇的上、下班時間是固定的，但每日工作時間不變。
2. 上、下班的時間每日不同，但是每日工作時間不變。
3. 每日工作時數不同，但在核心工作時段中，員工必須執行工作，應該特別注意的是每週或兩週總工作時數是不變的。
4. 每日工作時數不同，而且員工也不必於核心時段出現。

彈性工時讓員工能夠安排個人的生活方式，例如：員工可以選擇早上7：30至9：00之間上班，工作8小時後，即可下班（下班時間可能是下午4：30～6：00，視上班時間而定），因此有小孩的員工，能夠接送小孩上下學而不會影響到正常的工作時間，或者避免上下班的尖峰交通時間、降低曠職與遲到次數。從雇主的角度來看，彈性工時可以讓公司在招募新人時較具吸引力，並留住優秀的資深員工。然而，採用彈性工時將會為監督者與管理者帶來較多的溝通及協調問題，成為需要被克服的缺點。

二、職涯發展管理是組織和員工共同之責任，請說明組織及員工在職涯發展
　　管理中各自之工作內容為何，以及雙方如何合作。

答題指引 職涯發展（career development）是指有助於職涯的探索、建立以及
成功實現的終身活動，為了有效的完成職涯發展管理，就必須要藉由職涯規劃
（career planning）此一審慎的計畫步驟，使員工瞭解自身的興趣、知識、動機
及其他特質，獲得機會並取得相關資訊來制定職涯方針，用以建立行動計畫並達
成特定目標，因此職涯發展管理並非只是員工或者組織一方的責任，員工無疑是
主角，但組織也必須扮演著協助者角色。

答 吳秉恩（2017）提出職涯管理系統共包含四個步驟，分別是：(一)自我評
　　鑑。(二)現實查核。(三)目標設定。(四)行動規劃，並且為了使職涯管理順
　　利運作，員工需求與組織需求的必須能夠契合，以下針對職涯管理系統四階
　　段，每個步驟中員工與組織所需各自承擔的責任進行深入解說如下。

(一) 自我評鑑（self-assessment）：職涯管理的第一步，主要是運用員工所提
　　　供的資訊，來確認其職涯發展的興趣、技能以及價值觀等，因此在此步
　　　驟中員工與組織所需各自承擔的責任分別為：
　　　員工：確認個人需要改進之處，並提出改善現況的機會與需求。
　　　組織：提供評鑑資訊，用以確認員工的優、劣勢，並找出其興趣及價值觀。

(二) 現實查核（reality check）：在此階段中，員工將接收關於個人的專業知
　　　識、技術與能力等訊息，並且獲取這些個人能力如何與組織規劃相互配
　　　合的資訊。而在這個步驟中員工與組織所需各自承擔的責任分別為：
　　　員工：確認在組織所提供的機會下，自身究竟可以發展哪些技術與能
　　　力，並且指出具體可行的發展需求。
　　　組織：根據組織的長期規劃，傳達員工績效評估的結果，並向員工說明
　　　其在組織長期發展下所能獲得的發展機會為何。

(三) 目標設定（goal setting）：完成上述兩項步驟之後，員工即可開始建立
　　　職涯發展的長、短期目標，其目標的設定通常會包含職位的追求、專業
　　　技術的發展以及職務的設計等。在此步驟中員工與組織所需各自承擔的
　　　責任分別為：
　　　員工：確認職涯的長、短期目標、達成的進度以及發展的方式。
　　　組織：與員工討論，其所設定的目標是否具體可行並具挑戰性，此外，
　　　亦須協助員工克服發展的障礙以期順利完成目標。

(四) 行動規劃：最後的步驟是規劃出具體行動方案，用以指導員工應如何實
　　　現長、短期的職涯發展目標。在此步驟中員工與組織所需各自承擔的責
　　　任分別為：

員工：確認並提出達成目標的各項步驟以及完成目標的時程。

組織：提供員工達成目標所需之各項資源，例如：相關訓練課程的安排以及人際關係等。

三、解釋名詞：

(一) 評鑑中心法（Assessment Center Method）

(二) 行為錨定評估量表（Behaviorally Anchored Rating Scales, BARS）

(三) 自願性員工福利（Voluntary Benefits Supplement）

答 (一) 評鑑中心法（Assessment Center Method）

評鑑中心法是使用各種不同的測驗技術，來評估參與者在工作中所需使用的技能，因此它是一連串的過程或方法，包含了多種評鑑技術，例如：與工作相關的模擬、面談以及心理測驗等，除了多工具使用外，評量者人數也不只一位，通常是由員工的直屬主管與其他3～4位瞭解員工工作情況的管理者組成小組，對員工進行評估，故又被稱為小組評論法。此法一般利用於模擬更高一階的工作情況，比較適合評估高層管理人員的發展機會。採行此法的優點是，因為多人進行績效考核評估，故能夠有效減少個人偏好影響評核成果；而其缺點是，為了符合組織需要，此制度必須要慎重設計，故而費時且成本高。

(二) 行為錨定評估量表（Behaviorally Anchored Rating Scales, BARS）

行為錨定評估量表（Behaviorally Anchored Rating Scales, BARS）又稱為加註行為評分量表法，是藉由工作分析來設計出評估的構面，再輔以標準化程序實施員工行為的觀察，並以此為依據進行績效評估。此法可說是關鍵事件法的改良版本，它同時兼具了關鍵事件法的客觀性以及圖表評等量法簡單易行的特點，由於融合了敘述式、關鍵事件以及量化的評分法的眾多優點，因此是所有績效考核方法中較為公平的一種。採用此法的優點是，上司能夠依照不同的行為標準敘述對照員工的工作表現，而清楚地進行績效評估；然而，其缺點在於，評估者有時可能很難將考評者行為與量表中描述進行配對，導致評估上的困擾。

(三) 自願性員工福利

相對於法定員工福利，是指企業在現行法令規定之外，額外提供給員工的福利服務。例如：全民健保、勞工保險、就業保險、職災保險、個人帳戶勞工退休金提繳以及依照勞工請假規則、性別工作平等法該提供的各項假期，屬勞動法令規範的企業義務，若企業在此之外額外提供給勞工的屬之，如：久任的公司股票、員工子女獎助學金、租屋津貼、團體商業保險等屬自願性員工幅利範圍。

四、為協調勞資關係，促進勞資合作，提高工作效率，事業單位應舉辦勞資
　　會議。請依勞動基準法說明若事業單位無工會，應由勞資會議同意之事
　　項有哪些？

答題指引 本題屬實務題型，依據勞動基準法第四章工時、休息及休假相關規定
回答，若對勞動基準法嫻熟者屬容易回答題型。

答 召開勞資會議的法源為勞動基準法第83條：「為協調勞資關係，促進勞資合
作，提高工作效率，事業單位應舉辦勞資會議。其辦法由中央主管機關會同
經濟部訂定，並報行政院核定」，又召開程序與相關規定見「勞資會議實施
辦法」。若企業未成立工會，依法必須由勞資會議同意的事項計有：

(一) 實施彈性工作時間：不論實施2週、4週或8週彈性工時
　　勞基法第30條第2項及第3項：前項正常工作時間，雇主經工會同意，如
　　事業單位無工會者，經勞資會議同意後，得將其2週內2日之正常工作時
　　數，分配於其他工作日。其分配於其他工作日之時數，每日不得超過2小
　　時。但每週工作總時數不得超過48小時。
　　第1項正常工作時間，雇主經工會同意，如事業單位無工會者，經勞資會
　　議同意後，得將8週內之正常工作時數加以分配。但每日正常工作時間不
　　得超過8小時，每週工作總時數不得超過48小時。
　　勞基法第30-1條：「中央主管機關指定之行業，雇主經工會同意，如事
　　業單位無工會者，經勞資會議同意後，其工作時間得依下列原則變更：
　　一、4週內正常工作時數分配於其他工作日之時數，每日不得超過2小
　　時，不受前條第2項至第4項規定之限制。二、當日正常工作時間達10小
　　時者，其延長之工作時間不得超過2小時。三、女性勞工，除妊娠或哺乳
　　期間者外，於夜間工作，不受第49條第1項之限制。但雇主應提供必要之
　　安全衛生設施」

(二) 延長工作時間
　　勞基法第32條：「雇主有使勞工在正常工作時間以外工作之必要者，雇
　　主經工會同意，如事業單位無工會者，經勞資會議同意後，得將工作時
　　間延長之。前項雇主延長勞工之工作時間連同正常工作時間，1日不得超
　　過12小時；延長之工作時間，1個月不得超過46小時，但雇主經工會同
　　意，如事業單位無工會者，經勞資會議同意後，延長之工作時間，1個月
　　不得超過54小時，每3個月不得超過138小時。

(三) 變更休息時間
　　勞基法第34條第3項：「雇主依前項但書規定變更休息時間者，應經工會
　　同意，如事業單位無工會者，經勞資會議同意後，始得為之」。

(四) 調整例假日

勞基法第36條第5項：「前項所定例假之調整，應經工會同意，如事業單位無工會者，經勞資會議同意後，始得為之」。

至於原本女性夜間工作亦須經工會或勞資會議同意，因大法官釋字第847號解釋自始違憲，本處不再贅述。

五、 請依勞工保險條例說明3種老年給付之方式及其請領資格為何？又，A君今年63歲，其投保年資為30年，平均月投保薪資為40,100元，若您是A君公司之人資人員，請協助該員試算各可行方案之給付金額，並提出評估建議供該員做為選擇方案時之參考。

答題指引 本題屬實務的勞工保險給付題型，依據勞工保險條例的老年給付相關規定試算金額並回答即可，係容易拿到高分的題型。

答 勞工保險的老年給付分分成三種，其請領資格分數如下：

(一) 老年年金給付：合於下列資格之一得請領：

1. 為被保險人年滿63歲（指111年）保險年資合計滿15年，並辦理離職退保者。

2. 擔任具有危險、堅強體力等特殊性質之工作合計滿15年年滿55歲，並辦理離職退保者。

3. 勞工保險年資未滿15年，但併計國民年金保險之年資滿15年，於年滿65歲時。

(二) 老年一次金給付

年滿63歲（指111年）保險年資合計未滿15年，並辦理離職退保者。

(三) 一次請領老年給付：於98年1月1日勞工保險條例施行前有保險年資者，於符合下列規定之一時，亦得選擇一次請領老年給付，經本局核付後，不得變更：

1. 參加保險之年資合計滿1年，年滿60歲或女性被保險人年滿55歲退職者。

2. 參加保險之年資合計滿15年，年滿55歲退職者。

3. 在同一投保單位參加保險之年資合計滿25年退職者。

4. 參加保險之年資合計滿25年，年滿50歲退職者。

5. 擔任具有危險、堅強體力等特殊性質之工作合計滿5年，年滿55歲退職者。

6. 轉投軍人保險、公教人員保險，符合勞工保險條例第76條保留勞保年資規定退職者。

A君年滿63歲剛好符合111年年滿63歲可請領勞保老年年金之資格，事實上A君亦符合老年一次金給付及一次請領老年給付的資格，仍建議其申領老年年金，以保障未來老年的經濟生活。

各項給付的試算金額如下：

(一) 老年年金給付：平均月投保薪資40,100元×30年年資×1.55%＝18,647元。

(二) 老年一次金給付：保險年資合計每滿1年，按其平均月投保薪資發給1個月。加保30年期間最高60個月之月投保薪資40,100元×30年年資×1＝1,203,000元。

(三) 一次請領老年給付：保險年資合計每滿1年，按其平均月投保薪資發給1個月；保險年資合計超過15年者，超過部分，每滿1年發給2個月，最高以45個月為限。被保險人逾60歲繼續工作者，其逾60歲以後之保險年資，最多以5年計，合併60歲以前之一次請領老年給付，最高以50個月為限。平均月投保薪資按退保當月起前3年之實際月投保薪資平均計算。

退保前3年平均月投保薪資40,100元×45個月（前15年×1＋後15年×2）＝1,804,500元。

六、B君認為自己遭雇主不當解僱心有不甘，請以勞動事件法說明B君可能採取之保全程序，以及雇主應如何預防或因應。

答題指引 勞動事件法屬於程序法，重要在保障相對弱勢的勞工方，所以在第四章的專章訂有保全程序，公司方應力求終止勞動契約確實依法辦理，否則屆時仍須承認年資、給付工資或恢復僱傭關係，本題屬相對困難題型。

答 依據勞動事件法第四章保全程序規定，B君疑似遭雇主不當解僱，可採取以下保全程序：

(一) 向法院聲請假扣押、假處分或定暫時狀態處分：

勞工依勞資爭議處理法就民事爭議事件申請裁決者，於裁決決定前（裁決申請係指A君因遭遇不當勞動行為申請裁決），得向法院聲請假扣押、假處分或定暫時狀態處分。勞工於裁決決定書送達後，就裁決決定之請求，欲保全強制執行或避免損害之擴大，向法院聲請假扣押、假處分或定暫時狀態處分時，有下列情形之一者，得以裁決決定代替請求及假扣押、假處分或定暫時狀態處分原因之釋明，法院不得再命勞工供擔保後始為保全處分：

一、裁決決定經法院核定前。

二、雇主就裁決決定之同一事件向法院提起民事訴訟。

(二) 勞工就請求給付工資、職業災害補償或賠償、退休金或資遣費、勞工保險條例賠償與確認僱傭關係存在事件，聲請假扣押、假處分或定暫時狀態之處分者，法院依民事訴訟法第526條第2項、第3項所命供擔保之金額，不得高於請求標的金額或價額之十分之一。

(三) 勞工所提請求給付工資、職業災害補償或賠償、退休金或資遣費事件，法院發現進行訴訟造成其生計上之重大困難者，應闡明其得聲請命先為一定給付之定暫時狀態處分。

(四) 勞工提起確認僱傭關係存在之訴，法院認勞工有勝訴之望，且雇主繼續僱用非顯有重大困難者，得依勞工之聲請，為繼續僱用及給付工資之定暫時狀態處分。

(五) 勞工提起確認調動無效或回復原職之訴，法院認雇主調動勞工之工作，有違反勞工法令、團體協約、工作規則、勞資會議決議、勞動契約或勞動習慣之虞，且雇主依調動前原工作繼續僱用非顯有重大困難者，得經勞工之聲請，為依原工作或兩造所同意工作內容繼續僱用之定暫時狀態處分。

上述影響企業最大者屬第4點及第5點，企業該如何因應及預防：
(一) 企業獲知勞工已提起確認僱傭關係存在之訴，應交由公司的法務或人資人員確認，公司端的法律基礎及佐證資料是否完備，若初步評估勞工有勝訴之可能，建議公司仍應繼續僱用並給付工資，以免最後判決公司仍應給付工資，但該名勞工又無提供勞務，對公司而言是一大損失。

(二) 企業獲知勞工已提起確認調動無效或回復原職之訴，應交由公司的法務或人資人員確認，公司端在調動勞工工作，有無違反勞工法令、團體協約、工作規則、勞資會議決議、勞動契約或勞動習慣，若公司評估結果對公司不利，建議公司應恢復僱用或調回原職並給付工資，以免最後判決公司仍應給付工資，但該名勞工又無提供勞務，對公司而言是一大損失。
綜上，公司的預防之道在於，不論調動或終止勞動契約，都應謹慎審視所有的文件及程序是否符合勞動契約或各項勞動法令的規定，且各項佐證資料都非常完備，若非如此，一旦勞工循勞動事件法申請勞動調解或訴訟，公司可和員工和解或仍繼續維持僱傭關係。

111年　台灣菸酒公司從業職員

一、請回答下列問題：
(一) 請說明招募的定義為何？
(二) 內外部招募的來源與方法眾多，請問：
1. 指出並說明一項內部招募的管道或方法。
2. 疫情後台灣也面臨缺工狀況，您認為哪一種外部招募的管道或方法適宜解決缺工問題，為什麼？
(三) 有關有效的招募，請回答下列問題：
1. 指出3個適當的招募時機，並說明為何這些時機適合招募。
2. 指出並說明3個招募成效評估之指標。

答題指引 此題主要測試考生對於人力資源招募的相關知識，尤其著重於對各種招募方式以及招募成效的理解，因此只要熟讀本書第四章的內容，作答並不困難。

答 (一) 招募（Recruitment）係指組織為了職務空缺而吸引潛在求職者前來應徵工作的過程，在這個過程中，包含了組織用以辨認（Identifying）與吸引（Attracting）潛在員工與應徵者的各種政策與活動，進而使組織可從這些應徵者中選出最為合適的人選並進行聘任。大多數的企業會將招募工作交由人力資源部門負責，人資部門會先進行工作分析與人力資源規劃兩項工作，當預測出組織所需的人力超出現有的人力時，就會開始規劃招募數量、對象以及條件等，進而展開招募新員工的工作。

(二) 招募來源與招募方法是兩種不同的概念，招募來源是指潛在員工在何處，亦即組織應該在哪裡才能找到合格的應徵者；而招募方法則是指組織應該用什麼方式或途徑吸引人員進入組織內。一般來說，人才招募可分為內部與外部兩類，內部的招募來源是指人才的取得任用來自於組織內部（例如：晉升或調職），而其招募方法有職位空缺公布、推薦、人才庫等；外部的招募來源則是指人才的聘用來自於組織外部（例如：學校、同業、就業機構、獵人頭公司），而其招募方法多半為校園徵才、媒體廣告、人力仲介等。

1. 主要常見的內部招募方式有人才資料庫、職缺公告及職位申請、再雇用、員工推薦等（詳見本書第四章），在此僅針對員工推薦進行說明如下：
員工推薦（Employee referral）：員工的推薦是一項重要的內部招募來源，企業可以在布告欄上張貼要求推薦之公告，並闡明組織對於推薦成功者皆會給予獎勵。員工推薦的作法日益普遍，除了招募成本較為低廉外，現職的員工通常能提供有關應徵者的正確資訊，而且一般會推薦高

素質的應徵者，因為推薦不合格的人會對其名譽帶來負面的影響；而新進員工也會因為有熟識的朋友在組織工作，因而能較早進入工作狀況。

2. 對於技術、技能或管理階層的人員有大量需求的組織而言，內部招募通常是不足夠的，必須要採用外部招募方能滿足組織需要，而主要常見的外部招募方式有廣告、人力仲介機構、獵人頭公司、校園徵才、網際網路招募／電子招聘、人力派遣、自我推薦等（詳見本書第四章）。依據題意來猜測，疫情後的缺工應該是指在疫情前由外籍勞工所從事的例行性技術工作，而非高階管理人才，所以獵人頭公司並不適合，此外，在少子化的影響下，校園徵才的方式可能也無法滿足大量的技術性人力需求，故若是在國門已經開放的條件之下，人力仲介機構應該是比較合適的選擇，因為當組織一直無法自行招募到合適且足夠的人才，或想要招募的人員屬於較為特殊的族群時，選擇使用仲介機構來協助尋找員工，才是能大幅提升招募效率的最佳方法。

(三)

1. 事實上，人才招募應該是依據人力資源規劃來進行，人力資源規劃之目的是預測企業人力資源需求和供給，並且對員工的流動進行動態預測與決策，用以確保企業在需要的時間和職位上能夠獲得所需的合格人員（人力資源規劃之詳細內容請參照本書第二章）。當組織所需要的人力資源需求面超過了人力供給面，也就是人力資源供不應求、人力短缺時，組織便會著手進行內、外部的人才招募，以補足所欠缺人力資源不足之處，因此組織除了依照人力資源規劃所擬定的短、中、長期計畫招聘人才之外，經常也會因為一些不可預測的突發狀況，例如市場變化、業務變遷或者員工離職等，必須即刻並隨時的進行招募工作，如此才能滿足組織營運上的人力需求。

但由於題目要求指出3個適當的招募時機，而人力資源部門應該要能夠適時地掌握人力市場的變化來進行抉擇，故參考勞動部勞動力發展署的就業服務統計資料回答如下，人力供給的高峰期是9月與12月，而企業求才的人力爭奪的高度競爭期是4、5月，最後還有畢業季的6、7月，以上無疑都是人力供給較為豐富的時候，理應也是易於招募並挑選適合人才的較佳時機。

2. 招募完成之後，還有一項不可缺少的環節，即招募成效的評估。此項評估主要是對招募方法與結果進行成本效益的分析，除能瞭解招募費用的支出情況外，亦可經由對錄用後員工的實際工作能力評估，來檢測招募方法的有效程度，此舉將有助於組織在招募時降低不必要的費用，節省成本，並改進招募方式的使用，進而提昇往後招募工作的效率。

(1) 招募產出率（yield ratio）：在招募甄選的過程會經過若干階段（例如：履歷審查、面試、錄取後實際報到等），成功通過一個階段並進入下一階段的比率就是招募產出率的概念。舉例解說，企業到著名大學覓才後，共收到400份履歷表，但經過履歷審查的篩選後，僅有100人可以獲得面試的機會，由此可知在招募第一階段的產出率為100／400＝0.25（亦即能夠參加面試人數除以收到履歷表的總數），並依此類推出其他的階段的招募產出率。當然，招募產出率的百分比愈高，代表所使用招募方法（徵才來源或管道）愈有效。

(2) 招募平均成本（average cost of recruitment）：係指將招募過程中所支出的所有經費除以最後受聘的員工人數，舉例解說，企業到著名大學覓才總共花費了50,000元，但最後只成功錄取了10位員工，因此運用這個招募管道的平均成本為10／50,000＝5,000元。若以成本效益觀點來考量，當然是招募平均成本愈低的徵才管道愈有效。

(3) 員工的實際工作能力：錄用新進員工之後，必須觀察錄取人員的素質是否符合組織的實際需求，例如新進員工的真實條件優劣、工作績效表現、工作熱忱以及工作滿足感，甚至留任率以及曠職率等等，都屬於招募品質與成效的評估要點。

二、請回答下列問題：
(一) 360度績效回饋提供多面向的績效資訊來源，請問：
　　1. 說明360度績效回饋的資訊來源有哪些？
　　2. 說明2個此方法的可能優點。
　　3. 說明2個此方法的潛在缺點（或者應注意哪些事項以完備此法之進行）。
(二) 有關績效評估時常犯之偏誤，請問：
　　1. 何謂近期行為偏誤（recent behavior bias）？
　　2. 何謂月暈或暈輪效應（halo effect）？
　　3. 何謂趨中偏誤（error of central tendency）？

答題指引 此題屬於員工績效評估與管理的範疇，考生只要熟讀本書第六章，將360績效評估方法以及避免績效評估偏誤的知識牢記在心，即可輕鬆作答。

答 （一）

　　1. 360度績效評估與傳統績效考核方法最大的差異處在於，它採用了多元評估者的回饋來進行績效評估，而非僅由主管作為考核者的角色，評估者包含了被評估者的主管、顧客、供應商、同儕、部屬以及自己本身，盡可能地大量蒐集與受考核者工作表現相關的有效資訊，以持續提供給員

工建設性的回饋改善意見，故此法結合了績效考核以及調查回饋，為一多角度且全方位的績效回饋方法，如下圖所示：

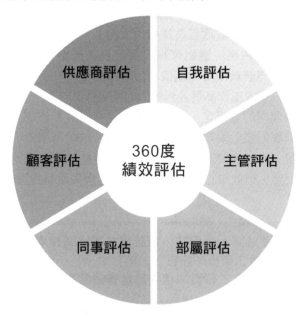

2. 實施360度績效評估的優點是，由於其考核具有全方面且多元角度的觀察，因此績效評核的結果比較客觀，諮詢意見和建議也就比較容易被受評人員所接受。另外，360度績效評估的資訊來源是取自於多個面向，故相較於傳統評估的單一來源而言，可以有效地減輕偏見或偏誤的狀況產生。

3. 360度績效評估方法的缺點是，由於回饋訊息來自於多方不同的面向，觀察點的不同（例如：主管和同事對被受評人的立場不同）將會造成績效評估結果的差異性，如此一來將會造成整體績效評斷上的困擾，其解決之道為加強管理者對於所獲得評核資訊的分析能力。此外，由於360度績效評估具有同事評估的面向，所以員工之間可能會產生互相串通聯合的情況，進而提供不實的評價資訊，因此組織必須要能夠加強檢查這些有問題的評估回饋資訊。

(二)

1. 近期行為偏誤（recent behavior bias）亦即近因效果（Recency Effect），是指當評估者在進行績效評估時，往往會受到被考核者最近行為表現的影響，而造成考核時的偏差，尤其是愈接近考核日期的行為，影響將更為顯著。績效評估應該是對某一個期限進行全期的考核，因此近因效果可能會造成不公的結果產生。例如：某位員工在年初時經常表現出工作態度不佳的情況，但從年中開始，行為開始改變，而在接近年末考核

時，行為表現已轉為良好，因此在進行績效考核時，主管只對後期的優良表現有印象，而給予該員較佳的考評，此舉將會對從一開始就表現良好的員工造成不公平的現象。

2. 月暈效應是指評估者會採用員工的某一個特質為導向，來評估該員工所有的工作表現，舉例來說，某位員工經常遲到，則主管因其遲到的印象，而將該員所有的績效項目全部給予不良的評價，但事實上，遲到與工作效率或工作品質並無絕對的關聯性。

3. 趨中偏誤的意思是，當評估者在進行績效考核時，往往會以平均數來作為部屬的績效表現，導致所有員工皆被評為績效「中等」，會發生此種情況，多是由於評估者不想使績效考核結果造成太大的爭議並引發部屬的反彈，但此舉將會使績效考核評估喪失原有的意義及功能。

三、又到了午茶時間，小雨和小晴難得在茶水間相遇，小雨略帶憂鬱地和小晴分享有關員工薪資的訊息。

小雨：妳知道員工薪資的相關訊息會揭露在公司每年的企業社會責任報告書中嗎？

小晴：知道啊！現在ESG當道，在S社會面向裡《員工薪資平均數》、《非擔任主管職務之全時員工薪資平均數》、《非擔任主管職務之全時員工薪資中位數》三項資訊必須揭露啊！

小雨：我有點沮喪，在行政管理部工作6年多了，我的年薪卻還在公司員工薪資平均數以下，隔壁同業公司的小風和我年紀相當又做相同工作，但薪資還比我多。我開始考慮要轉職去其他公司了。

小晴：你們行政職員的工作不比研發部門同仁和主管們的壓力大，尤其研發是公司的核心業務，公司相當重視研發同仁的留任，所以薪資是業界最高。應該是他們的薪資拉高了整體員工的薪資平均數，但妳說得對，薪資差異越大確實令人沮喪。

小雨：而且我還發現小雲（同年進入公司擔任相同職位）似乎這季的績效獎金比我多，讓我有點困惑和感到不公平。

小晴：小雨，妳要不要來我們業務部門啊，我們雖然不比研發拿得多，但績效評估都有數據佐證，看數字拿獎金，依妳的能力，將來薪資成長的狀況一定會比現在好得多。

小雨：咦，我怎麼沒想到。小晴姐姐要是我進妳部門，妳要多多關照我耶！

小晴：那有什麼問題！

(一) 薪資管理最重要的原則即為公平性（equity），請問

1. 何謂薪酬設計之內部公平性？

2. 何謂薪酬設計之外部公平性？

3. 何謂薪酬設計之個人公平性？
4. 小雨和小雲間的比較心理，是基於上述哪個公平性問題衍生？
(二) 依照個案所指，該公司的薪資水準政策最有可能為何？請說明該薪資水準政策之定義或特色。

答題指引 表面上此題的題目冗長似乎很複雜，但實際上所提問的問題都屬於是薪酬管理的基礎知識（薪酬管理的公平性原則、薪資給付政策導向）。只要考生能捉住對話的關鍵字再套入本身具備的知識內容中，作答應該並不困難。

答 (一) 薪酬管理的基本目的，是為了讓員工對組織所提供的薪酬福利感到滿意，當員工對薪酬管理的滿意程度越高時，其激勵效果就越明顯，而員工的滿意程度，主要取決於薪酬設計的公平性及合理性，進行薪酬管理時的首要考慮因素是，員工是否對薪酬的發放感到公平、公正，而這種公平性無疑包含了員工個人主觀的感受，因此，薪酬管理的公平性必須同時考慮主觀與客觀的部分，可分為內部公平、外部公平以及個人公平。

1. 內部公平性：係指在同一組織中比較不同職位所獲取薪酬，當該工作的報償與其所付的努力或貢獻成正比，且比值一致時，才會令組織內部的員工感到公平。

2. 外部公平性：係指組織所提供的薪資水準應該與同一行業或同一地區同等規模的組織類似或相當，在此所提及的薪資相當是針對從事同類型工作，亦即從事該工作所需具備的知識及技能類似的情況下。

3. 個人公平性：係指在同一組織中比較同類型工作者所獲得的薪酬，此外，也可能是個人評估其勞動付出與所得薪酬之間的公平性。

4. 根據題目中小雨的說法，小雲是與她同年進入公司且擔任相同職位的同事，因此小雨與小雲毫無疑問地是在同一組織中的同類型工作者，故小雨對兩人薪酬之間的比較心理是屬於個人公平性的衍生問題。

(二) 對員工而言，薪資是他們辛勤工作後所獲得的回饋，亦即勞動的對價，而就組織的觀點來看，薪資的給付應反映出工作價值與績效產出，因此依據不同的薪資原理，可將薪資給付區分為職務基準薪資、技能基準薪資、績效基準薪資以及市場基準薪資。

個案中小雨提到小雲這季的績效獎金比她高，且小晴又說業務部門是看數字拿獎金，而績效評估也都有數據佐證，所以該公司的薪資政策很有可能是採用績效基準薪資，其特色說明如下：

績效基準薪資（performance-based pay system）係指以組織或個人的績效表現為基礎來決定薪酬發放的報償制度，通常較適用於高度成本競爭且能夠明確計量績效或成果的工作。此類薪資制度如按件計酬制、提案

獎金、分紅制度等，其主要目的在於激勵員工的工作動機並確保員工的績效表現，採用此制度的優點是將薪資與績效密切結合，具有高度激勵作用；然而，其缺點則是薪資會隨著該月份實際績效而產生變化，所以員工可能會感到缺乏保障，而長期安全感的欠缺將導致忠誠度不足，最終將不利於組織的長期發展。

四、目前政府政策推動「智慧國家方案（2021～2025年）」，將納入臺灣資安卓越深耕、Beyond 5G衛星通訊、A世代半導體、雲世代產業數位轉型及先進網路建設等前瞻數位科技，以促進國家、社會、產業整體數位轉型，提升數位國力。因此各產業啟動了數位轉型變革的方案。

依據學者Dave Ulrich研究人力資源在組織變革過程的挑戰，不論組織的七種變革是來自被動反應或是主動積極，人力資源管理均宜迅速回應，成為組織決策層的策略夥伴、變革推動者、員工關懷者至服務提供者。

請回答下列問題：

(一) 變革中常會運用學者 Lewin's Organizational Change Theory的變革三步驟，請說明是哪三步驟？

(二) 此時某企業要配合數位轉型發起變革，人力資源管理部門要提出變革規劃，請依據Lewin變革三步驟，說明每一步驟規畫執行的相關內容。

答題指引 雖然此題提到了2位學者的論點，分別為Dave Ulrich的人力資源管理所扮演的四類角色功能（詳見本書第2章），以及Lewin的變革模型，但實際上僅僅著重於測試考生對Lewin理論的知識，因此請務必聚焦在對Lewin的變革模型的詳細說明。

答 (一) Lewin變革模型在組織變革理論中具有相當重大的影響力。Lewin所提出變革模型是一個有計劃組織變革過程，其中包括了解凍、變革、再凍結等三個重要階段，以此來解釋如何發動、管理和穩定組織變革。

(二) 人力資源管理往往須扮演著變革推手的重要角色，在Lewin所提到的變革三個階段中發揮不同的功能。

1. 解凍：此階段的重點為創造變革的動機。主要作法在於鼓勵員工改變原有的工作態度以及行為模式，以因應組織戰略發展。為了達到此目的，除了需要對員工舊的行為與態度加以否定之外，亦必須使其確切的認知到變革的急迫性。利用比較評估的辦法，將單位的整體經營情況與其他競爭對手進行比較，找出其差距之處，使員工明白變革的重要性，願意接受新的工作模式並「解凍」現有態度和行為。此外，應建立員工心理上的安全感，方能減少員工對於變革的心理障礙，以提高變革的成功率。

2. 變革：Lewin認為，變革是個認知的過程，需獲得新的概念以及資訊才能夠得以完成。變革其實就是一項學習的過程，必須提供新資訊予員工，其中包含了新行為模式以及新的視角，以明確指引出變革方向，進而有效協助員工建立起新的行為以及態度。這此階段，必須強調為新的工作態度與行為樹立起良好的榜樣，例如：運用角色模範、導師指導、專家演講、群體培訓等多種方法。

3. 再凍結：在這一個階段，為了確保組織變革的穩定性，應注意使員工皆有機會嘗試與檢驗新的態度與行為，並且及時給予正增強，利用各種的強化手段使新的態度與行為固定下來，同時，亦應重視群體變革行為的穩定性，用以形成穩定持久的群體行為規範，如此一來，方能令組織變革處於穩定狀態。

Lewin的組織變革三階段流程的首要的工作是，管理者或者員工須先行瞭解變革的必要性，否則必定會傾向於維持現狀，不會有所行動；其次是診斷問題，澈底瞭解導致變革的成因、內外在環境因素、變革的目標，以及變革可能對組織及成員所造成的影響等等；第三步則是研擬變革的各種方案並進行評估選擇，最後是將選定的變革方案付諸實行，並隨時檢討與致力於改善。

112年　一般警察人員三等

一、現今工作環境，越來越多的工作者開始重視「工作與生活平衡」（Work-Life Balance）或稱「職家平衡」（Work-Family Balance），其與員工的幸福感（Wellbeing）息息相關，試論述組織重視員工「工作與生活平衡」的重要性？組織可以透過什麼樣的福利措施來協助員工維持工作與生活的平衡？

答題指引　職家衝突向來是企業和員工大家共同關係的焦點，工作影響個人家庭和生活，同樣的，家庭和生活也會影響員工的工作表現和久任，兩者之間如何取得平衡，是歐盟和其他先進國家重視的工作和生活平衡方案，勞動部開始補助並鼓勵企業推動已有十餘年，每年辦理競賽以有效提升及加速推動成效，屬容易發揮題型。

答　詳見本書第10章員工福利計畫

二、自2020年起，歐美勞動者出現安靜離職（Quiet Quitting）的想法或現象，雖然不是真正的離職，卻代表勞動市場的一種狀態。請說明什麼是「安靜離職」？試論述其對組織及勞動市場的影響及組織可以如何對應？

答題指引　勞動事件法屬於程序法，重要在保障相對弱勢的勞工方，所以在第四章的專章訂有保全程序，公司方應力求終止勞動契約確實依法辦理，否則屆時仍須承認年資、給付工資或恢復僱傭關係，本題屬相對困難題型。

答　安靜離職（Quiet quitting），亦可翻譯為「在職離職」、「安靜辭職」，是指「僅完成工作最低需求」的工作態度，是2022年自美國興起、新世代工作者熱門的職場關鍵字，工作者仍會兢兢業業完成本份工作，只是比起升遷、功成名就，他們更優先考量工作以外的生活，不想將人生全部投注在工作上。也是「熱愛工作、奮鬥文化」的反義詞，指上班族放棄積極爭取升職，只努力完成最低限度的工作，抱持「不多做、不加班、不往上爬」的消極態度。

由於臺灣薪水凍漲但物價又居高不下，又有公司訂單不好，可能面臨無薪假的減薪縮短工時的壓力，員工無足夠籌碼可以毅然決然離職，整體大環境不佳，加上個人能力可能與職位不匹配，但又無更好的工作機會，只能選擇繼續上班，因此安靜離職現象逐漸增加，雖然未實際離職，但對組織的忠誠度或信任感都很低、投入度也差、關心度不足、不力求表現的負面態度表現，最直接影響是組織文化及整體的生產力。亦即，「安靜離職」的出現對公司和其他同事都會產生負面影響。對公司來說，員工的工作效率下降，生產力

也下降，妨礙公司發展；對其他同事來說，某位員工「安靜離職」行為可能
導致彼此的協調合作不順暢，影響企業整體的作業及發展。

對整體的勞動市場來說，勞動供給者的態度是消極的，績效不彰的，不主動
積極，不關心公司及其他同儕，是不佳的勞動力人口，影響整個勞動市場的
勞動力品質，間皆造成企業的生產與整體社會經濟成長，不容小覷。

因應對策在於：

(一) 了解公司員工呈現安靜離職的原因，可透過問卷調查或個別訪談掌握真
　　正的原因。

(二) 企業應試圖提高員工對公司的滿意度和忠誠度。

(三) 建立開放和透明的組織文化，讓員工有機會表達自己的意見與訴求。

(四) 企業可提供員工薪資報酬和增加員工福利，以激勵員工士氣，提高員工
　　對公司的投入感和忠誠度。

三、 在越來越多元的工作環境中，國際人力資源管理或跨文化溝通議題中，首重文化因素。試論述Hofstede所提的區辨不同國族文化的四面向？其定義為何？各構面請舉例說明之。

答題指引 此題著重在測試考生對於國際人資中文化研究的相關知識，文化多元
性是國際經營的重大議題，而Hofstede的理論更是在跨文化研究中頗富盛名，
Hofstede的早期研究提出了文化四構面，之後又加入了第五個構面，考生只要能
夠針對基本的文化四構面（亦即：權力距離、個人主義與集體主義、剛性氣質與
柔性氣質、不確定性迴避）進行詳細的論述，就能夠輕鬆解答。

答 荷蘭學者Hofstede針對國家文化進行了研究，認為文化是同一環境中的人民
所共有的價值觀及信念，而國家文化可以區別出群體與群體間的不同，並運
用以下五種構面來衡量國家文化的差異：

(一) 權力距離（power distance）

　　係指權力的集中程度及領導的獨裁程度，換句話說，亦即人與人之間的
　　不平等程度以及社會能夠接受組織中權力分配不平等的程度。舉例來
　　說，一個團體如果強調階級與長幼有序，即為高度權力距離；反之，若
　　是不強調階級，所有成員間的互動較為自由、平等，則是低度權力距
　　離。若將權力距離的觀念應用於企業當中，可以理解為員工和管理者之
　　間的社會距離。例如，美國是權力距離相對較低的國家，美國的員工傾
　　向於不接受管理特權的觀念，因此在美國應採用員工參與式管理，而非
　　要求員工聽命行事。

(二) 個人主義與集體主義（individualism vs. collectivism）

係指個人對其所屬群體之人際關係的認同與重視程度。個人主義強調以自我的利益為前提，由於每個人都重視自身的價值與需要，並以個人的努力來謀取利益，因此是一種較為鬆散的社會組織結構；反之，集體主義則強調團體的重要性，而對群體保持絕對的忠誠度，故為緊密的社會組織結構。企業必須因應不同的文化而進行不同的管理方式，例如：美國是崇尚個人主義的社會，所以在美國應採取以個人表現作為獎勵基礎的激勵政策，相較之下，日本是較崇尚集體主義的社會，故應以建構團隊互動之和諧關係為主。

(三) 剛性氣質與柔性氣質（masculine vs. feminality）

係指社會上居於統治地位的價值標準，若剛性價值觀占優勢，會較偏好於追求金錢及物質、重視個人利益而不太關心他人；反之，若是柔性價值觀占優勢時，則會重視於情感、生活品質以及人與人之間的關係。換句話說，剛性氣質文化的社會競爭意識強烈，成功標準是財富功名，並讚賞工作狂，故當組織中產生衝突時，會採用一決雌雄的方式來解決；反之，柔性氣質突出的社會，所重視的是心靈的溝通而非物質的占有，因此會採取談判、和解的方式去解決組織中的衝突問題。

(四) 不確定性迴避（uncertainty avoidance）

係指對不確定風險的容忍程度。高度不確定性避免傾向的人，會將生活中固有的不確定性視為可怕的威脅，容易造成高度的焦慮，因此會急著想讓這樣的不確定性結束或者盡可能地減少不確定性的產生；反之，不確定性避免傾向低的人，會將不確定性當成是生活中的挑戰，能夠享受其所帶來的新奇感。若將不確定性迴避的觀念應用於企業當中，在不確定性避免程度高的社會，上級將傾向於對下屬進行嚴格的控制和清晰的指示，例如：在日本這個不確性迴避程度高的國家，終身雇佣制以及全面質量管理的實施都獲得了極大的成功。

(五) 長期取向與短期取向（long vs. short term orientation）

係指一個民族對長遠利益和近期利益的價值觀。長期取向的價值觀著重於對未來的考慮，做任何事均留有餘地，因此會重視節約、節儉與儲備；反之，短期取向的價值觀著眼於過去與現在，注重對傳統的尊重、負擔社會的責任，因而在管理上要求立見功效，急功近利。

四、面對多變的數位科技時代，數位轉型（Digital Transformation）儼然成了組織轉型（Organizational Transformation）過程中的一種形式。試論述何謂數位轉型？其與過去的人力資源資訊系統（Human Resource Information System, HRIS）有什麼不一樣？

答題指引 此題基本上仍屬於電子化或網路化人力資源管理（eHR）的範疇，但由於現今科技發展突飛猛進，所以已經從過去的利用人力資源資訊系統（HRIS）來簡化作業流程，逐漸演化成企業必須運用資訊科技來改造自身的業務，也就是所謂的數位轉型（Digital Transformation），只要考生能夠區分以上兩者之間的不同處，就可以輕鬆作答。

答 數位轉型（Digital Transformation）係指組織為了改善自身的營運模式與流程，而導入了數位科技的運用，例如人工智能以及雲端運算的大數據分析等，來應對瞬息萬變的市場與客戶需求。換句話說，數位轉型就是組織除了以數位化流程來取代非數位化的人工作業流程之外，亦致力於採用新型的資訊科技來改造商業模式。因此，數位轉型（Digital Transformation）與人們所熟知的數位化（Digitization）的概念並不相同，數位化僅只是將資料或作業進行電腦數位化，例如將書面文字或圖片轉成電子檔並儲存於電腦或雲端之中，但這最多只能算是數位轉型的前置作業，數位轉型並非僅只一次的數位化，而是需要長期且持續性的發展，組織若是想要做到真正的數位轉型，除了上述的資訊數位化外，還必須要從根本上改造組織的整體經營策略與作業流程，也就是所謂的企業轉型才行。所以，數位轉型實質上涉及了整個組織的全新變革，組織必須要重新思考如何利用技術、人員和流程，將組織的整體營運模式進行徹底轉型，方能全面地提升組織的價值。

相較之下，人力資源資訊系統（HRIS）是指一套互動式的資訊管理系統，其功能是將人力資源的作業與程序標準化，主要用來處理與維護員工的資訊並管理人力資源相關流程，同時有效地促進記錄保存與報告的準確性，例如記錄員工的工時與出勤，支援員工的薪酬以及福利管理等等。電子化或網路化人力資源管理（eHR）脫離不了對人力資源資訊系統的運用，現今人力資源的職能愈來愈趨於複雜，組織若能有效地運用人力資源資訊系統，就可以利用資訊系統以及網際網路將一些例行性工作加以簡化，舉例來說，員工可以自行操作加班、差旅以及請假的申請與登錄。如此一來便能夠有效地輔助人力資源管理的流程，進而大幅提昇人力資源管理功能之效率。

112年　經濟部所屬事業

一、請敘述何謂「接班人計畫（Succession Planning）」及其對組織的影響，並以3個步驟分別說明其運作流程。

解題指引　此題為110年警察人員甄試的考古題，接班人計劃（succession plan）是指公司為了重要管理職位的繼任人選進行安排與培育的計畫，考生只要理解這個概念，就可以依此衍生出合理的論述與解答。

答　所謂的接班規劃或接班人計劃（succession plan），是指對公司的高階管理職位進行一連串規劃的人力計畫，經過系統確認、評估與培育組織領導能力，用來提升績效的流程，方世榮（2017：109-110）提出接班規劃包含了三個步驟。

(一) 確認關鍵需求

首先，管理高層與人力資源長需先根據公司的策略事業計畫，確認公司未來需要哪些重要職位。此階段需要處理的事項包括：定義關鍵職位和「高潛力人員」以及檢閱公司現有的人才，並根據公司策略關鍵職位撰寫技能檔案。

(二) 培育內部人選

確認未來重要職位後，管理者開始為這些職位創造人選。此處的「創造」意指，找出能勝任該職位的潛在內部或外部人選，並提供他們成為稱職人選所需要的培育經驗。公司利用內部訓練、跨部門經驗、工作輪調、外部訓練，全球／區域任務指派等方式，來培育潛力佳的員工。

(三) 評估與選擇

接班規劃的最後階段是評估這些人選，從中挑選出最適合的人選。

對組織的影響：

綜上所述不難得知，接班人計劃對於組織而言，具有其正向的影響性，因為接班人計劃是企業為了面對未來高階管理者退休或者出缺的問題，先提早做好準備，時刻不斷地找尋可能的接班人選（通常是優秀的中階主管）並訓練之，所以一旦企業具備了完善的接班人計劃，就可以有效地避免無人接任高層職位的窘境產生，並確保企業總體策略的落實。

二、請分別敘述「工作分析」、「人力資源規劃」及「員工招募與甄選」之內涵，以及3者間之關聯性。

解題指引　考生若能理解人力資源規劃是確保組織整體目標的達成，屬於策略層

面；而工作分析是執行所有人力資源功能的前置工作，偏向作業層面；最後員工招募與甄選則無疑是人力資源管理的主要功能之一。人力資源規劃能夠決定是否需要進行員工招募，而工作分析則是提供了工作內容細節，以作為員工甄選的參考，這三者間當然是息息相關。

答　(一) 人力資源規劃

人力資源規劃（Human Resource Planning）泛指組織對人力資源的各項管理活動所進行種種規劃。若以廣義面向來說，是組織對於所有各類人力資源管理活動進行規劃的總稱。但一般解釋人力資源規劃，大多以狹義的說明來取代，亦即：組織從戰略規劃和發展目標為出發點，根據組織內、外部環境的變化，預測其未來發展以及對人力資源的需求，並為了滿足這些需要所進行種種人力資源管理規劃的活動過程。

人力資源規劃的程序與內容可概分為四個階段：

1. 準備階段：內、外在環境訊息的蒐集以及分析。

包含了調查、收集及整理與企業戰略決策和經營環境（外在環境與內在環境）有關的各項資訊，並且依據企業實際營運狀況確認人力資源規劃的範圍和性質，有效建立企業人力資源資訊系統，用以提供完善的資訊，為預測工作做好準備。

2. 預測階段：預測人力資源的需求與供給。

分析人力資源供給與需求，基本上大多採用量化分析方法為主，並輔以質化分析，使用各種不同的科學預測方法以對企業未來人力資源供給面與需求面進行預測。

3. 規劃階段：確定組織對於人力資源的淨需求。

規劃出組織內部人力資源供給面以及需求面達到平衡的各項業務計畫，制定出具體的人力資源策略行動（例如：招募計畫或裁員計畫），使組織能夠在未來人力資源的需求上獲得滿足。

4. 實施階段：發展執行方案並進行評估與修正。

編製具體的人力資源實施計畫後，必須先擬定相關部門所應承擔的責任以及職權，以建立有效的監控體系，若發現計畫實施的問題處，亦應迅速進行方案的修正，方可使人力資源規劃發揮其實際效用。

(二) 工作分析

工作分析（Job Analysis）係指組織運用一連串系統化的方法及工具來分析工作執行的實際內容，以了解該職務的任務（tasks）、義務（duties）與責任（responsibilities），及執行人員所應具備的知識（knowledge）、技術（skills）、與能力（abilities）等。工作分析是一系列資訊蒐集、分析與整合的過程，藉由實地觀察或其他方法，對某特

定工作蒐集相關資訊，以便為後續人力資源管理規劃提供有用的訊息。換言之，也就是對某項職位工作內容及其相關因素進行系統與組織化的描寫，因此，工作分析也被稱為職位描寫（position description），而工作分析的結果主要用來編寫工作說明書（Job Description）及工作規範（Job／Person Specification）。

工作分析是進行人力資源管理時不可或缺的基礎作業，其作用在於決定工作需求條件及適任人員所應具備的能力或特質。一般而言，人事部門通常利用工作分析來蒐集關於工作與員工的相關資料，藉此規劃人員任用、升遷、調任、訓練發展以及績效評估等工作。舉例來說，教育訓練設計應與員工能力相配合；而績效評估則應與工作實際狀況相對應。故在實務界中，實施各項人力資源管理措施前，會先將工作的任務與責任，人員應具備的條件予以分析並做成書面紀錄，而這個流程就是所謂的工作分析。因此，工作分析是一道程序，用來決定每份工作的職責，以及擔任該份工作的人員所應具備的條件。

(三) 員工招募與甄選

招募（Recruitment）係指組織為了職務空缺而吸引潛在求職者前來應徵工作的過程，在這個過程中，包含了組織用以辨認（Identifying）與吸引（Attracting）潛在員工與應徵者的各種政策與活動，進而使組織可從這些應徵者中選出最為合適的人選並進行聘任。大多數的企業會將招募工作交由人力資源部門負責，人資部門會先進行工作分析與人力資源規劃兩項工作，當預測出組織所需的人力超出現有的人力時，就會開始規劃招募數量、對象以及條件等，進而展開招募新員工的工作。甄選（Selection）與招募不同，在公司發布公告招募訊息並吸引應徵者的興趣後，接下來的工作就是要從眾多應徵者之中挑選出最適合的人員，此即所謂的人才甄選，其目標是從一群合格的候選人中判別出最能勝任該份工作的人才，而非僅只是吸引應徵者注意。所以甄選是指組織就其所設立之職位，蒐集並評估有關應徵者的各種資訊以便做為聘雇決定的一種過程。

(四) 工作分析、人力資源規劃以及員工招募與甄選的關聯性

人力資源管理的例行工作通常始於人才招募，為達有效招募，組織必須先瞭解何種工作有人事需求？從事該項工作的員工應該具備哪些特質和能力？而以上兩個問題的解答則分別來自於人力資源規劃以及工作分析的成果。

良好的人力資源規劃將有助於組織降低人事成本，其原因在於透過人力資源規劃，管理人員將能夠有效地預測人力資源的短缺和冗餘，迅速糾

正人員供需的不平衡狀態，以減少人力資源的浪費或彌補人力資源的不足。人力資源規劃可以顯示預測的人力與技能缺口並產出填補缺口的人事任用計畫。當組織所需要的人力資源需求超過了人力供給面，亦即人力短缺時，組織則會進行內、外部的人才招募的應對措施，以補足所欠缺人力資源不足之處。

工作分析是針對工作整體內容，進行一系列資訊收集、分析以及綜合的過程，以便為人力資源管理活動提供各種工作方面的資訊。工作分析是執行其他人力資源功能的前置工作，若工作分析不良，將直接影響人力資源管理的效能與效率。舉例來說，有效的人員招募，必須建立在招募者真正瞭解工作的實際需求與人員的核心能力方能成立，若無法清楚地的定義工作內容（例如：工作職責、工作複雜度以及工作所需技能），則將因缺乏資訊而難以有效地甄選出最合適的員工人選。簡言之，工作分析提供了工作內容細節及人員應具備條件，能夠協助管理者有效決定應該僱用何種類型的員工。

三、名詞解釋
(一) 教練法（Coaching）
(二) 混成學習（Blending Learning）
(三) 雇主品牌（Employer Brand）

答 (一) 係指員工在從事日常的工作活動時，直屬主管或者資深員工會從旁進行指導及教學，藉由經驗的傳承而學習到工作技能及知識。一般而言，基層的員工通常是觀察資深前輩操作機器而獲得工作技術；而對於主管級人員的訓練，則是先以「助理」的職務來訓練與培養其管理能力。

(二) 在廣義上，混合式學習（blending Learning）為一種教育模式，是指運用兩種以上的教學媒介與學習方式，涵蓋同步（synchronous）與非同步（asynchronous）的一連串學習活動來增進學習效果。由於現今網路科技發展迅速，絕大多數的人都已經習慣在網路上蒐集所需資料，所以利用網路的便捷來輔助學習已非難事，而混合式學習（blending Learning）就是同時運用實體面對面課程與網路虛擬課程的雙軌學習，令學習者能夠更彈性地依照自身的時間規劃以及學習速度，來進行學習的一種教學模式。因此混合式學習結合了面對面課程及線上學習，使其產生截長補短的功效。

(三) 雇主品牌是由Tim Ambler與Simon Barrow將行銷學的理論應用在人力資源的領域中所提出，並定義雇主品牌（Employer Brand）為"從雇用關

係中所提供的一套功能性、經濟性以及心理層面的綜合利益，並且受到
雇用企業所認同"。蔡錫濤與馮湘玲（2013，p.12）認為，「雇主品牌
的概念結合了人力資源以及行銷理論，從人力資源管理的角度開展，藉
由品牌行銷的方式來傳遞企業核心價值、功能性利益和象徵性利益，以
吸引、激勵、發展、留住優秀人才。雇主品牌包括了兩大部分，分別為
外部品牌行銷與內部品牌行銷。外部品牌行銷鎖定了潛在人才，在其心
中建立品牌優良的雇主形象，並吸引其於求職時將此企業之工作機會列
入考量；而內部品牌則是提升現有員工對公司的滿意度、認同感及忠誠
度，並提升工作體驗及配套措施，來留住公司的核心職能人才。」

四、依勞資爭議處理法，中央主管機關為辦理裁決事件，應組成「不當勞動
行為裁決委員會」，請說明不當勞動行為裁決的程序。

答題指引　不當勞動行為屬於工會保護的重要規範，可見於工會法保護專章詳細
規範，勞資一旦發生爭議，可循勞資爭議處理法進行各項處理行動，除調解與仲
裁的處理途徑外，不當勞動行為的爭議處理應循裁決方式處理，向勞動部提出申
請後，交由勞動部依法組織的「不當勞動行為裁決委員會」進行裁處，過程近半
年。本題屬冷門題目，取得滿意分數有點困難。

答　參見本書第12章人力資源管理與相關法令「十四、勞資爭議」內容。

五、請說明工會法所定工會之任務，以及工會有哪些組織類型？

答題指引　勞工與企業相較屬於相對弱勢，應此如何集結勞工組成工會，發揮集
體力量，以利和企業的地位或權力相抗衡，團結權是勞動三權的第一權，台灣對
於工會組織採自由組織與自由入會，工會組織亦依其性質不同分為企業工會、產
業產業與職業工會等三種，工會任務在章程中明確訂定。本題屬勞工法令中，容
易取得高分題型。

答　參見本書第12章人力資源管理與相關法令「十二、團結權與工會組織」
　　內容。

六、請說明如何認定勞動基準法第11條第5款中有關「勞工對於所擔任之工作確不能勝任」之情事，並請分析雇主該以哪些方式及原則管理「不能勝任工作」之員工？

答題指引 員工不堪勝任工作，未達企業或機構之績效標準，應給予再教育訓練計畫，協助其獲得改善或提升，若仍未達到標準，解僱是最終行動，企業應審慎處理並依法給予各項應盡義務，以保障該員工權益。本題屬企業常見問題，應可取得滿意分數。

答 勞動基準法第11條規定，有下列情形之一者，雇主得預告勞工終止勞動契約：
一、歇業或轉讓
二、虧損或業務緊縮
三、不可抗力暫停工作在1個月以上
四、業務性質變更，有減少勞工之必要，又無適當工作可供安置
五、勞工對於所擔任之工作確實不能勝任
其中，勞工不堪勝任工作的終止契約屬於經濟性解僱，雇主除依法應發給資遣費、預告期間工資及謀職假外，對於不堪勝任工作的認定究竟來自客觀能力不足或主觀上的態度不佳，是指能做而不願做，雇主必須舉證說明以協助該勞工進行改善的各項計畫及其執行過程，若經多次執行後，績效考核結果仍不佳，才足以證明，解僱該勞工是為最終手段。由於雇主招募及甄選該勞工的能力及處理顯有不佳所致，因此，雇主無法推卸其責，建議應與該勞工進行詳細溝通並針對其進行工作績效的改善計畫，若尚未能達成績效目標，經預告勞工後才能進行契約終止。並應發給非自願離職證明書，以利其申領就業保險法的失業給付，同時企業也應依就業服務法第33條規定辦理資遣通報。

112年　台灣菸酒公司從業職員

一、根據國家發展委員會「2030年整體人力需求推估」報告中，製造業、營建工程業、批發及零售業、教育業等行業最終人力需求推估於2021~2030年將呈現負成長。在人力資源管理中面對人力資源過剩時，有多項的解決措施可供參考，請說明並分析其措施為立即性或長期性的效果：

(一) 組織瘦身。　　　　　　　(二) 提前退休計畫。
(三) 遇缺不補。　　　　　　　(四) 強迫休假（或無薪假）。
(五) 減少工作時間。

解題指引　此題與其說是測試考生的理論知識，倒不如說是想要了解考生的個人見解。考生們應該會有各種看法，重點在於考生是否能針對本身的觀點，提出合理且有邏輯性的論述，只要內容具說服力應該就可以獲得分數，因此不用過度執著於所謂的標準答案。

答　(一) 組織瘦身

組織瘦身（downsizing）是指組織為了提升總體競爭力，而採取了流程改造、結構重組以及精簡人員等相關措施，希望使公司恢復健康的體質以提高效能。在現今社會下，組織必須不斷地面對內外在環境的疾速變遷，為求生存與發展，組織瘦身有其必要性，因為將組織小型化可能獲得以下效果：1.降低組織官僚化程度。2.促使組織內部溝通更為順暢。3.增進組織決策的速度。4.減少組織的固定支出以及人事費用。這些皆能協助組織提高生產力，屬於長期性的效果。

不過，若以員工的角度來看，組織瘦身其實就是裁員。當員工感受到了工作的不確定性，可能會因為不安感而開始找尋其他的工作，此時，能力較佳的員工相較表現一般的員工，當然更容易獲得新機會並成功轉職，導致組織在轉型的過度時期，就先失去了高價值並具生產力的員工，使得總體競爭力下降，反而對組織的產生了負面的影響。因此，若組織瘦身只是以單純地大規模裁員來執行，並未進行長遠且完整性的漸進式規劃，就只能獲得減少固定支出與人事費用的短期效果，無法真正地提升組織長期的總體競爭力，人才的流失甚至會對組織產生長期性的負面影響。

(二) 提前退休計畫

當人力過剩時，組織第一個想法當然是將績效表現差的員工刪減掉。此時，組織可能會推出提前退休計畫（early-retirement program），以各式各樣的優惠來鼓勵績效不良的員工自願提出離職，促使組織達到總體競

爭力提升的長期效果。但這種作法有時會事與願違，因為能力較差的員工轉職並不容易，若有生計考量的話，可能不會為此決定提早退休，而是選擇繼續留任。反之，能力優秀的員工即使提早退休，仍能獲得許多轉換跑道的機會，更可能會因此而申請提前退休來獲得優待的利益後再轉職。也就是說，如果提前退休計畫沒有輔以人力盤點等相關的配套措施，可能會產生劣幣驅逐良幣的反淘汰現象，導致對組織的長期發展造成負面影響。

(三) 遇缺不補

遇缺不補是指組織不會因為員工離開（例如離職或退休）所產生的人力缺額，就招募新人來補足空缺，而是將此份工作交由其他員工一起去共同分攤。當組織經營狀況不佳時，為了節省成本，往往會選擇這種不補人方式，希望同仁們能共體時艱，但這種方法只能在短期間奏效，有立即性的效果卻不適合長期使用。舉例來說，原本4個人的工作，變成3個人全數承擔，那麼工作壓力就是原來的1.3倍，員工在短期內應該還可以撐得住，但時間一久，必定感到身心俱疲甚至會萌生退意，若有員工因受不了而離職，就變成2個人要承擔原先應該4個人處理的工作，壓力躍升成了2倍，長久下來，組織必定留不住人才，對外形象也會受到嚴重的傷害。

(四) 強迫休假（或無薪假）

雖然現實生活上很常聽到無薪假，但勞動法規中並沒有這個名詞，勞動部規範了《因應景氣影響勞雇雙方協商減少工時應行注意事項》，其中提到「事業單位受景氣因素影響致停工或減產，為避免資遣勞工，經勞雇雙方協商同意，始得暫時縮減工作時間及減少工資」以及「事業單位實施減少工時及工資之期間，以不超過三個月為原則。如有延長期間之必要，應重行徵得勞工同意」。從上述中可以得知，雇主不能隨意實施強迫休假或無薪假，必須在不觸犯勞動法規的前提下方能執行，而法規也明定了以不超過三個月為原則，因此這個方式只能在短期內使用，僅具立即性的效果。

(五) 減少工作時間

減少工作時間與上述的無薪假相同，雇主必須在不觸犯勞動法規的前提下方能實施，根據《因應景氣影響勞雇雙方協商減少工時應行注意事項》的規定，「事業單位實施減少工時及工資之期間，以不超過三個月為原則。如有延長期間之必要，應重行徵得勞工同意」。因此這個方式只能在短期內使用，僅具立即性的效果。

二、在激勵性薪資設計中，組織可以同時使用多重的激勵性彈性薪資設計，其中較為通用的激勵性薪資設計像是「利潤分享制」，是指將公司的利潤按預定方案依一定比例分配給員工的方式，是基本薪資之外的額外收入。請說明下列利潤分享制中最基本的三種型態及其差異之處：
(一) 何謂「當期分享制」？
(二) 何謂「延遲分享制」？
(三) 何謂「混合分享制」？
(四) 利潤分享制」對員工激勵效果的優缺點？

解題指引 利潤分享制是組織用來激勵員工的方法之一，此題純粹在於測試考生是否具有此方面的理論知識，只要熟讀本書第9章的內容，就可以輕鬆作答。

答 利潤分享制或利潤分享計畫（profit-sharing plans）是指全部或多數的員工可以依據其工作績效來分享公司的年度盈利，而獲取一部分的公司利潤。較常見的利潤分享計畫有以下3種類型：

(一) 當期分享制

當期利潤分享（current profit sharing）或現金計畫，是指員工每季或每年都可以分享到公司的部分獲利，一般來說，公司會定期地把某個比例的獲利（例如：15%~20%）直接分給員工，通常是當企業計算出利潤之後，就會儘快地以現金或者股票的方式，提供給員工以作為獎勵的報酬。

(二) 延遲分享制

遞延利潤分享計畫（deferred profit-sharing plans）則是指企業會提撥現金獎勵到信託帳戶，來作為員工的退休金，通常是根據員工薪水的某個比例，或者依其對公司的貢獻來分配獎勵。延遲分享制的特色是將想要分享給員工的利潤以信託基金的方式儲存，所以不會立即發放，只有等累積到一定的年限後，或是員工雇用契約期滿、退休、死亡時，才會給予員工。

(三) 混合分享制

混合分享制其實就是以上兩種方式的綜合體，員工可以立即獲得一部分的利潤分享，但亦有某些部分的分享利潤，必須要等到某個年限後才可以取得。

(四) 利潤分享制對員工激勵效果的優缺點

利潤分享制企圖把員工個人的利益與企業的獲利進行連結，這樣員工才有可能對公司產生歸屬感，進而為企業賣力。在實務操作上，員工獲得的利潤分享的比例會隨著年資而增長，因此員工必須在公司任職一段時間才能夠獲得完全的利潤分享獎金，這樣一來，就可以有效地控制公司

的流動率，另外，亦有研究指出，利潤分享計畫的實施將有助於提高生產力、員工士氣、提高員工對組織的承諾，並且降低員工的離職率及缺席率。不過，利潤分享制也有缺點，那就是當企業連續幾年都無法獲利時，員工可能會因為得不到獎勵而感到失望，甚至是灰心喪志。

三、學習，始終是企業最關切的議題，如A公司的教育訓練是從新進員工報到開始，一路延伸到高階主管訓練課程，已形成一個綿密的訓練網絡，並轉化成公司最大戰力。請回答下列問題：
(一) 請說明訓練與發展有何不同？
(二) 針對員工的教育訓練方法種類繁多，何謂參與實作法（hands on method）？並舉出實例。
(三) 針對較高階職務之管理者，組織可以用管理競賽法（management game method）來培養其職能。何謂管理競賽法？

解題指引 此題主要測試考生對於員工教育訓練與發展的相關知識，考生若能熟讀本書第五章的內容，作答並不困難，不過其中值得注意的是題目中提到的參與實作法，只要考生不被名詞所惑，明白它的基本概念其實就是所謂的做中學（learning by doing），自然就能夠應用在職訓練中的內容來進行解題。

答 (一) 訓練與發展的不同
訓練：係指企業提供員工當前工作所需的各種基本技能及知識，以確保員工具備執行業務之能力。
發展：是指組織為了將來執行業務的需要，而對組織成員所進行新知識、技能的學習，因而可以因應組織發展及員工未來職涯規劃的需求。
(二) 參與實作法（hands-on method）
參與實作法的概念其實就是所謂的做中學（learning by doing），是指員工在實際執行工作的經驗中獲取學習的機會。其方法通常是由有經驗的員工或直屬主管來帶領及輔導資淺員工進行工作，而達到在工作中學習的效果，由於是從實際參與工作來進行學習，通常是以在職訓練（On-job-training）的方式來執行。
在職訓練（On-job-training）又稱為職內訓練，係指員工在從事工作的過程之中，藉由各種訓練進行舊技術的改善或新技術的學習，以提升生產力。在職訓練可能以非正式的方式進行，舉例來說，員工利用工作期間，觀察訓練員的示範動作、教導、解說以及實際操作方法，來獲得學習的成效；亦有可能以高度結構化的方式進行，設計訓練方案時必須先審慎地甄選受訓者、規劃訓練內容並教導訓練者基本的訓練技巧等，然

後才開始進行正式的訓練。以下提出幾種比較常見的在職訓練方式來作為實例說明：

1. 工作輪調（job rotation）：又稱為交叉訓練（cross training），指組織內人員的平行移動，簡單地說就是將員工從某一工作調換到另一項工作，但調職的工作性質相類似，故工作責任及薪資福利都不會受到影響。在工作輪調中，員工可學習到組織單位內的幾種不同的工作，而且對每份輪調的工作皆有一段期間的執行學習，因此，工作輪調的優點是提高人力運用的彈性，例如，當單位的某位工作人員缺席時，可以迅速找到工作代理者；就教育訓練的角度來看，工作輪調能使員工學習各種經驗並提昇職務能力，進一步達到培育人才的目標。

2. 教練法（Coaching）：係指員工在從事日常的工作活動時，直屬主管或者資深員工會從旁進行指導及教學，藉由經驗的傳承而學習到工作技能及知識。一般而言，基層的員工通常是觀察資深前輩操作機器而獲得工作技術；而對於主管級人員的訓練，則是先以「助理」的職務來訓練與培養其管理能力。

3. 學徒制訓練（Apprenticeship training）：此種訓練方式大多運用於高度技能的職業（例如：水泥工、機工、廚師、保健護理、電腦操作員及實驗室技術人員），是一種針對工作需要的實際操作或理論，為剛入行的工作人員而提供的全方位訓練。學徒制訓練的學習期會依行業別而有所不同，通常是由行業採取的標準所決定。學徒制訓練通常是由一位具工作技能的資深員工來主導，其訓練的主要目的在於讓學徒可以有效地學習到工作上的實用技能。由於學徒會先從簡單的工作開始執行並同時學習，故學徒可以獲取工資，一般而言，學徒的薪資是正職員工薪水的50%開始起算，不過，若學徒的學習成效優秀，其工資通常調升得很快。

(三) 管理競賽法

管理競賽（Management games）是讓受訓者在模擬的情境中進行決策，利用實際參與事務的參與感，而使學習的效果較佳，管理競賽讓受訓者專注於策略規劃，而不只是忙於應付問題，因此可以培養領導技能、溝通技巧、團隊合作以及解決問題等能力。例如：「Interpret」是一種關於團隊訓練的電腦化管理競賽（management games），每個團隊必須決定如何進行生產及行銷等問題，用以訓練學習者團隊溝通、資訊管理、策略規劃與執行等能力。因此，使用管理競賽訓練方法的主要優點是能使受訓者在培訓過程中感受到充分的參與感，並且有效發展分析及處理問題的能力，而不是僅聚焦於應付日常的例行事務。但其缺點為，管理競賽的設計與實施成本較其他訓練方法相對昂貴許多。

四、隨著全球氣候變遷日益嚴重，越來越多企業開始意識到碳排放的危害性，除了仰賴政府法規規範，許多企業亦紛紛採用數位化節能、綠色能源等新技術，並更新了老舊設備，以實現更高效的能源利用和更低的碳排放量。

「服務創新」是五個能夠大幅降低碳排放的方式之一，指創新性地設計和提供服務，以實現節能減碳的目標。例如，許多公司正在開發智能能源管理系統，通過使用儀器和傳感器，實現對能源使用的實時監測和管理，從而減少浪費。除此之外，公司還可提供能源效率諮詢和設計服務，幫助客戶減少能源消耗和碳排放。

請以人力資源管理觀點，回答下列問題：

(一) 何謂企業社會責任（corporate social responsibility）responsibility）？
(二) 請就近年金融業節能減碳的「服務創新」作法，舉例說明並分析。

解題指引　政府推動2050淨零排碳於111年9月提出「綠色金融行動方案3.0」，要達成減碳目標，首要工作是進行碳盤查，不僅製造業要進行，服務業亦不例外。若關注淨零排碳相關政策與措施議題，本題可拿到滿意分數。

答　(一) 企業社會責任內容詳見本書第十一章第二大項

(二) 金融業的節能減碳之服務創新案例，可參考本書第十一章第四大項政府配合聯合國推動的淨零轉型內容提出，例如：金融機構不僅在實體經濟提供交易管道，同時在應對氣候變遷方面亦扮演重要的角色。與其他產業相同的是，金融機構在營運過程中也會產生溫室氣體排放，在透過銀行交易、資產所有權、及投資組合產生的間接排放，可能是其業務排放量數倍，金管會已結合相關部會、金融業同業公會、金融培訓機構、金融周邊單位及非營利組織等之力量，共同研議暸解國際發展趨勢，並因應我國法制環境及產業發展，制定相關規範、指引或鼓勵措施等機制，共同推動我國綠色及永續金融發展。

113年　臺鐵公司從業人員

一、人力資源過剩的解決措施，有哪幾種方法？試列舉並說明之

解題指引 此題與臺灣菸酒112年從業職員甄試的考古題基本上相同，人力過剩時組織就會採取精簡人力的措施，例如提前退休計畫、遇缺不補、強迫員工休假、減少工作時間、組織瘦身等，考生可以依照自身對上述方法的了解程度，從中選擇作答。

答 人力過剩係指組織所需要的人力資源需求低於人力供給面，簡言之，就是人力資源供過於求。其因應措施是：為了減少不必要的人力，組織可以採取讓表現較差的員工自願提前退休、遇缺不補、強迫員工休假、減少工作時間、解僱臨時人員、減低薪資等，亦可能進行組織瘦身，有計畫地裁減員工人數。以下僅挑選五項因應措施進行說明：

(一) 提前退休計畫

當人力過剩時，組織第一個想法當然是將績效表現差的員工刪減掉。此時，組織可能會推出提前退休計畫（early-retirement program），以各式各樣的優惠來鼓勵績效不良的員工自願提出離職，促使組織達到總體競爭力提升的長期效果。但這種作法有時會事與願違，因為能力較差的員工轉職並不容易，若有生計考量的話，可能不會為此決定提早退休，而是選擇繼續留任。反之，能力優秀的員工即使提早退休，仍能獲得許多轉換跑道的機會，更可能會因此而申請提前退休來獲得優待的利益後再轉職。也就是說，如果提前退休計畫沒有輔以人力盤點等相關的配套措施，可能會產生劣幣逐良幣的反淘汰現象，導致對組織的長期發展造成負面影響。

(二) 遇缺不補

遇缺不補是指組織不會因為員工離開（例如離職或退休）所產生的人力缺額，就招募新人來補足空缺，而是將此份工作交由其他員工一起去共同分攤。當組織經營狀況不佳時，為了節省成本，往往會選擇這種不補人方式，希望同仁們能共體時艱，但這種方法只能在短期間奏效，有立即性的效果卻不適合長期使用。舉例來說，原本4個人的工作，變成3個人全數承擔，那麼工作壓力就是原來的1.3倍，員工在短期內應該還可以撐得住，但時間一久，必定感到身心俱疲甚至會萌生退意，若有員工因受不了而離職，就變成2個人要承擔原先應該4個人處理的工作，壓力躍升成了2倍，長久下來，組織必定留不住人才，對外形象也會受到嚴重的傷害。

(三) 強迫員工休假（或無薪假）

雖然現實生活上很常聽到無薪假，但勞動法規中並沒有這個名詞，勞動部規範了〝因應景氣影響勞雇雙方協商減少工時應行注意事項〞，其中提到「事業單位受景氣因素影響致停工或減產，為避免資遣勞工，經勞雇雙方協商同意，始得暫時縮減工作時間及減少工資」以及「事業單位實施減少工時及工資之期間，以不超過三個月為原則。如有延長期間之必要，應重行徵得勞工同意」。從上述中可以得知，雇主不能隨意實施強迫休假或無薪假，必須在不觸犯勞動法規的前提下方能執行，而法規也明定了以不超過三個月為原則，因此這個方式只能在短期內使用，僅具立即性的效果。

(四) 減少工作時間

減少工作時間與上述的無薪假相同，雇主必須在不觸犯勞動法規的前提下方能實施，根據《因應景氣影響勞雇雙方協商減少工時應行注意事項》的規定，「事業單位實施減少工時及工資之期間，以不超過三個月為原則。如有延長期間之必要，應重行徵得勞工同意」。因此這個方式只能在短期內使用，僅具立即性效果。

(五) 組織瘦身

組織瘦身（downsizing）是指組織為了提升總體競爭力，而採取了流程改造、結構重組以及精簡人員等相關措施，希望使公司恢復健康的體質以提高效能。在現今社會下，組織必須不斷地面對內外在環境的疾速變遷，為求生存與發展，組織瘦身有其必要性，因為將組織小型化可能獲得以下效果：1.降低組織官僚化程度。2.促使組織內部溝通更為順暢。3.增進組織決策的速度。4.減少組織的固定支出以及人事費用。這些皆能協助組織提高生產力，屬於長期性的效果。

不過，若以員工的角度來看，組織瘦身其實就是裁員。當員工感受到了工作的不確定性，可能會因為不安感而開始找尋其他的工作，此時，能力較佳的員工相較表現一般的員工，當然更容易獲得新機會並成功轉職，導致組織在轉型的過度時期，就先失去了高價值並具生產力的員工，使得總體競爭力下降，反而對組織的產生了負面的影響。因此，若組織瘦身只是以單純地大規模裁員來執行，並未進行長遠且完整性的漸進式規劃，就只能獲得減少固定支出與人事費用的短期效果，無法真正地提升組織長期的總體競爭力，人才的流失甚至會對組織產生長期性的負面影響。

二、工作分析與組織的招募任用有何關係？

解題指引 此題與經濟部所屬事業機構112年新進職員甄試的考古題基本上相同，只是減少了人力資源規劃的部分。工作分析是執行所有人力資源功能的前置工作，能夠提供工作內容細節與完成工作所應具備能力等資訊，是進行員工的招募與甄選的重要參考基石。

答 工作分析（Job Analysis）係指組織運用一連串系統化的方法及工具來分析工作執行的實際內容，以了解該職務的任務（tasks）、義務（duties）與責任（responsibilities），及執行人員所應具備的知識（knowledge）、技術（skills）、與能力（abilities）等。工作分析是一系列資訊蒐集、分析與整合的過程，藉由實地觀察或其他方法，對某特定工作蒐集相關資訊，以便為後續人力資源管理規劃提供有用的訊息。換言之，也就是對某項職位工作內容及其相關因素進行系統與組織化的描寫，因此，工作分析也被稱為職位描寫（position description），而工作分析的結果主要用來編寫工作說明書（Job Description）及工作規範（Job／Person Specification）。

工作分析是進行人力資源管理時不可或缺的基礎作業，其作用在於決定工作需求條件及適任人員所應具備的能力或特質。一般而言，人事部門通常利用工作分析來蒐集關於工作與員工的相關資料，藉此規劃人員任用、升遷、調任、訓練發展以及績效評估等工作。舉例來說，教育訓練設計應與員工能力相配合；而績效評估則應與工作實際狀況相對應。故在實務界中，實施各項人力資源管理措施前，會先將工作的任務與責任，人員應具備的條件予以分析並做成書面紀錄，而這個流程就是所謂的工作分析。因此，工作分析是一道程序，用來決定每份工作的職責，以及擔任該份工作的人員所應具備的條件。

招募（Recruitment）係指組織為了職務空缺而吸引潛在求職者前來應徵工作的過程，在這個過程中，包含了組織用以辨認（Identifying）與吸引（Attracting）潛在員工與應徵者的各種政策與活動，進而使組織可從這些應徵者中選出最為合適的人選並進行聘任。大多數的企業會將招募工作交由人力資源部門負責，人資部門會先進行工作分析與人力資源規劃兩項工作，當預測出組織所需的人力超出現有的人力時，就會開始規劃招募數量、對象以及條件等，進而展開招募新員工的工作。甄選（Selection）與招募不同，在公司發布公告招募訊息並吸引應徵者的興趣後，接下來的工作就是要從眾多應徵者之中挑選出最適合的人員，此即所謂的人才甄選，其目標是從一群合格的候選人中判別出最能勝任該份工作的人才，而非僅只是吸引應徵者注意。所以甄選是指組織就其所設立之職位，蒐集並評估有關應徵者的各種資訊以便做為聘雇決定的一種過程。

由於工作分析是針對工作整體內容，進行一系列資訊收集、分析以及綜合的過程，以便為人力資源管理活動提供各種工作方面的資訊，因此工作分析是執行其他人力資源功能的前置工作，若工作分析不良，將直接影響人力資源管理的效能與效率。舉例來說，有效的人員招募，必須建立在招募者真正瞭解工作的實際需求與人員的核心能力方能成立，若無法清楚地的定義工作內容（例如：工作職責、工作複雜度以及工作所需技能），則將因缺乏資訊而難以有效地甄選出最合適的員工人選。簡言之，工作分析提供了工作內容細節及人員應具備條件，能夠協助管理者有效決定應該僱用何種類型的員工。

三、請說明影響薪酬制定時的內外部因素，如何影響薪酬水準。

解題指引 薪酬管理的基本目的，是為了讓員工對組織所提供的薪酬福利感到滿意，當員工對薪酬管理的滿意程度越高時，其激勵效果就越明顯，而員工的滿意程度，主要取決於薪酬設計的公平性及合理性，因此追求內、外部公平性是制定薪酬水準的重點。

答 任何的工資與薪俸制度，都是依照工作價值來設計薪資幅度，其主要目標是為了建立公平的報償架構，其設計的關鍵，就是必須先在組織中為不同的工作制定出不同的薪資幅度（亦即為某個特定的工作設定薪資範圍，其中包含了最小值及最大值），而薪資幅度的建立通常會遵照兩個原則：確保內部公平與確保外部公平，為了保障內、外部的公平性，企業則會分別採用內部工作評價以及外部工資調查，分述如下。

內部工作評價（job evaluation）係指有計畫地評定工作的價值、制定工作的等級，用以確定工資收入的計算標準，而這個過程是用於設計薪資結構，而非員工績效的評核。一般而言，工作評價所使用的資料來自於工作說明書，而進行工作評價的方法是列舉出某項工作的責任輕重及其對組織的貢獻，然後再以正式且有系統的方式對各項工作進行比較，用來決定每一個工作的相對價值，進而確定其薪資的等級。舉例來說，精算師的工作比出納人員更複雜，對組織潛在貢獻度也較高，因此相較於出納人員，精算師工作的相對價值較高。

外部薪資調查是指透過調查手段來獲取所有與薪酬相關的資訊，來協助企業設計出合理且具競爭力的薪酬制度，一般是針對同業、同區域企業的薪酬水準進行調查與分析，其調查的資料不僅只是薪資金額，亦包含了各項與薪酬福利相關的組織政策以及慣例等，例如：起始的工資率、基本的工資率、薪資幅度、工資扣押政策、獎勵計畫、加班費、輪班津貼、正常工作週的持

續期間、工作日的長度、假期準則、生活費用條款、薪資支付的地點及頻率等。除此之外,亦須蒐集勞工市場情況、通行的工資率及生活費用等外部資料,以作為薪資設計的重要參考。

當企業完成內部工作評價與外部薪資調查後,則可以開始將薪資調查資料與公司內部工作評價的點數進行綜合分析,來獲得同業的市場薪資散布圖,並繪出的市場薪資線,接著制定出組織的薪資給付等級與範圍。

四、ESG是什麼?並分別說明其內涵。

解題指引 ESG,代表環境(Environmental)、社會(Social)、治理(Governance),是當今商業與社會環境備受關注重要主題。不僅企業對環境永續議題關心,更凸顯企業對社會責任、企業治理以及環境保護的重視。熱門議題,容易填答。

答 ESG詳見本書第十一章第五大項

113年　一般警察人員三等

一、面臨高齡化與少子化趨勢導致的人力短缺問題，有些組織退休者身體狀況尚且良好，如果再重回職場你覺得可能適合那些工作？請說明理由。

解題指引 退休回聘是因應人口高齡化的人力資源措施，偏向實務操作面。此題沒有所謂的標準答案，考生只要理解退休回聘的基本概念，並依此針對應試單位的職務進行分析後，再提出自身的見解及建議，只要論述內容具邏輯及說服力即可獲取分數。

答 退休回聘是指組織為了達到經營運轉或專業技術傳承等目的，而採取留用已屆強制退休年齡的員工，或者重新聘用已經退休資深工作者的人資方案與措施。回聘制度最顯著的效果是利於組織的技術傳承。例如日本豐田（Toyota）汽車公司為了留住具有專業技術的人才，針對部分的職務採取了回聘制度，重新聘僱65歲以上的中高齡高階員工（豐田汽車原本規定的退休年齡是60歲），並延長工作年齡到70歲，期望能夠同時解決勞動力短缺與產線生產力問題外，亦能使專業知識與技術繼續傳承。不過日本豐田在現行的制度下，60歲選擇退休而不接受回聘的人仍約有兩成左右，因此如何吸引中高齡工作者也是組織的一大挑戰。

經理人月刊（2024）根據《哈佛商業評論》的調查（該調查研究了3萬5000名中高齡工作者重返職場的動機），提出了4項建議以作為企業招募中高齡人才的參考：

(一) 設計更具有目標的職位

　　企業可以考慮跳脫瑣碎的日常事務，為工作者制定更具體、更有意義的職涯目標，並且在其中強化與同事、客戶之間的互動，以培養使命感。

(二) 更彈性的工作時間

　　在調查中，有2/3的中高齡工作者希望能夠擁有更彈性的工作時間，取得工作與個人安排的平衡，企業可以考慮搭建一隻兼職的工作團隊，維持靈活性而不是將員工永遠綁在電腦椅上。

(三) 為實際的成果付費

　　調查結果顯示，中高齡工作者在意的前10大因素都無關薪酬，這代表比起薪水，他們更在意工作帶來的意義與成就，企業可以更清楚連結成果與獎勵之間的關係，強化工作的意義。

(四) 建立社群與友情

　　招聘中高齡工作者解決缺工危機，跨領域的經驗不在少數。研究中2/3的受訪者表明自己會更傾向選擇一個有趣、具包容感的職場；企業不妨嘗

試建立起社群，讓員工感受到被支持，員工幸福感提升，客戶滿意度與留任率就更容易提升。

另外，亦有其他的調查結果顯示，67%受訪者退休後打算回鍋工作，其中選擇兼職、計時比例最高，占51.2%；而對於退休後再就業的每週工時，平均希望落在25小時，因此彈性的工作時間對高齡工作者的吸引力極高，例如：一般工作的兼職人員、專業工作的約聘人員以及高階管理的諮詢顧問，都是相當適用於退休回聘的職位。

由於此題是應用題，因此解答必定會因人而異並無標準答案，考生應該根據以上的基本概念來進行發揮，但最好是能夠聚焦於應試單位內的各項工作職務，進行分析後再提出合理的建議。

二、假如組織想要導入人工智慧（如生成式AI）協助提升效率與效果，請問最可能協助人力資源管理工作的那些面向？試詳細說明之。

解題指引　人工智慧（Artificial intelligence，AI）能從大數據資料中取得有用資訊以形成自我學習系統，因此可以輕易地套用大量的資訊來進行推論並採取行動決策。若能以此為基礎再針對人力資源的各項功能進行聯想，就可以自由發揮並作答。

答　自從2022年底OPEN AI公司所研發的ChatGPT問世之後，AI人工智慧的話題迅速席捲全球引起了熱議，而其強大功能也的確令工作職場產生了巨大的變化。不過AI究竟是什麼呢？人工智慧（Artificial intelligence，AI）其實是打造出讓電腦或機器可以模仿人類產生出辨認、學習、創造等能力，用來協助解決與人類智慧相關的認知問題。AI能從大數據資料中取得有用資訊以形成自我學習系統，亦即AI可以輕而易舉地套用海量的資訊來進行推論、學習與採取行動決策，由於AI分析資料的規模遠超過人類分析能力的上限，所以AI能夠比人類更有效地處理資訊並提供解決方案。此外，AI與人類不同，是可以進行全天候工作並維持效率不變的，故AI技術的運用必定勢不可擋，組織將會導入人工智慧來處理各種經營管理上的任務，在人力資源管理層面當然也不會例外，AI的應用可以為多項人力資源功能提供相當大的助益，列舉說明如下：

(一) 招募與甄選

為了替組織尋找最適任的工作人員，首先就必須要避免招募團隊對候選人有任何的偏見，但人類可能會存在著連本身都沒有意識到的成見，所以很難完全克服這個問題。此時，應用AI系統就可以移除這種無意識偏見的影響，因為AI能夠經由數據分析技術，對履歷進行關鍵字的匹配而

不含任何偏見，亦可以在海量的大數據資料中迅速進行搜尋、分析以及媒合，進而有效地識別出組織所欲尋找的候選人類型。除此之外，AI系統還能夠對潛在員工進行工作技能與態度的測試，依其工作適合性來進行排序。最後，組織甚至可以透過衍生式AI（如同ChatGPT的招募機器人），直接與候選人進行互動與溝通，來執行初步的智能面試。以上種種功用都能夠大幅提升人力招募與甄選的效率。

(二) 訓練與發展

組織可以利用AI系統來增進員工教育訓練的效果，如同胡珈瑋（2023）的觀點，「生成式AI可以根據組織的需求和員工的技能矩陣，自動生成個性化的培訓計劃和課程內容」。AI能夠藉由學習系統，對員工的知識（knowledge）、技術（skills）以及能力（abilities）進行分析，並診斷出員工應該增強哪些職能才能符合組織實際需求，依此來提出一系列的推薦課程，甚至還可以根據員工的職業志向與優勢，為員工發展出個人化的學習地圖，使每一位員工皆能獲得成長的機會。此外，AI人工智慧也能提供互動式的多元學習模式，例如虛擬實境（VR）訓練、即時互動的培訓聊天機器人等，不但方便使用也可以提升員工的學習興趣。綜上所述，AI技術的應用不僅能節省人資工作者進行訓練與發展的規劃時間，還可以提高培訓的效果與員工的參與度。

(三) 績效管理

由於AI人工智慧可以處理大量的資料，輕鬆地從大數據中進行繁瑣的篩選工作，因此能夠輕而易舉地從多個層面（包括員工的工作經歷與年資、個人技能、工作敬業程度、過去的績效考績、教育訓練程度等不同角度的數據）對員工進行評估，來預測優秀員工的績效指標或推測出需要更換工作職位的人員，並將建議發送給管理者以便於進行交叉檢查。同時，因為AI系列是以數據為基礎，並不會受到主觀意識的影響，故能克服人力的限制，有效地避免評估者的個人偏見，使結果更具說服力。

(四) 薪酬管理

胡珈瑋（2023）引述HR Exchange的文章指出，將近80%的受訪者在工作中使用AI來進行員工檔案管理，77%的人表示，他們使用AI技術來處理薪資以及福利管理。這類屬於數據與文書類的工作通常是例行性且相當繁瑣的，而AI人工智慧的運用可以將人資人員從此類繁複的工作中進行解放。更重要的是，透過AI對數據的分析技術（例如從不同的工作職責、城市平均工資、行業平均工資以及近幾年的工資增長情形等數據），組織能更正確的監測內、外部薪資，此舉將有利於組織適當的調整薪酬制度，並對員工的薪資與福利進行更合理的規劃。

三、人力資源管理工作者應阻止組織發生職場性騷擾或侵害等不法情事。請問有那些作法可以協助組織對上述不法情事從事預先防範的措施？

解題指引　由於Me Too事件沸沸揚揚，政府快速修訂性別平等三法，性別平等工作法、性別平等教育法、性騷擾防治法三法於113年3月8日全面施行，職場性騷擾防治與調查處理是熱門議題，本題容易獲取高分。

答　職場性騷擾防治詳見本書第十二章第七大項

四、國外知名企業出現快樂長（Chief Happiness Officer, CHO）的編制，是一種新興的潮流趨勢，用以協助員工建立快樂感。如果你是組織的快樂長，會建置那些活動來讓員工更快樂？

解題指引　快樂長是COVID-19疫情之後所出現的新興職務編制，其主要工作是提升員工的快樂感與滿意度。此題並沒有所謂的標準答案，考生只要理解快樂長的基本概念，再融入本書第10章的內容來提出自身的見解及建議，只要論述內容具邏輯及說服力即可獲取分數。

答　快樂長或稱幸福長（Chief Happiness Officer, CHO）係指組織為了提高員工的心理幸福感與認同感所設置的職位，其任務是提供員工各項諮詢服務及支持性協助，重視員工體驗以及員工的生活與工作平衡，來發展員工的快樂程度並維持員工的身心健康。不同於以往只有員工關心自身的心理幸福感，員工是否感到快樂如今也成為了組織管理者相當重視的議題，因為員工的心理健康不僅與工作效率及生產力呈現正向相關，也是組織吸引及留住人才的重要關鍵。故新世代的人力資源管理，不應只是從事招募甄選、績效評估、薪資設計等作業，也必須要能讓員工在工作中產生快樂與幸福的心理滿足感，而這也是許多知名大企業（例如Google, Ikea以及SAP等）皆增設了快樂長編制的主因。

胡立宗（2022）引述富比士《Forbes》的觀點，提出快樂長的挑戰可分為三個層次。第一個層次是讓員工在現有的工作中感到滿足（satisfied with）；第二個層次是能夠令員工快樂地享受工作（happy with）；最高層次的考驗則是令員工產生樂於投入組織的參與感（engagement）。而為了克服三層次的挑戰，快樂長的任務不外乎以下三項：

(一) 打造快樂的工作環境

員工的工作成就感並非全都是來自於金錢，尤其是現今社會的年輕工作者，其工作成就感大多是源自於創意、策略、形象這類抽象的精神描

述，因此除了薪酬之外，許多員工可能會更加重視在工作的過程中所感受到的活力、熱情與受激勵的程度。這也導致了快樂長的重要職責之一，就是營造出可以令員工感到享受的「快樂工作」氛圍。

(二) 幫員工解決疑難雜症

沒有後顧之憂的員工才能真正開心地工作，成功的快樂長除了職場上的問題外，也會出手協助處理員工在生活上的疑難雜症，使其提升安心感。但必須特別注意的是，此舉有一個重大的前提，那就是要充分瞭解員工的真實需求，若企業忽略員工的需要，僅單方面提供自以為很好的福利，最後也會徒勞無功，無法留住人才。

(三) 給予員工更多自主權

如果想讓所有人都能同心齊力，就必須授予員工適當的決策權，特別是當員工本來就有獨當一面的才能時，主管就更應該學會放手，讓部屬自行安排工作程序。惟有當員工被賦予應有的權力，能夠自由表達意見時，組織再輔以關懷與對話，才能令員工真心地感到幸福與快樂。

由於此題是應用題，因此解答必定會因人而異並無標準答案，考生應該根據以上的基本概念再應用本書第10章的內容來發揮回答，但所提出的福利措施最好是能聚焦在應試單位的實際需求，進行分析後再提出合理的建議。

一試就中，升任各大
國民營企業機構
高分必備，推薦用書

2B251121	捷運法規及常識(含捷運系統概述) 👑 榮登博客來暢銷榜	白崑成	560元
2B321141	人力資源管理(含概要) 👑 榮登博客來、金石堂暢銷榜	陳月娥、周毓敏	690元
2B351131	行銷學(適用行銷管理、行銷管理學) 👑 榮登金石堂暢銷榜	陳金城	590元
2B421121	流體力學（機械）·工程力學（材料）精要解析 👑 榮登金石堂暢銷榜	邱寬厚	650元
2B491121	基本電學致勝攻略 👑 榮登金石堂暢銷榜	陳新	690元
2B501141	工程力學(含應用力學、材料力學) 👑 榮登金石堂暢銷榜	祝裕	近期出版
2B581141	機械設計(含概要) 👑 榮登金石堂暢銷榜	祝裕	近期出版
2B661141	機械原理(含概要與大意)奪分寶典	祝裕	近期出版
2B671101	機械製造學(含概要、大意)	張千易、陳正棋	570元
2B691131	電工機械(電機機械)致勝攻略	鄭祥瑞	590元
2B701141	一書搞定機械力學概要	祝裕	近期出版
2B741091	機械原理(含概要、大意)實力養成	周家輔	570元
2B751131	會計學(包含國際會計準則IFRS) 👑 榮登金石堂暢銷榜	歐欣亞、陳智音	590元
2B831081	企業管理(適用管理概論)	陳金城	610元
2B841131	政府採購法10日速成👑 榮登博客來、金石堂暢銷榜	王俊英	630元
2B851141	8堂政府採購法必修課：法規+實務一本go！ 👑 榮登博客來、金石堂暢銷榜	李昀	530元
2B871091	企業概論與管理學	陳金城	610元
2B881141	法學緒論大全(包括法律常識)	成宜	650元
2B911131	普通物理實力養成 👑 榮登金石堂暢銷榜	曾禹童	650元
2B921141	普通化學實力養成 👑 榮登金石堂暢銷榜	陳名	550元
2B951131	企業管理(適用管理概論)滿分必殺絕技 👑 榮登金石堂暢銷榜	楊均	630元

以上定價，以正式出版書籍封底之標價為準

歡迎至千華網路書店選購
服務電話(02)2228-9070

千華網路書店

更多網路書店及實體書店

博客來網路書店　PChome 24hr書店　三民網路書店

MOMO 購物網　金石堂網路書店　誠品網路書店

查詢實體書店

學習方法 系列

如何有效率地準備並順利上榜，學習方法正是關鍵！

作者在投入國考的初期也曾遭遇過書中所提到類似的問題，因此在第一次上榜後積極投入記憶術的研究，並自創一套完整且適用於國考的記憶術架構，此後憑藉這套記憶術架構，在不被看好的情況下先後考取司法特考監所管理員及移民特考三等，印證這套記憶術的實用性。期待透過此書，能幫助同樣面臨記憶困擾的國考生早日金榜題名。

榮登金石堂暢銷排行榜

—— 連三金榜 黃禕 ——

翻轉思考	適合的最好	一定學得會
破解道聽塗說	調整習慣來應考	萬用邏輯訓練

三次上榜的國考達人經驗分享！
運用邏輯記憶訓練，教你背得有效率！
記得快也記得牢，從方法變成心法！

最強校長 謝龍卿

榮登博客來暢銷榜

經驗分享＋考題破解
帶你讀懂考題的know-how!

open your mind！
讓大腦全面啟動，做你的防彈少年！

108課綱是什麼？考題怎麼出？試要怎麼考？書中針對學測、統測、分科測驗做統整與歸納。並包括大學入學管道介紹、課內外學習資源應用、專題研究技巧、自主學習方法，以及學習歷程檔案製作等。書籍內容編寫的目的主要是幫助中學階段後期的學生與家長，涵蓋普高、技高、綜高與單高。也非常適合國中學生超前學習、五專學生自修之用，或是學校老師與社會賢達了解中學階段學習內容與政策變化的參考。

國家圖書館出版品預行編目(CIP)資料

人力資源管理/陳月娥, 周毓敏編著. -- 第五版. -- 新北
市：千華數位文化股份有限公司, 2024.11
　　面；　公分
國民營事業
ISBN 978-626-380-805-8 (平裝)

1.CST: 人力資源管理

494.3　　　　　　　　　　　113017251

[國民營事業] 人力資源管理

編　著　者：陳月娥、周毓敏

發　行　人：廖雪鳳

登　記　證：行政院新聞局局版台業字第 3388 號

出　版　者：千華數位文化股份有限公司

地址：新北市中和區中山路三段 136 巷 10 弄 17 號

電話：(02)2228-9070　　傳真：(02)2228-9076

客服信箱：chienhua@chienhua.com.tw

法律顧問：永然聯合法律事務所

編輯經理：甯開遠

主　　編：甯開遠

執行編輯：廖信凱

校　　對：千華資深編輯群

設計主任：陳春花

編排設計：林婕瀅

千華官網
／購書

千華蝦皮

出版日期：2024 年 11 月 25 日　　第五版／第一刷

本書如有勘誤或其他補充資料，
將刊於千華官網，歡迎前往下載。

50

人力資源管理　[國民營事業]

出版日期：2024 年 11 月 25 日　　第五版／第一刷